前环衬图片：袁隆平查阅植物杂种优势相关资料

前环衬图片：袁隆平查阅植物杂种优势相关资料

Volume

1

Yuan Longping
Collection

袁隆平全集

第一卷

学术著作

杂交水稻简明教程（中英对照）

杂交水稻育种栽培学

Volume 1
Academic Monograph

A Concise Course on Hybrid Rice
Hybrid Rice Breeding and Cultivation

主　编——柏连阳

执行主编——袁定阳

辛业芸

『十四五』国家重点图书出版规划

湖南科学技术出版社·长沙

上篇《杂交水稻简明教程（中英对照）》编著人员

主　编　袁隆平

下篇《杂交水稻育种栽培学》编著人员

主　编　袁隆平　陈洪新

编著人员（按姓氏笔画排序）

王三良　邓定武　邓鸿德　吕宝智　朱兆明　朱运昌
许世觉　李东山　李宏科　杨任德　邹文隽　张大程
张惠廉　陈洪新　陈清泉　罗孝和　罗泽民　周广洽
周坤炉　周学明　饶应森　骆正鑫　袁隆平　唐英正
覃明周　粟贵武　黎垣庆

出版说明

　　袁隆平先生是我国研究与发展杂交水稻的开创者，也是世界上第一个成功利用水稻杂种优势的科学家，被誉为"杂交水稻之父"。他一生致力于杂交水稻技术的研究、应用与推广，发明"三系法"籼型杂交水稻，成功研究出"两系法"杂交水稻，创建了超级杂交稻技术体系，为我国粮食安全、农业科学发展和世界粮食供给做出杰出贡献。2019 年，袁隆平荣获"共和国勋章"荣誉称号。中共中央总书记、国家主席、中央军委主席习近平高度肯定袁隆平同志为我国粮食安全、农业科技创新、世界粮食发展做出的重大贡献，并要求广大党员、干部和科技工作者向袁隆平同志学习。

　　为了弘扬袁隆平先生的科学思想、崇高品德和高尚情操，为了传播袁隆平的科学家精神、积累我国现代科学史的珍贵史料，我社策划、组织出版《袁隆平全集》（以下简称《全集》）。《全集》是袁隆平先生留给我们的巨大科学成果和宝贵精神财富，是他为祖国和世界人民的粮食安全不懈奋斗的历史见证。《全集》出版，有助于读者学习、传承一代科学家胸怀人民、献身科学的精神，具有重要的科学价值和史料价值。

　　《全集》收录了 20 世纪 60 年代初期至 2021 年 5 月逝世前袁隆平院士出版或发表的学术著作、学术论文，以及许多首次公开整理出版的教案、书信、科研日记等，共分 12 卷。第一卷至第六卷为学术著作，第七卷、第八卷为学术论文，第九卷、第十卷为教案手稿，第十一卷为书信手稿，第十二卷为科研日记手稿（附大事年表）。学术著作按出版时间的先后为序分卷，学术论文在分类编入各卷之后均按发表时间先后编排；教案手稿按照内容分育种讲稿和作物栽培学讲稿两卷，书信手稿和科研日记手稿分别按写信日期和记录日期先后编排（日记手稿中没有注明记录日期的统一排在末尾）。教案手稿、书信手稿、科研日记手稿三部分，实行原件扫描与电脑录入图文对照并列排版，逐一对应，方便阅读。因时间紧迫、任务繁重，《全集》收入的资料可能不完全，如有遗漏，我们将在机会成熟之时出版续集。

《全集》时间跨度大，各时期的文章在写作形式、编辑出版规范、行政事业机构名称、社会流行语言、学术名词术语以及外文译法等方面都存在差异和变迁，这些都真实反映了不同时代的文化背景和变化轨迹，具有重要史料价值。我们编辑时以保持文稿原貌为基本原则，对作者文章中的观点、表达方式一般都不做改动，只在必要时加注说明。

《全集》第九卷至第十二卷为袁隆平先生珍贵手稿，其中绝大部分是首次与读者见面。第七卷至第八卷为袁隆平先生发表于各期刊的学术论文。第一卷至第六卷收录的学术著作在编入前均已公开出版，第一卷收入的《杂交水稻简明教程（中英对照）》《杂交水稻育种栽培学》由湖南科学技术出版社分别于1985年、1988年出版，第二卷收入的《杂交水稻学》由中国农业出版社于2002年出版，第三卷收入的《耐盐碱水稻育种技术》《盐碱地稻作改良》、第四卷收入的《第三代杂交水稻育种技术》《稻米食味品质研究》由山东科学技术出版社于2019年出版，第五卷收入的《中国杂交水稻发展简史》由天津科学技术出版社于2020年出版，第六卷收入的《超级杂交水稻育种栽培学》由湖南科学技术出版社于2020年出版。谨对兄弟单位在《全集》编写、出版过程中给予的大力支持表示衷心的感谢。湖南杂交水稻研究中心和袁隆平先生的家属，出版前辈熊穆葛、彭少富等对《全集》的编写给予了指导和帮助，在此一并向他们表示诚挚的谢意。

湖南科学技术出版社

总　序

一粒种子，改变世界

一粒种子让"世无饥馑、岁晏余粮"。这是世人对杂交水稻最朴素也是最崇高的褒奖，袁隆平先生领衔培育的杂交水稻不仅填补了中国水稻产量的巨大缺口，也为世界各国提供了重要的粮食支持，使数以亿计的人摆脱了饥饿的威胁，由此，袁隆平被授予"共和国勋章"，他在国际上还被誉为"杂交水稻之父"。

从杂交水稻三系配套成功，到两系法杂交水稻，再到第三代杂交水稻、耐盐碱水稻，袁隆平先生及其团队不断改良"这粒种子"，直至改变世界。走过91年光辉岁月的袁隆平先生虽然已经离开了我们，但他留下的学术著作、学术论文、科研日记和教案、书信都是宝贵的财富。1988年4月，袁隆平先生第一本学术著作《杂交水稻育种栽培学》由湖南科学技术出版社出版，近几十年来，先生在湖南科学技术出版社陆续出版了多部学术专著。这次该社将袁隆平先生的毕生累累硕果分门别类，结集出版十二卷本《袁隆平全集》，完整归纳与总结袁隆平先生的科研成果，为我们展现出一位院士立体的、丰富的科研人生，同时，这套书也能为杂交水稻科研道路上的后来者们提供不竭动力源泉，激励青年一代奋发有为，为实现中华民族伟大复兴的中国梦不懈奋斗。

袁隆平先生的人生故事见证时代沧桑巨变。先生出生于 20 世纪 30 年代。青少年时期，历经战乱，颠沛流离。在很长一段时期，饥饿像乌云一样笼罩在这片土地上，他胸怀"国之大者"，毅然投身农业，立志与饥饿做斗争，通过农业科技创新，提高粮食产量，让人们吃饱饭。

在改革开放刚刚开始的 1978 年，我国粮食总产量为 3.04 亿吨，到 1990 年就达 4.46 亿吨，增长率高达 46.7%。如此惊人的增长率，杂交水稻功莫大焉。袁隆平先生曾说："我是搞育种的，我觉得人就像一粒种子。要做一粒好的种子，身体、精神、情感都要健康。种子健康了，事业才能够根深叶茂，枝粗果硕。"每一粒种子的成长，都承载着时代的力量，也见证着时代的变迁。袁隆平先生凭借卓越的智慧和毅力，带领团队成功培育出世界上第一代杂交水稻，并将杂交水稻科研水平推向一个又一个不可逾越的高度。1950 年我国水稻平均亩产只有 141 千克，2000 年我国超级杂交稻攻关第一期亩产达到 700 千克，2018 年突破 1 100 千克，大幅增长的数据是我们国家年复一年粮食丰收的产量，让中国人的"饭碗"牢牢端在自己手中，"神农"袁隆平也在人们心中矗立成新时代的中国脊梁。

袁隆平先生的科研精神激励我们勇攀高峰。马克思有句名言："在科学的道路上没有平坦的大道，只有不畏劳苦沿着陡峭山路攀登的人，才有希望达到光辉的顶点。"袁隆平先生的杂交水稻研究同样历经波折、千难万难。我国种植水稻的历史已经持续了六千多年，水稻的育种和种植都已经相对成熟和固化，想要突破谈何容易。在经历了无数的失败与挫折、争议与不解、彷徨与等待之后，终于一步一步育种成功，一次一次突破新的记录，面对排山倒海的赞誉和掌声，他却把成功看得云淡风轻。"有人问我，你成功的秘诀是什么？我想我没有什么秘诀，我的体会是在禾田道路上，我有八个字：知识、汗水、灵感、机遇。"

"书本上种不出水稻，电脑上面也种不出水稻"，实践出真知，将论文写在大地上，袁隆平先生的杰出成就不仅仅是科技领域的突破，更是一种精神的象征。他的坚持和毅力，以及对科学事业的无私奉献，都激励着我们每个人追求卓越、追求梦想。他的精神也激励我们每个人继续努力奋斗，为实现中国梦、实现中华民族伟大复兴贡献自己的力量。

袁隆平先生的伟大贡献解决世界粮食危机。世界粮食基金会曾于 2004 年授予袁隆平先生年度"世界粮食奖"，这是他所获得的众多国际荣誉中的一项。2021 年 5 月

22 日，先生去世的消息牵动着全世界无数人的心，许多国际机构和外国媒体纷纷赞颂袁隆平先生对世界粮食安全的卓越贡献，赞扬他的壮举"成功养活了世界近五分之一人口"。这也是他生前两大梦想"禾下乘凉梦""杂交水稻覆盖全球梦"其中的一个。

一粒种子，改变世界。袁隆平先生和他的科研团队自 1979 年起，在亚洲、非洲、美洲、大洋洲近 70 个国家研究和推广杂交水稻技术，种子出口 50 多个国家和地区，累计为 80 多个发展中国家培训 1.4 万多名专业人才，帮助贫困国家提高粮食产量，改善当地人民的生活条件。目前，杂交水稻已在印度、越南、菲律宾、孟加拉国、巴基斯坦、美国、印度尼西亚、缅甸、巴西、马达加斯加等国家大面积推广，种植超 800 万公顷，年增产粮食 1 600 万吨，可以多养活 4 000 万至 5 000 万人，杂交水稻为世界农业科学发展、为全球粮食供给、为人类解决粮食安全问题做出了杰出贡献，袁隆平先生的壮举，让世界各国看到了中国人的智慧与担当。

喜看稻菽千重浪，遍地英雄下夕烟。2023 年是中国攻克杂交水稻难关五十周年。五十年来，以袁隆平先生为代表的中国科学家群体用他们的集体智慧、个人才华为中国也为世界科技发展做出了卓越贡献。在这一年，我们出版《袁隆平全集》，这套书呈现了中国杂交水稻的求索与发展之路，记录了中国杂交水稻的成长与进步之途，是中国科学家探索创新的一座丰碑，也是中国科研成果的巨大收获，更是中国科学家精神的伟大结晶，总结了中国经验，回顾了中国道路，彰显了中国力量。我们相信，这套书必将给中国读者带来心灵震撼和精神洗礼，也能够给世界读者带去中国文化和情感共鸣。

预祝《袁隆平全集》在全球一纸风行。

刘旭

刘旭，著名作物种质资源学家，主要从事作物种质资源研究。2009 年当选中国工程院院士，十三届全国政协常务委员，曾任中国工程院党组成员、副院长，中国农业科学院党组成员、副院长。

凡　例

1.《袁隆平全集》收录袁隆平 20 世纪 60 年代初到 2021 年 5 月出版或发表的学术著作、学术论文，以及首次公开整理出版的教案、书信、科研日记等，共分 12 卷。本书具有文献价值，文字内容尽量照原样录入。

2. 学术著作按出版时间先后顺序分卷；学术论文按发表时间先后编排；书信按落款时间先后编排；科研日记按记录日期先后编排，不能确定记录日期的 4 篇日记排在末尾。

3. 第七卷、第八卷收录的论文，发表时间跨度大，发表的期刊不同，当时编辑处理体例也不统一，编入本《全集》时体例、层次、图表及参考文献等均遵照论文发表的原刊排录，不作改动。

4. 第十一卷目录，由编者按照"×年×月×日写给××的信"的格式编写；第十二卷目录，由编者根据日记内容概括其要点编写。

5. 文稿中原有注释均照旧排印。编者对文稿某处作说明，一般采用页下注形式。作者原有页下注以"※"形式标注，编者所加页下注以带圈数字形式标注。

7. 第七卷、第八卷收录的学术论文，作者名上标有"#"者表示该作者对该论文有同等贡献，标有"*"者表示该作者为该论文的通讯作者。对于已经废止的非法定计量单位如亩、平方寸、寸、厘、斤等，在每卷第一次出现时以页下注的形式标注。

8. 第一卷至第八卷中的数字用法一般按中华人民共和国国家标准《出版物上数字

用法的规定》执行，第九卷至第十二卷为手稿，数字用法按手稿原样照录。第九卷至第十二卷手稿中个别标题序号的错误，按手稿原样照录，不做修改。日期统一修改为"××××年××月××日"格式，如"85—88年"改为"1985—1988年""12.26"改为"12月26日"。

9.第九卷至第十二卷的教案、书信、科研日记均有手稿，编者将手稿扫描处理为图片排入，并对应录入文字，对手稿中一些不规范的文字和符号，酌情修改或保留。如"弗"在表示费用时直接修改为"费"；如"∴"表示"所以"，予以保留。

10.原稿错别字用〔〕在相应文字后标出正解，如"付信件"改为"付〔附〕信件"；同一错别字多次出现，第一次之后直接修改，不一一注明，避免影响阅读。

11.有的教案或日记有残缺，编者加注说明。有缺字漏字，在相应位置使用〔〕补充，如"无融生殖"修改为"无融〔合〕生殖"；无法识别的文字以"□"代替。

12.某些病句，某些不规范的文字使用，只要不影响阅读，均照原稿排录。如"其它""机率""2百90""三～四年内""过P酸Ca"及"做""作"的使用，等等。

13.第十一卷中，英文书信翻译成中文，以便阅读。部分书信手稿为袁隆平所拟初稿，并非最终寄出的书信。

14.第十二卷中，手稿上有许多下划线。标题下划线在录入时删除，其余下划线均照录，有利于版式悦目。

目录

上篇 杂交水稻简明教程（中英对照）

Chapter 10　Special characteristics in the cultural management of hybrid rice ——————— **110**

下篇　杂交水稻育种栽培学

上
篇

杂交水稻简明
教程
（中英对照）

前言

　　杂交水稻的培育成功，是水稻育种上的一项重大突破，也是水稻生产上的一项重大技术改革，它为大幅度提高水稻产量提供了有效的新途径。1981 年这项科研成果获得了中国第一个国家级特等发明奖。

　　中国是世界上第一个利用水稻杂种优势的国家。1964 年开始这项研究，1973 年实现了"三系"配套，1974 年选出强优组合，1975 年研究出一套制种技术。从 1976 年起在生产上大面积推广，当年全国种植面积为 208 万亩（1 亩 ≈ 666.7 m²），此后的种植面积不断扩大，产量稳步上升，到 1984 年已达 1.2 亿亩，接近全国水稻种植面积的 1/4。生产实践表明，杂交水稻在同样条件下，只要栽培措施得当，一般比常规良种增产 20% 左右。如 1983 年四川、江苏栽培 3 000 万亩一季杂交中稻，平均亩产达 500 kg，湖南的 1 400 万亩双季杂交晚稻，平均亩产达 400 kg。1976—1983 年，全国累计种植杂交水稻 5.1 亿亩，累计增产稻谷约 250 亿 kg。由此可见，发展杂交水稻对提高粮食产量具有十分重要的战略意义。

　　近年来，我国杂交水稻研究工作者积极努力，在新组合的选育和制种技术等方面，又取得了重大进展，育成了一批可以在长江流域作双季早稻栽培的早熟、高产、多抗的新组合，突破了所谓"早而不优""优而不早"的难关，并解决了高产性与多抗性难以统一的矛盾。1983 年全国的制种产量平均每亩超过 75 kg，湖南省 38 万亩制种田产量平均达到 117.5 kg，其中最高亩产达 361.5 kg。

我国杂交水稻的研究和利用虽然成绩巨大，但从战略上看，现在只是处于发展初期阶段，还蕴藏着巨大的增产潜力，具有广阔的发展前途。当前，我国的杂交水稻研究工作者又提出了新的要求，正在向选育超高产、优质、多抗和低成本的杂交组合目标迈进。

从技术上讲，要育成一个优良的杂交水稻新组合，并把它应用于生产，必须通过三道关口，即"三系"配套关、杂种优势关和制种技术关。此外，还要配合相应的栽培技术措施。本书就是介绍这几个方面的基本知识和技术。

为了便于外国读者了解和学习我国的杂交水稻技术，笔者还与黄维道先生合作将此书译成英文附后。

本书在编写过程中，承蒙黎垣庆、林承先、毛昌祥、邓鸿德、李馨、尹华奇、张桥等同志的大力协助，谨表谢忱！

笔者水平有限，错误难免，敬希读者批评指正。

袁隆平

1985 年 2 月

第一章

水稻的杂种优势

第一节　杂种优势的概念

　　杂种优势是指两个遗传组成不同的亲本杂交产生的杂种第一代（F_1），在生长势、生活力、繁殖力、抗逆性、适应性、产量和品质等性状上具有比双亲优越的现象。配制和种植第一代杂交种来利用这种超亲现象，以获得更大的经济效益，称为农作物杂种优势的利用。

第二节　杂种优势的衡量方法

　　农作物的杂种优势往往表现在诸如产量、粒重、株高、穗数、每穗粒数等数量性状上，因此，可以通过一定的计算方法对杂种优势进行衡量。通常的衡量方法有三种。

　　（1）平均优势，杂种一代（F_1）同双亲平均值的百分比。

$$\text{杂种优势} = \frac{F_1 - \text{双亲平均值}}{\text{双亲平均值}} \times 100\%$$

　　（2）超亲优势，杂种一代同较好亲本的百分比。

$$\text{超亲优势} = \frac{F_1 - \text{较好亲本}}{\text{较好亲本}} \times 100\%$$

　　（3）竞争优势（又称对照优势），杂种一代同对照品种或较好的推广品种之比值。

$$\text{竞争优势} = \frac{F_1 - \text{对照品种}}{\text{对照品种}} \times 100\%$$

　　杂种一代性状超于亲本称为正优势，劣于亲本则称为负优势。在生产上，不仅要求杂种一代在产量或性状上能超亲，而更重要的是要超过对照品种（当地推广品种）。因此，竞争优势的衡量更具有实际意义。

第三节　水稻杂种优势的表现

　　水稻是自花授粉作物。水稻究竟能否产生杂种优势，过去的看法有分歧。我国大量的研究和生产实践证明，杂交水稻在各方面均具有极显著的杂种优势，综合表现在形态、生理和产量方面。

一、形态优势

　　1. 根系发达（图1-1）
　　杂交水稻的根量和根质具有明显的优势，即根多、根长、根粗，发根力强，分布广，扎得深。浙江农科院对发根力的测定结果表明，在播种量相同的条件下，南优2号10 d后的发根数比常规良种广陆矮4号多13%。广西农科院调查证明，在不同生长期单株的发根数和白根数方面，杂交水稻汕优2号比常规良种桂朝2号具有明显优势（表1-1）。

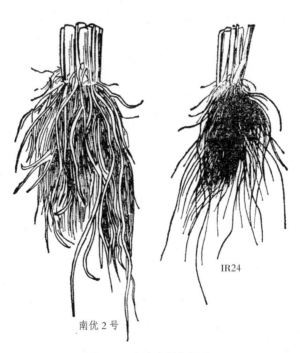

IR24

南优2号

图1-1　杂交水稻的根系

表1-1 汕优2号与桂朝2号的根系比较

组合	无蘖期	二蘖期	三蘖期		四蘖期		五蘖期		十蘖期	
	根数	根数	根数	$\frac{白根数}{总根数}$	根数	$\frac{白根数}{总根数}$	根数	$\frac{白根数}{总根数}$	根数	$\frac{白根数}{总根数}$
汕优2号	10.3	30.0	54.7	0.611 8	65.0	0.584 6	75.0	0.546 7	150.0	0.500 0
桂朝2号	8.4	23.5	29.5	0.627 1	38.0	0.460 5	72.0	0.430 6	103.0	0.514 6

2. 分蘖力强

据湖南师范大学调查，南优2号单株移栽后23 d，平均每穴16.75苗，而常规稻广选3号仅11.12苗。汕优2号移栽后37 d，每穴12苗，而桂朝2号仅9苗。

3. 穗大、粒多、粒重

在每亩18万～20万穗的情况下，杂交稻每穗总粒数一般可达150粒，多的可在200粒以上，千粒重28 g左右。

二、生理优势

1. 根系活力

据广西师范学院测定，南优2号分蘖盛期和成熟期的伤流量，比常规品种广选3号同期分别高50%和46%。武汉大学试验亦证明，从分蘖到抽穗杂交稻根系活力一直强于其亲本。

2. 营养物质运转

据广西农学院测定，在开花期南优2号从根系向地上部分运转的氨基酸有13种之多，而常规稻珍珠矮11号只有8种。

3. 呼吸强度较低

据广西农学院测定，南优2号和常优2号生育中期和后期的呼吸强度比一般常规品种低5.6%～27.1%。湖南农学院通过测定，同样发现南优2号各生育期的呼吸强度比其亲本低，后期与恢复系接近。

4. 光合叶面积

据武汉大学测定，杂交稻（南优2号）的光合面积，抽穗期为6 913.5 cm²/株，成熟期为4 122.8 cm²/株，而恢复系同期则为4 254.2 cm²/株和2 285.1 cm²/株。

5. 光合强度高

据广西农学院测定，杂交稻的光合强度比常规稻高35%左右。

此外，很多研究单位还证明杂交稻的净光合生产率、干重增重强度、增重量、穗部增重强度、营养器官减重强度、功能叶干重等都比常规稻大。

三、产量优势

据江西农科院对 29 个杂交组合的测定，有 28 个组合（占 96.55%）表现超亲优势，其中 18 个组合增产达显著标准，所有组合都表现出竞争优势，平均优势达 35.5%。汕优 2 号在各种不同栽培条件下均获显著竞争优势，平均亩产达 506.9 kg。我国南方各省大面积种植杂交稻，其单产都超千斤，一般比当地当家良种增产 20%，江苏省赣榆区创造了亩产 962.5 kg 的高产纪录。

第四节　水稻杂种优势育种的优越性

与其他育种方法比较，杂交水稻育种有下列优越性。

（1）通过选配性状互补和遗传组成差异大的亲本，杂种一代能够把形态改良和提高生理机能结合起来，因而比较容易选出高产组合，或育成超高产组合。

（2）水稻的抗病虫性大多属于显性遗传或不完全显性遗传。因此，杂种一代必然在一定程度上表现出双亲的抗性优势。杂交水稻育种能较容易地把高产性同多抗性结合在一起。

（3）杂种一代的遗传背景比一般纯系品种丰富，其适应性广、抗逆性也较强。因此，一个优良杂交稻组合的适宜推广面积和分布范围，一般要大于优良的常规稻品种。

第五节　杂种优势产生的原因

杂种优势是一种很复杂的遗传和生理现象。优势的产生是由于双亲的两性因素具有某种程度的分化。但具体来说，其作用机制很复杂。

一、性状、基因和染色体

生物的一切外部特征和生理特性都可称为"性状"，但是生物的性状不是直接遗传的，它们必须通过遗传物质进行世代间的传递，这种遗传物质的基本单位称作基因。基因排列在细胞核内的染色体上。在作物体细胞中，染色体成对地存在，一条来自父方，一条来自母方，这种同一物种的、来源相同的成对染色体称为同源染色体。在同源染色体同一位点上、控制相对性状的一对基因称为"等位基因"，不同位点间的基因称为"非等位基因"（图 1-2）。

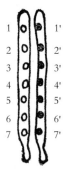

1-1′，2-2′，3-3′ 等位基因
1-2′，3-1′，4-6′ 非等位基因

图 1-2　同源染色体上等位基因与非等位基因的模式

二、杂种优势产生的遗传机制

综合目前各方面的研究，一般认为杂种优势是由下列多种不同效应产生的。

（1）细胞核内等位基因的相互作用。核内等位基因的互作通常会产生两种效应：

①显性效应。对生长发育有利的性状由许多显性基因控制，不利的性状由隐性基因控制，在 F_1 中一方亲本的显性有利基因能掩盖另一方亲本的隐性不利基因的作用，同时在 F_1 中所汇集的显性有利基因总数必将超过任一亲本。由于这种显性掩盖作用和显性基因的累加作用而出现杂种优势（图1-3）。

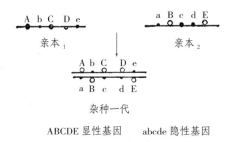

ABCDE 显性基因　　abcde 隐性基因

图 1-3　显性效应

②超显性效应。等位基因之间没有显隐性之分，因此，它们产生杂种优势的原因不是上述的显性效应，而是等位基因间有不同程度的异质性分化。这种有分化的等位基因之间的相互作用大于纯合等位基因之间的作用，从而能产生超过双亲总和的杂种优势（图1-4）。

$$A \times B \neq AB$$
$$A \times B = C$$
$$C > AB$$

图 1-4　超显性效应

（2）细胞核内非等位基因的相互作用。除了同一位点上的等位基因互作外，不同位点间以及不同染色体间的非等位基因互作亦是杂种优势产生的原因之一。根据互作效应的不同，又可以分为累加效应（决定同一性状的各同效基因起累加作用）、上位性效应（非等位基因的掩盖）和重组效应等。

（3）细胞核与细胞质的相互作用。杂种优势不仅仅是一种由核基因所控制的现象，亦包括细胞质基因的作用。特别是核基因与细胞质基因间的相互作用尤为重要（图 1-5）。根据我国研究，水稻某些杂交组合的正反交杂种一代，在优势的强弱上表现有所不同；同一核基因型置于不同胞质背景的杂交水稻，其优势也有差异，这都证明了核质互作可产生不同程度的优势效应。

上述各种机制对杂种优势的贡献大小，并不是均等的，因组合不同而异。一般说来，核基因的作用大于细胞质基因的作用；核内等位基因的互作是产生优势的基本原因。非等位基因的互作与特殊配合力有密切关系，显性效应则更多地与一般配合力有关。

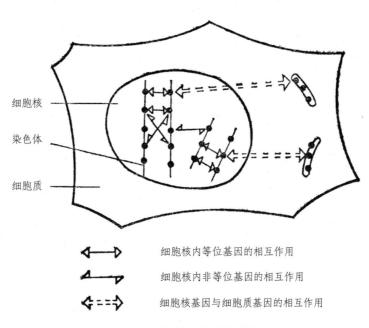

细胞核

染色体

细胞质

⟷　细胞核内等位基因的相互作用

◣⟶　细胞核内非等位基因的相互作用

⟸===⟹　细胞核基因与细胞质基因的相互作用

图 1-5　各种基因互作效应模式

第二章

水稻"三系"的基本知识

第一节　水稻杂种优势利用的途径

　　杂种优势现象，只是在杂种第一代（F_1）表现突出，杂种第二代（F_2）及其以后各代，一方面由于是自交，生活力会逐步衰退；另一方面因为性状出现分离，产量会显著下降，所以生产上一般只利用第一代杂种。

　　为了利用水稻的杂种优势，必须每年生产大量的第一代杂交种子，但水稻是严格的自花授粉作物，花器小，每朵颖花只结一粒种子，因此，用人工去雄杂交的方法大面积生产所需的大量种子是不可能的。这就是长期以来水稻杂种优势不能在生产上利用的主要原因。

　　然而，现在已研究出解决这个问题的两种有效途径：一是采用化学杀雄技术；一是培育水稻"三系"。目前，中国栽培的杂交水稻几乎都是用后一种方法培育出来的。

一、"三系"概念

　　所谓"三系"是指雄性不育系、雄性不育保持系和雄性不育恢复系。简称不育系（A）、保持系（B）和恢复系（R）。

　　（1）雄性不育系，是一种雄性器官退化了的水稻品系，即没有花粉或花粉发育不正常，因而不能起受精作用，但它的雌性器官正常，只要正常给它授以花粉，就能受精结实。

　　（2）雄性不育保持系，是一个提供花粉的正常品系，将它的花粉授给不育系，所产生的后代仍然保持雄性不育特性。它的功能是能使不育系不断繁衍下去。

（3）雄性不育恢复系，也是一个提供花粉的正常品系，与保持系的不同之处在于：恢复系花粉授给不育系后，其后代育性恢复正常，能自交结实。

二、"三系"在生产中的应用

"三系"配套之后，就能大量生产第一代杂交种子，实现水稻杂种优势利用。即将不育系和保持系间行种在一个隔离区内，年年繁殖不育系种子；又将不育系和恢复系间行种在另一个隔离区生产杂交稻种子。三者在生产上的关系见图 2-1。

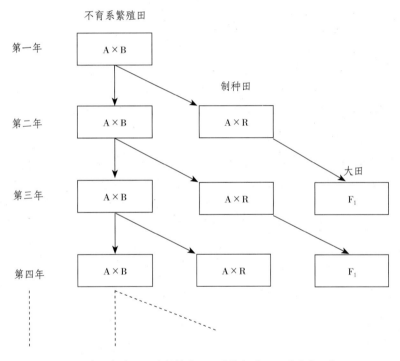

A 为不育系；　B 为保持系；　R 为恢复系；　F₁ 为杂交一代；
保持系和恢复系另设专门种子田。

图 2-1　"三系"在生产上的应用关系

三、对"三系"的要求

（1）对不育系的要求。一个优良的不育系，除了要有优良的农艺性状和雌性器官正常外，还应具备三个条件。

①雄性不育性稳定，能一代一代地遗传下去，不因多代繁殖或环境条件特别是温度影响而发生育性变化，出现自交结实现象。

②可恢复性良好。一是恢复谱广，有较多的恢复品种，以利于选配出适合各种栽培条件的强优势组合；二是配出的杂种的结实率高而稳定，受不良环境条件的影响较小。

③具有良好的花器和开花习性。要求开花正常，花时与父本相吻合，柱头发达且外露率高，开颖角度大且时间长，包穗程度轻或不包穗等。

（2）对保持系的要求。除雄性不育性外，不育系的主要性状是由它的保持系所决定的。因此，一开始就要注意选择具有上述性状的保持系。此外，保持系应具备以下条件：

①保持系应是一个纯系，群体整齐一致。

②花药发达，花粉量大，以利于提高不育系繁殖产量。

不育系和保持系是一对"双胞胎"，外表大体相似（图2-2），但有些性状也有差别（表2-1）。

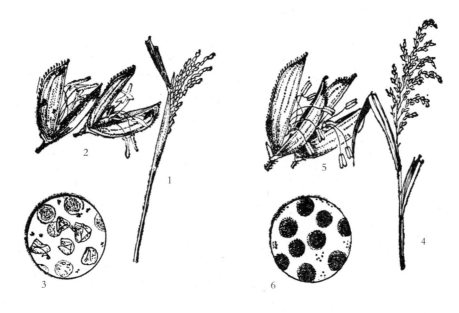

1.不育系的稻穗（示包颈）；2.不育系的花器、花药；
3.不育系的花粉；4.保持系的稻穗（示不包颈）；
5.保持系的花器、花药；6.保持系的花粉。

图2-2　雄性不育系及其保持系的形态

表2-1　保持系与不育系的区别

性状	类别	
	保持系	不育系
分蘖力	—	分蘖力较强、分蘖期长
抽穗期	—	孢子体型比保持系迟3~5 d抽穗
穗	抽穗正常	穗颈较短，孢子体矮籼型包颈
开花习性	开花集中，开颖时间短	野败型多数开花分散，开颖时间长
花药形状	膨松饱满	干瘪，瘦小，乳白色或淡黄色
花粉	圆球形，遇碘化钾呈蓝黑色	1. 形态不规则，遇碘化钾不着色 2. 圆形，遇碘化钾不着色 3. 圆形，遇碘化钾呈浅蓝色
育性	正常，自交结实	自交不结实

（3）对恢复系的要求。

①恢复力强。配出的杂种结实率与正常品种相似或达正常品种的80%以上。

②经济性状优良，配合力好，配制的杂种优势明显。

③植株比不育系稍高，生育期最好与不育系相近或比它略长。

④花药发达，花粉量多，开花散粉正常。

第二节　雄性不育和育性恢复的遗传机制

目前我国生产上应用的雄性不育系均属于核质互作类型，这种不育性是细胞质中的不育基因与细胞核中的隐性不育基因互相作用的结果。由于细胞质是由母本传递的，父本的雄配子在受精过程中一般不带进细胞质，它只传递细胞核基因。按照这个规律，雄性不育和育性恢复的遗传关系可用图2-3表示。

从图2-3可以清楚地看到，不育系的基因型为S(rr)，保持系的基因型为N(rr)，恢复系的基因型为S(RR)或N(RR)，杂交种子的基因型为S(Rr)。当不育系 × 保持系时，由于细胞质是由母本传递的，雄配子在受精过程中一般不带进细胞质，因此，其后代基因型为S(rr)，表现不育；当不育系 × 恢复系时，其后代基因型为S(Rr)，育性恢复。

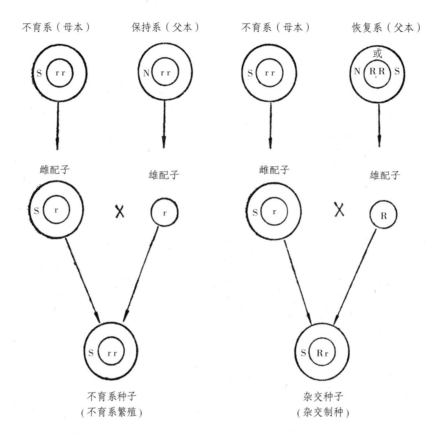

S：细胞质不育基因；　N：细胞质可育基因；
R：细胞核显性可育基因；　r：细胞核隐性基因。

图 2-3 "三系"遗传上的相互关系

第三节　水稻雄性不育系的分类

目前我国育成的不育系类型越来越多，为了方便研究利用，现将不育系的分类简介如下。

一、按遗传特性分类

1. 孢子体不育系

①花粉育性受孢子体（即植株）基因型所控制，而与花粉（配子体）本身的基因无关。当孢子体的基因型为 S（rr）时，全部花粉败育；当孢子体基因型为 N（RR）或 S（RR）时，全部花粉为可育；当孢子体基因型为 S（Rr）时，尽管产生 S（R）和 S（r）两种基因型的雄配子，但它们的育性则是由孢子体中的显性可育基因决定的，所以这两种花粉均可育（图 2-4）。

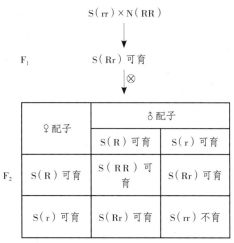

图 2-4　孢子体不育系的遗传模式

根据图 2-4 可知，孢子体不育系与恢复系的杂交一代，其花粉基本正常（90% 以上），而自交后杂种第二代（F_2）则产生育性分离，出现一部分不育株。

②花粉败育较早，多数发生在小孢子单核期，花粉粒皱缩或呈不规则形状，少数在双核期败育，花粉呈圆形。对 I-KI 溶液无染色反应，花药为乳白色，水渍状，不开裂。

③不育性稳定，受环境影响小，但恢复谱较窄，保持品种多，恢复品种少。

④穗颈短，表现出不同程度的包颈现象。

野败型、冈型等不育系属孢子体不育系。

2. 配子体不育系

①花粉育性直接由配子体（花粉）本身的基因型所决定，与孢子体的基因型无关。配子体基因型为 S(r) 的表现不育，为 S(R) 的则表现可育。遗传模式如图 2-5。

从图 2-5 可知，当这种不育系与恢复系杂交后，其杂种一代的花粉有 S(R) 和 S(r) 两种基因型，各占一半。因为育性取决于配子体本身的基因型，所以 S(r) 花粉为败育，只有 S(R) 为可育。虽然只有半数花粉正常，但能正常散粉结实。同时因 S(r) 花粉不能参与受精，自交 F_2 代全部为可育，不会出现不育株。

②花粉败育较晚，发生在三核期或双核期，花粉呈圆形，对 I-KI 溶液浅着色或不着色，花药细小，乳黄色，一般不开裂，但在温度较高、湿度低的条件下，有部分花药开裂散粉，少量自交结实。

③育性容易恢复，恢复谱较广。

④抽穗正常，穗颈能伸出叶鞘。

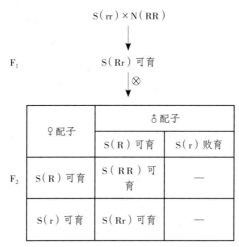

图2-5 配子体不育系的遗传模式

BT型、红莲型不育系属配子体不育系。

二、按恢保关系分类

1.野败型不育系

野败型不育系是以花粉败育野生稻为母本,以早籼品种二九南1号、珍汕97、V20、V41等为父本进行核置换回交育成的不育系。我国的矮秆早籼品种一般为保持系,东南亚品种,如泰引1号、IR24、IR26、印尼水田谷以及华南的晚籼品种如雪谷早、竹矮等为恢复系。与野败型不育系恢保关系相同的不育系有柳野型、印野型等一系列野栽交育成的不育系和籼籼交的冈型不育系等。

2.红莲型不育系

红莲型不育系以普通红芒野生稻为母本,以莲塘早为父本进行核置换回交育成的不育系,恢保关系与野败型有相反的趋势。我国长江流域的矮秆早籼品种,如珍汕97、金南特43、玻璃占矮、先锋1号等野败型的保持系为红莲型不育系的恢复系,而野败型的强恢复系泰引1号为红莲型不育系的保持系。有些IR系统品种,如IR24、IR26等为半恢复系。与红莲型不育系恢保关系相近的还有用田基度细胞质育成的不育系,如田矮不育系等。

3.BT型不育系

日本育成的台中65不育系以及我国用它转育成的黎明、丰锦不育系,滇一型、滇三型等粳稻不育系都属于这一类。粳稻品种绝大部分为保持系,粳型恢复系的恢复基因来自籼稻。云南高海拔籼稻、东南亚籼稻以及 IR 系统籼稻品种中具有恢复基因。

三、按不育花粉的形态分类

1. 典败型

花粉形状不规则，呈梭形、三角形等，对 I-KI 溶液的反应不染色。花粉败育主要发生在单核花粉形成阶段的不同时期，亦称单核败育型。野败型不育系属此类。

2. 圆败型

花粉呈圆形，对 I-KI 溶液反应不染色，花粉败育主要发生在双核花粉发育阶段的不同时期，亦称双核败育型。红莲型不育系属此类。

3. 染败型

花粉呈圆形，对 I-KI 溶液有部分染色或浅染色反应（图 2-6）。花粉败育主要发生在三核花粉发育阶段的不同时期，亦称三核败育型。BT 型等配子体不育系属此类。

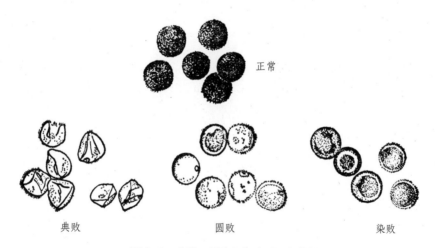

图 2-6　典败、圆败和染败型不育花粉

第三章

雄性不育系及其保持系的选育

第一节　引用现有不育系

一、现有各种类型的主要不育系

我国已育成的各种类型的不育系有数百个，它们在农艺性状、生育期、配合力、抗性、品质及恢复谱等方面各具特点，从中选择符合当地条件的优良不育系加以利用，是最经济有效的方法。表 3-1 所列是一些有代表性的不育系。

二、适应性和不育性观察

把引进的不育系及其保持系，在正常季节播种，相邻单本栽插，每个材料插 20～30 株，加强田间管理。

1. 适应性观察

包括生长发育动态，整齐度，农艺及经济性状，抗病虫性，特别是开花习性等。

2. 不育性观察

（1）目测法

①在开花时或开花后几小时，用肉眼观察不育株的花药色泽及肥瘦。

②轻震稻穗，看花药是否开裂散粉。

③特别注意检查有无孔裂花药。凡有裂药的，说明不育性不良。

表 3-1　各种类型的不育系

细胞质来源	母本	父本	不育系名称	稻种类别	不育类型	自交结实率/%	花粉		选育单位
							I-KI 着色反应	形状	
O.glaberrima 非洲光身稻	丹博托	华矮 15	光身 - 华矮 15A	籼	—	0	个别染色	不规则	湖北
O.sativa f.spontanea 或 O.perennis	野败（雄性不育野生稻）	二九南 1 号	二九南 1 号 A	籼	孢子体不育	0	无色	不规则	湖南
		珍汕 97	珍汕 97A	籼	孢子体不育	0	无色	不规则	江西
		V20	V20A	籼	孢子体不育	0	无色	不规则	湖南
		V41	V41A	籼	孢子体不育	0	无色	不规则	福建
		杜字 129	杜 -129A	粳	孢子体不育	0	无色	不规则	新疆
	矮败（矮生雄性不育野生稻）	协青早	协青早 A	籼	孢子体不育	0	无色	不规则	安徽
普通野生稻	红芒野生稻	莲塘早	红莲 A	籼	配子体不育	0.4	少数浅着色	圆形	武汉大学
		晓	红晓 A	粳	配子体不育	0	无色	圆形	湖北
	合浦野生稻	广选早	合广 A	籼	孢子体不育	0	无色	不规则	湖南
		黎明	合黎 A	粳	孢子体不育	0	无色	不规则	湖北
	西南野生稻	IR24	滇尢型	籼	孢子体不育	0	无色	不规则	云南

020

细胞质来源	母本	父本	不育系名称	稻种类别	不育类型	自交结实率/%	花粉		选育单位
							I-KI着色反应	形状	
	峨山大白谷	红帽缨	滇三型	粳	配子体不育	0	少数浅着色	圆形	云南
	包罗Ⅱ	台中65	BT-C	粳	配子体不育	0	—	圆形	日本
		黎明	黎明A	粳	配子体不育	0		圆形	辽宁
	铝稻	藤坂5号	铝型	粳	配子体不育	0		圆形	日本
	21up	京引83	—	粳	配子体不育	1	少数染色	圆形	江苏
籼稻	田基度	藤坂5号	田藤A	粳	配子体不育	0	少数染色	圆形	湖北
		大籼	田籼A	籼	配子体不育	1.3	少数染色	圆形	湖南
	IR24	秀岭	秀岭A	粳	配子体不育	0	少数染色	圆形	辽宁
	印尼水田谷	珍鼎28	珍鼎28A	籼糯	孢子体不育	0	无	不规则	湖南
	冈比亚卡	朝阳一号	冈朝A	籼	孢子体不育	0	无	不规则	四川
		雅榛早	雅榛早A	籼	孢子体不育	0	无	不规则	四川
	饶平榛	广二榛	228型	籼	孢子体不育	0	无	不规则	广东
粳稻	昭通背子谷	科情3号	滇四型	粳	—	0	少数浅着色	圆形	云南

（2）套袋法

①在不育株刚刚抽穗而未开花时，用纸袋将稻穗套上。

②一般每株套两穗，让其自交。

③经半个月后检查结实情况，无实粒者为全不育，少量结实者为部分不育。

（3）镜检法

①取主穗和分蘖穗不同部位颖花的花药，在载玻片上压碎，加 I-KI 溶液。

②在低倍显微镜下检查，正常花粉为圆球形，呈蓝黑色。

③孢子体不育系，如正常花粉量超过 1%，表明不育性不良。

凡生长发育正常，性状表现良好，不育性稳定的不育系，就可以直接利用。

第二节　不育系的转育

为了丰富不育系类型，可进行不育系转育，以培育同质异核新不育系。它与原不育系在花粉败育特性和恢保关系上基本相同，但因所用保持系不同，新不育系在经济性状及配合力等方面具有不同特点。转育同质异核不育系是收效快的好办法，其步骤如下：

（1）测交。选择符合育种目标的优良品种、品系与现有不育系进行单株成对杂交，每个组合的 F_1 种植 10～20 株，与父本并排单本栽插。

（2）育性鉴定。对各组合 F_1 的不育株率和不育度进行仔细观察鉴定。

（3）择优回交。选取 F_1 全部不育且开花良好的组合，再用原父本回交。B_1F_1 要有 30～50 株，与父本并排种植。在 B_1F_1 中出现分离，按先选组合，再选株系，后选单株的原则，选取性状倾向父本，不育度高，开花正常的单株作母本，再进行成对回交。B_2F_1 一般要建立 3～5 个成对株系，每个株系种植 20 株左右。以后的世代，按此法类推，直到母本不育性稳定，父母本在外形上基本相同，再扩大群体到 1 000 株，凡母本单株不育度达 100%，群体不育株率达 100%，转育工作即完成，其父本就是该不育系的保持系。例如，黎明不育系，就是用日本 BT 型不育系转育而成（图 3-1）。

说明	母本	父本

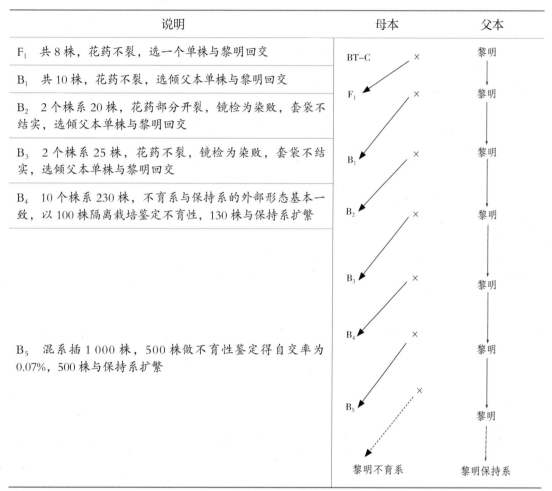

F₁ 共8株，花药不裂，选一个单株与黎明回交

B₁ 共10株，花药不裂，选倾父本单株与黎明回交

B₂ 2个株系20株，花药部分开裂，镜检为染败，套袋不结实，选倾父本单株与黎明回交

B₃ 2个株系25株，花药不裂，镜检为染败，套袋不结实，选倾父本单株与黎明回交

B₄ 10个株系230株，不育系与保持系的外部形态基本一致，以100株隔离栽培鉴定不育性，130株与保持系扩繁

B₅ 混系插1 000株，500株做不育性鉴定得自交率为0.07%，500株与保持系扩繁

图 3-1　黎明不育系的转育过程

第三节　新质源不育系及其保持系的选育

一、基本原理

实践证明，远缘核置换杂交，是选育新质源不育系的基本方法。所谓核置换，就是通过杂交和连续回交，把父本的细胞核转移到母本的细胞质中，取代母本的细胞核，形成一个核和质是不同源的核质杂种（图3-2）。由于亲缘关系远，核质不协调，会造成雄性不育。按基因学说，是由于母本含有细胞质雄性不育基因，父本含有相应的细胞核不育基因，二者互作形成雄性不育，而其父本就是保持系。

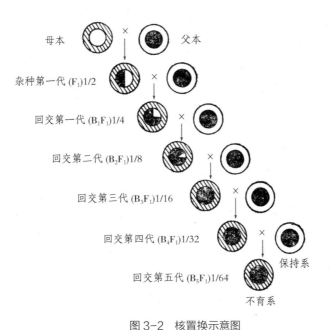

图 3-2　核置换示意图

二、选育方法

（1）组合的选配。杂交组合选配得当与否，对育成新不育系起决定性作用。一般原则是：以进化阶段较低的野生稻、半野生稻或古老的晚籼品种作母本，以进化阶段较高的粳稻或早、中籼稻作父本，两者进行杂交，较易成功，而反交则较难奏效，甚至徒劳无获。

①种间杂交。包括普通野生稻 × 栽培稻，非洲光身稻（*O. glaberrima*）× 普通栽培稻，后代中出现雄性不育株的概率相当高，尤以野生稻 × 粳稻最高，几乎达 100%。野败型及红莲型不育系属此类。

②亚种间杂交。主要是籼稻 × 粳稻。由于亲缘关系较远，只要父母本选择恰当，就能在部分组合中育成不育系。我国滇三型不育系及日本 BT 型不育系属此类。

③亲缘较远的籼稻品种间杂交。一般来说，籼 × 籼产生不育株的概率比籼 × 粳更低。但选用进化程度较低的类型作母本，也有希望取得成功。四川的冈型不育系及湖南杂交水稻研究中心育成的珍鼎 28 不育系即是例子。

（2）杂交后代处理。选育方法和程序，与不育系转育方法基本相同，即连续择优回交。应注意的是：远缘杂交易出现染色体不育和雌性不育。前者随回交世代而恢复可育，后者杂交不结实。为了获得核质互作型不育性，对于某些组合，可在杂种后代中选择可育株或部分不育株作母本进行回交，然后自交，再从自交后代中选择可育株（排除染色体造成的不育）作母本，连续回交以选育不育系。日本的 BT 型不育系就是按这种处理方法选育出来的。

第四章

恢复系的选育

获得强优恢复系是利用核质互作雄性不育系进行杂交水稻育种的先决条件，本章将讨论恢复基因的来源和目前选育稳定且有效的恢复系的方法。

第一节　恢复基因的来源

了解恢复基因的来源，对提高选育恢复系效率很有帮助。

一、提供不育系细胞质的母本，其细胞核一定含有显性恢复基因

按照基因学说，凡细胞质中含有雄性不育基因的正常水稻，细胞核中一定含有显性恢复基因，不然，就不能正常结实。例如，包台型的恢复系——BT-A，其恢复基因来源于原始母本——包罗-Ⅱ的细胞核。

二、在与不育系原始母本亲缘较近的类型中，含有恢复基因的品种较多

野败型不育系的恢复系大都来自与野生稻亲缘较近的低纬度籼稻类型如 IR24、印尼水田谷等东南亚品种。

三、恢复品种与起源有一定关系

在古老的感光的和生育期长的晚籼稻中恢复品种多，恢复力强；中籼次之，早籼则少而弱；粳稻特别是早粳几乎绝无仅有。

第二节　恢复系选育方法

一、测交筛选

（1）单株成对测交。在原始材料圃里，选择符合要求的品种（品系），用其典型单株，分别与一个具有代表性的不育系进行成对测交。每个组合的种子一般要有 30 粒以上。

（2）测定恢复力。成对测交的 F_1 应种植 10 株以上，在抽穗期根据花药开裂百分率和正常花粉百分率鉴定花粉育性，成熟期考查结实率。如果花药开裂百分率在 99% 以上，正常花粉百分率在 80% 以上（孢子体型）或 50% 左右（配子体型），同时结实率正常，便进行复测。复测的 F_1 群体要求种植 100 株以上。如结实仍然正常，就证明父本确实具有恢复力。如 F_1 在育性及其他性状上有分离，则表明该父本还不是纯系，可从中再选若干单株成对测交，直到 F_1 无育性分离为止。

应注意的是，恢复系对不育系的恢复能力有强有弱。强恢复系的杂种一代结实正常，受环境影响小，如泰引 1 号、IR24 和 IR26；弱恢复系的杂种一代，结实率偏低，易受环境影响，如 IR28、古 154 等，不宜在生产上应用，尽管在很好的条件下它们的结实率也可能正常。

（3）鉴定优势。经复测证实具有恢复力的品种，再与各种同质的不育系配组，按规定的试验程序进行产量、抗性、米质及适应性等方面的鉴定，以定取舍。

二、杂交选育

目前生产上应用的几个不同质源的不育系，恢复谱都不广，仅用测交筛选难以满足需要，因此，必须进行人工制恢。

（1）一次杂交选育法。通过一次杂交，把恢复系的恢复基因导入一个品种（品系）中。

①恢 × 恢（R×R）。选用两个具有恢复力的品种进行杂交，在 F_2 群体中选择优良单株与不育系成对测交，按测交杂种育性的恢复程度及其他性状，选留恢复力强的父本，如此连续几代，直到性状和恢复力稳定。

②保 × 恢（B×R）或恢 × 保（R×B）。非恢复系的品种资源相对较多。恢复系的某些性状，需要借助保持品种来改良时，可采用这种杂交方法。

③不 × 恢（A×R）。在不育系与恢复系的杂种自交后代中，选择符合育种目标的全育株。因这种可育株的细胞质是不育的，其细胞核中必然带有恢复基因。按系谱选择法连续选择若干代，选留性状优良、个体间形态一致、育性稳定的株系。再从中选取若干单株，分别与不育系

测交，凡杂种结实正常的，相应的父本即为新恢复系。为了加强父本优良性状，可回交后再系选。这类恢复系的细胞质与不育系的相同，叫同质恢复系。

（2）复式杂交选育。复式杂交可以把多个品种（品系）的有利基因综合到新的恢复系中去。湖南省培育的早熟恢复系二六窄早就是用复式杂交法育成的（图4-1）。

（3）多代回交转育（定向转育）。经测交鉴定出某品种配合力好，杂种优势强，但没有恢复力或恢复力弱，在这种情况下，可采用多次回交转育法，将该品种定向转育成恢复系。具体做法是：①选取恢复力强的同质恢复系或不×恢的F_1作母本，把需要转育的高配合力品种作父本，两者杂交；②在以后几代中，选花粉正常，性状倾向父本的可育株作母本，用父本连续回交；③待各种性状与父本基本一致后，让其自交；④再从自交后代中选取育性没有分离的株系，即是新的恢复系。里勃恢复系就是用此法育成的（图4-2）。

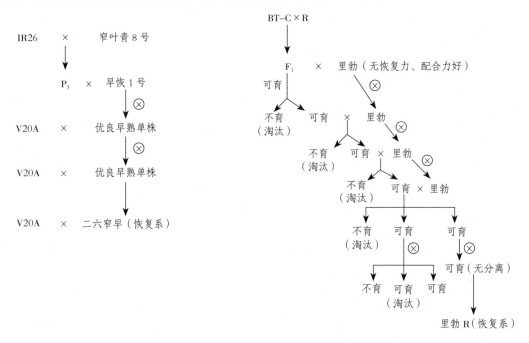

图4-1 复式杂交选育恢复系示意图   图4-2 定向转育恢复基因示意图

第三节 对几种选育方法的评价

上述选育方法各有优缺点，应根据育种目标和条件灵活应用。

（1）筛选法是对现有品种资源的充分利用，能多快好省地获得恢复系。

（2）杂交选育法则可扩大恢复系选择范围，按照育种目标育成所需要的新恢复系，其中恢 × 恢既可综合多种优良性状，又易选得强恢复力的恢复系。

（3）为了提高恢复系的配合力，需要非恢复系品种参加育恢。其优点是亲本选择面广，有利于配组。但必须增加测交工作量，以免恢复基因在选育过程中被遗漏或淘汰。

（4）同质恢复系的选育，可减少测恢工作量，也有利于消除由于核质矛盾造成的生理不协调而使结实率降低等现象。

（5）保 × 恢和同恢配组时，要注意避免亲缘重叠，以免异质性下降。

（6）恢复基因有剂量效应时，同恢本身虽结实正常，但其杂种不一定结实良好，应多选单株测交。

第五章

杂交水稻组合选配

杂交组合的选配，是利用水稻杂种优势的主要环节，它直接关系到优势的强弱。选配组合应考虑以下一些原则。

第一节　遗传差异

遗传差异是产生杂种优势的基础，在一定范围内遗传差异越大，优势越强。这里所说的遗传差异主要是指以下几个方面。

（1）双亲血缘不同，如不同种或亚种间。

（2）双亲地理起源不同。

（3）双亲属不同生态类型，如早、中、晚稻，水、陆稻等。

但也不是遗传差异越大越好。如野生稻与栽培稻杂交，后代分蘖力可超过栽培稻亲本一倍，但结实率低，其他经济性状也差。籼粳稻亚种间杂交也有类似情况。

因此，我国当前在生产上应用的籼型组合，多数是采用不同生态类型和不同地理起源的双亲配组。粳型组合是在亲本中加入少量远缘成分。

第二节　性状互补

我国近年在生产上应用的杂交稻组合，都具有双亲多种优良性状互补作用，使杂种综合性状优于双亲，而表现出明显的优势。如威优6号和汕优6号，其母本抗稻瘟病，生育期短，分蘖力弱，千粒重较大；父本抗白叶枯病，生育期长，分蘖力强，千粒重小。配制杂种后，综合了双亲的优点，表现出既抗稻瘟病，又抗白叶枯病，生育期中熟偏迟，分蘖力中等偏强。千粒重中等偏高，表现出性状互补。

第三节　配合力高低

亲本的一般配合力，对杂交水稻的产量影响较大。分蘖力、单株穗数、每穗实粒数、千粒重、单株粒重，应选择配合力效应值高的亲本；株高及空壳率，应选取配合力效应值低的亲本。

有些亲本配组，具有特殊配合力。例如，在千粒重值方面，杂交后代一般介于双亲之间，但二九南1号不育系与IR24及IR661配组后，千粒重有超高亲的表现。因此，在选择亲本时，应注意它们的特殊配合力，对新育成的不育系和恢复系应进行配合力测定，以减少配组的盲目性。

第四节　遗传力强弱

杂交水稻是利用杂种第一代优势，选配亲本时，主要参考广义遗传力参数。性状的遗传力强，说明该性状的表现由遗传因素决定的比例较大，环境对它的影响较小。一般情况下，有效穗数、单株粒重、分蘖力和蛋白质含量的遗传力较弱；千粒重、生育期、出糙率的遗传力较强；每穗实粒数、空壳率具有中等偏高的遗传力。

在配制组合前，了解不育系和恢复系主要性状的遗传力和显隐性关系，有利于选到强优势组合的亲本。

第五节　亲本的丰产性能

双亲或一方是高产品种，配制的杂交稻才能有更高的绝对产量。我国当前生产上大面积应用的强优组合，不育系与恢复系不仅遗传差异大，而且都是优良品种育成的。如南优、威优、汕优及四优诸组合，父本都是高产品种。

上述原则不是孤立的，而是彼此紧密联系的。双亲在遗传上的差异，必然在性状上反映出来；而性状上的差异，也是遗传差异的一种表现。因此，在选择亲本的遗传差异时，也要着眼于性状的互补；在选配性状互补时，也要考虑用不同亲缘、不同地理起源或不同生态类型的品种配组。同时，还要参考有关性状遗传力的强弱和显隐性关系。但是，不论从何种角度选配亲本，至少其中之一应为配合力好的高产品种，使相对的杂种优势达到较高的绝对产量。

上述原则也不是均等的，其中以遗传差异居首位。因为只有双亲遗传差异大时，杂种一代才能有旺盛的生理功能，产生较强的杂种优势。

第六章

杂交水稻育种程序

杂交水稻育种程序主要可分两个阶段，即"三系"选育和杂种优势鉴定。每个阶段又分为若干试验圃。

第一节　第一阶段——"三系"选育

一、原始材料圃

（1）主要任务。根据育种目标，收集、研究各种"三系"材料和其他具有不同农艺性状和生物学特性的品种资源，供杂交、测交和选育"三系"之用。

（2）种植方式。除"三系"材料外，一般每个材料种 10~20 株。根据需要种植在大田或盆钵中，插单本。为了使杂交时花期相遇，可按计划分期播种或作短光处理。不育系和保持系要种在隔离区内。培育恢复系和保持系的材料，以及未稳定的其他材料，可按世代高低和要求来确定群体大小。用于测交的不育系，酌情酌量分期种植。

二、测交观察圃

（1）主要任务。对杂种一代进行育性鉴定，筛选保持系和恢复系材料。

（2）种植方式。一般每一组合宽行插 10~20 株，每隔 10~20 个组合设一正常品种作对照。

（3）回交或复测。杂种表现不育，且该父本性状合乎育种目标的，进行回交选育不育系；杂种育性恢复正常，且产量性状超亲的（包括去雄配组的杂种在内），再用其父本与原不育系或母本复测，选育恢复系。半恢半保的组合，一般予以淘汰。

三、复测鉴定圃

（1）主要任务。再次证实父本的恢复力和初步观察杂种的优势程度。如杂种仍结实正常，父本就是该组合的恢复系。如杂种还具有优势，这个组合即可进入下一阶段试验。

（2）种植方式。每一组合种植100株左右，插单本，一般情况下用父本或母本和标准品种作对照，不设重复或只设两次重复。

四、回交圃

（1）主要任务。选育优良的不育系及其保持系。

（2）种植方式。回交杂种与父本成对种植，一般要回交4~6代。当回交后代的不育性稳定，性状与父本基本一致，群体有1 000株以上时，即可作为不育系，相应父本即是保持系。

第二节　第二阶段——杂种优势鉴定

一、配合力测定圃

（1）主要任务。用多个不育系与多个恢复系进行配组比较，以选出配合力优良的不育系、恢复系和强优组合。

（2）种植方式。每个组合种植100~200穴，单本插植，并设重复，用标准品种或当家优良组合作对照。

二、组合比较试验

（1）主要任务。对经配合力测定圃入选的组合进行比较试验，根据对供试组合的产量、品质、抗性等主要性状的观察分析，得出综合结论，推荐最优组合参加区域试验。

（2）种植方式。设3~4次重复，小区面积13.34~20.01 m²，用标准品种或当家优良组合作对照，试验年限1~2年。

三、区域试验

（1）主要任务。对各单位经组合比较试验推荐的优良组合，统一进行区域试验，以确定新组合的丰产性和适应性。

（2）种植方式。与组合比较试验基本相似，但要求的准确性更高，必须严格按统一的规则执行。在进行区域试验的同时，可进行生产试验和栽培及制种技术的研究。

上述各圃之间的关系如图 6-1 所示。

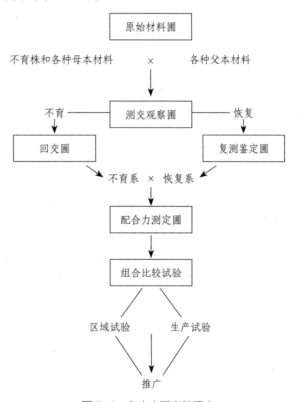

图 6-1　杂交水稻育种程序

上述过程是选育杂交水稻的一般程序，但并非一成不变。对表现特别优良的组合，可以越级进行试验，如某个组合在复测鉴定圃中表现很突出，即可越级进入组合比较试验，甚至参加区域试验，以便缩短选育过程，使其尽快在生产上发挥作用。

第七章

杂交水稻制种和不育系繁殖

杂交水稻种子的生产方法与常规稻有所不同。它包括：①繁殖不育系（不育系 × 保持系）；②杂交制种（不育系 × 恢复系）。需要设置专门的繁殖田和制种田。繁殖田、制种田、大田面积之比取决于繁殖、制种产量和单位面积杂交水稻的用种量。若繁殖、制种亩产均为100 kg，杂交水稻每亩用种 2 kg，则繁殖田、制种田、大田面积之比约为 1 : 50 : 2 500。

第一节　杂交水稻制种技术

一、田地选择

（1）水肥条件好。

（2）阳光充足。

（3）病虫害少，无检疫对象。

二、隔离条件

水稻花粉小而轻，能随风飞扬，传粉距离很远。为保证种子的纯度，避免串粉，制种田必须严格隔离。

（1）空间隔离。100 m 以上，在此范围内，除父本品种外，不得种其他品种。

（2）时间隔离。制种田周围 100 m 以内的其他品种应比不育系提早或延迟 20 d 以上抽穗扬花。

（3）屏障隔离。利用地形地物或人工屏障物将制种田与其他水稻品种隔离。

三、最佳的抽穗扬花期

"三系"正常开花的条件是：

（1）日平均温度 24 ℃～28 ℃。

（2）相对湿度 70%～80%。

（3）昼夜温差 8 ℃～10 ℃。

（4）阳光充足。

（5）有微风。

四、确保花期相遇

不育系靠异花授粉结实，故必须做到父母本在同一时期抽穗扬花，使母本能得到足够花粉，这是制种成功的关键，对父母本的生育期差别很大的组合尤为重要。同时，父本一般分两期或三期播种，每期隔 5～7 d，以使母本在整个花期有较多的花粉可授。

花期相遇的标准，以威优 6 号制种为例，如图 7-1 所示。

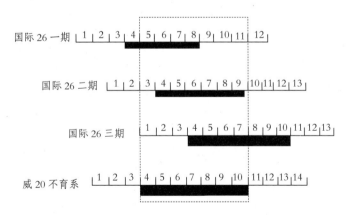

图 7-1　威优 6 号制种父母本花期相遇示意图

确定父母本播种差期的方法有生育期法、叶龄法和有效积温法，均以第一期父本为准进行计算。

（1）生育期法。根据历年分期播种的生育期资料，找出父本和母本播种至始穗相差之天数，以确定当年父母本播种的日期。此法优点是比较简单，容易掌握；缺点是在春季气温变化大的地区，早播父本生育期各年间变幅较大，而母本播期较迟，生育期较为稳定，若按生育期推算母本播期，往往差期较大，造成花期不遇。所以此法只适宜于气温变化小的地区和季节。

（2）叶龄法。水稻品种的主茎叶片数与出叶速度均具有相对的稳定性。利用主茎叶龄推算父母本播种差期的方法叫叶龄法。

具体做法是：

①定株观察 10 株以上。

②记载叶龄。每三天记一次，以第一期父本为准，取平均数为依据。

③记录叶龄常采用简便的"三分法"，即叶片现心未展开时为 0.2 叶；叶片开展，但尚未完全展开时为 0.5 叶；叶片全展为 0.8 叶，从主茎第一片完全叶算起（表 7-1）。

例如：在长江流域威优 64 的春、夏、秋季制种，第一期父本叶龄分别为 6.2、5.2、4.2 时，就是母本的播种适期。

（3）有效积温法。一般感温性水稻品种在同一地区即使播期不同，播种至抽穗的有效积温是相对稳定的。一般以 12 ℃作为生物学下限温度，27 ℃为生物学上限温度。计算有效积温的公式是：$A = \sum (T-H-L)$。

式中：A——某一生育阶段的有效积温（℃）；

T——日平均气温；

H——高于上限温度（27 ℃）的度数；

L——下限温度（12 ℃）；

Σ——某一生育阶段的起止累计数。

表 7-1　叶龄记录表

亲本名称＿＿＿＿　丘名＿＿＿＿　播种期＿＿＿＿　移栽期＿＿＿＿

株号	＿月＿日		＿月＿日		
	叶龄系数	累计叶龄			
1	0.2				
2	0.8				
3	0.5				
…					
10					
小计					
平均					

有了不育系和恢复系从播种到始穗的有效积温，就可以知道父母本从播种到始穗的有效积温差数，从而确定短生育期亲本的播种日期。

例如，汕优 2 号制种，父本 IR24 从播种到始穗的有效积温为 1 133 ℃，母本珍汕 97A 为 791 ℃，两者的有效积温差为 1 133 ℃-791 ℃= 342 ℃。即 IR24 播种后逐日有效积温累计达到 342 ℃时，就是母本珍汕 97A 的适宜播种期。

应注意，同一品种所要求的积温，在不同地区有所不同。因此要尽量利用当地农业气象部门的观察数据，以提高可靠性。

实际上，生育期、叶龄、积温三者是密切相关的，在确定父母本播种差期时，可以把三者综合起来运用。但一般多以叶龄法为主，有效积温法和生育期法只作参考。

五、行比、行向和种植方式

行比是指制种田的父母本行数的比例。确定行比大小的依据是：

（1）父本生育期的长短。

（2）长势强弱。

（3）花粉量的多少。

（4）植株的高矮等。

其原则是：

（1）在保证父本有足够花粉量的前提下适当增加母本行数。

（2）扩大两行父本之间的距离，以减少对不育系的荫蔽，改善田间小气候，有利于不育系的生长发育和正常开花。

（3）行向要与抽穗开花期间的风向垂直或成一定角度，以借风力传粉，这对提高异交结实率有一定效果。

实践中，杂交籼稻一般采用 1：（8～10）或 2：（10～12）的行比，杂交粳稻采用 1：6 或 2：8 的行比，如果父本的花粉量多，行比还可适当加大。通常父本插单株，株距 13.32 cm，行距 166.65～199.98 cm，每亩插 3 000 穴左右；母本插双株，每亩插 20 000 穴以上，株行距 13.32 cm×16.65 cm 左右。制种田的种植方式如图 7-2 所示。

六、花期预测与调节

即使有了较准确的播种差期，由于气候的变化和栽培管理条件的不同等，往往也会使父母本的花期未能相遇。为了确保花期相遇，须进行花期预测，以便及早采取措施加以调节。

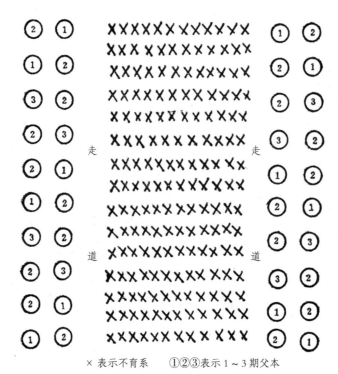

× 表示不育系　①②③表示 1～3 期父本

图 7-2　制种田种植方式示意图

1. 花期预测

常用的方法是幼穗检查法。根据水稻幼穗发育八个时期的形态（图 7-3）观察父母本幼穗发育进展，来判断父母本花期是否相遇。

具体做法：从始穗前 30 d 左右开始，每隔 3 d 对制种田父母本取样，剥取主茎和分蘖的幼穗并用放大镜观察。

一般标准：幼穗分化的前三期，父本比母本早一期；中三期（即 4、5、6 期）父母本处在同一期；后两期，母本略早于父本。

2. 花期调节

在幼穗发育前三期，发现父母本花期将会不遇时，可对发育快的亲本偏施速效性氮肥，对发育慢的亲本喷施 1% 浓度的磷肥。这样可调节 4～5 d 的花期。

在幼穗发育后期发现花期不遇，可利用恢复系对水分反应较敏感而不育系较迟钝的特点，采用旱控水促的办法加以调节，如果父本早，就排水晒田控父本，如果父本迟，就适当灌水促父本，这样可调节 3～4 d 的花期。

如果花期相差 10 d 左右，需对早穗亲本进行拔苞、拔穗、偏施氮肥等，促使迟发的分蘖或无效分蘖成穗，以使花期相遇。

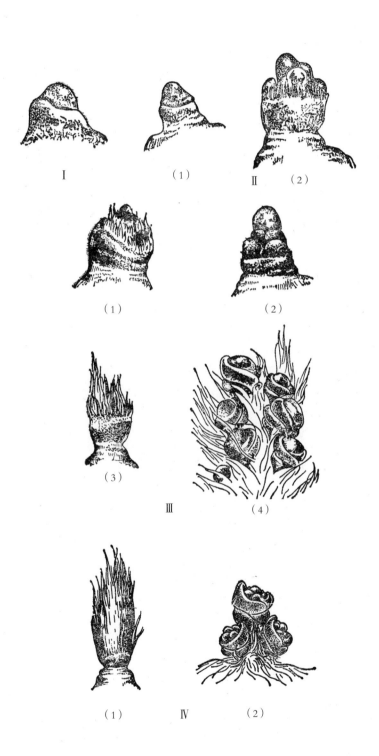

　　Ⅰ　　　　　　（1）　　　　Ⅱ　　　（2）

（1）　　　　　　　　　（2）

（3）

Ⅲ　　　（4）

（1）　　　Ⅳ　　　（2）

42040

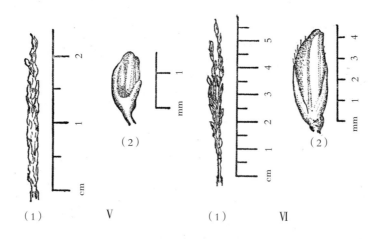

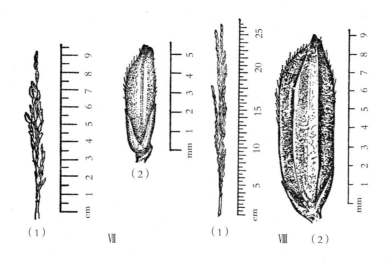

Ⅰ 第一苞分化期
Ⅱ 第二次枝梗原基分化期
（1）第一次枝梗原基分化初期幼穗外形
（2）第一次枝梗原基分化后期幼穗外形
Ⅲ 第二次枝梗及颖花原基分化期
（1）第二次枝梗原基分化初期外形
（2）从（1）中剥下的一个枝梗
（3）颖花分化初期幼穗外形
（4）从（3）中剥下的一个枝梗
Ⅳ 雌雄蕊形成期
（1）颖花分化初期幼穗
（2）从（1）中剥下的一个枝梗

Ⅴ 花粉母细胞形成期
（1）幼穗 （2）颖花
Ⅵ 花粉母细胞减数分裂期
（1）幼穗 （2）颖花
Ⅶ 花粉内容物充实期
（1）幼穗 （2）颖花
Ⅷ 花粉完成期
（1）幼穗 （2）颖花

图7-3 水稻幼穗发育八个时期的外部形态

在扬花期，如发现花期不遇，通常是父本开花早，母本开花迟，可采用排灌、对母本赶露水、对父本喷水等方法来改善田间小气候，调节花期。

七、割叶、喷"九二〇"和人工辅助授粉

割叶、喷"九二〇"和人工辅助授粉能明显提高异交结实率。

（1）割叶

割去高出父母本稻穗的叶片，以利于传粉。

好处：①能增加不育系受粉机会；②可以改善田间小气候，协调父母本的花期。

做法：①始穗前 1～2 d 进行；②割去剑叶 1/2～2/3。

（2）喷"九二〇"

"九二〇"能刺激细胞生长。

好处：①可减轻野败型不育系的包颈程度或使穗完全抽出；②能提高柱头外露率；③能调整植株高度；④使后期小分蘖赶上大分蘖；⑤使用大剂量（100 mg/L）"九二〇"能使稻穗全部突出在剑叶之上，可省去割叶（图7-4）。

做法：①"九二〇"溶液配制。一定量"九二〇"粉剂，先用少量乙醇溶解，几小时后再加水至一定容量。加少量中性肥皂粉起黏附剂作用，效果更好。②时间和用量。一般进行两次，父母本都喷，在下午进行。第一次在抽穗 10% 左右时，每亩用 1.5～2 g，浓度 30～40 mg/L。第二次在抽穗 30% 左右时，每亩用 3～4 g，浓度 60～80 mg/L。

（3）人工辅助授粉（图7-5）。拉绳或用棍竿震动正在开花的父本稻穗，可以促使花药开裂，扩大散粉范围，使花粉散得均匀，增加母本受粉概率。特别是在无风或微风条件下，效果更加明显。4级以上大风就不必人工赶粉。

主穗　分蘖穗　　主穗　分蘖穗
喷"九二〇"25 mg/L　　对照
平均每穗结实 86 粒　　平均每穗结实 35.6 粒
图7-4　喷"九二〇"的效果

图 7-5　人工辅助授粉

时间：上午，当母本开花时开始赶粉，如只父本开花而母本未开花，则不赶；下午，父本有花粉，母本即使闭颖，也要赶粉。

次数：每天5次左右，每隔半小时一次，从有花粉赶到无花粉为止。

八、去杂去劣

生产上用的杂交稻种子纯度应在98%以上，要达到这一要求，制种田中的恢复系和不育系的纯度应在99%以上。为此，制种田除搞好隔离外还要严格去杂去劣。

时期：抽穗前进行2~3次，特别要注意始穗期的去杂去劣，收割前再清查一次。

对象：①不育系行中的保持系植株和半不育株；②父母本行中的其他混杂株。

标准：①混杂株一般根据叶鞘色、叶环色、叶片大小、长相、株型、高矮和生育期来区别。②保持系，一般比不育系早抽穗3~5 d，不包颈，花药黄色而饱满。③半不育株，花药比不育系的稍大，呈淡黄色，部分有孔裂现象，不裂的花药开花后数小时变成暗黄或深黄色。

九、田间管理特点

精细的田间栽培管理是实现制种高产的基础。

（1）培育分蘖壮秧。

（2）早移栽。

（3）父本插多蘖单本秧，母本插多蘖双本秧。

（4）前期早施肥，促早发、多发分蘖。

（5）中后期控肥控水，使剑叶变小，抽穗后仍保持良好的通风透光条件，以利于传粉。

（6）促有效穗数。每亩父本有效穗数要在 8 万穗左右，母本有效穗数要在 25 万穗左右。父母本穗数的比例应为 1 :（3~4）。

（7）防治病虫害。

第二节　不育系的繁殖技术

不育系的繁殖技术与制种技术大同小异，主要有以下三个特点。

一、播种差期

保持系与不育系为一对同型系，生育期差异不大。

配子体粳型不育系：从播种到抽穗的天数与其保持系相近。

（1）第一期保持系可与不育系同时播种。

（2）播后 5~7 d，即不育系 1.5~2 叶时，播第二期保持系。

（3）不育系与保持系同时插秧。

野败型等孢子体不育系：从播种到抽穗的天数比其保持系长 3~5 d。

（1）先播不育系。

（2）不育系长到 1.5 叶时，播第一期保持系。

（3）2.5~3 叶时播第二期保持系。

二、行比

繁殖田的父母本，株高差异不大，而且由于迟播迟插，父本的分蘖力和长势往往不及母本，因此，繁殖田的行比不宜过大，一般多采用 1 : 3 或 2 : 5。

三、促父本

由于不育系比保持系早播早插，其生长势和分蘖力往往强于保持系，最终会导致保持系花粉量不够，繁殖产量低。

为了提高繁殖田的产量，应在管理好母本的同时，加强对父本的培育。如：父本带土插秧以缩短返青期；及早对父本偏施一次速效性肥料，促其早发等。

第八章

"三系"的提纯和原种生产

据调查，种子平均纯度降低1%，每亩减产6.5~7 kg。由此可见，"三系"提纯和生产原种在杂交稻生产中占有十分重要的地位。

第一节 "三系"及其杂交种退化的表现

一、不育系

（1）株型、熟期以及经济性状发生分离。

（2）不育度和不育株率降低，出现自交结实。

（3）可恢复性变劣，配合力降低。

（4）开花习性变劣，花时分散。

（5）闭颖率增高。

（6）柱头外露率下降。

（7）包颈程度加重。

二、保持系、恢复系

（1）保持力、恢复力变差。

（2）配合力降低。

（3）花粉不足，散粉不畅。

（4）长势衰退。

（5）抗性减弱。

（6）性状分离。

三、杂交种

（1）整齐度差。

（2）恢复度下降。

（3）抗性减弱。

（4）性状发生变化。

第二节　"三系"混杂退化的原因

一、生物混杂

繁殖田、制种田非父本品种的串粉，是杂交稻混杂退化的主要原因。

二、机械混杂

在繁殖、制种的播、栽、收、脱、晒、运、贮过程中，由于操作不严格或不慎，"三系"或杂交种中混入了其他品种。

三、自然变异

"三系"在栽培或异地引种过程中，由于自然产生的遗传变异而发生性状分离和育性变化。但这种概率是不高的。

第三节　"三系"提纯的方法

"三系"提纯方法有几种，其中比较简便有效的是"三圃四步"法。三圃即测交圃、鉴定圃、繁殖圃。四步为单株选择、成对测交和回交、分系鉴定、混系繁殖（图8-1）。

三圃四步法的要点如下。

一、单株选择

严格按照典型性状、育性和抗性逐株鉴定和选择生长正常的优良"三系"单株。

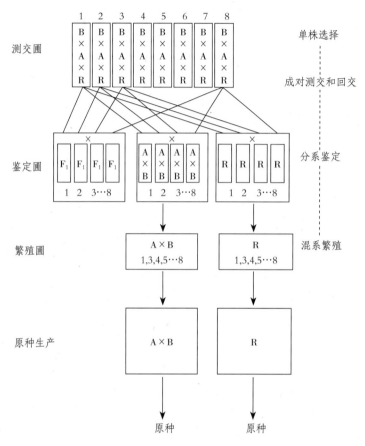

图 8-1 "三系"原种生产程序

二、成对测交和回交

将当选的单株在测交圃中，成对进行测交和回交。杂交对数视人力、物力等条件而定。一般情况下：

（1）不育系 × 保持系，50 对左右，每对有回交种子 100 粒以上。

（2）不育系 × 恢复系，50 对左右，每对要收测交种子 200 粒以上。

三、分系鉴定

分三个鉴定区进行。

（1）不育系育性鉴定区

①选择隔离条件好的田块；

②将各对不育系和保持系依次插成小区；

③抽穗始期进行严格的育性鉴定。割掉不良株系的父母本，留下群体整齐一致、不育株率和不育度达 100%、开花习性好、包颈轻的不育株系以及相对应的保持系。

（2）恢复系及杂种优势鉴定区

①每对组合的 F_1 种植 100 株以上；

②在另一块隔离区将相应的父本株系种植 100～200 株；

③鉴定杂种的性状和优势，如生长势、分蘖力、成穗率、结实率、整齐度、抗性和产量等；

④鉴定父本的性状、典型性、整齐性和开花习性；

⑤留良去劣。只选留父本和其杂种双方都表现良好的父系，任何一方（包括母本在内）表现不良的均予淘汰。

四、混系繁殖

（1）将当选的各对不育系及其保持系种子分别混收，种在隔离区进行繁殖，生产原原种。

（2）当选的各恢复系也混收，种在另一隔离区繁殖，生产原原种。

（3）将原原种进一步繁殖，就是原种。"三系"原原种的原种标准见表8-1。

表 8-1　"三系"原原种和原种标准

系别	级别	纯度 /%	净度 /%	发芽率 /%	水分 /%	不育度和不育株率 /%	恢复率 /%	稗子
不育系	原原种	100	>99.8	>93	<13.5	100	—	0
	原种	>99.8	>99.5	>93	<13.5	100	—	0
保持系	原原种	100	>99.8	>98	<13.5	—	—	0
	原种	>99.8	>99.5	>98	<13.5	—	—	0
恢复系	原原种	100	>99.8	>98	<13.5	—	>85	0
	原种	>99.8	>99.5	>98	<13.5	—	>85	0

第九章

水稻化学杀雄技术

第一节 化学杀雄的意义及其优缺点

一、化学杀雄的意义

为了大量生产第一代杂交水稻种子，采用化学杀雄的方法是一个重要的途径。

化学杀雄，就是在稻穗发育的某一时期，选用某些化学药剂喷洒在作母本的茎、叶上，使其花粉失去受精能力，同时选用另一水稻品种作父本给它授粉，配制杂交种子供生产应用。

二、化学杀雄的优点

（1）亲本来源丰富，配组比较自由，能充分利用各类品种来选配优势组合。

（2）制种程序简单，免去了"三系"选育、不育系繁殖等技术难度大的工作程序。

（3）制种田中如果发现花期不遇或遇连续下雨天气，可以不喷药，母本仍可获得一定产量，不致受损失。

三、化学杀雄的弱点

（1）杀雄效果易受降雨天气的影响。如喷药后 4 h 之内下雨会降低杀雄效果，如在喷药期内连续下雨，就会使杀雄贻误时机，或杀雄不彻底而造成制种不纯。

（2）由于水稻主茎和分蘖的生育期不同，若接受同一浓度的药液，其杀雄效果必不一致；浓度过低效果差，浓度过高会导致闭颖率增加或雌性不育，两者都会降低制种产量和纯度。

四、用于化学杀雄的主要药剂

目前用于水稻的化学杀雄剂有：甲基砷酸锌（稻脚青，$CH_3AsO_3Zn \cdot H_2O$）、甲基砷酸钠（$CH_3AsO_3Na_2$）等。

第二节　化学杀雄制种技术要点

一、亲本选择原则

（1）注意选择遗传差异大，性状互补，能产生较强优势的亲本来配制组合。

（2）选择杀雄率高，保雌率高，闭颖率低的品种作母本。不同品种对化学杀雄剂的反应有较大的差异，如献党一号和IR24两个品种的正反交都具有相同的杂种优势，但IR24比献党一号的杀雄制种效果要好。

（3）选用抽穗快而整齐的品种作母本。

（4）尽可能选用成熟期、株高都相近的亲本进行配组，使花期能完全相遇，从而异交率可大大提高。

二、喷药适期、浓度和用量

（1）喷药适期。一般在减数分裂盛期至花粉单核期喷药效果较好，喷药后经4 h吸收，3~11 d内杀雄有效。

（2）使用浓度及配制方法。使用浓度因药剂品种不同而异。以常用的杀雄剂1号（甲基砷酸锌）为例，籼稻常用浓度是0.015%~0.025%，粳稻稍低。配制方法：先用浓盐酸为溶剂配成10%的母液，再用水稀释10倍成1%的药液，然后按规定浓度再稀释喷施。目前，杀雄剂1号已逐步由杀雄剂2号，即甲基砷酸钠（$CH_3AsO_3Na_2$）所代替，其优点是易溶于水，配药时不需用盐酸作溶剂，而其杀雄效果与杀雄剂1号一致。

（3）药液用量及喷施时间。喷药杀雄在晨露干后及晚上叶面现露水前4 h进行，一般喷施一次，每亩母本适宜用药液175~200 kg，平均每株喷药液10 mL。但是有些幼穗发育进度不一致的品种喷药两次效果较好，第一次在花粉母细胞减数分裂期，隔7 d左右再以减半或适宜浓度再喷一次。

第三节　喷药后的处理

（1）喷药72 h以后割叶。

（2）喷药后72 h内早抽的穗由于杀雄不彻底，应该割除。

（3）喷药后4 h内如下雨，应再用适当浓度药液补喷一次。

（4）化学杀雄的雌蕊生活力和柱头外露率不如培育的不育系，因此要加强人工辅助授粉。

第十章

杂交水稻的栽培技术特点

杂交水稻的栽培技术与常规品种大同小异，主要应掌握以下栽培要点。

第一节　因地制宜，选用最佳组合

一个优良组合应具备以下条件：①丰产性能好；②生育期适合于当地的生长季节和耕作制度；③抗主要病虫害；④米质好。

现将适宜于我国不同地区的主要组合简介如下。

（1）生育期较长的中熟组合（汕优 2 号、威优 6 号、汕优桂 33 等），可在华南作早、晚稻，在长江流域作中稻或双季晚稻。

（2）生育期较短的早熟组合（威优 35、威优 64、汕优桂 8 等），可在 N 24°～28° 之间作双季早稻，在长江流域作早熟中稻和迟播迟插的双季晚稻，在高寒山区作一季中稻。

（3）生育期很长的组合（汕优 63 等），只宜在长江流域作中稻或华南作晚稻。

（4）短日照反应敏感的组合（汕优 30 选等），只能在华南作双季晚稻。

（5）早熟粳稻组合（黎优 57、中杂 2 号等），适宜在北方作一季稻或麦茬稻。

（6）中、迟熟粳稻组合（虎优 115、辛优 2 号等），适宜在长江流域作一季稻或双季晚稻。

（7）长江流域的双季稻，实行不同熟期组合的合理搭配，即迟配早，中配中，早配迟，既能调剂劳力，又可获得平衡增产。

第二节　培育分蘖壮秧，以蘖代苗

一、分蘖壮秧的好处

（1）以蘖代苗、节省种子。

（2）发挥杂交稻穗大粒多的优势。

（3）协调个体与群体的矛盾。

二、培育方法

（1）稀播、匀播。早、中稻每亩秧田播 15 kg 左右，视秧龄长短而定，使每苗占有 11.11~11.67 cm² 的营养面积。秧龄长的双季晚稻，每亩秧田播 10 kg 左右，每苗占 22.22~33.33 cm² 的营养面积。采用单粒条播形式更好。

（2）保温育秧。在春季低温地区，可采用薄膜、地薄育秧。

（3）匀苗、补苗。在 1.5~2.5 叶时进行，匀密补稀。

（4）两段育秧。第一段在温室（早、中稻）或室外（晚稻）苗床高密度播种，育成小苗，当秧苗长到 2 叶左右时，以 3.33 cm×6.66 cm、3.33 cm×9.99 cm、6.66 cm×9.99 cm 的规格寄插到普通秧田。

第三节　适时播种、移栽，保证安全抽穗扬花

杂交水稻开花受精对温度的反应比常规稻敏感，不适的高温或低温均会使开花散粉不良，不能受精，造成大量空壳。

籼型杂交组合，开花期最适的日平均温度为 24 ℃~29 ℃，日平均温度超过 30 ℃（穗部温度超过 35 ℃）或低于 23 ℃连续 3 d 以上，空壳率均明显增加。

粳型杂交组合，最适日平均温度为 23 ℃~26 ℃。

因此，要根据当地气候条件和组合的生育期来安排适宜的播插期，使之在安全齐穗期内开花受精，避免高温或低温的不良影响。

第四节　小苑密植，建立高产的群体结构

一、亩产500~550 kg 的双季早稻

（1）密度和基本苗。每亩2万~2.5万穴，每穴插4~5苗（包括分蘖）。

（2）最高苗数。30万~35万株。

（3）有效穗数。大穗型18万~20万穗，中穗型25万穗左右。

二、亩产650~700 kg 的中稻

（1）密度和基本苗。每亩2万穴左右，每穴3~4苗（早栽的中苗）或6~7苗（两段育秧的迟栽大苗）。

（2）最高苗数。大穗型30万~35万穗，中穗型35万~40万穗。

（3）有效穗数。大穗型20万穗左右，中穗型25万穗左右。

三、亩产500 kg 的双季晚稻

（1）密度和基本苗。每亩2.5万穴左右，每穴5~6苗。

（2）最高苗数。30万~35万株。

（3）有效穗数。大穗型18万~20万穗，中穗型25万穗左右。

第五节　合理施肥，前促、中稳、后期不早衰

一、杂交水稻对肥料三要素的需求特点

（1）对氮反应敏感。生产同样稻谷产量所需的氮素要少于常规品种。据广东农科院试验，生产稻谷500 kg，油优2号吸收氮素9.2 kg，常规稻珍珠矮吸收10.3 kg。特别在中低等施肥水平下，氮肥的增产幅度显著大于常规稻品种。

（2）对钾的需要较常规品种多。提高氮钾比是发挥杂交稻增产潜力的重要措施。

二、需氮水平

一般亩施10 kg 纯氮，可在中等肥力田亩产500 kg 稻谷；12.5 kg 纯氮可产600 kg 稻谷。

三、三要素比例

N、P、K 的比例一般为 1：（0.3~0.5）：0.7。

四、基、追肥的比例

（1）早稻，6：4。

（2）中、晚稻，5：5 或 4：6。

五、追肥方法

（1）前促攻有效蘖。70% 的追肥在前期施用，使在有效分蘖终止期的苗数达到预定的穗数指标。

（2）中稳攻大穗。幼穗分化后，看苗酌施穗肥，切勿过量，尤其是氮肥。

（3）后补防早衰。齐穗期前后每亩用 0.15~0.25 kg 的磷酸二氢钾或 0.5 kg 尿素兑水 50~75 kg 作根外追肥。

第六节　适当延迟收获时期

杂交水稻穗大、粒重，特别是有两段灌浆现象，因而灌浆、成熟时间比常规品种要长。因此，杂交稻的收获期要在不影响后续播种、插秧期和落粒损失的前提下，适当推迟。一般以受精粒的成熟率在 90% 以上时作为适时收获的指标。

第十一章

问题和展望

国内杂交水稻的研究和应用，虽然取得了巨大的成绩，但是还有一些问题需要继续研究。从育种角度看，从下述几个方面进行改进和提高，预计杂交水稻无论在栽培面积和单产上，还是在经济效益上，都将会有更大的增长。

第一节　改变质源单一的局面，发展和选用多种类型质源的不育系

目前在生产上应用的籼型不育系，95% 以上属野败型，尽管现在尚未发现野败细胞质与任何病害有直接关系，但是，从长远看，细胞质太单一，就潜伏着意外的危机，很可能招致某种毁灭性病害的大发生、大流行。如美国 T 型不育细胞质的杂交玉米，就是由于细胞质太单一而引起大、小斑病大流行，产量和经济损失巨大。为了不让杂交水稻重蹈玉米覆辙，必须从现在起着手改变野败不育系几乎一统天下的局面，有计划和因地制宜地选用一些其他质源的优良不育系来取代一部分野败型不育系，特别是要选育配子体不育的优良籼型不育系。因配子体不育系具有两大优点：一是开花习性好，稻穗不包颈或只轻微包颈，其异交率和制种产量高；二是恢复谱广，恢复品种多，选到优良组合的概率较高。目前生产上应用的仅有粳稻配子体不育系，现有籼型配子体不育系多数育性不够稳定或其杂种的恢复度不高，以致还不能投入使用。但从长远看，积极选育育性稳定且恢复度好的优良配子体不育系，应是今后籼稻"三系"选育的主要发展方

向。采用古老地方品种或半栽培类型作母本的籼籼交，是培育配子体不育系的有效途径。

第二节　选育异交率高的不育系，提高制种产量，降低种子生产成本

现行的制种技术虽然比较完整和有效，但这些技术措施的费用较大（如喷"九二〇"）和费工较多（如割叶），同时全国平均的制种产量还不高，每亩只有 75 kg 左右。因此，杂交水稻的种子成本高、价格贵，不利于杂交水稻的发展。

选育异交率高的不育系是提高制种产量和降低种子成本的治本之道。近年来，有些单位在这方面已取得较大的成绩和进展，育成了一批开花习性好，柱头特别长大，外露率在 95% 以上和属于叶上禾的籼型不育系（图 11-1）。初步观察，其自然传粉的异交结实率比现在生产上的当家不育系高 30%~50%。可以预料，一旦这些不育系投入生产，杂交稻的制种产量必将大幅度提高，亩产 200~250 kg 将是最平常的产量。

图 11-1　柱头发达外露的不育系

第三节　超高产育种

随着对杂交水稻研究的深入发展和经验的不断积累，并凭借杂交水稻育种可把形态改良与提高生理功能结合起来的优越性，超高产育种已成为当前的主攻目标之一。有的单位计划 5 年内育成在大面积生产条件下每亩日产量达 5.5~6 kg 的新杂交组合。这意味着，在不久的将来，长江流域大部分地区的双季稻平均每亩总产量将达 1 250 kg。事实上，新近育成的个别优良组合的产量潜力已很接近这个指标，说明上述超高产育种的目标不难达到，前景十分令人鼓舞。

根据初步经验总结，超高产育种在亲本选配方面，除了继续利用生态和地理远缘的品种间杂种优势外，还需对更强大的籼粳杂种优势以及野生稻的某些能起优势效应的基因加以深入研究和利用。

第四节　优质米育种

选育优质米品种，促使稻米商品化，现已成为我国水稻育种工作的重点。米质优良的水稻常规品种一般产量较低，杂交水稻优质米育种的优点，在于能较容易地把高产和优质统一起来，而最大的难点则是 F_1 植株上所结的种子为 F_2，即商品粮在某些品质性状上有分离现象，从而会大大降低其经济价值。例如，母本为黏性，父本为糯性的威优 16，生产出来的稻米中有 1/4 为糯性，黏糯混在一起，不受消费者欢迎。

由此可见，在优质米的选育上，要求父母本双方都应该是优质的，而且在品质性状方面是基本相同的。就现状来看，我国现有的优质籼型恢复系较多，而绝大多数不育系品质较差，因此，应把选育优质米籼型不育系作为发展杂交水稻的重点之一。

第五节　多抗性育种

目前我国几个当家组合的抗病性正在逐渐消失，如曾是高抗稻瘟病的汕优 2 号和汕优 6 号，由于生理小种的变化，如今在一些地方已变得严重感病，急需用其他抗性好的组合来取代。幸运的是，水稻对主要病虫害的抗性基因多为显性或部分显性。近年来，杂交水稻在多抗性与高产性相结合的育种上，已取得较好成绩，如 1983 年开始推广，1984 年种植面积已逾 300 万亩的新组合威优 64，对稻瘟病、白叶枯病、青黄矮病、褐飞虱、叶蝉等五种主要病虫害都有较强的抗性，因而表现高产稳产，很受欢迎。杂交水稻的多抗性育种正在向纵深发展，一批熟期短、产量高、品质好、抗谱广的多抗性组合即将问世。

第六节　抗旱育种

我国北方夏季的光、温条件极有利于水稻的生长发育，单产一般较高，唯多数地区受水分的限制而不能种植水稻。杂交稻的根系发达而深扎，抗旱力强。近年来在北方较大面积的半旱式栽培对比试验，在水分供应只有正常量一半的情况下，杂交粳稻一般亩产仍可达 300～350 kg，比常规稻增产 30%～50%。这说明杂交粳稻在我国北方栽培大有发展前途，尤其是通过抗旱育种来进一步提高其抗旱力，则无论在栽培面积还是单产上都将会有较大的突破。

第七节　利用再生优势

在"两季不足，一季有余"的地区发展再生杂交稻，会给农民带来很大的实惠。因为杂种优势同样表现在再生稻上，产量潜力很大。如广西农科院的再生杂交稻试验，曾获得每亩约300 kg 的产量。但现有杂交组合的再生力还不够强，不适于在大面积生产上作再生稻。根据初步研究，水稻的再生性状属显性或部分显性遗传，这给再生杂交稻的选育提供了有利的内在因素。近年来，有的单位正在积极开展再生力强的高产杂交稻选育，进展很快，希望很大。

Chapter 1
Heterosis in rice

Section 1　Concept of heterosis

The term heterosis refers to the phenomenon in which the F_1 population obtained by the crossing of two genetically dissimilar parents shows superiority to both parents in growth vigor, vitality, reproductive capacity, stress resistance, adaptability, grain yield, grain quality and other characters. The commercial utilization of heterobeltiosis by developing and planting F_1 hybrids so as to increase economic returns is called exploitation of heterosis in crops.

Section 2　Estimation of heterosis

Heterosis in cereal crops is generally expressed in their quantitative characters such as grain yield, grain weight, plant height, panicle number per plant, grain number per panicle and so on. Hence, the extent of heterosis can be estimated in terms of certain parameters. The following three formulas are usually used for estimation of heterosis:

Mid-parent heterosis or heterosis over the mean parental (MP) value.

$$= \frac{F_1 - MP}{MP} \times 100\%$$

Heterobeltiosis or heterosis over the better parent (BP).

$$= \frac{F_1 - BP}{BP} \times 100\%$$

Standard heterosis or heterosis over the check variety.

$$= \frac{F_1 - \text{Check variety}}{\text{Check variety}} \times 100\%$$

In general, the expression of increased vigor of the F_1 hybrid over its parents in certain characters is called positive heterosis and that of decreased vigor is designated as negative heterosis. To utilize heterosis in production, it is essential that the F_1 hybrids not only show superiority to their parents, but also to the check variety, i. e. the best commercial variety. So, heterosis over the check variety is more useful for practical purposes.

060

Section 3   Expression of heterosis in rice

Rice is a self-pollinated crop. In the past, there had been divergent views on whether heterosis might exist in rice. Now, lots of experimental evidences and commercial production in China have confirmed that hybrid rice shows significant heterosis in many aspects which are synthetically exhibited in terms of its morphological characters, physiological behavior and grain yield.

I . Superiority of F₁ hybrids in morphological characters

1.Vigorous root system (Fig.1 - 1)

The root quantity and quality of hybrid rice are markedly superior to those of the conventional rice varieties. That is, hybrid rice has strong rooting ability, its roots are thick and abundant, and its root sphere is very wide and deep. The results obtained by the Zhejiang Academy of Agricultural Sciences showed that 10 days after seeding, the number of roots of Nan-You 2, a hybrid, was 13 percent more than that of Guang-Lu-Ai 4, a good conventional variety, when their seeding rate was identical. The Guangxi Academy of Agricultural Sciences also proved that the hybrid Shan You 2 had significant superiority over the best conventional variety Gui-Zhao 2 with respect to the number of total roots as well as healthy white roots per plant during different growth stages (Table 1 - 1).

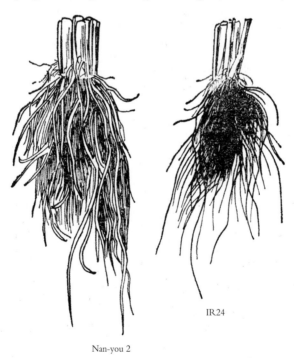

IR24

Nan-you 2

Fig.1-1   Comparision of the root systems of Nan-You 2 a hybrid left and IR 24 a conventional variety right

Table 1 - 1　A comparison between Shan-You 2 and Gui-Zhao 2 with respect to the root system

Combination	Non-tiller	2 tiller stage	3 tiller stage		4 tiller stage		5 tiller stage		10 tiller stage	
	No.of roots	No.of roots	No.of roots	$\dfrac{HWR\star}{TR}$	No.of roots	$\dfrac{HWR\star}{TR}$	No.of roots	$\dfrac{HWR\star}{TR}$	No.of roots	$\dfrac{HWR\star}{TR}$
Shan-You 2	10.3	30.0	54.7	0.611 8	65.0	0.584 6	75.0	0.546 7	150.0	0.500 0
Gui-Zhao 2	8.4	23.5	29.5	0.627 1	38.0	0.460 5	72.0	0.430 6	103.0	0.514 6

Note: *HWR=No. of healthy white roots; TR =No. of total roots.

2. High tillering ability

It was investigated by the Hunan Teachers University that transplanted with a single seadling per hill, the hybrid rice Nan-You 2 produced 15.75 tillers on an average 23 days after transplanting, while Guang-Xuan 3, a conventional variety, had only 10.12 tillers at the same time. The hybrid rice Shan-You 2 produced 11 tillers per hill 37 days after transplanting, while the ordinary variety Gui-Zhao 2 had only 8 tillers per hill.

3. Larger panicles and heavier grains

Generally, hybrid rice plants have about 150 spikelets/panicle (the maximum is over 200 spikelets/panicle) at a population density of 2.7 - 3 million panicles per hm^2. The 1 000 - grain-weight is about 28 grams.

II. Superiority of F_1 hybrids in physiological behavior

1. Root activity

It was determined by the Guangxi Teachers College that the exudate in Nan-You 2 was 50% and 46% more than that in Guang-Xuan 3 at the active tillering stage and maturity stage, respectively. The experiments conducted in Wuhan University also proved that the root activity of hybrid rice was consistently higher than that of the three parental lines from tillering to the heading stage.

2. Nutrient transportation

The kinds of amino acids transported from the root system of Nan-You 2 to its above-ground parts during flowering period were found to be as more as 13, while those of the conventional variety Zheng-Zhu-Ai were only 8 (Guangxi Agricultural College).

3. Lower respiration intensity

Studies made by the Guangxi Agricultural College revealed that the respiration intensity of Nan-You 2 and Chang-You 2 at the middle and late growth stages was 5.6% - 27.1% lower than that of the conventional varieties. The Hunan Agricultural College also proved that the respiration intensity of Nan-You 2 was lower than that of its parents at each growth stage, but close to that of the restorer line at the late growth stage.

4. Larger photosynthetic area

It was reported that the photosynthetic area of Nan-You 2 was 6 913.5 cm^2 / plant at the heading stage and 4 122.8 cm^2 / plant at the maturity stage, while that of the restorer line was 4 254.2 cm^2 / plant and 2 285.1 cm^2 / plant, respectively (Wuhan University).

5. Higher photosynthetic intensity

The determination made by the Guangxi Agricultural College showed that the photosynthetic intensity of hybrid rice was about 35% higher than that of conventional varieties.

In addition, many research institutes have proved that hybrid rice is superior to the conventional varieties in the net photosynthetic rate, weight increase intensity of dry matter, amount of weight increase, weight increase intensity of panicles, weight decrease intensity of vegetative organs and dry weight of functional leaves.

III. Superiority of F$_1$ hybrids in grain yield

The results obtained from evaluation of 29 hybrid combinations indicated that 28 combinations (96.5%) exhibited heterobeltiosis in grain yield, of which 18 combinations reached significant level. Standard heterosis was expressed in all combinations, and their heterosis over the mean parental value reached 35.5%. Marked standard heterosis was also expressed in Shan-You 2 grown under different cultivation conditions, and its average yield came to 7.6 t/hm^2 (Jiangxi Academy of Agricultural Sciences).

In general, the grain yield of hybrid rice grown on a large scale in provinces of South China is over 7.5 t/hm^2 which is 20% higher than that of the local leading varieties. A record of 14.43 t/hm^2 was set in Ganyu county, Jiangsu province.

Section 4　Advantages of heterosis exploitation in rice breeding programs

The hybrid rice breeding, compared with other breeding methods, has follwoing advantages:

(1)In F$_1$ hybrids the improvement of morphological characters may be well combined with the enhancement of physiological functions by crossing two parents which are complementary in characters and dissimilar in genetic make-up. Thus, it is rather easy to develop a high yielding or even superhigh yielding combination.

(2)The resistance of rice to diseases and insect pests are mostly of dominant or incompletely dominant inheritance. When one of the parents is resistant to a certain disease or insect pest, the F$_1$ hybrids will be resistant to some extent to this disease or insect pest, too. So, high yielding ability may be easily integrated with multiresistance.

(3)Compared with the pure line varieties, the F$_1$ hybrids have wider genetic background, adapt better to different circumstances and have higher resistance to adverse conditions. Therefore, an excellent hybrid combination may be more widely grown and distributed in comparison with excellent conventional rice varieties.

Section 5　Factors causing expression of heterosis

Heterosis is a complex genetic and physiological phenomenon. The occurrence of heterosis is ascribed to the differentiation to some extent of the sexual factors in both parents. However, the mechanism of its action is very complicated.

I. Character, gene and chromosome

All the external features and physiological properties of an organism may be called as "characters". The characters of an organism are not transmitted per se from one generation to the next but via a genetic material, the unit of which is called "gene". Genes are situated on the chromosomes in the nucleas. In the somatic cells of a plant, chromosomes are in pairs, one from male parent, and another from female. Members of a pair of essentially identical chromosomes are named as homologous chromosomes. A pair of genes located at the same locus on the same homologous chromosome and governing a contrasting character are known as alleles, and those at different locus are nonalleles (Fig.1 − 2).

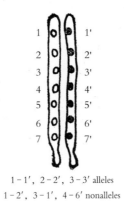

1 − 1′, 2 − 2′, 3 − 3′ alleles

1 − 2′, 3 − 1′, 4 − 6′ nonalleles

Fig.1−2　Model of alleles and nonalleles on the homologous chromosomes

II. Gentle mechanism of heterosis

According to the studies on heterosis, it is considered that heterosis is induced by the action of various effects.

(1)Interaction between alleles in the nucleus. In general, two kinds of effects may result from the interaction between alleles in the nucleus.

Effect of dominance The characters favourable for growth are governed by a number of dominant genes, and the unfavourable characters are governed by recessive genes in the F_1 hybrid the favourable dominant genes from one parent have an over-riding effect on the deleterious recessive genes from another parent, and the total number of favourable dominant genes gathered in F_1 is much greater than that in either of parents. Thus, the over-riding effect of dominance and the accumulation of dominant genes result in expression of heterosis (Fig.1 − 3).

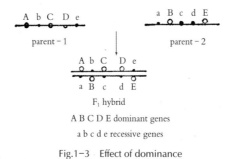

Fig.1-3　Effect of dominance

Effect of over-dominance There is neither dominant nor recessive effect between alleles. So, the expression of heterosis is not ascribed to the effect of dominance, but to the heterogeneous differentiation of alleles. The interaction effect between heterozygous alleles is greater than that between homozygous ones, resulting in effect of heterosis which is greater than the total effects of both parents' alleles (Fig.1 - 4).

$$A \times B \neq AB$$
$$A \times B = C$$
$$C > AB$$

Fig.1-4　Effect of over-dominance

(2)Interaction between nonalleles in the nucleus. Besides the interaction between alleles at the same locus, the interaction between nonalleles at various loci and on different chromosomes is also causal force for expression of heterosis. According to the varying action, this kind of interaction, in turn, may be divided into additive effect (viz, accumulation of effective genes determining the same character), epistatic effect (over-riding of nonalleles) and recombination effect.

(3)Interaction between nucleus and cytoplasm. Heterosis is not only controlled by the nuclear genes, but also related with the cytoplasmic genes, and, in particular, the interaction between nuclear genes and cytoplasmic genes. (Fig.1 - 5) Our studies have shown that in some combinations the expression of heterosis in the F_1 hybrid of reciprocal cross is not identical, and the hybrid rice developed by incorporating the same nuclear genotype into different cytoplasm backgrounds also exhibits varying degrees of heterosis. This indicates that the nucleo-cytoplasmic interaction can effect the extent of heterosis.

The contribution made by the different mechanisms, as described above, to the expression of heterosis is not identical and differs with various combinations. In general, the effect of nuclear genes is greater than that of cytoplasmic genes and the interaction between alleles in the nucleus is the major factor causing heterosis. The interaction between nonalleles is closely related with specific combining ability, and the dominant effect has more influence on general combining ability.

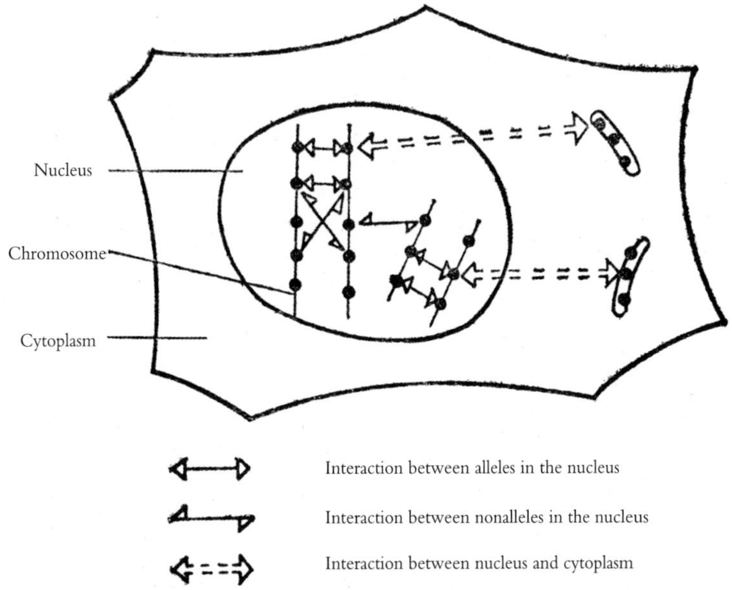

Nucleus

Chromosome

Cytoplasm

◁———▷　　Interaction between alleles in the nucleus

◢———▷　　Interaction between nonalleles in the nucleus

⇦ = = ⇨　　Interaction between nucleus and cytoplasm

Fig.1 - 5　Model of interaction between different genes

Chapter 2

Basic knowledge of the three lines of rice

Section 1　Ways of utilizing heterosis in rice

The phenomenon of heterosis is expressed mainly in the first hybrid generation (F_1). The vigor will gradually diminish in the F_2 and the later generations due to selffertilization, and the grain yield will also decrease because of segregation in characters. In order to utilize heterosis in rice, it is necessary to produce bulk quantities of F_1 hybrid seed each year. But, rice is a strictly self-pollinated crop, its florets are very small, and each floret bears only one grain of seed. So, it is impossible to produce bulk quantities of F_1 hybrid seeds by handcrossing. This is the primary reason why heterosis in rice had not been utilized in commercial production for such a long time.

However, now there are two ways to solve this problem. One is to use chemical emasculation, and the other is to breed the three lines. Currently, almost all hybrid rice cultivated in China is developed by using the latter method.

I. Concept of three lines

The so-called three lines consist of cyto-genetic male sterile line, maintainer line and restorer line, or A line (MS line), B line and R line in short, respectively.

(1)The MS line refers to a special kind of line whose anthers are abnormal. No pollen or only abortive pollens exist within them. So no seed is set on this line by selfing.But its pistils are normal and can produce seeds when pollinated by any normal rice variety.

(2)The maintainer line is a pollinator variety used to pollinate the MS line and produce progenies which still retain male sterility. If there is no maintainer line, the MS line can not be maintained and multiplied generation after generation.

(3)The restorer line is a pollinator variety used to pollinate MS line to produce F_1 progenies which are male fertile and thus produce seeds on selfing.

II. The application of three lines in production

When the three lines are developed through breeding, it is possible to start the production of F_1 hybrid seeds on a large scale. Thus, the heterosis in rice may be commercially utilized.

The MS line is planted in alternate rows with the B line in an isolation plot to multiply MS line seeds as well as maintainer seeds each year. In another isolation plot, the MS line and the R line are planted in alternate rows to produce hybrid seeds. The interrelation between the three lines in production may be shown diagrammatically as follows: (Fig.2 - 1).

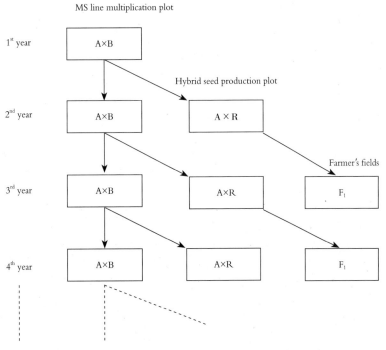

Fig.2-1　Interrelation between the three lines in production

III. Requirements to the three lines

(1)MS line: Besides good agronomic characters and normal pistils, the following characteristics are essential for an elite MS line.

① Stable male sterility: The male sterility should be inherited from generation to generation without any change in pollen sterility and it should not be influenced by environments especially the temperature fluctuations.

② Being easily restored: This refers to two aspects. First, a particular male sterile system proposed to be used should have a wider restoration spectrum, i.e. it should be restored by relatively more number of varieties so that the possibility of selecting superior hybrid combinations will be higher. Secondly, the seed set of the restored hybrids should be high and stable, less influenced by adverse environments.

③ Good floral structure and flowering habits: The MS line should flower normally and the flowering time should synchronize with that of the male parent. Its stigma should be well-developed and exserted. The glume opening should be longer and with a larger angle. The panicles should not be enclosed or only slightly enclosed within the sheath of the flag leaf.

(2)Maintainer line: Except male sterility, the major characters of a MS line are determined by its corresponding B line.

So, great care should be taken initially in the selection of B line possessing above mentioned characters. Besides these, B line should.

① be a pure line with uniform population, and

② have abundant pollen grains which aid in multiplying MS line.

Actually, the MS line and its B line can be considered as "twins". They are similar to each other in appearance, but differ only in some characters. The difference between A and B lines is given in Table 2 - 1 and Fig.2 - 2.

(3)Restorer line: An elite R line should have:

Table 2 - 1　Difference between the MS line and the maintainer line

Character	Item	
	Maintainer line	MS line
Tillering ability	—	Strong, and the tillering stage is long
Heading date	—	Sporophytic MS line is 3 - 5 days later than maintainer line
Panicle	Heading is normal.	Shorter neck. The basal part is enclosed in the leaf sheath for the dwarf sporophytic indica type.
Flowering habit	Flowering time is concentrated; and glume opening is shorter.	Flowering time is diffused and longer.
Anther shape	Plump, golden in color.	Empty, slender, thin, milky-white or yellowish in colour
Pollens	Rounded, and dark-blue when stained with I-KI	1. Irregular in shape and unstained with I-KI 2. Rounded, and unstained with I-KI 3. Rounded, and light-blue in colour when stained with I-KI
Fertility	Normal	No self-fertilization

① strong restoring ability.that is the seed set of its hybrid should be equal to that of a normal variety or above 80%,

② better agronomic characters, good combining ability and significant heterosis in its hybrids,

③ plant height taller than the MS line, growth duration close to or a little bit longer than that of the MS line.

④ well-developed anthers with large number of pollen grains, good flowering habit and normal dehiscence.

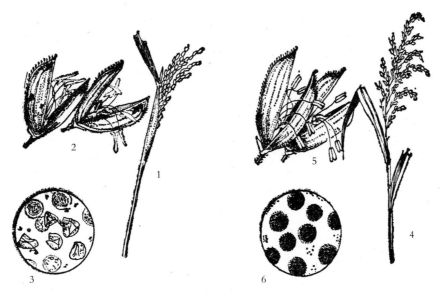

1. Panicles of MS line (with enclosed basal part)

2. The floral organ and anthers of MS line

3. Pollens of MS line

4. Panicles of maintainer. line (with unenclosed basal part)

5. The floral organ and anthers of maintainer line

6. Pollens of maintainer line

Fig.2 – 2　Morphology of MS line and its maintainer line

Section 2　Genetic mechanism of male sterility and fertility restoration

All the MS lines presently used in production in China belong to cytoplasmic-genetic male sterility. This type of male sterility results from interaction between the sterile genes in the cytoplasm and recessive sterile genes in the nucleus. The genetic relation between the three lines is shown in Fig.2 – 3.

The genotype of the MS line is S (rr) and that of the B line and the R line is N (rr) and N (RR) or S (RR), respectively; and that of the hybrid seed is S (Rr) .It is clear from the above diagram that because the cytoplasm is inherited from the female parent and the male gamete is without cytoplasm in the process of fertilization, the progenies of MS line × B line are of S (rr) genotype and exhibit male sterility. In MS line × R line, their F_1 genotype is S (Rr) . Since the restoring gene is dominant, the fertility is recovered in F_1.

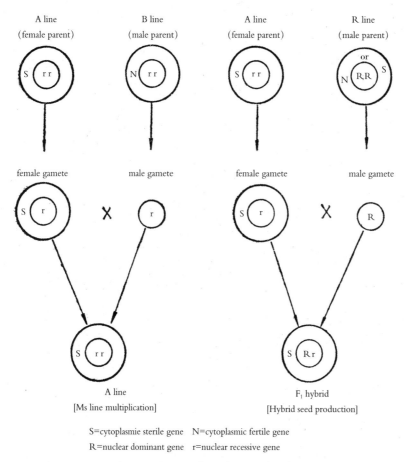

Fig.2-3 Genetic relation between three lines

S=cytoplasmie sterile gene   N=cytoplasmic fertile gene
R=nuclear dominant gene   r=nuclear recessive gene

Section 3   Classification of male sterility in rice

With the rapid development of hybrid rice research, more and more male sterile lines of different types have been developed in China. For research and utilization convenience, these MS lines could be classified into different types according to the following categories.

I .Classification according to genetic characteristics

(1)Sporophytic MS system: The pollen sterility is determined by the genotype of sporophyte (plant body), and the genotype of pollens (gametophyte) has no bearing per se. When the sporophytic genotype is S (rr), all the pollens will be abortive. If the genotype is N (RR) or S (RR), the pollens will be all fertile. As for the sporophytic genotype S (Rr), though it produces two kinds of male gametes, viz., S (R) and S (r), still all pollens exhibit fertility, because the fertility of pollens is determined by the dominant fertile gene present in the sporophyte.

The sporophytic MS lines have the following properties:

a) The F_1 hybrid from the cross with a R line has normal pollen grains around 90% fertility. Fertility segregation will occur in F_2, and a certain proportion of male sterile plants appear in the population (Fig.2 - 4).

$$S (rr) \times N (RR)$$
$$\downarrow$$

F_1 S (Rr) fertile

$$\downarrow \otimes$$

♀ Gamate	♂ Gamate	
	S（R）fertile	S（r）fertile
S（R）fertile	S（RR）fertile	S（Rr）fertile
S（r）fertile	S（Rr）fertile	S（rr）sterile

F_2 (at left of table)

Fig.2 - 4　Genetic model of sporophytic MS line

b) The abortion of pollen grains occurs at the earlier stage of microspore development. Most pollens look wrinkled and irregular, less pollens being rounded in shape, and no stained with I-KI solution. The anthers are milky-white in color, water-soaked features, and indehiscent.

c) The male sterility is stable, less influenced by the environment. But its restoring spectrum is narrow, as a result, the restorer varieties for it are less, any more maintainer varieties exist.

d) The first internode from the top of the culms is shorter, and the basal part of the panicles is enclosed in the sheath to a varied degree.

The male sterile lines of "WA" type and "G" type belong to sporophytic sterility.

(2)Gametophytic system: The fertility of pollens is directly determined by the genotypes of pollens (gametophyte) per se and has no relation with the genotype of sporophyte. The nuclear gene R and r in the gametophyte results in fertility and sterility, respectively, i. e. S (R) gamete-fertile, S (r) gamete-sterile. The gametophytic male sterility has the following properties:

a) The F_1 hybrid produced from the cross with a restorer line has two pollen genotypes, viz., S (R) and S (r) in equal proportion. Though only half of the pollens are normal, the F_1 hybrid can be self-pollinated to produce selfed seed. No male sterile plants appear in F_2. This is because S (r) pollens of F_1 are abortive, and only fertile pollens S (R) are able to fertilize (Fig.2 - 5).

b) Pollen abortion occurs at the later stage of microspore development. The pollens are rounded, and lightly stained or unstained by I-KI solution. The anthers are slender, milky-yellow, and indehisecent. Under higher temperature and lower moisture conditions, however, some anthers may be dehiscent resulting in a few selfed seeds.

c) Fertility may be easily restored. Its restoring spectrum is broader, so more restorer varieties can be found.

d) Panicles are not enclosed in the sheath.

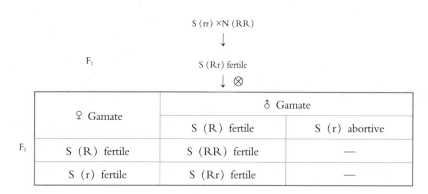

Fig.2-5   Genetic model of gametophytic MS line

The male sterile lines of BT type and Hong-Lian type belong to gametophyte male sterility.

II.Classification of male sterility based on the relation between its restorers and maintainers.

(1)Male sterile lines of "WA" type. This type is developed by backcrossing the pollen abortive wild rice as the female parent to the early maturity indica variety such as Er-Jiu-Nan 1, Zhen-Shan 97, V20 and V41 as the male parent. The early maturity dwarf indica varieties in China can be used as their maintainer lines, and the rice varieties grown in Southeast Asia such as Tai-Yin 1, IR24, IR26 and Indonesia No. 6 and the late indica varieties cultivated in South China such as Xue-Gu-Zao and Zhu-Ai can be used as their restorer lines. Such a relation between their restorers and maintainers is also seen in a series of male sterile lines derived from the cross between wild rice and cultivars such as Liu-Ye type and In-Ye type as well as in some MS lines from the cross between indica varieties, such as "G" type.

(2)Male sterile lines of Hong-Lien type: This type is derived from the successive backcross of wild red-awned rice (female) to the Lian-Tang-Zao (male). In this type the relation between restorers and maintainers is roughly contrary to that observed in the "WA" type. The maintainers of "WA" type, such as Zhen-Shan 97, Jin-Nan-Te 43 and Xian-Feng 1, become restorers to the male sterile lines of Hong-Lian type; and the strong restorers of "WA" type, such as Tai-Yin 1, are good maintainers of Hong-Lian type. Many IRRI lines, such as IR24, IR26 and so on, possess partial restoring capacity. The relation between restorers and maintainers to the MS lines developed by using the cytoplasm of Tian-Ji-Du, such as Tian-Ai A, is similar to that of Hong-Lian type.

(3)MS lines of "BT" type: The MS line Taichung 65 and MS lines Li-Ming and Feng-Jin transferred from BT-C, and MS lines of sinica rice Dian 1 and Dian 3 belong to this type. Most of the sinica varieties are their maintainers. The restoring genes in the restorer lines of sinica rice are all from indica rice. The indica rice grown at the high elevation in Yunnan province, China and in Southeast Asia as well as many IRRI lines possess restoring genes.

Ⅲ. Classification of male sterility according to the morphology of sterile pollens.

　　(1)Typical abortion type: The pollens are irregular in shape; some are triangular, some are shuttle-shaped, etc. They are unstained with I-KI solution. Pollen abortion occurs mainly at the one-nuclei stage. So, this type is also called uninucleate abortion type. The MS lines of "WA" type correspond to this type.

　　(2)Spherical abortion type: Pollens are spherical, and unstainable with I-KI solution. Pollen abortion occurs approximately at two-nuclei stage. So, this type is also named as binucleate abortion type. The MS lines of Hong-Lian type are representative of this type.

　　(3)Stained abortion type: Pollens are spherical, but partially or lightly stained with I-KI solution. Pollen abortion occurs mainly at three nuclei stage, so the trinucleate abortion type is its another name. The MS lines of "BT" type are included in this type (Fig.2 - 6).

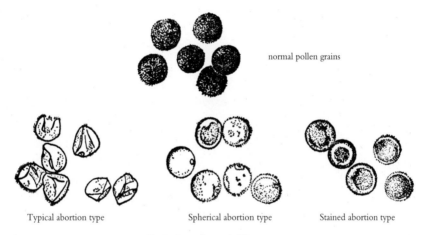

normal pollen grains

Typical abortion type　　　　　Spherical abortion type　　　　　Stained abortion type

Fig.2-6　pollens of different types

Chapter 3
Breeding for male sterile lines and their maintainers

There are three basic approaches in breeding male sterile (MS) lines and their maintainers (B lines), viz., direct utilization of existing MS lines, transferring of sterile eytoplasm from existing MS lines into new ones and creation of MS lines with new sterile cytoplasm.

Section 1   Introduction and utilization of existing MS lines

I. Major MS lines representative of different types

Hundreds of rice MS lines of various types have been developed in China. They are different from each other in agronomic characters, growth duration, combining ability, stress resistance, grain quality, restoration spectrum, etc. Therefore, to introduce these existing MS lines and to select among them the elite ones suitable to local conditions for direct use is the most economic and effective approach in MS lines breeding program. The major MS lines representative of different types are listed in Table 3 – 1.

II. Adaptability observation

The introduced MS line and its B line are seeded in a normal season, and transplanted side by side with a single seedling per hill. Twenty to thirty plants are needed per line. Good field management should be practiced. The criteria for adaptability observation include growth vigor, uniformity, agronomic characters, resistance to diseases and insects and flowering habits in particular.

III. Male sterility observation

After heading, the male sterility is identified by using the following methods:

(1)Visual inspection: During flowering or several hours after flowering, observe the colour and plumpness of the anthers in the male sterile plants directly with the naked eye, and slightly shake the panicles to see whether the anthers are dehiscent and shedding pollen grains or not. Special attention should be paid to examine if any pore dehiscence occurs at the basal part of the anthers. Those rice plants whose anthers are dehiscent indicate that their male sterility is not satisfactory.

(2)Bagging the panicle: At the time when male sterile plants just start heading but their florets are still not flowering, the panicles are

Table 3-1　A list of MS lines representative

Source of cytoplasm	Female parent	Male parent	Name of MS line	Kind	Type	Self-fertilization/%	Pollens		Origin
							Reaction to I-KI	Shape	
O.glaberrima	Danbotuo	Hua-Ai 15	Guangshen-Hua-Ai 15A	indica	—	0	Individuals stained	Irregular	Hubei
	Male sterile wild rice	Er-Jiu-Nan 1	Er-Jiu-Nan 1 A	indica	Sporophytic	0	None	Irregular	Hunan
		Zhen-Shan 97	Zhen-Shan 97A	indica	Sporophytic	0	None	Irregular	Jiangxi
		V20	V20 A	indica	Sporophytic	0	None	Irregular	Hunan
		V41	V41 A	indica	Sporophytic	0	None	Irregular	Fujian
		Du129	Du129 A	sinica	Sporophytic	0	None	Irregular	Xinjiang
	Dwarf MS wild rice	Xie-Qing-Zao	Xie-Qing-Zao A	indica	Sporophytic	0	None	Irregular	Anhui
O.sativa f.spontanea	Red awned wild rice	Lian-Tang-Zao Xiao	Hong-Lian A	indica	Gametophytic	0.4	A few stained lightly	Rounded	Wuhan University Hubei
			Hong-Xiao A	sinica	Gametophytic	0		Rounded	
	Hepu wild rice	Guang-Xuao-Zao	He-Guang A	indica	Sporophytic	0	None	Irregular	Hunan
		Li-Ming	He-Li A	sinica	Sporophytic	0	None	Irregular	Hubei
	Xinan wild rice	IR 24	Dian 9 type	indica	Sporophytic	0	None	Irregular	Yunnan

Continued

Source of cytoplasm	Female parent	Male parent	Name of MS line	Kind	Type	Self-fertilization/%	Pollens		Origin
							Reaction to I-KI	Shape	
	E-Shan-Dabaigu	Hong-Mao-Ying	Dian 3 type	sinica	Gametophytic	0	A few stained lightly	Rounded	Yunnan
	Boro II	Taichung 65	BT-C	sinica	Gametophytic	0	—	Rounded	Japan
		Li-Ming	Li-Ming A	sinica	Gametophytic	0	—	Rounded	Liaoning
	Lead	Tengban 5	Lead type	sinica	Gametophytic	0	—	Rounded	Japan
	21 up	Jing-Ying 83		sinica	Gametophytic	1	A few stained	Rounded	Jiangsu
Indica	Tianjidu	Tengban 5	Tian-teng A	sinica	Gametophytic	0	A few stained	Rounded	Hubei
		Tai-Ai	Tian-Ai A	indica	Gametophytic	1.3	A few stained	Rounded	Hunan
	IR 24	Xiu-Ling	Xiu-Ling A	sinica	Gametophytic	0	A few stained	Rounded	Liaoning
	Indonesia 6	Zhen-Ding 28	Zhen-Ding 28 A	indica glutinous	Sporophytic	0	None	Irregular	Hunan
	Gambiaka	Zhao-Yang 1	Gam-Zhao A	indica	Sporophytic	0	None	Irregular	Sichuan
		Ya-Ai-Zao	Ya-Ai-Zao A	indica	Sporophytic	0	None	Irregular	Sichuan
	Rao-Ping-Ai	Guang-Er-Ai	228 type	indica	Sporophytic	0	None	Irregular	Guangdong
Japonica	Zhaotong-Beizigu	Ke-Qing 3	Dian 4 type	sinica	—	0	A few stained lightly	Rounded	Yunnan

covered with glassine bags to effect selfing. Normally, two panicles are bagged for each plant. After about 15 days, observe the seed setting in the bagged panicles. If no seed is set, the plant is considered as completely male sterile. When a few seeds are produced, the plant is partial male-sterile.

(3)Microscopic observation: Sample some anthers from different parts of some panicles, crush them on a slide with a drop of I-KI solution and examine under light microscope.

Normal fertile pollen grains are spherical in shape and stained dark blue with I-KI solution. If the number of fertile pollens of sporophytic MS lines is over 1%, the male sterility is considered as not reliable.

The MS lines which grow well, show good characters and have stable sterility can be directly used in the breeding programs.

Section 2　Transferring

In order to increase the types of existing MS lines, new MS lines with iso-cytoplasm but allo-nucleus can be developed through nucleus transfer. The new MS line thus developed will be basically similar to the original MS line in pollen abortion pattern and its relationships with the restorers and maintainers, but different in agronomic characters and combining ability due to use of distinct variety. This is an effective, convenient and widely used method to develop new MS lines. The operation of this method is divided into the following steps:

(1)Testcrossing: Select desired varieties or lines to make single-plant crosses in pairs with the MS line. Normally, $10 - 20$ F_1 plants are grown side by side with male parent for each combination.

(2)Sterility identification: Carefully observe and evaluate the frequency of male sterile plants and their degree of male sterility in the F_1 of each combination.

(3)Choosing the better ones for successive backcrossing:

① The combinations whose F_1 hybrids are all completely male sterile and possess good flowering habits are selected to make backcross to their respective original male parents.

② Segregation begins in B_1F_1. Thirty to fifty B_1F_1 plants are required to be grown with the recurrent male parent in adjacent rows. Selection should be made in order of combinations, families and individual plants. The plant which is characteristic of the recurrent parent and shows complete male sterile and flowers normally is selected and used as a female to backcross to the recurrent parent.

③ In B_2F_1 and later generations, usually $3 - 5$ pairs of families are established for each combination and about 20 plants are grown for each family. Selection and successive backcrosses are continued in the same way as mentioned above in later generations until the female plants exhibit stable male sterility and are identical to the recurrent male parent in morphological characters. At this stage, the population is to be multiplied. For a new MS line to be successfully developed and named the percentage of male sterile plants in a population of about 1 000 plants should be 100 and the degree of male sterility should also reach 100%. The recurrent parent is designated as its maintainer (B line) . For instance, the MS line Li-

Ming was developed through transfer of sterile cytoplasm from BT-C from Japan. (Fig.3 - 1).

Explanation	Female parent BT-C	Male parent Li-Ming
F₁ All 8 F₁ plants were with undehiscent anthers. One plant was selected to make backcross to Li-Ming.	BT-C ×	Li-Ming
B₁ Among 10 plants with undehiscent anthers, a plant characteristic of the male parent was selected to backcross Li-Ming	F₁ ×	Li-Ming
B₂ All 20 plants from 2 families were with partially dehiscent anthers and belonged to stained abortion type. No seed set occurred when bagged. A plant characteristic of the male parent was selected to backcross Li-Ming.	B₁ ×	Li-Ming
B₃ All 25 plants from 2 families were with undehiscent anthers and belonged to stained abortion type. A plant characteristic of the male parent was selected to backcross Li-Ming.	B₂ ×	Li-Ming
B₄ Among 230 plants from 10 families, A lines were basically similar to B lines in morphology. 100 plants were planted in isolation to evaluate male sterility, and 130 plants were used to cross B line for multiplication.	B₃ ×	Li-Ming
B₅ 1 000 plants from different families were planted. 500 plants were used to evaluate male sterility, and their selfing rate was 0.07%. 500 plants were crossed with B line for multiplication	B₄ ×	Li-Ming
	B₅ ×	Li-Ming
	Li-Ming-A	Li-Ming-B

Fig.3 - 1   The breeding procedure for MS line Li-Ming

Section 3   Breeding for MS lines with new sterile cytoplasm and their maintainers

I. Basic principle

It has been practically proved that the nucleus substitution, i. e. use of distant crosses followed by successive backcrosses is a potential method for breeding MS lines with new source of cytoplasm. After such nucleus substitution crosses, a nuclei-cytoplasmic hybrid is developed, whose nucleus and cytoplasm are different in origin (Fig.3 - 2). Since the male and female parents are so distantly related that the cytoplasm from the female and the nucleus from the male are not in good harmony, which sometimes results in male sterility. Or, according to gene theory, if the female parent contains cytoplasmic male sterile genes and the male parent contains corresponding recessive nuclear sterile genes, the interaction between these genes results in male sterility, and the recurrent male parent is its maintainer.

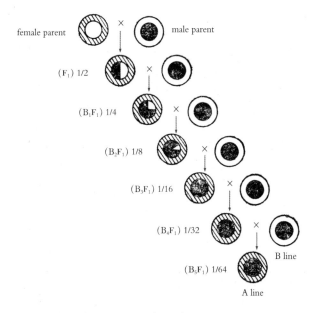

female parent　×　male parent

(F_1) 1/2 　×

(B_1F_1) 1/4 　×

(B_2F_1) 1/8 　×

(B_3F_1) 1/16 　×

(B_4F_1) 1/32 　×　B line

(B_5F_1) 1/64

A line

Fig.3-2　Nucleus substitution

II.Breeding methods

(1)Selection of cross combinations. Selection of suitable cross combinations is essential for successful development of MS lines. The general principle is that use of the wild rice, semi-wild rice and primitive late indica rice (which are still lower in evolution stages) as the female parent to cross with the sinica rice, early or medium maturity indica rice (which are advanced in evolution stages) is an easier approach to achieve good results. On the contrary, in the reciprocal crosses involving sinica varieties as female, it is very difficult to obtain MS source. The types of crosses usually used are as follows:

① Interspecific cross: This includes wild rice (*O. perennis*, *O sativa*, *f. spontanea*, etc.) ×cultivars and *O. glaberrima* ×*O. sativa L.* The probability of occurrence of male sterile plants is rather high in the progenies of these crosses, particularly in wild rice×sinica where we may get progenies with 100% sterility.The MS lines of WA type and HongLian type were developed in this way.

② Intersubspecific cross: Mainly indica × sinica belongs to this category. As indica and sinica have relatively distant relation, male sterility can be expected from certain cross combinations of this kind, provided the male and female parents are properly selected.The MS lines of BT type in Japan and Dian-3 in China were developed following such a method.

③ Intervarietal crosses between distantly related indicas.In general, the probability of obtaining maie sterile plants from such a kind of cross is lower than that of indica ×sinica. However, if the parents are properly selected, i. e. using the primitive varieties as female parents and advanced varieties as male parents, it is possible to obtain male sterile plants. For example, MS lines of G type and Zhen-Din 28A are developed through this way.

(2)Process of breeding. The methods and procedures of breeding MS lines through above crosses are the same as those adopted in MS line transfer explained earlier in this chapter. That is, select desirable plants in hybrid populations as female for successive backcrossing. But attention should be paid for the occurrence of chromosomal sterility and female sterility owing to distant cross. In the case of chromosomal sterility, fertility will be gradually restored in the successive backcross hybrids, and in the case of female sterility, cross-infertility will appear. In order to obtain cytonuclear MS lines the fertile plants or partial sterile plants may be selected in early generations among the hybrids of some cross combinations and used as the female parent for backcross, and then let them be selfed. Afterwards, in the selfed progeny the fertile plants are selected as female parent to make successive backcross with recurrent male parents to develop MS lines. The MS line of BT type in Japan was developed by using this method.

Chapter 4
Breeding for restorer lines

In any hybrid breeding program where cytoplasmic-genetic male sterility is employed, availability of effective restorers becomes a pre-requisite. This chapter deals with sources of restorer genes and various methods currently employed for breeding stable and effective restorer lines in rice.

Section 1 Source of restoring genes

For breeding restorer lines (R lines) more efficiently, it is important and useful to understand the source of restoring genes.

Restoring genes exist in the nucleus of the original female parent which provides the sterile cytoplasm. According to the gene theory a normal rice plant which has sterile cytoplasm certainly contains dominant restoring genes in its nucleus, otherwise, it would be abnormal in seed setting. For instance, BT-A, the R lines of BT type, whose restoring gene comes from the nucleus of the original female parent Chinsurah Boro Ⅱ.

Many varieties which are closely related to the original female parent possess restoring genes. For example, the restorer lines of WA type cytoplasm, such as IR 24. Indonesia-6 and a number of local varieties from Southeast Asia, belong to late maturity indicas. They are grown at lower latitudes and are somewhat related to wild rice.

The origin of rice is linked with the R genes to a certain extent. There are more R varieties with stronger restoring ability in primitive, photosensitive and late maturing indica rice and less in medium maturing indicas. Further, in early maturing indicas very less number of R varieties exist and are weaker in restoring ability. Almost no R line has been found in sinica rice especially in the early maturing group.

Section 2 Methods of breeding R lines

Ⅰ.Screening by testcross

The operational procedures are as follows:

(1)Making testcrosses with individual plants in pairs. Select typical individual plants from the desired varieties or lines in source nursery. Then testcross them with a representative MS line. More than 30 seeds should be collected for each cross.

(2)Restoring ability observation. More than 10 F_1 plants should be grown for each cross. At heading stage examine their fertility based on:

① percentage of dehiscent anthers, and

② percentage of normal fertile pollens.

At maturity examine F_1 spikelet fertility, if the percentage of the dehiscent anthers is over 99%, the normal fertile pollens are over 80% (for sporophyte type) or nearly 50% (for gametophyte type) and the seed set rate is normal, testcross them once again.

The F_1 population of the re-testcross should be over 100 plants. If the anther dehiscence and spikelet fertility are still normal, this indicats that the male parent does possess restoring ability and may be used as a R line. If segregation in fertility and other characters is observed in F_1 the male parent is proved to be not a pure line yet. Then, several individual plants should be selected again from among the progenies of the male parent to make testcorss until no segregation is seen for restoration.

According to the degree of fertility restoration caused by the R line to the MS line, the R lines can be classified into strong and weak restorers. The seed set of F_1 hybrids from strong R lines is quite high and is less influenced by environmental fluctuations. Tai-Yin 1, IR24 and IR26 are strong R lines. The F_1 spikelet fertility of hybrids from weak R lines, such as IR28 and Gu 154, is generally lower and easily influenced by the environmental fluctuations, though their seed set might be good in very favorable conditions. It is inadvisable, therefore, to use weak R lines in commercial hybrid production.

(3)Heterosis evaluation

The lines confirmed through retest crosses to possess strong restoring ability are to be used as the R lines to make cross combinations with various iso-cytoplasmic MS lines. Then, through regular procedures the various F_1 hybrids are evaluated for yield, disease and insect resistance, grain quality, adaptability and other characters in order to decide which of these lines to be used to get a promising hybrid combination.

II. Cross breeding

Due to the narrow restoration spectrum of the existing MS lines, the requirement of getting better R lines cannot be met if depended solely on sereening existing varieties or lines. New restorers have to be developed through cross breeding.

(1)Single cross

It may be subdivided into three kinds.

① R × R two restorer-varieties are crossed. In the F_2 desirable individual plants are selected for making testcross with a MS line. Based on the fertility and other desirable characters of the hybrids, the corresponding male parents with strong restoring ability are selected. Such a process of selection along with testcross continues for several generations until the male parent is stable both in restoring ability as well as other agronomic characters.

② B × R or R × B The frequency of non-restorers is relatively higher than restorers. It is necessary in some cases to improve characters of R lines by crossing them with non-restorer lines.

③ A × R-Among the hybrid progenies of A × R, the fertile plants conforming to the breeding objectives are selected. These fertile plants are bound to possess R genes in their nucleus since their cytoplasm is sterile. Successive selections are made for several generations using pedigree method. Families with spikelet fertility segregation and poor characters are discarded, and families with excellent characters and uniform plant stature without segregation for fertility are retained. From the latter, some individual plants are used as male parent to test cross with a MS line. If the hybrids are normal in seed set, the male parent will be accepted as a new restorer. Sometimes backcrosses are made in order to enrich the traits of male parent. Because the restorer line of this kind is identical with MS line in cytoplasm, it is called iso-cytoplasmic R line.

(2)Multiple crosses

Through multiple crosses the favorable genes (including R genes) in various varieties can be combined in a new R line. For instance, the early maturing new R line 26 Zhai-Zao has been developed by such multiple crosses. The breeding procedure is shown in Fig.4 - 1.

(3)Successive backcross (directional transferring)

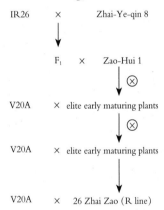

Fig.4-1　Breeding R line via multiple crossing

It is necessary to make successive backcrossing in order to transfer a variety in to a R line when this variety evaluated by testcross is proved to have good combining ability and induce strong heterosis but without restoring ability (or with weak restoring ability). The breeding procedure is as follows:

① Use a good isocytoplasmic R line or a A × R F_1 hybrid as female parent to cross with the variety to be transferred as male parent.

② Select the fertile plants characteristic of male parent as female parent in later generations to make successive backcrosses with the recurrent male parent.

③ When the plants resemble the male parent in most of the characteristics, then they are selfed.

④ The families showing no segregation for spikelet fertility in the selfed progenies are selected. These selfed progenies become new R line identical to the original male parent except for the restoring ability. For example, R line Li-Pu was developed following this way (Fig.4 - 2).

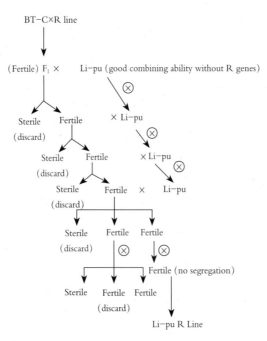

Fig.4-2　Directional transferring of Li-Pu into a restorer line

Section 3　Comparative assessment of different breeding methods used for developing R lines

Each of the breeding methods mentioned above has its advantages as well as drawbacks, which has to be taken into consideration depending upon different breeding objectives and conditions.

(1)The screening method is a simple, convenient and effective way for obtaining R lines.

(2)Cross breeding can enlarge the source of R lines, and new restorers can be developed according to the breeding objectives.

(3)R × R helps combine various good characters and increase restoring ability.

(4)In order to enhance the combining ability of R lines, introduction of some characters from non-restorers into the R lines is essential in some cases. But more test crosses should be made in order to avoid omission or discarding of R genes in the course of breeding.

(5)A × R method is advantageous because it not only reduces the amount of testcross work for getting R genes, but also eliminates the possibility of physiological disharmony between nucleus and cytoplasm which may affect the affinity and thereby reduce seed set.

(6)In B × R or A × R method, care should be taken to prevent the overlapping of genetic relationship between A and R lines derived from (A × R) or (B × R) so as to avoid decrease in heterozygosity.

(7)If the R genes have dosage effect, even though the isocytoplasmic R lines per se (derived from A × R) are normal in seed set, their hybrids are not likely to have good seed set. Therefore, testcrossing more individual plants is essential.

Chapter 5
Selection of parents for making hybrid combinations

Selection of parents for making hybrid combinations plays a very important role in exploitation of heterosis in rice, because it is directly related to whether heterosis is strong or not. Success in selection of parents for crossing depends on five major factors.

Section 1   Genetic diversity

Genetic diversity is the base for inducing heterosis. Within a certain range, the greater the genetic diversity between both parents, the stronger the heterosis. Here, the genetic diversity mainly refers to:

(1)Both parents are distantly related, such as various species or subspecies;

(2)Both parents are from distant geographic area;

(3)Both parents are of different ecotype, such as early maturing rice, medium rice and late maturing rice or paddy rice and upland rice.

However, it can not be said that the greater the genetic diversity, the better the results will be. For example, the heterosis for tillering ability in the hybrid from a cross of wild rice with cultivated rice may be twice as great as that of the parent cultivar, but its seed set rate is very low and its other economic characters are also poor. Similar results have also been seen from the cross between subspecies indica and sinica. Hence, all the indica hybrid combinations now used in commercial production are made by using parents of different ecotypes or different geographic origin, while some distant nuclear components are incorporated into the parents for sinica hybrid combinations.

Section 2   Complementary characters

The phenomenon of complementation of good characters of both parents is often seen in the hybrid combinations widely used now in production. This makes the comprehensive characters of their hybrids be superior to their parents and show obvious heterobeltiosis. For instance, the female parents of Wei-You 6 and Shan-You 6 are blast resistant, short in growth duration, weak in tillering ability and heavier in

1 000 - grain-weight; whereas their male parents are resistant to bacterial leaf blight, longer in growth duration, strong in tillering ability and lighter in 1 000 - grain-weight. Their F_1 hybrids synthesize the advantages of each parent and exhibit the following complementary characters, namely; blast and bacterial leaf blight resistance, above average growth duration, good tillering ability and above average 1 000 - grain-weight.

Section 3　Combining ability

The general combining ability of parents has greater effects on yield of hybrid rice. It is necessary to select parents with high effective value in combining ability with respect to tillering ability, panicle number per plant, filled grains per panicle, 1 000 - grain-weight and grain weight per plant, and to select parents with low effective value with respect to plant height and percentage of empty grains.

Some parents possess specific combining ability with the respect to certain economic characters. For instance, the 1 000 - grain-weight of F_1 hybrids, in general, is between those of both parents. While the MS line Er-Jiu-Nan 1 is crossed with IR24 or IR.661, their hybrid shows superiority over its better parent in 1 000 - grain-weight. Hence, care should be taken to their specific combining ability, when parents for crossing are selected. As to new MS lines and restorers developed, evaluation of their combining ability is needed so as to avoid blindness in selection of parents for crossing.

Section 4　Heritability

Hybrid rice is planted to commercially exploit the superiority of F_1 hybrids, so parents for crossing are selected mainly depending on the parameter of their generalized heritability. A character with high heritability indicates that it is inherited in a major proportion by the parents and less influenced by the environment. Some characters such as productive panicles, grain weight per plant, tillering ability and protein content are of weak heritability, some characters such as 1 000 - grain-weight, growth duration and brown rice percentage are of stronger heritability, and some characters such as filled grains per panicle and percentage of empty grains are of intermediate heritability. It is very important to understand the heritability and dominance-recessiveness relationship of major characters of MS lines and restorer lines prior to selection of them for making hybrid combinations with significant heterosis.

Section 5　High yielding ability

A hybrid rice variety can produce higher absolute yield only when both parents or one of them is a high yielding variety. The superior hybrid combinations now used in commercial production are all made by using MS lines and restorer lines which not only have greater genetic diversity between them but are also developed from elite varieties. For instance, the male parents of Nan-You, Wei-You, Shan-You and Si-You are all high yielders.

The factors as mentioned above, of course, are not isolated, but closely associated with one another. The genetic diversity between both parents is bound to be reflected in their characters, and their difference in characters is also an expression of genetic diversity. So, when selection for parents with genetic diversity is conducted, their complementary characters should be simultaneously considered; and when parents with complementary characters are choosed, consideration should be also given to whether both parents are distantly related, from different geographic origin and of different ecotypes. However, no matter what angle is taken to select the parents, either of both parents should be a high yielding variety with good combining ability. Thus, their hybrid may produce a higher absolute yield.

Out of the five factors, the genetic diversity is the most important, because only great genetic diversity can induce the hybrid to be with vigorous physiological function, which results in heterosis.

Chapter 6
Breeding procedures for hybrid rice

The breeding for hybrid rice may be conveniently divided into two phases, namely, the phase of three-line breeding and the phase of heterosis evaluation. In each phase some test nurseries are involved.

Section 1　Three-Line Breeding

I. Source nursery

(1)<u>Objective</u>: According to the breeding objectives, various three-line materials and resources with different agronomic and biological characters are collected and grown here for crossing, test-crossing and three-line breeding.

(2)<u>Planting design</u>: All the materials excluding three-line materials are grown each with 10-20 plants and one seedling per hill in the plot or pots. In order to attain synchronization of flowering, certain materials are to be seeded at different times or treated with short day length. The MS line and its B line should be grown in isolated plots. The population size of materials used to develop R lines and B lines as well as other unstable materials are decided depending on the generation advance and the requirement. The MS lines used for testcrossing may be planted at regular intervals depending upon the conditions.

II. Test cross nursery

(1)<u>Objective</u>: Identification of fertility of F_1 hybrids and screening of R lines and B lines are carried out in this nursery.

(2)<u>Planting design</u>: 10-20 plants are usually grown in one row for each cross combination with a wider row spacing. A normal variety is planted after every 10-20 combinations to serve as check.

(3)<u>Backcross or re-testcrosses</u>: If the F_1 of a certain combination turns out to be a male sterile and its male parent acceptable to the breeding objective with respect to its agronomic traits, that particular F_1 will be developed as a MS line through successive backcrosses. When the F_1 (including F_1 produced by chemical emasculation) of a certain combination is normally restored in fertility and has better characters, its male parent could be developed as a R line by re-testcrossing it with the original MS line (or the female parent). The cross combinations whose male parents have poor restoring or maintaining ability are generally discarded.

III. Re-test cross nursery

(1)<u>Objective</u>: Restoring ability of the male parent is identified once again and the heterosis in F_1 is preliminarily observed in this nursery. When F_1 is normal in seed set, its male parent is confirmed to be a R line. If the F_1 simultaneously exhibits heterosis, the cross combination may be put into the next step of test.

(2)<u>Planting design</u>: About 100 plants are grown for each cross combination. Generally, the male parents or female parents (B lines) and standard commercial variety are used as checks. No replication or sometimes only two replications are followed.

IV. Backcross nursery

(1)<u>Objective</u>: To develop excellent MS lines and their corresponding B lines.

(2)<u>Planting design</u>: The sterile hybrid plants used in backcross and the recurrent male plants are grown in pairs. Successive backcrosses should be made for 4 - 6 generations. When their backcross progenies are stable in sterility and apparently conform to the characteristics of the male parent and the population consists of over 1 000 plants, then, these progenies are designated as a MS line. The corresponding male parent used as recurrent parent is designated as a B line.

Section 2   Heterosis Evaluation

I. Combining ability evaluation nursery

(1)<u>Objective</u>: Hybrid combinations made from crosses between various MS and R lines are grown in this nursery with a purpose to select from among them the MS and R lines with good combining ability as well as better combinations.

(2)<u>Planting design</u>: Each combination is planted with a single seedling per hill and about 100 - 200 plants per plot. The plots should be replicated. The standard commercial variety or a leading cross combination is used as check.

II. Replicated trial

(1)<u>Objective</u>: The selected promising cross combinations are compared with each other in this trial. Based on visual observation and analysis of their agronomic characters, such as grain yield, grain quality and disease and insect resistance, the best combinations will be recommended for the regional trial.

(2)<u>Planting design</u>: Adopting three or four replications, the plot size should be over 20 m². The standard commercial variety or a leading hybrid variety is used as check. The period of duration of this trial is usually 1 or 2 years.

III. Regional trial

(1)Objective：The promising hybrids recommended by each breeding station are put in the regional trial to determine their high yielding potential and adaptability to different regions.

(2)Planting design：It is similar to that of replicated trial, but the regional trial should be strictly carried out according to standard regulations. The data obtained are required to be more accurate.

During the regional trial farmer's field evaluation may be carried out. Meanwhile, the culture and seed production techniques may also be studied.

The relationship between the various nurseries described above is shown in the following Fig.6 - 1.

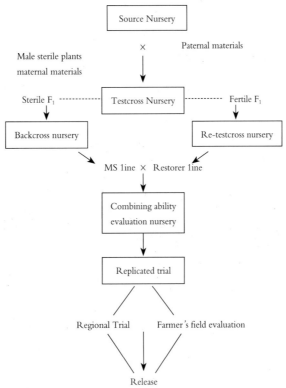

Fig.6-1　The breeding procedures for hybrid rice

The above described procedures are a general course for breeding hybrid rice. It should be practiced in a flexible way.A hybrid combination found to be excellent may skip any of the regular steps followed in normal hybrid breeding procedure. For example, if a combination performs exceptionally well in re-testcross nursery, the breeder may put it directly in replicated trial or even in regional trial. Thus, the length of breeding cycle can be shortened, and the excellent hybrid combinations can be made available for commercial production relatively much earlier.

Chapter 7

Hybrid seed production and MS line multiplication

Production of hybrid seed differs from that of ordinary rice seed. It involves two steps, viz.,

1) Multiplication of MS lines (A×B).

2) Production of hybrid seed (A×R).

The area ratio between MS line multiplication, hybrid seed production and commercial production is determined by:

1) The yield obtained in MS line multiplication and hybrid seed production fields.

2) The seed rate of commercial hybrid rice per unit area.

Assuming that the yield in the MS multiplication as well as hybrid seed production fields is 1.5 t/hm^2, and the seed rate of commercial hybrid rice is about 30 kg/hm^2, the field area for MS line multiplication, hybrid seed production and commercial hybrid rice may be laid out in a ratio of 1 : 50 : 2 500.

Section 1　Techniques of Hybrid Seed Production

I. Choice of field

(1)Fertile soil, desired irrigation and drainage systems.

(2)Sufficient sunshine.

(3)No serious disease and insect problems, especially the ones forbidden by quarantine regulations.

II. Isolation

Pollen grains of rice are very small and light. They can travel very far with the wind. In order to ensure the purity of hybrid seed and avoid pollination by unwanted varieties the hybrid seed production field should be strictly isolated.

(1)Space isolation: An isolation distance of over 100 m is found to be satisfactory. Within this range, no other rice varieties should be grown except for the pollen parent.

(2)Time isolation: Generally a time of over 20 days is practiced. In other words, the heading stage of varieties grown within 100 m around the seed production field should be over 20 days earlier or later than that of the MS line.

(3)Barrier isolation: In some places topography surface features and artificial obscatles may also be used as the means of isolation.

Ⅲ. Optimum time for heading and flowering

Favorable climate conditions for normal flowering of the three lines are as follows:

(1)Daily mean temperature should be 24 ℃−28 ℃.

(2)Relative humidity should be 70%−80%.

(3)The difference in temperature between day and night should be 8 ℃−10 ℃.

(4)Sufficient sunshine.

(5)Breezing.

Ⅳ. Synchronization of flowering

As the seed set on MS line depends on cross pollination, it is most important to synchronize the heading date of the male and female parents, especially for the hybrid combinations having parents with quite different growth duration. In addition, in order to extend the pollen supply time, the male parent is usually seeded twice or thrice at an interval of 5 - 7 days.

The following diagram shows the criterion of synchronization of flowering for the parents of Wei-You 6. (Fig.7 - 1)

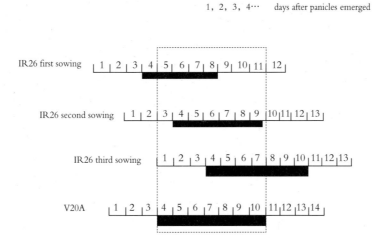

Fig.7 - 1　The synchronization of flowering period of the male and female parents of Wei-You 6

There are three methods which are used to determine the difference in seeding date for synchronization between male and female parents. In all three methods the first sowing date of the male parent is taken as the standard of count.

(1)Growth duration method: By checking the previous data on the difference in duration from seeding to heading between male and female parents the proper seeding date of both parents in current year can be determined. This method is rather simple and easy to adopt. However, in the regions where temperature varies greatly in spring, the early seeded male parent will have different growth duration each year, but the later seeded female parent is stable in growth duration. If the seeding date of the female parent is adjusted depending on growth duration only, sometimes there will be great discrepancy in synchronization of flowering. Therefore, this method is only used in seasons or regions where the temperature fluctuation is small.

(2)Leaf number method: A rice variety is relatively stable in its leaf number and speed of leaf emergence. In this method the leaf number of the main culm is used as an indicator for determining the difference in seeding date between both parents. The details are as follows:

① More than 10 seedlings are required for observation and recording.

② Make the observation and record every three days. The first seeded male parent is taken as an indicator based on the mean value.

③ The criterion of calculation of leaf number. Generally, the "three ratings" calculation is used as follows:

Ratings	Description
0.2	The leaf just emerges and does not open.
0.5	The leaf opens but not completely.
0.8	The leaf completely opens.

The calculation is started when the first complete leaf emerges on the main culm (Table 7 - 1 shows calculation of leaf number). The seed production of Wei-You 64 conducted in the Yangtse basin in spring, summer and autumn may be taken as an example. The proper time for seeding the female parent is when tne leaf number of the first sowing male parent reaches 6.2, 5.2 and 4.2 leaves, respectively.

Table 7 - 1 Record of leaf number

Name of parent-variety_____   Seeding date_____
No.of plot_____   Transplanting date_____

No. of plant	_month_date		_month_date		
	Rating of leaf number	leaf number			
1	0.2				
2	0.8				
3	0.5				
...					
10					
Calculation					
Mean					

(3)Effective accumulated temperature (EAT) method: The effective accumulated temperature from seeding to heading is relatively stable within a variety, though the seeding date is different. In general, 12 ℃ is taken as the temperature of lower limit, and 27 ℃ as the upper limit in botany. The formula used to calculate the effective accumulated temperature is A=$\sum$ (T−H−L)

where

A = EAT in a certain growth stage (℃) .

T = Mean daily temperature.

H = The temperature higher than 27 ℃.

L = The temperature of lower limit (12 ℃) .

$\sum$ = Accumulated temperature from beginning to end of a certain growth stage.

When the EAT from seeding to initial heading in the MS line and the R line is available, the difference in EAT between them can be obtained, and the seeding date for the parental line with earlier growth duration may be determined. For example, the male parent IR24 of Shan-You 2 has EAT 1 133 ℃ from seeding to initial heading, and its female parent Zhen-Shan 97A has 791 ℃. Their difference in EAT is 1 133 ℃−791 ℃=342 ℃. That is, the day when the EAT after seeding of IR24 adds up to 342 ℃, is the suitable seeding date of Zhen-Shan 97A. It should be pointed out that the EAT within a variety varies with regions. So, it is better to use the data recorded by local agrometeorology stations.

As a matter of fact, the growth duration, leaf number and accumulated temperature are closely associated with one another. Therefore, these three methods may be comprehensively used in determining the difference in seeding date between both parents. Generally, the leaf number method is taken as a main one, and other two methods are used as reference.

V. Row ratio, row direction and planting patterns

Row ratio refers to the ratio of number of rows of the male parent to that of the female parent in the hybrid seed production field. The layout of row ratio depends on:

(1)The growth duration of the R line,

(2)Growth vigor of the R line,

(3)Amount of pollen shed, and

(4)Plant height of the R line.

The principles include:

(1)Properly increasing the row number of the MS line on condition that the R line has enough pollen to provide.

(2)Increasing the distance between two rows of the R line so as to make the MS line less shaded and improve the microclimate in the field, thus, making favorable conditions for growth and normal flowering of the MS line.

(3)Making the row direction nearly perpendicular to the direction of winds prevailing at heading stage to facilitate cross pollination.

Practically, a row ratio of 1 : (8 - 10) or 2 : (10 - 12) is currently widely used in indica hybrid seed production, and 1 : 6 or 2 : 8 in sinica. If the R line has more pollen, the row ratio may even be appropriately increased.

Generally, the R line is transplanted with a single seedling per hill and separated by a spacing of 13 cm from plant to plant and 165 – 200 cm from one row of restorer to another. About 45 000 hills per hm^2 are needed.

The MS line is transplanted with two seedlings per hill with a spacing of 13 cm×16 cm, and approximately 300 000 hills per hm^2 are needed. The planting patterns are shown in Fig.7 – 2.

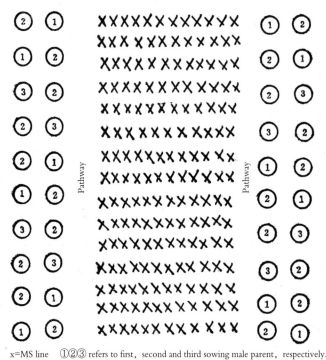

x=MS line ①②③ refers to first, second and third sowing male parent, respectively.

Fig.7 – 2　Lay out of plots for hybrid seed production

VI. Prediction and adjustment of heading date

Even if the seeding interval between both parents is accurately determined, the synchronization of their flowering might not still be attained because of variation in temperature and difference in field management. Hence, it is necessary to predict their heading date in order to take measures as early as possible to make necessary adjustments.

(1)Prediction of heading date: The method which is widely used and found to be effective is by examining the development of young panicles. Based on the morphological features (Fig.7 – 3) the young panicles are classified into 8 developmental stages. The synchronization in flowering can be predicted by using such criterions.

In practice, about 30 days before heading, the male and female parents in the seed production field are sampled and their young panicles within the main culms and tillers are carefully observed with a

Differentiation of
the first bract primordium

I

Differentiation of primary
branch primordium

(1)　　　　　　　　　(2)

II

(1)　　　　　　　　　(2)

(3)

(4)

III

Differentiation of secondary
branch primordium

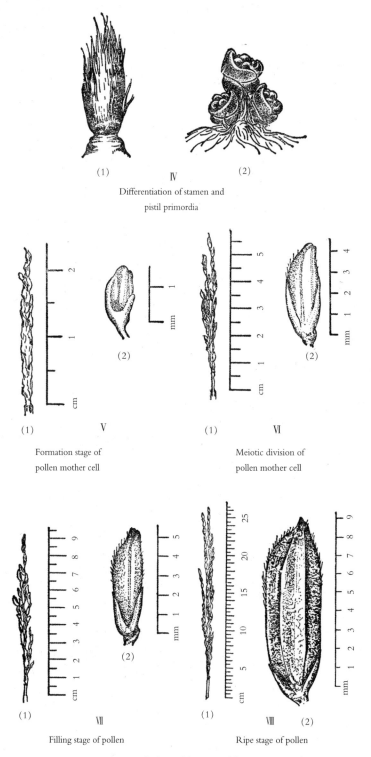

(1)　　　　Ⅳ　　　　(2)

Differentiation of stamen and
pistil primordia

(1)　　　　V　　　　(2)

Formation stage of
pollen mother cell

(1)　　　　Ⅵ　　　　(2)

Meiotic division of
pollen mother cell

(1)　　　　Ⅶ　　　　(2)

Filling stage of pollen

(1)　　　　Ⅷ　　　　(2)

Ripe stage of pollen

Fig.7 - 3　The morphological features of the young panicles

magnifying glass every three days.

The criteria for synchronization of flowering include：

① The male parent should be one stage earlier than the female during the first 3 stages of young panicle differentiation.

② Both parents should be in the same stages during the 3 middle stages (viz., the 4th, 5th and 6th stages).

③ The female parent should be slightly earlier than the male parent during the last two stages.

(2)Adjustment of flowering date：If it is found during the first three stages of panicle differentiation that synchronization of flowering will not be attained, the earlier developing parent should be applied with quick releasing nitrogen fertilizer, and the later developing parent should be sprayed with 1% solution of phosphate fertilizer. By this measure a difference of 4 to 5 days may be adjusted. If it is found during the later stages of panicle differentiation that synchronization of flowering will not be attained, a difference of 3 to 4 days may be adjusted by drainage or irrigation because the R lines are more sensitive to water than MS lines. For instance, if R line is found to be earlier, draining water from the field will delay the panicle development. On the other hand, if R line is found to be late, higher standing water would facilitate rapid panicle development.

If the difference in flowering period between the two parents reaches 10 days or more, it is necessary to remove the bracts or panicles from the early developing parent and apply nitrogen fertilizer subsequently, thus, making its late emerging tillers or unproductive tillers bear panicles and subsequently achieve synchronization of flowering.

Further, during the flowering stage if the blooming time is found to be not synchronized (usually the R line flowers earlier than the MS line), adjustments can be made in blooming time by improving the microclimate in the field through drainage, removing dew drops from the MS plants and spraying cold water to the R plants.

Ⅶ. Leaf clipping, gibberellin application and supplementary pollination

These techniques are very effective for increasing the outcrossing rate.

(1)Leaf clipping：The leaves taller than the panicles are the main obstacles to cross pollination and, therefore, should be cut back. This would help to remove the obstacle to pollen spread and provide the MS line with more pollens. In addition, the field microclimate may be improved after leaf clipping, which is helpful for synchronization in blooming time of both parents.

Generally, leaf clipping is undertaken 1 - 2 days before the initial heading stage, and more than one-half or two thirds of the blades of flag leaves are cut back from the top.

(2)Gibberellin application：Gibberellin is an effective plant growth hormone which stimulates the elongation of cells. Application of gibberellin has the following advantages.

① To make the panicle base of the MS line of WA type (or other sporophyte type) less enclosed in the leaf sheath or fully emerge out of the sheath.

② To increase the rate of stigma exsertion.

③ To adjust plant height.

④ To cause the small tillers grow faster so that they can catch up with big tillers.

⑤ By using great dosage the whole panicle can grow taller than the flag leaf so that the leaf clipping is no longer needed. (Fig.7 – 4)

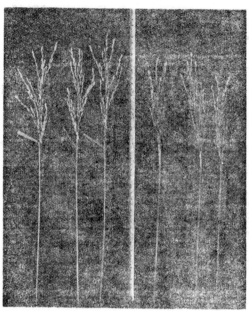

Left: Panicles fully exserted from the sheaths of a rice plant treated with
gibberelline (25 mg/kg) .
Right: Check

Fig.7 – 4 Effectiveness of gibberelline application

Method:

① Preparation of spray solution: The gibberellin powder is first dissolved in alcohol for several hours. Water is added to it in a given volume. It would be more effective if a small amount of neutral soap powder is added as an adhesive agent.

② Timing, concentration and amount: Gibberllin application is usually made twice on both parents in the afternoon. The first application is made at 22.5 – 30 g in 750 kg water (30 – 40 mg/kg) per hm^2 when the panicles are 10% emerged. The second application is made at 45 – 60 g in 750 kg water (60 – 80 mg/kg) per hm^2 when the panicles are 30% emerged.

(3)Supplementary pollination

Shaking the R line's panicles by rope-pulling or roddriving during anthesis can make their anthers dehisce and spread the pollen widely and evenly, thus the outcrossing rate could be increased. It is more effective especially on calm or breezy days.

Supplementary pollination is generally carried out in the morning when MS line flowers. If only R line flowers, and MS line doesn't, supplementary pollination should not be made. In the afternoon when the R line is still blooming, supplementary pollination should be continued even if the MS line has closed its glumes.

Generally, supplementary pollination is carried out at 30 minutes intervals 5 times daily until no pollen remains in the R line (Fig.7 – 5), and it is not needed when the wind is greater than moderate breeze.

Fig.7 – 5　Supplementary pollination

Ⅷ. Roguing

The purity of hybrid rice seed used in commercial production would be over 98%. To meet this requirement, the purity of the R lines and MS lines must be over 99%. Therefore, in addition to strict isolation, it is necessary to make thorough roguing in the seed production field.

(4)Time: 2 – 3 times before heading, at initial heading stage and before harvest.

(5)The rogues to be removed are:

① The maintainer plants and semi-sterile plants which appear in the MS line rows.

② Other off-type plants mixed in both male and female rows.

(6)Characteristic features to be taken into consideration for roguing:

① Off-type plants based on the colours of leaf sheath and leaf collar, the size of leaf blades, growth status, plant type, plant height and growth duration.

② Maintainers: They flower 3 – 5 days earlier than the MS line, the basal part of the panicle normally exserts out of the flag leaf sheath, the anthers are yellow and plump and completely dehiscent after flowering.

③ Semi-sterile plants: Anthers are slightly larger than those of the MS line, yellowish in colour and partly dehiscent. The undehiscent anthers become dark yellow several hours after flowering.

Ⅸ. Special field management

Good field management is essential to obtain high seed yield. This include:

(1)Growing healthy seedlings with tillers.

(2)Early transplanting.

(3)Planting single seedling with tillers per hill for R line and two seedlings with tillers per hill for MS line.

(4)Applying fertilizer during the early stage of growth to produce more effective tillers.

(5)Less fertilization and irrigation during the middle and late stages to inhibit the growth of flag leaves and thus provide good aeration and sunshine after heading which are favorable for pollen spread.

(6)The R line should have about 1.2 million productive panicles per hm^2, while the MS line should have more than 3.8 millions. The panicle ratio between R and MS lines should be 1 : (3 − 4) for obtaining desirable seed yields.

(7)More attention in controlling diseases and insects should be given.

Section 2　Techniques of MS line multiplication

The techniques of MS line multiplication are basically similar to those of hybrid seed production except for the following three considerations.

Ⅰ. Sowing intervals

The MS line and its maintainer line (B line) are like twins, and so do not differ greatly in their growth duration.

(1)Gametophytic MS lines of sinica: The MS line is similar to the B line in days to flowering.

① The first seeding of B line is at the same time as the MS line.

② The second seeding of B line should be when the leaf number of the MS line reaches 1.5 − 2.0 leaves, i. e., 5 − 7 days after first seeding.

③ Both A line and B line are transplanted on the same day regardless of their seeding dates.

(2)Sporophytic MS line of indica such as WA type, etc. : The MS line is 3 − 5 days later in heading than its B line.

① The MS line should be seeded earlier.

② The first seeding of B line is when the leaf number of A line reaches 1.5 leaves.

③ The second seeding of B line is done when the leaf number of the MS line is 2.5 − 3 leaves.

Ⅱ. Row ratio

Since there is no great difference in plant height between male and female parents, and the male parent is inferior to the female parent in tillering capacity and growth vigor due to delayed seeding, their row ratio is smaller. Presently, the row ratio widely adopted in multiplication fields is 1 : 3 or 2 : 5.

Ⅲ. Field management

As the MS line is seeded and transplanted earlier than the B line, the former is usually superior to the latter in growth vigor and tillering ability. This would lead to shortage of pollen supply from the B line, eventually. Hence, in order to increase the seed yield in the multiplication field, it is important to take more measures to promote the growth of the B line. For example, the B line may be transplanted with soil intact seedlings to make the seedlings turn green faster. And the B line may be applied unilaterally with quick releasing fertilizers.

Chapter 8

Purification of three lines and production of foundation seed

According to an investigation data, the yield of hybrid rice will decrease by about 100 kg/hm^2 when the purity of hybrid seeds decreases by 1%. So, the purification of three parental lines and the production of foundation seed are very important for hybrid rice cultivation.

Section 1   Degeneration expression of three parental lines and F$_1$ hybrids

I. Male sterile line

(1)The phenomenon of segregation occurs in plant type, mature period and economic characters.

(2)Degree of sterility and percentage of sterile plants are reduced, and self-fertilization appears.

(3)Fertility-restoring ability becomes poor, and combining ability decreases.

(4)Flowering habits are not good, and flowering time is diffused.

(5)Rate of unopened glumes increases.

(6)Rate of stigma exsertion is reduced.

(7)The basal part of the panicle is more enclosed in the leaf sheath.

II. Maintainer line and restorer line

(1)Maintaining capacity and restoring capacity become bad.

(2)Combining ability decreases.

(3)Pollen supply is insufficient, and pollen shedding is hindered.

(4)Plant growth vigor deteriorates.

(5)Resistance to stresses weakens.

(6)Segregation occurs.

III. F$_1$ hybrids

(1)Uniformity becomes poorer.

(2)Seed set reduces.

(3)Stress resistance weakens.

(4)Segregation occurs.

Section 2　Factors causing admixtures and degeneration of three parental lines.

I. Biological admixtures

The pollen contamination from other rice varieties in the plots under MS line multiplication and hybrid seed production is the main cause of mixture and degeneration of hybrid seeds.

II. Mechanical admixture

In the processes of sowing, transplanting, harvesting, threshing, drying, transportation and storing during seed multiplication and production, the three parental lines or hybrid seeds are mixed with other rice varieties due to careless management.

III. Natural variation

Genetic variation might naturally occur in the cultivation of three parental lines as well as in their introduction from other locations, which would result in segregation in characters and fertility, though its probability is not high.

Section 3　Methods used for purification of three parental lines

There are different methods used for purification of three parental lines, of which the simpler and more effective one is to use the method of the three nurseries involving four steps.

The three nurseries are testcross nursery, identification nursery and multiplication nursery.

The four steps include selection of individual plants, testcross in pairs, identification of each line and bulk multiplication. (Fig.8 – 1)

The key points of this method are:

I. Selection of typical plants

The elite normally growing individual plants of three parental lines are strictly evaluated and selected plant by plant according to the typical characters, sterility and resistance desired.

II. Testcross and backcross in pairs

The individual plants selected are testcrossed and backcrossed in the testcross nursery. The number of pairs used for crossing hinges on the manpower and material conditions. In general, about 50 pairs of MS line × maintainer line are needed, and each pair is required to produce more than 100 grains of seed through backecross, while the same pairs of MS line × restorer line also needed, and each pair is required to produce more than 200 grains of seed through testcross.

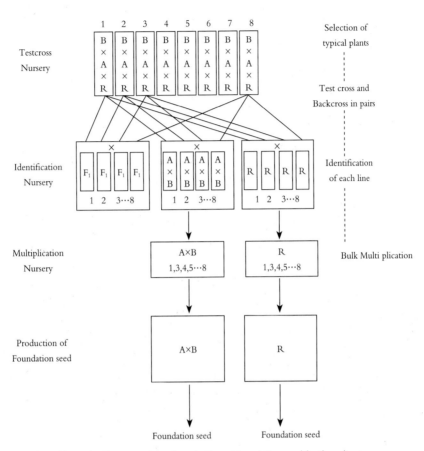

Fig.8 - 1　The procedure of production of foundation seed for three lines

Ⅲ. Identification of each line

Three identification nurseries are laid out：

(1)Sterility identification nursery

① A well isolated plot is selected.

② The MS line and its maintainer line are planted in pairs in the plot.

③ At the initial heading stage their male sterility should be identified strictly. If the MS line has uniform population, good flowering behavior and slightly or not enclosed neck, and its male sterile plant rate and the degree of sterility reach 100%, it is retained together with corresponding maintainer line. Cutting down the pairs which are out of standard.

(2)Heterosis evaluation nursery and R line nursery

① About 100 F_1 plants for each pair of MS line × restorer line are planted.

② 100 - 200 corresponding restorer plants are planted in another plot.

③ The objectives emphasized in identification of heterosis include growth vigor, tillering ability, percentage of panicle-bearing tillers, seed-set rate, uniformity, resistance and grain yield.

④ The male parent is evaluated for its typicalness, uniformity and flowering behavior.

⑤ Accoring to the performance of the male parents and their F_1 hybrids, the good male families are selected, and those should be discarded if any of the male parents, female parents or their F_1 hybrids perform badly.

IV. Bulk multiplication

(1)The seeds of the MS line and maintainer line selected are separately harvested in bulk, and sown in isolated plots to multiply so as to produce nuclear seed.

(2)Each restorer family selected is also harvested in bulk, and the seed is sown in another isolated plot to multiply so as to produce nuclear seed.

(3)The nuclear seed is used to further multiply so as to produce foundation seed.

The criteria of nuclear seeds and foundation seeds of three lines are shown in Table 8 - 1.

Table 8 - 1　Criteria for nuclear seed and foundation seed of three lines

—		Purity%	Cleanness %	Germination %	Mosisture %	Sterility and sterile plants %	Restoring rate %	Weed seed
A line	nuclear seed	100	>99.8	>93	<13.5	100	—	0
	Foundation seed	>99.8	>99.5	>93	<13.5	100	—	0
B line	nuclear seed	100	>99.8	>98	<13.5	—	—	0
	Foundation seed	>99.8	>99.5	>98	<13.5	—	—	0
R line	nuclear seed	100	>99.8	>98	<13.5	—	>85	0
	Foundation seed	>99.8	>99.5	>98	<13.5	—	>85	0

Chapter 9
Techniques of chemical emasculation

Section 1 Advantages and shortcomings of chemical emasculation

I. Introduction

Use of chemical emasculation is also a major approach to bulk production of F_1 hybrid seeds.

Chemical emasculation is the process of spraying certain chemicals on the rice plants used as the female parent so as to sterilize their pollens. Then, the emasculated plant is pollinated by using another rice variety as the male parent to produce hybrid seeds.

II. Advantages of chemical emasculation

(1)There is a larger number of varieties which can be used for making superior hybrid combinations.

(2)The procedure of producing hybrid seed is simple, because it doesn't need development of three lines and multiplication of MS lines.

(3)If synchronization of flowering doesn't appear in the hybrid seed production field, or in the case of several consecutive raining days, hence, the gametocides can not be applied. But heavy losses will not be suffered, because the yield of female parent may be obtained still.

III. Shortcomings of chemical emasculation

(1)The effectiveness of chemical emasculation is influenced by environmental conditions. A rainfall within 4 hours after spraying chemicals would make emasculation less effective. A continuous rain would forfeit the chance of spraying chemicals, resulting in low seed set and production of impure seeds.

(2)Since the main culm and tillers of a rice variety are different from each other in growth stage, the effect of emasculation would not be identical, if the chemicals sprayed on them do not vary in concentration. Lower concentration would be less effective, and higher concentration would lead to female sterility or increase of enclosed glumes, resulting in reduction of seed yield and quality.

IV. Major gametocides

The present-day gametocides found effective in rice include: zinc methyl arsenate ($CH_3 AsO_3 Zn \cdot H_2O$) and sodium methyl arsenate ($CH_3 AsO_3 Na_2$).

Section 2　Key points of chemical emasculation

I . Selection of parents

(1)The parents used for crossing should possess genetic diversity and complementary characters so as to produce hybrid vigor.

(2)The variety used as female parent should be with high rate of emasculation and female fertility and fewer enclosed glumes. The response to male gametocide varies with rice varieties. Xian-Dang I × IR24 may be taken as an example. The emasculation effect on IR24 is greater than that on Xian-Dang 1, though their reciprocal cross can express identical heterosis.

(3)The variety used as female parent should sprout heads rapidly and uniformly.

(4)It would be better for synchronization and outcrossing if the parents selected for crossing are with similar growth duration and plant height.

II . Timing of gametocide application　its concentration and dosage

(1)Applying gametocides at the right stage. The proper time for application depends on rice varieties used. In general, it would be more effective to spray gametocides during the period from active reduction to the monokaryotic stage of pollen mother cells. The gametocide will be absorbed 4 hours after spraying, and is effective within 3 – 11 days.

(2)Applying gametocides at the proper rate. The proper concentration of gametocides used is determined according to their formulations. As for zinc methyl arsenate, its concentration commonly used for indica rice is 0.015% – 0.025%, and that for sinica is slightly lower. Before application, it is necessary to make up mother liquid (containing 10% of zinc methyl arsenate) by using concentrated hydrochloric acid as a solvent, and then dilute it with water at a ratio of 1 : 10. When applied, the liquid gametocide should be rediluted at a given rate. Currently, zinc methyl arsenate is gradually replaced by sodium methyl arsenate. This is because the latter is soluble in water without the need for hydrochloric acid as its solvent, but the effectiveness of emasculation is identical with that of the former.

(3)Applying gametocides at the correct dosage and proper time. Chemical emasculation is generally conducted only once in the afternoon. About 10 mL of liquid gametocide is applied to every hill of rice plants. The adequate amount of gametocide used is 3 000 kg/hm^2. It would be more effective to spray gametocide twice on rice varieties whose young panicles are not uniform in development. The first application is made at the reduction division stage of pollen mother cells, and the second application is undertaken with half of the first dosage (or at proper dosage) in seven days' time.

III . Treatment after spraying

(1)Leaf-clipping is made 72 hours after spraying.

(2)The panicles that emerge within 3 days after spraying should be pulled out because of incomplete emasculation.

(3)If it rains within 4 hours after spraying，additional application of gametocide should be made at the proper dosage.

(4)The plants emasculated by chemicals are poorer than the male sterile line through breeding with respect to the female fertility and the exsertion rate of stigmata. Hence，supplementary pollination should be strengthened.

Chapter 10
Special characteristics in the cultural management of hybrid rice

The cultural management of hybrid rice is basically similar to that of conventional rice varieties except for a few points. The more important ones are the following:

Section 1　Choosing optimum combinations in accordance with local environmental conditions

The requirements that an excellent combination must meet include:

(1)High yielding potential,

(2)Growth duration suitable to growing season and cropping system in a given location,

(3)Resistance to major diseases and insects, and

(4)Good grain quality.

Section 2　Raising vigorous tillered seedlings

I. Advantages of tillered seedlings

The use of tillered seedlings has the following advantages:

(1)It is favourable for the development of larger panicles.

(2)The seeding rate can be reduced because the tillers produced can substitute for the seedlings grown from seeds.

(3)The contradiction between the development of individual plants and that of population may be well coordinated.

II. Methods

(1)Sparse and even sowing: Determine seeding rate in accordance with the seedling age. In general, the seeding rate of early or medium hybrid rice is about 225 kg/hm^2. That is, every seedling has $3-4.5$ cm^2 of land area. As for late hybrid rice, its seeding rate is about 150 kg/hm^2, and every seedling has $6.5-10$ cm^2 of land area. It would be better if seeding is made with one grain per hill in rows.

(2)Raising seedlings under artificial warm conditions: In the places where the temperature is low in spring the seedling bed should be covered with polythene sheets so as to keep the seedling bed warm.

(3)Thinning and replanting: When the seedlings have acquired 1.5 - 2.5 leaves, it would be better to properly thin the densely growing seedlings, and the extra seedlings are replanted there where there are less seedlings.

(4)Raising seedlings in two phases: First, sow the seed very densely in a green house (for early and medium hybrid rice) or outside (for late hybrid rice). When the seedlings have acquired two leaves, transplant them in a common field nursery with the follwoing spacing: 3.3 cm×6.6 cm, 3.3 cm×10 cm and 6.6 cm×10 cm.

Section 3　Seeding and transplanting at the right time so as to ensure normal heading and flowering

Compared with conventional varieties, hybrid rice is more sensitive to the temperature during the flowering and fertilizing stage. Too high or too low temperature may make damage on flowering and prevent shedding of pollen grains. This, in turn, will cause the infertility and increase the empty grains.

The optimum daily mean temperature for flowering of indica hybrid rice is 24 ℃ - 29 ℃. The daily mean temperature over 30 ℃(over 35 ℃ in the panicle region) or below 23 ℃ lasting for three days or more will increase the empty grains greatly. As regards sinica hybrids, the optimum daily mean temperature for flowering is 23 ℃ - 26 ℃.

Therefore, in order to ensure normal flowering and fertilizing and avoid damage of high or low temperature, it is necessary to properly arrange the seeding and transplanting date of hybrids according to the climatic conditions at specific locality and their growth duration.

Section 4　Establishment of high yielding population structure via rational close planting

Ⅰ. The criteria for early hybrid rice yielding 7.5 - 8.25 t/hm^2

(1)Spacing and basic seedlings: 4 - 5 seedlings (including tillers) per hill and 30 - 37.5 thousand hills per hm^2.

(2)Max. tillers number: 4.5 - 5.25 million per hm^2.

(3)Number of productive tillers: 2.7 - 3 million per hm^2 for combinations with large panicles and 3.7 million or so for combinations with medium size panicles.

Ⅱ. The criteria for medium hybrid rice yielding 9.75 - 10.5 t/hm^2

(1)Spacing and basic seedlings: 3 - 4 seedlings (including tillers) per hill (for medium size seedlings early transplanted) or 6 - 7 seedlings (including tillers) per hill (for big seedlings late transplanted) and about 30 thousand hills per hm^2.

(2)Max. tillers number: 4.5 – 5.25 million per hm^2 for large panicle type combinations and 5.25 – 6.00 million per hm^2 for combinations with medium size panicles.

(3)Number of productive tillers: about 3 million per hm^2 for large panicle type and 3.75 million for medium panicle type.

III. The criteria for late hybrid rice yielding 7.5 t/hm^2

(1)Spacing and basic seedlings: 5 – 6 seedlings (including tillers) per hill and 37.5 thousand hills per hm^2.

(2)Max. tillers number: 4.5 – 5.25 million per hm^2.

(3)Number of productive tillers: about 2.7 million for large panicle type and 3.7 million for medium panicle type.

Section 5   Good fertilizer management

I. Fertilizer requirements of hybrid rice

(1)Being highly responsive to nitrogen application, hybrid rice needs less nitrogen than conventional varieties to produce the same grain yield. The experiments conducted by the Guangdong Academy of Agricultural Sciences have showed that the amount of N required for production of 500 kg of rice grains is 9 kg for the hybrid Shan-You 2, but 10.3 kg for the conventional variety Zhenzhu-Ai. It is also proved that the yield increase brought about by application of N fertilizer is greater for hybrid rice than for conventional varieties especially when fertilizers are applied at intermediate or low level.

(2)Hybrid rice needs more potassium than conventional varieties. Increasing the ratio of potassium to nitrogen is an important measure to enhance the grain yield of hybrid rice.

II. Nitrogen application

In general, 150 kg of nitrogen per hm^2 is necessary to produce 7.5 t of rice grains per hm^2 in the field where the fertility level is intermediate, and 187.5 kg of nitrogen per hm^2 can produce 9 t of rice grains per hm^2.

III. Ratio of N : P : K

Normally a ratio of 1 : (0.3 – 0.5) : 0.7 N, P, K is optimum for hybrid rice.

IV. Basal dressing and topdressing ratio

(1)For early hybrid rice, the basal dressing: topdressing ratio should be 6 : 4.

(2)For medium and late hybrid rice, the basal dressing and topdressing are in the ratio of 5 : 5 or 4 : 6.

V. Methods

(1)About 70% of topdressing should be made in the early stage so that the desirable tiller number can be obtained before the end of the productive tillering stage.

(2)Some fertilizers could be applied after panicle initiation depending on the performance of plants. But, the quantity of fertilizers, especially nitrogen fertilizer, should be well controlled for achieving large panicles.

(3)Before or after full heading, 2.35 – 3.75 kg of potassium dihydrogen-phosphate or 0.5 kg of urea in 750 – 1 120 kg of water per hm^2 could be sprayed over the plants to prevent early senescene.

Section 6　Delaying harvesting time for a few days

Aside from having large panicles and heavy grains, hybrid rice is also characterized by the occurrence of two filling stages. Therefore, hybrid rice takes longer time in filling and ripening in comparison with conventional varieties.

It is advisable to delay harvest of hybrid rice for a few days in case the seeding and transplanting of the succeeding crop is not hindered and no grain stattering occurs. Usually, the time when the ripening rate of fertilized grains reaches 90% is used as an indictor for harvesting hybrid rice.

Chapter 11
Problems and prospects

Although great achievements have been obtained in research and utilization of hybrid rice in China, much research work is still needed. From the plant breeding standpoint, if the existing hybrid rice varieties are to be improved further with respect to the following aspects, a greater increase in the cultivation area, economic profits and the yield will be certainly achieved.

Section 1   Development and use of MS lines with different cytoplasm sources

Currently, more than 95% of the MS lines of indica type used in production belongs to the "WA" system. Though it has not yet been discovered that the "WA" cytoplasm has direct relation with any of the major diseases, the unitary cyto-sterility system in the long run may make the hybrid rice vulnerable to destructive diseases and insects in epidemic proportions. The hybrid corn of T cytoplasm is such an example.Its unitary cyto-sterility system had led to the spread of C. heterostrophus in epidemic form causing great yield losses in the corn belt of the United States. To keep the hybrid rice from following the same disastrous road, it is necessary to immediately replace part of the hybrids derived from "WA" cyto-sterility-system with other elite MS lines of different cytoplasmic sources considering the local conditions. The gametophytic male sterile lines are much more desired, because they possess good flowering habits and well exserted panicle, which results in higher natural outcrossing rate and hybrid seed yields. Also, they have wider restoration spectrum, which make them have more restorer-varieties and higher probability of making excellent combinations. At present, only gametophytic male sterile lines of sinica type are used in production. Most of the gametophytic male sterile lines of indica type are unstable for their sterility, or the degree of fertility-restoration of their F_1 hybrids are not desirable, so they can't be put into commercial use. But, from a long-term point of view, to develop elite gametophytic sterile lines possessing stable sterility and good fertility-resotration should be the major direction of development of indica three parental lines. The indica × indica cross with an old local variety or a semicultivated variety as female parent might be an effective approach to develop a gametosterile line.

Section 2　Development of MS lines with high outcrossing rate to increase hybrid seed yields and reduce costs

Though the existing techniques of hybrid seed production are almost perfect and effective，they are expensive (e.g., application of gibberellin) and laborious (e. g., leaf clipping) .In addition，the average yield of hybrid seed production in whole country is not yet high (only about 1.12 t/hm^2) . The high price of hybrid rice seed is not beneficial to the development of hybrid rice.

The principal measure to enhance hybrid seed yield and reduce seed production costs is to develop MS lines with high outcrossing rate. Recently， some institutes have made great progress in this aspect and have developed a series of indica cytosterile lines with good flowering habits， large stigmata (exsertion rate over 95%) and panicle canopy (Fig.11 – 1) . The preliminary observation has shown that their natural outcrossing rate is 30%–50% higher than that of the leading MS lines used today. It may be expected that when these new MS lines are put into production， the average yield of hybrid seed production will be increased at least to 3 – 3.75 t/ hm^2.

Fig. 11 – 1　The large stigmata

Section 3　Breeding for super high yield

With the increased research findings and the accumulation of practical experience in hybrid rice, it is possible to initiate a super high yield breeding program by integrating the imporved plant stature with increased physiological ability. Some institutes have decided to develop within 5 years hybrid combinations that can yield 83 – 90 kg/hm^2 per day. This means that in the near future the total yield of double cropping hybrid rice grown in most areas along the Yangtze River will reach 18.75 t/hm^2. In fact, the yielding potential of individual elite combinations recently developed has been very close to this target, indicating that it is not difficult to attain the goal of breeding for super high yield. Regarding the selection of parents for crossing, great attention should be paid to study and exploitation of the strong heterosis in the cross of indica × sinica and the heterosisinducing genes in wild rice, in addition to continuous exploitation of heterosis in cross between ecologically and geographically distant varieties.

Section 4　Breeding for good grain quality

Currently, emphasis of rice breeding programs in China has been shifted to good grain quality to increase its market value. In general, the conventional rice varieties with good grain quality have less yields. Hybrid rice breeding has the advantage of quickly integrating high yield with good grain quality, but genetic segregation for some quality characteristics will appear in the rice grains (F_2) produced in the F_1 plants, resulting in lower economic value. Wei-You 16 may be taken as an example. Its female parent is non-glutinous rice, and its male parent is glutinous. Among the rice grains produced by Wei-You 16, 1/4 is glutinous. The mixed rice grains are not acceptable to consumers.

Thus, it can be seen that in the grain quality breeding programs both parents for crossing are required to be of good quality and identical in quality characteristics. At present, there exist more indica restorer lines with good grain quality. But most of the MS lines are of poor grain quality.

So, selection for MS lines with good grain quality should be regarded as one of the key objectives of developing hybrid rice.

Section 5　Breeding for multi-resistance

Now, some leading hybrid combinations used in China is gradually losing their resistance to disease. For instance, Shan-You 2 and Shan-You 6 were highly resistant to rice blast before, but now they have become susceptible in some places due to the changing of physiological races. It is necessary to immediately replace them by new combinations. Fortunately, most of the disease and insect resistant genes in rice are dominant or partially dominant. In recent years, achievements have been obtained in the incorporation of multi-resistance into high yielding ability in hybrid rice breeding. Wei-You 64 is such a new combination. It was released in 1983, and was cultivated in more than 2 million hectares in 1984. It has stronger resistance to five major diseases and insects-blast, bacterial leaf blight, yellow stunt, brown planthoppers and leafhoppers, and high and stable yielding potential. So, it enjoys wide favour among the farmers. The breeding for multiresistance is now being strongly pursued, and a series of new combinations with short growth duration, high yielding potential, good grain quality and wide resistance spectrum will soon be coming out.

Section 6　Breeding for drought tolerance

In the North China, the sunshine and temperature in summer are very favorable for growth of paddy rice. Generally, the rice yield per unit area there is rather high. But, the majority of northern areas can't be planted to paddy rice due to lack of water. As hybrid rice has well developed and deep root system, it is highly tolerant to drought. Recently, comparative tests on semi-dry cultivation of rice have been conducted in larger areas in the North. The results have shown that when the water supply is only half of the normal amount required, the yield of sinica hybrid rice comes to $4.5-5.1$ t/hm^2 which is 30%–50% higher than that of the conventional varieties. This indicates that sinica hybrid rice has bright prospects in the North. If the drought tolerance is further enhanced through heterosis breeding, both the cultivated area and yield per unit area will be increased considerably.

Section 7　Exploitation of ratooning ability

The farmers can benefit from cultivating ratoon hybrid rice in regions where the growing season is not long enough to grow double crops of rice because heterosis remains in the F_1 ratoon plants which have higher yield potential. For example, the yield of a ratooned hybrid rice reached more than 4.5 t/hm^2 in an experimental field in Guangshi Rice Institute. Unfortunately, the ratooning ability of leading hybrid varieties is not strong enough for large scale production. But some preliminary studies indicate that the ratooning ability of rice is a dominant or partial dominant character which is helpful for breeding ratooning hybrid rice. Much progress has been made recently in this research area and the future is bright.

下
篇

杂交水稻育种
栽培学

前　言

　　杂交水稻的培育成功和大面积应用于生产，是一项具有世界先进水平的科研成果。1981 年，这项科研成果荣获国家第一个特等发明奖。生产实践证明，杂交水稻具有较强的杂种优势和较大的增产潜力，从 1976—1985 年大面积种植的短短十年中，已取得了巨大的经济效益和社会效益。

　　农业是国民经济的基础，粮食是基础的基础，只有占有足够的粮食，才能使整个国民经济建筑在牢固的基础之上，才没有后顾之忧。我国是一个拥有十多亿人口的大国，粮食生产上不会出现粮食过剩，更不必担心粮食成灾。按照国家计划，"七五"末期粮食总产量要达到 4500 亿 kg，到 20 世纪末要求还会更高。要完成国家粮食计划，首先应考虑的是发展水稻生产，这是因为水稻在我国粮食生产中具有举足轻重的地位。在全国粮食作物总播种面积中，水稻播种面积不到 30%，而产量却占粮食总产量的 44%。同样，在水稻生产中，杂交水稻的播种面积只占水稻播种面积的 26.44%，而产量却占水稻总产量的 32.48%。因此，发展杂交水稻对提高水稻产量，促进我国粮食生产的发展有着十分重要的作用。

　　我国杂交水稻的研究与实践，引起了国内外广大农业科技工作者和生产者的极大兴趣与关注。为此，我们特编写了《杂交水稻育种栽培学》，供广大读者学习和了解杂交水稻的基本理论和技术，同时，也为世界各国研究和发展杂交水稻提供借鉴。

　　《杂交水稻育种栽培学》是我国第一本比较全面、系统的科学著作。它较全面、系统地总结了我国杂交水稻的育种、繁殖、制种和栽培的实践经验，并从理论上进行了阐述。这本书除了向广大读者介绍国内外杂交水稻研究概况和生产现状外，还重点介绍了杂交水稻的育种方法、繁殖、制种技术和高产栽培技术措施，以及相应的基础理论知识。本书对广大农业科技工作者和农业院校的师生都有一定的参考价值。

　　本书是由从事杂交水稻科研、生产和教学人员共同编写的。由于本书涉及的学科较多，又加上杂交水稻在我国的研究和应用的时间还很短，对杂交水稻规律性的研究还很不全面、很不深入；同时又由于我们的知识和写作水平有限，甚至可能还存在某些认识上的局限性，可能会出现某些缺点和错误，欢迎广大读者批评指正。

　　本书的编写，得到了国家农牧渔业部、湖南省科学技术委员会的重视和赞助，得到了湖南省农业厅、湖南省农科院、湖南农学院、湖南师范大学以及湖南杂交水稻研究中心和湖南科学技术出版社的大力协助和支持，在此一并致谢。

编者

1986 年 6 月于长沙

第一章

概　述

　　我国是世界上第一个成功地利用水稻杂种优势的国家。杂交水稻的成功培育，是水稻育种上的一项重大突破，也是水稻生产上的一项重大技术改革，它为大幅度提高水稻产量提供了有效的新途径。

　　我国是世界最大的稻米生产国，水稻生产在粮食生产中占有举足轻重的地位。全国水稻播种面积不到粮食作物总面积的 30%，但产量占粮食总产量的 44%。

　　中华人民共和国成立前，我国农田的水利设施差，肥料施用量少，经营管理粗放，产量不高。1949 年中华人民共和国成立前夕，全国水稻播种面积 3.8 亿亩（1 亩 ≈ 666.7 m²），总产量 486 亿 kg，单产只有 127.3 kg。中华人民共和国成立后，在党和人民政府的领导下，我国水稻生产得到了很大的发展。至 1985 年，全国水稻播种面积 4.775 76 亿亩，总产量 1 680.3 亿 kg，单产 351.5 kg。与 1949 年相比，播种面积增长了 26%，总产量增长了 2.45 倍，单产增长了 1.76 倍。

　　我国水稻生产能得到如此迅速发展的原因，除大兴农田基本建设、改善排灌条件、增加肥料投资外，最重要的是在水稻科学研究和生产技术上进行了三次大的改革。一是 20 世纪 50 年代初，我国农业科研工作者，采取系统选种等方法，选育了一批优良的早稻和晚稻品种。这些品种在生产上的应用，使我国水稻主产区——华东和华中的一季稻改为双季稻，总产量大大增加，单产也有相应的提高；二是 20 世纪 60 年代初，我国农业科研工作者又采取矮秆化育种的方法，培育了一大批耐肥抗倒、适合密植的矮秆良种。这些矮秆良种在生产上的推广应用，使一季亩产增加 50~100 kg，单产得到显著提高；三是 20 世纪 70 年代初，我国农业科研工作者对水稻杂种优势利用进行了大量的研究工作，在较短的时间内育成了具有实用价值的强优势杂交水稻。这种强优势杂交水稻在生产上的推广应用，使每亩产量在原有的基础上又提高了 20% 左右，使我国的水稻生产出现了新的局面。

第一节　水稻杂种优势利用研究概况

杂种优势是生物界中的一种普遍现象。我国劳动人民在长期的农业生产实践中，对杂种优势早就有所认识和利用。在公元 584 年前后贾思勰所著的《齐民要术》一书中，就记载了马和驴的杂交后代骡子，在适劳役、耐粗饲等方面具有超亲优势。1637 年出版的《天工开物》一书，也叙述了养蚕业利用杂种优势的事实。其他古籍中还有不少类似记载。可见我国是发现和利用生物杂种优势比较早的国家。

人们开始注意植物的杂种优势是在 18 世纪 30 年代，1763 年德国学者科尔鲁特（Kolreuter）研究的烟草的杂种优势可用于生产。1866—1876 年，进化论的创始人达尔文（Darwin）广泛研究了植物异花受精和自花受精的变异情况后，首先指出玉米具有杂种优势。接着，沙尔（G. H. Shull）也注意到玉米自交衰退、杂交有利的现象，并于 1914 年把此现象称为"杂种优势"。20 世纪中叶，玉米杂种优势在农业生产上得到大量应用，单位面积产量大幅度提高。从此以后，植物的杂种优势利用越来越广泛，目前已有二十多种大田作物和蔬菜得到利用。

水稻杂种优势利用的研究始于 19 世纪。1926 年，美国的琼斯（J. W. Jones）首先提出水稻具有杂种优势，从而引起了各国育种家的重视。30—50 年代，印度的克丹姆（B. S. Kadem，1937）、马来西亚的布朗（F. B. Broun，1953）、巴基斯坦的艾利姆（A. Alim，1957）、日本的冈田子宽（1958）等都有过关于水稻杂种优势的研究报道。50—60 年代，由于玉米、高粱杂种优势在生产上的应用，水稻杂种优势利用的研究活跃起来。开展水稻杂种优势利用研究工作的有中国、美国、日本、印度、菲律宾、巴基斯坦、马来西亚、苏联、意大利、韩国等国家或地区，并涌现出一批卓有成就的研究人员。如我国的袁隆平、日本的新城长友等。

科学家对水稻杂种优势利用的研究，首先是从不育系的选育开始的。1958 年，日本东北大学的胜尾清用中国红芒野生稻与日本粳稻"藤坂 5 号"杂交，经连续回交后，育成了具有中国红芒野生稻细胞质的藤坂 5 号不育系。1966 年日本琉球大学的新城长友用印度春稻"钦苏拉包罗Ⅱ"与中国粳稻"台中 65"杂交，经连续回交后，育成了具有"钦苏拉包罗Ⅱ"细胞质的"台中65"不育系。1968年，日本农业技术研究所的渡边用缅甸籼稻"里德稻"与日本粳稻"藤坂5号"杂交，育成了具有缅甸"里德稻"细胞质的藤坂5号不育系。1969年，美国加利福尼亚大学的埃里克森（J. R. Erichson）等用我国台湾省品种"白壳"（Bir-Co）和"非洲光稃稻"（O. gLaberyemustud）为母本，分别与加利福尼亚粳稻"卡尔罗斯"（Calrose）、"卡罗柔"（Caloro）、"科卢萨"（Colusa）杂交，发现白壳和非洲光稃稻都有导致加利福尼亚粳稻雄性不育的细胞质。1972年，菲律宾国际水稻研究所的阿斯华尔（D. S. Athwal）和费马尼（S. S. Virmani）以"台中本地1号"为母本，将其与"朋克哈里203"（Pankhari 203）杂交，发现"台中本地1号"有导致"朋克哈里203"雄性不育的细胞质。

我国杂交水稻研究工作者、湖南省安江农校袁隆平，从1964年开始研究水稻杂种优势的利用。1970年，袁隆平的合作者李必湖从我国海南崖县普通野生稻（O. rufipogon Griff 或 O. Sativa F. Sponta-neu）群落中，找到了花粉败育型不育材料。1972年，江西颜隆安、湖南袁隆平等采用这一材料育成了珍汕97、二九南1号等不育系及其保持系。1973年，广西张先程、湖南袁隆平等先后测得IR24对普通野生稻不育细胞质具有有效的恢复力，便育成了恢复系，从而成功地实现了"三系"配套，使水稻杂种优势在生产上的利用付诸现实，取得了很大的经济效益和社会效益。1981年，国家为籼型杂交水稻授予了国家技术发明特等奖。

第二节　我国水稻杂种优势利用的伟大成就

杂交水稻是我国科学技术上的一项重大发明，十多年来，我国在水稻杂种优势利用方面取得了伟大的成就。

一、育成了不同类型的"三系"

"三系"是水稻杂种优势利用的基础。不育系是"三系"选育的第一步。不育系的选育，一是应用远缘杂交（包括种间杂交和籼粳亚种间杂交）、地理远距离及不同生态类型品种间杂交，自然突变和人工引变获取不育株，然后应用核置换的原理，多代回交，育成不育系；二是对已育成的不育系，采用测交、择优回交或同步稳定转育的方法，选育符合栽培目的的新不育系。目前我国已经育成的不育系有五大类群。一是野败型不育系，它是由海南普通野生稻与栽培稻杂交而成，是我国育成最早、应用最广、推广面积最大的一个类型。这个类群的不育系达200个以上，最具有代表性的有V20不育系、珍汕97不育系等。二是冈型和D型不育系。

冈型是用冈比亚卡与矮脚南特杂交选育而成的。属于这一类型的有冈型朝阳 1 号不育系等；D型是由 Dissi 与珍汕 97 杂交选育而成的，属于这一类型的有 D 汕不育系等。三是包台型不育系，它是引自日本、由我国转育而成的，属于这一类型的有黎明不育系、农虎 26 不育系等。四是滇一型不育系，它是以台北 8 号中的天然籼粳、粳籼杂交后代与红帽缨杂交育成的一批不育系。五是红莲型不育系，它是由红芒野生稻和早籼莲塘早杂交育成。

不育系是保持系的同核异质体。一个新的不育系的选育成功，同时也获得了相应的保持系。

恢复系的选育，主要是应用测交筛选和杂交选育两种方法。早期以测交筛选为主，采用初测、复测、配合力测定的方法；后期以人工制恢、杂交选育为主，采用一次杂交法或复式杂交法。目前我国已经育成的恢复系有 IR24、IR26、测 64、明恢 63、30 选、C57 等。

我国选育的不育系，具有不育性稳定、可恢复性强、开花习性和配合力好、适应性广的特点；保持系具有保持力和配合力强、经济性状好的特点；恢复系具有恢复力强、配合力和丰产性好、花粉量大、抗性较好、适应性广的特点。这些为杂交水稻的大面积推广创造了良好的条件。

二、选配了一批强优组合

水稻杂种优势利用获得最大经济效益，其关键是选配优质、高产、多抗的强优组合。我国杂交水稻科研工作者做了大量的配组测定工作，选配出了一批亩产 500 kg 以上的强优组合。最早选出的有南优、汕优、威优、四优四大系统的组合。其中，南优 6 号、汕优 2 号、汕优 6 号、威优 6 号、四优 6 号等增产更为显著，已在南方各稻区广泛栽培，并于 20 世纪 70年代后期被引入美国，逐渐传播到许多国家。近几年来，强优组合的选配，已不局限于形态、生理、产量优势三方面，我国杂交水稻科研工作者对抗性和品质等多种优势的综合利用也进行了研究，并先后选配出了威优 35、威优 64、汕优 63 等一批不仅产量高，而且抗性好或米质好的新组合。

通过大量组合的选配，总结出了选配强优组合的基本原则：一是选择遗传物质差异大的双亲配组；二是选择农艺性状互补的双亲配组；三是选择配合力效应好的双亲配组。实践证明，这些原则是正确的。

三、形成了一套繁殖、制种技术

繁殖（不育系）和制种（配制杂交种子），是杂交水稻生产不同于常规水稻生产的显著之处。繁殖、制种生产的种子，其质量和数量，是杂交水稻赖以推广和扩大栽培面积的重要环节。十多年来，我国科研工作者通过实践，已经形成了一套繁殖、制种技术体系。繁殖、制种的产量，从每亩 5 kg 上升到 100 kg 左右，从而推动了杂交水稻的迅速发展。

杂交水稻制种的成功，关键是保证父母本安全扬花和花期相遇。通过对水稻"三系"开花习性与气候条件关系的观察，摸清了父母本安全扬花的理想气候条件。根据各地不同情况合理安排生产季节，确定适宜的播种期，使父母本安全扬花。因为父母本的生育期有差异，所以要根据制种的不同季节、不同组合，采取时差推算法、叶差推算法、温差推算法等方法，推算出父母本的播种差期，并在制种过程中做好花期的预测和调节工作，使父母本花期相遇。

建立一个高产的群体结构是争取制种高产的一项重要技术措施。在生产上，要稀播匀播，培育分蘖壮秧，适当密植，合理确定父母本的行比、栽插株数及种植方式，插足母本基本苗，加强田间管理，合理施肥，合理灌溉，防治病虫害，防杂保纯，提高制种产量。

提高异交结实率是争取制种高产的又一项重要技术措施。要采取定向培育、不割叶不剥苞，适时适量适法喷洒"九二〇"的方法，提高柱头外露率和穗粒外露率；采取东西行向，加强抽穗扬花期水分管理，母本赶露水等措施，调节父母本花时；并加强人工辅助授粉，扩大散粉范围，提高授粉效果，以提高异交结实率。

不育系繁殖和制种比较，主要环节基本相似。其特点是：不育系与保持系株高较一致，生育期相差不大，不育系比保持系分蘖力强，长势旺盛。根据这些特点，主要采取春繁，培育分蘖壮秧，搞好群体布局；协调父母本平衡生长；改善授粉条件，提高异交结实率；防杂保纯，保证种子质量等技术措施。

为了解决"三系"种子混杂退化，研究并提出了"三系"原种生产的质量标准、体制、方法及程序。

四、创造了高产栽培经验

在杂交水稻的推广应用中，我国各地创造了许多高产栽培经验，概括起来，主要是以下四个方面。

（一）优良组合的选择和搭配

优良组合的标准，应该是丰产性能好、抗性强、米质优、适应当地的种植制度，并且容易制种、繁殖。组合搭配，包括早、晚稻的组合搭配及同一季别（包括一季稻）早、中、迟熟组合的搭配。搭配的原则：一要注意合理利用当地的光、温条件。一季杂交水稻要求在最佳的光温条件下抽穗扬花，双季杂交水稻要求充分而合理地利用当地双季稻的安全生育期和积温，使两季高产，全年丰收。品种（组合）搭配要防止单一化，特别是双季稻区要求多采用早、晚稻搭配方式，用以缓和"双抢"时季节和劳力紧张的矛盾。至于具体的搭配方式，应根据这个原则，按照不同地区的光温条件和不同熟期组合的特性等具体情况制订。

（二）在穗大粒多的基础上争多穗

杂交水稻虽然穗大粒多，在有效穗比常规水稻较少的情况下可获高产。但是在产量构成诸因素中，穗数仍是增产的重要基础。杂交水稻要亩产 500 kg 以上，作一季稻栽培，大穗型组合需有效穗 18 万穗以上；作双季稻栽培，大穗型组合需有效穗 20 万穗左右，中穗型组合需有效穗 25 万穗左右。争多穗的可靠途径是把插足基本苗和合理利用分蘖有机地结合起来，使基本苗成穗占总穗数的 30%～40%。因此，栽培上要在培育分蘖壮秧、施足基肥的基础上合理密植，并插足基本苗，然后在禾苗返青后，采用浅水勤灌、适量早施氮钾肥等措施，促使禾苗早生快发，早分蘖，多分蘖，为争多穗打下良好基础。

（三）确定安全齐穗期

杂交水稻的亲本大多属感温类型，对温度的变化十分敏感。这些特性反映到杂交水稻上就直接影响到它的安全齐穗问题。因此安全齐穗期的确定，对避开高低温的不利影响，提高结实率，有非常重要的作用。湖南的研究表明，杂交早稻的安全齐穗期应避开 7 月高温逼熟的危害，作中稻栽培则应以 7 月下旬到 8 月初为安全齐穗期，作连作晚稻栽培的安全齐穗期湘北为 9 月 8 日—9 月 10 日，湘中为 9 月 15 日左右，湘东南为 9 月 17 日—9 月 20 日。

（四）提高后期管理水平

杂交水稻进入生殖生长期后，为了协调个体与个体、器官与器官的矛盾，以保证有效穗并提高结实率，需要在栽培上采取一系列与常规水稻不同的技术措施。一是适时露田或轻晒田；二是看苗施用穗肥；三是孕穗期后灌好保胎水。孕穗期后至成熟阶段，抽穗扬花期要灌深水以防高低温危害；并进行人工辅助授粉，喷施"九二○"，以提早开花结实；喷施叶面肥，浅水勤灌，以保证籽粒壮实。

五、基础理论研究取得了较大进展

（一）水稻雄性不育的生物学基础

我国水稻雄性不育的细胞学研究始于 1971 年。其结果表明，水稻雄性不育的花粉一般从造孢细胞增殖起就发生败育，按败育的时期不同可分为无花粉型、单核败育型、双核败育型和三核败育型四种，这些类型各有其特点。这种分类法使早期"圆败""典败"的分类深入化了。对不育系的研究说明：单核、双核、三核三种败育类型，与不育系在恢、保特性以及孢子体不育和配子体不育方面的遗传特性存在相关性，已育成的稳定不育系的花粉败育途径和杂交亲本的亲缘关系有关；不同的花粉败育类型，其遗传基础也不同，败育途径和方式的多样化，反映了不育系的多样性和复杂性。细胞学的研究还表明，毡绒层的异常发育是雄性不育不同类型花粉败育的诱因，花粉退化与药隔维管束的发育异常也有关。

水稻雄性不育的类型，除按上述方法分类外，还可以按恢、保关系分类，按细胞质源分类，按质核互作雄性不育的遗传实质分类。

对不育系和育性正常的稻株的生理生化分析表明，两者在花粉内含物如淀粉、蛋白质、氨基酸、可溶性糖的含量方面有明显的差异，花粉中各种酶的活性的高低也各不相同。花粉中酶活性的情况在一定的程度上反映了花粉发育的状况。

（二）杂交水稻的生长发育特性

杂交水稻的生长发育特性和常规水稻有一定的差别。杂交水稻的感光性一般较其亲本强，少数的表现为中间偏弱；感温性通常是中间偏强；高温短日生育期常在 1~4 级之间。在遗传上，这种短对长表现为显性。

杂交水稻生长发育过程中的碳氮代谢也有其特点。但分蘖末期至齐穗这一阶段中碳氮代谢的变化情况尤应引起重视，因为它对杂交水稻高产影响很大。

在对杂交水稻器官建成的观察中，发现杂交水稻芽期和幼苗期的生命活动特别旺盛，叶片的长、宽度都较常规水稻大，维管束也明显地多于常规水稻。杂交水稻根系不仅粗、长、多，而且其生活力很强。杂交水稻的分蘖建成，也有其快而多的特点。正是杂交水稻的这些特点，表现出形态上的优势。而这种形态器官的优势，则是产量优势的基础。

（三）杂交水稻的生理

研究表明，杂交水稻在一系列生理问题上都表现出较常规水稻突出。杂交水稻的光合性能，有叶绿素含量多、光合强度高、光合面积大、光合势强、同化产物的运转效率高等特点，但杂交水稻光能利用率却比常规品种稍低。对杂交水稻呼吸作用和光呼吸研究的结果还表明，杂交水稻种子萌发时的呼吸强度明显地较常规稻种低，各功能叶的呼吸强度从分蘖盛期到乳熟期，总的趋势是上升的，但其强度较其亲本低。这都说明杂交水稻以较少量的消耗能赢得较多的光合积累。就光呼吸来说，杂交水稻从孕穗期到乳熟期的乙醇酸氧化酶活性较常规水稻低，同时，其光呼吸强度和 CO_2 补偿点也低于常规水稻。

关于杂交水稻的营养生理，研究结果表明，它在对养分的吸收、运转和分配上都较常规水稻强。它在齐穗后吸收的氮占总量的 24.6%，高于常规水稻；在各个生长期吸收利用磷的数量都较常规水稻多；对钾的吸收更为强烈，吸收的数量既高于常规水稻，也高于自身对氮的吸收。因此说杂交水稻各生育期的干物质含钾量较高，且在齐穗后还能吸收钾。这些研究正是杂交水稻产量为何高于常规水稻的物质上的说明。

杂交水稻用水较常规水稻经济，但是，从齐穗到乳熟期的水分供应显得较常规水稻重要。这个时期，是杂交水稻对水很敏感的时期。

对杂交水稻根系活力的生理性研究表明，杂交水稻发根能力强，根群量大，根系的伤流量显著地超过常规水稻及其亲本。衡量根系活力的几个指标，如老化系数、a- 萘胺氧化值都胜于常规水稻。此外，还研究了根系的通气，根系对磷的吸收，根系合成氨基酸的能力，幼根中 RNA 的含量，干物质的积累、转运和分配等，这些都反映出杂交水稻的优势。

在杂交水稻营养生理的研究中，还提出并探讨了"库""源"关系。认为杂交水稻"源"的特点是营养生长的优势显著，具有较高的净同化率，生育前中期光合速率高，干物质生产能力大等特点。而在"库"的方面则有颖花数多，库容量大，结实率高，籽粒灌浆期长，有两个明显的高峰等特点。

"库"和"源"关系密切。而对这种关系影响较大的是生态因子，尤以温度为甚，要用基因调控、化学调控、技术调控等手段来协调"库""源"关系，以提高杂交水稻的增产能力。

（四）杂交水稻优势及经济性状遗传

杂交水稻具有形态、生理及产量三大优势，科技人员在优势产生的原因和预测方法等方面做了一些探索。对杂种一代优势的遗传相关分析表明，杂交水稻在平均优势、超亲优势和竞争优势等方面，不仅显著地超过亲本，而且也超过当家良种。对主要经济性状的遗传研究表明，一般表现为数量性状，但也有质量性状的。杂交水稻生育期受双亲生态条件的影响大，表现复杂。对籼稻来说，株型中的松散型遗传仍是受显性单基因控制，而粳稻则相反，粒型、粒重遗传表达比较复杂，有各种不同情况。此外，科技人员还就杂种优势的世代遗传问题作了同工酶分析，对柱头外露率的遗传也进行了相应的研究，并取得了一定的结果。

（五）恢复因子的遗传

三系的遗传问题，研究得比较多的是恢复因子的遗传。研究结果认为育性的恢复属质量性状。野败型恢复系有两对基因，而且显性恢复基因具有明显的剂量效应或累加效应，两对杂交基因既可聚合也可分离，其恢复力似有强弱之分。包台型恢复系（包括红莲型）育性恢复属简单遗传。同时，育性恢复与双亲的遗传背景及环境，如恢复系的恢复力，不育系的可恢复性以及气候条件等有密切的关系。

总之，随着水稻杂种优势利用的不断深入，杂交水稻基础理论研究的领域在不断扩大，研究的深度在不断增加，越来越接近阐明水稻杂种优势利用的有关机制；反过来，又将促进水稻杂种优势利用的不断前进。

第三节　杂交水稻的推广应用及经济效益

一、推广应用

由于杂交水稻具有显著的产量优势，因此在生产中很快得到推广应用，种植面积和产量逐年上升（见表 1-1）。

表 1-1　1976—1985 年全国杂交水稻种植面积、产量

年份	种植面积 / 万亩			亩产量 /kg			总产量 / 亿 kg		
	水稻	杂交水稻	杂交水稻占水稻百分比 /%	水稻	杂交水稻	杂交水稻比水稻增产	水稻	杂交水稻	杂交水稻占水稻百分比 /%
1976	54 326	201.6	0.39	231.5	280.0	48.5	1 258.1	5.9	0.47
1977	53 289	3 105.4	5.83	241.5	358.9	117.4	1 285.7	114.7	8.92
1978	51 631	6 383.9	12.36	265	356.9	91.9	1 369.3	227.8	16.64
1979	50 809	7 451.4	14.66	283	350.7	67.7	1 437.5	261.3	18.18
1980	5 087.7	7 183.1	14.13	275.5	353.1	77.6	1 399.1	253.7	18.13
1981	49 942	7 676.0	15.37	288	354.5	66.5	1 439.6	272.0	18.89
1982	49 584.1	8 425.3	16.99	325	391	66.0	1 612.5	329.5	20.43
1983	49 704.5	10 124.5	20.37	339.5	425.4	85.9	1 688.7	430.7	25.51
1984	49 767.6	13 268.5	26.66	358	428.1	70.1	1 782.6	568.0	31.86
1985	47 757.6	12 628.5	26.44	351.9	431.5	79.7	1 680.4	545.8	32.48

现在全国已有 21 个省（区、市）种植杂交水稻，大致上以黄河为界，可划为南方杂交籼稻区［包括湖南、四川、广东、江苏、江西、浙江、福建、安徽、湖北、广西、贵州、云南、上海等 13 个省（区、市）。其中四川、湖南、广东、江苏、江西五省在 1 000 万亩以上］和北方（一季）杂交粳稻区［包括北京、天津、河北、陕西、宁夏、新疆、吉林、辽宁等 8 个省（区、市）］。南方杂交籼稻区又可分为杂交晚籼和杂交中籼两个亚区，杂交晚籼分布在长江

以南，该区还有一部分杂交早籼；杂交中籼分布在黄河以南、长江流域的山区。此外，长江流域中下游还有少量杂交晚粳。

二、经济效益

（一）杂交水稻土地生产率高

据 1983 年四川省涪陵地区农业局陈中奇等对该区 4 个县的 111 户社员种植的 94.16 亩杂交水稻和 138.75 亩常规水稻的经济效益分析（见表 1-2），杂交水稻平均亩产 479 kg，比常规水稻多 191.5 kg，高 66.61%；总产值高 66.60%，净产值高 72.08%，利润高 95.08%。

表 1-2　杂交水稻与常规水稻土地生产率比较

水稻类型	面积 / 亩	平均亩产生产效益			
		主产品 /kg	总产值 / 元	净产值 / 元	利润 / 元
杂交水稻	94.16	479	131.25	108.00	75.30
常规水稻	138.75	287.5	78.78	68.76	38.60

（二）杂交水稻劳动生产率高

据湖南省常德县农业局调查，每亩平均所消耗的活劳动和物化劳动（折价），杂交水稻为 38.5 元，常规水稻为 33.6 元。平均每亩投工，杂交水稻为 19.5 个，常规水稻为 14 个，投一个工的纯利，杂交水稻为 6.5 元，常规水稻为 4.3 元；投一个工生产的商品粮，杂交水稻为 22.9 kg，常规水稻为 17.8 kg。

据四川省涪陵地区农业局调查，杂交水稻亩用工量比常规水稻多 6.1 个，高 42.39%，但杂交水稻的劳动生产率却高于常规水稻，杂交水稻每个劳动日生产的主产品产量比常规水稻高 17.04%，总产值高 17.00%，净产值高 20.8%，利润高 36.94%（见表 1-3）。

表 1-3　杂交水稻与常规水稻劳动生产率比较

水稻类型	亩用工量（标准日）/ 个	每标准劳动日生产效益			
		主产品 /kg	总产值 / 元	净产值 / 元	利润 / 元
杂交水稻	20.5	23.4	6.40	5.27	5.67
常规水稻	14.4	20.0	5.47	4.36	2.68

注：每标准劳动日作价按 1981 年农业部、国家统计局统一规定的 1.39 元计算。

（三）杂交水稻单位主产品成本低

（1）杂交水稻生产集约化程度高。杂交水稻生产比常规水稻每亩多投资 15.77 元，高 43.83%。物质费用高 45.13%，人工费用高 42.77%（见表 1-4）。

表 1-4　杂交水稻与常规水稻主要生产成本构成比较　　　　　　　　　　　　　单位：元

水稻类型	亩成本	物质费用						人工费用					
		种子	温室育秧费	化肥	农药	其他	合计	种子准备与播种	施肥	植保	收获	其他	合计
杂交水稻	51.75	3.27	1.52	13.25	1.30	3.91	23.25	12.20	4.17	1.56	6.23	4.34	28.50
常规水稻	35.98	2.63	—	8.91	0.93	3.55	16.02	7.63	2.92	0.92	5.35	3.14	19.96

（2）杂交水稻每 100 kg 主产品成本低。由于杂交水稻生产的集约化程度高于常规水稻，充分利用了地力，发挥了杂交水稻生产优势，因此，各项成本指标都低于常规水稻（见表 1-5）。

表 1-5　杂交水稻与常规水稻每 100kg 主产品主要成本比较　　　　　　　　　　单位：元

水稻类型	总成本	物质费用	人工费用	其中		
				种子费	农药费	化肥费用
杂交水稻	10.80	4.86	5.94	0.68	0.28	2.76
常 规 水 稻	12.52	5.58	6.94	0.92	0.32	3.10

注：总成本为每 100 kg 主产品物质费用与人工费用之和。

杂交水稻每 100 kg 主产品生产成本比常规水稻低 13.74%；物质费用低 12.90%；人工费用低 14.41%；种子费用低 26.09%；农药费用低 12.05%；化肥费用低 10.97%；税金低 39.73%。杂交水稻成本利润率比常规水稻高 38.23%，从而显示出较好的经济效益。

（四）杂交水稻生产资金投资效益高

杂交水稻生产与常规水稻生产，两者的资金容量与经济效益差异较大。每投入 1 元物质费用，杂交水稻产量比常规水稻高 14.80%，利润高达 34.02%。也就是说，在适宜的投资范围内，一定量的物化劳动投入杂交水稻生产比投入常规水稻生产更为有利。

（五）杂交水稻的营养价值高

据测定，杂交籼稻蛋白质含量为 9.5%～10.5%，比常规籼稻高 1%～2%；脂肪含量为 2.6%～2.8%，也比常规籼稻高，适口性也较好。据中国农科院作物所对杂交粳稻营养价值的测定（见表 1-6），蛋白质含量为 8.25%～9.62%，赖氨酸含量为 0.21%～0.28%，都比较高。其中，黎明 A×9098 的蛋白质含量为 9.62%；中杂 2 号赖氨酸含量为 0.28%；常规粳稻"喜峰"蛋白质含量仅为 8.80%，赖氨酸含量为 0.25%；在脂肪含量上，中杂 1 号约为 3.61%，黎优 57 约为 3.22%，超过"喜峰"0.51%～0.90%。

表 1-6　杂交粳稻主要营养成分分析

品种或组合名称	水分 /%	脂肪 /%	淀粉 /%	蛋白质 /%	赖氨酸 /%	来源
中杂 1 号	9.26	3.605	72.51	8.80	0.23	中国农科院作物所
中杂 2 号	10.14	2.470	70.95	8.52	0.28	中国农科院作物所
黎明 A×300 号	9.08	2.890	71.04	8.52	0.27	中国农科院作物所
京越 1 号 A×300 号	9.60	2.660	70.49	8.25	0.26	中国农科院作物所
黎明 A×9098	9.44	2.610	70.88	9.62	0.23	中国农科院作物所
罗米欧 A×300 号	9.34	2.907	72.85	8.80	0.21	中国农科院作物所
喜峰 G.K	8.71	2.705	74.66	8.80	0.25	中国农科院作物所
丰锦 A×C57	9.39	2.665	71.59	8.52	0.27	辽宁省农科院水稻所
黎优 57	9.19	3.215	73.88	8.25	0.24	辽宁省农科院水稻所

从 1976 年杂交水稻在全国推广以来，种植面积逐年扩大。从 1976 年至 1985 年的 10 年间累计种植面积达 76 365 万亩，增产稻谷约 939 亿 kg。

累计经济效益：①新增总产值，按每 100 kg 稻谷价格 28 元计算，则 10 年累计增加总产值 263 亿元；②净增总产值，新增总产值减去杂交水稻生产增加的成本（按每亩 3.9 元计算），得净增总产值 233.22 亿元。

第四节　我国杂交水稻发展迅速的主要经验

我国杂交水稻的发展，到目前为止，大体上经历了四个阶段（见图 1-1）。

第一阶段，主攻"三系"配套，杂种优势初露锋芒。从1964年袁隆平在大田发现不育株开始，到1975年杂交水稻在生产上试种成功，历时12年。这个阶段的目标是选育不育系、保持系、恢复系，并筛选出强优势组合。袁隆平等人采用测交和人工合成两种方法，先后选用1 000多个品种、品系与自然不育株组配了3 800多个组合，育出了具有一定保持能力的无花粉型南广粘不育材料，为保持系的选育积累了经验。1970年11月，李必湖在海南崖县南红农场发现了一株花粉败育型不育株，江西、湖南采用人工杂交、连续回交的方法，获得了理想的"野败"不育系及其相应的保持系。1973年广西、湖南首先育成了恢复系，于是"三系"终于配套，并筛选出汕优2号、南优2号等优良杂交组合，在生产上试种，显示出明显的杂种优势。

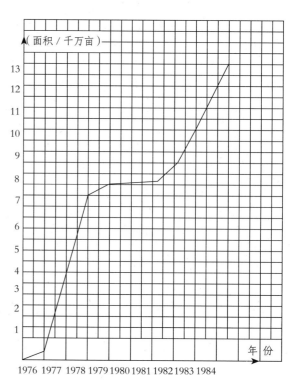

图1-1 我国杂交水稻发展阶段图
（第一阶段——研究阶段，未画出）

第二阶段，积极推广，迅速发展。1976年全国开始推广杂交水稻，由于增产幅度大，即由200万亩发展到7 500万亩，每年均以成倍的速度增长。主要是南方13省作为晚稻（湖南、江西等省）或中稻（四川）种植区，北方杂交粳稻也开始较大面积推广。

第三阶段，杂交组合更新、调整。1979—1981年，当时杂交水稻组合少，而且有些组合抗性不强，所以，不能适种多种类型的地区，而发展缓慢。如湖南省洞庭湖区，南优2号等组合对洞庭湖区高温、病害（矮缩病）的抗性较差，高产而不稳产，以致种植面积几上几下，始终不能发展。于是各地组织力量，选配抗性和适应性更好的优良组合。

第四个阶段，第二个发展高峰。由于培育出了汕优6号、威优6号等一批适应性强、抗性好的优良组合，以及威优35、威优64等一批生育期短、南方可作早稻栽培的组合，杂交水稻种植面积迅速回升。从1981年的7 500万亩，发展到1984年的1.3亿亩，3年时间平均每年递增1 800万亩。

我国杂交水稻的研究，与世界上研究最早的美、日、印等国相比，起步晚 20 多年。但我国杂交水稻的发展速度之快，是前所未有的，目前已处于世界领先地位，得到世界的公认。其主要经验是：

一、全国协作，形成一个最佳的结构网络

湖南是杂交水稻的发源地，毫无保留地为各省、区提供了研究资料、亲本材料，并现场传授有关技术，逐步形成了由南方 13 省（区、市）组成的杂交籼稻协作组和由北方几个省组成的杂交粳稻协作组，以及其他一些方面的协作组。各协作组经常交流经验，交换材料，加速了杂交水稻的发展。如湖南在海南发现不育株后，通过全国协作，只用 3 年时间就实现了"三系"配套成功，并培育出了一批优良组合。1976 年国务院决定在全国推广杂交水稻时，很多省种子不够，湖南就向 12 个兄弟省、自治区、直辖市提供了 1.3 万 kg 不育系种子，为我国南方稻区大面积种植杂交水稻打下了基础。

二、成立专家顾问组，作为咨询、参谋机构

1982 年，农业部成立了全国杂交水稻专家顾问组，作为咨询、参谋机构，各省也先后成立了相应的组织。顾问组的积极活动，对杂交水稻的科研和生产起了很好的指导和推动作用。

三、建立专门推广机构，做好推广组织工作

湖南省 1976 年即从省到地、县，层层建立了杂交水稻推广办公室，由农业行政主管部门、科研单位抽调技术干部参加，处理推广中的日常事务。其他各省也先后建立了类似于"杂优办"的推广机构，保证杂交水稻的推广工作有条不紊地进行，避免了人为原因造成的失败。

四、培训一支热爱杂交水稻、技术熟练的队伍

全国各省从省到县、乡，都办了各种形式的杂交水稻技术培训班，培养了一大批农民技术员，使他们很快掌握了不育系繁殖、杂交水稻制种、栽培等技术，仅湖南省就有 130 万农民技术员。同时还印发、出版了杂交水稻专刊、技术资料等，制作、出版了《杂交水稻技术挂图》，摄制了杂交水稻繁殖制种幻灯片和科教电影片，使杂交水稻知识在几年之内家喻户晓。

五、充分利用华南气候资源，组织"南繁北育"

从 1975 年起，每年冬春季节，各省农业科技工作者、农民，云集海南、湛江、南宁，从事杂交水稻的繁殖、制种工作，变一年一季为一年三季，大大加速了种子繁殖。仅湖南省从 1975 年秋到 1980 年的 6 年间，杂交水稻"南繁北育"总面积达 18 万多亩，繁殖不育系种子 145 万 kg，杂交种超过 900 万 kg。最多的年份，全省有 2 万人去海南，"南繁"面积 6 万多亩。

六、筛选优良组合，进行生产示范

从 1976 年开始，即组织杂交水稻的省级区域试验和南方区域试验，从上百个组合中评选适合各省种植的优良组合。农业部将威优 6 号、汕优 6 号定为全国推广组合。湖南筛选出威优 6 号、汕优 6 号、四优 6 号和南优 6 号四个较好的组合，其中威优 6 号，两年区试均为第一名，即多点试种示范。到 1981 年，推广面积已超过 1 000 万亩，至 1984 年，累计推广面积已达 6 000 多万亩。

七、抓好"三系"提纯和繁殖、制种工作

杂交水稻"三系"提纯和繁殖、制种的难度大、要求高，技术性很强。采取"省提、地繁、县制"的生产体制，即以省为单位集中统一提纯，由省、地原种场承担提纯、繁殖任务，以县为单位制种，保证了种子的纯度和足够的数量。并且通过组织地、县攻关，形成了一整套繁殖、制种的技术措施，繁殖、制种产量不断提高。随着繁殖、制种产量的提高，繁殖、制种田的面积相应减少，种子生产成本也逐渐降低。

第五节　问题和展望

一、问题

我国对杂交水稻的研究和利用，虽然取得了很大的成绩，但从目前已经推广的组合来看，还存在一些问题，需要加以改进。

（一）细胞质源单一

目前在生产上应用的籼型不育系，95% 以上属于野败型。细胞质太单一，很可能导致某

种毁灭性病虫害的大流行。因此，一方面必须选育和选用一些其他质源的优良不育系，来取代一部分野败型不育系；另一方面，要对不同来源的不育细胞质进行抗性反应的研究，以揭示它们之间的差异状况。

（二）稻米品质不够理想

目前大多数杂交组合的稻米，属于中质米，不够理想。为了适应人民生活水平的提高和促进稻米商品化，要积极选育优质米组合。优质米的选育，要求父母本双方都应该是优质的，而且在品质性状方面是基本相同的。就现状来看，湖南省现有的优质籼型恢复系较多，而绝大多数不育系米质较差，因此，首先要选育出优质籼型不育系，才能够把高产和优质结合起来。杂交粳稻则相反，重点是放在改良恢复系的米质上。

（三）抗性好的组合不多

目前我国几个当家组合的抗病性正在逐渐消失，如曾是高抗稻瘟病的汕优 2 号和汕优 6 号，由于病原生理小种的变化，已在一些地方变得严重感病，急需用其他抗性好的组合来取代。幸运的是，水稻对主要病虫害的抗性基因多为显性或部分显性。近年来，杂交水稻在多抗性与高产性相结合的育种上，已取得较好成绩。如 1983 年开始推广、1984 年种植面积已逾 300 万亩的新组合威优 64，对稻瘟病、白叶枯病、青黄矮病、褐飞虱、叶蝉等五种主要病虫害都有较强的抗性，因而表现高产稳产，很受欢迎。杂交水稻的多抗性育种正在向纵深发展，一批熟期短、品质好、抗谱广的多抗性组合即将问世。

（四）种子价格偏高

现行的制种技术虽然完整和有效，但制种所需费用较大，费工较多，而全国平均的制种产量又还不高，每亩只有 100 kg 左右。种子成本高，价格也随之偏高，不利于杂交水稻的推广。选育异交结实率高的不育系，是提高制种产量、降低种子价格的治本之道。近年来，在这方面已取得较大成绩，有些单位育成了一批开花习性好、柱头特别长大、外露率达 95% 以上和属于"叶上禾"的籼型不育系。据初步观察，其自然传粉的异交结实率，比现在生产上的当家不育系提高 30%～50%。一旦这些不育系投入生产，杂交水稻的制种产量必将大幅度提高，种子的价格也将相应地大大降低。

（五）杂交粳稻的优势不够突出

我国粳稻的栽培面积很大，但其中杂交粳稻所占的比例却很小，这主要是由于现有的杂交粳稻，特别是长江流域中、晚粳组合，高产优势还不够突出。如何突破杂交粳稻的高产关，是摆在育种家面前的重任。

二、展望

事物的发展是无止境的，而且是由简到繁、再由繁到简呈螺旋形上升的，杂交水稻也不例外。

在我国，生产上大面积利用水稻的杂种优势，虽然已经十年有余了，但从战略上看，杂交水稻现在只是处于发展的初期阶段，还蕴藏着巨大的潜力，具有广阔的前景。

就育种方法来说，杂交水稻的发展可分为三个阶段，即三系法、两系法和一系法。

（1）三系法。这是当前行之有效的经典方法，不仅现阶段方兴未艾，而且在今后相当长一段时间内，仍将是杂交水稻育种的主要方法。但三系法的生产程序复杂，种子生产成本高，同时，由于配合力与育性基因往往难以统一，选到强优组合的难度大，概率小。这些缺点，都是进一步发展杂交水稻的不利因素。从发展的观点和湖北省对光敏核不育材料的研究成果来看，三系法终将逐步被更先进的方法所取代。

（2）两系法。湖北省沔阳县良种场石明松，在1973年从粳稻农垦58中所发现的光敏核不育株，经湖北省协作组的多年研究，在育性转换、遗传和选育等方面均取得重要成绩。这种光敏核不育系，在短日照条件下育性正常，在长日照条件下为不育，因而可以一系两用。光敏核不育系的研究成功，为杂交水稻育种采用两系法提供了条件和可能性。这是我国杂交水稻发展史上一个新的里程碑，标志着杂交水稻育种进入一个新的阶段。

采用两系法选育杂交水稻有两大优点：一是种子生产程序减少了一个环节，不要保持系，可降低种子成本；二是配组比较自由，凡正常品种都是它的恢复系，因而选到优良组合的概率高于三系法。从目前我国在这方面的研究进展看，到20世纪90年代，采用两系法选配的杂交水稻有可能在生产上应用。

（3）一系法。即将F_1的杂种优势固定下来，培育不分离的杂种（True breeding hybrid），从而不需要年年制种。无疑，这是利用杂种优势的最好的方式。理论上，固定杂种优势有多种途径，从迄今研究的情况来看，其中以利用无融合生殖最有希望。虽然选用具有强大杂种优势的水稻无融合生殖系是一项带战略性的、难度极大的远景目标，但随着研究方法和手段的进步，借助遗传工程方法，这个目标终将会实现。

就提高杂种优势的程度来看，杂交水稻的发展也可分为三个阶段。

（1）品种间杂种优势。现阶段的杂交水稻属此范畴。由于其亲本的亲缘较近，遗传物质差异不大，杂种优势有较大的局限性，一般只能比常规良种增产 20% 左右。新杂交组合的选育，产量虽然会有所提高，但很难有大幅度的突破。

（2）亚种间杂种优势（籼粳杂种优势）。籼粳亚种间的 F_1 杂种，具有极强大的杂种优势，理论上，籼粳杂种比现有品种间强优组合再增产 20% 以上是完全可能的。直接利用籼粳杂种优势，是多年以来育种家们梦寐以求的愿望，但因难度大、问题多，以致几乎人人裹足不前，只好对其"望洋兴叹"。

利用籼粳杂种优势的主要难关是 F_1 杂种的结实率低，现在我国已经找到了攻破这一难关的方法和基本材料，主要是把广亲和力基因与光敏核基因结合起来。在生产上直接利用籼粳杂种优势，有望在不远的将来实现。

（3）远缘杂种优势（种间、属间杂种优势）。水稻的远缘杂种，可能会出现迄今我们还难以想象和预料的杂种优势。利用无融合生殖和借助遗传工程，从理论上说，远缘杂种优势在生产上利用，也是可能的。因为无融合生殖既可固定会发生疯狂分离的远缘杂种，又能消除远缘杂种的结实障碍。

第二章

水稻杂种优势

第一节　杂种优势的衡量方法及杂种优势的主要表现

一、杂种优势的衡量方法

杂种优势是指两个遗传组成不同的亲本杂交产生的杂种一代（F_1），在生长势、生活力、繁殖力、抗逆性、产量和品质等性状上具有比双亲优越的现象。利用杂种第一代这种超亲现象，以获得更大的经济效益，称为杂种优势利用。

水稻的杂种优势和其他作物一样，往往可以表现在诸如产量、粒重、株高、每穗粒数等数量性状指标或某些生理生化指标上，因此，我们可以通过一定的计算方法以一定的数值对杂种优势进行衡量与评价。通常采用下列一些衡量指标。

（一）杂种优势（平均优势）

杂种第一代（F_1）某一经济性状测定值与双亲平均值之比值。

$$v=\frac{F_1-MP}{MP}\times100\%。$$

MP 代表双亲平均值，即 $MP=\dfrac{P_1+P_2}{2}$。

（二）超亲优势

杂种一代（F_1）某一经济性状值与最高亲本同一性状值之比。

$$v=\frac{F_1-HP}{HP}\times100\%。$$

HP 为高亲本值。

（三）竞争优势（对照优势）

杂种一代（F_1）某一经济性状值与对照品种或当地当家推广品种同一性状值之比值。

$$v = \frac{F_1 - CK}{CK} \times 100\%。$$

CK 为对照品种值。

（四）相对优势

$$hp = \frac{F_1 - MP}{\frac{1}{2}(P_1 - P_2)}。$$

$hp = 0$，无显性（无优势）；$hp = \pm 1$，正、负向完全显性；$hp > 1$，正向超亲优势；$hp < 1$，负向超亲优势；$1 > hp > 0$，正向部分显性；$-1 < hp < 0$，负向部分显性。

（五）优势指数

$$a_1 = \frac{F_1}{P_1}, \quad a_2 = \frac{F_1}{P_1}。$$

a_1、a_2 分别代表某一性状两亲的优势指数。

a_1、a_2 差异大时，互补后杂种出现的杂种优势亦可能较大。

杂种第一代性状超于亲本时称为正优势。反之，劣于亲本则称负优势。由于对杂种优势衡量的目的最终是要应用于生产，所以不仅要求杂种一代在产量性状上能超亲，而且更重要的是必须超过对照品种（当地推广品种）。因此，超亲优势具有遗传学意义，而对竞争优势的衡量更具育种意义。

二、水稻杂种优势的主要表现

（一）形态优势

形态优势包括杂种营养器官的外部形态表现。杂交水稻相较于常规水稻，表现为根系发达，分蘖力强，茎秆粗壮，穗大、粒多、粒重等方面。

根是作物养分吸收的重要器官和渠道。在根的质与量方面，杂交水稻比常规水稻具有明显的优势，表现在根多、根长、根粗，白根多，发根力强，分布广，扎根深等方面。这种优势往往在秧苗期就开始表现出来。湖南省农业科学院和上海植物生理研究所测定了杂交水稻秧苗的新生根数、根重，与三系亲本及常规良种相比，杂交水稻秧苗在发根数和根重方面都具明显优势（表2-1）。

表2-1　杂交水稻秧苗发根力比较（湖南省农业科学院、上海植物生理研究所，1977年）

品种	秧苗新根发根力				
	发根数 / 株	每株根长 /cm	每株鲜根重 /mg	每株干根重 /mg	每株发根力 /cm
南优 3 号	22.8	8.9	315.0	36.0	202.92
二九南 1 号 A	15.3	8.8	50.2	6.0	134.64
IR661	14.4	8.5	141.0	16.0	122.4
广陆矮 4 号	10.3	7.7	51.2	5.0	79.31
嘉农 485	12.4	9.9	194.0	19.2	122.76

注：发根力 = 发根数 × 根长。

广西农业科学院在不同的生长期（一蘖期、二蘖期、三蘖期、四蘖期、五蘖期、十蘖期），调查了汕优2号和常规稻良种桂朝2号的单株发根数和白根数。结果表明，各个生长期杂交水稻比常规稻均有明显的优势。

据1976年广西农学院调查，南优2号比珍珠矮11号每株地上部干重多11.1 mg，白根数多2.9条，干根重多3.02 mg。

据浙江农科院测定，在同样播种量条件下，南优2号10天后的发根数，比广陆矮4号增加13%。江西宜春地区农科所在成熟期测得汕优2号的根长平均为22 cm，最长达30 cm；根系分布范围24 cm，最宽34 cm。而常规稻"宜春矮1号"同期根长仅5~9 cm，分布范围9~10 cm。

上海植物生理研究所在后季稻移栽时，将秧苗的秧根全部剪去，然后水培5天，观察幼苗的发根能力。结果是：杂交稻南优3号每株平均发根22.8条，其亲本二九南1号为15.3条，IR661为11.4条，常规稻推广良种广陆矮4号只有10.3条。

杂交水稻的分蘖发生早，速度快，分蘖多（图2-1）。一般杂交早稻在4叶期、杂交晚稻在3叶期就开始分蘖。上海植物生理研究所观察表明，南优3号、南优6号作一季晚稻栽培时，在播种后12天就开始分蘖，比父本提早6~8 d。另据湖南师范学院测定，单株移栽后23 d的南优2号平均每蔸达16.75苗，而常规水稻广选3号仅有11.12苗。

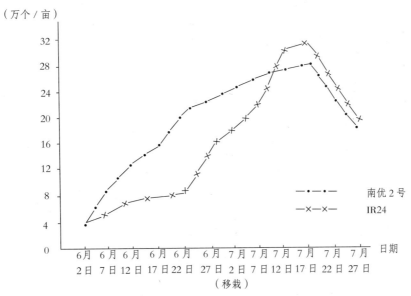

图 2-1　南优 2 号的分蘖发生规律（湖南师范学院，1977）

　　茎秆粗壮不易倒伏，是杂交水稻另一重要形态特征。据广西农业科学院调查，汕优 2 号比晚稻常规品种包选 2 号在节间粗及壁厚方面有明显的优势（表 2-2）。虽然杂交水稻在植株高度上普遍具有明显的杂种优势，但由于杂交水稻茎粗、壁厚加上三系中矮秆基因的导入，所以抗倒力较强。

表 2-2　杂交水稻茎秆性状分析（广西农业科学院）

品种	第一节间		第二节间		第三节间		第四节间		第五节间		第六节间	
	茎粗 / cm	壁厚 / mm	茎粗 / cm	壁厚 / mm	茎粗 / cm	壁厚 / mm	茎粗 / cm	壁厚 / mm	茎粗 / cm	壁厚 / mm	茎粗 / cm	壁厚 / mm
汕优 2 号	0.283	0.413	0.424	0.585	0.499	0.860	0.562	1.035	0.649	1.150	0.700	—
包选 2 号	0.174	0.275	0.302	0.450	0.333	0.550	0.347	0.770	0.385	1.022	0.400	—

　　杂交水稻的株高普遍具有明显的杂种优势，江西省农业科学院对 29 个杂交水稻进行了测定，结果 27 个组合表现正向杂种优势。

　　杂交水稻表现穗大粒多，能较好地统一大穗与多穗的矛盾，在每亩 18 万左右穗数情况下，每穗总粒数一般可达 150 粒，多的 200 粒。据江西省农业科学院对 29 个杂交水稻组合的调查，单株有效穗有 96.55% 的组合和每穗粒数有 89.65% 的组合表现正向杂种优势。

　　在粒重方面，杂交水稻亦有比较明显的优势。据江西省农业科学院对 400 个杂交水稻组合的粒重分析，67.75% 的组合表现正向杂种优势。杂交水稻粒重与配组双亲平均值密切相关，一般千粒重为 25 ~ 30 g。

（二）产量优势

由于杂交水稻根系发达，茎秆粗壮，抗倒力强，穗大粒多，故而奠定了高产的基础。江西省农业科学院对 29 个杂交水稻组合的测定结果表明，其中有 28 个组合（占 96.55%）表现产量超亲的优势，其中 18 个组合增产达显著标准。所有组合都表现出竞争优势，平均优势达35.53%。对汕优 2 号四种不同栽培条件下的试验结果是，汕优 2 号在各处理中竞争优势一致，平均亩产 506.9 kg，杂种优势率达 35.04%，超亲优势率达 15.31%，竞争优势率达20.8%。广西农业科学院测定了 53 个组合，平均优势率 37.6%，超亲优势率 28.4%。有28.3% 的组合超过当地良种广选 3 号，其中产量优势最强的组合增产 20% 以上。目前推广的强优杂交组合，产量水平一般比地方良种增产 20% 左右，大面积单产超 500 kg。江苏徐州地区农科所测定单季杂交水稻，平均亩产达 859.57 kg，比当家常规早、晚稻品种每亩增产 50~75 kg。杂交水稻不仅在小面积种植和区试种植中表现产量优势，而且在各地区大面积种植中同样获得高产。如四川省 1981 年种植杂交水稻 1 314 万亩，平均亩产 450.5 kg。江苏省 1 000 万亩杂交水稻，产量超过 500 kg 的有 200 多万亩。湖南省洞庭湖区 1981年在 7 个试验示范基点试种杂交晚稻 760 亩，平均亩产 392 kg，比常规晚稻平均亩产293.5 kg 增产 98.5 kg。据湖南省双季杂交水稻亩产吨粮试验示范验收结果，1983 年全省8 个基点 449.9 亩，平均亩产干谷 964.79 kg，其中攸县、醴陵两个点亩产过吨粮；1984年全省 9 个基点面积 552.8 亩，平均亩产 988.8 kg，其中 4 个基点亩产过吨粮。1984 年，辽宁、陕西、宁夏等省（区）的一季杂交粳稻，大面积亩产达 500 kg。

第二节　杂种一代的遗传学分析及主要经济性状的遗传

一、F_1 代杂种优势的遗传相关分析

对于水稻杂种一代（F_1）所产生的杂种优势，我国科学工作者进行了大量的遗传分析工作，一致证明杂交水稻在不同稻作区，在相对优势、平均优势、超亲优势和竞争优势等方面，均较显著，不但优于优良亲本，而且优于当地良种。

（一）F_1 代杂种优势程度随组合和性状的不同而存在差异

华南农学院曾世雄等分析了籼粳亚种间杂种 F_1 代各性状的平均优势和超亲优势，从前者看，各组合间以单株粒重的差异最大，其余性状的优势表现依次为：每穗实粒数、单株秆重、

结实率、单株穗数、成穗率、单株茎数、每穗总粒数、着粒密度、抽穗日期、千粒重、株高、全生育期、穗长；从后者分析，组合间仍以单株粒重的差异最大，其余性状的优势表现依次为每穗实粒数、单株秆重、结实率、单株穗数、单株茎数、每穗总粒数、成穗率、抽穗日数、千粒重、着粒密度、穗长、株高、全生育期。四川省绵阳地区农科所对品种间杂交的 10 个组合的 5 个主要性状进行了相对优势的考察，江西省农业科学院对 24 个组合的 9 个性状进行了平均优势的分析，获得 216 个统计数据，获得了上述类似结果。

（二）主要经济性状间的相关分析

单株粒重是关系稻谷产量优势的主要性状。对构成单株粒重的三个主要因素（单株有效茎数、每穗实粒数和千粒重）进行相关分析（表 2-3），结果表明：F_1 单株粒重与每穗实粒数呈极显著正相关，与每穗总粒数和谷草比呈显著正相关，而与单株有效茎数呈显著负相关，与千粒重呈负相关。由此可见，F_1 单株粒重取决于每穗实粒数的增多。单株有效茎数与单株总茎数、单株秆重分别是呈极显著和显著的正相关，而与每穗实粒数呈极显著的负相关，与每穗总粒数、千粒重呈显著负相关。每穗实粒数与每穗总粒数呈极显著正相关，与结实率和谷草比呈显著正相关，而与单株总茎数和单株有效茎数呈显著负相关。千粒重与单株总茎数和有效茎分别呈极显著和显著负相关。

表 2-3　杂交水稻 F_1 主要经济性状间相关分析

经济性状	每株总茎数	每株有效茎数	有效分蘖率	每穗总粒数	每穗实粒数	结实率	千粒重	单株秆重	谷草比
每有效茎数	0.909**		0.061	−0.427*	−0.549**	0.260	−0.403	0.372*	−0.142
每穗实粒数	−0.511**	−0.549**	0.076	0.845**		0.399*	−0.100	−0.073	0.395*
千粒重	−0.496**	−0.403*	0.193	−0.202	−0.100	0.160		−0.322	0.128
单株粒重	0.269	−0.408*	0.264	0.423*	0.484**	0.164	−0.243	0.240	0.350*

注：① * 超过 5% 的显著标准为 0.334；② ** 超过 1% 的显著标准为 0.428。

（三）杂种 F_1 与双亲平均值的相关和回归

江西省农业科学院对杂交水稻（F_1）9 个性状值与双亲平均值进行了回归相关系数的分析，结果表明：生育期、每穗总粒数、每穗实粒数、单株有效穗数、千粒重等 5 个性状均达显著正相关，相关系数依次为 0.840 2、0.817 2、0.683 2、0.551 2、0.545 1，均达 1% 显著水平。

（四）细胞质（不育胞质）对 F₁ 杂种优势的影响

这方面我国进行了很多研究，江西省农业科学院、广西农业科学院、湖南省农业科学院的研究均表明，不育细胞质对杂种优势无明显的影响。福建农学院的试验证明，野败细胞质表现杂种优势的负效应。

华中农学院用多种不育细胞质源，对多种性状进行了系统的研究，结果表明：野败、柳野、神奇、冈型、红野、包台、滇一、滇三等 8 种不育细胞质源对 9 个主要经济性状都表现出株高变矮、穗颈长缩短、抽穗日期延迟、有效穗数减少、成穗率降低、每穗实粒数减少、结实率降低等负效应。据目前育种实践表明：原始型不育细胞质与进化型不育细胞质对 F₁ 代优势产生负效应的程度有所不同，一般前者较重，后者较轻。尽管野败型细胞质对 F₁ 代优势存在负效应，但是由于一些主要经济性状是受细胞核基因所控制的，所以，只要选育配合力好、恢复度高的杂交组合，不育细胞质的负效应就不会过多地改变 F₁ 代杂种优势的方向和表现程度。湖南省农业科学院、华中农学院用野败、柳野、神奇等细胞质源为研究材料，证明这些材料的细胞质对杂种的抗病虫性并无影响，似乎抗病虫性遗传是受核基因所支配的。

二、主要经济性状的遗传

杂种优势是综合的生物学现象，要研究杂种优势的整体遗传，必须对各个特定的主要经济性状的遗传规律进行剖析。

（一）生育期的遗传

水稻生育期的遗传，受双亲生态型的影响较大，所以比较复杂，变异较大。研究表明：一般来说，同一季别生态型内的不同生育期的品种间杂交（如早稻 × 早稻，中稻 × 中稻），其生育期表现为数量性状遗传，受微效多基因的支配，F₁ 的生育期一般介于两亲本之间，但籼稻多偏向迟熟亲本，粳稻多偏向早熟亲本。F₂ 生育期呈连续变异。不同季别生态型品种间杂交，生育期一般表现为质量性状遗传，如早籼 × 晚籼，F₁ 生育期与晚籼相近，早粳 × 晚粳，F₁ 生育期与晚粳接近。F₂ 代生育期分离为 3：1 的比例。

江西省农业科学院对 550 个组合进行了生育期遗传分析，结果表明：野败型不育系与籼型恢复系杂交，其 F₁ 代生育期大多数组合表现为双亲中值偏迟熟亲本（占 77.51%），少数组合表现超迟（19.65%），极个别组合超早（2.84%）。但不同熟期的不育系和不同类型的恢复系杂交，其 F₁ 代的生育期也不同。F₁ 代与父本间生育期的相关系数平均为 0.772，F₁ 代与双亲平均值的相关系数为 0.732，均达到极显著标准。相对遗传力方面的研究也证明了父本和迟熟亲本的始穗期在 F_1 代中的遗传传递力较强。江西省农业科学院（1980）还用野败型不育系分别与籼型恢复系、籼粳交恢复系、粳稻恢复系杂交，其 F_1 代生育期超迟率相应为 19.65%、50.00% 和 94.12%，表明生育期随着恢复系细胞核内粳稻的成分增多而延长。我国现在生产上应用的威优 6 号、汕优 6 号、威优 35、威优 64 等籼型杂种，其生育期为双亲中值偏迟。而黎优 57、虎优 115 等粳型杂种的生育期则为双亲中值偏早。

但是，生育期的遗传也有例外情况，两个不感光的早熟品种间杂交，杂种表现为极感光，生育期显著超亲，如二九南 1 号 ×IR30，其杂种在湖南几乎不能成熟。珍鼎 28A 与迟熟中籼或感光型晚籼配组，其杂种熟期都表现为双亲中值偏早。

（二）株型遗传（包括株高、叶形和株型）

（1）株高遗传。水稻相同类型不同株高的品种间杂交（如矮秆 × 矮秆，高秆 × 高秆）表现为数量性状遗传，受微效多基因控制。F_1 株高介于二亲本之间，有的倾向于某一亲本；F_2 株高呈连续变异，大多数个体介于二亲本之间。不同类型品种间杂交（高秆 × 矮秆）一般表现为质量性状遗传，由一对主基因支配，由于有超亲个体出现，可能有若干修饰基因，F_1 株高与高秆亲本相似，F_2 按 3∶1 分离为高矮二类群。

当前生产上推广的杂交水稻母本大多为矮秆，父本为中秆，F_1 株高与父本关系较大。广东协作组的研究证明，杂交水稻株高优势明显，杂种优势率和超亲优势率分别为 10.4% 和 3.14%，优势差异为 9.40 和 3.20，达到极显著和显著水平。F_1 株高与父本呈显著正相关。

（2）叶形遗传。研究表明，叶片窄直品种与叶片宽披品种杂交，F_1 一般为中间型，F_2 表现为连续变异，呈正态曲线分布，属多基因控制的数量性状遗传。剑叶大小的遗传亦属上述类型。凹形叶与非凹形叶品种杂交，常常表现为双亲中值而偏向凹形叶。

（3）株型遗传。研究表明，杂交籼稻中株型紧凑与株型松散的亲本杂交，其 F_1 表现为松散型，如南优 2 号（二九南 A×IR24）属此类型。松散型似乎是由显性单基因支配，而紧凑型和野生稻的匍匐型是由简单的隐性基因支配。在杂交粳稻中，松散型由隐性单基因支配。

（三）产量构成因素的遗传

（1）分蘖力与穗数遗传。很多单位的研究表明，分蘖数和穗数遗传大多数表现为部分显性，但亲本不同其显性程度也不同。多分蘖品种 × 少分蘖品种，F_1 为中间型，F_2 表现连续变异；分蘖力很强品种 × 分蘖力很弱品种，F_1、F_2 穗数受累加作用的基因支配，多穗对少穗是部分显性；分蘖中等与分蘖弱品种杂交，F_1 分蘖和穗数均表现有积加作用和显性效应。湖南省农业科学院的试验还表明：F₁ 对 MP 的分蘖优势是随着分蘖阶段的不同时期而呈动态消长的。

（2）每穗粒数的遗传。试验证明，每穗粒数遗传也属多基因控制的数量性状遗传。F_1 有部分显性并具有累加作用，F_2 呈连续变异。陈一吾就构成杂交水稻的产量三要素研究了 127 个组合材料，证明以每穗总粒数和实粒数表现优势最大。

（3）粒形、粒重的遗传。千粒重与粒数是相矛盾的两个性状，但并非连锁遗传。粒重的广义遗传力和狭义遗传力都较高（Chandraratna et al.，1960；沈锦骅，1963）。Chandraratna 等认为粒重的遗传受母本的影响较大。

谷粒的大小和粒重的遗传由于其亲本的遗传基础不同，后代表现很不一致。短圆粒 × 长粒，有的由一对基因支配，F_1 为短粒显性，F_2 呈 3：1 分离；有的由两对基因支配，F_1 部分显性，F_2 呈双峰曲线分布；有的由多基因支配，F_1 为中间型，F_2 呈连续变异。大粒与小粒杂交，F_1 为中间型，有时偏大粒亲本，F_2 呈各种比例分离。重粒与轻粒杂交，F_1 多数在二亲本之间，少数偏于重粒亲本。福建农学院对杂种 F_1 的粒重与粒形进行研究，证明 F_1 粒重的杂种优势主要由粒厚和粒宽所构成。

（四）杂交水稻的抗病性遗传

由于水稻的抗病性涉及两种生物体之间的相互依存和斗争的复杂关系，因此其抗性遗传规律亦比较复杂，有时表现为质量性状的遗传，有时又表现为数量性状的遗传。

关于杂交水稻抗稻瘟病的遗传研究，湖南农学院郴州分院做了大量的工作，他们分析了 224 个杂交组合的 F_1 及亲本，结果是 102 个组合 F_1 抗性表现为显性，31 个组合 F_1 抗性表现为隐性，15 个组合 F_1 为中间型（不完全显性），18 个组合 F_1 出现新的类型。双亲抗病，F_1 也抗病的有 24 个组合；双亲感病，F_1 也感病的有 34 个组合。根据研究结果可把稻瘟病抗性遗传分为四个类型：①抗性显性，亲本之一是抗病，而另一亲本为感病，则 F_1 表现为抗病，F_2 出现抗、感 3：1 的分离。如二九南 1 号 A×IR28、二九南 1 号 A×IR24，均属此类型。这种抗病性可能受一对显性基因所控制。在 V20A×75P12 等组合中，母本抗病，父本感病，F_1 仍为抗病，说明不育系的抗病性也能在 F_1 上表现为显性；②抗性隐性。在黎明 A× 培迪组合中，母本感病，父本抗病。而在珍龙 13A×75P12 组合中，母本抗病，父本感病，这两种组合的 F_1 均感病。因此，这里抗病性又可能由隐性基因所控制；③中间类型。在金南特 43A×77-372 组合中，母本感病，父本抗病，F_1 为中抗（MR），表现为不完全显性；④新类型。F_1 出现双亲所没有的性状，如珍汕 97A× 穗郊占，双亲均感，而 F_1 抗病，相反，V20A× 特大粒，双亲均抗病，而 F_1 感病。这种情况比较复杂，抗病性可能受两对以上的基因所控制。

对于抗白叶枯病的遗传研究，湖南农学院郴州分院对 85 个杂交组合 F_1 及其三系进行了研究，获得与抗稻瘟病遗传的类似结果，即表现为上述四种类型。中山大学、华中农学院等单位用不同抗性程度的亲本配组并进行研究，结果表明抗感杂交，F_1 抗性表现为显性或中性，F_2 出现 3：1、9：7 等分离，正态分布曲线偏抗性强的一方，有一定程度的显性作用。

抗飞虱和抗叶蝉的遗传研究结果与上述结果类似。

从不育系和保持系抗性是相同的这一点来推测，水稻三系的抗病性可能受核基因控制。

（五）杂种优势的世代遗传

为了考察杂交水稻杂种优势的多代利用价值和优势的固定方法，湖南省农业科学院用凝胶电泳方法，从同工酶角度去研究杂种优势的世代传递规律。他们用二九南 1 号 B×IR24 组合，从 P、F_1、F_2、F_3、F_4、F_5 连续研究这个优势组合的世代酯酶同工酶和过氧化物酶同工酶谱的遗传变化规律，获得了下列结果：① F_1 从酶谱上表现出明显的超亲优势（反映在酶带条数、酶活性和互补性上）；② F_2、F_3 两种同工酶酶带表现为分离，呈数量遗传；③ F_4、F_5 酶谱带开始稳定，优势基本消失。初步认为：早期世代，酶活性表现出优势，但随着杂种遗传性逐渐稳定，酶活性也在世代传递中逐渐减弱。在 F_4、F_5 分离停止。遗传性基本稳定，优势亦基本消失。群体优势高峰出现在 F_1，而个体优势植株由于分离出现在 F_2、F_3，因此群体杂种优势的利用主要立足于 F_1。假如能用花培等技术稳定杂种优势，个体优势利用应在 F_2、F_3 中进行株系选择为宜。若杂种多代利用，则以利用 F_3 以前的为宜，F_3 以后的利用意义不大。从 F_5 测定结果看，采用系谱法的杂交育种不能收到稳定杂种优势的效果，特别是很难保持杂种早期世代的生活力。

（六）水稻柱头外露率的遗传

利用和改良水稻雄性不育系的柱头外露率对于提高杂交水稻制种结实率有着重要意义。湖南省农业科学院李陶等从 1982—1984 年对用不同柱头外露率亲本配制的组合进行了 P、F_1、F_2、F_3 代的遗传规律研究，并用多方面的数理遗传方法进行了较系统的分析，初步认为：

（1）柱头外露率是数量性状，由多基因控制。不同外露率亲本之间杂交，F_1 呈正向部分显性或正向完全显性和正向超显性；F_2 呈连续变异，从超高亲到超低亲各种类型均有出现，整个曲线偏向高亲一方，呈单峰或不规则且不明显的多峰分布。

（2）正反交 F_1 及后代的观察结果基本一致，无明显差异。说明柱头外露率不存在细胞质遗传；比较不育系作母本的 F_1 与相应保持系作母本的 F_1 柱头外露率的差异，并结合 F_1 结实率推测出，不育性对柱头外露率可能有增进效应。

（3）遗传模型测验表明，控制柱头外露率基因的联合效应是个别效应的总和。即柱头外露率是以和差式遗传的；各组合的加性和显性效应均达显著水平。有的组合双基因互作的加性 × 显性、显性 × 显性也达到了显著水平。在若干基因效应成分中，以显性效应最为重要，其次是加性效应，上位性效应影响较小。

（4）柱头外露率的遗传力较高。几个组合的估计值均在 0.90 左右，其他花器性状的遗传力大小依次为：柱头长、粒宽、柱头宽、粒长、柱头角度，以子房长的遗传力为最小。

（5）在表型相关上，柱头外露率与柱头长、粒长、柱头角度、子房长呈显著的正相关，与粒宽呈显著负相关。遗传相关系数一般大于表型相关系数，且正负号方向一致。

（6）分析表明，各花器性状对柱头外露率的直接效应大小依次为：柱头角度、子房长、柱头长、粒长、粒宽，剩余因素 P_e 近于零值。除直接效应外，柱头角度、子房长、柱头长、粒长之间相互作用，共同对柱头外露率发生正向的间接效应。

（7）F_1 柱头外露率与低亲、中亲、高亲均存在显著的回归与相关关系，F_3 系统平均值与 F_2 个体值之间也存在着显著的相关与回归关系。

（8）F_3 系统内的方差较 F_2 有所减少，但仍存在着丰富的遗传变异，各系统的遗传力均较高。

（9）综合概括各基因效应成分、广义遗传力、狭义遗传力、变异系数、遗传进度、相关遗传进度、遗传进度的相对效率、相关遗传进度的相对效率等遗传参数值来推论，在有高柱头外露率亲本所配杂交组合的后代变异群体中选出高柱头外露率的品系是完全可能的。在选择时应在早代结合与其显著相关遗传力高且易于观测的柱头长度和粒长度中进行相关选择。

第三节　杂种优势机制及优势预测

一、杂种优势机制

杂种优势是一种极其复杂的遗传性状和生理现象，它的出现涉及内在因素及环境因素很多。达尔文（Darwin）早在 1876 年就指出：杂种优势是由两性因素具有某种程度的分化所致。当前，关于杂种优势的本质及其遗传机制虽然有很多解释，但还很不深透。综合起来，可以认为是以下各种不同效应综合作用的结果。

（一）细胞核内等位基因的互作

主要有两种情况：

（1）显性效应。这个假说的基本原理认为：生物由于长期通过自然选择和适应过程，在大多数情况下显性性状往往是有利的，而隐性性状是有害的，杂种优势是杂种 F_1 综合了分别存在于两亲本中的有利显性基因或部分显性基因掩盖了相对的隐性不利基因的结果产生的（图2-2）。也可以说，显性效应是由于双亲的显性基因

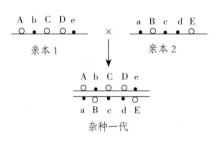

ABCDE　显性基因　　abcde　隐性基因
图2-2　显性效应示意图

全部聚集在杂种中所引起的互补作用。基柏（Keeble F.）和皮洛（Pellow C.）于1910年最早提出了试验论证，他们曾以两个株高 5～6 英尺（1英尺 = 30.48 cm）的碗豆品种进行杂交，一个品种茎秆是节多而节间短，另一个品种茎秆是节少而节间长，其 F_1 聚集了双亲的节多和节间长的显性基因，因而株高达到 7～8 英尺，表现出明显的杂种优势。

（2）超显性效应。这种假说认为等位基因间没有显、隐性关系，杂种优势的产生也不是由于显性基因对隐性基因的掩盖和显性基因在 F_1 代中数量的积累，而是由于杂合的等位基因的相互作用。也就是说，同一位点的等位基因可分化出许多不同的异质性的等位基因，而异质性的等位基因在 F_1 互作与互补作用是产生杂种优势的原因。杂合状态基因的活力大大超于任何纯合状态基因的活力，即

$$P \qquad a_1a_1 \times a_2a_2$$

$$\downarrow$$

$$F_1 \qquad a_1a_2$$

$$a_1a_2 > a_1a_1 \text{ 或 } a_2a_2$$

例如，在某些植物的颜色遗传中，粉红色 × 白色 F_1 表现为红色；淡红色 × 蓝色 F_1 表现为紫色，而它们的 F_2 都分离出简单的 1∶2∶1 比例。

（二）细胞核内非等位基因的互作

根据基因的不同性质，两对非等位基因间的基因互作（interaction of genes）有如下几种情况（图2-3）。

（1）互补作用（complementary effect）。两对独立遗传基因分别处于纯合显性或杂合状态时，共同决定一种性状的发育。当只有一对基因是显性或两对基因是隐性时，则表现为另

一种性状，这种基因互作类型称为互补作用。例如，香豌豆（*Lathyrus odoratus*）两个白花品种杂交的遗传规律属此例。

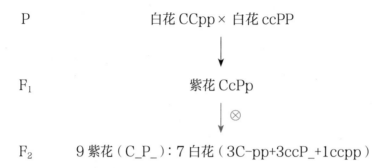

P   白花 CCpp × 白花 ccPP

F$_1$ 紫花 CcPp

⊗

F$_2$ 9 紫花（C_P_）：7 白花（3C-pp+3ccP_+1ccpp）

（2）积加作用（additive effect）。显性基因单独存在时能分别表现相似性状，但当同时存在时能使同一性状得到加强，各同效基因起累加作用［如南瓜（*Cucubita pepo*）的遗传现象］。

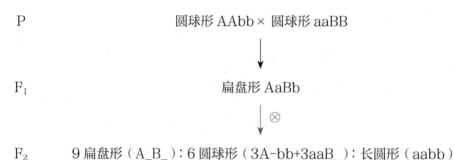

P   圆球形 AAbb × 圆球形 aaBB

F$_1$ 扁盘形 AaBb

⊗

F$_2$ 9 扁盘形（A_B_）：6 圆球形（3A-bb+3aaB_）：长圆形（aabb）

（3）重叠作用（duplicate effect）。不同对基因互作时，对表现型产生相同的影响，故 F$_2$ 表现型产生 15：1 的分离比例［如荠菜（*Bursa bursa-pastoria*）的蒴果遗传］。

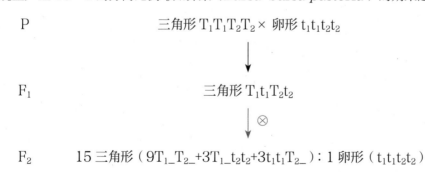

P   三角形 T$_1$T$_1$T$_2$T$_2$ × 卵形 t$_1$t$_1$t$_2$t$_2$

F$_1$ 三角形 T$_1$t$_1$T$_2$t$_2$

⊗

F$_2$ 15 三角形（9T$_1$_T$_2$_+3T$_1$_t$_2$t$_2$+3t$_1$t$_1$T$_2$_）：1 卵形（t$_1$t$_1$t$_2$t$_2$）

（4）显性上位作用（epistatic dominance）。两对独立基因共同对一对性状发生作用，而且其中一对基因对另一对基因的表现有遮盖作用。起遮盖作用的基因如果是显性基因，称为显性上位作用［如西葫芦（*Squash*）的皮色遗传］。

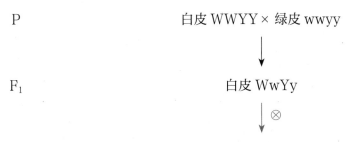

P　　　　　　　　　　白皮 WWYY × 绿皮 wwyy

F₁　　　　　　　　　　白皮 WwYy

F₂　　　12 白皮（9W_Y_，3W_yy）: 3 黄皮（wwY_）: 1 绿皮（wwyy）

（5）隐性上位作用（epistatic recessiveness）。在两对互作基因中，其中一对隐性基因对另一对基因起上位性作用，称隐性上位作用（如玉米胚乳蛋白质层颜色的遗传）。

P　　　　　红色蛋白质层 CCprpr × 白色蛋白质层 ccPrPr

F₁　　　　　　　　　　紫色 CcPrpr

F₂　　　9 紫色（C_Pr_）: 3 红色（C_prpr）: 4 白色（3ccPr_+1ccprpr）

上位作用和显性现象相类似，一对基因可抑制或掩盖另一对基因的作用，但不同的是，显性现象是就一对基因来讲的，而上位作用则是指不同对等位基因之间的作用。

（6）抑制作用（inhibiting effect）。在两对独立基因中，其中一对显性基因本身不能控制性状的表现，但对另一对基因的表现有抑制作用，称为抑制作用（如玉米胚乳蛋白质层颜色的遗传）。

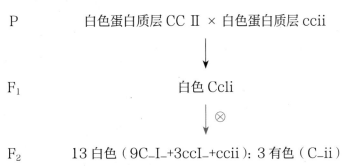

P　　　　白色蛋白质层 CC II × 白色蛋白质层 ccii

F₁　　　　　　　　　　白色 CcIi

F₂　　　13 白色（9C_I_+3ccI_+ccii）: 3 有色（C_ii）

上述是两对非等位基因间互作共同决定同一性状所表现的各种情况，若是多对基因互作，所引起后代表现型的分离情况将会更复杂。

两对非等位基因互作的各种情况，可用图 2-3 表示。

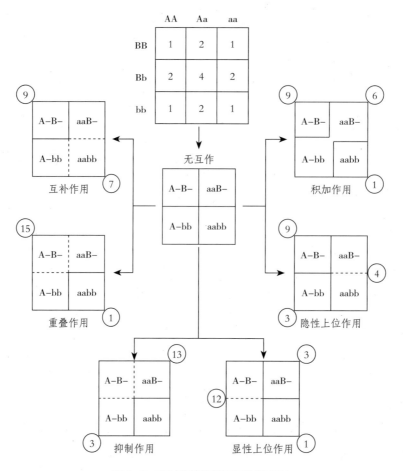

图 2-3　两对非等位基因互作模式图

注：方格中虚线表示合并的表现型；圆圈中数字表示各种比例数字。

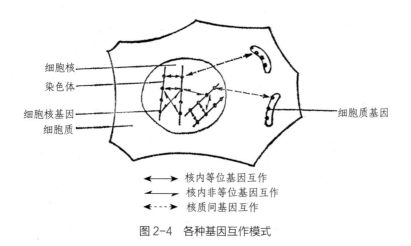

图 2-4　各种基因互作模式

在上述各种互作形式中，其中又以积加作用、互补作用和上位作用与杂种优势的产生关系更密切。

（三）细胞核与细胞质的互作

杂种优势不仅仅是一种由核基因所控制的现象，也包括细胞质基因，特别是核基因与细胞质基因间的相互作用（图2-4）。据我国研究，水稻的某些杂交组合的正反交杂种一代，在优势强弱上表现有所不同。同一核基因型置于不同细胞质背景的杂交水稻，其优势也有一定的差异。证明核质互作可产生不同程度的优势效应。因此在不育系的选育时应考虑其细胞质效应。

上述各种机制对杂种优势的贡献大小，当然不是均等的，而是因组合类型而异。一般来说，核基因的作用大于细胞质基因的作用，核内等位基因互作则是产生优势的基本原因，非等位基因的互作与特殊配合力有密切关系，显性效应则更多地与一般配合力有关。

复旦大学曾设想把上述各基因间的互作效应概括为三级效应：一级效应指等位基因互作产生的遗传效应，包括无显性、不完全显性、完全显性和超显性四类，这种效应是杂种优势产生的最基本方式。二级效应是指非等位基因间互作效应，包括积加、互补、上位、综合四种情况。二级效应是在一级效应基础上产生的。三级效应则是指核质间、核内各方面总的互作产生的效应。此模型与上述原理基本一致。

我国大量的科学实践证明：凡是在两个亲本的血缘关系上、类型上、地理起源上以及各性状上差异较大的配组，在一定限度内表现有明显的杂种优势，证明异质性及其互补能力是产生杂种优势的基本原因。

二、水稻杂种优势的预测研究

水稻杂种优势虽然是一个不可置疑的客观事实，但如何有目的、有计划、有预见性地、大量地利用杂种优势，科学地选配亲本，探索水稻杂种优势的预测指标和方法，引起了我国科学工作者的注意。我国科学工作者从多方面进行了研究和探索。

（一）杂种优势与遗传距离的相关性研究

遗传距离是用来研究种间分歧，或品种间遗传差异的一个统计值。每个亲本的主成分值可以组成一个主成分值向量，两个主成分值向量间的几何距离，即为两个亲本间有关性状的遗传距离。水稻中很多性状属数量性状，因此对数量性状的统计分析是研究杂种优势的一条途径。安徽农学院徐静斐（1980）、安徽农科院李成荃（1980）、北京师范大学刘来福（1979）以及安徽省安庆地区农科所、六安地区农科所等（1980）通过多元分析法测定与产量有关的数量性状的遗传距离，并将其作为一个综合指标来预测杂种优势，取得了初步的成效。他们的结果表明：遗传距离的大小与杂种优势的强弱存在着极显著的正相关（r=0.5814），预报符合率达80%。凡生产上已推广的强优势组合，其遗传距离（保持系与恢复系之间）也较大，而保持系与保持系、恢复系与恢复系之间以及优势不强组合的保持系与恢复系之间的遗传距离都较小（表2-4）。如南优3号 D^2 为42.50。南优6号为37.84，威优3号为34.32，威优6号为29.07；珍汕97B与V41B间 D^2 为0.49，IR26与IR36为0.50，IR24与IR36为0.33，IR661与IR24为0.54。他们把研究结果在安徽省不同地区不同年份的籼稻和粳稻中进行重复验证都获得良好的效果（异地的相关系数 r=0.4645，异年的相关系数 r=0.6123，均达到极显著水平）。因此初步认为遗传距离这一反映两个亲本遗传差异的参数可以作为衡量杂种优势强弱的一个综合指标。目前，计算程序已得到了简化，并进一步对水稻品质性状与抗性的杂种优势进行预测研究。

表2-4　主要保持系与恢复系的遗传距离（D^2）（安徽遗传距离研究协作组，1980）

名称	珍汕97B	V20B	V41B	早新糯B	超40B	二九南1号B	朝阳1号B	IR26	75P12	IR661	IR24	IR36	圭630	IR28
珍汕97B														
V20B	3.15													
V41B	0.49	3.44												
早新糯B	3.15	11.87	3.26											
超40B	5.63	2.79	5.87	16.23										
二九南1号B	1.17	1.84	8.98	18.76										
朝阳1号B	1.40	3.07	1.09	4.24	7.77									
IR26	14.33	29.07	14.19	8.79	27.93	37.84	21.15							
75P12	3.29	11.16	2.55	1.52	12.18	19.67	3.97	9.14						
IR661	18.12	34.32	18.92	12.68	30.68	42.50	26.50	1.16	12.40					
IR24	17.70	33.73	17.53	11.69	30.05	43.61	24.87	0.87	10.38	0.54				
IR36	14.20	29.35	14.35	8.48	27.11	38.31	20.74	0.50	8.17	0.44	0.33			
圭630	7.11	14.84	7.12	9.63	9.27	20.98	12.66	6.76	6.08	7.07	6.58	5.93		
IR28	3.66	12.19	4.98	11.41	11.41	16.84	6.26	5.42	4.14	6.18	8.85	4.71	2.72	

（二）同工酶与杂种优势的相关性研究

酶是基因与性状表达间的重要桥梁，同工酶是指特性相同而其蛋白质分子结构又不相同的酶类，也可以说同工酶谱是基因表达后分子水平的表现。因此从酶谱的特异变化去考察杂种优势的出现规律是另一条杂种优势预测的研究途径。早在 1960 年，施瓦兹（Schwarts）首先利用同工酶研究玉米杂种优势，在杂种 F_1 中发现了双亲所没有的杂种酶带，他认为这种现象与杂种优势有关。此后，我国周光宇（1979）、唐锡华（1979）、肖翌华（1979，1981）、阎炳宗（1980）、蒙义文（1978）、罗泽民（1980）、朱英国（1980）、蔡以欣（1980）、詹重兹等在各自不同的水稻试验中做了大量的不同种类的同工酶研究工作，观察到杂交水稻三系及其杂种中酶谱的差异性。大多数的试验资料都表明：在酯酶同工酶中，F_1 具有双亲特异的酶带而出现显性互补的酶谱往往与杂种优势紧密相关，在这种优势组合的 F_1 酶谱中，往往酶带数较多，酶活性更高，显色更浓，带区更宽。这表明酯酶同工酶互补酶谱可能作为水稻优势预测的生化指标之一。易琼华等（1984）对水稻干种子胚酯酶同工酶（聚丙烯酰胺凝胶电泳）的研究，在肯定了酯酶同工酶互补酶谱与水稻杂种优势有相关性的同时，进一步指出：营养优势和稻谷产量优势分别与不同的特定酶带所形成的互补酶谱相关。邓鸿德等（1981—1985）在进行了 336 个组合 1 626 份材料的同工酶分析的基础上，肯定了酯酶同工酶显性互补酶谱与杂种优势有密切的相关性，又提出了水稻杂种优势酯酶酶谱指标的多型性。即认为互补酶谱是杂种优势的一个重要指标，但是并不是唯一的指标。他们在大量的试验材料中观察到，有互补有优势、有互补无优势、无互补有优势和无互补无优势四种类型，但以有互补有优势的出现频率较高（占 85.4%）。除互补酶谱以外，在其他不同水稻组合类型中与优势紧密相关的酯酶酶谱类型还有显性酶谱、杂合酶谱和独特酶谱。他们还研究了各类酶谱酶带在水稻各生育阶段各器官的表达变迁规律。酶虽然是基因表达的桥梁，同工酶却受基因控制，对同工酶的研究在一定程度上是可以反映基因的遗传信息的。但是它毕竟不是遗传物质，它在高等植物的代谢过程中受到生理条件和内外环境的影响。因此，在不同水稻组合类型、不同酶类、不同生理状态及取材条件下，进行更深入的试验研究，特别是进行酶带的高分辨技术和测试方法研究，以进一步探索酶谱与杂种优势相关性的普遍性与特殊性是十分必要的。

（三）生理活性物质的互补与杂种优势研究

叶绿体和线粒体，不但是分别承担着高等植物光合和能量作用的重要细胞器，而且更重要的是它们当中都存在着遗传物质 DNA。这些遗传物质能进行自我复制，在遗传上表现出自主性或半自主性。

158

1976年，阿贝其尼科娃（ОВЧИНИКОВа）发现杂种玉米叶绿体的希尔反应与环式光合磷酸化都比亲本高，且优势杂种的两亲本叶绿体的混合液也表现较高的光化学活性（希尔反应超过亲本平均值21%~60%，环式光合磷酸化超过亲本平均值1.5~2.0倍），而非优势组合则不存在上述互补现象。李良璧等（1978）发现，杂交水稻在孕穗至灌浆期双亲剑叶的叶绿体互补都存在不同程度的超亲作用。而且希尔反应在水稻三系当中的互补作用有较明显的规律性：不育系+恢复系和保持系+恢复系的叶绿体的希尔反应有明显的互补作用；而不育系+保持系的叶绿体则没有互补作用。

1966年，美国麦克丹尼尔（Mcdaniel）首先研究了玉米线粒体的杂种优势现象，他发现具有明显优势的玉米杂种其线粒体活性都高于亲本，而用亲本的线粒体按1：1混合，其活性也都超过亲本并接近于杂种。那些无明显优势的杂种其线粒体活性则与亲本没有多大差别。当用亲本线粒体1：1混合时，其活性则处于两亲本之间。他们还用极谱和氧电极测得ADP：O的结果，仍然是优势杂种大于两亲本，亲本混合线粒体表现互补。因此，麦克丹尼尔提出了用线粒体互补的原理去预测玉米的F_1杂种优势。湖南农学院和浙江农业大学（1977）对杂交水稻线粒体氧化活性进行了研究，初步证明，具有优势的杂交组合其亲本的幼苗线粒体具有较高的氧化活性，并且发现恢复能力强与F_1优势明显的组合，其父本幼苗的线粒体有较高的氧化活性，比恢复力弱且F_1优势也弱的父本可高出26.7%或61.1%。具有强优势的南优2号其线粒体氧化活性表现明显的互补现象：双亲（二九南1号A，IR661）线粒体氧化活性平均值若为100，则杂种（南优3号）幼苗的氧化活性为154.2。父母本幼苗线粒体按1：1等量混合后，其氧化活性则为141.2，接近杂种氧化活性。

线粒体与叶绿体等虽然都是生命活动中重要的细胞器，但是毕竟还是整个生物体中的单一的细胞器。某一细胞器的生理变化不一定能很全面地反映出整个生命有机体的生命活动与遗传规律。杨福愉等（1980）在线粒体互补的基础上，应用细胞匀浆互补法对作物进行优势预测研究，即从整个细胞的水平上制备细胞匀浆液，测定亲本、杂种和亲本匀浆等量互补的氧化活性值，在谷子、高粱等作物上同样发现杂种优势与细胞匀浆互补液氧化活性值存在着正相关。他们进一步进行了研究，初步证明其产量互补的机制乃系上清液中可溶性蛋白质与线粒体之间互相作用的结果。此后邓鸿德等（1982）在水稻上也进行了匀浆互补与杂种优势相关性研究，但其规律性不太明显。

（四）其他方面的优势预测研究

复旦大学蔡以欣等应用组织培养对杂交水稻杂种和亲本三系进行研究，发现优势组合杂种形成愈伤组织的增殖速度快于亲本。北京大学何笃修等用杂交水稻及其三系研究在芽中提取了核蛋白，发现优势组合的 F_1 中核组蛋白 H_1 含量有超亲现象。湖南农学院程尧楚等（1982）用 F-BSG 分带技术对水稻三系及其杂种 F_1 的染色体上异染色质含量差异进行了比较研究，结果表明，F_1 异染色质含量高于双亲，且可育品种高于不育品种，杂种一代含量高于恢复系，保持系高于不育系，表明异染色质含量的高低对育性和杂种优势的形成有一定的影响，也可能作为优势预测的一种指标。此外，育种工作者更多地从地理上、生态类型上、亲缘关系上和配合力等多方面进行亲本筛选。

虽然水稻杂种优势的预测研究，在生理、生化和细胞学各领域都取得了一定的进展，但由于杂种优势是一个复杂的生物学现象。杂种优势概念的本身已包括生殖优势、营养优势、抗性优势、品质优势等各个方面，况且高等植物存在着不同生态类型的品种。因此，从多种指标并紧密结合育种实践，从不同角度在不同品种和生态类型中进行广泛的和更深入的研究仍是今后的重要任务。

第三章

水稻"三系"

第一节　水稻"三系"概念及其相互关系

　　水稻三系是指雄性不育系、雄性不育保持系、雄性不育恢复系，简称不育系、保持系和恢复系，分别用 A、B、R 表示。如 V20 不育系，称 V20A；V20 保持系，称 V20B。它们是用来生产杂交水稻的遗传工具。

一、雄性不育系

　　所谓雄性不育，是指雌雄同株植物，雄性器官退化，不能形成花粉或仅能形成无生活力的败育花粉，因而不能自交结实的现象。雄性不育可分为两种：一种为生理上的雄性不育，它是生长发育过程中受到某种外因的影响而导致的，如不良气候条件，各种理化因素造成的雄性不育。这种雄性不育不能遗传给后代，在育种上不能连续使用；另一种是遗传的，在育种上可能具有重要的利用价值。

　　在抽穗前，雄性不育稻株外部形态与普通水稻没有多大差别；抽穗后，它的雌性器官发育正常，能够接受外来花粉而受精结实。但雄性器官发育不正常，花药瘦小，形状异常，花粉粒干瘪，不含淀粉或少含淀粉，没有授粉能力，或者根本没有花粉，自交不结实。这种自交不结实，而异交能够结实且能代代遗传的稳定品系称为雄性不育系。

二、雄性不育保持系

能使不育系的不育性一代一代保持下去的父本品种称为保持系。将其花粉授给不育系，不育系所结种子长出的植株仍然是不育系。保持系和不育系是同型的，它们之间有许多性状相似，但另外一些性状又有区别。其中最重要的区别在于花药和花粉。为了便于识别，现将它们的主要性状列于表 3-1 和图 3-1。

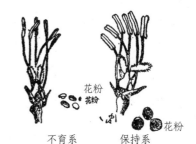

图 3-1　不育系和保持系花器比较

表 3-1　保持系和不育系性状比较

类型	性状	系别	
		保持系	不育系
孢子体不育	分蘖力	较弱	分蘖力强，分蘖时间长
	抽穗	正常	比保持系迟 3~5 天抽穗，包颈
	开花习性	开花较集中，一般只有一个开花高峰，花时早，开颖时间短	开花时间长，不集中，一天之内往往有两个开花高峰，或高峰不明显。部分颖花柱头外露，开颖时间长
	花药形态	膨松饱满，金黄色，内有大量正常花粉，散粉畅	花药干瘪瘦小，乳白色或水渍状淡黄色
	花粉	绝大部分为圆球形，内含大量淀粉，遇 I-KI 溶液呈蓝黑色反应	典败：形状不规则 圆败：圆球形 两种花粉都无内含物，粒小，遇 I-KI 溶液不染色
	育性	自交结实正常	自交不结实
配子体不育	开花习性	开花较集中，花时早，花时短	有较明显的开花高峰，但一般比保持系的稍迟，开颖时间长，部分颖花柱头外露，一般异交性较好
	花药形态	膨松饱满，金黄色，内有大量正常花粉，散粉畅	花药圆棒状，黄色或淡黄色，一般不散粉，在高温下，有部分散粉，但比保持系散粉明显推迟
	花粉	绝大部分为圆球形，内含大量淀粉，遇 I-KI 溶液呈蓝黑色反应	圆败：圆球形，遇 I-KI 溶液不染色。 染败：圆球形，一般比正常花粉稍小，已积累一部分淀粉，遇 I-KI 溶液，呈蓝黑色或浅着色
	育性	自交结实正常	自交不结实

三、雄性不育恢复系

恢复系是一个正常品种。其花粉授给不育系，所产生的杂种第一代，育性恢复正常，能自交结实，并达到正常的水平，这样的品种叫作恢复系。

四、"三系"的相互关系

不育系、保持系和恢复系，三系之间关系密切。不育系和保持系杂交，获得不育系种子；不育系和恢复系杂交，获得杂交水稻种子。保持系和恢复系的自交种子仍然可作保持系和恢复系，见图 3-2。

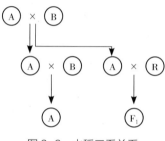

图 3-2　水稻三系关系

第二节　水稻雄性不育的生物学特性和类型

一、水稻雄性不育的细胞形态学

水稻同一品种的雄性不育株和雄性可育株的主要区别在于雄蕊的发育过程及其形态特征。水稻雄性不育的原因，主要是在花粉形成过程中发育异常，不能形成花粉或花粉败育。

（一）水稻正常花粉的发育过程

（1）花药的发育和结构。水稻在生殖生长过程中，雌雄蕊分化以后，雄蕊进一步分化出花药和花丝。花药在形成初期构造简单，最外一层是表皮，内部是由形态结构相同的基本组织细胞所构成。后来在花药的四角处，紧接表皮下一层细胞，各形成一行具有分生能力的细胞群，称为孢原细胞。孢原细胞经过分裂形成内外两层细胞，外层称为壁细胞，内层称为造孢细胞。壁细胞进一步分裂形成三层细胞，紧靠表皮的外层细胞称为纤维层。纤维层细胞的细胞壁有不均匀的加厚并丧失原生质，其功能与花药成熟时花粉囊的开裂有关。中层细胞在花药发育的过程中逐渐消退，在成熟花药中不复存在。最内一层为毡绒层，是由一些大型细胞组成，细胞内含有丰富的营养物质，它包在造孢组织的外围，对花粉的发育起着重要的作用。当花粉发育到一定阶段，毡绒层细胞完成它供给花粉发育所需营养物质的生理功能后便逐渐消退（图 3-3）。

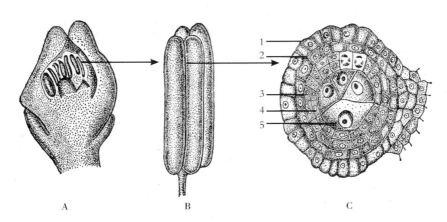

A. 颖花；B. 花药与花丝；C. 花粉囊横切面；
1. 表皮细胞；2. 纤维层细胞；3. 中层细胞；4. 毡绒层细胞；5. 造孢细胞。

图 3-3　水稻花药的发育（杂交水稻的研究与实践，1982）

当花粉发育完成、花药完全成熟时，花粉囊壁实际上只留下一层表皮和纤维层细胞。纤维层一旦收缩，花粉囊即开裂，花粉外散。

（2）花粉母细胞的形成和减数分裂。花粉母细胞由造孢细胞发育而来。在壁细胞分裂变化的同时，造孢细胞经过多次有丝分裂后，细胞数量增加，并长大成花粉母细胞（小孢子母细胞）。在这同时，药室中央逐渐形成胶质状的胼胝质体，并向花粉母细胞的细胞间隙延伸，把花粉母细胞包围起来，在它的外周形成一个透明的胼胝质壁。在这以前，花粉母细胞相互紧挨在一起，细胞呈多面体状。胼胝质壁形成后，花粉母细胞互相分离，细胞便从多面体变为圆形或椭圆形。

花粉母细胞的核大而明显，核内有一个较大的核仁，染色质呈细丝状，不明显，只隐约可见。花粉母细胞发育到一定阶段就开始进行减数分裂。水稻花粉母细胞的减数分裂包括两次连续的核分裂过程，分别称为减数第一次分裂和减数第二次分裂（或称分裂 I、分裂 II）。两次分裂均经历前期、中期、后期、末期，最后形成四个具有单倍染色体（n）的子细胞。减数分裂各个时期的主要特点分述如下：

减数第一次分裂

前期 I：前期 I 历时较长，变化也比较复杂，可分为细线期、偶线期（凝线期）、粗线期、双线期和终变期。

细线期：花粉母细胞具有较大的核和核仁，核液中出现细长的染色质丝，相互交错布满整个核中，一般染色方法难于辨认（图 3-4·1）。

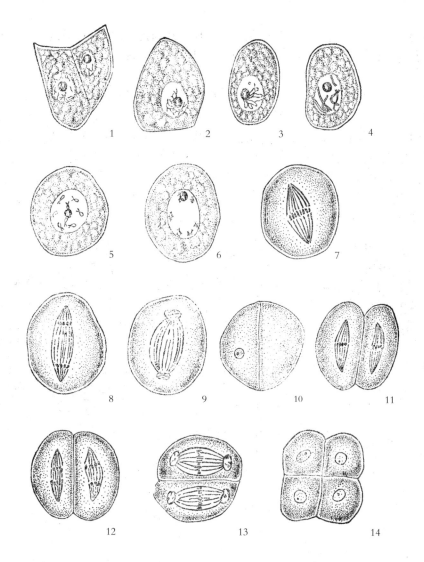

1. 细线期；2. 凝线期；3. 凝线期；4. 粗线期；5. 双线期；6. 终变期；7. 中期Ⅰ；
8. 后期Ⅰ；9. 末期Ⅰ；10. 二分体；11. 中期Ⅱ；12. 后期Ⅱ；13. 末期Ⅱ；14. 四分体。

图 3-4　水稻二九南 1 号花粉母细胞减数分裂过程

（湖南师范学院生物系，1973）

偶线期（凝线期）：染色丝相互缠绕凝结成团，在核仁一侧集中成束，另一端较松散。随后，染色丝散开，并与核仁脱离，此时核仁出芽生殖，产生新核仁。新核仁不脱离原核仁，它随染色质丝的散开而长大，直至与原核仁等大。这时每一条染色体均选择性地相互靠近，并从一端开始紧密联系在一起向另一端延伸进行配对（联会），染色丝变粗，散开在整个核腔中，有时隐约可见其成双构造（图 3-4·2，3）。

粗线期：配对完成以后，染色体逐渐缩短变粗，每个染色体均发生纵向裂开而成二单体，但并不分离，仍由着丝点联系，故每对染色体均由四根染色单体组成，这种配对的染色体，具有两个着丝点，称为双价染色体。这时在核腔中可见分散的十二对染色体，其中有两三对紧挨着核仁，核仁也由两个重新变为一个（图3-4·4）。

双线期：双价体中的两条同源染色体先发生交换，以后又分开，但发生交换的地方不能完全分开，因此染色体有若干处相互交叉连接，双价体常呈麻花形、V字形、交叉形等形状。染色体继续缩短变粗，呈现短棒状或圆点状（图3-4·5）。

终变期：染色体缩短呈颗粒状，纵裂的痕迹消失，外形较明显，常一对对分散排列在核的内膜周围，在显微镜下最易计算其数目。此时核仁变小，最后消失，核膜也相继消失，前期Ⅰ至此结束（图3-4·6）。

中期Ⅰ：双价染色体排列在赤道板上，两侧纺锤丝与核板一起形成纺锤体，纺锤体的形态因品种不同而有差异，纺锤丝把每对同源染色体的着丝点连向相对的两极，双价体开始分离（图3-4·7）。

后期Ⅰ：双价体中的两条同源染色体互相分开，分别向两极移动，每一染色体有一着丝点，包含两条未分开的染色单体，同源染色体移向两极的行动一般是整齐一致的（图3-4·8）。

末期Ⅰ：移至两极的染色体浓缩成团，核膜、核仁重新出现，形成两个子核，每个子核的染色体数目仅是原来细胞的一半。此时纺锤体的赤道板上形成细胞板，将花粉母细胞分成两个子细胞，呈两个半月形靠在一起，称为二分体（图3-4·9，10）。

间期：末期Ⅰ之后进入间期，染色体消隐，间期很短，随即进行第二次分裂。

减数第二次分裂比较简单，与有丝分裂一样。不同的是前期Ⅱ的两个半月形细胞只有n条染色体，每一染色体的两条染色单体早在减数分裂开始前就已复制好了。在后期Ⅱ时每条染色体的两个染色单体才彻底分裂开移向两极。末期Ⅱ结束后减数分裂完成了，结果形成呈扇形的四个子细胞，暂时连在一起，称为四分体。其中每个成员称为四分孢子。通常二分体的两个细胞是按顺序同步进入前、中、后、末四个时期的，两个细胞的纺锤体相互平行。因此，分裂结束时就形成两次分裂的切面相互垂直的四分体（3-4·11～14）。

整个减数分裂过程是由连续的两次分裂来完成的。在这两次连续的细胞分裂过程中染色体只复制一次，故每个子细胞的染色体就减少了一半。

（3）花粉粒的发育过程。由于透明的胼胝质壁一直存在到四分体形成，所以四分体的四个细胞不互相分离，但四分体形成后不久，胼胝质壁开始解体，四分孢子就开始分离，分散的四分孢子称为小孢子。小孢子逐渐从扇形变成圆形（图3-5·1）。小孢子经过三个发育时期，最后形成成熟的花粉粒。

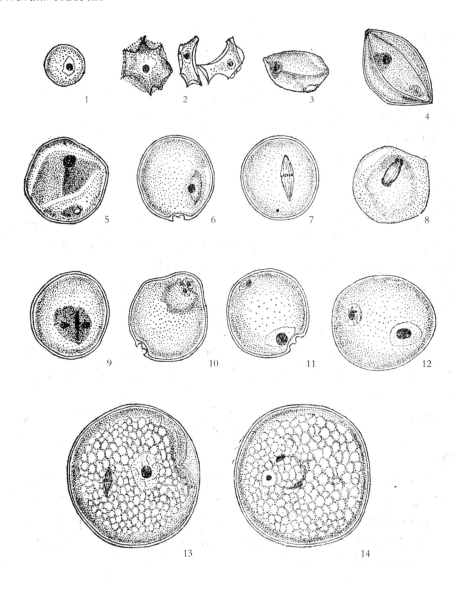

1. 小孢子；2. 第一次收缩期形成萌发孔；3～4. 第二次收缩期呈梭形的花粉粒；
5. 单核花粉粒；6. 单核花粉粒，细胞核向萌发孔对侧移动；7. 花粉粒第一次分裂中期；
8. 花粉粒第一次分裂后期；9. 花粉粒第一次分裂末期；10. 双核花粉期；
11. 双核花粉期营养核移向萌发孔附近两核皆靠壁；12. 双核花粉期两核相互靠近；
13. 花粉粒第二次分裂中期；14. 成熟花粉，二精子呈芝麻点状。

图 3-5　水稻二九南 1 号花粉粒的发育过程（参考湖南师范学院生物系照片，1973）

　　单胞花粉期：圆形的小孢子细胞壁薄，核位于中央，无液泡（图 3-5·1），不久，小孢子
的外周边缘发生皱缩，皱缩加深到最强烈时，细胞呈放射状的多角形，这是第一收缩期（图

3-5·2）。细胞发生强烈收缩后不久，细胞外周开始形成透明的花粉内壁，随后在内壁上出现外壁。在这同时，外壁上出现一个萌发孔，细胞恢复圆形。不久，整个花粉又"皱缩"呈梭形或船形，这是第二收缩期（图 3-5·3，4）。两次收缩期都是花粉壁形成的开始时期，由于花粉壁的不均匀生长而造成皱缩现象，随后花粉粒又恢复圆形，花粉增大，细胞中央被一个大液泡占据，细胞质变成很薄的一层紧贴在花粉壁上，细胞核也被挤到花粉粒的一侧。这时期又叫单核靠边期（图 3-5·5，6）。

二胞花粉期：单胞花粉发育到一定时期，细胞核就沿着花粉壁向萌发孔对侧移动，并在该处进行花粉粒的第一次有丝分裂，分裂相中纺锤体的长轴通常是垂直于周壁（图 3-5·7），形成的两个子核，一个紧靠花粉壁，一个在内侧，开始时形态大小相同，不久两核分开，在分开过程中发生形态的分化。由于细胞质的分配不均等，紧靠花粉壁的一个细胞较小，是生殖细胞，它的核称为生殖核。内侧的细胞较大，是营养细胞，它的核称为营养核。它们之间由一层很薄的膜隔开。这时的花粉粒是双胞花粉，小孢子也已转变为雄配子体的初期阶段（图 3-5·8~10）。生殖核呈双凸透镜形，紧贴在花粉壁上，停留在原地不动，营养核则迅速离开生殖核沿花粉壁向萌发孔移动，到达萌发孔附近时，核和核仁都显著增大，这时营养核与生殖核处于遥遥相对的位置，二核皆靠壁（图 3-5·11）。这种状态维持一段时间后，二核间的细胞膜溶解，生殖核与营养核沉浸在同一细胞质中。生殖核开始向营养核靠拢，当它靠近营养核时，营养核也开始向萌发孔的对侧移动，生殖核继续向营养核靠拢，最后二者在萌发孔对侧处靠近。二核在靠近过程中均以变形虫运动方式而移动，故均呈放射状，前进方向一侧的突起往往比其他突起伸得更长。二核靠近后，生殖核即进行有丝分裂（花粉第二次有丝分裂）产生两个子核，称为精子细胞或雄配子（图 3-5·12，13）。

三胞花粉期：生殖核在分裂末期，两个精子细胞开始形成时，精子细胞核近似圆球形，中央有一明显的核仁，外周有不很明显的细胞质。以后精细胞核逐渐变为棒形，两端略尖，细胞质则向两端延伸，一端与营养核相连，另一端则与另一精细胞的延伸细胞质相联结。当花粉进一步成熟时，这种带状联结随之消失，精子核变为芝麻点状（图 3-5·14）。在高倍显微镜下精核中可见一核仁，核腔中散布着许多染色质颗粒。精子细胞发生上述形态变化的同时，营养核的核仁进一步变小，最后变得很小。

在双胞花粉发育的后期，花粉粒中开始形成淀粉粒，整个花粉粒中充满淀粉粒时，花粉即已成熟。

综上所述，花药和花粉的发育过程可用下列简图示意。

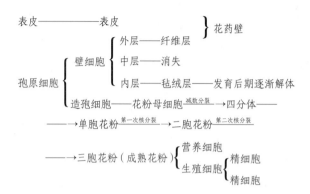

（4）花粉发育进程与稻穗发育的关系。花粉发育的进程与稻穗发育时期有一定的相关性。剑叶叶环从剑叶下第一叶叶环抽出的前后，是减数分裂过渡到单核期的阶段，前者低于后者约 3 cm 时较多的颖花正处于减数分裂期。稻穗顶端接近剑叶下第一叶环时，是单核期过渡到双核期阶段，即主轴上部颖花已是双核期，其余是单核期。稻穗顶端接近剑叶叶环时，是双核期到三核期的过渡阶段，即主轴上的颖花是三核期而其余是双核期。当稻穗从剑叶叶鞘中逐步抽出时，中下部的颖花陆续进入三核期，抽出部分的颖花花粉即达成熟。

上述指标会因品种不同、主穗或分蘖穗的不同而有所变化。例如高秆品种幼穗减数分裂期的剑叶叶环在剑叶下第一叶叶环的位置大于 3 cm，相反有些矮秆品种则可能小于 3 cm。因此根据稻穗发育时期的不同指标，可分别采集减数分裂、单核期、双核期和三核期等不同发育阶段的稻穗，进行花粉制片。采集时间以早上 6：00—7：00 和下午 16：30—17：30 最好。这两个时期都是减数分裂的高峰期，其中下午 16：30—17：30 采集的材料，又是两次花粉有丝分裂较活跃的时刻。

（二）雄性不育水稻的花粉败育特征

雄性不育水稻的花粉败育途径是错综复杂的，而最重要的区别是花粉发育到什么阶段走向败育。水稻花粉的发育一般可分为四个时期：造孢细胞增殖到减数分裂期；单胞花粉期；双胞花粉期和三胞花粉期。因此水稻花粉的败育也可相应地分为四种类型：①无花粉型（单胞花粉形成之前败育）；②单核败育型；③双核败育型；④三核败育型。

1977 年，中国科学院遗传研究所从各种类型的水稻雄性不育系中，选择出 13 个不同质源的 17 个不育系进行花粉发育的观察比较，结果如表 3-2。

表 3-2　各类型不育系花粉主要败育阶段（中国科学院遗传研究所，1977）

类型和系	单核	二核	三核	淀粉
BT 型台中 65A	−	−	++++	有积累 ++
BT 型白金 A	−	−	++++	有积累 ++
里德型台中 65A			++++	有积累 ++
羊野型三七早 A		+	+++	有积累 ++
野败型广选三号 A		++	++	有积累 ++
滇一型黎明 A		+++	+	有积累 ++
滇二型黎明 A	+	++	+	+
井型南台粳 A	+	+++	−	+
冈型二九矮 A	++	++	−	−
红野型莲塘早 A	++	++	−	+
海野型广选 3 号 A	+	++	+	+
野败型二九矮 A	+++	+	−	−
藤野型二九青 A	+++	+	−	−
南型新西兰 A	++++	−	−	−
南型国庆 20A	++++	−	−	−
神型农垦 8 号 A	++++	−	−	−
冈型朝阳 1 号 A	++++	−	−	−

注："+" 表示多少，"−" 表示无。

从表 3-2 可见，不同的不育系花粉败育时期是不同的，有的类型花粉败育时期较集中，有的类型花粉败育时期则较分散，如海野型广选 3 号 A。三个不同时期都出现败育，但它总是以某一时期败育为主。早期败育的花粉不含淀粉粒，晚期败育（二核晚期以后）的花粉含有不同数量的淀粉粒。

水稻花粉败育的四种类型的主要细胞学特征如下：

1. 无花粉型

湖南师范学院生物系陈梅生等（1972），对南广占系 C35171、南陆矮系 D31134、68-899 系三个籼无和京引 63 系粳无的不育株等四种无花粉型不育材料进行了观察，发现无花粉型不育株的花粉败育大致可分为三种情况。

（1）造孢细胞发育异常。造孢细胞不发育成正常的花粉母细胞，而是以无丝分裂方式不断增殖。这种无丝分裂是以核仁出芽来完成的。核仁出芽后很快长大，当它长大到和母核仁差不多大小时就分离形成两个新核，然后在两核之间产生横隔形成两个细胞。当颖花伸长至2~5 mm 时，这些细胞最初以刀削似的分裂方式逐渐形成许多极不规则且大小不一的片形小细胞，以后逐渐变长，最后变为细丝状而走向解体（图 3-6 · 1~3）。到颖花伸长至 6 mm 时，药囊中已空无一物，只剩下一包液体。这种情况均见于所观察的各品系，以京引 63 不育株最常见。

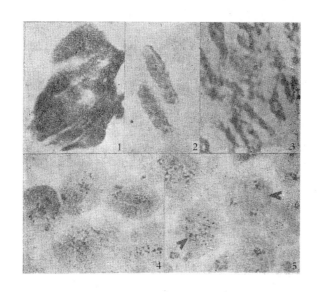

1~3.C 系统无花粉型在花粉母细胞阶段，以刀削似的分裂方式走向败育；
4~5. 一个"粳无"材料在减数分裂阶段染色体行为极不正常，
大部分染色体不能正常配对，分离极不一致，很难区分中期和后期；
左侧箭头示：染色体不能正常配对，其中只有 3 个二价体，其余都是单价体；
右侧箭头示：染色体作三极分裂。
图 3-6　水稻无花粉型的花粉败育（湖南师范学院生物系，1973）

（2）花粉母细胞发育异常。造孢细胞发育成花粉母细胞，似乎能进行减数分裂，但花粉母细胞的大小极不一致，形状也各异，以圆形和长形较普遍。这些细胞在减数第一次分裂时，没有典型的前期变化，染色体的形状很不规则。由于这种异常现象，一部分细胞难以区分中期和后期（图 3-6 · 4，5）。当它们进入末期形成二分体时，也不像正常的分裂，而是二分体的两个半月形细胞两端连在一起，不形成四分体，在两次分裂以后仍继续不断进行有丝分裂，细胞愈来愈小，最后走向消失。这种情况均可见于所观察的各品系，而京引 63 不育株较普遍。

（3）四分体以后发育异常。上面提到的大小不一、形状各异的花粉母细胞，有的能通过减数分裂形成四分体。但这些四分体发育成四分孢子时，有些又以核仁出芽的方式进行无丝分裂，形成许多大小不一的细胞，以后逐渐消失。另一些四分孢子可进入第一收缩期和第二收缩期。进入第二收缩期后，细胞就一直保持皱缩状态，细胞内的原生质逐渐消失，并进一步皱缩成大小不一、形状各异的残余花粉壁。这种情况以南陆矮和南广占不育株最多。

以上三种情况都不能形成正常的小孢子，不能形成花粉。因而这种败育类型称为无花粉型。

2. 单核败育型

单核败育型的不育系以野败型不育系最普遍，一般多在单核期走向败育。湖南师范学院生物系（1973，1977）先后对水稻野败原始株，野败型二九南1号等不育系低世代（B_1F_1-B_3F_1）和高世代（$B_{15}F_1$-$B_{17}F_1$）材料的观察结果表明，野败原始株较明显的异常现象是：减数第一次分裂时，终变期个别细胞中有一对染色体不能形成二价体，而是分别与另两个二价体形成三价体（图3-7·3）；个别细胞的两个双价体结合在一起形成一个四价体（图3-7·4）；较多的细胞在减数第二次分裂中期不能形成正常的核板，而是排列松散，参差不齐（图3-7·1）；进入后期Ⅰ时有一对同源染色体先行或落后（图3-7·2）；减数第二次分裂时，常见的是二分体的两个分裂相不平行，有时相互垂直，因而形成"丁"字形四分体（图3-7·5，7），有时互相横排成一直线，形成"一"字形四分体（图3-7·6，8）。

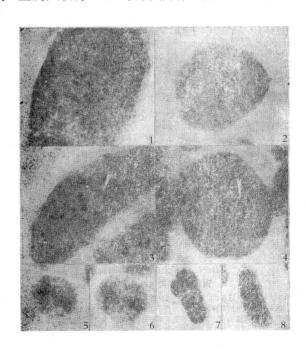

1. 二价体在中期Ⅰ不能形成整齐的核板；
2. 进入后期Ⅰ有一对染色体先行；
3. 配对不正常，箭头所示为两个三价体；
4. 配对不正常，箭头所示可能是两个二价体所形成的四价体；
5～6. 减数第二次分裂不平行，两个纺锤体呈垂直状和一字形；
7～8. "T"字形四分体和"一"字形四分体。

图3-7　水稻"野败"不育株的花粉发育早期染色体异常行为

（湖南师范学院生物系，1973）

野败型不育系低世代的材料则有较多的早期败育现象，即减数分裂异常。但到 B_3F_1 时这种异常现象已大大减少，大多数幼穗的减数分裂趋于正常，常见的是中期 I 进入后期 I 时，有一对同源染色体表现先行或落后（图 3-7·2）；也有个别幼穗的颖花有较多异常现象。例如，个别同源染色体不能正常配对，中期 I 染色体不能排列成整齐的核板，减数第二次分裂不平行，因而形成"丁"字形四分体或"一"字形四分体（图 3-7·7，8）。但大多数花粉是在单核期走向败育，只有个别花粉进入双核期后走向败育（图 3-8·4）。到高世代以后，花粉败育方式更稳定地表现为单核败育型。有的是在第二收缩期结束、花粉粒变圆后走向败育；有的则在皱缩形的时候就走向败育。原生质退化的方式有三种：第一种是核仁先分裂成两个或多个，然后移向核的边缘，这时核膜溶解，核物质分散。最后，全部原生质成为大小不等的颗粒，分散在整个花粉粒中；第二种是整个原生质皱缩成一团，细胞核被包裹在中间，以后核膜溶解，然后核仁溶解，最后全部原生质消失；第三种是细胞核紧贴在花粉壁上，先是核膜溶解，然后核物质逐渐消失，核仁逐渐变小，核仁的着色能力逐渐减弱，紧贴于花粉壁上的一圈原生质愈变愈薄，最后全部消失。原生质退化的结果是形成空壳的花粉（图 3-8·1~3）。

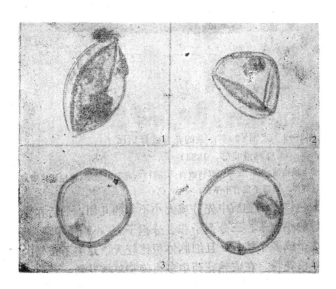

1~3. 单胞花粉粒阶段的不同时期走向败育的败育花粉粒；

4. 双胞花粉粒阶段走向败育的败育花粉粒。

图 3-8　水稻二九南 1 号不育系 B_8F_1 的败育花粉粒

（湖南师范学院生物系，1973）

湖南师范学院生物系蒋继良等（1981）对转育后生产上广泛应用多年的V20不育系作细胞学观察，结果发现它的绝大多数花粉已推迟到二核期败育，花粉粒皱缩，核膜解体，胞质与核质混合结成团块，有的花粉粒细胞质颗粒化（图3-9），单核期败育的花粉仅占26%，到三核时败育的花粉仍达96.2%，只有3.8%的花粉发育成熟。但湖南师范学院生物系饶应森等（1983年），观察其花培后代的花粉败育时，发现仍然是在单核晚期败育。单核期败育花粉占96.7%，到三核期败育花粉达99.0%。

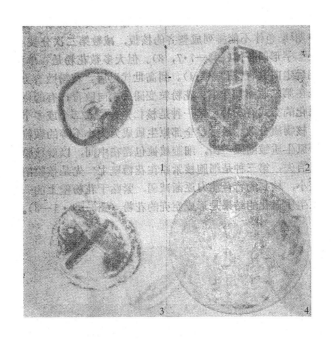

　1. 单核败育的花粉粒，核膜解体，原生质浓缩成团；

　2～3. 双核败育的花粉粒，花粉壁皱缩，原生质浓缩成团或颗粒化；

　4. 三核败育的花粉粒，营养核开始解体，两精子发育不平衡，一大一小。

图3-9　水稻V20不育系的花粉败育情况（蒋继良等，1981）

中山大学生物系遗传组（1976）对水稻野败型的二九矮4号、珍汕97、广选3号等不育系的观察结果表明，花粉母细胞的减数分裂过程绝大多数正常，仅二九矮4号有少数细胞出现异常现象，末期Ⅱ出现多极纺锤丝，染色体分成不均等的四群；二分体和四分体时期，子细胞之间不能形成完整的细胞壁，细胞不能进行正常分裂，有细胞壁的部分隔开，无细胞壁的部分则互相粘连着，使子细胞之间形成"O"形、"×"形或"T"形等间隙或形成凹字形。四分体时期，部分细胞有无丝分裂和不均等的有丝分裂，无丝分裂是由核仁出芽生殖或碎裂成多个子核仁，然后每个子核仁形成新细胞核，最后子核之间形成细胞壁。不均等的有丝分裂多发生在分裂前期，丝状染色体在细胞质中先分成大小不等的几团，然后在染色体之间产生细胞壁。由此形成大小不等的小孢子、三分孢子和多分孢子。在小孢子中察看到有双核的、多核的。在一个核中可看到 2 个或多个核仁，且细胞体积比较大，这类不正常的小孢子只有一部分能发育成大小不等的单核花粉。在成熟花药中多为晚期单核花粉，细胞内含物空缺，有些核膜不清楚，均为败育花粉。珍汕 97 不育系的减数分裂和小孢子发育正常，在单核后期，花粉在花药囊中粘连成几个团块，无法将花粉从药囊中压散，用针将花药解离后，发现大多数花粉与毡绒层细胞粘连在一起，或几个、十几个花粉互相黏成一块。在黏合处可见花粉孢壁（包括内外壁）崩缺或退化，没有黏合的细胞壁部分，则可见较厚的内外壁。少数从花药囊中压散出来的单个花粉，其细胞壁多残缺不全或变薄，发芽孔也变得模糊。这些黏合或不黏合的单核花粉绝大多数内容物空缺；少数可见退化的小核和核仁，核膜部分崩缺，个别花粉细胞质凝集成染色特别深的大小团块。广选 3 号不育系的败育现象是，少数小孢子的胞质液泡化，绝大多数停留在单核花粉阶段，少数为双核。二者细胞质均稀薄，多数花粉的内部呈透明状，少数有核，但核仁变小或完全退化，尚可见发芽孔。

单核败育型的花粉，主要是在单核花粉期绝大多数就已走向败育，但不排除少数花粉在单核期以前就已败育或少数花粉可发育至二核或三核期，但最后亦走向败育。单核晚期的花粉粒已是一个典型的圆形花粉形态，而败育花粉则呈各种不规则的形态。因此，单核败育型俗称为"典败型"花粉败育。

3. 二核败育型

红莲型不育系可作为这种败育型的代表。据武汉大学遗传研究室（1973）对红芒野稻 ×莲塘早的五个世代（B_2F_1—B_7F_1）的花粉所做细胞学观察，败育花粉多数为圆形，少数为不规则形，碘反应有 98.2% 的花粉不显蓝色。主要是在单核晚期走向败育，少数在花粉母细胞形成以前或小孢子发育过程中解体，个别花粉能进入双核期，最后走向败育。减数分裂过程中的异常现象是，花粉母细胞空泡化；部分花粉母细胞之间无明显细胞壁；细胞核相连形成原生质团块，两个或三个细胞中的核仁相连成不规则形；有的出现多核仁等现象。前期 I 染色体配对不正常，有两个至多个染色体不整齐地排列在赤道板上；后期 I 到末期 I 常观察到落后染色体，二分体中可见核外小核，因而产生各种异常的四分体，产生的花粉粒也大小很不一致。单核期的花粉、花粉壁很薄，皱缩成各种形状。有的花粉中的原生质收缩，核膜消失，核物质渗入细胞质中并浓缩成团，类似质壁分离，随后原生质退化，成为一个空壳花粉。有的花粉粒的核物质和胞质由浓变稀成为网状而崩解，最后也形成空壳花粉。

　　蒋继良等（1981）对红莲不育系 $B_{26}F_1$ 花粉败育过程的观察，发现其花粉败育主要是在双核期（80.3%），单核期败育的花粉仅占12.8%。双核花粉败育的方式是核仁变形（图3-10·1），随后核溶解，二核相连，核物质散布于细胞质中结成不规则团块，最后消失。有的核仁出芽生殖，形成许多小核仁，核膜溶解，核物质散布于细胞质中，并逐渐收缩，最后消失（图3-10·2~3）；有的生殖核先解体，营养核变形后核膜溶解而走向败育，其结果是形成圆形的空壳花粉。

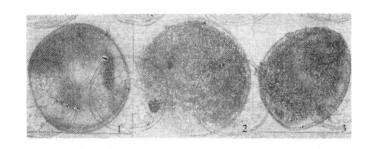

1. 双胞花粉中的营养核变形；　2. 双胞花粉中一核仁出芽生殖；
3. 双胞花粉核仁碎裂后核膜解体，核物质散布于细胞质中。

图3-10　水稻红莲不育系 $B_{26}F_1$ 的花粉败育（蒋继良等，1981）

　　徐树华（1980）对由红莲型不育系转育而来的华矮15不育系 B_1F_1、B_9F_1 的花粉做了细胞学观察，发现大部分花粉是在二核期败育的。败育方式主要是生殖核首先解体，核四周出现许多染色质并形成染色质团块，接着营养核也解体，同样产生染色质团块，这些团块逐渐被吸收、消失，同时细胞质也解体，最后只剩一个具萌发孔的圆形空壳花粉。有些花粉到二核期以后，生殖核临近分裂时，才出现上述败育方式。据徐树华测定，红莲华矮15不育系含淀粉的比例占40.8%，说明它是二核期以后败育的。由于二核期败育的花粉呈圆形，因此又俗称为"圆败型"花粉败育。这种败育型可能有一部分花粉在双核晚期才走向败育，因而积累了淀粉，可被I-KI溶液着色而属染败花粉。

　　据李启任等（1977）的观察，滇型台中31不育系是染败型，是在双核晚期走向败育的。花粉发育从减数分裂到单核花粉有少数异常现象，双核期花粉明显可见双核，但到后期却不见生殖核再分裂，反而逐渐解体；有的尚可见营养核，有的营养核则逐渐模糊，内含物未见明显聚集。花粉"完熟"将要开花时，不仅不见三核花粉，花粉基本上无明显的核结构，花粉内充满"小液泡"，有相当数量的花粉大小不一（图3-11）。

176

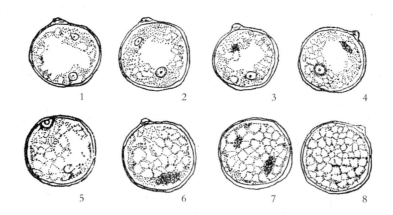

1~2. 二胞花粉；3~4. 营养核解体；5. 生殖核变小；
6~7. 生殖核也开始解体，胞质液泡化；
8. 成熟花粉只见胞质液泡化。

图 3-11　水稻滇型（台中 31）不育系花粉败育情况（李启任等，1977）

4. 三核败育型

三核败育型的花粉，主要是在二核期以后、三核初期走向败育的。由于花粉粒此时已积累了较多淀粉，以碘－碘化钾溶液染色易着色。故又俗称"染败型"花粉败育。实际上染败花粉包括从双核晚期至三核期的败育花粉。包台不育系（BT 型）可作为三核败育型的代表。据中山大学生物系遗传组（1976）对包台型台中 65 不育系的观察，其花粉母细胞在减数分裂至三核花粉各个时期，绝大多数花粉外观发育正常。与保持系各期比较无明显异常，只有极少数细胞在双核期和三核期时生殖核的核仁变小，在三核期有些营养核退化，核仁变小，核膜消失；也有极少数小粒花粉，其体积比正常花粉小 2/3。蒋继良等（1981）对由包台不育系转育而来的农进 2 号不育系和辐育 1 号不育系观察的结果表明，花粉发育至双核后期时，正常花粉仍有 88% 和 93% 进入三核期，可见二者均属三核期败育。在农进 2 号不育系，发现生殖核分裂的后期有许多染色质颗粒抛出的现象（图 3-12·1~3）。抛出的染色质颗粒都很小，随后消失，与正常分裂之比为 39：59，保持系中则很少见。在辐育 1 号不育系，发现二核后期花粉有不少营养核与生殖核的核仁等大（图 3-12·4）。有的花粉粒生殖核的核仁出芽生殖后产生许多小核仁，散布于细胞质中，最后走向解体（图 3-12·5）。有的进入三核期的营养核具两个等大核仁，有的核仁且出芽生殖（图 3-12·6）。生殖核分裂形成的精子有的大小悬殊。这些现象在保持系中均极少见。

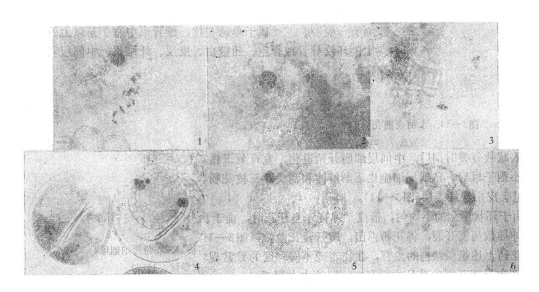

1. 农进不育系生殖核的 12 条染色体；2. 农进不育系生殖核分裂中期；
3. 农进不育系生殖核分裂后期染色质颗粒抛出的现象；
4. 辐育不育系二核后期的花粉粒，左侧花粉粒示营养核与生殖核等大，
右侧花粉粒示生殖核核仁分裂为四个小核仁；
5. 辐育不育系生殖核核仁碎裂后散布于细胞质中；
6. 辐育不育系具两生殖核两营养核（其中一个正出芽生殖）的花粉粒。
图 3-12　水稻三核败育型的花粉败育（蒋继良等，1981）

　　水稻雄性不育花粉实际存在的败育时期和败育方式，可能比以上所描述的情况要复杂得多。不仅是不同类型的不育系，还是同质异核或同核异质的不育系，它们的花粉败育时期和方式会有差异。即使是同一品种的不同回交世代，受不同植株、不同的颖花之间以及不同环境条件的影响，也可能存在某种差异，因而同一材料可能出现观察结果不完全一致的情况，解决的办法是尽量采用育性确已稳定的高世代材料；注意实验材料的代表性和环境因素的影响；对一定的观察数量进行统计分析，并作多代重复。

　　必须指出，"典败""圆败"这两个概念是在 20 世纪 70 年代初期水稻雄性不育研究过程中在花粉镜检时提出来的，当时认为外形皱缩的败育花粉是典型的败育花粉；相应地把外形没有发生皱缩的圆形花粉称为圆败。后来又提出"染败"这个概念，是指败育花粉含有淀粉，因而能被碘－碘化钾溶液染色。以后随着细胞学研究的深入，人们认识到"典败"花粉是在单核期走向败育的；"圆败"花粉是在单核后期和双核期走向败育的；而"染败"花粉是在双核后期

和三核期走向败育的，因为双核后期已开始积累了淀粉。由于习惯成自然，上述三个概念一直沿用下来，若深入到花粉的内部结构来研究其败育时期和败育方式，则用"单核败育""双核败育""三核败育"的概念才能更确切地反映其花粉败育的细胞学机制。

我国对水稻雄性不育的花粉败育过程的细胞学研究始于1971年，随着三系选育工作的进展，各地也开展了大量的细胞形态学的研究，内容包括雄性不育的花粉败育过程，毡绒层的发育与花粉败育的关系，花丝和药隔维管束的发育与花粉败育的关系，不育系花药开裂结构的比较研究等。我国不仅开展了显微结构的研究，还初步开展了亚显微结构的研究。这些研究都将为揭示水稻雄性不育的遗传机制提供宝贵的资料。

（1）目前育成的不育系都是花粉败育型的，它们均可分别归属单核、双核、三核败育类型。这三种类型与不育系在恢保特性以及孢子体不育和配子体不育方面的遗传特点存在相关性。湖南省杂交水稻科研协作组（1978）按不育系的恢、保特性，把不同质源的各种不育系划分为三种类型：野败型、红莲型、包台型。它们与花粉败育的三种类型基本上相对应：野败型——单核败育；红莲型——双核败育；包台型——三核败育。按质核互作雄性不育的遗传特点，可分为孢子体不育和配子体不育。与花粉败育阶段的对应关系是：孢子体不育——单核败育；配子体不育——双核败育和三核败育。

（2）已育成的稳定的不育系，其花粉败育途径与杂交亲本亲缘关系的远近有关。亲缘关系远，败育阶段偏早；亲缘关系近，败育阶段偏迟。例如二九南1号和71-72主要属于矮脚南特系统，珍汕97和V20则属于矮子占系统。矮脚南特起源于我国长江流域，生态类型与野败差异较大；矮子占来源于东南亚地区，生态类型与野败比较相近。可能是由于这个原因，二九南1号这类不育系的花粉败育阶段偏早，而珍汕97这类不育系则偏迟。籼粳间的亲缘关系比野栽间的亲缘关系近，因此籼粳交的不育系大多数是在双核期和三核期走向败育。

（三）水稻雄性不育的组织结构

水稻正常发育的花药共有四药室，以药隔维管束为中心左右对称各有二室，两药室间各有一裂口，裂口下面有一裂腔。花丝属于单脉花丝，维管束中有一条以上的环纹导管，药隔部分则常有两条以上的环纹导管或管胞。药壁由表皮层、纤维层、中间层和毡绒层四层细胞组成（图3-13）。

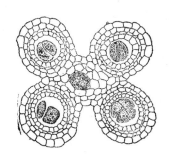

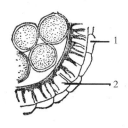

1. 表皮；2. 纤维层。

图 3-13　水稻花药横切，花粉母细胞形成（江苏农学院，1977）　　图 3-14　水稻成熟花药壁的结构

花粉母细胞进入减数分裂时期后，中间层细胞开始退化，发育至三核花粉期，中间层细胞已难辨认。单核小孢子出现以后，毡绒层细胞也逐渐解体和消失，三核花粉期毡绒层已全部解体，药壁细胞只可见表皮层和纤维层（图 3-14）。

纤维层细胞壁由于环状增生的不均匀，形成"弹簧"。当开花时，由于药壁细胞失水外壁收缩，弹丝向外伸进而导致药壁开裂，将花粉弹出，即行开花散粉（图 3-15）。

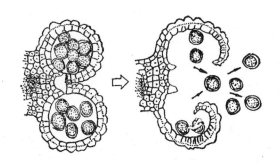

图 3-15　水稻花药的开裂与散粉
（星川清亲，1975）

水稻雄性不育花药上述组织结构的发育，往往表现不同程度的异常现象，这些异常现象与不育系的花粉败育和花药开裂的难易方面存在一定的内在联系。

（1）毡绒层的发育与花粉败育的关系。一般认为，毡绒层是花粉的哺育组织，其功能有：①分解胼胝质酶以控制小孢子母细胞及小孢子的胼胝质壁的合成与分解；②提供构成花粉外壁的孢粉素；③提供构成成熟花粉粒外被的保护性色素（类胡萝卜素）和脂类物质；④提供外壁蛋白——孢子体控制的识别蛋白；⑤转运营养物质，保证小孢子发生时的需要；毡绒层解体后的降解物可作为花粉合成DNA、RNA、蛋白质和淀粉的原料。因此毡绒层的异常发育，被认为是水稻雄性不育各种类型花粉败育的诱因。

湖南师范学院生物系（1975）观察野败二九南1号等不育系，发现单胞期的花粉都向毡绒层靠拢，药囊中央形成一个大液泡，毡绒层的核物质向细胞质中扩散，但毡绒层在花粉退化时也同时消失。广西师范学院生物系（1975），在广选3号不育系中，发现花粉发育至三核阶段，毡绒层细胞仍未解体，核仁还存在，造成花粉发育停留在某一阶段而败育。徐树华在红莲华矮15不育系中，发现毡绒层细胞增生，形成毡绒层周缘质团。这种畸形增生，把花粉母细胞推向药室中央，造成整个药室中的花粉母细胞解体。在野败华矮15不育系中，有些花药在花粉发育至单核花粉时期，由于表皮层和纤维层细胞突然发生畸形的径向扩大，从而破坏了毡绒层，把细胞推向药室中央，造成毡绒层迅速解体和消失，导致花粉败育。潘坤清（1979）在野败型二九矮、二九南等不育系中，发现单核花粉期由于中间层细胞液泡化而增大，使毡绒层细胞在短时间内迅速破坏消失，导致花粉败育。石蜡切片中可见中间层细胞开始沿花药的径向厚度增大并液泡化，将毡绒层细胞推向中央。此时毡绒层细胞质内出现许多液泡，细胞质明显变淡，染色极浅（图3-16·2）。随后，中间层细胞不断液泡化并增大。与此同时，毡绒层细胞迅即破坏消失。药室内的单核花粉亦趋于败育，花粉均处于解体状态（图3-16·1，4）。之后，花粉仅剩下一空壳以致压扁，上述过程可在同一颖花的不同雄蕊中看到其连续性，有时也可见在同一雄蕊不同药室中，有的药室和花粉发育尚属正常，有的却呈上述异常发育状态（图3-16·1）。自单核花粉后期开始液泡化并增大的中间层细胞，到双核花粉期（花粉已败育，未能进入双核期）已全部液泡化并增大。随着花药的生长，中间层细胞相应增大，但细胞的径向厚度则不再增大，而趋于萎缩状，在横切面上由原来的近似正方形而变为狭长形，线状弯曲形的细胞核依然可见。此时，可以较明显地看到在中间层细胞外的次生毡绒壁（图3-16·3）。

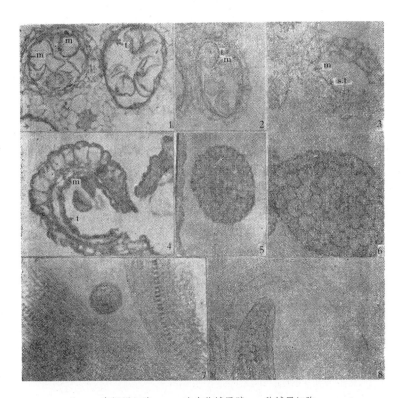

m. 中间层细胞；s，t. 次生毡绒层壁；t: 毡绒层细胞。

1. 二九矮不育系药室（右）单核花粉发育正常，中间层细胞正常，毡绒层细胞解体正常；药室（左）单核花粉趋于败育，细胞质、细胞核已解体，中间层细胞液泡化增大，毡绒层细胞已破坏消失。

2. 二九矮不育系单核花粉期。中间层细胞开始液泡化并增大，同时，毡绒层细胞亦开始液泡化，细胞质内出现许多液泡，细胞质明显变淡，染色极浅。

3. 二九矮不育系，双核花粉期的中间层细胞。

4. 二九南不育系，单核花粉期，中间层细胞开始液泡化并增大，细胞核呈线状弯曲形。毡绒层细胞亦液泡化，并被推往中央，正迅速破坏中。

5. 珍珠矮花丝横切面上的导管。

6. 野败 × 珍珠矮不育系花丝横切面上的导管。

7. 珍珠矮花丝中的导管。

8.（野败 × 二九南 A）B₂ F₁ 花粉 50% 败育者，花丝中的导管断续不相连。

图 3-16　水稻不育系花药组织与雄蕊花丝结构（潘坤清，1979）

潘坤清等（1981）在观察 424 不育材料（自然突变材料）、131 不育材料（非洲品种 444 中选育出的不育系）时，发现在单核花粉早期，毡绒层细胞外出现明显的一层由特大球状体（0.8～0.9 μm）紧密排列所组成的球状体膜（图 3-17·2，4）。而正常水稻的球状体仅 0.3 μm 左右。光学显微镜下只能观察到毡绒层细胞内切面质膜呈微波状，且仅在单核期短暂存在（图 3-17·1，3）。球状体富含孢粉素，是小孢子形成花粉壁的主要物质来源。424 不育材料和 131 不育材料由于毡绒层解体过程中出现了异常的球状体，未能为小孢子形成花粉外壁所利用，致使小孢子始终保持单壁状不能形成花粉外壁。细胞其他部分，至双核期亦停止发育，导致花粉败育。未被利用的球状体物质并不消失，而是紧贴在毡绒层细胞质膜上，最后沉积在液泡化增大的中间层细胞外面，成为一特别增厚的次生毡绒壁层（图3-17·5，6）。

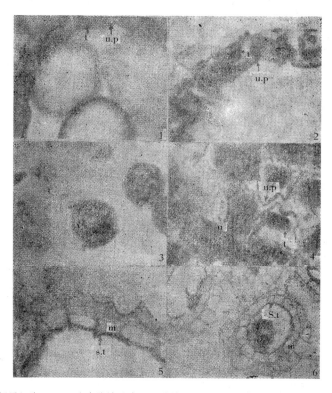

m. 中间层细胞；   s, t. 次生毡绒层壁；   t. 毡绒层细胞；   u. 球状体；   u, p. 球状体膜
1. 正常可育水稻单核花粉期的球状体膜。
2. 424 不育系单核花粉期石蜡切片上的球状体膜与毡绒层细胞的关系。
3. 正常可育水稻单核花粉期压片上的毡绒层细胞外无球状体膜。
4. 131 不育系单核花粉期压片上的球状体、球状体膜及其与毡绒层细胞的关系。
5. 424 不育系中间层细胞液泡化增大，上面紧贴着一层增厚了的次生毡绒层壁层。
6. 131 不育系开花前的花药横切面，中间层细胞厚度达 12～14 μm，上面紧贴着一层次生毡绒壁层。

图 3-17   水稻不育系的球状体膜与毡绒层的关系（潘坤清等，1981）

上述观察结果均说明花粉败育与毡绒层的异常发育有关；而中间层的异常发育则导致毡绒层的迅速解体和消失。

（2）花丝和药隔维管束的发育与花粉败育的关系。水稻雄蕊的花丝和药隔维管束是吸收水分和运输养料到药室的通道，供应花粉发育所需的营养物质，对花粉的发育起着重要作用。

潘坤清（1979）对普通野生稻败育型（野败）、无花粉型（野无）、野败型珍珠矮、二九南1号、二九矮4号、泸双101等不育系及其保持系品种的花丝组织进行比较观察。发现野败和野无的花丝组织中，导管完全退化（图3-16·6）。在野败型不育系的花丝中导管退化的程度与回交代数有关。回交代数高，退化程度就高。一般 B_1F_1 即开始退化，常在花丝中段先退化。B_2F_1 在半数以上的导管退化至 B_3F_1 时大部分都退化了。花丝的退化程度与该雄蕊药室中可育和败育花粉的比例呈正相关。如二九南不育系 B_2F_1 的部分雄蕊，药室中花粉百分之百不育者，花丝中看不到发育完全的导管；50%不育者，花丝中导管断续不相连，有的部分有两条，有的部分只一条，有的则完全没有，有的仅在药隔基部有一小段导管（图3-16·8）；20%不育者，花丝中导管发育基本正常，或略呈退化状态。

徐树华（1980，1984）在红莲华矮15不育系中，发现有的颖花相邻的花丝在基部发生合并的现象，花丝的合并有二联型和三联型。在颖花护颖、内外颖、鳞被、子房、柱头等组织中的输导组织与保持系相比，未见明显差异。不育系花丝部分的输导组织发育无明显的异常现象。但野败型与红莲型水稻雄性不育系在花丝维管束的发育方面存在差异。二者均保留着原始母本花丝维管束的性状，前者花丝维管束极度退化，后者则比较发达。红莲华矮15不育系和保持系输导组织的差异，主要表现在药隔维管束部分。在保持系的整体压片中，可见药隔维管束一般有2条环纹导管，环纹的间距约 $1.4\,\mu m$，纹理清晰，排列致密；药隔上部输导组织分化成 $4\sim6$ 条较粗的导管，然后通过管胞伸展到药壁中。导管分化良好，管壁粗细均匀，排列整齐，组成导管的细胞衔接紧凑，互相靠拢成为通道。在石蜡切片中，可见整个维管束粗细均匀、分化良好，维管束鞘是由分化良好的柱状细胞所组成，韧皮部及鞘内薄壁细胞的内含物丰富，木质部位维管束中央的环纹导管纹理清晰、彼此贯通，维管束的药隔薄壁细胞体积较大，界线清楚，有规则地排列在其四周。在不育系的整体压片中，则可见花粉败育前，药隔维管束普遍发生导管发育不良，环纹间距明显扩大至 $4\,\mu m$ 左右，纹理排列稀疏、破碎、零乱。药隔的中部常只有1条发育不良、分化受阻的导管；药隔上部，导管的数目、宽度以及环纹间距也存在明显差异，输入药壁的管状细胞的分化也差些。导管伸展异常，管壁细胞受到破坏或严重破坏，不能正常加粗和增厚，原有导管的纹理被拉开，管腔被破坏，管状细胞的连接处则互相脱节，彼此分离，导管发育纤细，时粗时细，断断续续，连接疏松，排列无一定规律。有些区段常发生突然束窄及排列零乱，造成运输中断或机能下降。在石蜡切片中则可见维管束发育不全和分化不良，较保持系纤细些，有的表现出结构模糊不清及发育粗细不匀。韧皮部及鞘内薄壁细胞发育较差，常发生细胞破损、皱缩及界线模糊。木质部导管发育不均匀，部分区段缺失及中断，导管细胞衔接不好，环纹纹理稀疏，部分细胞管壁破损，维管束周围的薄壁细胞界线不清，呈现皱缩、零乱。野败华矮15的药隔维管束发育不全的现象极为常见和严重。薄壁细胞排列紊乱程度也更严重，在切片上可见维管束退化或极度退化，有的甚至发生缺失或中断，在发育异常的区段可观察到败育或正在败育的花粉。湖南师范学院生物系（1975）对野败型二九南1号、湘矮早4号、玻璃占矮等不育系及其保持系的药隔维管束作了比较观察，保持系的维管束发达，占药隔很大的面积，分化良好，有2~3束管胞，每束有2~4个细胞，散列在筛细胞中，维管束鞘细胞较小。而不育系的维管束欠发达，只有一束管胞含有2~3个细胞，它周围也只有2~3层筛细胞，但维管束鞘细胞却很大，像通气组织一样。中山大学生物系（1976）观察，野败二九矮和二九南保持系花粉在单核至三核期的维管束分化良好，清楚可见木质部和韧皮部，其薄壁细胞胞质比较丰富，单层的维管束鞘薄壁细胞体积特别大，整齐地排列在维管束的外围。而不育系无论在单核或双核花粉期，药隔维管束的发育较差，表现出细胞皱缩，韧皮部和木质部分化不好，维管束鞘不明显，并且细胞退化，排列紊乱。不育系维管束发育的不良程度与花粉的败育和花药囊的退化程度有关。在花粉败育初期，药囊形状比较圆大，维管束发育不良程度较轻，当药囊皱缩，花粉只留下残迹时，维管束就处于极端退化状态，甚至连细胞的界限都不大清晰。包台型台中65不育系药隔维管束的发育在单核、双核和三核期都比保持系差，主要表现在维管束内及维管束鞘细胞排列不够整齐，但仍可看到韧皮部和木质部，比野败型不育系的维管束发育得好些，其花粉败育也迟些。

上述观察研究表明：水稻各种类型不育系的花丝和药隔维管束，与其保持系比较，都有不同程度的分化不良，造成代谢发生障碍，影响花粉的正常发育，是导致花粉败育的原因之一。

（3）花药开裂结构的发育与不育系的关系。水稻花药能否正常开裂和开裂的良好程度，直接影响其传粉受精，影响其结实率。不育系除毡绒层、花丝和药隔维管束的发育有异常现象外，花药开裂结构的发育也存在不同程度的异常情况。

周善滋（1978），潘坤清、何丽卿（1981）等，通过对杂交水稻三系组织结构的比较分析，对水稻花药开裂结构及其开裂机制作了详细的描述。水稻花药进入双核花粉期以后，药隔两侧的两药室间凹陷部位底部表皮细胞下各形成一裂腔，裂腔在裂口处有一层4~6个小型的表皮细胞。相对的一边为药隔组织的薄壁细胞，左右两侧各有1~2个"纤维层薄壁细胞"，它始终保持薄壁状态不纤维化，并在花药开裂前进一步萎缩，使其与已纤维化的纤维层细胞形成悬殊的差别。裂腔周围除药隔面外，其余三面只有一层细胞，甚至是萎缩了的薄壁细胞，是花药组织结构上最脆弱的地方，也是花药开裂的地方（图3-18；图3-20·1）。

裂腔的形成始于花药中段的一侧，而后另一侧形成，由小到大，由中段向花药两端延伸，纵贯花药两侧。在这同时，药壁纤维层细胞开始不断纤维化，细胞壁沿垂直方向产生环状次生增厚条纹，并横向地互相连接，各构成一条和花药纵轴垂直的"弹簧"，两"弹簧"的一端分别和裂腔两侧边相连。环状次生增厚条纹的强度是花药上、下两端的"弹簧"最发达，由两端向中部逐渐减弱，终至中部不产生次生增厚条纹（图 3-19）。在裂口两侧的"弹簧"均极发达，越向背侧越弱。这种结构决定了水稻花药开裂的顺序是从两端先开裂，向中部延伸，直至完全开裂。开颖时，由于药壁失水收缩，纤维细胞先产生竖向的拉力，"弹簧"越强的地方拉力越大，因而花药由上下两端向中部开裂。首先是药室的开裂，随后才是药室间的开裂，药室开裂的地方是裂腔两侧纤维层细胞与"纤维层薄壁细胞"间。而二药室间的开裂，则是裂口处小型表皮细胞间的开裂（图 3-20·2）。

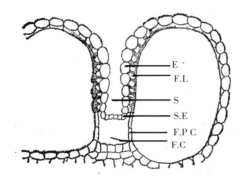

E. 表皮细胞；F.L. 纤维层细胞
S. 裂口；S.E: 裂口小型表皮细胞
F.P.C. 纤维层薄壁细胞；F.C. 裂腔。

图 3-18　水稻花药横切面开裂结构的模式图
（潘坤清等，1981）

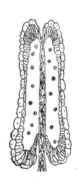

两药室间凹陷部位上的纤维层细胞壁的次生
增厚强度，由花药上下两端向中部逐渐减弱，
终至中部不产生次生增厚。

图 3-19　水稻花药纵切面模式图（周善滋，1978）

　　周善滋（1978）对野败型玻璃占矮、南台 13 不育系、BT 型黎明不育系及其保持系的观察，发现玻璃占矮不育系花药的纤维层细胞所形成的"弹簧"不粗壮，常不形成裂腔或仅一侧具有裂腔。而且因"弹簧"的弹力小，都不能将裂腔拉破，花药不能开裂。南台 13 不育系可以形成强劲的"弹簧"，但花药两侧都不能形成裂腔，两药室间结合牢固，"弹簧"的弹力不足以拉破药室，花药不能开裂。黎明不育系可形成强劲的"弹簧"，但花药有的不形成裂腔，有的仅一侧形成裂腔，有的两侧均形成裂腔，故其花药有不开裂、一侧开裂、两侧均开裂等几种情况。可见不同类型的不育系花药开裂与否和开裂难易的情况不是完全相同的。这是药壁发育不正常，使强劲的"弹簧"或裂腔不能形成或不完善所致。潘坤清、何丽卿（1981）通过对野败型二九矮、珍汕 97 不育系及其保持系的花药开裂结构的观察分析，认为不育系花药之所以不开裂或难开裂，与纤维层细胞的纤维化程度关系不大。主要是由于裂口，特别是裂腔没有分化或分化不良（图 3-20·3）。野败型不育系药壁中间层细胞的液泡化增大，在某些雄蕊中直至开花时仍保持一定的肥厚状态，从而增加了花药开裂的难度。这些都是野败型不育系的特

点，在其他非野败型不育系材料中，尚未发现此现象。二九矮不育系多数雄蕊无裂口或分化不良、无裂腔，花药不能开裂（图3-20·4）。珍汕97不育系则常见裂腔分化不良，故花药虽能开裂但较困难（3-20·5）。

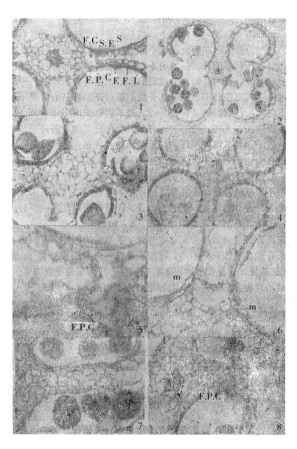

E. 表皮细胞；F.C. 裂腔，药室开裂处；F.L. 纤维层细胞；F.P.C. 纤维层薄壁细胞；
S. 裂口；S.E: 裂口小型表皮细胞；m: 中间层细胞。

1. 可育系水稻花药，示正常开裂结构；
2. 可育水域花药的正常开裂，先在纤维层薄壁细胞处断开，而后在小型表皮细胞处断裂；
3. 二九矮不育系花药，裂口分化不完全（箭头指处），无裂腔，亦无小型表皮细胞的分化，花药不能开裂；
4. 二九矮不育系花药，无裂口、裂腔的分化，裂口处细胞杂乱无章（箭头指处），花药不能开裂；
5. 珍汕97不育系花药，有裂口、裂腔的分化，但在裂腔两侧有2~3层细胞，花药不易开裂。
6. 南优2号花药，在裂腔两侧的中间层细胞液泡化，从而增加花药开裂的阻力。
7. 南优2号花药，在裂腔两侧有两层细胞，从而增加花药开裂的阻力。
8. 矮优2号花药，在裂腔两侧的纤维层薄壁细胞，非但不萎缩，而是液泡化增厚，从而增加花药开裂的阻力。

图3-20 水稻花期开裂结构的比较（均为横切面图）（潘坤清等，1981）

不育系花药开裂结构的异常现象在与恢复系杂交的 F_1 中可表现出不同程度的遗传性。如南优2号花药有的在裂腔两侧的中间层细胞液泡化，有的在裂腔两侧有两层细胞（图

3-20·6，7），在矮优 2 号花药中则可见裂腔两侧的纤维层薄壁细胞非但不萎缩，且液泡化增厚（图 3-20·8），这些异常结构都会增加花药开裂的阻力。

二、水稻雄性不育类型及其特征特性

我国水稻雄性不育系的来源广泛，材料丰富。据不完全统计，我国选育的水稻雄性不育系已超过 100 种。它们各具特色，可稳定遗传。科研工作者从不同的研究目的出发，为了研究方便，曾用各种不同的方法进行归纳分类。现介绍几种主要分类方法。

（一）按恢保关系分类

这种分类是以不育系的保持系品种和恢复系品种的差异为依据，目前把它分为野败型、红莲型和 BT 型三类。

（1）野败型。以崖县野生稻花粉败育株为母本，以矮秆早籼二九矮 4 号、珍汕 97、二九南 1 号、71-72、V41 等品种为父本进行核置换育成的野败型雄性不育系，其花粉主要是在单核期走向败育，原产长江流域的矮秆早籼大多数对它有保持能力。各种水稻品种的恢复率和恢复度大小的顺序是：籼大于粳，晚籼大于早籼，迟熟品种大于中熟品种，中熟品种又大于早熟品种，低纬度地区籼稻大于高纬度地区籼稻。东南亚品种皮泰和印尼水田谷以及带有它的血缘的水稻品种，如泰引 1 号、IR24、IR661、IR26、双秋矮 2 号、秋水矮等都是野败型的恢复系。与野败不育系的恢保关系基本相同的有冈型、D 型、矮败型、野栽广选 3 号等不育系。

（2）红莲型。以红芒野稻为母本，以高秆早籼莲塘早为父本进行核置换育成的红莲不育系，花粉败育主要是在二核期。其恢保关系与野败不育系相比有较明显差异。例如，我国长江流域的矮籼品种二九矮 4 号、珍汕 97、金南特 43、玻璃占矮、先锋 1 号、竹莲矮、二九青、温选早、龙紫 1 号等对野败不育系具有保持能力，对红莲不育系则具有恢复力；对野败不育系具有恢复力的泰引 1 号，则对红莲不育系具有良好的保持能力；而 IR24、IR26 等品种表现为半恢复。红莲不育系的恢复面较野败宽但可恢复性较差。田基度辐育 1 号不育系也属此类型。

（3）BT 型。1972 年引进的由日本新城长友用印度春籼和我国台湾粳稻台中 65（父本）籼粳交育成的 BT 型不育系，花粉是在二核晚期或三核期走向败育。粳稻品种绝大部分对它具有保持能力，但恢复系难于寻找。高海拔籼稻和东南亚籼稻品种虽具有恢复能力，但因籼粳亚种间的不亲和性，杂种结实率低，较难应用于生产。故其恢复系的选育较为复杂。我国育成的滇一型、滇三型、里德型不育系以及由 BT 型转育成的黎明、农圭六、秋光等粳稻不育系均属这一类。

（二）按花粉败育时期分类

按花粉败育时期的不同，可分为无花粉型、单核败育型、双核败育型和三核败育型等四种。

（1）无花粉型不育材料。无花粉型的花粉败育是在单核花粉期以前的各个时期走向败育的。造孢细胞发育受阻不能形成花粉母细胞，或花粉母细胞减数分裂异常不能形成四分体，或四分体的发育受阻不能形成花粉粒。其特点是无丝分裂极普遍，败育途径很不整齐，最终导致药囊中无花粉，仅留残余花粉壁。如无花粉型南广占不育株（简称 C 系统）、京引 63 不育株、南陆矮不育株以及江西的"O"型不育材料等属此类型。

（2）单核败育型不育系。花粉主要是在单核期败育，少数发育至双核期的花粉其内容物也不充实，碘 - 碘化钾溶液均不着色，空壳花粉形态很不规则。野败型不育系，冈型不育系，矮败型不育系等属此类型。

（3）二核败育型不育系。这类不育系的花粉发育是绝大部分花粉可以通过单核期，进入双核期以后生殖核和营养核先后解体而走向败育，部分在双核后期败育的花粉可着色。败育花粉绝大部分呈圆形。红莲型、滇一型、田型不育系等都属此类型。

（4）三核败育型不育系。这类不育系的花粉败育时期最迟，大部分花粉要到三核初期以后才败育，绝大多数花粉外部形态正常，积累了淀粉，能被碘 - 碘化钾溶液着色，但生殖核和营养核的发育不正常，导致败育。属于这类不育系的有 BT 型不育系、里德型不育系等。

（三）按细胞质源分类

按细胞质源不同，大致可分为以下四类：

（1）普通野生稻（*Oryza sativa* F.spontanea）质源。以普通野生稻（包括野败）作母本，栽培稻作父本进行核置换育成的不育系，如野败型、红莲型、D 型、矮败型等不育系属这一类型。

（2）非洲光身栽培稻（*Oryza glaberrima*）质源。美国用非洲光身稻作母本与普通栽培粳稻品种杂交，印度用非洲光身稻为母本与普通栽培籼稻品种杂交，回交后代都获得不育率达 100% 的不育材料。湖北省"三系"协作组用光身栽培稻丹博托作母本与早籼华矮 15 杂交，回交后也获得光身华矮 15 不育材料。

（3）籼稻质源。以籼稻为母本、粳稻为父本的核置换和地理远距离或不同生态类型的籼籼间的核置换，属此类型。前者如以籼稻包罗Ⅱ号为母本、粳稻台中 65 为父本进行核置换育成的 BT 型不育系。后者如以西非晚籼冈比亚卡为母本、中国的矮秆籼稻为父本，经过复交和核置换育成的冈型朝阳1号不育系。属这种质源的还有滇一型、滇五型、里德型、印尼水田谷型等不育系。

（4）粳稻质源。以粳稻为母本、籼稻为父本的核置换，如以粳稻〔（科情3号×山兰2号）F_2×台中31〕F_1的高不育株为母本，籼稻台中1号为父本进行核置换育成的滇八型台中1号不育系属此类。但一般认为以粳稻为母本、籼稻作父本的粳籼间杂交，后代很难获得雄性不育株。不同生态类型的粳粳间的核置换，如以云南高原粳稻昭通背子谷为母本、粳稻科情3号为父本进行核置换育成的滇四型科情3号不育系属此类。

（四）按质核互作雄性不育的遗传特点分类

目前在生产上应用的水稻三系配套材料，都属质核互作的雄性不育，根据它的不同遗传特点可分为两大类。

（1）孢子体不育。孢子体雄性不育的花粉育性是受孢子体（产生花粉的植株）的基因型所控制，与花粉（配子体）本身的基因无关。花粉败育发生在孢子体阶段。当孢子体的基因型为$S(rr)$时，全部花粉败育；基因型为$N(RR)$或$S(RR)$时，全部花粉为可育；基因型为$S(Rr)$时，可产生$S(R)$和$S(r)$两种不同基因型的雄配子，但它们的育性则是由孢子体中的显性可育基因所决定的，所以这两种花粉均可育。这类不育系与恢复系杂交，F_1花粉正常，无育性分离，但F_2产生育性分离，出现一定比例的不育株（图3-21）。孢子体不育系的花粉主要是在单核期败育，败育花粉呈不规则的船形、梭形、三角形等，花药乳白色、水渍状、不开裂。不育性较稳定，受外界环境条件的影响小。穗颈短，有包颈现象。野败型、冈型、矮败型等不育系属这一类型。

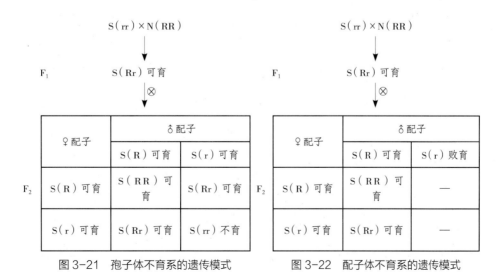

图3-21　孢子体不育系的遗传模式　　　图3-22　配子体不育系的遗传模式

（2）配子体不育。配子体雄性不育的花粉育性是直接受配子体（花粉）本身的基因型所控制，与孢子体的基因型无关。其遗传特点如图 3-22 所示。配子体基因型为 S（r）的花粉表现不育，S（R）的表现可育。这类不育系与恢复系杂交，F₁ 的花粉有 S（R）和 S（r）两种基因型，且各占一半。由于育性决定于配子体本身的基因型，故 S（r）花粉均败育，只有 S（R）为可育。可育花粉虽只有一半，但能正常散粉结实，所以 F₂ 表现为全部可育，结实正常，不会出现不育株。配子体不育系的花粉主要是在双核期走向败育，败育花粉为圆形，有的可被 I-KI 溶液着色。花药乳黄色、细小，一般不开裂。不育性的稳定性较差，易受高温、低湿的影响，使部分花药开裂散粉，少量自交结实，抽穗吐颈正常。BT 型、红莲型、滇一型、里德型等不育系属这一类型。

三、生理生化成分与不育

水稻雄性不育系与保持系、恢复系相比较，生理生化特征在许多方面都存在明显的差异。现根据有关实验测定结果，分叙如下。

（一）花粉内含物含量

（1）淀粉的含量。正常的花粉，在双胞发育后期开始形成淀粉粒，以后逐渐增加，直至整个花粉充满淀粉粒，花粉即趋成熟。花粉中淀粉含量的多少，表示出花粉营养条件的好坏和花粉生活力的强弱。花粉中淀粉积累与否是可育与不育的重要标志。1977 年上海植物生理研究所对水稻三系花粉淀粉含量作了比较分析，结果如表 3-3。

表 3-3　水稻三系花粉淀粉含量的比较（上海植物生理研究所，1977）

品种	每 100 mg 鲜重中淀粉含量 / mg	每 100 个花药中淀粉含量 / μg
二九南 1 号 A	0	0
二九南 1 号 B	1.55	206.6
IR661	1.86	290.6

表 3-3 说明，不育系花粉不含淀粉，保持系积累的淀粉较多，而恢复系的淀粉积累最多。但有的不育系花粉粒中仍有少量淀粉积累的迹象。如红野型莲塘早不育系发育到二核阶段的花粉粒中有粘连状的淀粉物积累，BT 型台中 65 不育系发育到三核的花粉粒中有淀粉积累，但淀粉粒较小而少。

（2）蛋白质的含量。蛋白质（包括各种酶类）是花粉中的重要组成成分，在花粉的发育形成和生物学作用中起着十分重要的作用。

据上海植物生理研究所（1977）等单位的分析，水稻三系花粉蛋白质的含量差别十分明显，如表3-4。

表3-4　水稻三系花粉蛋白质含量的比较（上海植物生理研究所等，1977）

品种	每100 mg花药鲜重中蛋白质含量/mg	每100个花药中蛋白质含量/μg
二九南1号A	2.35	200
二九南1号B	6.25	832
IR661	14.01	2 190

由表3-4可知，恢复系花粉蛋白质含量最高，保持系次之，不育系明显最低。

另外，根据代尧仁等（1978）对二九南1号不育系及保持系所作的电泳分析，不育系花药和花粉败育的各个时期，各种游离组蛋白含量均明显低于保持系，特别是在不育系花粉败育的关键时期（单核期），游离组蛋白中的一种则完全消失。这种从量发展到质的差异，一定和花粉败育有着密切的关系，并且可能是由于它们参与细胞核中某些基因表达的抑制，控制了特定的转录过程，这对于花粉的发育影响是比较大的。朱英国等（1970）对珍汕97等多种组合的不育系及保持系花药中游离组蛋白进行的分析也同样证实，不育系的游离组蛋白的含量少于保持系。

（3）氨基酸的含量。根据测定，水稻三系花药中游离氨基酸的含量是有明显差别的，如表3-5。在同一时期如测定不育系花药蛋白质含量是三系最低的时候，而游离氨基酸总量却明显高于保持系和恢复系。这表明由于花粉败育，蛋白质分解大于合成。

表3-5　水稻三系花药游离氨基酸含量比较（上海植物生理研究所，1977）

品种	每100 mg花药鲜重中氨基酸含量/mg
二九南1号A	2.49
二九南1号B	1.20
IR661	1.63

表3-6　水稻三系花药的脯氨酸、天门冬酰胺含量比较（上海植物生理研究所，1977）

品种	每100 mg氨基酸中脯氨酸含量/mg	每100 mg氨基酸中天门冬酰胺含量/mg
二九南1号A	5.6	59.2
二九南1号B	27.8	8.3
IR661	32.7	7.6

根据纸谱分析，保持系和恢复系花药中游离氨基酸的种类很相近，都有16~17种，有亮氨酸、苯丙氨酸、缬氨酸、酪氨酸、脯氨酸、丙氨酸、色氨酸、苏氨酸、谷氨酸、丝氨酸、天

门冬氨酸、甘氨酸、天门冬酰胺、组氨酸、赖氨酸、精氨酸、半胱氨酸等；而不育系花药中脯氨酸、酪氨酸、丙氨酸、色氨酸含量甚低，但天门冬酰胺含量却相当高。现将脯氨酸与天门冬酰胺加以比较，不育系花药的脯氨酸含量甚低。据上海植物生理研究所（1977）测定，脯氨酸只占其氨基酸总量的 5.6%，而天门冬酰胺的积累，却达到其氨基酸总量的 59.2%，如表3-6。

据湖南农学院化学教研室（1974）测定，不育系和保持系花药中游离氨基酸是在四分体以后才出现明显的差异。不育系花药中脯氨酸的含量极微，而在保持系中则显著地高于不育系，正常花药成熟时脯氨酸可达氨基酸总量的 40%~50%。天门冬酰胺的含量则是不育系花药明显多于保持系。此后，广东农林学院作物生态遗传研究室（1975），广西师范学院生物系（1977）对多种组合的三系进行分析，都获得了类似的结果。另有试验表明，无论是通过杂交育成的不育系还是通过化学杀雄的雄性不育的花药，最明显的特征就是不育系脯氨酸显著地减少，甚至消失，天门冬酰胺却增多；相反，保持系和恢复系的花粉，脯氨酸含量较高，而天门冬酰胺含量较低。

脯氨酸在花粉中是氨基酸的一种贮存形态，它可以转变成谷氨酸等其他氨基酸，在花粉中它与含量丰富的碳水化合物互相配合，具有提供营养、促进花粉发育、发芽和花粉管伸长的作用。如果水稻是由于营养失调造成雄性不育，那么脯氨酸含量显著降低，淀粉的合成受阻，即是明显的标志。

天门冬酰胺不正常地增多，是黄化植物的特有现象。在不育系花药中，天门冬酰胺的含量比保持系和恢复系有较多的积累，这是花药和花粉退化的一种表现。这可能是蛋白质合成受阻、分解增强所造成的。

（4）可溶性糖的含量。四分体后不育系花药中可溶性糖的含量在开始一段时间高于保持系，这可能与淀粉合成受阻有关。值得注意的是，三系花药中除葡萄糖、果糖及蔗糖三者都有外，恢复系和保持系的纸层析谱上具有两种未知糖的明显斑点，而不育系则没有。

（二）花粉中酶的活性

花粉中酶活性的变化在一定程度上能反映花粉发育的状况。湖南师范学院（1973）用组织化学法对 68-899 和 C 系（南广占）不同育性植株花粉发育过程中的有关酶类进行分析测定，获得如表 3-7 所示的结果。

表 3-7 所示的动态大致情况是：过氧化物酶在败育型不育株中活性最强，无花粉型不育株次之，正常株最弱；在花粉发育的四分体时期——双核期中，败育型与无花粉型不育株随着花

粉的发育，酶活性逐渐升高，但在花粉将成熟时，其活性逐渐降低，直至活性完全消失。在正常株中随着花粉发育的增强，此酶的活性曾一度升高，随后逐渐降低，但不消失，起伏不及不育株显著。而多酸氧化酶、酸性磷酸酶、碱性磷酸酶、ATP 酶、琥珀酸脱氢酶、细胞色素氧化酶的活性则不同，正常株活性最强，败育型不育株次之，无花粉型不育株最弱。

表 3-7　68-899 不同育性植株花粉中酶系活性比较 *（湖南师范学院，1973）

酶类	不同育性	花粉发育过程				
		四分体时期	单核期	双核期	双核后期	成熟期
过氧化物酶	正常株	+	+ + +	+ +	+	+
	败育型	+	+ + +	+ + +	+ +	（+）0
	无花粉型	+	+ + +	+ + +	+ +	0
细胞色素氧化酶	正常株	+		+	+ +	+ + +
	败育型	+	+	+	+	（+）0
	无花粉型	+	+	+	+	0
多酸氧化酶	正常株	+	+ +	+ +	+ + +	+ + +
	败育型	+	+ +	+ +	+	（+）0
	无花粉型	+	+	+	+	0
酸性磷酸酶	正常株	+	+ +	+ +	+ + +	+ + +
	败育型	+	+ +	+	+	（+）0
	无花粉型	+	+	+	+	0
碱性磷酸酶	正常株	+	+ +	+ +	+ + +	+ + +
	败育型	+	+ +	+	+	（+）0
	无花粉型	+	+	+	+	0
ATP 酶	正常株	+	+ +	+ +	+ + +	+ + +
	败育型	+	+ +	+	+	（+）0
	无花粉型	+	+ +	+	+	0
琥珀酸脱氢酶	正常株	+	+ +	+ +	+ +	+ + +
	败育型	+	+ +	+	+	（+）0
	无花粉型	+	+	+	+	0

注：①"*"表示着色或褪色相对深度，以比较酶的活性；"0"表示未着色或褪色；"（+）0"表示未着色、褪色或少量着色、褪色；②供试无花粉型不育株花粉于双核后期逐渐退化成碎片。

在正常株中随着花粉的发育，活性逐渐增强，在无花粉型不育株和败育型不育株中随着花粉的发育，活性逐渐减弱，直至完全消失。在 C 系统不同育性的植株花粉粒中上述诸酶活性的变化情况，具有与水稻 68-899 相同的趋势。

江西共产主义劳动大学（1977）对珍汕 97 不育系及其保持系的花粉发育不同时期的有关酶类所作的类似分析，取得了与水稻 68-899、C 系统分析相似的结果。如细胞色素氧化酶、多酸氧化酶和 ATP 酶的活性，从单核期开始，均比保持系低；进入双核期，相差更为显著。这表明这三种酶的活性与花粉发育密切相关，细胞色素氧化酶、多酸氧化酶是两种重要的末端氧化酶，它们的活性低，反映了花粉呼吸作用代谢机能的减弱，再加上 ATP 酶活性降低，更不利于花粉细胞的能量代谢，影响物质的吸收、运输、转化和生物大分子的合成。至于过氧化物酶的活性变化，却与上述三种酶相反，在单核期，不育系中该酶的活性一直高于保持系；到了双核、三核期，则大大低于保持系。湖南农学院（1977）对南优 2 号的三系进行测定，也获得了相似结果，其中恢复系成熟期花粉中的过氧化物酶保持有较高的活性。另外对恢复度不同的品种作对比分析，发现恢复系恢复度的高低与花粉中过氧化物酶的活性呈正相关。在花粉发育过程中，过氧化物酶的活性从较高水平陡然大幅度下降甚至消失，这对呼吸机能、物质转化和自身解毒等都是不利的。

从同工酶角度来研究水稻不同育性花粉发育过程中有关呼吸酶的活性，也获得类似的结果。代尧仁等（1978）用凝胶电泳法测定二九南 1 号不育系及相应保持系发育过程中细胞色素氧化酶（图 3-23）。结果表明，从四分体到收缩期，不育系和保持系的细胞色素氧化酶就已经开始出现差异，不育系只有 5 个区带，而保持系却有 6 个区带。到了形态学上花粉出现显著败育的单核前期，不育系只有 2 个区带（下部 3 个区带只是隐约可见），明显地少于保持系（5 个区带）。至单核后期，花粉大量败育，这种差异仍然深刻地保持着。这个结果表明，不育系中那些泳动较快的细胞色素氧化酶区带可能和花粉的败育有着密切的关系。但是到双核至三核期，不育系花药中细胞色素氧化酶的区带又复增加至 5 个区带，与保持系的差异趋于缩小。这可能是由于此时不育系花药中花粉基本上都已败育，而供试材料中花粉以外的其他组织比重大大增加。此时不育系和保持系的电泳图谱有明显的差异，这是由于它们具有不同源的细胞质和育性的差异。

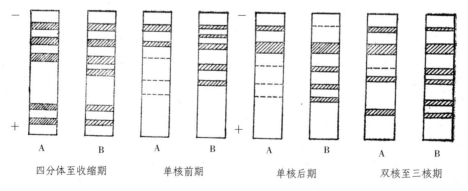

图 3-23　二九南 1 号 A 及二九南 1 号 B 花粉中细胞色素氧化酶的电泳图谱

此外，细胞色素氧化酶的比色测定结果表明（图3-24），保持系花药在花粉发育的各个时期，其细胞色素氧化酶活性都高于不育系，尤其在单核前期更为明显。这些结果与上述凝胶电泳法所得的结果是一致的。

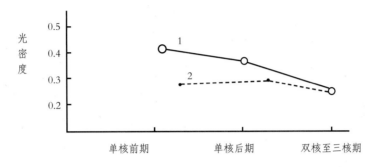

图 3-24　二九南 1 号 A（I）及二九南 1 号 B（2）在花粉发育的不同时期
花药中细胞色素氧化酶的活性（代尧仁等，1978）

湖南师范学院生物系等（1973）对水稻 68-899、C 系统不同育性植株花粉发育过程中颖花过氧化氢酶的活性进行了比较测定，结果表明，正常株活性最强，败育型不育株次之，无花粉型不育株最弱，到成熟期正常株较不育株高 48.91%～57.66%。过氧化氢酶活性可作为反映代谢强度的指标之一，此酶活性增强，意味着生理机能活跃，新陈代谢强度较高，反之则低。正常株过氧化氢酶活性较不育株高，也就是反映它有较高的代谢水平，这与以上测定的有关呼吸酶系的结果，趋向是一致的。

江西共产主义劳动大学农学系（1977）用微压计测定水稻珍汕 97 不育系及其保持系花药的呼吸强度，如表 3-8。结果表明，抽穗前后呼吸强度不育系比保持系都低，单核期不育系花药呼吸强度低与花粉粒细胞末端氧化酶活性弱的表现是一致的。

表 3-8　水稻珍汕 97 不育系及其保持系抽穗前后花药呼吸强度（江西共产主义劳动大学农学系，1977）

单位：μL O$_2$/h

品种	生育时期					
	抽穗前（颖花长 0.6～0.7 cm）			抽穗后		
	叶耳间距 +0.5～0.6 cm	叶耳间距 +1.65～1.75 cm	叶耳间距 +1.7～1.8 cm	穗抽出不到 1/3	穗抽出 1/3	穗抽出 2/3
不育系	极微	0.11	极微	0.66	5.17	1.60
保持系	6.37	3.5	7.35	22.02	13.39	10.55

注：花药呼吸强度以 60 个花药计；测定室温 29 ℃～31 ℃。

到了后期，特别是三核期，当不育株花粉两种金属末端氧化酶活性进一步下降时，呼吸强度反而有所升高，这可能是不育株的花粉在发育过程中，代谢途径与保持系不尽相同，而是以黄素蛋白为主要末端氧化酶的途径。此途径的末端氧化产物是过氧化氢，为了消除过氧化氢的毒害，不育系花粉细胞在单核期，有着较强的过氧化物活性和过氧化氢酶活性。双核期以后，尽管呼吸作用在增强（可能通过黄素蛋白），但由于遗传上的内在原因，过氧化物酶和过氧化氢酶的活性大幅度下降。细胞内有过氧化氢积累而无法消除，使细胞自身中毒而败育。上述情况经实验证明是正确的，保持系花粉始终没有过氧化氢被检测出来，而不育系花粉在双核期以后确实有过氧化氢积累。

第三节　水稻雄性不育遗传理论

早在 20 世纪 20 年代初，考伦斯（1904）就在香薄荷中发现了一种雄性不育类型，当时认为属于细胞质遗传性质的。1921 年巴特生和盖尔纳在亚麻中也发现了一种雄性不育类型，并提出是由细胞质和细胞核共同决定的。1927 年，季腾登和派对亚麻的这种雄性不育提出了核质互作的遗传结构和三系的概念。1924 年，琼斯（Jones）则从一个洋葱品种内发现了雄性不育，并实现了三系配套。1931 年和 1933 年，罗斯在玉米中找到了一种雄性不育类型，当时他认为这种雄性不育类型属细胞质遗传控制。同时也在更多的植物中发现了被认为仅仅受细胞核的不育因子控制的类型。希尔斯（Sears，1943—1947）在前人研究的基础上总结提出了所谓三型学说，爱德华逊（Edwardson，1956）又把它修改为二型学说对植物雄性不育的研究和利用，在理论上起了一定的指导作用。1953 年斯蒂芬斯和贺兰德（Stephens and Holland）育成高粱雄性不育系，促进了整个农作物雄性不育的研究和利用。进入 60 年代后，除杂交玉米和杂交高粱应用于生产外，一些国家，其中主要是日本和我国开始了水稻雄性不育的利用研究。70 年代植物雄性不育的研究和利用进入一个新的历史时期。其标志是水稻和小麦等主要粮食作物雄性不育的研究取得突破。以我国为主，杂交水稻培育成功，并大面积应用于生产。

随着水稻三系育种的开展，人们对水稻雄性不育的产生、遗传、保持和恢复作了不少的研究，提出了多种关于雄性不育遗传机制的假说，这对育种实践和遗传理论研究有一定的参考价值。

一、水稻雄性不育遗传机制假说

（一）三型学说

希尔斯把遗传的雄性不育分为核不育型、质不育型和核质互作型，人们称为"三型学说"。

（1）核不育型。这种雄性不育是受细胞核一对不育基因控制，同细胞质没有关系。这种雄性不育具有恢复系，没有保持系，不能实现三系配套。在它的细胞核内有纯合的不育基因（rr），而在正常品种的细胞核内有纯合可育基因（RR）。这种不育株与正常品种杂交，F_1 便恢复可育，F_2 分离出不育株，一般可育株与不育株的比例为 3∶1；它与可育的 F_1 杂交，其杂种可育株与不育株呈 1∶1 的分离比例（图 3-25）。

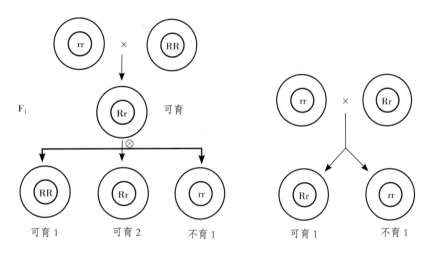

图 3-25　核不育型的遗传、雄性不育与杂合可育杂交的 F_1 的遗传

（2）质不育型。这种雄性不育的遗传完全受细胞质遗传物质的控制，与细胞核无关。用这种不育株与可育株杂交，F_1 仍然是不育的，若继续回交，则继续保持不育。也就是说，它很容易找到保持系，却找不到恢复系（图 3-26）。

希尔斯当时提出这种细胞质不育型，主要是根据罗斯（Ross）用雄性可育玉米的各自带有标记基因的 10 对染色体逐一地代换雄性不育玉米的 10 对染色体，结果都不能使雄性不育变为雄性可育，于是希尔斯认为玉米雄性不育与任何一对染色体无关，不育性是由细胞质控制的。

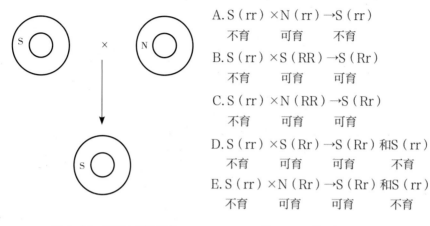

图3-26　质不育型的遗传　　　图3-27　核质互作型不育的遗传

（3）核质互作型。这种雄性不育的遗传是受细胞质和细胞核遗传物质共同控制的。当用某些品种的花粉与这种不育株授粉时，F₁仍然表现雄性不育；当用另外一些品种的花粉与这种不育株授粉时，则F₁恢复可育。

设 S 为细胞质雄性不育基因，N 为细胞质可育基因，R 为核内显性可育基因，r 为核内隐性不育基因。则用核质互作型雄性不育株与各种可育类型杂交，F₁育性表现有以下五种遗传方式，如图3-27。

细胞质基因只能通过母本的卵细胞传递给后代。只有细胞质基因和核基因都是不育的〔S（rr）〕，个体才能表现为雄性不育性。在不育的细胞质内，如果核基因是纯合可育〔S（RR）〕或杂合可育〔S（Rr）〕的，都表现为可育性。在可育细胞质内，不论核基因是纯合可育、杂合可育或者纯合不育，都表现为雄性可育。

雄性不育〔S（rr）〕× 雄性可育〔N（rr）〕，其杂种一代仍然是雄性不育〔S（rr）〕。这种保持雄性不育性的父本〔N（rr）〕叫作保持系。

雄性不育的〔S（rr）〕× 雄性可育的 N（RR）或〔S（RR）〕，其杂种 F₁ 都是杂合可育的〔S（Rr）〕。这两种父本都是恢复系。

显然，核质互作型雄性不育既有保持系，又有恢复系，能够实现三系配套。

（二）多种核质基因对应性学说

核质互作型雄性不育的概念是就一对核质育性基因而言，即核内只有一种育性基因（RR、Rr、rr），质内也只有一种育性基因（S 和 N）。可是木原均和马安等人对核质对应性的研究认为，植物的雄性不育不是一种简单的、单一的核质育性基因的对应关系，而是较复杂的多种核质育性基因之间的对应关系，便提出多种核质育性基因对应性学说的概念。

例如，用普通小麦作父本与 5 种野生的山羊草和 5 种较原始的小麦杂交，获得胞质来源不同但核来源一致的 10 种不同的核质互作型不育系。这说明在父本普通小麦的细胞核里，至少有 10 种不同的核不育基因存在。在每个杂交组合中，某种核不育基因与相应的质不育基因两两对应，共同作用，产生雄性不育。但是在反交的情况下，即以普通小麦作母本，分别与上述 5 种原始小麦和 5 种山羊草杂交并回交，则后代全部可育。这说明普通小麦的细胞质里不存在与上述 10 种核对应的胞质不育基因，而存在 10 种可育基因。正是这 10 种胞质可育基因的存在，掩盖和抑制了核内不育基因的作用，使普通小麦表现出正常的雄性可育性（图3-28）。

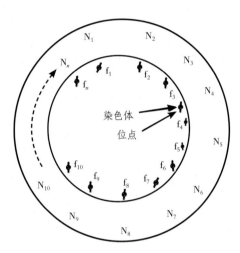

图 3-28　普通小麦核质对应育性
因子体系示意图

在一般情况下，各对应的核质育性基因，彼此独立成对地相互作用，而不发生非对应性育性基因间的互相干扰。即 N_1-r_1 相互作用或 N_2-r_2 相互作用，但 N_1-r_2 之间以及 N_2-r_1 之间等一般不发生作用。这一学说反映了雄性不育机制上比较复杂的情况。

（三）雄性不育遗传的"通路"学说

中国科学院遗传研究所王培田等总结了我国水稻雄性不育研究的实践经验后，提出了"控制花粉形成的细胞质基因和细胞核基因的进化示意图"，即所谓"通路"学说（图3-29）。

图 3-29 的上部是水稻品种的"进化树"，图的下部是育性基因的进化过程。它用细胞质内控制花粉育性的正常基因 N 和不育基因 S 与细胞核内控制花粉育性的正常基因（+）和不育

基因（-）的性质转变、数量增减来表示花粉育性基因的进化过程。

原始野生稻──→普通野生稻──→晚籼──→中籼──→晚粳──→中粳──→早粳
　　↓　　　　　↓　　　　　↓　　　↓　　　↓

其他野生稻　　野生稻新类型　野生化籼稻　早籼　野生化粳稻
（南）　　　　　　　　　　　　　　　　　　　　　　（北）

进化的较低阶段（低纬度）（低海拔）────────────→（高纬度）（高海拔）较高阶段

花粉形成的几个工序 S1								花粉形成过程
S 1 ++	S 1 ++	S 1 ++	S 1 ++	S 1 ++	S 1 ++	S 1 ++	花粉母细胞
S 2 ++	S 2 ++	S 2 ++	S 2 ++	S 2 ++	S 2 ++	S 2 ++	孢母细胞
S 3 ++	S 3 ++	S 3 ++	S 3 ++	S 3 ++	S 3 ++	S 3 ++	二分体
N 4 ++	N 4 --	N 4 --	N 4 --	N 4 --	N 4 --	N 4 --	四分体
S 4 ++或	N 5 ++	N 5 --	N 5 --	N 5 --	N 5 --	N 5 --	单核早期
S 5 ++	S 5 ++或	N 6 ++	N 6 --	N 6 --	N 6 --	N 6 --	单核中期
S 6 ++	S 6 ++	S 6 ++或	N 7 ++	N 7 --	N 7 --	N 7 --	单核后期
S 7 ++	S 7 ++	S 7 ++	S 7 ++或	N 8 ++	N 8 --	N 8 --	双核前期
S 8 ++	S 8 ++	S 8 ++	S 8 ++	S 8 ++或	N 9 ++	N 9 --	双核后期
S 9 ++	S 9 ++	S 9 ++	S 9 ++	S 9 ++	S 9 ++或	N10 ++	三核期
S 10 ++	S 10 ++	S 10 ++	S 10 ++	S 10 ++	S 10 ++	S10 ++	

注：①细胞质内正常因子（N）= 通路，不育因子（S）= 断路；②细胞核内正常因子（+）= 通路，不育因子（-）= 断路；③三条流水作业线（质内一条，核内两条），能拼成一条完整通路产生正常花粉，其中有断路工序的产生不育花粉；④或N表示控制某一工序的细胞质因子，可能是N或S。

图3-29　控制花粉形成的细胞质因子和核基因的进化示意图

水稻进化从较低阶段到高级阶段，在细胞质内控制花粉育性的正常基因（N）越来越多，不育基因（S）越来越少；相反，细胞核内控制花粉育性的正常基因（+）越来越少，不育基因（-）越来越多。换句话说，原来主要靠细胞核基因完成的某些工序，逐步改由相应的质基因去完成了。

假设"N"和"+"都代表通路，"S"和"-"都代表断路，在控制花粉形成的三条道路内（即细胞质控制一条，细胞核控制两条），只要能拼一条完整的通路，就可形成正常花粉，否则就不能产生正常花粉；在花粉形成过程中，断路发生较早的工序，不育性表现较早，往往也较严重，断路工序较多的比断路工序较少的难于恢复正常。

通路学说可以归纳为以下几点：

（1）亲缘关系较远的品种间杂交，较易获得不育系，但是恢复系较少。

例1：

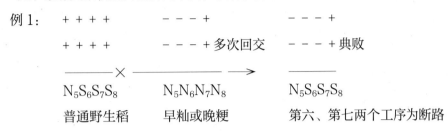

亲缘关系较近的品种间杂交，出现断路工序的机会少，获得不育系难，但恢复系多。

例2：

（2）以进化阶段较低的南方品种作母本，北方品种作父本，两者进行杂交，容易获得不育系，见例3；反之，以北方品种作母本，南方品种作父本，两者进行杂交，则较难获得不育系，见例4。

例3：
$$S_6S_7 \quad N_6N_7 \quad 核代换 \quad S_6S_7$$
晚籼　　晚粳　　　　　　不育

例4：
$$N_6N_7 \quad S_6S_7 \quad 核代换 \quad N_6N_7$$
晚粳　　晚籼　　　　　　可育

（3）核代换杂交不育系的母本（质给体）类型及分布比它靠南方的品种内恢复系多；父本（核给体）类型及分布比它靠北方的品种内保持系多。

（4）旁系远缘品种间正反杂交，都有可能获得不育系。

（5）不育系类型与断路发生在哪一阶段有关。例如某一籼稻品种在第一工序的核基因发生断路，不能完成第一工序，表现为花药严重退化的无花粉型不育系（$S_1/--$）。这种类型在正常品种内容易找到恢复系（$S_1/++$），而难找到保持系（$N_1/--$）。

$$S_1/++ \rightarrow S_1/-- \times S_1/++ \rightarrow S_1/++$$

核变异   恢复可育→

如果某一籼稻品种在控制花粉形成的第六工序的质基因断路，不能完成第六工序，因而表现为典败型。这种不育系，在中籼及早籼品种内较易找到保持系，而较难找到恢复系，但在晚籼品种内可能找到恢复系。

（四）水稻雄性不育的亲缘学说

湖南农学院裴新澍等根据该院和某些单位的试验资料，提出了水稻雄性不育的另一种看法，即亲缘学说。

（1）植物雄性不育是数量性状，而不是质量性状。水稻雄性不育具有数量性状的特征。①杂种 F_1 的育性有分离，是水稻雄性不育中相当普遍的现象；② F_2 的育性变化是连续的，不能严格区分为可育和不育两大类；③水稻雄性不育性不稳定，往往易受环境条件影响，其中以温度影响最明显。

（2）对水稻雄性不育产生原因的解释。亲缘学说认为，雄性不育产生的原因有两种：①在进行远缘杂交时，由于杂交亲本的亲缘关系疏远，矛盾太大，来自父母本双方的遗传物质不能得到协调，因而导致不育；②由于核内染色体或细胞质里遗传物质结构发生改变而引起雄性不育。因此，花粉的不育和可育是以杂交亲本的亲缘程度为转移的，是相对而言的。雄性不育是远缘（包括远距离）亲本所具遗传物质结合而产生的，而恢复可育则是杂交亲本所具遗传物质亲缘程度接近的结果。要获得雄性不育，就要选用亲缘关系远的亲本进行杂交；要使不育性得到恢复，就要选用与不育胞质亲缘关系接近的亲本进行杂交。

二、从三系育种实践看雄性不育遗传机制

（一）核质互作不育和核不育存在的真实性

爱德华逊提出的二型学说是把质不育型归到核质互作型，并统称为细胞质不育，以便与核不育相对应。

关于核不育，我国多数学者认为，通过放射性同位素辐射处理或化学诱变而产生的雄性不育，以及一些自然突变的雄性不育，多属核不育类型。目前国内外还没有利用这类材料找到保持系实现三系配套。广东曾用理化诱变的方法，诱发产生了一些水稻雄性不育株，但始终没有找到保持系；在湖南省安江农校 1964 年从胜利籼中发现的自然突变无花粉型不育材料（简称

"籼无"），以及山东省昌潍地区找到的潍型小麦不育材料中，也都没有找到保持系。安江农校为了给"籼无"找保持系，曾采用洋葱公式的办法，企图人工制造保持系（见图 3-30），但没有成功，结果只好采用杂合可育父本与不育株进行杂交，使每一代分离出一定比例的不育株。因而，可以认为核不育是存在的。

湖北沔阳县石明松又在粳稻农垦 58 中发现了光敏核不育材料。据湖北省有关单位多年研究，初步认为诱导该材料育性转换的主导因子是日照长度。在武汉地区的自然条件下，9 月 1 日前抽穗的表现为不育，9 月 1 日—9 日抽穗的部分不育，9 月 9 日以后抽穗的表现为可育。可育阶段在安全抽穗的范围内，播种抽穗越迟，自交结实率越高。两年的短光处理试验证明，经处理后，生育期明显缩短。如在处理期间进行幼穗分化，就会产生短光效应，出现不同程度的自交结实，处理时间越长，结实率越高；反之则不结实。这与自然光照条件下分期播种试验结果相吻合。根据播种试验结果推算，在武汉地区自然条件下，不育与可育的临界光照长度为13 小时 34 分。光敏核不育材料的不育性受一对隐性主基因控制，与细胞质无关。根据正交、反交的杂种 F_1 和回交 F_1 的田间表现，不论是 4 月早播，还是 6 月迟播，结实性都是正常的或基本正常。其 F_2 和 BF_2 发生育性分离，可育株与不育株的分离比例接近 3∶1。由于光敏核不育材料具有这些特性，一旦转育成不育系，就可以直接配组，利用其杂种优势，不需要特定的保持系，也不存在恢保关系。这些研究再次证明核不育是存在的。

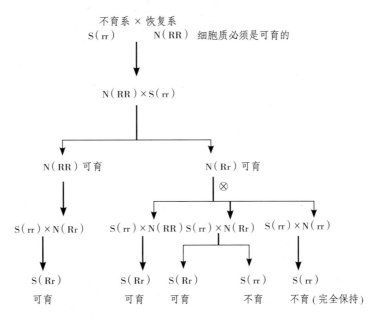

图 3-30　洋葱公式制保的步骤示意图

关于核质互作型不育，我国已成功地利用这种雄性不育培育成水稻三系，并已大面积应用于生产。如湖南的籼型野败不育系，四川的冈型不育系，云南的滇型不育系，湖北的红莲型不育系，日本的 BT 型不育系等。据不完全统计，我国核质互作型雄性不育，已有 30 多种不同的不育细胞质源，都实现了三系配套。

至于是否存在细胞质不育。当年罗斯发现的玉米雄性不育因一时找不到恢复系而被认为是细胞质不育。但是后来通过进一步测交筛选，又找到了恢复系，实现了三系配套。而当年测恢用的玉米可育系正是这个不育系的保持系，其细胞核中具有不育基因（rr），与不育系的核基因型一样，它们之间的核代换不能导致雄性不育的恢复。我国粳型野败不育系，它的不育细胞质与籼型野败不育系一样，但是粳型野败不育系育成以后，很长一段时期找不到恢复系。显然，不能认为籼型野败不育系是核质互作型不育，而粳型野败不育系是细胞质不育。事实上，后来新疆建设兵团农科院通过进一步测交和采用籼粳"架桥"的方式，找到了粳型野败不育系的恢复系。日本的"中国野生稻 × 藤坂 5 号"产生的雄性不育，也很长时期没有找到恢复系，但是，后来湖北用藤坂 5 号与籼稻杂交，在其后代中找到了这个不育系的恢复系。在一定的范围内，似乎有细胞质不育的现象，但是通过进一步筛选，都能找到恢复系。因此，单纯由细胞质控制的雄性不育实际上还没有发现。

核不育与核质互作型不育是具有不同的遗传基础和彼此独立的不育类型。我国水稻雄性不育研究的实践证明，这两种彼此性质不同的不育类型是存在的。当湖南"籼无"（C 系统南广占）找不到保持系，而刚发现的野败不育系难于找到恢复系的时候，湖南省农业科学院曾经尝试用 C 系统的可育株与野败杂交，即所谓"C 野结合"。企图将 C 系统的核不育基因导入野败中，培育出新的不育材料，像野败那样容易保持，像 C 系统那样恢复谱广，但是没有成功。这证明 C 系统的核不育与野败型的核质互作不育是不能"结合"的，这是两种性质不同、彼此独立的不育类型。

（二）我国水稻雄性不育分子遗传学机制研究进展

对水稻雄性不育分子遗传学机制，我国科学工作者从不同的角度进行了一些探索。复旦大学应燕如等（1985），用籼型野败珍汕 97 不育系和粳稻 BT 型农虎 26 不育系，进行细胞色素氧化酶的活力比较和酶谱分析，结果表明：①用等量黄化幼苗所分离提取的线粒体量以及线粒体总蛋白量，不育系明显多于保持系；②利用二甲基对苯二胺法测定等量总蛋白中细胞色素氧化酶的活力，则保持系大大高于不育系（平均高 2.5 倍）；③对细胞色素氧化酶的特异酶谱分析，不育系与保持系酶谱类型相似，但其活力保持系高于不育系（尤其是 7、8、9 三条酶带），试验表明水稻胞质雄性不育与细胞色素氧化酶的变异有一定关系。马玉良等（1984）对野败雄性不育系，用 SDS-PAGE 法研究其纯化线粒体 mt-DNA 翻译产物——蛋白质系统，发现不育系比保持系多出两条含量较多的结构蛋白带（63KD 和 59KD）。

进一步试验又证明，不育系中纯化线粒体内膜的蛋白质组分也高于保持系。这些差异性表明水稻细胞质的不育基因可能也与线粒体基因组关。叶正祥等（1983）对不育系珍汕97A 纯化 mt-DNA 进行电镜观察，观察到类似于玉米和大豆中与育性有关的小分子类质粒（plasmid-like）mt-DNA 环状分子结构；中国科学院遗传所，1985 年亦在 BT 型和野败型水稻不育系中观察到小分子环状 mt-DNA，似乎它与不育性有着密切关系。

雄性不育的遗传机制是复杂的。我国在研究水稻雄性不育过程中，既育成了一些胞质来源不同而恢保关系相似的不育类型，也育成了一些胞质来源不同且恢保关系也不同的不育类型。如属于天然籼粳杂交不育性的滇一型和日本的籼粳杂交不育性的 BT 型相类似；广西用普通野生稻与广选 3 号杂交育成的野栽不育系与自然发现的野败不育系有着相同的恢保关系；但同样是野栽交，湖北的红莲不育系却与野败有着不同的恢保关系，对野败保持的珍汕 97 等品种，对红莲不育系却是恢复的；对野败恢复的泰引 1 号等品种，对红莲却是保持的。可见这些用于杂交的野生稻和栽培稻品种的细胞质中，存在多种不育基因和可育基因以及它们相对应的核不育基因和可育基因，它们分别相互作用形成各种不同类型的不育系，足见其遗传机制的复杂性，尚有许多奥妙需要人们进一步去研究。

第四章

水稻雄性不育系及其保持系的选育

第一节　水稻雄性不育株产生的主要途径

培育水稻雄性不育系，首先要获得能遗传的雄性不育株，然后稳定其不育性，培育成不育系。当前获得水稻雄性不育株的主要途径有远缘杂交、地理上远距离或不同生态型品种间杂交、人工引变和自然不育株利用等。

一、远缘杂交

（一）种间杂交

（1）普通栽培稻 × 光身栽培稻。在稻属 20 多个种当中，属于栽培稻的有两个种，即普通栽培稻（*Oryza Sativa*）和光身栽培稻（*Oryza glaberrima*）。

普通栽培稻原产亚洲，起源于普通野生稻，并分化出籼粳两个亚种，各亚种又有各种生态类型。现在世界上各个稻区栽培的绝大多数是这个种。

光身栽培稻原产西非，被认为是由非洲的多年生野生稻 *O. longistaminata* 进化而来。目前在非洲西部仍有少量种植。光身栽培稻在形态上的主要特点是：植株稍矮，分蘖直立，剑叶宽短，穗小而立，二次枝梗不发达，叶舌较短，顶端圆钝，秆毛、叶毛极少或者没有，柱头紫色，成熟时谷粒一般为黑褐色，亦有黄褐色的，脱粒较难，米红色。与普通栽培稻相比，一般认为光身栽培稻在进化上仍处于原始的阶段。

1969 年，美国加州大学的埃里克森（J. R. Eriocson），用"非洲光身稻"作母本，分别与加利福尼亚属于普通栽培稻的三个粳稻品种卡罗柔（Caloro）、卡尔若斯（Calrosa）、科路萨（Colusa）杂交，子一代、回交一代、回交二代不育率均为 100%。1972 年，印度的斯瓦明纳坦曾用西非光身栽培稻萨科提拉 55 作母本，与普通栽培籼稻 AC5636 杂交，回交一代自交结实率只有 0.25%。我国湖北省杂交水稻协作组曾于 1975 年用非洲光身栽培稻丹博托作母本与湖北早籼华矮 15 杂交，经连续回交后也获得了光身稻华矮 15 不育材料。

用光身栽培稻作母本、普通栽培稻作父本杂交，很容易在后代中获得雄性不育株。而且恢复基因也可以从母本核内基因中找到。

（2）普通野生稻 × 栽培稻。普通野生稻（*O. rufipogon Griff* 或 *O. sativa F. spontanea*）广泛分布于南美洲，南亚地区、东南亚地区，以及我国南方地区。在我国，东起台湾桃园，西至云南勐海，北至北纬 28° 以南，包括广东、广西、福建等省（区）的大部分地区，都有普通野生稻分布，其中尤以海南、广东和广西最为丰富。由于地理分布广泛，在当地自然条件的长期选择下，普通野生稻形成了多种生态类型，其生长环境多是沼泽、沟塘等水源丰富的地方，宿根性多年或一年生，株型有伏生、斜生或下斜上直多种；茎长 100 ~ 150 cm，并可随水深延长，最长者可达 300 cm 以上；分蘖和根系都较强大，穗型散、枝梗少，一般只有 4 ~ 5 条，呈树枝状展开，很少有第二次枝梗；谷粒细长，一般外颖顶端有紫红色或无色长芒；叶鞘、叶沿、柱头呈紫色，亦有无色者；谷粒成熟后为灰褐或灰黑色，米质好；但结实率不高，落粒性强；对稻属植物的主要病虫都有较强的抗性。

1958 年日本东北大学的胜尾清以中国红芒野生稻与藤坂 5 号（日本粳）杂交，在杂种后代中获得了不育株，进而培育成了有中国红芒野生稻胞质的藤坂 5 号不育系。我国培育成功的第一批水稻雄性不育系——野败型不育系，是以海南崖县的普通野生稻雄性败育株与栽培稻二九南 1 号、珍汕 97、京引 66 等杂交育成的（湖南农业科学院、江西萍乡市农科所，1973）。以后，我国许多研究单位先后以各种生态型的普通野生稻与栽培稻杂交，成功地培育了一批具有各地野生稻胞质的水稻雄性不育。其中以海南野生稻为母本育成不育系的组合主要有：崖城野生稻 × 广选 3 号（广西农科院，1975）、羊栏野生稻 × 六二（广东肇庆农校，1975）、三亚红野 × 京育 1 号（中国农业科学院作物所，1975）、红芒野生稻 × 莲塘早（武汉大学，1975）、藤桥野生稻 × 二九青（湖北农科院，1975）。以广西野生稻为母本育成不育系的组合主要有：柳州红芒野生稻 × 金南特 43（广西农科院，1976）、柳州白芒野生稻 × 珍汕 97（湖南农业科学院，1974）、合浦野生稻 × 广选早（湖南农业科学院，1975）、田东野生稻 × IR28（湖南农业科学院，1978）。还有以云南景洪县的普通野生稻作母本（云南农业大学）以及用印度普通野生稻作母本（广西农科院，1976 年），分别与栽培稻杂交都获得了雄性不育材料。

利用野生稻资源获取不育株，获得成功的绝大多数都是以野生稻为母本、栽培稻为父本的杂交组合，而且成功的概率相当高。一般反交很难获得不育材料。即使有个别获得了不育株，如江西萍乡市农科所（1978）用萍矮 58×华南野生稻组合，后代中出现无花粉型不育株，但一直未能育成育性稳定的不育系。

由于野生稻的一些生物学特性，在利用野生稻与栽培稻杂交时，要注意以下几点。

①野生稻是感光性很强的植物，必须有相应的短日照条件才能进入生殖生长阶段。因此，野生稻及其杂交后代中的低世代材料在长江流域及其以北地区种植或在华南作早季种植，都要在 4 叶期后适时作短日照处理，否则不能正常抽穗或延至晚季抽穗；②野生稻落粒性强，杂交后的套袋要一直套到收种；③野生稻及其杂交后的低世代材料的种子休眠期长，且较顽固，如收后需要接着播种时，浸种前要反复翻晒，或者将干燥的种子放在 50 ℃恒温箱中连续处理 72h，以打破其休眠期。催芽时可剥去颖壳，以提高发芽率。

（二）籼粳亚种间杂交

1. 籼粳杂交

这是当前获得雄性不育株的重要途径之一。目前我国大面积种植的粳型不育系主要来自这一途径。

1966 年日本琉球大学的新城长友，用印度春籼钦苏拉·包罗Ⅱ作母本，与我国台湾省的粳稻台中 65 杂交获得了不育株，育成了 BT 型不育系。以后，国内外对籼粳交选育水稻雄性不育系作了大量工作，先后又育成了一批新不育系，这批不育系按母本的地理生态型分类，主要可分为如下几类。

（1）印度春籼型。钦苏拉·包罗Ⅱ×台中 65（日本北村，1968），缅甸里德稻×台中 65（日本渡边，1968），2lup×京引 83（江苏农科院，1975），春 190×红帽缨（云南农业大学，1977）等。

（2）东南亚籼型。特特普×农林 8 号（日本北村，1968），IR24×秀岭（辽宁农科院，1977），袖奇×农垦 8 号（福建农科院，1977）。

（3）我国南方古老农家籼型。观音籼×农林 8 号（日本北村，1968），新霸籼×农林 8 号（日本北村，1968），田基度×藤坂 5 号（湖北沔阳排湖原种场，1976）。

（4）我国南方晚籼型。井泉糯×南台粳（福建昭安良种场，1975），包胎矮×红帽缨

（云南农业大学，1978）。

（5）云南高原籼型。峨山大白谷 × 红帽缨（云南农业大学，1975），峨山大白谷 × 科情 3 号（云南农业大学，1975）。

籼粳交能否获得雄性不育株，关键是亲本的选择。从已得到的一些规律看，以古老的华南晚籼、低纬度的东南亚籼、印度春籼和低纬度高海拔的云贵高原籼为母本，以日本粳、我国大陆和台湾省正在推广的粳稻为父本杂交，在其后代中获得的雄性不育株，育成不育系的可能性大。

2. 粳籼杂交

1973 年云南李铮友用籼粳杂交育成的粳稻科情 3 号作母本，与海南崖县古老籼型旱稻山兰稻杂交，在 F_2 中获得了雄性不育株，最后育成了台中 1 号不育系。但是，一般认为以粳稻作母本，籼稻作父本在其杂交后代中很难获得雄性不育株，目前育种实践中也很少采用这种方法。

二、地理上远距离的或不同生态型品种间杂交

1972 年国际水稻研究所用我国台湾籼稻台中本地 1 号作母本，与印度籼稻朋克哈里 203（pan khari 203）杂交，回交二代结实率在 3.4% 以下，并育成了朋克哈里不育系。该所还用皮泰与 D388 杂交，育成了 D388 不育系。

我国在采用地理远距离品种间杂交选育不育系方面做了大量的工作。四川农学院用原产西非的籼稻冈比亚卡（Gam biaka kokum）与我国长江流域的早籼杂交，后代中分离出不育株，育成了冈型不育系。广东水稻杂种优势利用协作组用饶平矮 × 广二矮培育成了 228 型不育系。

湖南省农业科学院用地理远距离籼稻品种杂交，在古 Y-12 × 珍汕 97、印尼水田谷 6 号 × 坪壤 9 号、IR665 × 圭陆矮 8 号、秋谷矮 2 号 × 坪壤 9 号、秋塘早 1 号 × 玻粘矮、沙县逢门白 × 珍汕 97 等组合中均获得了不育株，并已分别育成不育系。

血缘远的不同生态型粳稻间杂交也可获得雄性不育株。云南农业大学用古老农家高原粳昭通背子谷和现代粳稻科情 3 号杂交，并进行了反交，结果正、反交都获得了不育株。

品种间杂交，由于双亲血缘较近，获得不育株的难度较大，但只要亲本选择得当，后代中出现不育株的机会仍然不少。在方法上应注意以下几点。

（1）双亲一定要是地理远距离或不同生态型的品种，如外国种 × 中国种、东南亚种 × 中国长江流域品种、华南感光型晚籼 × 长江流域感温型早籼、云贵高原低纬度高海拔粳稻 ×

北方高纬度低海拔粳稻等。有血统渊源者配组很难在后代中产生不育株。1970 年以来我国很多品种已逐渐融入东南亚、印度、泰国等国的一些品种的血缘，而另一些品种又可能是不同生态型品种间杂交的后代。因此在配组时，要事先查清双亲的家系，这是能否获得不育株的关键。湖南农业科学院在籼稻品种间杂交选育不育系方面，曾利用现有籼稻品种与野败型不育系近交的情形测交，通过测交把现有品种区分为恢复、部分恢复和保持三类，然后以恢复品种作母本，保持品种作父本进行杂交，在后代中选育不育株。由于采用了这种方法，雄性不育株出现的组合数由随机配组时的 2% 左右提高到 11.3%。

（2）品种间杂交，杂种一代一般不出现不育株，可用原父本回交 1~2 次，然后任其自交分离，每代种植 300~500 株群体，逐代认真观察。只要亲本选配得当，后代中便可分离出不育株。

远缘杂交和地理远距离品种间杂交，是当前培育水稻雄性不育系的主要途径。我国目前大面积在生产上应用的籼、粳稻不育系，如野败型、BT 型、冈型等，无不来源于此途径。

比较产生不育株的各种杂交类型，其中，最易产生雄性不育的是种间杂交，以下依次是亚种间杂交中的籼粳交、地理远距离或不同生态型的籼籼交和粳粳交。

在各种杂交中，凡以进化程度低的亲本作母本，进化程度高的亲本作父本杂交，比较容易产生雄性不育株或部分不育株。在相反情况下，一般很难出现不育株，如表 4-1。

表 4-1　远缘杂交正反交 F1 育性表现

类型	杂交组合	结实率 /%	反交比正交结实率高 /%
野栽交	红芒野稻 × 莲塘早	1.7	
	莲塘早 × 红芒野稻	32.3	+30.6
	红芒野稻 × 郑早 4 号	0.9	
	郑早 4 号 × 红芒野稻	49.3	+48.4
	红芒野稻 × 长紫 32	3.1	
	长紫 32× 红芒野稻	40.4	+37.3
	红芒野稻 × 意大利 B	6.0	
	意大利 B× 红芒野稻	17.2	+11.2
	藤桥野稻 ×Ch-	21.5	
	Ch-× 藤桥野稻	51.3	+29.8
	藤桥野稻 ×691	10.0	
	691× 藤桥野稻	50.0	+40.0

续表

类型	杂交组合	结实率 /%	反交比正交结实率高 /%
籼籼交	冈比亚卡 × 矮脚南特	15.0	
	矮脚南特 × 冈比亚卡	71.2	+56.2

注：表中资料分别来自武汉大学和四川农学院。

三、人工引变和自然不育株的利用

在自然界中，由于天然异交和宇宙射线的电离辐射作用和某些理化因子，水稻个别单株可产生突变，形成雄性不育。这在一些种植历史较久远的古老品种中可以找到相关的不育株。湖南省安江农校（1964 年）在中稻品种胜利籼中找到的不育株（即用南广占人工制保形成的名为湖南籼无 "C 系统" 不育材料）和广东省的 424 都是自然突变不育材料。

自然突变发生的频率一般很低，因此自然突变雄性不育株一般较难找到相关的不育株。若用人工诱变的方法使水稻产生雄性不育，则其诱变频率往往比自然突变高出很多倍。在人工诱变中常用的物理因素有 X 射线、r 射线、快中子、激光等；常用的诱变化学药物有甲基磺酸乙酯（EMS）、硫酸二乙酯（DES）、亚硝基乙尿烷（NEV）等。不论物理因素或化学因素，都可以按一定剂量或浓度处理稻株或种子。在其后代中便可能找到被诱发的雄性不育株。广东省梅县地区农科所用 $Co^{60}\gamma$ 射线 2.5 万～3 万伦琴（1 伦琴 ＝ 2.58×10^{-4}C/kg）剂量照射珍珠矮 11 号等三个籼稻品种，在第三代 5 908 株植株中找到了 30 株高不育株。浙江农科院、广东农科院也分别从被处理的广陆矮 4 号、珍珠矮 11 号、珍汕 97 等品种中获得了雄性不育株。但是一般认为，从大田中获得的雄性不育株和人工引变的不育株，属于核不育，很难找到保持系。

第二节　稳定不育性的途径和方法

一、稳定不育性的原理

获得雄性不育株以后，必须设法育成群体不育性稳定、遗传上纯合的不育系。由于不育株自交不结实，只能采用 "异交稳定" 的方法使之达到 "纯合"。"异交稳定" 就是用遗传上稳定而对不育株的不育性有保持能力的正常品种作父本与不育株杂交，并逐代回交子代，使不育株逐渐在外形上与父本同型，不育性稳定。这个过程叫 "核置换"。

受精生物学研究表明，受精过程中，精细胞进入卵子的主要是精子的核物质，细胞质很少进入。来自父母本双方的核物质按1：1的比例共同组成受精卵的细胞核。而受精卵的细胞质，由于精子的细胞质进入很少或不进入，绝大部分成分仍是卵细胞原有的。在这种情况下，若是用同一品种对子代连续回交下去，原母本的核物质势必就会被同一父本的核物质逐渐置换掉，最后形成细胞核基本上与父本核同型而细胞质基本上是原母本的植物体。由于遗传因子大多集中在细胞核内，回交父本若是纯合的话，此时不育株也会达到纯合，不再出现性状分离。

回交以后，父母本双方除雄性不育有关性状外，其他性状基本一致，证明"核置换"过程是真实存在的。

现代生物学研究表明，核内遗传物质绝大多数都集中在核内各条染色体上。核置换实质上就是染色体置换，各染色体在形成配子的细胞分裂过程中是以整条为单位进入子细胞中的。而且来自父、母本的成对同源染色体在减数分裂后期必须分开来各自进入一个子细胞，但来自同一亲本的各非同源染色体中的任意一条究竟进入两个子细胞中的哪一个则是随机的，即染色体的分配受孟德尔的分离规律和独立分配规律支配。并且在成对同源染色体联会过程中，非姐妹染色单体之间还存在着交换的可能。因而核置换实际上并不如图4-3所示的那样，每次都能规整地将上代所剩母源核物质再置换一半出来，而是从 F_1 植株上产生的雌配子开始，同一世代的各个体间来自父源和母源的核遗传物质的比例是互有差异的，有的父多，有的母多，这就为回交母本提供了可选择性，使核置换过程加快成为可能。同代各种差异个体出现的概率一般

按二项分布展开，理论上说水稻在 B_1 就可能有 $\dfrac{2}{2^{12}} = \dfrac{1}{4096}$ 的植株其母源核遗传物质被完全置换出来。随着回交世代的增加，这种已完成核置换的植株会逐代增多。假定在各世代中选的回交株都是那种核遗传成分处于该代群体平均水平的植株，那么 B_1 以后各代中完成核置换的植株出现的概率将分别是 $B_2$0.0156；$B_3$0.1250；$B_4$0.3536；$B_5$0.5946。因而从 B_2 开始，在群体中选到完成核置换植株的可能性就越来越大。实践证明，有经验的育种家，在有适当可选群体的基础上，经过严格选择，一般在 B_3 就可基本完成核置换，使父、母本达到同型。母本成为不育系，父本就是保持系。

二、人工杂交和天然异交不育株的稳定

将不育株培育成不育系的基本方法是核置换。但实际上由各种途径得到的不育株，寻找它们保持品种的难易程度是各不相同的，有的容易，有的却相当难。必须针对各自的情况，采用不同的途径和方法。

（一）由杂交产生的不育株用原父本进行核置换

绝大部分野栽交及部分籼粳交、籼籼交、粳粳交中，杂交后代出现不育株后，用原父本对不育株连续逐代择优回交，就可将不育株稳定下来。我国先后育成的野败型、红莲型及其他各种野栽型、滇一型、滇四型、滇五型等都属于此类。现以野败二九矮不育系的选育为例，叙述如图 4-1。

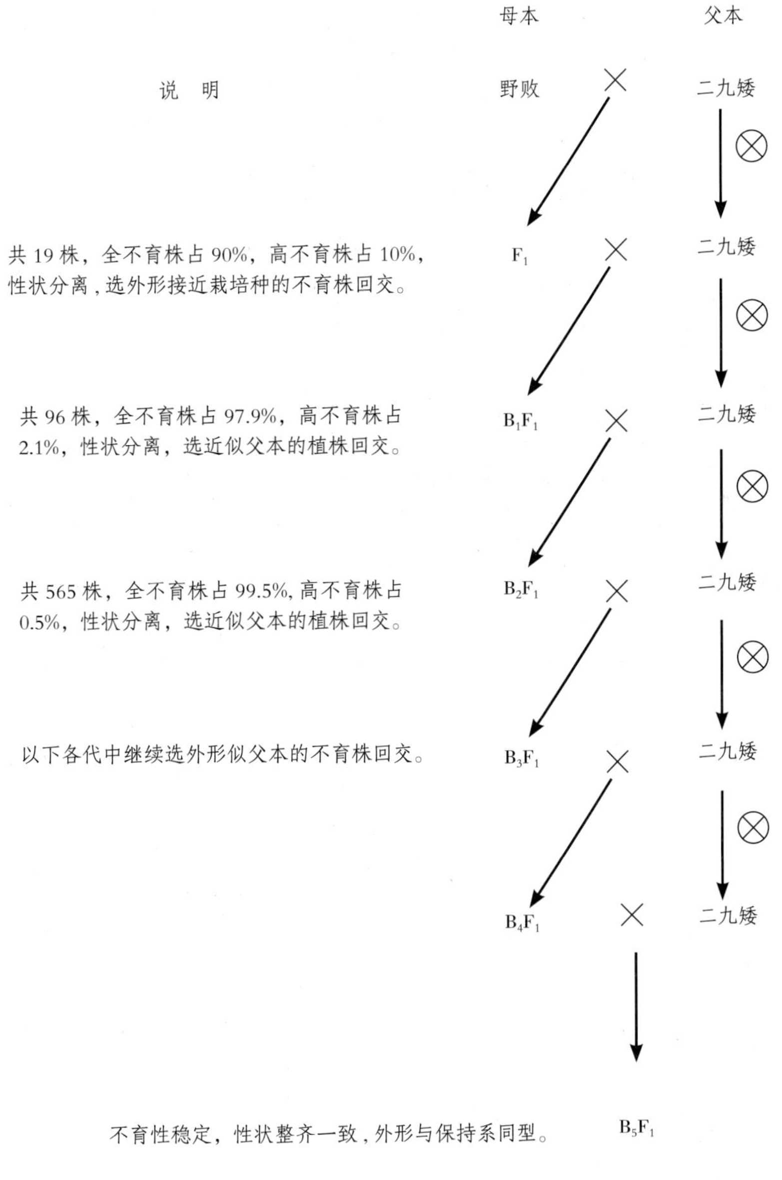

图 4-1　二九矮不育系选育示意图

在籼籼交中，湖南农业科学院育成的印尼水田谷 6 号质源的坪壤 9 号不育系亦属于此类，如图 4-2。

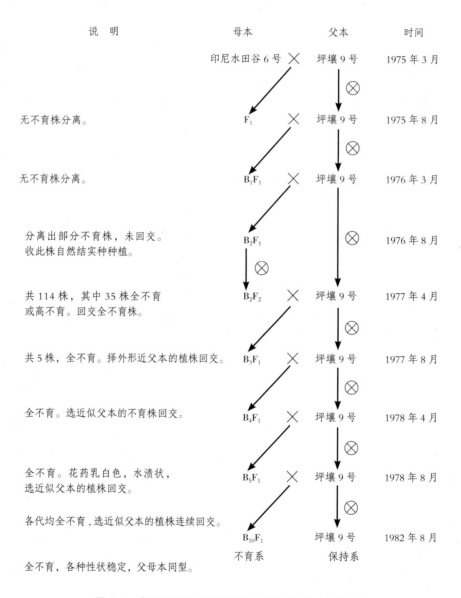

图 4-2　印尼水田谷 6 号和坪壤 9 号不育系选育示意图

（二）换用新父本稳定其不育性

在有些人工杂交后代中分离出的不育株，用原父本对其连续回交，不育性长期无法稳定，甚至随着回交世代的增高，不育性反而消失。这种情况在大部分以地理远距离籼稻品种间杂交选育不育系的途径中经常遇到。解决办法，视具体情况而定。

（1）对不育株用大量与父本同一生态型的品种进行测交，筛选能稳定不育性的新父本。我国冈型籼稻不育系的选育就是用这种方法获得成功的。

四川农学院水稻研究室 1965 年用西非晚籼冈比亚卡作母本与矮脚南特杂交，从 F_1 到 F_3 各代都只有半不育株分离，到 F_4 出现花药畸形、花粉败育的高不育株系，编号为冈 11。全系 260 株，平均结实率在 2% 以下，但育性不稳，随气温升高而不育性下降。1972 年用冈 11 与有矮脚南特血缘的 69-641 杂交，在 F_3 中得到一个高不育株系，编号为冈 12。冈 12 花粉为典败，不育株率 89.3%，不育株自交结实率平均为 0.12%。此后对冈 12 中的不育株进行了大量测交，发现朝阳 1 号、二九矮 7 号等保持最好。用这两个品种进行连续回交，终于育成育性稳定的冈 12 朝阳 1 号不育系和冈 12 二九矮 7 号不育系。

（2）有的籼籼交组合产生的不育株，不包颈，花药微黄色、细瘦、棍棒状，在一般情况下很少裂药散粉，自交结实率在 2% 以下。但很不稳定，随着气温升高，自交结实率逐渐升高。这类不育株在大量测交的情况下往往也不容易找到保持得很好的品种。针对这种情况，可以用保持稍好的品种与其杂交，然后加大后代的群体，就有可能从中分离出不育度更高的新不育株类型，再测交筛选出能对新类型不育株保持的品种，即可很快达到稳定目的。湖南省农业科学院 1975 年用印尼水田谷 6 号与圭陆矮 8 号杂交，在 B_1F_1 出现不育株，用原父本回交到 B_5F_1，母、父本同型，母本整齐一致、不包颈，花药瘦小、微黄、棍棒状，一般不裂药，自交结实率在 1% 以下。当日平均气温上升至 24 ℃以上时，自交结实率随着气温的不断升高而增加，不能育成育性稳定的不育系。1976 年在 B_2F_1 中用不包颈不育株与温选 10 号杂交，F_1 仍然是不包颈不育类型，然后用温选 10 号回交到 B_2F_1，19 个株系中有一个株系分离出包颈轻、花药乳白色、水渍状的新不育类型，对这类不育株立即进行广泛测交，很快找到保持较好的珍鼎 28、Ⅱ-32 等籼稻品种，连续回交后顺利育成了印尼水田谷 6 号质源型的珍鼎 28 不育系和Ⅱ-32 不育系。

（3）在一些籼籼交组合中，不育株长期不能用籼稻品种稳定下来，没有那种包颈轻、花药乳白色、水渍状，容易稳定的不育株分离，这时若改用粳稻或籼粳杂交后代作父本，通过测交有可能找到对不育性保持较好的粳稻品种，育成该质源的粳型不育系。湖南省农业科学院从泰国稻选 × 圭陆矮 8 号、矮禾水田谷 × 坪壤 9 号、印尼水田谷 7 号 × 珍汕 97、秋谷矮 2 号 × 珍汕 97 等组合中得到的不育株，就是在长期找不到籼稻保持系的情况下，改用安农晚粳（籼粳交后代）将它们的不育株稳定下来的。

（三）突变不育株的稳定

一般认为突变不育株属于核不育类型，在各不育类型中可能是最难稳定的一类。湖南籼无"C 系统"不育材料，被认为是属于这种类型。该材料自 1964 年获得后，全国各协作单位在 1973 年前进行了数以千计的测交筛选，一直没有找到保持品种。1973 年秋，湖南农学院选用与母本血缘远、生态差异大、地理远距离的籼、粳品种或籼粳杂交后代与籼无"C 系统"南广占测交，几乎所有测交 F_1 都恢复，唯有新西南粳（籼 × 粳后代）测交 $F_1$12 株中有 10 株完全不育，其余两株可育。用新西南对完全不育株逐代连续回交，育成了南新不育系。但不育类型已不是原来籼无的无花粉型，而是花粉败育型被稳定下来了。

湖南籼无"C 系统"的不育性，除被新西南粳稳定成南新不育系外，还被江西省萍乡市农科所、福建农科院分别用粳稻国庆 20 号、籼稻珠六早 111 稳定下来。稳定的不育类型都是典败。对于湖南籼无"C 系统"的不育性被稳定，我国不少学者尚有异议，认为南新不育系是籼粳交获得的另一种新的不育系，而不是原来的籼无核不育性的被稳定。其主要理由是：①南新等不育系，已完全不是原来的"C 系统"无花粉型不育类型，而变成了与籼无完全不同的花粉"典败"型不育系；②恢保关系也已完全改变，再不是找不到保持品种的籼无核不育，而是变成了恢保关系与"野败"型相似的核质互作不育类型。

在不育株稳定过程中的注意事项如下。

（1）不育性的鉴定。不育性鉴定是不育株稳定过程中经常要进行的工作。鉴定方法可分为不育株型态鉴定、花粉粒镜检和自交结实试验三个方面。形态鉴定是观察植株外形。有些不育类型如典败型等孢子体不育，籼型不育系有包颈现象，配子体不育类型则不包颈。凡是雄性不育株其颖花的雄蕊都异常：有的部分花药退化后只剩花丝，其余花药极端瘦小，成弯月状薄片；有的花药微黄、瘦小，成棍棒状，不开裂；有的花药成乳白色（或青白色）、水渍状、油条形或矢尖形等。从外形初步认定是不育株后，就要进行花粉镜检，用 I-KI 溶液染色观察其败育情况。若无染色花粉粒即证明是全不育株；若有部分染色深浅不等的花粉粒，可能是部分不育株。为了准确无误，一个穗子上的上、中、下部颖花都要分别取样镜检，一株上的主穗和后期的分蘖穗也要分别镜检。镜检对染败型不育无法做出准确的结论，因此，最可靠的鉴定还是不育株自交结实试验，这对各类不育株都有效。自交结实试验较准确的方法是将不育株单独种植在一个无外来花粉的隔离区内，而且安排在气温适宜的环境和季节下抽穗扬花，否则就不能使结论准确无误（抽穗时日平均气温在 24 ℃~30 ℃之间较为适宜）。无自然隔离条件的可设置人工隔离障，如围膜或套袋。但需注意不要造成穗部温度过高，引起高温杀雄，影响试验的准确性。

各种远缘杂交除能产生雄性不育外，还可能出现雌性不育现象，有的雌性不育株无柱头或无子房，可在外形上鉴别，无法在外形上鉴别的，可以用正常花粉作授粉试验，授粉后不结实者即为雌性不育。

（2）注意鉴别核质互作型雄性不育和双亲核物质的不亲和性引起的不育。在籼粳杂交中，除可能产生核质互作型雄性不育外，更多的是双亲核物质的不亲和性引起的不育。若是后者，只要用原父本连续回交几代，不育性就会逐渐消失，而核质互作型雄性不育不会因回交世代增高而丧失不育性。

（3）三系育种的实践证明，有些途径获得的不育株，由于使用的杂交和回交亲本的不同，子代花粉败育的时期也会各不相同。也就是说，同一不育胞质，也可以用不同的保持系转育出几种不同花粉败育类型的雄性不育系，如我国四川农学院育成的冈型不育系。同是冈比亚卡不育胞质，就有单核期败育型的朝阳1号不育系和三核期败育型的青小金早不育系。但在各种不育类型中，籼稻不育系以从单核和双核早期走向败育的类型保持品种多、最易稳定。三核期败育的一般用粳稻或籼粳杂交选育的品种作保持系较易育成育性稳定的不育系。生产上使用的不育系，最好有多种类型，这样就能扩大生产上对三系资源的可选择性，以备各种生态环境及多种栽培制度的需要。同时也能避免不育胞质单一化可能带来的不良后果。

（4）不育株的保存。不育株在暂时找不到保持系的情况下需要对原始株进行保存，以便进一步研究使用。方法有三：①宿根保存。可割去地上部分，留10 cm左右稻苑，让其再生。冬季移于温室或迁至温暖的南方；②可用能部分保持的品种与之杂交，待后代中分离出不育株供研究使用；③在不育株上收自然结实种逐代种植在品种（系）繁多的研究田内，任其自然异交，后代中会不断有不育株分离供研究使用。

三、不育系的转育

为不断提高杂交水稻产量和品质，以及杂种的制种产量，必须不断地改进和提高已在生产上利用的水稻不育系。同时水稻种植的范围很广，也必须有适应各种生态环境和耕作制度的多种多样的不育系。对已育成的不育系进行转育是培育新不育系最快捷、最省事的有效办法。目前我国生产上使用面积较大的几个主要类型的不育系，如"野败"型、BT型、冈型等，都以转育法选育出了众多的同质不育系。转育方法分两步。

第一步是测交。用已选定作保持系的品种作父本与不育系杂交，观察F_1、B_1F_1至B_2F_1的育性表现。F_1必须是全不育的，上、中、下部的颖花都要认真检查。由孢子体不育型籼转籼时，应注重比较植株外形。若F_1仍包颈，穗上各部颖花内花药退化形态与原母本相似，镜检花粉无染色者，则由这个品种转育成新不育系的可能性很大；若 F_1 包颈消失或包颈变得很轻，下部颖花中有肥胖的花药，并有部分染色花粉粒，则由此品种转育成新不育系的成功率很小，一般回交 1～2 代自交结实率就会提高，或始终有部分自交结实。有的籼转籼 F_1 包颈完全消失，所有花药都是微黄色，但都变得很瘦小、成棒状、不裂药散粉，因而全不育。针对这种情况必须继续观察 B_1F_1 至 B_2F_1 的表现。如在这两代出现部分散粉自交结实，表明不能转育成功。用粳稻或籼粳杂交后代作保持品种进行转育，若 F_1、B_1F_1 至以后几代都呈现瘦棒状花药、全不育，即有可能育成配子体不育类型新不育系。对于染败型的配子体不育粳型不育系的转育，重点的育性检验手段应放在不育株自交结实试验上。

第二步是择优回交。经测交证明有希望转育成功的组合，就要以父本逐代连续回交进行核置换，尽快让母本达到与父本同型，形成各种性状稳定的不育系。所谓择优回交，就是在不育株率和不育度高的组合中选择优良性状多、开花习性良好的单株成对回交。程序是先选组合，再在中选组合中选择优良株系，然后在中选株系中选最优单株。在回交过程中，若不育株逐渐表现闭颖严重、开花不准时、不集中、张颖角度小等不良性状，表明此材料无生产利用价值，应予舍弃。

前已述及，按理论计算，一般回交到 B_2，母源核物质被完全置换的概率是 0.015 6。也就是说，若 B_2 能达到 300～400 株的群体，在其中将会找到 5～6 株与父本完全同型的回交后代。回交这些单株，B_3 就可完成转育过程，形成稳定的新不育系。若 B_2 达到 300～400 株的群体有困难，那么到 B_3 时只要达到 50～100 株的群体也会在其中找到 5～10 株被完全核置换的单株（概率 0.125 0）。由于 B_3 中被完全核置换的概率较高，有经验的育种工作者一般在 B_4 就可以转育成新的不育系。为了更加快捷、准确，一般从 B_2 到 B_3 每个组合应维持 5～10 个回交株系。在 B_3 对所有株系进行各种性状的全面鉴定。选择最优株系扩大 B_4F_1 群体，一般要求达 1 000 株以上，对育性和核置换程度进行鉴定。确实已转育成功的即可投入生产试验。

对于某些重点优良材料，有希望育成不育系的，为了缩短育成时间，可在其还处于低世代分离阶段时就开始测交转育，然后对测交后代和父本进行同步选择、稳定。但这就要求父本和子代都保持较大的群体，而且要增多回交父本株系，否则难以达到选育目标。父本在低世代各株系应保持的群体大小，可视父本材料的分离情况而定。分离大的群体应适当增大，随着世代增高，符合育种目标的单株分离得越来越多，就可迅速缩小群体和舍弃较差的株系。在这种同步稳定中，因为回交子代外形随父本的逐代变化而变化，因而回交子代在早期世代不需要维持多大群体。而到父本基本稳定时，就要将母本群体扩大，用以鉴定育性及其他性状是否与父本基本同型等。若已符合育种目标，就表明新不育系和保持系已同时育成。

保持系和不育系同步稳定转育难度较大，从亲本的选择到各世代材料的取舍，都要求有较强的预见性、周密的计划和正确的工作方法，否则会事倍功半或劳而无功。对于那些用性状差异很大的亲本杂交选育保持系的低世代材料，由于它们会在相当多的世代中出现严重分离，一般不宜进行同步稳定转育。

第三节　优良不育系的标准及其保持系的选育

一、优良不育系的标准

一个优良不育系必须具备以下几个条件：

（1）不育性稳定。不育系的不育性，不因保持系多代回交而育性恢复；也不因环境条件的变化，如气温的升降等，而使不育性发生变化。

（2）可恢复性好。是指它的恢复品种多、亲和力强；用它配制的杂种结实率高而稳定。在环境条件变化的情况下，不会由于母本的原因而降低结实率。

（3）开花习性好、花器发达、异交结实率高。开花习性好是指开花早而集中，张颖角度大，开颖时间长，无闭颖或只有很少闭颖现象。花器发达是指柱头大小适度，外露率高，外露柱头生活时间长。矮秆或半矮秆株型（一般株高应略低于恢复系），分蘖力强，剑叶窄短，有利于花粉的传播。

（4）配合力好，容易组配出强优组合。这就要求不育系必须有优良的丰产株叶形态和相应的生理基础。并在一些主要的优良经济性状方面与恢复系能够互补。优势的强弱，与父、母本的遗传距离和血缘的远近有关。适当地加大不育系和恢复系之间在主要性状上的遗传差异，避免在不育系中导入恢复系血缘，是一个优良不育系具备好的配合力的重要条件。

（5）米质好。一个优良的不育系必须具有良好的米质，外观透明，无垩白（包括无心白、腹白、背白），出糙率、精米率、整精米率高。蒸煮品质好、米饭松软可口、食味好。

（6）抗性强。对当地的主要病虫害表现多抗，至少抗其中最主要的一两种。

二、保持系的选育

在水稻三系选育的初期阶段，保持系的主要来源是在众多的常规稻中测交筛选。目前这种方法仍是选育保持系的一个重要途径。但随着生产的进一步发展，对不育系的质量有了更高的要求，仅在现有的常规品种中筛选已难以达到预期的育种目标，必须对保持系进行有计划、有目的的选育，将众多的优良性状，特别是不育系必备的那些性状汇集起来，才有可能转育出高质量的不育系。

不育系实质上是保持系的同核异质体。现代遗传学研究表明，植物体的绝大多数遗传因子都存在于细胞核中，因此在相当大的程度上可以说，有什么样的保持系就有什么样的不育系。一个优良不育系应具有的所有优点，除不育性稳定、可恢复性好外，其余优良性状保持系都应该具有。而且不育性的稳定性和可恢复性也与保持系的遗传型有关。

同是一个亚种的同质不育系之间，由于保持系的不同，可恢复性存在着差别，尤其对于恢复力并不很强的恢复系来说，差别更大。比如"野败"中的二九南1号、二九矮4号、广陆银等不育系就较难恢复；V20、金南特43不育系次之；最容易恢复的是珍汕97、71-72等不育。因此在选育保持系时，它对不育系可恢复性的影响方向，从选配亲本到杂交后代的选择都是必须考虑的因素。

如前所述，F_1 的优势与双亲的遗传距离、主要性状上的互补和血缘的远近有关。在选择保持系的杂交亲本时，一定要考虑尽可能避免有恢复品种的血缘。若为了获得某种特殊性状必须起用某个恢复品种时，也要采用属于保持类型的品种与杂交后代进行回交或多个保持品种复交，以排除恢复系遗传成分对杂种后代的过多参与。这不仅有助于提高保持系与恢复系的配合力，也能减少其保持能力丧失的可能性。

福建稻麦研究所雷捷成等基于野败不育性的恢复或保持受两对基因控制的遗传特点，提出了在改造现有保持系，将某些恢复品种的有利基因导入保持系时，在杂种早期世代排除恢复因子的简捷有效方法。即以被改造的保持系作母本，用其相应的不育系与入选的恢复系杂交的 F_1 作父本进行杂交，在 $[B \times (A \times R)F_1]F_1$ 中就有 1/4 的植株是排除了恢复基因的保持株，就基因型而言 $[r_1r_1r_2r_2 \times (S)R_1r_1R_2r_2]F_1$ 中 1/4 是 $r_1r_1r_2r_2$。在 F_1 中只要用不育系测交少量单株，就可找出完全保持的杂交后代。这种方法对保 × 恢方式改造保持系是一个改进。

　　通过测交认定了某些品种（或品系）可作保持系，在未回交转育前可将它与主要的恢复系杂交测定其配合力。一般说来，转育成不育系后，不育胞质对杂种优势有负效应（有的研究认为不明显或配子体不育类型不明显）。但由于遗传因子大多在核内，胞质的负效应一般并不能改变优势的方向和表现程度，尤其对与强优恢复系组配的杂种优势影响更小。因此，通过入选亲本与恢复系杂交，F_1 优势强表明配合力好的，就可以加速回交转育。

　　不育系由于异交的需要，对花器和开花习性等性状特别讲究，在众多关系到异交率的性状中最重要的是开花的迟早和集中程度。凡每天开花集中且花时又早的，其异交率高。不育胞质对花时和开花集中的程度呈负效应，但保持系在这两个性状上表现好的，不育系也会较好。不育胞质对柱头外露有增进效应，不育系一般都比自己的保持系柱头外露率高。选育出中等外露率的保持系，就可使不育系达到较高的柱头外露水平。柱头外露对开花迟而不集中的不育系是一个弥补，开花后第二天外露柱头中有受精能力的一般仍可达 65% 以上。柱头的大小、长短与外露率成正相关，但影响外露率的因素不止于此，如粒型、开颖角度、子房的长短、柱头柄的长短和伸展方向等都影响外露。长粒型、开颖角度大、子房较长、柱头柄较长、柱头平伸等性状都有利于柱头外露。柱头大小还直接关系着接受花粉的概率。柱头的大小，一般为显性或部分显性遗传，并有累加效应，可通过加入大柱头亲本或多个中等柱头亲本杂交累加，在后代中选出超亲的株系。如湖南杂交水稻研究中心育成的长柱头不育系就是通过移入非洲长药野生稻的长花药因子育成的。湖南农业科学院育成的大柱三大系列不育系就是用多个中等大小柱头的亲本杂交，通过累加，选出超亲的后代作保持系转育成的。

　　总之，一个好的保持品种的选育，应考虑的因素是较多的，一般优良水稻品种所具有的高产、优质、多抗的特点它都应该具有。尽管某些优良特性通过互补，F_1 也可从恢复系那里获得，因而对保持系的性状要求不一定面面俱到，但不育系所特有的，如不育性稳定，可恢复性好，配合力好，异交率高等特性，大多要从保持系那里获得。这就增加了保持系的选育难度。简单的杂交，一般已很难达到目的，要采用多亲本的杂交或多层次的复式杂交才有望获得较好的效果。

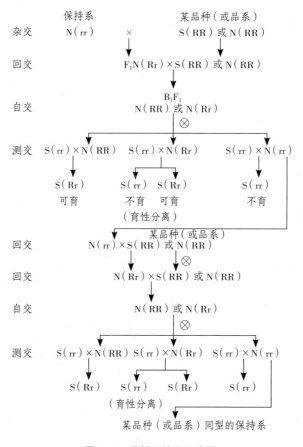

图4-3 保持系转育示意图

通过配合力测定，发现某品种（或品系）配合力好，其他性状也都适宜作保持系，就是保持能力不行，可通过如下方式改造：用已知的保持系作母本与该品种（或品系）杂交，然后用父本回交一次后任其自交分离，从后代中选取倾父的单株用不育系测交，选出测交 F_1 完全保持不育的那种父本作母本与该品种（或品系）再连续回交两次，任其自交分离一次。这时的分离后代，由于通过一次杂交，三次回交，各主要性状都已基本与该品种（或品系）同型，可在其中选取外形完全似父本的单株与不育系测交，对完全保持的株系，进一步回交就可转育成育性稳定的不育系（图4-3）。

第四节　我国几类主要不育系的选育及其代表型不育系简介

一、野栽交选育的不育系

（一）"野败"型不育系选育及其代表型不育系简介

"野败"型不育系是我国最早完成三系配套，也是目前生产上应用最广、面积最大的一类不育系。

1."野败"的发现及其特点

"野败"是一株花粉败育型雄性不育野生稻的简称。它是湖南安江农校李必湖于1970年10月在我国海南崖县的南红农场水沟边一片普通野生稻丛中发现的。它株型匍匐；分蘖力很强；叶片窄；茎秆细；谷粒瘦小；芒长而红，极易落粒；叶鞘和稃尖紫色；柱头发达外露；对日照长度反应敏感，为典型的短日照植物。其性状除雄性不育外，与我国海南的普通野生稻（*O. Sativa L. F. Spohtanea*）基本相似。"野败"原始株的花药瘦小、淡黄色、不开裂、内含畸形的败育型花粉；一般自交不结实，但当气温连续几天超过30℃后就有少部分花药形成少量正常花粉，并开裂散粉自交结实。

1971年春，袁隆平等用籼、粳栽培品种为父本，将其与"野败"杂交，同年秋、冬，在海南观察了10个杂交组合的F_1，发现都出现育性分离（表4-2）。

表4-2　野败 × 栽培稻 F_1 的育性情况

序号	组合	总株数	正常株	部分不育株	完全不育株
1	野败 ×6044	18	4	5	9
2	野败 × 广矮 3784	6	0	3	3
3	野败 × 早籼 4 号	9	2	6	1
4	野败 × 意大利 B	5	2	0	3
5	野败 × 二九青	2	0	2	0
6	野败 ×24–322	6	1	3	2
7	野败 × 新 374	5	1	4	0
8	野败 × 京引 66	2	0	0	2
9	野败 × 合 66–125	16	3	5	8
10	野败 × 米特 1 号	1	0	0	1
合计		70	13	28	29

　　除育性外，F_1 的其他性状也有明显的分离，如野败与叶鞘、柱头、稃尖无色的 6044 和广矮 3784 杂交的 F_1 出现紫色株和无色株的分离。另在株型、穗型、粒型等方面也发生了较大分离，F_1 中既有典型的野生稻株型，也有倾父的株型。1972 年对"野败"原始株进行细胞学观察发现，其花粉母细胞在减数分裂时染色体行为异常，类似一般的远缘杂种。1973 年又观察了野败自交一代，发现 F_1 各个体间在很多性状上都有很大的分离，既有较典型的野生稻植株，也有倾栽培稻的植株，由此初步推断野败原始株是一个杂合体，可能由海南红芒野生稻（♀）与当地晚熟栽培品种（♂）自然传粉杂交而来。

　　2."野败"型不育系的选育过程

　　1970 年冬发现"野败"原始株，1971 年春湖南水稻杂种优势利用研究协作组即用一些籼、粳栽培稻与它杂交。1971 年冬又用二九南 1 号（♂）与上述组合中"野败"×6044 组合 F_1 中的不育株杂交，以后逐代选倾父的不育株与父本回交，于 1973 年育成了"野败"二九南 1 号不育系（图 4-4）。

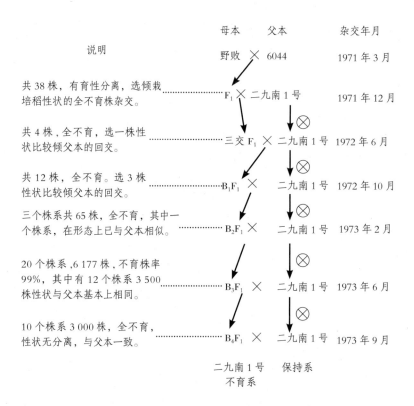

图 4-4 "野败"二九南 1 号不育系选育过程

江西萍乡市农科所用珍汕 97、二九矮 4 号作父本与"野败"杂交和连续回交，育成了珍
汕 97、二九矮 4 号不育系。其回交各代育性表现见表 4-3。

表 4-3　野败 × 二九矮 4 号、珍汕 97 回交各代的育性表现（江西萍乡市农科所，1973）

| 品种 | 代数 | 母本总颖数 | 育性情况 | | | | 未抽穗株数 | 试验地点 |
			全不育株	占比 /%	高不育株	占比 /%		
二九矮 4 号	F_1	19	9	90.0	1	10.0	9	萍乡
	B_1F_1	96	94	97.9	2	2.1	0	海南
	B_2F_1	565	557	99.5	3	0.5	5	萍乡
	B_3F_1	3 169	3 056	96.4	113	3.6		海南
	B_4F_1	4 543	4 384	96.5	150	3.5		海南
	B_5F_1	5 565	5 554	99.5	11	0.5		萍乡
珍汕 97	F_1	4	1	100	0	0	3	萍乡
	B_1F_1	16	15	93.8	1	6.2	0	海南
	B_2F_1	123	121	100	0	0	2	萍乡
	B_3F_1	144	141	97.9	3	2.1	—	海南
	B_4F_1	36	35	97.2	1	2.7	—	海南
	B_5F_1	473	465	98.3	8	1.7	—	萍乡

湖南省贺家山原种场和福建农科院利用"野败"分别选育了 V20A 和 V41A。

湖南省农业科学院、新疆建设兵团等单位利用"野败"与粳稻杂交，选育了京引 66、京
引 177、杜字 129、查系 83 等粳稻不育系。

通过大量转育，目前我国育成的"野败"型不育系已在 200 个以上。

3."野败"型不育系的主要特点

"野败"型不育系花药空瘪细瘦，呈水渍状乳白色或油渍状乳黄色，内含畸形的败育花粉
或圆形不染色花粉。两种花粉的比例随保持系不同而不同，属于孢子体不育类型。不育性稳
定，受环境影响很小，目前回交代数最高的已达 30 余代，仍保持不育。一般"野败"籼型不
育系开花较接近正常，但多数有花时推迟和开花不集中现象，而大多数"野败"粳型不育系开
花不正常，严重闭颖，只有很少数的能正常开花。矮秆野败不育系都有不同程度的包颈现象，
穗子被剑叶鞘包住 1/5～1/4。当抽穗期遇到低温天气，部分不育系甚至每穗有 1/3～1/2 被
包在剑叶鞘内抽不出来，包颈是妨碍"野败"不育系制种、繁殖产量提高的一大缺点。

"野败"不育系的恢复因子大多分布于我国华南及东南亚和南亚次大陆一些水稻品种中。如华南一些晚籼，菲律宾国际水稻研究所、印度尼西亚、印度等地一些品种可作其恢复系。长江流域的早、中籼大多是"野败"不育的保持品种，而粳稻几乎全部是它的保持品种。

4．"野败"代表型不育系简介

（1）珍汕97A。由江西萍乡市农科所1971年用长江流域迟熟早籼珍汕97（♂）与"野败"杂交，经连续回交于1973年育成，是目前我国使用面积最大的一个不育系。据湖南省农业科学院观察，珍汕97A、珍汕97B在长沙5月中旬播种，6月下旬末插秧，7月下旬中始穗；6月下旬初播种，7月上旬末插秧，8月底始穗，播—穗期距分别为75 d和70 d，不育系比保持系一般迟抽穗3～5 d。珍汕97A株高70 cm左右，株型较紧凑，主茎总叶片数13片，叶片狭短挺直；叶缘、叶鞘紫红色；穗大分枝长，常三枝平头；谷壳黄色，稃尖紫红色，有些谷壳边缘也有紫红色；千粒重25～26 g；米中粒型，米质中等，有部分腹白；抽穗整齐，成穗率高。早期抗稻瘟病能力较强，近年内有所下降，易感染纹枯病和小球菌核病。分蘖力中等；开花习性好；花时较集中，包颈比其他野败型不育系轻。柱头紫色，部分外露，异交率较高，在人工辅助授粉和喷施赤霉素的情况下，制种产量最高亩产达200kg以上。该不育系育性稳定，可恢复性好，是目前野败不育系中可恢复性最好的不育系之一。配合力较好，杂种表现穗大、粒多。

（2）V20A。由湖南省贺家山原种场用早籼V20对"野败"×6044后代中的不育株进行测交、转育而来，于1973年秋育成。在长沙4月上旬播种，5月初插秧，6月下旬初始穗，播—穗期距为70～75 d；株高70 cm左右，株型紧凑；叶片长、宽中等，叶缘、叶鞘、稃尖、柱头均为紫红色；粒型较大，千粒重28～30 g；开花习性尚好，但包颈稍重，一般达1/4，气温低时，可达1/3～1/2，开花不太集中，有少量柱头外露，异交结实率一般在30%左右。大面积制种平均亩产一般可达100～150 kg。不抗白叶枯病和稻瘟病。但配合力好，容易配出强优组合，如分别与IR26、测64、二六窄早配出的威优6号、威优64、威优35都是产量高的组合。但该不育系米粒腹白较大，米质不太好。

（二）"矮败"不育系的选育及其代表型不育系简介

1．"矮败"的发现及"矮败"不育系的选育

安徽省广德县农科所自江西省引进一种矮秆野生稻，其特点是株型矮小，匍匐状；分蘖力强；谷粒细长具短芒；叶鞘及稃尖无色；柱头发达外露；易掉粒；对日照反应不敏感，在当地春、夏播种均能正常抽穗；对野败型不育系有恢复能力。于1979年在厦门南繁时，从这种矮

秆野生稻中发现了一棵雄性不育株，其花药瘦小不裂，呈水浸状乳白色，内含畸形败育花粉，套袋自交 100% 不结实。当季就用竹军、军协，以后又用协珍 1 号等对这个不育株进行了转育。1980 年秋，在〔（军协 × 温选青）× 秋塘早 5 号〕组合的后代中，发现柱头外露率较高，抗病力较强的株系，便选择了 3 个最好的单株，与上述转育后代杂交〔（矮败 × 竹军）× 协珍 1 号〕B、F×〔（军协 × 温选青）× 秋塘早 5 号〕，再通过择优回交，于 1982 年夏季完成 B_4F_1，父母本基本同型，定名为"矮败"型协青早不育系。

2."矮败"协青早不育系简介

协青早不育系属感温型迟熟早籼不育系，在安徽广德春播全生育期 118 d，从播种到始穗 80 d，在长沙 5 月上旬、中旬播种，播—穗历期 60 d 左右。在福建厦门 8 月上旬播种，10 月上旬始穗，播—穗历期 64 d。在海南三亚市，12 月中旬播种，翌年 3 月中旬始穗。

协青早不育系株高 64.4 cm；分蘖力中等，平均单株有效穗 7.1 穗；每穗颖花数 82.5 个；千粒重 27.2 g；柱头、稃尖及叶鞘、叶缘紫色；柱头外露率稍高，双外露 43.5%；主茎总叶片数 13 片左右，据广德县农科所观察协青早不育系在主茎叶片数达到 9～10 叶时开始幼穗分化，从幼穗分化开始至始穗历时 25 d。

协青早不育系谷粒细长，谷壳较薄，米粒有少量心、腹白。开花习性较好，花时早于"野败"V20A 和珍汕 97A。张颖角度 30°～40°，单穗花期 3 d，群体花期 7～10 d。中抗稻瘟病和白叶枯病。

协青早不育系育性稳定，不育度和不育株率都达到 100%，败育花粉全为典败。其恢保关系与"野败"型不育系相似，但比"野败"型 V20A、珍汕 97A 等代表型不育系难恢复些。

优势较强的组合有协优 64、协优 29、协优 49、协优菲 1、协优 63、协优 26 等。

二、籼稻品种间杂交选育的不育系

（一）冈型不育系的选育

四川农学院水稻研究室 1965 年采用西非籼稻冈比亚卡（Gam biaka kokum）（♀）与矮脚南特（♂）杂交，利用其后代中分离的不育株育成了一批籼、粳稻不育系，总称为冈型不育系。在不育株稳定过程中，有的采用地理远距离籼籼交方式，也有的采用籼粳交和（籼 × 粳）× 籼的方式。由于稳定途径和保持系的不同，同是冈比亚卡胞质，不同的不育系花粉败育时期各有差别，如有败育时期很早，形成近似无花粉型的，也有在单核期败育或在三核期败育形成典败型或染败型的。

1. 各主要冈型不育系的选育经过

（1）冈12（G12）型不育系的选育。1965年用冈比亚卡 × 矮脚南特，1969年在其F$_4$中出现花药畸形、花粉败育的高不育株，编号冈11。冈11育性不稳，受气温影响较大。1972年在冈11×69-641（Dissi Ds2/37× 矮脚南特）F$_3$的系统群中出现了几个高不育株系，选其中一个编号冈12。其花药白色，花粉典败，不育株率89.3%，不育株自交结实率平均0.012%，经测交发现朝阳1号、二九矮7号保持很好，连续回交育成了冈12朝阳1号、二九矮7号不育系。后又转育成了冈12广解9号、珍珠矮不育系。花粉均为典败，不育性稳定。冈12不育系是目前冈型不育系中用于生产的主要不育系。

（2）冈21型不育系的选育。1971年在冈比亚卡 × 矮脚南特的F$_6$系统群中出现一个花药黄色，花粉外形大多正常，但自交结实率很低，颖花椭圆形的高不育株系，定名为冈20。1972年冈20与雅粳621杂交的几个籼粳交后代，不育株率达到100%，自交结实率仅0.072%～0.92%，定名为冈21。用24个粳稻品种对冈21进行测交，结果F$_1$全部保持。其中雅安早糯、辽丰8号保持较好。另在测交的51个籼稻品种中，35个表现保持，16个半恢。对保持好的连续回交，育成了冈21黎明、冈21辽丰8号等粳型不育系。这些不育系均为典败，不育性稳定。

（3）冈22型不育系的选育。四川农学院农学系水稻研究室在对冈20和冈21的测交中发现，冈比亚卡胞质与粳型核结合时，不育程度显著提高，但可恢复性却降低了。为了将不育性高和可恢复性好结合起来，他们又用籼型品种对冈21的粳稻不育系测交后代进行杂交和回交，形成籼粳籼杂交，并以此培育了一批不育系，定名为冈22不育系。这类不育系有两种败育类型：一类为典败，如冈22雅安早不育系等；一类为染败，如冈22青小金早不育系、冈22广解9号不育系、冈22V20不育系。

2. 冈型不育系的特点

（1）冈型不育系恢、保关系基本上与野败相似，但可恢复性比野败不育系好，一些对野败保持的品种如麻抗、珍汕97、茂玉4号、新青早等对冈型半恢或低恢，一些对野败恢复力较差的品种，对冈型不育系则表现出恢复力较好。

（2）冈型不育系败育的类型较多，较复杂，既有近似无花粉型的，又有单核期走向败育的，也有在三核期才走向败育的染败类型。

（3）冈型不育系普遍包颈较轻，开花习性较好，较正常，异交结实率高。

（4）冈型杂种对环境的适应性较好，尤其耐热性较野败杂种好。耐寒性也较强，可以种植在较高的海拔区。

3.冈型代表型不育系简介

（1）朝阳1号A。系四川农学院用〔（冈比亚卡 × 矮脚南特）×69-641〕×72-192杂交，再与朝阳1号杂交并连续多代回交育成，为早熟早籼型。4月中旬在四川雅安播种，播—穗期距71～77 d。不育系比保持系迟抽穗3 d。主茎叶片数春播12片，夏播11片。不育系株高春播60 cm左右，夏播52 cm左右。株型较好；分蘖力较强；穗型较小；千粒重23.5 g左右；柱头部分外露，花时早而集中，异交率高。花粉粒典败。所配杂种一般株叶型好，分蘖力强，穗大粒多，但千粒重较小。

（2）青小金早A。由四川农学院用（冈比亚卡 × 矮脚南特）× 雅矮早，又与雅粳621杂交，再与青小金早杂交转育而成，为籼粳籼途径，属早熟早籼型。4月中旬在四川雅安播种，播—穗期距74～80d。保持系与不育系生育期相同。主茎叶片数春播13片，夏播12片。不育系株高春播71cm左右，夏播63cm左右，保持系比不育系高2～3cm。株型稍散，叶片较长，分蘖力强。着粒较稀，千粒重27g。柱头部分外露。不育系基本不包颈，穗子边抽出边开花。花药略小，淡黄，花粉形态多数正常，对碘呈蓝黑色反应。但不散粉，属染败型。所配杂种分蘖力强，株型稍散，千粒重较大，产量优势显著。

（二）D型不育系的选育

1.D型不育系的选育经过

1972年四川农业大学水稻研究室周开达等从（Dissi Ds2/37× 矮脚南特）F_7的一个早熟、大粒株系（909）中发现一个花药白色、肥大，花粉圆败，自交不结实的不育株。当年用其再生稻测交意大利B等21个籼稻品种，后代中只有意大利B对其部分保持，其余全部恢复。继续用意大利B连续回交，1976年待其回交到B_6后，不育株性状稳定，花药白色肥大、花粉圆败，但育性受气温影响较大，在较高温度下抽穗，自交结实率较高。以后他们从珍汕97的变异株中选得一个穗型较大、生育期偏迟的株系汕-1，与D型意大利B的回交后代杂交，然后又连续回交，检查汕-1回交后代，发现能将不育性稳定下来。至1982年回交到B_9，父母本性状都已稳定，不再分离。父、母本基本同型，完成了D汕A的选育。当D汕A回交到B_9时，周开达等又用〔（蜀丰1号 × 盘锦）F_7× 珍汕97〕F_7× 繁4的后代与其不育株杂交，然后连续回交，并同时对回交父本进行系选稳定。到1985年，父、母本性状稳定、同型，不再分离，不育系定名为D297A。

2.D型不育系的主要特点

D型不育系属孢子体遗传型，恢、保关系与野败型、冈型不育系相似。主要有以下特点。

230

（1）一般配合力较好。周开达等在1979年、1981年两年中，分别用D汕A和与野败珍汕97A相同的恢复系配组，调查其F₁的每穗粒数、结实率和小区产量。结果表明，在上述三个方面，D汕A所配的F₁均略高于野败珍汕97A所配的F₁，如表4-4。

表4-4　D汕A、珍汕97A与相同恢复系杂交F₁每穗粒数、结实率、小区产量的比较（周开达等，1986）

年份及试验内容	对比鉴定杂种对数	D型			野败型		
		每穗粒数	结实率/%	小区产量/（kg/亩）	每穗粒数	结实率/%	小区产量/（kg/亩）
1979年配合力测定	9	118.11± 13.59	64.95± 6.34	360.51± 50.50	115.78± 13.49	62.88± 9.37	347.96± 36.47
1981年配合力试验	12	125.96± 13.88	84.91± 4.5	554.48± 32.97	119.84± 10.34	84.01± 4.52	545.07± 40.09
1981年双列杂交遗传试验	7	133.30± 5.00	83.42± 0.88	553.99± 2.20	132.64± 3.17	82.22± 2.53	517.17± 34.22
总平均值		125.79± 7.60	77.76± 11.12	489.66± 1.85	122.75± 8.80	76.37± 11.72	470.07± 106.66

（2）开花习性较好，异交率较高。D汕A与野败珍汕97A比较，异交率以D汕A较高，而D型的305A则有更高的异交率（柱头长3.9 mm，外露率94.62%）。D型不育系异交率高的主要原因是开花习性好，花时早而集中，如D305A的颖花与父本颖花开花的相遇率达86.5%；次要原因是柱头外露率高，外露面积较大。

（3）抗病力较强。定型投产的D汕A与D297A等，抗稻瘟病的能力均较强。1985年经四川农业大学鉴定圃鉴定，D汕A、D汕B的颈瘟率分别为30.6%和31.8%，而野败珍汕97A、B的颈瘟率则分别为52.5%和50.0%。同年，四川内江地区农科所接种鉴定，D汕A、D汕B抗稻瘟病小种百分率分别是52.03%和53.23%，而对照野败珍汕97A、B则分别只有32.31%和35.38%。

3. D型代表型不育系简介

（1）D汕A。D汕A在四川雅安夏播，株高68 cm，比保持系汕-1矮10 cm。花粉典败，主茎叶片数13.3片，雅安春播时，播—穗历期88 d，夏播时68 d左右，比野败珍汕97A迟1~2 d。分蘖力中等，穗型较大，每穗平均116粒，叶片稍大，较抗稻瘟病，花时早而集中。育性稳定，1984年隔离种植132株，未发现自交结实现象。可恢复性和一般配合力都较好，现已组配出D优1号、D优3号、D优63、D优64等强优组合。1985年其杂种种植面积近200万亩。

（2）D297A。其保持系具有 1/8 的粳稻血缘。夏播时株高 74.8 cm，分蘖力较强，株型紧凑，叶色深绿，抗稻瘟病能力较强，生育期比珍汕 97 长 4~5 d。每穗平均 122.1 粒；千粒重 26.62 g；米粒中长，基本无腹白，适口性好。柱头长约 5 mm，外露率高，配合力好。1985 年与明恢 63 测配 6 个株系，平均亩产 613.5 kg，显著高于对照组合。

三、亚种间杂交不育系——BT 型和滇一型不育系的选育

1. 选育经过

我国目前大面积推广的粳稻不育系，主要是我国转育的 BT 型不育系和滇一型不育系，其中又以前者为主。BT 型不育系是 20 世纪 60 年代日本新城长友以籼稻"钦苏拉·包罗Ⅱ"为母本，以台中 65 为轮回亲本，通过杂交、回交选育而成的。"包罗-台中 65"不育系 1972 年由中国农林科学院引进，1973 年湖南省农业科学院对"包罗-台中 65"不育系进行观察，并同时用粳稻品种黎明进行杂交，回交转育成了 BT-黎明不育系。其转育过程如图 4-5。

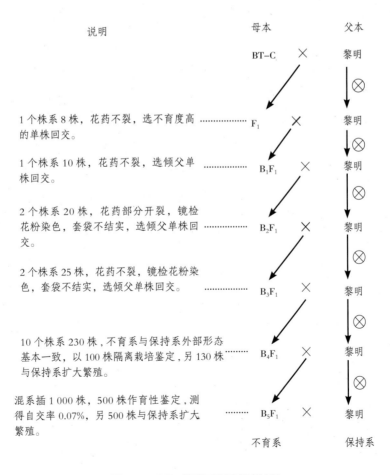

图 4-5　BT-黎明不育系转育过程

继"BT－黎明"不育系转育成功后，陆续育成的 BT 型不育系有辽宁农科院育成的秀岭不育系，浙江省嘉兴地区农科所育成的农虎 26 不育系，江苏农科院育成的六千辛不育系，安徽农科院育成的当选晚 2 号不育系等。

BT 型不育系的共同特点是花粉发生败育的时期较晚，在三核期败育，属配子体不育类型。花粉能被 I-KI 溶液染色，一般不裂药散粉，高温时部分散粉，但自交率一般都在 0.01%以下，不育系不包颈，开花习性较好，异交结实率高，其中较好的不育系如农虎 26A 制种亩产可达 200～250 kg 以上。在现有粳稻品种中一般很少有粳稻不育系的恢复系。因此 BT 型不育系的恢复系必须通过籼粳架桥转移籼稻中的恢复因子来培育恢复系。目前的粳稻不育系大多秆型还偏高，以致杂种秆型更高，容易倒伏，不利于高产，矮化育种是今后粳稻不育系选育的一个重要课题。

1965 年秋，云南农业大学李铮友等在云南保山地区粳稻台北 8 号田中发现一些半不育、低育的天然籼粳、粳籼杂交植株，收其自然结实种种植。其中出现一不育株，用当地品种红帽缨与之杂交，F_1 不育，后用原父本连续回交育成了滇一型红帽缨不育系，已回交 24 代以上，不育性稳定。现全国各地已转育了上百个滇一型粳稻不育系，如黑龙江育成的 59-129 不育系；吉林育成的松前不育系；辽宁育成的丰锦不育系；河北育成的初锦不育系等。滇一型不育系为染败，花药不裂或个别孔裂，自交不结实，恢保关系大致与 BT 型不育系相似。

2. 代表型不育系简介

（1）"BT－黎明"不育系。在我国北方为中粳，感温性很强，南移则生育期显著缩短为早粳。在长沙春播，株高 80 cm 左右，分蘖力较弱，株型紧凑，叶色浅绿，叶片窄长，总叶片数平均为 11.5～13.5 片。不包颈，始穗至齐穗 3～4 d，抽穗整齐。叶鞘、稃尖、谷粒有绒毛，无芒，柱头外露率不高，但开花集中，闭颖率低，抗病力和抗高温能力不强。

（2）"BT"农虎 26 不育系。由浙江省嘉兴地区农科所育成，其保持系是农虎 6 号与 IR26 杂交的后代。在长沙 6 月中旬播种，8 月中旬始穗，播—穗期距 74 d 左右。在海南，12 月底播种，3 月中下旬始穗，播—穗期距 85 d 左右。在长沙 6 月播种，株高 80 cm 左右，分蘖力中等，株型紧凑，叶色浅绿，叶片窄长，剑叶直立；有 15～17 片叶。无包颈现象，始穗至齐穗 4～5 d。抽穗整齐，叶鞘、稃尖、柱头皆无色。花药肥大呈黄色，一般不开裂，谷粒短圆，有绒毛，无芒。开花习性较好，开花整齐，花时较集中，闭颖率低，柱头外露率较高，繁殖、制种产量高。对稻瘟病抗性中等，不抗白叶枯病。经湖南省农业科学院多年配合力测定，该不育系可恢复性好，配合力高。

四、红莲型不育系的选育

红莲型不育系是武汉大学遗传研究室以海南的红芒野生稻为母本、早籼莲塘早为父本杂交选育而成的。其选育过程如图 4-6。

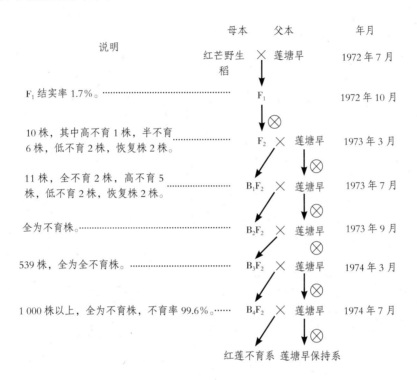

图 4-6　红莲型不育系选育过程（武汉大学）

红莲型不育系自 1974 年育成后，经转育成的同质不育系还有华矮 15、中锋 1 号、B 杂金、新恢 1 号、泰引 1 号等。红莲型不育系花药瘦瘪、不裂，花粉大多在二核期败育，以圆形败育花粉为主，不规则形为少数，遇 I-KI 溶液染色花粉只有 1.8% 左右。

红莲型不育系的不育稳定性比"野败"稍差，但比籼粳转籼的强。在海南陵水县观察发现，当气温超过 27 ℃时，"BT"－莲源早不育系花药全部开裂，"BT"－辐育 1 号不育系有部分花药开裂，而红莲－华矮 15 不育系花药均未开裂。红莲型不育系的恢复系分布比"野败"广泛。长江流域的早、中稻品种大部分能恢复红莲型不育系，而且大部分组合 F₂ 无育性分离，表明红莲型不育系为配子体不育类型。但红莲型不育系较难找到恢复度真正过关的恢复系，而且其结实率对气温很敏感。因此，红莲型不育系至今未能大面积用于生产。

第五章

水稻雄性不育恢复系的选育

第一节　水稻育性基因的遗传

一、育性基因的遗传

（一）野败型

多数研究者认为野败型的育性属质量性状，它的恢复系含有两对显性恢复基因（$R_1R_1R_2R_2$）。而不育系（或保持系）则含有对应的两对隐性不育基因（$r_1r_1r_2r_2$）。

（1）福建农学院杨仁崔等对 V41A×IR24 自交二代 240 株的群体逐株镜检，计算黑染花粉率（用 I-KI 溶液染色）和典败花粉率，发现 F_2 的育性呈双峰分离，如图 5-1 所示。

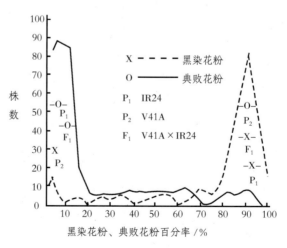

图 5-1　F_2 黑染花粉率、典败花粉率频数分布

图 5-1 中一峰相当于 V41A（P_2），接近零值，为不育株类型；另一峰相当于 IR24（P_1），黑染花粉率 62.50%～97.50%，为正常可育株类型。二峰之间存在着半恢复株类型分布的广阔区域，这种双峰分布说明育性是质量性状遗传。与 V41A（P_2）在同一分布区内的 14 株，可看作同 V41A 一样，是隐性纯合的不育株，它们占 F_2 群体的 5.83%，十分接近 1/16 的比例（$P>0.95$）。由此提出 V41 的雄性不育除了它的野败胞质遗传因素外，还具有两对隐性不育基因 r_1r_1 和 r_2r_2，而 IR24（P_1）具有相应的两对显性恢复基因 R_1R_1 和 R_2R_2。同时，根据穗颈的伸出程度和雄蕊的形态与颜色，把 F_2 的植株区分为四种类型。

①型：育性完全正常株，穗颈抽出，花药成熟时金黄色，呈饱满疏松状态，散粉良好。

②型：育性正常株，如同①型株；但少部分花药散粉不良。

③型：半不育株，轻度包颈，花药黄色，但成熟时大部分不呈饱满疏松状态，绝大部分不散粉。

④型：不育株，包颈严重，花药瘦瘪、畸形，呈淡黄或乳白色。

在 F_2 中按这四种形态分类所得数据列于表 5-1。黑染花粉率①、②、③、④四种类型的变幅分别为 80.2%～97.6%，66.5%～93.1%，0～79%，0～4%。这种形态的划分，③型（半不育株）、④型（不育株）同上述以黑染花粉率（或典败花粉率）划分的区段基本相吻合，但①、②二型之间重叠区段较宽，把①、②二型数据合并一起分析，得出如表 5-1 所列的结果。形态观察和镜检的结果可以相互验证。用花粉镜检和形态考察这两项指标来衡量正常可育、半可育和不育株的分离都比较符合 13：2：1 的比例，说明控制育性的两对基因 R_1R_1 和 R_2R_2（或 r_1r_1 和 r_2r_2）表现独立遗传，并认为两对主效恢复基因的作用表现一强一弱。

表 5-1　F_2 形态分类与花粉镜检分类比较

项目	样本数	可育株（①型＋②型）	半可育株（③型）	不育株（④型）	χ^2 13：2：1
形态	239	192（156+36）	33	14	$P>0.70$
花粉镜检	240	201	25	14	$P>0.50$

（2）浙江农业大学高明尉对南优 2 号 F_1、F_2 结实率分布进行遗传分析，认为恢复系 IR24 具有两对独立显性恢复基因，并且，显性恢复基因具有明显的剂量效应或加性效应。他列出南优 2 号 F_1 的 32 株随机样本的套袋结实率，其分布范围是 30%～75%，其中大多数集中在 45%～70% 的密集区内。F_1 平均结实率为 57.2%，从 F_2 中随机抽取 57 株，考察其套袋结实率，其中有不育株 3 株（表 5-2）。

236

表5-2　南优2号 F_1、F_2 的结实率分布

结实率分组	0~	0.1~5	5~10	10~15	15~20	20~25	25~30	30~35	35~40	40~45	45~50	50~55	55~60	60~65	65~70	70~75	75~80	80~85	85~90	90~95	95~100	合计
组中值		3	8	13	18	23	28	33	38	43	48	53	58	63	68	73	78	83	88	93	98	
F_1							1			1	6	5	7	3	7	2						32
F_2	3		6	2	1	5	2				5	5	5	0	7	8	3		2		1	57

现已知 F_2 的总观察株数 n 为57株，其中出现不育株的株数 m 为3株，利用公式（$K=\dfrac{\log n-\log m}{0.6021}$）估算出控制野败型雄性不育性的隐性基因数目 K，将值57及3分别代入公式，得到 K=2.1，取整数2，由此可知二九南1号 A 大致是受两对独立隐性基因所控制。把上述实测值与受两对基因控制时所应出现不育株的理论株数进行卡方适合性测验，求得 $\chi^2=0.107$，概率 $P>0.70$，表明二九南1号 A 受两对不育基因控制的结论是正确的，其基因型为 $S(r_1r_1r_2r_2)$，这是一个不具任何显性恢复基因的系统，简称0显系统。恢复系 IR24 的基因型应为 $F(R_1R_1R_2R_2)$，它是具有4个显性基因的4显系统。杂种 F_1 南优2号的基因型应为 $S(R_1r_1R_2r_2)$，是具有2个显性恢复基因的2显系统。

从表5-2可知，F_1 结实率分布的数值是2显系统的表型值，不难推论出不育系 $S(r_1r_1r_2r_2)$ 即0显系统的表型值为0。现在以 F_1 的分布密集区的上限和下限作为界线来切割 F_2 的结实率分布区，这样，F_2 分离株落在45%~70%区段内的植株数共为22株，平均结实率为61.2%，与 F_1 的相应值（57.2%）十分接近，可视为同类，其基因型应与 F_1 相同，即 $S(R_1r_1R_2r_2)$，也是2显系统。介于2显系统与0显系统之间的应该是1显系统。从表5-2所列的 F_2 结实率分布中可以看出结实率为 $0<f<30\%$ 的区段应是1显系统的分布区。落在这个区段内的植株数为16株，其基因型应为 $S(R_1r_1r_2r_2)$ 或 $S(r_1r_1R_2r_2)$。此一区段的平均结实率为17.1%，依此类推，结实率 $f>70\%$ 的区段应该是3显系统与4显系统的分布区。现将 F_2 出现的各种基因型、各基因型的结实率分布范围以及其他有关的统计特征数，综合列于表5-3。

表5-3　南优2号 F_2 的基因型分类和各基因型的频率及有关统计数

项目	0显系统	1显系统	2显系统	3显系统	4显系统
质核基因型	$S(r_1r_1r_2r_2)$	$S(R_1r_1r_2r_2)$ $S(r_1r_1R_2r_2)$	$S(R_1R_1R_2r_2)$ $S(R_1r_1R_2r_2)$ $S(r_1r_1R_2R_2)$	$S(R_1R_1R_2r_2)$ $S(R_1r_1R_2R_2)$	S $(R_1R_1R_2R_2)$

续表

项目	0 显系统	1 显系统	2 显系统	3 显系统	4 显系统
理论频率	1/16	4/16	6/16	4/16	1/16
理论株数	3.562 5	14.250 0	21.375 0	14.250 0	3.562 5
实测株数	3	16	22	14	2
结实率分布范围	0	0 <f< 30	30 ≤ f< 70	70 ≤ f< 90	90 ≤ f<100
实测平均结实率 /%	0	17.1	61.2	70.0	90.5

　　进行 χ^2 测定，求得 χ^2=1.040 2，P>0.99，表明上述各类基因型的分析及其结实率分布是可以成立的。从表 5-3 还可以看出，实测平均结实率是随显性基因数目的增加而递增的，其中由 1 个增加到 2 个时其递增率最大。这些事实说明：显性恢复基因在基本结实率上具有明显的剂量效应或加性效应。

　　（3）湖南杂交水稻研究中心对 IR24 系谱的亲本进行分析，发现恢复基因在系谱中的分布，并对恢复、半恢复组合 F_2 育性进行统计分析，确定有关亲本的基因型并把它标记在系谱图中（图 5-2）。

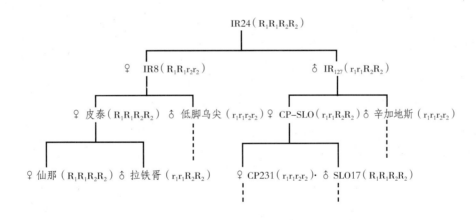

图 5-2　IR24 系谱图解

　　从图 5-2 中可以看出，IR24 的一对基因 R_1R_1 来自中国的晚籼品种——仙那，另一对恢复基 R_2R_2 则来自与印度品种有亲缘关系的 SLO17。仙那的 R_1R_1 恢复基因通过皮泰传递到 IR8，而 SLO17 的 R_2R_2 恢复基因通过 CP-SLO 传递到 IR127，然后 IR8 与 IR127 杂交时把 R_1R_1 和 R_2R_2 结合在一起，培育成具有两对恢复基因的强恢复系——IR24（$R_1R_1R_2R_2$）。仙那和 SLO17 都是具有两对基因的强恢复系，通过杂交选育，在传递 R_1R_1 和 R_2R_2 时，各自又把另一对恢复基因丢掉。这两对恢复基因的传递方式如图 5-3 所示。

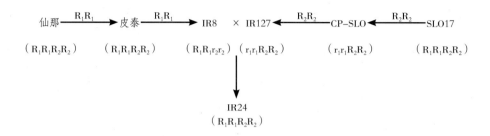

图 5-3　IR24 两对恢复基因的传递方式

并且认为，通过杂交选育的这两对恢复基因既可聚合也可分离，它们之间的恢复力似有强弱之分，不同恢复基因之间有明显的累加效应。在系谱中，强恢复的品种含有两对主效显性恢复基因（$R_1R_1R_2R_2$），而半恢复品种只含有一对主效基因（R_1R_1 或 R_2R_2）。

（4）周天理等综合调查南优 2 号及汕优 6 号的 F_2 株系及混合株系，均获得三种育性类型：

①可育株，花药黄而大，开裂，可育花粉率在 50% 以上，自交结实率高，田间结实率在 50% 以上；②部分不育株，花药黄色、白色均有，花药不开裂或个别开裂，可育花粉率在 50% 以下，自交结实率低，田间结实率在 50% 以下；③完全不育株，花药全部白色箭状，镜检花粉，全部为不育花粉，自交结实率为零，田间结实率在 25% 以下，结果如表 5-4。

表 5-4　利用综合性状划分植株育性的结果

编号	区号	组合名称	总株数	可育株	部 分 不育株	完 全 不育株	$12:3:1$	
							χ^2	P
1	F217	南优 2 号（株系）	183	140	32	11	0.231	>0.70
2	F279	南优 2 号（株系）	286	223	46	17	1.459	>0.30
1	F237	南优 2 号（混系）	270	198	56	16	0.724	>0.50
2	F299	南优 2 号（混系）	283	215	51	17	0.143	>0.70
1	F238	汕优 6 号 F_2（株系）	287	208	58	21	1.080	>0.50
2	F300	汕优 6 号 F_2（株系）	294	224	53	17	0.241	>0.70
1	F258	汕优 6 号 F_2（混系）	285	209	54	22	1.106	>0.50
2	F320	汕优 6 号 F_2（混系）	287	212	59	16	0.758	>0.50

从表5-4可以看出，株系和混系的育性分离比例经卡方测验均符合12∶3∶1。同时，
对杂交水稻（F_1）与不育系、保持系杂交的 F_1 代育性分离进行了调查，结果如表5-5所示。

表5-5　不育系 × 杂交水稻 F_1 及杂交水稻 F_1 × 保持系的 F_1 育性分离

编号	行号	组合名称	总株数	可育株	部　分 不育株	完　全 不育株	2∶1∶1 χ^2　P
1	F205	（二九南1号 A× 南优2号）F_1	286	139	64	83	2.749>0.05
2	F265	（二九南1号 A× 南优2号）F_1	293	140	69	84	2.113>0.30
1	F206	（南优2号 × 二九南1号 B）F_1	287	152	60	75	2.574>0.05
2	F266	（南优2号 × 二九南1号 B）F_1	282	142	63	87	4.769>0.05
1	F213	（珍汕97A× 汕优6号）F_1	275	142	65	68	0.360>0.70
2	F273	（珍汕97A× 汕优6号）F_1	297	152	75	70	0.332>0.70
1	F214	（汕优6号 × 珍汕97B）F_1	289	146	72	71	0.039>0.75
2	F274	（汕优6号 × 珍汕97B）F_1	291	147	75	69	0.456>0.70

不育系 ×F_1、F_1× 保持系测交一代的育性，均出现三种表现型，即可育株，部分不育株，
完全不育株，其分离比例经卡平方测验均符合2∶1∶1。根据上述试验结果，认为恢复系细
胞核含有两对显性基因，基因型为 $R_1R_1R_2R_2$，R_1 代表部分不育基因，R_2 代表育性恢复基因。
由于 R_1 基因的恢复能力是不完全的，存在 R_1 基因时，花药有黄有白，表现部分不育；R_2 基
因的恢复能力完全，存在 R_2 基因时，花药黄色，能正常结实。育性恢复基因 R_2 对部分不育
基因 R_1 有上位作用，存在 R_2 基因时，不表现 R_1 的不完全育性。不育系（或保持系）细胞
核含有两对隐性基因，基因型为 $r_1r_1r_2r_2$，其中 r_1r_1 代表典败不育基因，r_2r_2 代表圆败不育基
因。不育系与恢复系杂交，获得杂种一代，通过自交后基因型出现如下分离：

不育系 × 恢复系

$r_1r_1r_2r_2 \downarrow R_1R_1R_2R_2$

F_1　　　　　　$R_1r_1R_2r_2 \rightarrow$

$\downarrow \otimes$

F_2　　$R_1\text{-}R_2\text{-}: r_1r_2R_2\text{-}: R_1r_1r_2r_2: r_1r_1r_2r_2$

为了证实不育系的基因型是 $r_1r_1r_2r_2$，保持系的基因型是 $r_1r_1r_2r_2$，而恢复系的基因型是
$R_1R_1R_2R_2$，采用了不育系 × 杂种一代、杂种一代 × 保持系两种杂交方法，其遗传图式如下：

$$r_1r_1r_2r_2 \times R_1r_1R_2r_2 \longrightarrow R_1r_1R_2r_2 \, 、 \, r_1r_1R_2r_2$$

$$R_1r_1r_2r_2 \, 、 \, r_1r_1r_2r_2$$

$$R_1r_1R_2r_2 \times r_1r_1r_2r_2 \longrightarrow R_1r_1R_2r_2 \, 、 \, r_1r_1R_2r_2$$

$$R_1r_1r_2r_2 \, 、 \, r_1r_1r_2r_2$$

从遗传方式获知，含有育性恢复基因 R_2 的有两组，含有部分不育基因 R_1 的有一组，含有完全不育基因的有一组，其育性分离比应为 2∶1∶1。据表 5-5 中的试验结果获得上述相同的分离比，因而可以推断上述对恢复系、保持系和不育系的基因型假设是成立的。

（5）胡建国、李泽炳等以野败珍汕 97A、V41A 和柳野珍汕 97A 分别与恢复系 IR24、IR26 杂交，研究了 F_1、F_2 的花粉和小穗育性表现及测交后代的反应，认为野败型不育系的不育性和恢复性由两对基因控制，且分布在同一个连锁群中，其平均交换率为 34%。

此外，也有人认为野败型不育系的不育性和恢复性是受一对主效基因控制或属数量性状遗传。

（二）BT 型和红莲型

属配子体雄性不育类型，育性遗传简单。日本学者的研究认为，BT 型恢复系含有一对显性核基因（R_1R_1），而不育系（或保持系）含有相应的一对隐性基因（r_1r_1），用不育系 BT-C〔S（r_1r_1）〕与恢复系 BT-A〔S（R_1R_1）〕或 TB-X〔N（R_1R_1）〕杂交，杂种 F_1 的可育花粉仅有 50%，但结实率在 90% 以上，全为可育株。自交 F_2，花粉全育（100% 可育花粉）和半可育（50% 可育花粉）的植株比例为 1∶1，这是由于雄配子中只有 S（R_1）能形成正常花粉，而雌配子 S（R_1）和 S（r_1）均有受精能力（表 5-6）。

表 5-6　配子体雄性不育的育性遗传

雄配子	雌配子	
	S（R_1）	S（r_1）
R_1	S（R_1R_1）全可育	S（R_1r_1）半可育
r_1^*	—	—
植株比例	1	1

注：＊表示 S（r_1）无授粉受精能力。

新城长友认为 BT 型的恢复系（BT-A 和 TB-X）是由一对有效的恢复基因——R_1R_1 控制，弱恢复的品种则由一对弱育性恢复基因控制。经过大量测交，他没有找到同时具有两种育性恢复基因的任何育性恢复品种。因此，他认为弱的和有效的育性恢复基因是等位的关系。

二、育性表现与双亲遗传背景及环境条件的关系

水稻杂种一代的育性表现与父本的恢复力、不育系的可恢复性以及气温等因素均有密切关系。

（一）育性表现与恢复系的恢复力有关

不同恢复系其恢复力不同。通过测交从现有的常规水稻中找到一批有恢复力的品种，其中如 IR24、IR26、朝阳矮 2 号、水田谷 6 号、雪谷早、协恢 2 号和泰引 1 号等不仅恢复力强，而且配合力好。广东省用 IR24 与珍汕 97A、二九南 1 号 A、铁川 A、二九矮 4 号 A 和钢枝占 A 等多个不育系选配的组合，在不同年份和 10 多个地区进行区试的结果表明（表5-7），汕优 2 号、铁优 2 号、钢优 2 号、矮优 2 号等的结实率与常规对照品种几乎无异，有的组合如汕优 2 号在多种情况下，结实率比推广品种要高些，而且较稳定。

还有一些恢复力不强的品种，如古 223、古 154 和窄叶青 8 号等与珍汕 97A、V20A 等可恢复性好的不育系配组，在环境条件较好的情况下，杂种结实率可接近正常，但与二九南 1 号 A，二九矮 4 号 A 等可恢复性较差的不育系配组，杂种结实率显著低于正常品种。

另外，还有一类弱恢复或微弱恢复的品种，如意大利 B 与任何野败型不育系杂交，杂种结实率都很低。

（二）育性表现与不育系的可恢复性有关

同一恢复系对不同野败不育系都具恢复能力，但组合不同，F_1 的结实率有差异。

广东省农作物杂种优势利用研究协作组在 1978 年晚季用 7 个恢复系与 7 个不育系配制的 49 个组合，在栽培条件一致和 10 月上旬基本同期抽穗的情况下，考察各组合的结实率（表5-8），依据各组合结实率的高低可看出不育系间可恢复性的排列顺序大致为珍龙 13A、珍汕 97A、7017A、金南特 A、二九矮 4 号 A、二九南 1 号 A 和广陆银 A。

表 5-7　某些组合在不同年份、不同地区种植的结实情况

年份	品种（组合）	平均结实率/%	变幅（CV）	CV/%	种植地点数
1977 年（早季）	珍汕 97A×IR24	87.8	±3.90	4.44	13
	二九南 1 号 A×IR24	82.5	±7.47	9.06	14
	铁川 A×IR24	86.3	±4.09	5.78	11
	二九矮 4 号 A×泰引 1 号	88.2	±5.42	6.15	13
	珍珠矮 11（CK）	85.5	±3.13	3.66	12

续表

年份	品种（组合）	平均结实率/%	变幅（CV）	CV/%	种植地点数
1977 年（晚季）	珍汕 97A×IR24	85.3	±7.25	8.49	12
	钢枝占 A×IR24	83.2	±7.14	8.58	10
	二白矮（CK）	83.4	±10.07	10.07	10
1978 年（早季）	珍汕 97A×IR24	86.0	±5.71	6.64	16
	二九矮 4 号 A×IR24	83.2	±5.02	6.30	13
	珍珠矮 11（CK）	83.2	±7.05	8.47	15

表 5-8　同型不育系间其可恢复性的表现（结实率）（1978，晚季）　　　　单位：%

不育系	恢复系							
	海防 5 号	IR24	IR28	窄叶青 8 号	莲源早	泰引 1 号	IR26	平均
珍汕 97A	84.8	81.2	81.5	80.3	87.5	70.3	80.0	82.1±2.98
珍龙 13A	83.2	89.5	80.0	79.6	85.3	80.0	84.3	83.1±3.62
7017A	70.0	75.0	77.4	74.0	84.8	89.7	77.9	78.4±6.73
金南特 A	41.9	71.8	65.8	83.9	69.6	84.2	76.5	70.5±14.41
二九南 1 号 A	50.0	77.5	60.0	62.0	64.1	60.0	64.1	62.5±8.16
二九矮 4 号 A	50.0	67.5	69.5	62.1	76.8	68.0	57.9	64.6±8.76
广陆银 A	55.0	—	61.6	45.8	50.0	65.0	65.0	57.1±8.09
平均	62.13±17.20	77.1±7.69	70.8±8.86	69.7±13.66	74.0±13.71	73.9±10.90	72.2±9.83	—

从表 5-8 还可看出，不育系的恢复度既受不育系本身可恢复性的难易的影响，同时也受恢复系恢复力强弱的影响。易于恢复的不育系即使与恢复力弱的恢复系配组，其结实率仍较高，如珍汕 97A×海防 5 号、珍汕 97A×窄叶青 8 号，结实率都在 80% 以上；难于恢复的不育系即使与强恢复系配组，其结实率也较低，如广陆银 A×泰引 1 号、二九矮 4 号 A×泰引 1 号，结实率都不到 70%，如碰上不利的气候条件，这种差异尤为明显。

（三）育性表现与气温的关系

恢复系的恢复能力与不育系的可恢复性是决定杂种结实率的内在因素，育性的表现（表现型）有赖于遗传型与环境的相互作用。环境适合与否，势必影响育性恢复度。

（1）育性恢复程度与杂种抽穗期间的气温密切相关。据广东省农作物杂种优势利用

研究协作组研究，抽穗期间，日平均温度在 25 ℃~29 ℃范围内，汕优 2 号、南优 2 号
杂种 F_1 的结实率一般都稳定在 80% 上下；若抽穗期的日平均温度降至 22 ℃~23 ℃，结
实率明显下降，只有 48.9%~68.5%；若日平均气温降至 20 ℃，结实率十分低，只有
22.5%~45.9%（表 5-9）。可见，籼型杂交水稻安全抽穗的温度指标比一般籼稻品种（日平
均温度 22 ℃~23 ℃，日最低气温 17 ℃）稍高。

（2）杂交水稻组合间耐低温能力有差异。广东省农作物杂种优势利用研究协作组在
1977 年晚季观察了抽穗期日平均温度为 23 ℃时，11 个杂交组合的结实率，从高到低
分别为：7017A×IR26（81.3%），早中山 A× 朝阳矮 2 号（78.5%），包矮 A×IR26
（77.1%），坦桑尼亚 A×IR24（74.6%），华育 A×IR661（73.7%），华育 A× 朝阳矮 2
号（69.9%），包矮 A× 朝阳矮 2 号（69.9%），汕优 2 号（69.5%），矮优 2 号（60.8%），
南优 2 号（49%）。可见，有不少组合比汕优 2 号耐低温能力强。

表 5-9　某些组合抽穗期气温与结实率的关系（1975—1977）

抽穗期		29~28	27~26	25~24	23~22	20
	日平均温度 /℃	29~28	27~26	25~24	23~22	20
	日平均最低温度 /℃	26~24	25~23	23~21	21~19	18
花粉母细胞减数分裂期	日平均最低温度 /℃	26~23	26~23	25~23	23~21	23
珍汕 97A×IR24		84.9	84.4	78.1	68.5	45.9
二九矮 4 号 A×IR24		85.2	81.1	71.1	58.2	22.5
二九南 1 号 A×IR24		77.8	78.3	76.4	48.9	

三、恢复基因的定位

要进行恢复基因在染色体的定位，首先要有全套的水稻三体材料，然后利用水稻的 12 个
三体系统，来确定恢复系的恢复基因在哪条染
色体上。

（1）用 12 个三体系统分别与恢复系杂
交，各组合的 F_1 植株中可出现二体（$2n$）及
三体（$2n+1$）植株，如图 5-4 所示。

（2）分别用所得的二体植株和三体植株
作父本与不育系杂交，检查其三交 F_1 的种子
结实，在 5% 以下为不育株，在 70% 以上为

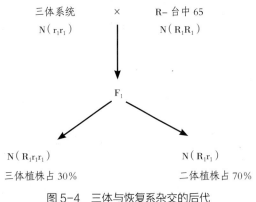

图 5-4　三体与恢复系杂交的后代

可育株。实验结果说明，二体植株的三交后代，在 12 个组合中，可育株与不育株的比例为 1：1，说明二体植株不能测出恢复基因在哪条染色体上。

用三体植株与不育系杂交时，三体所形成的雄配子种类及其与不育系杂交后形成的类型如表 5-10 所示。

表 5-10　三体植株与不育系杂交形成的配子和后代类型

雌配子	雄配子			
	r_1 2/6	R_1 1/6	R_1r_1 2/6	r_1r_1 1/6
$S(r_1)$	$S(r_1r_1)$	$S(R_1r_1)$	$S(R_1r_1r_1)$	$S(r_1r_1r_1)$
	2n	2n	2n+1	2n+1
	2/6	1/6	2/6	1/6
	不育株	可育株	可育株	不育株

但 $2n+1$ 雄配子生活力及受精率极低，因此后代中的不育株比率将大大增加而不成 1：1，结果见表 5-11。12 个组合中 11 个组合可育株与不育株的比例为 1：1，只有三体 -C 中不育株比可育株多，说明恢复系 Rf 基因在 C 染色体上。

表 5-11　三体和恢复系杂交 F_1 中三体植株同不育系杂交后代育性分离

家系	可育株		不育株		株数	χ^2 测验 1：1
2n+1	2n	2n+1	2n	2n+1		
T–A	111	2	110	0	223	0.041
T–B	65	0	82	4	151	0.920
T–C	20	12	161	3	196	88.898
T–D	91	9	86	3	186	0.640
T–E	110	0	121	0	231	0.523
T–F	74	1	72	1	148	0.027
T–G	83	0	106	1	190	3.031
T–H	77	8	62	18	165	0.151
T–I	117	4	135	6	262	1.526
T–J	92	1	82	0	175	0.691
T–K	75	4	73	4	156	0.025
T–L	40	0	55	0	95	2.268

（3）恢复基因（R_1）定位。R_1 基因在 C 染色体上，但在什么位置上还不清楚，必须进行定位。据日本岩田和小村（1972）报道，三体 C 系的额外染色体上携有隐性 PG_1（灰绿叶）和 r_1（褐色叶）两个基因，根据育性恢复的测定结果，此额外染色体上还有隐性恢复基因 r_1。而 BT-A 的 C 染色体上有显性的 PGL、FL 和 R 基因，通过测交和回交获得三个基因间的连锁，试验结果列于表 5-12。由此得知，FL 和 R_1 之间的重组值约为 0.4%，PGL 和 R_1 之间的重组值约 11.9%，FL 和 PGL 之间的重组值约 20.4%，三个基因的排列次序应是 PGL、R_1、FL，它们之间的距离如图 5-5 所示。

表 5-12　B_1F_1 或 F_2 代中 FL、PGL 和 R_1 之间的连锁测验

世代	杂交组合	A B	A b	a B	a b	株数	重组值 /%
B_1F_1	$S(FLR_1/f_1r_1)/_1(f_1r_1)$	265	2	0	244	511	0.4 ± 0.28
B_1F_1	$S(PGLR_1/pglr_1)/_1(pglr_1)$	266	30	39	244	579	11.9 ± 1.35
F_2	$N(FLPGL)/(r_1pgl)$	2 920	1 370		1 460	5 750	20.4 ± 5.30

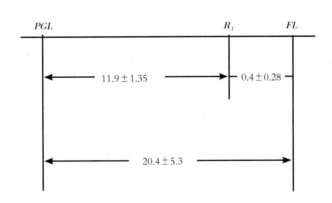

图 5-5　PGL、R_1、FL 基因位点图

第二节　恢复系的测交筛选

测交筛选是利用现有常规水稻品种（品系）与不育系杂交，从中筛选恢复力强、配合力好的品种（品系）。选育方法简单，收效容易。现在我国生产上利用的主要恢复系如 IR24、IR26 等都是通过这种办法育成的。

一、选择亲本

我国稻种资源丰富，种类繁多，如何在众多的品种资源中尽快筛选出强优恢复系，提高选育效率，在选择亲本时应掌握以下原则。

（一）根据地理起源

恢复基因的分布有一定的地域性。野败型和 BT 型雄性不育恢复基因在低纬度、低海拔热带、亚热带地区的籼稻品种尤其是晚籼品种中出现频率较高，筛选野败型和 BT 型恢复系，应从上述地区的品种资源中选择测交的亲本；而红莲型雄性不育的恢复基因多分布在暖温带和亚热带地区，可在长江流域和华南等地区的籼稻品种中选择亲本。

（二）根据品种血缘

细胞质雄性不育的恢复性是质量性状，受少数几对基因控制，通过杂交可以将恢复基因从一个品种传递到另一个品种。目前已发现 100 多个强恢复系，有的已在常规育种中用作亲本，从这些含有恢复系血缘的品种（品系）中进行测交筛选，容易选出新的恢复系。如皮泰的恢复基因来自仙那，而 IR24 的恢复基因来自皮泰和 SLO17，IR26 的恢复基因又来自 IR24。在华南晚籼中，带有印尼水田谷血缘的恢复品种很多，如秋二早、双秋矮、东秋谷 1 号、秋塘早、园秋等。

（三）根据品种的丰产性和性状的遗传差异

恢复系的产量水平对杂种产量的影响很大。如广东省的农家高秆品种香稻，具有很强的恢复能力，杂种的结实率达 90%。由于香稻本身产量不高，配制的杂种比香稻增产 70% 以上。但同推广品种珍珠矮相比，不但没有增产，反而减产 15%，所以不能用作恢复系。因此，在选择亲本时除了注意它的丰产性以外，同时还要求一些主要经济性状与不育系的遗传差异大，而且又能互补，尽可能避免与不育系在亲缘关系上的重叠。

二、选育步骤

（一）初测

选择符合要求的品种（品系），用其典型单株，分别与一个具有代表性的不育系进行成对测交。每对的种子一般要有 30 粒以上。

成对测交的 F_1 应种植 10 株以上，在抽穗期根据花药开裂情况，鉴定花粉育性，成熟期考察结实率。如果花药开裂达 99% 以上，正常花粉 80% 以上（孢子体型）或 50% 左右（配子体型），同时结实正常，表明该品种具有恢复力。若 F_1 在育性及其他性状上有分离，则表明该父本还不是纯系，可从中再选若干单株成对测交，直到 F_1 在育性和其他性状无分离为止。例如，1980 年湖南省安江农校从国际水稻研究所引进多抗性的早熟新品系 IR9761-19-1，与不育系测交后，发现 F_1 的育性和性状都有分离，于是从中又选择了一批优良单株继续与不育系进行成对测交，经过测交筛选，便育成了恢复力强的新恢复系测 64-7。与 V20A 配组，杂种（威优 64）表现早熟、高产、多抗。

（二）复测

经初测鉴定有恢复力而且其他性状无分离的品种，便进行复测。复测的 F_1 群体要求 100 株以上，如果结实率仍然正常，就证明父本确实具有恢复力。同时，还要考察生育期、主要经济性状和产量。经综合评价后，淘汰那些优势不明显、抗性差的品种。

第三节　恢复系的杂交选育

目前生产上应用的不同质源的不育系，恢复谱都不广，仅用测交筛选难以满足需要，因此，必须进行人工制恢。人工制恢目前主要有一次杂交选育、复式杂交选育和多次回交转育（定向转育）等几种方法。

一、杂交亲本的选择原则

湖南杂交水稻研究中心，通过对 375 个杂交组合中的 2 617 个单株测交后代的优势鉴定，发现其中比威优 6 号增产 5.1% 以上的仅有 13 个组合的 31 个单株，只占测交组合和单株数的 3.46% 和 1.18%。因此，为了减少水稻有性杂交选育恢复系配组的盲目性，提高选择效果，在亲本选择方面应注意以下两个原则。

（一）亲本应具有较高的配合力

杂交组合当选概率的大小与恢复亲本的一般配合力效应值有关。以一般配合力效应值高的 IR26、IR24、圭 630、IR661、IR2055 等作亲本的杂交组合，其杂种后代中优良单株多，选择效果好。

（二）杂交亲本之一应是强恢复系

"不 × 恢"或"保 × 恢"的杂交组合，其恢复亲本固然应是强恢复系，而"恢 × 恢"的杂交组合，其中有一个恢复亲本也应是强恢复系。凡以强恢复系作亲本的杂交组合，在其后代中都能选到恢复力强的单株。

二、杂交选育的方法

（一）一次杂交法

通过一次杂交将两个品种的优良性状和恢复能力综合在一起，培育新型的恢复系。按其亲本的不同情况，可分：恢 × 恢、不 × 恢和保 × 恢（恢 × 保）。

1. 恢 × 恢

恢复系与恢复系杂交，把两个恢复系的优良性状综合在一起，选育出符合育种目标的新恢复系，这是我国当前选育恢复系应用最广也是最有成效的一种方法。

广西农科院为了提高 IR24、IR661 的抗性和品质，缩短它的生育期，用 IR661 与 IR2061、IR24 与 IR30、IR24 与 IR36 杂交，分别育成 6161-8、3024、3624 等早熟、高抗、优质的新恢复系，并选配出强优杂交组合。

福建省三明市农科所用 IR30 与圭 630 杂交，育成明恢 63，比圭 630 抗性强、米质好，与珍汕 97A 配组选育出汕优 63 等强优杂交组合。

由于"恢 × 恢"的两个亲本都含有恢复基因，在杂种各个世代中恢复株出现的频率很高，低世代可以不进行测恢工作。而与产量有直接关系的数量性状如穗数、粒重等是多基因控制的。我们的育种目标往往要综合多个优良性状，并发挥那些互补基因的作用，因此，在"恢 × 恢"组合中选育恢复系，宜采用集团育种法。据杨纪柯的分析，某个性状只有群体中出现 80% 以上的纯合基因型时，才适宜选择，纯合基因型出现的频率与性状受控的基因对数有密切关系（表 5-13）。

表 5-13　F_1 自交后代中所出现纯合基因型个体占群体的百分率　　　　单位：%

等位基因对数	1	2	3	4	5	6	7	8	9	10
F_2	50.00	25.00	12.50	6.25	3.13	1.56	0.78	0.39	0.20	0.10
F_3	75.00	56.25	42.19	31.64	23.73	17.80	13.35	10.01	7.51	5.03
F_4	87.50	76.56	66.99	58.62	51.29	44.88	39.27	34.36	30.07	26.31
F_5	93.75	87.89	82.40	77.25	72.42	67.89	63.65	59.67	55.94	52.45
F_6	96.88	93.85	90.91	88.07	85.32	82.66	80.07	77.57	75.15	72.80
F_7	98.44	96.90	95.39	93.89	92.43	90.98	89.56	88.16	86.79	85.42
F_8	99.22	98.44	97.67	96.91	96.15	95.40	94.66	93.92	93.18	92.46
F_9	99.61	99.22	98.83	98.45	98.06	97.68	97.30	96.92	96.54	96.16
F_{10}	99.81	99.61	99.42	99.22	99.08	98.83	98.64	98.45	98.26	98.06

（"世代数"为行表头标签）

随着受控基因对数的增多，出现 80% 以上基因型所需的世代就要推迟，一般在 2～5 代混收栽培，F_6 开始进行系统选择和测交（表 5-14）。

表 5-14　水稻集团育种法步骤

世代	栽培法	栽培株数	选择方法
F_2	插单株	200	不选择
F_3	插兜	1 500	不选择
F_4	插兜	5 000	不选择
F_5	插兜	10 000	不选择
F_6	插单株	12 000	株间按质量性状选其中 10%
F_7	插兜	1 200 个系统（每系 25 穴）	系间按数量性状选其中 10%

为了提高集团育种法的效率，在 F_2～F_5 中应注意以下几点：

（1）对原始纯种亲本，应尽早检测配合力，从而选定优良的组合；

（2）把群体放在特殊栽培环境中，以便自然淘汰其中不适应的个体；

（3）对遗传力高的质量性状，如抽穗期、株高等，可以进行早期初选，对少数明显不符合育种目标的可以早期去劣。

（4）如发现特别优良的植株，可随时进行单株选择。

采用集团育种法可以大大地减少早世代的田间工作量，但育种群体及面积须适当增加，育种年限也较长。这些缺点通过南繁、温室加代、胚培养等技术可以克服。

2. 不 × 恢

不育系与恢复系杂交后，自交 F_2 出现一定比例的可育株，通过系统选择培育同质恢复系（由于选育的恢复系和不育系都具有相同的不育细胞质，故称同质恢复系）。"不 × 恢"后代的细胞质都是不育的。根据基因对应学说，凡散粉结实正常的单株就一定含有恢复基因。因此，在低世代可以不进行测恢工作，只对株叶形态等质量性状进行初选，到了高世代才进行测恢和配合力测定。"不 × 恢"也适宜采用集团育种法。为了加速后代的稳定，扩大血缘，改善某些不完善的性状和增强恢复力，还可以在自交 F_2 选可育株作母本，用原父本回交 1~2 次，或者用另一个恢复系复交，再进行自交选育。

广西农科院利用这种方法选育了一批同质恢复系如同恢 601、同恢 616、同恢 621 和同恢 613 等。其中同恢 601 是从南优 2 号的后代中选出的，对野败型二九南 1 号 A、金南特 43A、朝阳 1 号 A、野栽型广选 3 号 A 和红莲型新恢 1 号 A 等，都具有良好的恢复力。

湖南杂交水稻研究中心也用这种方法从常优 2 号的后代中选出"长粒同恢"和"短粒同恢"等早熟恢复系。

除了从不育系与恢复系杂交的后代中选育同质恢复系以外，用核代换杂交选育不育系时，也可以培育同质恢复系。如日本新城长友用钦苏拉·包罗Ⅱ为母本，以台中 65 为父本，将两者杂交并连续回交，从回交 F_1 起，每代都选部分不育株作母本和台中 65 回交，回交 F_6 后通过自交，从中选出完全可育系——BT-1，再用 BT-1 作母本与台中 65 杂交，自交 F_2 中分离出两个不同系统，完全可育株定为 BT-A，部分可育株定为 BT-B。用 BT-B 作母本再与台中 65 杂交，在自交后代分离出的完全雄性不育株定为 BT-C。因此，包台三系分别为 BT-A（恢复系）、BT-C（不育系）和台中 65（保持系）。BT-A 对 BT-C 有正常的恢复力，它的恢复基因来自包罗Ⅱ的细胞核，恢复系和不育系有相同的细胞质，均是来自包罗Ⅱ，其选育过程如图 5-6 所示。

云南农业大学李铮友等利用峨山大白谷与科情 3 号杂交，再用红帽缨复交，出现高育、半育和不育三种类型。不育株再用红帽缨连续回交选育出滇三型不育系，高育株和半育株自交分离出低育、半育和可育的单株。选自交结实正常的单株通过多代自交和系统选择，育成滇三型的同质恢复系（图 5-7）。

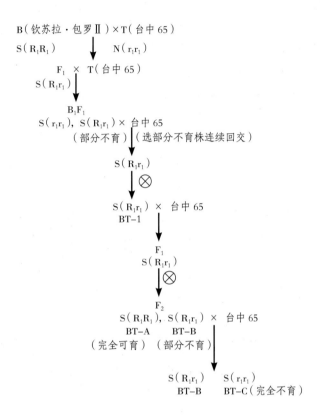

图 5-6　包台不育系（BT-C）及其同质恢复系（BT-A）的育成过程

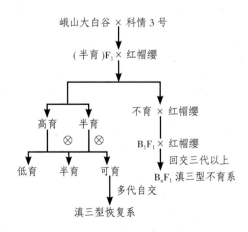

图 5-7　滇三型不育系及其同质恢复系选育过程（云南农业大学，1980）

3."保 × 恢"（恢 × 保）

"恢 × 恢"或"不 × 恢"虽然选育方法简单，工作量少。但是，"不 × 恢"选育的同质恢复系，由于其遗传差异缩小，杂种优势有所减弱；而"恢 × 恢"也由于现有的恢复系大多数来自东南亚，生育期长，生态类型少，对温度反应较敏感；因此，亲本的选择有一定局限性。仅用这两种方法选育恢复系难以达到预期的育种目标。而丰富的品种资源中，大多数都是保持品种，不但类型多而且具有各种各样的优良性状和抗性，可供选择的亲本也较多。然而，"保 × 恢"（或恢 × 保）在后代中出现育性分离，因此，要进行大量测恢工作。这样就提出一个问题：在杂交后代中，如何测交才能在尽可能减少工作量的前提下有充分把握选到含有恢复基因的单株。湖南杂交水稻研究中心王三良通过多年的育种实践，提出了保 × 恢低世代测交选育的方法。

（1）理论依据

①杂种各世代中纯合基因型出现的概率。"保 × 恢"或"恢 × 保"组合的杂种在连续自交的情况下，若基因频率不受选择、突变和随机漂移的影响，各世代中纯合基因型出现的概率可利用下列公式计算：

$$Ft \text{ 纯合基因型} = \left(1 - \frac{1}{2^r}\right)^n \times 100\%,$$

式中：Ft 为杂种世代；

r 为杂种自交代数；

n 为基因对数。

根据上述公式计算出受一对、两对或三对基因控制的杂种在各个世代中纯合基因型出现的概率，如表 5-15 所示。

表 5-15　含有 n 对杂合基因的 F_1 自交后各世代纯合基因型出现的概率　　　　单位：%

n	Ft						
	F_1	F_2	F_3	F_4	F_5	F_6	F_7
1	0	50.00	75.00	87.50	93.75	96.88	98.44
2	0	25.00	56.25	76.56	87.89	93.85	96.90
3	0	12.50	42.19	66.99	82.40	90.91	95.39

②杂种自交各世代中纯合恢复基因型出现的概率。纯合恢复基因型对水稻不育性有完全的恢复能力。纯合恢复基因型出现概率的大小，随着杂种世代和恢复基因对数的不同而异。例

如，属一对基因控制的杂种自交各世代中出现两种纯合基因型 AA 和 aa，其中只有 AA 对不育性才具有完全恢复能力。而 AA 在各个世代中只占总纯合基因型的一半。受两对基因控制的杂种自交各世代中将有 4 种纯合基因型，其中只有 AABB 具有恢复能力，而 AABB 纯合恢复基因型只占总纯合基因型的四分之一。受三对基因控制的杂种自交各世代中有 8 种纯合基因型，其中只有 AABBCC 具有恢复能力，占总纯合基因型的八分之一，于是，便归纳出：

$$Ft \text{ 纯合恢复基因型} = (1 - \frac{1}{2^r})^n / 2^n \times 100\%,$$

根据这一公式可计算受一对、两对或三对基因控制的杂种，在各个世代中纯合恢复基因型出现的概率。如表 5-16 所示。

表 5-16　含有 n 对杂合基因 F_1 自交后代纯合恢复基因型和其他基因型出现的概率　　　　单位：%

Ft	n					
	1		2		3	
	纯合恢复基因型	其他基因型	纯合恢复基因型	其他基因型	纯合恢复基因型	其他基因型
F_1	0	100	0	100	0	100
F_2	25.00	75.00	6.25	93.75	1.56	98.44
F_3	37.50	62.50	14.06	85.94	5.27	94.73
F_4	43.75	56.25	19.14	80.86	8.37	91.63
F_5	46.88	53.12	21.97	78.03	10.30	89.70
F_6	48.44	51.56	23.46	76.56	11.36	88.64
F_7	49.22	50.78	24.22	75.78	11.62	88.38

(2) 方法和步骤

①测交世代的确定。不管水稻的恢复性是受一对、两对或是三对基因控制，在 F_2 中都会出现纯合恢复基因型。纯合恢复基因型出现概率的大小，随着控制育性的基因对数的增加而减少。若要有 99% 或 95% 的把握在 F_2 中至少能选到一株纯合基因型恢复株，F_2 至少要测多少株，可利用公式 $n \geqslant \frac{\log \alpha}{\log P}$ 计算（n 为至少应测交的株数，P 为其他基因型概率，α 为允许漏失的概率）。现以一对基因为例，在 F_2 中其他基因型概率为 75%，即 $P = 0.75$，保证有 99% 的把握选得一株纯合基因型恢复株，但还有 1% 没有把握，这 1% 为允许漏失的概率，即 $\alpha = 0.01$，把上面的数字代入公式，便可求出 F_2 需要测交的单株数。

$$n \geqslant \frac{\log 0.01}{\log 0.75} = \frac{-2}{-0.1249} = 16（株），$$

同理，保证率为 95% 时，F_2 应测交的单株数：

$$n \geqslant \frac{\log 0.05}{\log 0.75} = \frac{-1.301}{-0.1249} = 11 \text{ 株}，$$

同样，利用上述公式，便可计算出保证率为 99% 和 95% 时的 F_3、F_4 及以后各个世代和两对、三对基因控制的各个世代至少要测交的单株（系统或系统群）数（表 5-17）。

表 5-17　保证率为 99% 和 95% 时含有 n 对基因的杂种在各个世代至少应测交的单株（系统、系统群）数

基因对数	测交世代									
	F_2		F_3		F_4		F_5		F_6	
	99%	95%	99%	95%	99%	95%	99%	95%	99%	95%
1	16	11	10	7	8	6	8	5	6	5
2	71	47	29	20	22	15	19	13	17	12
3	286	191	85	56	53	35	43	28	38	25

从表 5-17 可以看出，测交世代越早，测交工作量虽有增加，但田间种植工作量却越小；测交世代愈推迟，测交工作量虽有减少，但田间种植工作量却愈大。由此可以得出：低世代测交是选育新恢复系最简便的方法。

②确定 F_2 至少应测交的单株数。根据水稻恢复基因的遗传规律，初步认为水稻的恢复性是由一对（粳型）和两对（籼型）基因控制的，属质量性状，因此以 F_2 测交比较合适。在保证率为 99% 时，粳型恢复系选育要测交 16 个单株，籼型恢复系选育要测交 71 个单株。

③确定每一单株的测交后代至少应种植的株数。为了鉴别被测交单株属纯合恢复基因型 AA、AABB 还是杂合基因型 Aa、A-B-，每一单株的测交后代至少应种植的株数是：

$$n \geqslant \frac{\log \alpha}{\log P} = \frac{\log 0.001}{\log 0.5} = \frac{-3}{-0.301} = 10（株）$$

式中：n 为种植的株数；

P 为杂合基因型 Aa 和 A-B- 的概率；

α 为允许漏失的概率。

这就是说，F_2 测交，每一单株的测交后代至少要种植 10 株，才能鉴别出被测交单株的基因型。若 10 株都恢复，则被测单株的基因型为 AA 或 AABB；若 10 株中出现育性分离，则被测单株为杂合基因型 Aa 或 A-B-；若 10 株都保持，即被测交的单株的基因型为 aa 或 aabb。

④杂种后代的处理。F_2 是各种基因重组的世代，也是分离最严重的世代。因此，要根据育种条件尽可能地扩大 F_2 群体，并从中选择单株进行测交。F_2 被测交的每一个单株进入 F_3 种植，各自形成一个系统，每个系统种植 20~50 株。一般来说从这些系统中可以选到 1~4 个或更多的纯合恢复基因型系统。根据育种目标在每一个纯合恢复基因型系统中进行单株选择。由于 F_3 各个系统的群体都很小，选择标准不能过高。特别是那些受多对基因控制的数量性状，可以不进行选择。在 F_3 当选的单株进入 F_4 种植，每一单株要求种植 100 株以上的群体，从中选择符合育种目标的优良单株。在 F_5 大多数性状基本趋于稳定，这时便可以进行复测和配合力鉴定。

（二）复式杂交法

依靠单交有时难以达到育种目标，要将多个亲本的优良经济性状和抗性（包括恢复性）综合到一个品种中，这就要进行复式杂交。湖南杂交水稻研究中心育成的强优杂交早稻组合——威优 35，其恢复系二六窄早就是用 IR26、窄叶青 8 号和早恢 1 号三个亲本，通过复式杂交育成的，而早恢 1 号又是通过意大利 B×IR661 育成的（图 5-8）。

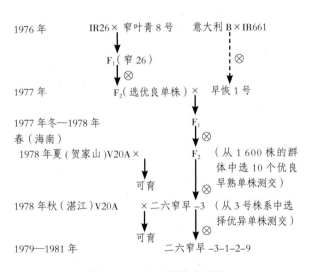

图 5-8　二六窄早选育过程

IR26 抗性好，恢复力强，但生育期太长，配出的杂交组合在长江流域不能作早稻；窄叶青 8 号生育期短，分蘖力强，抗性好，叶窄而青秀，后期落色好，但恢复力不强；早恢 1 号早熟，配合力好，穗大，秆粗，但分蘖力弱，抗性差，早衰现象严重。这三个恢复系的优缺点正好互相补充。1976 年用 IR26 与窄叶青 8 号杂交，1977 年从自交 F_2 的群体中选择一个早熟、分蘖力强、叶片青秀的优良单株作母本，用早恢 1 号作父本，两者进行复交，再经过多代选择与测交，于 1981 年育成了二六窄早。它具有早恢 1 号的穗大、粒多、茎秆粗壮和 IR26 的恢复力及窄叶青 8 号的叶窄、青秀而挺拔等特性，同时又含有意大利 B、印尼水田谷等品种的血缘。所以，二六窄早不但遗传基础丰富，而且具有多个优良性状和良好配合力，与 V20A 配组，杂种威优 35 表现早熟、抗性好、优势强、产量高。

粳稻恢复系选育，普遍采用复式杂交法。目前生产上推广的 BT 型粳稻不育系，用筛选法在现有的粳稻品种中几乎找不到强恢复系，而它的有效恢复基因大多分布在低纬度的籼稻中。虽然有少数籼稻品种如印度尼西亚的培迪等与 BT 型粳稻不育系杂交，杂种结实率较正常，但由于籼粳花时不相遇，制种产量低，也难于在生产上利用。而大多数有恢复力的籼稻品种与粳稻不育系杂交，因亚种间的杂种不亲和性，F_1 结实不正常。因此，从籼稻引进恢源，采用籼粳杂交再用粳稻亲本复交，培育具有部分籼核恢复系，这是目前选育粳稻恢复系的有效方法。这种复交由于是基因重组和选择的结果，可能有 11 条染色体来自粳稻，1 条含有恢复基因的染色体来自籼稻。用这种办法育成的恢复系与粳稻不育系配组，可以解决籼粳亚种间杂交后产生的不亲和性，使 F_1 的结实率达到正常的水平。同时导入了籼稻的成分，扩大了亲本的遗传差异，有利于提高杂种优势。

例如，辽宁省农科院以 IR8 为母本、科情 3 号为父本，再用京引 35 复交，于 1975 年育成了 C57，选育过程如图 5-9 所示。用 C57 与黎明 A、丰锦 A 配组，杂种结实率高，优势明显，已在辽宁等省（市）大面积推广。

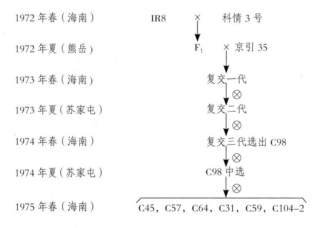

图 5-9　粳恢 C57 选育过程

　　江苏省农科院采用同一方法从〔（IR8×农垦19）F_1×京引35〕中育成了4494等优恢复系。

　　华中农学院1977年春从BT型反修1号A×〔（IR24×矮科情）F_1×C55〕的F_2中，选结实率高、综合性状优良的单株，经连续测交与选择，育成反五恢复系。

　　湖南杂交水稻研究中心，用对BT型不育系有恢复力的籼粳中间型品种——培迪作母本，与含有籼稻成分的粳稻恢复系——C57杂交，从后代中选育出培C115等一批粳型恢复系。

　　籼粳杂交再用粳稻复交，不仅是选育粳稻恢复系的重要途径，同时，也是选育配合力好的籼型恢复系的有效途径。依选育目标和复交方式的不同，可以向偏粳或偏籼方向选育，育成偏粳或偏籼的恢复系。同理，也可以先进行栽野交，再用栽培稻复交，从中选育出含有野生稻核成分的粳型恢复系或籼型恢复系，以丰富恢复系的遗传基础，达到提高杂种优势的目的。

（三）多次回交转育法（定向转育法）

　　通过测交筛选鉴定出配合力好、杂种优势强的组合，但其父本没有恢复力或者恢复力弱，因而不能在生产上利用。在这种情况下，可采用多次回交转育法将恢复基因导入这个品种育成该品种的同型恢复系。具体做法：选恢复力强的同质恢复系或"不×恢"的F_1作母本，与需要转育的甲品种杂交，F_1再用甲品种回交。由于回交后代都有不育细胞质，凡可育的单株就一定含有恢复基因。从B_1F_1中选性状倾向父本而且花药开裂散粉正常的可育株作母本，继续用原父本回交，如此连续回交3~4代，再自交1~2代，选性状和育性都稳定、散粉结实正常的可育株即育成甲品种的同型恢复系。这样转育成的恢复系，除了恢复基因及与其连锁的少数性状是来自同质恢复系外，其余大部分性状至少有11个连锁群是来自甲品种，因此它的遗传基础与甲品种十分相似，基本上保持了甲品种的配合力。如东欧粳稻品种——"里勃"与BT型黎明A有较好的配合力，但是不能恢复。湖南省农业科学院用同质恢复系BT-A为母本，以"里勃"为父本进行杂交和连续回交三代，然后自交两代，从后代中选择性状完全像原品种"里勃"而又具有恢复力的恢复系——里勃R，其选育过程如图5-10所示。

　　除了用测交筛选和杂交育种两种主要方法选育恢复系外，还可利用辐射处理选育新型恢复系。广西水稻杂种优势利用协作组用 ^{60} 钴 4 万伦琴处理一个弱恢复的品种——春矮，在四代的优良系统中测选出恢复力强的单株。北京市农科所用辐射法也选出一个粳稻恢复系——36天。

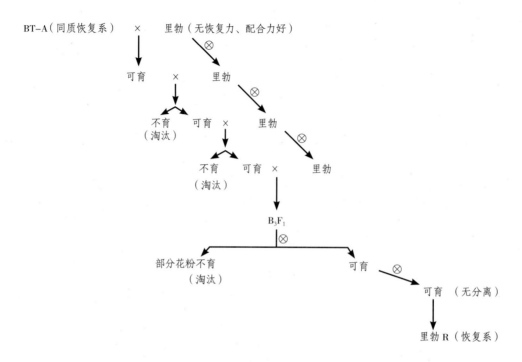

图 5-10　定向转育恢复基因示意图

第四节　优良恢复系的标准及主要恢复系简介

一、优良恢复系的标准

（一）恢复力强

恢复系与不育系杂交，F_1 花药开裂散粉正常，结实率达到或者超过推广的常规品种。杂种的结实率受环境条件的影响很小，也不因调换同质不育系而下降。

（二）配合力好

恢复系应有较好的一般配合力，与一个或多个不育系配组都能配出强优杂交组合。

（三）花药大、花粉量充足，有利于提高制种产量

（四）株高适宜

一般应比不育系略高，这也是提高制种产量的一个因素。

（五）丰产性能好

强优的杂交组合，其中必有一个是高产的亲本，恢复系的丰产性对选配强优组合甚为重要，恢复系的产量水平要接近或者超过推广的高产常规水稻品种。主要的经济性状如分蘖力、穗粒数，能够与配组的不育系互补。

（六）遗传基础丰富

杂种优势的强弱与双亲遗传基础差异的程度有密切的关系，不育系与恢复系在一定范围内遗传基础差异越大，杂种优势就越强。

（七）抗性强

应对当地主要病虫害和不良环境条件有较好的抗性。

（八）米质优良

无心腹白或者心腹白很少，能配出米质较好的杂交组合。

二、主要恢复系简介

（一）野败型籼稻恢复系

（1）IR24。从国际水稻研究所引进，1973 年由广西、广东、湖南等省（区）分别测出。株高 90 cm 左右，株型紧凑，主茎总叶片数 17～18 片；叶片窄而挺直，耐肥抗倒，抗稻叶蝉，但不抗稻瘟病和白叶枯病；分蘖力较强；谷粒细长，颖尖无色，千粒重 25～26 g；米质透明无腹白，直链淀粉含量低，柔软可口。1975 年据湖南省农业科学院观察，3 月 30 日播种，7 月 29 日始穗；5 月 30 日播种，8 月 27 日始穗，自播种到始穗分别为 122 d 和 90 d，属迟熟中稻。在南宁作早稻栽培，2 月 21 日播种，6 月 15 日始穗，自播种到始穗 114 d，属早稻迟熟类型，有效积温平均 1 133.1 ℃；作晚稻栽培，6 月 10 日播种，9 月 7 日始穗，自播种到始穗 89 d。开花习性好，花粉量多，恢复能力强，配制的杂种穗大粒多，优势强。

（2）IR661。从菲律宾引进，1973年夏广西水稻杂种优势利用协作组测出。IR661是IR24的姊妹系，性状与它基本相似，但株型和穗枝梗稍散，植株稍高，生育期迟2~3d。配制的杂种比IR24配制的杂种穗稍大，粒稍重。

（3）IR26。从国际水稻研究所引进，湖南、广西、广东等省（区）于1974年分别测出。株高80~90cm，株型好，叶较窄、直立，主茎总叶片数17~18片；分蘖力强，抗稻瘟病和白叶枯病。据湖南农业科学院1975年观察，3月30日播种，7月24日始穗；5月31日播种，8月2日始穗，自播种到始穗分别为117d和88d，属迟熟中稻。在南宁作早稻栽培，2月21日播种，6月14日始穗，自播种至始穗113d，属早稻迟熟类型；作晚稻栽培，6月8日播种，9月4日始穗，自播种到始穗88d。谷粒较一般恢复系小，千粒重22~23g，但恢复力和配合力均较好；与一般不育系配组，其杂种均表现早熟、抗病、成穗率高。湖南农业科学院1975年秋季观察了9个恢复系选配的组合，以IR26的配合力较好。

（4）测64。系湖南省安江农校从IR9761-19-1中经多代分对测交选育的优良单株。株高90cm左右，株型紧凑，分蘖力中等，叶片短、宽直，主茎叶片总数15~16片。每穗平均130粒左右，千粒重22g；抗稻瘟病、白叶枯病和褐飞虱。在长沙3月25日前后播种，7月初始穗，自播种至始穗95~100d；6月30日播种，9月1日始穗，自播种至始穗63d。花粉量充足，恢复力强，配合力好，与V20A配组，杂种表现高产、多抗、早熟，米质中等。

（5）IR30选。系广西农科院从IR2153-1-4（IR30）中，经多代分对测交筛选出的一个优良株系。株高85cm，分蘖力中等，平均每穗122粒，千粒重25g，叶片挺直稍宽，株型集散适中，穗长、着粒较稀；抗白叶枯病、褐飞虱，中抗稻瘟病，较耐低温。在南宁，2月上中旬播种，至始穗115~117d；而7月播种，至始穗只需70~80d，IR30选有效积温1041℃~1125℃。在自然条件下，表现不感光。但与多个不育系配组的杂种F_1为感光型，只适宜在华南作晚稻栽培。

（6）二六窄早。系湖南杂交水稻研究中心和湖南省贺家山原种场通过（IR26×窄叶青8号）F_2×早恢1号选育而成的早熟恢复系。株高94cm，分蘖力较弱，前期株型松散，中后期株型较紧凑，剑叶窄直长，叶片内卷。春季播种主茎总叶片数为15片，6月份播种，主茎总叶片数13~14片。穗大粒多，平均每穗170粒，千粒重27g。在长沙地区春季播种，自播种至始穗95~100d；6月份播种，自播种至始穗63~65d，抗稻瘟病，恢复力强，配合力好，与V20A配组，优势强，后期熟色好。

（7）明恢 63。系福建省三明市农科所用 IR30 选与圭 630 杂交育成的，千粒重 29.3 g，花粉量大，花期长，有利于制种。抗稻瘟病，中抗白叶枯病，中抗褐飞虱。在福建省三明地区晚季种植全生育期 137 d，播种至始穗 95 d，总积温 2 450 ℃~2 500 ℃，主茎总叶片数 16~17 片；幼穗分化开始于 13 叶。在中肥水平下，生育期稳定；在高肥水平下，播种至始穗期延长。如果苗壮，前期肥水管理好，后期不偏氮的情况下，生育期缩短，同时在阴雨天多的年份或遮阴地段种植，也能提早抽穗 2~3 d。

（8）桂 33。系广西农科院用 IR36 与 IR24 杂交，经多代测交筛选育成。全生育期和株高与 IR24 相仿。主茎总叶片数 17~18 片；恢复力强，繁茂性好，叶片狭长挺直，具有良好的株叶型，穗大粒多，平均每穗总粒数 135 粒，谷粒长椭圆形，千粒重 26~27 g；中抗白叶枯病和稻瘟病，较抗褐飞虱。

（二）BT 型粳稻恢复系

（1）C57。系辽宁省农科院从〔（IR8×科情 3 号）×京引 35〕的后代中选育而成。株高 100~110 cm，株型紧凑，主茎总叶片数 18 片左右，叶片直立，穗大粒多，每穗 150 粒以上，千粒重 24 g，米质一般，抗性中等。从播种到始穗在辽宁省为 130 d 左右，在湖南省为 70 d。开花习性好，花粉量大，与黎明、丰锦、秀岭等不育系配组有较高的配合力，并且这种高配合力传递力强。现在南方杂交晚粳的主要恢复系 77302、培 C115 和反 5-2 都有 C57 的血缘。

（2）300 号。由中国农科院用北京当地粳稻品种 3373 与 IR24 杂交育成。株高 100 cm，株型紧凑，在北京春播，从播种至始穗 95 d，主茎总叶片数 16 片。全生育期 150 d 左右，穗大粒多，主穗在 150 粒以上，千粒重 24 g；米质一般，抗性中等，开花习性好；恢复力强，与黎明、黄金等不育系配组都有较好的配合力。

（3）培 C115。系湖南杂交水稻研究中心从培迪 ×C57 的后代中选育而成。株高 100 cm 左右，株型紧凑，主茎叶片数 16 片，叶片直立挺拔，穗大粒多，千粒重 23 g，米质中等，略有腹白，抗性一般。在长沙地区，6 月 10 日播种，9 月 6 日始穗，自播种至始穗 88 d，全生育期 120 d 左右；不感光，属中粳类型；在长沙开花习性好，花粉量大。与农虎 26A 配组，结实率在 75% 以上，优势明显。1983 年在南方稻区杂交粳稻区试种，单、双季均居 10 个参试组合的第一位。

（4）77302-1。系浙江省嘉兴市农科所于 1977 年从外引材料（C57×IR28）×（科情3 号 × 京引 37）的未稳定杂交中经测交筛选育成。株高 76～83 cm，矮秆包节，株型紧凑，叶片长而挺举，叶内卷成瓦片形，色深。每穗 160～180 粒，千粒重 22 g 左右，谷粒椭圆，在低温条件下结实良好，谷壳有花斑，稻米蒸煮品质好，属温性的早熟中粳类型，在嘉兴作双晚栽培，主茎叶片总数 13 片左右；自播种至始穗 69 d。花期长，花粉量大，恢复力强，配合力好；与 BT 型、滇一型、滇四型、里德型等不育系配组，杂种优势明显，其恢复度达 80% 左右。

（5）C 型。系安徽省农科院作物所于 1978 年春在常规品系 C57× 城堡 1 号的杂种后代中测交筛选育成的。株高 90～95 cm，株型紧凑，叶挺，稍长，半卷，分蘖力中等；平均每穗总粒数 120 粒左右；感温性中等，对光照反应迟钝；早播或高温年提早抽穗，迟播或低温年抽穗推迟。播种至始穗 92 d，全生育期约 123 d；主茎叶片总数 16～17 片；高抗稻瘟病，中抗白叶枯病；米质优良；恢复力强，所配杂种优势明显，恢复度达 80% 以上。

第六章

优良组合的选配

第一节　优良组合的选配原则

优良组合选配的关键是亲本的选择，有了优良亲本，才能选配出高产、优质、多抗新组合。因此，应严格掌握亲本选择的基本原则。

一、选择遗传物质差异大的双亲配组

杂交水稻育种实践表明，亲本间遗传物质的差异是产生杂种优势的根本原因。在一定范围内，双亲的遗传物质差异愈大，杂种优势愈明显。据湖南农科院研究，同一生态类型品种配组（早稻 × 早稻、中稻 × 中稻、晚稻 × 晚稻），杂种产量优势超过最高亲本10% 左右；不同生态类型（早稻 × 中稻、早稻 × 晚稻、中稻 × 晚稻）或地理远距离的品种配组，强优势组合的产量可超过最高亲本的20%～30%。我国20 世纪70 年代培育的籼型杂交水稻南优、汕优、威优、四优四大系列的组合和最近几年选育的威优35、威优64、汕优桂33、汕优63 等组合的母本是我国长江流域的矮秆早籼品种，父本是东南亚国家的中秆中籼品种或这些品种的杂交后代。父母本双方不仅亲缘关系较远，生态类型不同，而且地理上相距较远，所以杂种优势明显。

粳型杂交水稻，1968 年日本新城长友用印度春籼钦苏拉·包罗Ⅱ作母本、我国台湾省粳稻台中65 作父本杂交所培育的 BT 型三系，

由于不育系（BT-C）和恢复系（BT-A、TB-X）来自遗传组成相同的同一组合，双亲间的遗传物质差异小，杂种优势不明显。而我国辽宁农科院培育的黎优57，母本黎明A是日本品种，父本C57是从（IR8×科情3号）F_1×京引35的杂种后代中选育而成的，属于籼粳中间偏粳类型，它具有多个籼粳品种的血缘。所以，杂种第一代表现出耐旱、耐瘠薄、抗倒伏等抗逆性和较广的适应性以及较大的增产潜力。继黎优57之后，我国培育了中杂1号、中杂2号、徒稻4号A×反五、虎优1号、六优1号、虎优115等组合，它们的恢复系都是通过籼粳（或粳籼）杂交育成的，同样具有籼粳品种的血缘。

二、选择农艺性状互补的双亲配组

杂交水稻优良组合亲本表型性状的选择，一般要求彼此配合良好。优缺点互相弥补，双亲彼此间的缺点尽可能少一些，尤其不要有共同的缺点。同时，必须对相对性状的显隐关系和一些主要性状的遗传力的大小有所了解和研究。常见的情况是：熟期的早晚，分蘖的多少，穗型大小、千粒重的高低、米质优劣等性状都是可以互补的。目前我国大面积种植的汕优6号和威优6号是两个综合性状较好、优势较强的杂交组合，母本珍汕97A、V20A，矮秆、生育期短、分蘖力弱、千粒重较大（珍汕97A抗稻瘟病）；父本IR26半矮秆、生育期长、分蘖力强、千粒重小、抗白叶枯病。杂种汕优6号、威优6号植株略高于父本，生育期中熟偏迟，分蘖力较强，千粒重中大；汕优6号抗稻瘟病和白叶枯病，威优6号抗白叶枯病。显然这是亲本双方的性状通过杂交表现出明显的性状互补。其他组合如威优35、威优64、汕优63的抗稻瘟病等性状都是类似的情况。

三、选择穗粒性状优良的双亲配组

从杂交水稻主要性状遗传规律研究中可以看出，杂种第一代（F_1）一些性状的表现与双亲平均值存在一定的相关关系。据潘熙淦等（1979）报道，在株高、穗长、每穗实粒数、每穗总粒数、结实率、千粒重、有效穗、生育期、单株粒重几个性状中，每穗实粒数、每穗总粒数、千粒重、有效穗、生育期五个性状相关系数都达到了1%的显著水平。王树峰（1982）的研究结果表明，在株高、有效穗、穗长、每穗粒数、每穗实粒数、结实率、千粒重、单株粒重、单穗粒重九个性状中，除穗长和单株粒重以外，其他性状相关系数都达到了1%的显著水平。赵安常、芮重庆（1982）的研究结果表明，在抽穗期、株高、千粒重、穗长、主穗粒数、单株粒数、结实率、有效穗谷重、草重九个性状中，无论正交还是反交组合，F_1与双亲平均值之间存在极显著相关。回归系数的显著性测定，除穗长、主穗粒数、有效穗为5%显著水平外，其余性状均达 1% 显著水平。上述研究结果表明，杂种第一代各个性状的表现，至少有每穗粒数、每穗实粒数、千粒重、有效穗、生育期、株高等性状与双亲平均值存在极显著的相关关系。依据这种关系选择穗粒数较高的双亲配组，有望得到穗粒数较高的优良杂交组合。

四、选择配合力好的双亲配组

多年来，在我国所培育和筛选的一大批水稻三系亲本中，并非一切遗传物质差异大、表型性状优良的亲本都在育种上有应用价值。事实上，只有几个配合力好的三系亲本在生产上应用，如 V20A、珍汕 97A 和 IR24、IR26、IR30 选、二六窄早、测 64、明恢 63、3624-33 等几个不育系和恢复系；粳型水稻三系中也只有黎明 A、农虎 26A、六千辛 A 和 C57、培 C-115、77302-1 等不育系和恢复系。

籼型杂交水稻三系亲本配合力的研究结果表明，在不育系中以 V20A、珍汕 97A 的每穗粒数、每穗实粒数、结实率、单株粒重等主要经济性状的一般配合力效应比较高，是现有各种类型不育系中一般配合力效应表现较好的两个。在恢复系中以 IR24、IR26 的单株粒重、结实率、单株粒数、生育期、株高等经济性状的一般配合力效应表现好，大多数性状的一般配合力效应值都为正值，是现有恢复系中一般配合力最好的两个。同时，以 IR24、IR26 作亲本的杂交组合，其特殊配合力也高。根据周开达等（1982）的研究，杂交水稻产量、结实率与双亲一般配合力高低的关系是：高 × 高 > 高 × 中或中 × 高 > 中 × 中 > 高 × 低或低 × 高 > 中 × 低或低 × 中 > 低 × 低（见表 6-1）。这反映了任何一个优良杂交组合至少有一个一般配合力较高的亲本。所以，以 V20A、珍汕 97A 与 IR24、IR26 配制的杂交组合威优 2 号、汕优 2 号和威优 6 号、汕优 6 号的综合性状好，杂种优势强，产量也高。这说明，在杂交水稻三系亲本中，只有那些遗传差异大、性状优良和配合力好的三系亲本，才能选配出优良的杂交组合。

表 6-1　杂交水稻产量、结实率与一般配合力高低的关系（周开达等，1982）

年份	性状	产量*			结实率**		
		$\hat{g}i$高	$\hat{g}i$中	$\hat{g}i$低	$\hat{g}i$高	$\hat{g}i$中	$\hat{g}i$低
1980	$\hat{g}j$高	41.565±1.36	39.161±1.36	39.066±0.92	85.876±1.14	80.201±0.00	80.626±0.50
	$\hat{g}j$中	40.619±2.73	39.299±2.42	36.855±1.02	82.552±1.02	78.964±2.64	77.452±1.23
	$\hat{g}j$低	37.800±0.00	35.332±2.02	33.723±0.20	80.980±0.84	77.733±1.09	75.600±1.33

续表

年份	性状	产量*			结实率**		
		ĝi高	ĝi中	ĝi低	ĝi高	ĝi中	ĝi低
1978年	ĝj高	1 149±0.00	1 150±9.54	875±77.06	77.217±3.52	68.453±1.75	63.338±5.74
	ĝj中	1 077±23.00	1049±103.98	800±101.26	71.341±3.50	63.963±5.48	64.233±3.88
	ĝj低	950±35.36	895±99.34	906±101.26	69.460±6.12	67.255±0.05	58.800±4.20

注：① *1980年为单株粒重，1978年为小区折亩产；**1980年的结实率不包括秕谷率；
②ĝi，ĝj分别为恢复系和不育系的一般配合力。

第二节　抗性组合的选育

用药剂防治作物病虫，常因农药残毒给人类带来危害，加之水稻病虫害增多，生理小种也不断变化，抗性育种已经成为育种工作者十分重要的课题，也是杂交水稻"三系"和新组合选育的重要课题。

一、杂交水稻（F_1）抗性的表现

杂交水稻自推广以来，抗性的研究主要集中在抗稻瘟病、白叶枯病和稻褐飞虱等方面。对于抗稻瘟病的表现，湖南农学院曾对224个杂交组合的F_1及其三系做过鉴定。其结果是：102个杂交组合的F_1在抗病性上表现为显性；31个组合表现为隐性；15个组合表现为中间类型（不完全显性）；18个组合的F_1出现了新类型。双亲抗病，F_1也抗病的有24个组合，双亲感病，F_1也感病的有34个组合。现将有代表性的部分组合的鉴定结果列于表6-2。从表6-2中可以看到亲本的抗病性在F_1中表现为下列几种类型：

（1）抗性显性。杂交组合中亲本之一（不论是不育系还是恢复系）是抗病的，而另一亲本是感病的，它们的F_1表现为抗病（显性），这类组合的抗病性是通过父本（或母本）遗传给F_1的。在第二代进行接种鉴定，表现出了3：1的抗病与感病的分离比例，这种抗病性很可能受一对显性基因控制。

（2）抗性隐性。母本感病，父本抗病；或母本抗病，父本感病，F_1表现感病；这些组合中亲本的抗病性可能为隐性基因控制。

（3）中间类型（不完全显性）。亲本之一感病，另一亲本抗病，F_1表现中抗（MR），亲本的抗病性在F_1中表现为不完全显性。

（4）新类型。即 F_1 出现双亲所没有的性状，如双亲抗病，而 F_1 表现感病；或双亲感病，F_1 表现抗病。这种类型的遗传比较复杂，可能是受两对以上的细胞核基因控制的。

此外，还有些组合是双亲抗病，F_1 亦抗病；双亲感病，F_1 亦感病，表明杂种第一代的抗病性与双亲密切相关。

对于杂交水稻抗白叶枯病的表现，万文举等曾对 85 个杂交组合的杂种第一代及其三系做过鉴定，表明抗白叶枯病的遗传表现与抗稻瘟病有相同的类型，即抗性显性、抗性隐性、中间类型（不完全显性）、新类型。同样第 3 种、第 4 种类型的遗传表现比较复杂，可能是受两对以上细胞核基因控制的。

表 6-2　杂交水稻（F_1）与三系稻瘟病抗性关系

不育系	抗性	保持系	抗性	恢复系（或测交父本）	抗性	F_1	抗性	抗性的遗传类型
黎明 A	S	黎明 B	S	培迪	R	黎明 A× 培迪		隐性
柳野 97A	S	柳野 97B	S	IR28	HR	柳野 97A×IR28	R	显性
V20A	R	V20B	RB	75–P12	S	V20A×75–P12	R	显性
V20A	R	V20B	R	IR24	R	V20A×IR24	R	双亲抗病
V20A	R	V20B	R	77–107	R	V20A×77–107	S	新类型
V20A	R	V20B	R	77–110	S	V20A×77–110	MR	中间类型（不完全显性）
V20A	R	V20B	R	77–298	S	V20A×77–298	MR	中间类型（不完全显性）
V20A	R	V20B	R	特大粒	R	V20A× 特大粒	S	新类型
珍汕 97A	S	珍汕 97B	S	77–62	S	珍汕 97A×77–62	R	新类型
珍汕 97A	S	珍汕 97B	S	古 154	R	珍汕 97A× 古 154	S	隐性
珍汕 97A	S	珍汕 97B	S	IR661	R	珍汕 97A×IR661	R	显性
珍龙 13A	R	珍龙 13B	R	75–P12	S	珍龙 13A×75–P12	S	隐性
南早 A	S	南早 SB	S	IR–28	HR	南早 A×IR–28	R	显性
南早 A	S	南早 B	S	穗郊占	S	南早 A× 穗郊占	S	双亲感病
南早 A	S	南早 B	S	IR24	R	南早 A×IR24	S	隐性
71–72A	S	71–72B	S	75–P12	S	71–72A×75–P12		双亲感病
华 15A	S	华 15B	S	军协	R	华 15A× 军协	S	隐性
华 15A	S	华 15B	S	77–112	S	华 15A×77–112	R	新类型

续表

不育系	抗性	保持系	抗性	恢复系（或测交父本）	抗性	F₁	抗性	抗性的遗传类型
二九南 A	S	二九南 B	S	IR28	HR	二九南 A×IR28	R	显性
朝阳 1 号 A	S	朝阳 1 号 B	S	IR24	R	朝阳一号 A×IR24	R	显性
V41A	R	V41B	R	海南大粒	S	V41A×海南大粒	R	显性
珍龙 13A	R	珍龙 13B	R	IR28	HR	珍龙 13A×IR28	R	双亲抗病
6097A	S	6097B	S	IR36	R	6097A×IR36	R	显性
6097A	S	6097B	S	IR24	R	6097A×IR24	R	显性
6097A	S	6097B	S	穗郊占	S	6097A×穗郊占	S	双亲感病
71-72A	S	71-72B	S	穗郊占	S	71-72A×穗郊占	S	双亲感病
金南特 43A	S	金南特 43B	S	77-401	R	金南特 43A×77-401	R	显性
金南特 43A	S	金南特 43B	S	77-62	S	金南特 43A×77-62	MR	新类型
金南特 43A	S	金南特 43B	S	77-372	R	金南特 43A×77-372	MR	中间类型（不完全显性）
BTA	S	—	—	BLI	R	BTA×BLI	MR	中间类型（不完全显性）
BTA	S	—	—	5117	R	BTA×5117	MR	中间类型（不完全显性）
珍汕 97A	S	珍汕 97B	S	穗郊占	S	珍汕 97A×穗郊占	R	新类型

注：抗性等级分为高抗（HR）、抗（R）、中抗（MR）、中感（MS）、感病（S）。

对稻瘟病和白叶枯病的抗性遗传分析表明，不育系和保持系的抗性是相同的，而且许多组合的抗病性是通过恢复系遗传给后代的，这说明水稻三系的抗病性是受细胞核基因控制的。

二、抗性机制

（一）抗病性机制

就抗病性而言，抗性机制可划分为专化抗性和一般抗性。专化抗性是指病菌小种与水稻品种（组合）之间具有专化性的抗性关系；一般抗性是指在病菌小种与水稻品种（组合）存在亲和性关系的条件下，水稻品种间的抗病力的差异。

（1）专化抗性机制。专化抗性机制可根据在特定条件下接种病菌后的寄主的感染型来判断。对于稻瘟病，叶片病斑如果只限于由坏死部分构成的褐点型病斑则可判断是抗病的，如果发展到有崩溃部分的病斑，则可判断为感病的。从组织学方面来看，可根据下述情况进行区别。在抗性品种中，当病原菌菌丝侵入并穿透叶片的运动细胞之后，可观察到运动细胞及邻接同化细胞壁着色、叶绿体膨大、细胞质变黄及颗粒化，进而出现树脂状变质而形成坏死部位。但此坏死细胞不收缩、不崩溃，此后病斑始终保持此种状态而不再扩展，在病斑上分离不出病原菌。在感病品种上，侵入菌丝穿透运动细胞后，菌丝大肆蔓延，运动细胞及邻近细胞的质变缓慢。受害细胞坏死后，随即收缩而崩溃，并且从病斑上常能高频率地分离出病原菌来。如果用叶鞘接种法接种病菌，在抗性品种中可观察到被侵染的活细胞因过敏反应而死亡，病原菌也随之死亡；而在感病品种中，被侵寄主细胞和病原菌则出现一段共生关系。概括而言，在组织水平上抗性品种的抗性表现在病菌侵入后的反应敏感性、坏死组织的非收缩性以及病原菌的死亡上；而感病品种则是反应迟钝，坏死组织崩溃，并且病原菌菌丝侵入后继续伸长。

（2）一般抗性机制。从表观看，稻瘟病病斑能反映植株抗病力的强弱，病斑数目少、面积大、呈褐点型的，抗病力就强，反之则弱。稻瘟病病斑的褐变与下列三个因素协同作用有关：①磷酸戊糖途径增强，酚类物质增多；②过氧化氢增加；③多酚氧化酶及过氧化物酶活性增强。抗病力强的品种，叶片感染病菌后，促进酚类物质合成的苯丙氨酸氨解酶、酪氨酸氨解酶的活性急剧增强，病斑周围很快发生褐变。褐变是酚类物质积累的表现。经层析鉴定，这些酚类物质主要为绿原酸、咖啡酸、阿魏酸、对 - 香豆酸等，它们能抑制菌孢子发芽管的伸长。在大部分病害侵染的罹病组织里，都有这些酚类物质积聚的现象。它们含量的多少与抗性强弱有明显的相关性。

另外，还应该看到感染前的稻体成分与抗病力有密切的关系。譬如，水稻植株的抗病力随硅酸和木质素含量的增加而提高，因为稻瘟病菌一般是从硅化和木质化程度低的部位入侵的。不过硅酸和木质素的含量与品种间抗病力的差异并没有相关性。多施氮肥就会抑制硅酸的吸收，并且使碳水化合物的积累减少，影响木质素的形成，使抗病力减弱，这是问题的一个方面；另一方面多施氮素，会使可溶性氮素含量增多，若增加到在植株全氮中占较高比率时，则发病率明显上升。因为稻体内氮素过剩，氨态氮增多，谷氨酸脱氢酶和转氨酶的活性都相应增强，于是谷氨酸、谷氨酰胺、天冬酰胺及各种氨基酸都积累增多，这使得三羧酸循环中一些主要的有机酸如 α - 酮戊二酸、草酰乙酸等含量减少，阻滞三羧酸循环的运转，影响 ATP 的形成，给植株带来多方面的不利。同时给入侵的病原菌提供了最适宜的营养性氮源，这是必须予以重视的。

感染后的代谢变化和抗病力亦有密切的关系。由于感病，病斑周围的呼吸增强。抗病力强的品种呼吸增强较早，抗病力弱的品种呼吸增强较迟。在罹病稻株中可测到糖酵解作用有向磷酸戊糖循环转换的趋向。抗病力强的，转换的关键酶——6-磷酸葡萄糖脱氢酶的活化程度增强；抗病力弱的则活性低。呼吸链的末端氧化酶系，抗性强的由细胞色素体系起作用；抗性弱的，主要由非金属酶类（黄素蛋白等）起作用。因此，在罹病的抗性弱的稻株中，ATP 的生成效率明显降低。

稻瘟病菌感染稻株后，分泌的毒素有稻瘟菌素（Pyricularin）、稻瘟醇（Pyriculol）、细交链孢菌酮酸（Tenuazonic acid）等。不同浓度的毒素对稻株的刺激作用是不同的。稀释 50 万倍的稻瘟菌素能强烈阻碍幼苗的生长发育；稀释 160 万～320 万倍的溶液则刺激幼苗生长，能提高稻株多元酚的含量，还能促进稻体过氧化物酶活性的增强。酚类物质中的绿原酸、阿魏酸等有抑菌和解毒的功能。受毒素刺激而酚含量增强较高的品种，病斑褐变加速，抗病力较强。

由于与抗病有关的各种重要因素互相复杂地交织在一起，所以目前尚看不出哪一种是起决定作用的重要抗病因素。已有的研究成果，不少是专化抗性与一般抗性混淆在一起的。对于诱发抗性的物质，抑制反应的机制均不大清楚。不过应该看到环境因素引致的抗病力的变化，影响是很大的。硅酸／全氮素、可溶性氮素／全氮素、多元酚含量、苯丙氨酸氨解酶、过氧化物酶活性等项目在品种间进行对比，在一定程度上能反映抗病力的差异。有的抗性品种，在多施氮素的情况下，有硅酸含量降低少、可溶性氮素增加不多等倾向。但是要深入了解抗病机制，必须进行综合的观察与测试，认真研究寄主对病原菌产生的生理活性物质（包括毒素及酶）的反应，以及有关反应在品种间出现的差异。

上面讨论的抗性机制问题，主要是以稻瘟病作实例来阐述的。实际上一般抗性对其他病害来说，有许多地方是彼此相似的。具体到某一种病害，自有其不同的特点。

有关研究表明，相当一部分抗白叶枯病的水稻品种或杂交组合，其抗生性成分是 6-吡咯啉-5-羧酸。稻株中含此成分多的抗性强，不含此成分的则容易感病。将此抗性成分从抗性品种植株中分离出来，作离体的抑菌试验，效果显著。若扩大验证范围，确属如此。可考虑与其他指标列在一起作为抗性育种选择亲本的检测参考项目。

除上述危害严重的真菌病害（稻瘟病）及细菌病害（白叶枯病）外，杂交水稻还一度流行病毒病（黄矮病）。20 世纪 70 年代中期，在湖南湘北、湘中杂交晚稻种植地区曾普遍地发生水稻黄矮病，稻田一层黄叶，严重影响杂交水稻的产量和推广。近年，在我国南方部分稻区仍间有发生。水稻黄矮病系传染病毒病，病毒由黑尾叶蝉传播，罹病植株的叶片，可在电镜下检查出弹状病毒质粒。在长沙地区杂交水稻叶中观察到的 RYSV 弹状质粒，大小（100～150）nm×（68～83）nm，质粒具有核心和外壁结构。横切质粒，可见到核心中央为一透明孔。病毒质粒可少量散布或大量存在于叶肉细胞核内和细胞质中，亦有少量散布在液泡里。倘若大量病毒质粒密集于核内，核的内含物几乎全是病毒质粒，核膜的部分或全部被病毒所破坏。在病叶切片中，叶肉细胞内显现大量整齐排列的棒状质粒，外部裹有一膜状物，呈圆形和菱形。

杂交水稻感病后，叶片发黄，黄色中杂有碎绿斑块，叶脉绿色，后期多枯黄卷缩，心叶抽生缓慢，分蘖减少，根系老朽，病株常早期枯死，或不抽穗，或抽穗延迟，包颈，结实差。

据湖南农业科学院李宣铿研究报道，黄矮病的发生与黑尾叶蝉的数量和带毒率呈密切的正相关。在黄矮病区遇上高温干燥天气，杂交水稻发病率明显高于一般，其原因：一是这类天气有利于黑尾叶蝉的发育和传毒；二是高温能缩短病毒在虫体内的循回期和在寄主体内的潜育期；三是杂交晚稻由于要避开寒露风，插植较早，此时正值黑尾叶蝉第二次迁飞高峰期，增加感病机会。

杂交水稻叶色较浓，除抗病组合外，一般比常规稻更易诱集黑尾叶蝉为害。在杂交水稻上生活的黑尾叶蝉雌虫，比在常规稻上生活的怀卵率高 13% ~ 63%，平均卵粒数多 6.4 ~ 10.7 粒，如此循环，杂交水稻感病概率便远远高出常规稻。不过由于杂交稻根系发达，吸肥力强，生活力旺盛，耐病力较常规稻强，尽管发病率较高，若栽培管理较好，仍能获得一定的产量。

关于植物病毒病防治原则，一般说来，包括三个方面：一是消灭侵染来源和传播介体；二是提高作物的抗病性和耐病性；三是药剂防治。就杂交水稻而言，预防病毒性黄矮病，以选育丰产抗（耐）病组合最为经济有效。据李宣铿等的试验，按感病表现比较，一般为不育系＞保持系＞恢复系＞杂交水稻＞常规稻。就具体组合而言，南优 2 号容易感病，而威优 6 号、汕优 6 号等则具有一定的抗（耐）病能力，这种能力当然与对黑尾叶蝉抗性较好的 IR26 有关。将抗性基因引入杂交稻中，这是抗性育种的关键所在。

（二）抗虫性机制

关于杂交水稻抗虫性研究，报道不多，已发表的结果，只限于杂交水稻抗稻褐飞虱的抗生性物质的探讨。稻褐飞虱在我国南方稻区分布较广，危害甚大。一般水稻品种抗性较差的，受害严重。一些抗性强的品种与不抗品种比较起来，在田间抗虫的表现，差异是非常显著的。在高抗品种 740098 种植区，稻褐飞虱的虫口密度，平均每蔸 0.4 头，中抗的 IR26 为 0.8 头／蔸，威优 6 号为 3.6 头／蔸，南优 6 号为 1.2 头／蔸；不抗的南优 2 号为 42.2 头／蔸，农垦 58 为 45.6 头／蔸。稻褐飞虱的这种选择性分布，显然与稻体某种刺激味觉的物质有关。不仅如此，用上述抗性不同的品种（或组合）接种稻褐飞虱的若虫，接虫后 6 d，若虫的成活率及蜜露排泄量差异很大，情况如表6-3。

表6-3　接虫后6天若虫存活率及蜜露排泄量

抗性	品种（组合）	存活率/%	蜜露排泄量
高抗	Mudgo	13	无
	740098	13	无
中抗	南优6号	49	少
	威优6号	68	少
	IR26	58	少
不抗	南优2号	100	多
	二九南B	96	多
	湘矮早9号	100	多
	农垦58	100	多

显然，褐飞虱在抗性品种上存活率低是由于取食少或不取食。这种抗生性，可能是抗性植株内缺乏刺激褐飞虱摄食的物质或具有阻碍摄食的物质所造成的。

这些物质是什么，有待进一步探讨。不过对抗性不同的品种植株进行分析，结果证明，游离氨基酸、可溶性糖及胺类，与抗性密切相关。就植株游离氨基酸的含量及成分而言，高抗品种游离氨基酸总量低，其中天冬酰胺的含量最低，γ-氨基丁酸的含量却显著地高于其他氨基酸成分；而不抗的品种却恰好相反，游离氨基酸总量高，其中天冬酰胺含量亦高。γ-氨基丁酸含量最低；中抗品种则介于两者之间。值得重视的抗生性成分γ-氨基丁酸，是由谷氨酸脱羧酶催化谷氨酸脱羧形成的，此酶活性的高低，直接影响植株中γ-氨基丁酸的积累。不同抗性的品种，种子发芽6天后，其谷氨酸脱羧酶的活性即呈现显著不同。据测定，高抗品种"Mudgo"的谷氨酸脱羧酶的活性，为中抗组合威优6号的1.5倍，为不抗品种农垦58的9倍。在杂交组合中，中抗的威优6号比不抗的南优2号高出4倍。据研究考察，γ-氨基丁酸对现在大面积危害的稻飞虱小种具有一定的抗生作用，但是对已出现的新的褐飞虱小种却没有毒性，这是值得注意的。

对高抗品种所作的研究说明，抗生性成分除γ-氨基丁酸外，尚有胺类。国际水稻研究所对"Mudgo"的植株进行分析，发现有酪胺、色胺和棕榈色胺等对褐飞虱有毒的成分。湖南农学院对不同抗性的品种与组合进行测定，测出了组胺成分。抗性强的组胺含量高，不抗的含量极少，如表6-4。

表 6-4　叶鞘内组胺的含量　　　　　　　　单位：μg/10mg 鲜重

品种（或组合）	抗性	组胺
Mudgo	高抗	18.8
740098	高抗	17.5
IR26	中抗	8.0
威优 6 号	中抗	6.6
南优 6 号	中抗	6.3
南优 2 号	不抗	痕量
二九南 B	不抗	痕量

杂交水稻抗褐飞虱的能力，因组合而异。从对抗性有影响的 γ-氨基丁酸、可溶性糖、组胺、天冬酰胺和谷氨酸脱羧酶活性等成分来看，恢复系的影响是重要的。譬如 IR26 是抗性较强的品种，以它作为恢复系育成的威优 6 号、南优 6 号等组合，均具有一定的抗褐飞虱的水平；而以 IR24 作恢复系的组合，如南优 2 号，则抗性很差。这一信息说明，在组合选育中应注意选择具有多方面优势性能和具有一定抗性指标的品种作恢复系，才有望增强杂交水稻对褐飞虱的抗性。但还应看到母本核质遗传物质也同样积极参加杂种一代基因表达，且抗性遗传是具有明显剂量效应的。因此在培育不育系时，若能导入抗性基因，双亲剂量增加，则更有利于提高 F_1 的抗性。

三、杂交水稻抗性组合的选育技术

（一）抗性亲本的选择

近十多年来，抗性育种已引起育种界的高度关注。国内外育种工作者对水稻品种的抗性进行了大量的接种鉴定和田间诱发鉴定，为杂交水稻新三系和新组合的选育提供了抗源。现择其一部分资料，供育种工作者参考。

表 6-5 中 63 个从国际水稻研究所引进的籼稻品种，其抗性都是较强的。有的已通过测交筛选作为野败不育系的恢复系直接在生产上应用，如 IR26、IR30、IR32、古 154 等；有的已作为恢复系杂交选育的抗性亲本，如 IR28、古 223、IR36 等。用这些亲本培育的杂交水稻对稻瘟病、白叶枯病、稻褐飞虱等主要病虫害具有单抗和多抗，已经在生产上发挥了重要作用。

表6-5　63个国外水稻品种（籼稻）主要抗性一览表（湖南省水稻研究所资源室）

品种（品系）名称	叶稻瘟	穗颈瘟	白叶枯病	褐飞虱	普矮病	黄矮病	备注
IR26	R	HR	HR	R	O	R	丰产性好，对野败恢复力强
IR28	R	HR	HR	R	S	HR	丰产性好，较早熟，对野败恢复力弱
IR29	R	R	R	—	R	R	糯稻，丰产性好，适应性广
IR30	R	HR	HR	MR	S	—	—
IR32	R	HR	HR	MR	S	—	感光，生育期太长
IR34	R	R	HR	MR	—	O	感光，生育期太长
IR36	R	MR	HR	MR	HR	HR	分蘖力强，对野败恢复，生育期长
IR38	R	R	HR	R	MR	S	感光，生育期长
IR42	R	MR	HR	MR	O	—	感光，生育期太长
740032	R	MR	HR	R	HR	S	丰产性好
740087	R	HR	HR	MR	HR	—	早熟，丰产性好
740098	R	HR	HR	R	HR	HR	丰产性好
740099	R	HR	HR	MR	MS	O	丰产性好
古150	R	HR	MR	—	HR	O	—
古154	R	MR	MR	—	HR	HR	—
古223	R	HR	MR	—	HR	HR	—
IR1529-680-3-2	R	HR	HR	S	—	—	丰产性好，适应性广
IR2034-238-1-2-3	R	HR	MR	HR	MS	MS	—
IR2058-78-1-3-2-3	R	R	R	R	MS	MS	—
IR2061-464-2-4-4-3	R	MR	HR	R	MS	S	—
IR2061-481-2	R	S	HR	HR	MR	O	—
IR2061-522-6-9	R	HR	HR	HR	MR	MS	—
IR2070-137-5-5-1	R	R	R	MR	MR	S	对野败恢复
IR2070-199-3-6-6	R	R	R	MR	O	S	—
IR2070-464-1-3	R	R	HR	MR	MR	HR	丰产性较好
IR2071-527-3-1-5	R	R	MR	MR	—	—	生育期太长
IR2071-542-3-1	R	R	HR	MR	—	—	糙米粗蛋白含量12.4%，对珍汕97A恢复

续表

品种（品系）名称	叶稻瘟	穗颈瘟	白叶枯病	褐飞虱	普矮病	黄矮病	备注
IR2073-170-3-3-1	R	HR	HR	MR	MS	S	—
IR2153-14-1-6	R	HR	HR	S	S	HR	—
IR2153-338-3	R	R	HR	R	O	MR	较早熟，结实率低
IR2328-27-3-6	R	R	HR	MR	MR	S	粗蛋白含量10.1%
IR2451-90-4-3	R	MR	HR		O	S	粗蛋白含量10.4%
IR2798-115-2-3	R	MR	HR	MR	O	MR	出糙率高，但生育期长
IR2815-39-1	R	R	MR	MR	S	S	生育期太长
IR2844-5-2	R	MR	HR	MR	O	MS	丰产性好，粗蛋白含量10.2%
IR2863-21-2	R	—	R	MR	—	—	—
IR2863-39-2	MR	S	HR	MR	O	S	—

根据湖南农科院植物保护研究所鉴定，从国际水稻研究所、斯里兰卡和印度引进的一些品种，对褐飞虱具有很好的抗性（如表6-6），其中有一部分生育期适宜，可以作抗褐飞虱亲本使用。

表6-6　一批抗褐飞虱水稻品种

品种（品系）名称	来源	苗期	田间	生育期/d
ASD7	印度	MR	R	120～128
Mudgo	印度	R	R	135左右
BG367-4	斯里兰卡	R	R	126～127
IR13240-39-3	国际水稻研究所	MR	R	107～120
IR15529-253-3-2-2-2	国际水稻研究所	MR	R	124左右
B2980B-SR-2-1-1-1-2-1	印度尼西亚	R	R	137
BG367-8	斯里兰卡	R	R	137
BGnbr1030-1-2	泰国	MR	R	135
IR9209-26-2-2-2-3	国际水稻研究所	R	MR	137
IR9224-223-2-2-2-1	国际水稻研究所	R	R	128
IR9752-71-3-2	国际水稻研究所	MR	R	137
IR9828-91-2-3	国际水稻研究所	R	R	128

276

续表

品种（品系）名称	来源	苗期	田间	生育期 /d
IR13240-53-6-3-3	国际水稻研究所	R	R	137
IR13429-198-2	国际水稻研究所	R	R	128
IR13429-3-2	国际水稻研究所	R	R	138
KAU10666	国际水稻研究所	R	R	116
IR9224-140-3-2-2-3	国际水稻研究所	MR	R	137
BG367-5	斯里兰卡	MR	MR	137
BG367-6	斯里兰卡	MR	MR	137
BG367-7	斯里兰卡	MR	MR	137
IR13429-133-2	国际水稻研究所	MR	MR	116
AD9246	印度	MR	MR	124
IR13429-196-1-2-1	国际水稻研究所	MR	MR	128

此外，一些地方品种也表现高抗褐飞虱。如湖南的白日早、早桂毛占、田州禾、无名稻等，云南的科砂 3 号、沧源齐头白谷等。

根据江苏农科院报道，褐飞虱抗性品种 IR26（BPh1）推广几年后，一些地区褐飞虱生物型发生了变化，由生物型 1 变为能致害 BPh1 抗性基因的生物型 2，导致 IR26 在这些地区失去抗性。但是另外两个国外品种 R. Heenati 和 Babawee 连续饲养 13 代飞虱，仍然能保持高抗的水平。

在粳稻中很难找到对褐飞虱的抗源。江苏农科院曾鉴定 5 735 份粳稻材料，没有发现抗性品种；但是在一些用籼稻抗源与粳稻杂交育成的粳型品系中发现了三个抗性材料，即 80079、80047 和 80-101，其中 80-101 来自日本，其余两个是来自江苏省的。据报道，台湾也用这个方法育成了抗飞虱粳稻品种台农 68。这说明，粳稻虽然抗性资源少，但通过籼粳杂交转育，也可以获得抗性。

粳稻对稻瘟病的抗性资源并不贫乏。据报道，除越南的特特普，印度的 HR-22、Charnack 和巴基斯坦的 Pusur 等籼稻品种可以作为抗源转育以外，在粳稻中我国云南的丽江黑谷、杜稻和天津野生稻，日本的取手 1 号、福锦、Pi4 和 BL8，美国的辛尼斯，苏联的罗细亚 33 号等都可以作为粳稻抗稻瘟病的抗源。我国已经利用这些品种育成了许多抗稻瘟病的粳稻品种，可供三系选育利用。

目前，粳稻抗白叶枯病的抗源也比籼稻少得多。据报道，早生爱国 3 号和 PI215936 是抗白叶枯病的粳稻品种，而美国品种辛尼斯、B589A4-18-1 和贝尔帕特那等抗白叶枯病的籼－粳型品种，都可以作为粳稻抗白叶枯病的抗源。

（二）抗性育种方法

据中国农科院作物育种栽培研究所路文如、沈锦骅等，对我国目前生产上大面积推广的几个杂交水稻组合抗白叶枯病的遗传研究分析，恢复系与杂交水稻（F_1）的抗性关系，通过 KS-6-6 及 KS-8-4 两菌系的接种鉴定，成株期和苗期，相关性均达显著或极显著水平，回归系数同样达显著和极显著水平；对 KS-1-2 菌系，在成株期相关显著，苗期不显著。可见我国目前推广的杂交水稻中，恢复系对抗病性有重要影响，而不育系与 F_1 的抗性相关，因菌系致病力强弱而不同。在强菌系侵染下，相关不显著，其原因是这些不育系对强菌系无抵抗力，而对某些较弱的菌系，不育系有一定的抗性作用。保持系与 F_1 的抗性关系，与不育系的表现相同，二者抗性呈高度相关性。说明保持系和不育系具有同一抗性基因。

因此，要选育出抗性强的杂交水稻，主要是选育抗性强的恢复系和保持系。

（1）测交筛选。用不育系直接测交抗性强的亲本，选择保持力强的亲本继续进行多代回交，便可以转育成抗性强的不育系。如珍汕 97 保持系的抗稻瘟性达到一级水平，所转育成的珍汕 97 不育系同样表现抗稻瘟病。当然，在选择这些亲本抗性的同时，也要结合其他性状的选择，以培育出各方面都较好的不育系。

用不育系对抗性强的、同时具备恢复系条件的亲本进行测交，选用其中恢复力强、配合力高的父本品种，进行复测验证，合乎要求者，通过进一步抗性鉴定，便可以找到抗性强的恢复系。有的属于世代不高的品系，通过稍加提纯稳定后再使用。如 IR26 经鉴定认为抗白叶枯病、稻瘟病和褐飞虱，用野败不育系测交，对野败几个主要不育系都具有强恢复力。用 IR26 与 V20 不育系、珍汕 97 不育系配组成的威优 6 号和汕优 6 号，对白叶枯病和稻瘟病都有一定的抗性；又如早熟恢复系测 64-7 的测交筛选，这个恢复系的前身为 IR9761-19-1，经抗性鉴定表现抗稻瘟病和白叶枯病。用野败不育系测交后，发现它具有很好的恢复力和配合力，但一些性状尚未稳定，从中选择优良单株继续两个世代的单株成对测交，并进行提纯，其中以 V20A×测 64-7 表现最好，定名为威优 64。威优 64 对稻瘟病、白叶枯病、青黄矮病、稻褐飞虱和叶蝉等五种病虫害都具有较强的抗性。

（2）杂交选育。引入抗性是杂交选育恢复系和保持系的重要育种目标。有些恢复系抗性好，但配合力差；或者强感光，生育期太长，不能直接在生产上应用，如 IR30、IR54 等。也有的恢复系丰产性好，配合力强，但抗性欠佳，如 IR24、圭 630 等。通过杂交选育，将抗性、恢复性和其他优良性状结合为一体，选育出新的抗性恢复系。在方法上可根据不同情况，分别采用一次杂交选育法、复式杂交选育法和轮回杂交选育法。

一次杂交选育，如明恢 63 恢复系的选育。以多抗性 IR30 作母本，以大粒型的恢复系圭 630 为父本，两者杂交，培育出多抗性的恢复系明恢 63。用明恢 63 配组的汕优 63，表现高抗稻瘟病、中抗白叶枯病和褐飞虱。显然其抗源来自 IR30。多抗性的晚稻恢复系桂 33 也是用 IR36×IR24 一次杂交选育而成的。

复式杂交选育，如早熟恢复系二六窄早的杂交选育。首先用多抗性的恢复系 IR26 作母本，与抗稻瘟病的窄叶青 8 号杂交，在其 F_2 中选择抗性强的单株再与大穗型的早恢 1 号杂交，通过多代测交选育，育成高抗稻瘟病的二六窄早恢复系。用二六窄早配组的双季杂交早稻威优 35，对稻瘟病多个生理小种具有较强的抗性。其抗性来自窄叶青 8 号和 IR26。

有些恢复系或保持系，虽具有良好的丰产性和较强的配合力，但抗性不佳，可以用它作轮回亲本，与抗性品种轮回杂交，以达到既引入抗性，又保存本恢复系或保持系原有的其他特性的目的。

如图 6-1 所示，在每个回交 F_1 进行抗性筛选，选出抗病虫植株再与轮回亲本（A）回交，连续回交 6 代，其后代 99% 以上个体的基因都纯合了，其遗传背景与轮回亲本 A 相同，但抗性基因还可能是杂合的，需要进行一次自交，使之纯合，并对抗性进行最后一次筛选，有望育成遗传背景与 A 相同、又具有抗性的恢复系或保持系。

但如果某些抗性是隐性基因所控制，图 6-1 的方法就需要修改，因 F_1

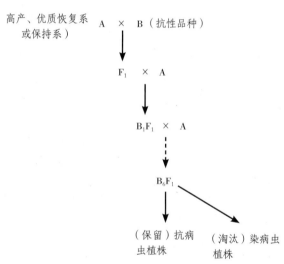

图 6-1　轮回杂交选育图（抗性显性）

无法鉴定出抗病植株。其方法之一（图 6-2）是隔代回交，即在每一次杂交后，都再进行一次自交，让抗病个体在 F_2 中分离出来后再回交，直至回交 6 代后再自交一代，便成了新的抗性恢复系或保持系，但这一方法费时；另一方法是用回交一代的所有植株与轮回亲本继续回交，每一植株同时保留自交穗，并对所有自交后代进行抗性鉴定，用其结果推断相应的回交 F_2 植株的基因型，把抗病植株与轮回亲本再杂交。这样自交和回交同时进行，直至回交 6 代达稳定为止。这种方法，虽然回交工作量大，但缩短了育种年限。

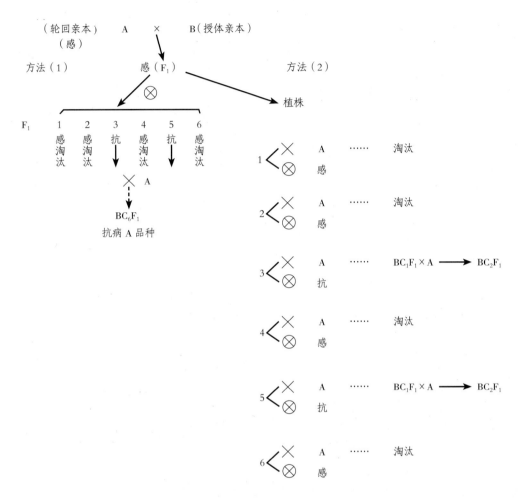

图 6-2　轮回杂交选育图（抗性隐性）

采用轮回杂交选育抗性恢复系或保持系，必须具备三个条件：①要有适合的轮回亲本；②要有可利用的授体亲本；③对目标性状的转育要有快速可靠的筛选技术。只有同时满足这三个条件，才能在 F_1 中找到抗病虫植株进行回交。

第三节　优质米组合的选育

我国杂交水稻自 20 世纪 70 年代初培育成功以来，对提高我国稻谷产量作出了重大贡献。但是，就品质而言，当前生产上应用的杂交籼稻和杂交粳稻，除少数几个组合外，其余组合的品质都还不够理想。因此，改良杂交水稻的品质是当前育种的主要目标之一。

一、杂交水稻稻米品质状况

稻米品质包括五个方面，即碾米品质、外观品质、蒸煮及食用品质、营养品质和贮藏品质。但不同地区人们的食用习惯不同，对优质米的要求，尤其是对蒸煮及食用品质的要求也不一致；同时，随着生活水平的提高，人们对稻米品质的要求也将不断提高。目前人们一致公认的优质米的标准是：出糙率和整精米率高，米粒半透明，中长至细长（粳稻米为短圆粒），直链淀粉含量适中，糊化温度中等，胶稠度软，粗蛋白质与氨基酸的含量较高。中国水稻所提出的《中国优质稻米品质分级暂行标准》（以下简称《标准》，见表6-7），可作为判断稻米品质的根据。

表6-7 中国优质稻米品质分级暂行标准

类型		籼		粳		糯	
等级		1	2	1	2	1	2
外观品质	透明度	半透明	近半透明	半透明	近半透明	—	—
	垩白	0	<10%	0	<5%	—	—
	粒型	中长以上		椭圆		籼糯参照籼米指标	粳糯参照粳米指标
碾米品质	糙米率/%	80	78	82以上	80以上	籼糯参照籼米指标	粳糯参照粳米指标
	精米率/%	70以上		73以上		籼糯参照籼米指标	粳糯参照粳米指标
	整精米率/%	60以上	55以上	65以上	60以上	籼糯参照籼米指标	粳糯参照粳米指标
蒸煮品质	直链淀粉含量/%	18~24		12~18		<2	
	胶稠度/mm	软 60以上	中到软 50~60	软 70以上		100	
	糊化温度/℃	70~74		69以上		64以下	
食味品质	包括光泽、香味适口性等*	优	良	优	良	优	良
营养品质	蛋白质含量/%	>8		>7		—	
卫生品质		符合国家粮食卫生标准					

注：* 组织专家品尝评定。

美国稻米品质的标准见表6-8，可作为出口大米品质的标准。

表6-8　美国稻米品质标准

碾米品质	长粒型	中粒型	短粒型
出糙率/%	68～71	71～72	73～74
整精米率/%	56～61	65～68	63～68
直链淀粉含量/%	23～26	15～20	18～20
碱消值	3～5	6～7	6～7
糊化温度	中	低	低

1985年，湖南省种子公司对12个籼型杂交水稻组合，3个粳型杂交水稻组合的大米品质进行了测定，结果如表6-9。

表6-9　15个杂交水稻组合的大米品质分析测试结果

类型	组合名称	碾米品质			外观品质			蒸煮品质			营养品质
		出糙率/%	精米率/%	整精米率/%	垩白粒率/%	垩白大小/%	长宽比	直链淀粉含量/%	糊化温度/℃	胶稠度/mm	蛋白质含量/%
中籼	汕优63	80.8	67.9	46.0	79.5	16.5	2.5	24.3	2	42.0	6.9
早籼	威优49	81.8	71.3	21.9	99.5	37.5	2.5	26.2	3	31.0	10.5
	威优64	82.0	70.0	30.4	92.0	12.6	2.9	27.6	3	30.5	10.8
	协青早A×早测81	81.0	71.1	39.8	98.5	11.5	2.9	23.1	1～7	32.5	11.2
	汕优华2号	80.6	70.8	34.9	93.5	12.7	2.5	24.5	1～7	30.0	10.5
	协青早A×84早30选2	81.6	70.7	34.2	98.5	12.4	3.2	24.2	1～7	33.0	10.3
	汕优桂32	80.4	67.9	41.6	94.5	16.6	2.2	27.8	2～7	31.0	9.8
晚籼	协青早A×P9-113	82.4	73.7	59.9	69.5	22.4	3.1	25.7	7	28.5	8.2
	22A×T65	81.4	72.6	27.4	51.0	5.1	2.9	25.0	3～7	35.0	8.5
	Ⅱ-32A×TF₁15	79.6	70.6	58.4	62.0	7.2	2.5	24.3	3～7	30.0	9.8
	Ⅱ-32A×水源287	80.6	70.6	55.0	63.0	7.3	2.6	25.9	2～7	28.0	8.6
	威优258	82.4	76.0	63.7	82.5	7.6	2.4	27.3	4.5	56.0	7.4
	平均	81.22	71.09	42.75	82	14.12	2.69	25.49	—	33.9	9.38

续表

类型	组合名称	碾米品质			外观品质			蒸煮品质			营养品质
		出糙率/%	精米率/%	整精米率/%	垩白粒率/%	垩白大小/%	长宽比	直链淀粉含量/%	糊化温度/℃	胶稠度/mm	蛋白质含量/%
晚粳	筑优121	81.4	70.2	58.9	88.5	11.2	1.8	16.0	7	66.0	8.4
	秀优11-10	81.0	76.1	72.8	67.5	5.9	1.9	23.1	7	43.5	9.0
	筑优115	82.6	74.2	68.6	75.5	24.3	1.9	24.3	7	36.5	7.5
	平均	81.67	73.50	66.77	77.17	13.8	1.87	21.3	7	48.67	8.3

（一）碾米品质

碾米品质主要表现在稻谷的出糙率、精米率和整精米率等方面。稻谷加工时，壳糠层和胚均应在胚乳破损最少的情况下被碾出。一般谷壳占谷粒重的20%～22%（变幅可达18%～26%），米糠和胚占8%～10%。

表6-9表明，12个籼稻组合的出糙率平均是81.22%，超过了《标准》规定的优质籼稻一级米。其中只有Ⅱ-32A×TF₁15是79.6%，略低于一级米的标准。

3个粳稻组合的出糙率是81.67%，达到了粳稻二级米的标准。

12个籼稻组合的精米率平均是71.09%，除2个组合外，其余10个组合都达到了《标准》规定的优质籼稻一级米。3个粳稻组合也全部达到了《标准》规定的优质粳稻一级米。

12个籼稻组合的整精米率平均只有42.75%，远低于《标准》规定的优质籼稻二级米整精米率55%的指标。其中6个籼型早稻组合的整精米率平均只有33.8%，最低的组合只有21.9%。5个籼型晚稻组合的整精米率平均是52.84%，除1个组合外，都达到了优质籼稻二级米的标准。3个粳稻组合的平均整精米率是66.77%，除1个组合外，其余2个组合都达到了优质粳稻一级米的标准。

（二）外观品质

米粒的大小、形状（长宽比）和外观（透明度）构成米粒的外观品质。《标准》要求，优质籼稻米粒型应中长以上，垩白面积小于10%，米粒半透明或近半透明；优质粳稻粒型椭圆，垩白面积小于5%，米粒半透明或近半透明。

表6-9表明，12个籼稻组合的垩白粒率是82%，垩白的面积是14.2%；3个粳稻组合的垩白粒率是77.17%，垩白面积是13.8%。籼粳15个组合都没有达到《标准》规定的二级米标准。其中6个籼型早稻组合的垩白粒率是96.08%，垩白面积是17.22%。

在米粒形状方面，12 个籼稻组合的米粒形状的长宽比是 2.69，都在 2.2 以上，按国际水稻所的分级标准属中长粒型。3 个粳稻组合的米粒形状的长宽比是 1.87，属椭圆粒形。

（三）蒸煮及食用品质

蒸煮及食用品质是稻米品质中最重要的一个方面。用于评定稻米蒸煮及食用品质的主要理化性状有：直链淀粉含量、糊化温度、胶稠度、香味、米粒蒸煮的延长度。

（1）直链淀粉含量。直链淀粉含量低的稻米，蒸煮后米饭黏湿、柔软、有光泽，过熟则很快散裂分解；直链淀粉含量高的稻米，蒸煮时胀性大，需要较多的水，但米饭黏性差，干而蓬松，柔软性差，饭冷后质地变硬；直链淀粉含量适中的稻米，蒸煮后质地适中，有一定的黏性，但也较蓬松，冷凉后仍能保持柔软的质地；直链淀粉含量在 2% 以下的糯米，蒸煮时吸水少，体积膨胀也小，米饭很黏湿，光泽度也好。《标准》要求优质籼稻米的直链淀粉含量是 18%～24%，优质粳稻米是 12%～18%，优质糯稻米小于 2%。表 6-9 表明，12 个籼稻组合的大米直链淀粉含量平均是 25.49%，除一个组合外，其余组合都高于 24%。3 个粳稻组合除一个组合以外，2 个组合的大米直链淀粉含量超过了 18%。

（2）糊化温度。糊化温度是淀粉在热水中开始不可逆膨胀的温度。国际水稻研究所把糊化温度分为高、中、低三种类型。在 70 ℃～74 ℃之间为中，在 75 ℃～79 ℃之间为高。《标准》要求优质籼稻米为中糊化温度，即 70 ℃～74 ℃；优质粳稻米为低糊化温度，即小于 69 ℃。表 6-9 表明，3 个组合的稻米是高糊化温度，1 个组合的是低糊化温度，1 个组合的是中等糊化温度。湖南杂交水稻研究中心测试了 5 个籼稻组合的大米糊化温度，分别作早、晚稻栽培，其结果不完全相同。作早稻栽培有 2 个组合是高糊化温度，3 个是中糊化温度；作晚稻栽培时，2 个是高糊化温度，2 个是中糊化温度，1 个是低糊化温度。

（3）胶稠度。胶稠度是指 4.4% 的冷米胶的黏稠度。胶稠度反映了米胶冷却后的延展性，即柔软性。胶稠度分为三个等级：硬胶稠度（米胶长度 40 mm 或以下）；中等胶稠度（米胶长 41～60 mm）及软胶稠度（米胶长 61 mm 以上）。一般中等或低直链淀粉含量的稻米胶稠度都是软的。《标准》规定优质籼稻的米胶长 50 mm 以上，优质粳稻的米胶长 70 mm 以上。表 6-9 表明，籼粳 15 个组合，仅 1 个组合达到标准，其余组合都没有达到优质的标准。

（四）营养品质

稻米的营养品质主要指蛋白质含量及蛋白质品质。《标准》要求优质籼稻米蛋白质含量大于 8%，优质粳稻米蛋白质含量大于 7%。表 6-9 表明，12 个籼稻组合的蛋白质含量平均是 9.38%，3 个粳稻组合的蛋白质含量平均是 8.3%。12 个籼稻组合，除 2 个组合外都超过了《标准》规定的优质米蛋白质含量的指标。3 个粳稻组合都超过了《标准》规定的指标。

综上所述，目前杂交水稻稻米品质状况是出糙率、精米率和蛋白质含量较高，但整精米率低，垩白粒率高，垩白面积大，直链淀粉含量偏高。杂交早稻稻米品质比杂交晚稻差。

二、稻米品质的遗传

目前，国内外关于稻米品质性状遗传规律的文献不多，某些性状的研究如碾米品质的遗传几乎还是空白。

（一）外观品质的遗传

米粒长度和形状在大米品质上是一个重要性状。关于粒长的遗传结构，被认为是受单基因或多基因控制。也有人认为，当观察不到连续分离形式时，长粒型对较短粒型是显性。但近年来，国内外一些学者认为：粒长基本上是受多基因控制，而且还可能兼有不完全的显性作用，只是不同组合的显性方向不全相同。粒宽、粒厚、粒重等性状在 F_2 基本表现为正态分布，说明这些性状至少在大多数情况下，均主要是受多基因累加作用的影响。

Jennings 等（1979）指出，谷粒的长度和形状属于独立遗传，能与其他品质性状如胚乳外观、直链淀粉含量重组或与株型、休眠期、成熟期等性状重组，但特长粒型和特粗粒型可能是例外。

谷粒的长度和形状属于数量性状遗传。F_1 谷粒的大小介于两亲本之间，长粒或短粒超亲，F_2 普遍出现分离。谷粒大小有较高的遗传力。尽管它们的遗传性复杂，但在分离世代中稳定得特别早。如果在 F_2 中没有获得所要求的类型，那么在 F_3 中出现这种类型的机会极少。同时，F_2 选出的优良株型在以后世代中分离不大。这样，对单交的 F_1 和回交、三交及双杂交的 F_1 群体进行严格选择极为重要。

有文献报道，腹白性状的遗传是受一个隐性基因（wb 或 wc）控制；但另一些研究则认为，腹白似乎是一个显性性状。祁祖白（1983）的研究结果表明，杂交当代的米粒腹白与母本相似，F_1 植株上所结谷粒的腹白介于双亲之间，F_2 植株上所结谷粒的腹白的有无是有分离的，且以无腹白或腹白少的占多数。因而他认为，腹白性状可能受复基因控制，并兼有无腹白对有腹白是部分显性作用。

腹白极少或无腹白米粒的半透明性，可以和所要求的谷粒类型、直链淀粉含量（蜡质除外）、糊化温度等性状相结合。半透明性在所有的重要农艺性状中属于独立遗传。

腹白的选择应在早代进行。单交的在 F_2，单个回交或三交的在 F_1 就要进行严格选择，淘汰不合要求的类型。

（二）蒸煮及食用品质的遗传

（1）直链淀粉含量的遗传。目前对直链淀粉含量的性状遗传还不十分清楚。当高直链淀粉含量品种与低直链淀粉含量品种杂交时，F_1 的直链淀粉含量因正反交不同而有差别，一般是居于双亲之间，表现为中等含量，但不能稳定遗传下去。为了获得中等直链淀粉含量的品种，双亲之一一定要是淀粉含量中等的品种。有人认为，高直链淀粉含量对低直链淀粉含量为不完全显性，受一个主效基因及数个修饰基因控制，但也有人认为是受多基因控制。据 B. Soomrith 的研究结果估计，其广义遗传力为 69.42% ~ 82.51%。

糯性受控于一个隐性基因（WX），其他修饰基因可影响其加工特性。F_2 非糯性与糯性按 3：1 分离，因此在 F_2 选择有效。

（2）糊化温度的遗传。对糊化温度的遗传有不同的看法，有人认为属单基因遗传，有人认为属几对基因修饰而其中某对基因起主要作用，也有人认为属多基因遗传。

有关研究表明，低糊化温度品种与中糊化温度品种杂交，F_1 表现较高的糊化温度，为部分显性到完全显性。F_2 呈不规则的分离，大多数植株的糊化温度偏高。

糊化温度这一性状易受环境的影响，同一品种的糊化温度，在不同的条件下能相差 10 ℃之多。但糊化温度的遗传力却相当高。

据国际热带农业研究中心观察，糊化温度高的 F_2 材料（F_3 种子）基本上是纯合的，以后也很少分离。因此，凡是高糊化温度的植株应尽早淘汰。一些 F_2 的低糊化温度和大部分中糊化温度的分离株，它们都将继续分离出高、中、低三种类型，这些类型要经过多代选择，才能达到纯合。

（3）胶稠度的遗传。关于胶稠度的遗传，目前的研究甚少。据我国台湾省郭益全（1983）报道，用软胶稠度粳稻与硬胶稠度籼稻杂交，嘉农籼 11 号 × 台农 67 号、台南 5 号 × 台中再来 1 号这两个组合的 F_2 群体的胶体硬度分布相当类似。硬胶稠度和软胶稠度之比是 3：1。有人在籼稻方面的研究结果亦是如此。可以认为，稻米胶稠度均由一对主效基因控制，且其广义遗传力达 90%。因此说在早期世代选择有效。

（4）香味。关于香味的遗传目前还了解不多。P. R. Jennings（1979）认为香味是受 1~3 个互补基因所控制。B. C. Sood 等对各含一个不同来源香味亲本的 9 个杂交组合，用

KOH 浸泡法测定，F$_1$（营养器官）无香味，F$_2$ 一致地按无香味对有香味 3 : 1 的比例分离，从而揭示了该性状是受隐性单基因控制的特点。植株各营养器官的测定结果表明，除了根部以外，其余所有器官均具有典型的 "Basimatic" 香味，因而认为可能只有一个相同的基因控制着这些有香味类型的不同植物器官中的香味性状。

江苏羌涵孚认为，稻米香味受两对独立分配的隐性基因所控制，而且只有在两对基因纯合时才表现香味；在杂合情况下，杂种若同时含有 di 和 ct 两个隐性基因，虽然其植株不具香味，但它所结的种子有一部分是有香味的。

湖南杂交水稻研究中心周坤炉、白德朗用有香味的品种 MR365 和无香味的品种 V20 杂交，测试 F$_1$ 植株上所结籽粒（F$_2$ 种子）和 F$_2$ 植株，结果是无香味和有香味呈 15 : 1 的分离比例。表明水稻香味受控于两对隐性基因。

（三）营养品质的遗传

蛋白质含量的遗传。关于蛋白质含量的遗传机制十分复杂，可能是多基因系统和环境影响相互作用的结果。蛋白质含量的总变异中只有 25%～50% 是由遗传因素所决定，低含量对高含量部分显性。单独的一个或两个基因不能决定蛋白质和氨基酸的含量。成熟期的光照强度、气温、水温和栽培措施中的施肥量、施肥方法、施肥时间、水分管理、栽培密度及杂草、病虫害的防治等，都可以使品种蛋白质含量有较大差异。这给鉴定选出遗传本质上是高蛋白质含量的个体带来极大困难。

许多研究者认为，蛋白质含量与产量呈负相关，从生物能力学来看，合成 1 g 蛋白质所需的能量相当于合成 1 g 淀粉的 124%。蛋白质含量高的品种其产量均不高，这种关系也是选育高产量、高蛋白质含量品种的主要障碍。国际水稻研究所用双列选择交配法，使杂种后代中产量和蛋白质含量的负相关程度大大降低。1976 年选出了与 IR8 产量相同、蛋白质含量较 IR8 高 1% 的优良品系 IR2153-338-3。由于其产量比不上 IR26，并且易感病虫，故不能在生产上应用。由此说明，高蛋白基因渗入到高产品种中去是完全可能的。只是限于目前的育种水平，育种周期长，这些高蛋白质品种在产量和抗病性等方面很难与推广的优良品种相匹敌。据此，很多研究者认为，在目前的情况下，高蛋白质含量不宜作为水稻育种的主要目标（指常规水稻）。但从表 6-9 可以看出，杂交籼稻的蛋白质含量在 9% 以上，杂交粳稻的蛋白质含量在 8% 以上，均比常规水稻高 1%～2%。这表明，加强杂交水稻高蛋白质含量的育种工作，能选育出蛋白质含量更高的组合。

三、优质米组合的选育

（一）配组原则

杂交水稻稻米实际上是 F_1 植株上产生的 F_2 种子。F_1 植株的外部形态，如株高、茎、叶、籽粒形状等都是一致的，但 F_1 植株上所结的谷粒，即 F_2 种子的理化性状，如黏性、糯性、香味的有无、直链淀粉的含量等则发生分离。根据杂交水稻米质遗传规律，在配组时应注意以下原则。

（1）选择直链淀粉含量中等或中等偏低的不育系、恢复系配组。根据直链淀粉含量的遗传规律和现有组合的表现，在配组时，若亲本之一是高淀粉含量的，则另一亲本应选择中等或中等偏低含量的。如 V20A×TF115 和汕优 63 都是优质米组合，直链淀粉含量分别为 18.6% 和 24.3%，其不育系 V20 和珍汕 97，直链淀粉含量偏高，恢复系直链淀粉含量较低。L301A×IR29、L301A× 测 64-49，在美国被评为优质米组合，直链淀粉含量分别为 23.24% 和 22.99%。这两个组合与前述两个组合相反，不育系的直链淀粉含量低，恢复系的直链淀粉含量高。

（2）选择垩白粒率低，垩白无或极小的不育系、恢复系配组。目前杂交水稻的垩白粒率高，垩白大。其原因是籼型杂交水稻组合，其恢复系大多来自 IR 系统及其衍生系，米粒细长，垩白小，透明度较好，整精米率高，而不育系如 V20 和珍汕 97 属长江流域的早稻品种，垩白粒率高，垩白面积大；粳型杂交水稻，其不育系多数是用日本粳稻品种转育而成的，垩白粒率低，垩白面积小，而恢复系是籼粳交转育的，垩白粒率高，垩白面积大。所以，只有选择垩白粒率低，垩白面积小的双亲配组，才能选配出垩白率低、垩白面积小的杂交组合。例如，L301A×IR29 的稻米，垩白面积只有 6.5%，其不育系和恢复系的垩白面积都在 10% 以内。

（3）选择黏糯一致的不育系、恢复系配组。湖南省安江农校育成的威优 16，其不育系 V20 是黏性，恢复系制 3-16 是糯性，杂种（F_1 植株上所结的种子）的黏和糯之比呈 3∶1 分离。湖南杂交水稻研究中心育成的籼糯不育系珍鼎 28 与黏性恢复系配组，也有类似结果。这样的稻米外观性状不好，蒸煮困难，不受人们的欢迎，即使育成了强优组合，也难以在生产上应用。

（4）选择粒型细长或中长的籼型不育系、恢复系配组。生产上推广的 V20A、珍汕 97A 这两个不育系，籽粒大，千粒重分别为 30 g、26 g，垩白面积也大；如恢复系籽粒细长，千粒重 23 g 左右，垩白面积小，则配组后，杂种籽粒属中长粒型，但千粒重仍有 27 g 左右，垩白面积也较大。所以应选择籽粒细长或中长，千粒重 25 g 左右的不育系配组。

（5）选择不育系或恢复系一方具有香味的亲本配组，能配成香稻杂交稻。香味在杂交水稻上是可以利用的。只要不育系或恢复系一方具有香味，其杂交稻米（F₁植株上所结籽粒F₂种子）便有香味，但浓度较淡。1985年春，周坤炉等在海南鉴定了用具有香味的 MR365A 所配的10个组合，共96株，结果是每株的部分籽粒具有香味。

（二）选育方法

选配优质米组合，首先要获得优质的三系亲本。从育种的情况看，籼型杂交稻重点是不育系的选育，粳型杂交稻重点是恢复系的选育。最近几年来，不少单位采用各种途径和方法育成了一些优质米新三系和新组合。

（1）野栽远缘杂交。1981年湖南杂交水稻研究中心黎垣庆，利用四川农科院提供的长药野生稻与栽培稻杂交后代的一个衍生系 6209-3，又与珍汕 97B 杂交，再用 V20B 复交，保持系经过14代的选育，不育系经过8代的择优回交，其中 L301 这个株系已基本稳定。该株系不但柱头发达外露，而且米质优良。千粒重 23 g，米粒透明，基本上无心腹白，米粒长6.85mm，宽 2.13mm，长宽比是 3.21。用 L301A 与测 64-49、IR29 配制的杂交组合，其米质符合美国的品质标准，如表6-10。

表6-10　三个杂交稻组合的米质结果

组合名称	精米率/%	整精米率/%	透明度（腹白）	碱消化度	直链淀粉含量/%
L301A×IR29-10	72.86	60.06	2	2	23.24
L301A×测 64-49	73.13	57.56	3	2	22.99
VA20×测 64-49	73.66	56.16	4	3	28.00

（2）籼粳交。湖南省岳阳地区农科所采用籼粳远缘复式杂交（IR24×粳 187）×IR28，经多代选育育成了偏籼的恢复系 P9-113，与 V20A 配组，1984年被评为湖南省优质米组合。其米粒透明，腹白较小，精米长 7 mm、宽 2.35 mm，长宽比 2.98。整精米率 60.08%，糊化温度低（68 ℃），胶稠度软，直链淀粉含量 23%。

（3）辐射诱变。近年来一些研究表明，辐射诱变育种对改良稻米品质效果较好。如湖南省怀化地区农科所育成的辐南不育系，其保持系就是辐射处理南广占后，经多代选择育成的。辐南不育系不仅经济性状好，而且米质较优，腹白小。

（4）香稻品种的利用。湖南杂交水稻研究中心周坤炉等用印度一个对野败保持不好的香稻品种 MR365 与 V20B、V41B 等杂交，经7代选择，现不育性已基本稳定。不育系已回交两代，初步育成了既有香味，又熟期同 V20A 的湘香不育系。

第四节　超高产组合的选育

随着社会的发展，人们对粮食的需求量越来越大，而耕地是有限的。因此要保证粮食总产的不断增加，在我国只有千方百计提高单产。

数千年来，提高水稻单位面积产量，主要是通过提高收获指数来实现的。原始品种的收获指数只有 0.2~0.25，但它们的生物学总产量却可达 16~18 t/hm^2。20 世纪 60 年代初水稻的收获指数提高到 0.3~0.35；高秆改矮秆后，收获指数达到了 0.5 左右，但生物学总产量却基本未变。在大多数禾谷类作物中也都有类似的情况，如印度的小麦育种，自 1960 年以来，由于矮秆品种的育成，虽然其生物学产量基本没变，但收获指数和籽粒产量急剧上升，如图 6-3。

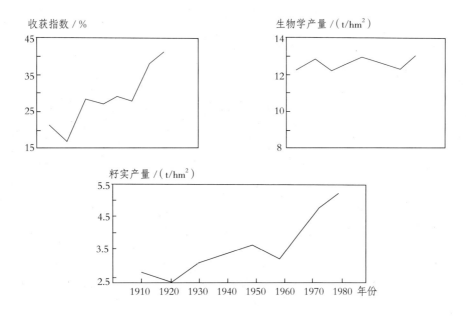

图 6-3　自 20 世纪初以来，印度所培育小麦品种的生物学产量、收获指数和籽粒产量

注：图中资料是从 1910 年起每 10 年在生产上推广 2 个或多个品种的平均数。

目前高产矮秆水稻品种的收获指数为 0.5 左右，有的已高达 0.55。生理学家指出，水稻收获指数最高只能达到 0.6 左右，因而，要继续通过提高收获指数来获得更高产量的潜力不大。国际水稻研究所自 1964 年育成 IR8 后，又陆续育成 IR36 等许多优良品种（品系），但其产量都没有超过当初的 IR8，如图 6-4。

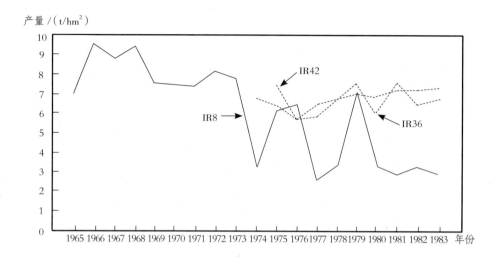

图 6-4　历年来，国际水稻研究所用 IR8、IR36 和 IR42 重复进行的旱季产量比较试验结果

　　我国杂交水稻的育成，把形态改良与提高生理机能有机地结合了起来，不仅保持了较高的收获指数，而且在提高生物学总产量的基础上使稻谷产量也提高 20% 左右。因此，在提高生物学总产量的同时，找出提高稻谷产量的新途径，是今后杂交水稻育种的重要课题。

　　日本在 1980 年提出了超高产育种计划，要求在 15 年内育出比现有品种增产 50% 的新品种。袁隆平根据我国杂交水稻的育种实践，提出了直接利用籼粳亚种间的杂种优势进行超高产育种的设想，计划在 2000 年前，把杂交水稻单产在现有基础上，再提高 20% 以上。

一、超高产育种的理论依据

（一）植物的生物学产量潜力

　　近 20 多年来，国内外许多学者根据作物的光能利用率，对其产量潜力进行估算。所谓光能利用率是指植物光合作用积累的有机物所含能量占照射在该地面上的日光能的比率。国外估算作物的光能利用率是 2.5%～3.5%，或 3.9%～5.9%，或 6%～7%，或 10%～20%。据我国相关学者的估算，水稻的光能利用率可达 4%～6%。苏联生理学家 A. A. Ничипорович以 5% 的光能利用率估算了作物在不同地理纬度的生物学产量，见表 6-11。

表 6-11　光能利用率为 5% 时不同地理纬度的理论生物学产量

纬度 /°	辐射总能量 /（亿 kcal/hm^2）	理论生物学产量 /(t/hm^2，绝对干重）
60～70	20～10	25～12
50～60	35～20	40～25
40～50	50～35	70～40
30～40	60～45	75～55
20～30	90～60	110～75
0～20	100～90	125～110

　　长沙地区太阳辐射到地面的热量，据湖南省气象局 1959—1970 年的统计，在早稻生长季节的 4—7 月，太阳辐射能量平均为 44.4 亿 kcal/hm^2，接近地球纬度 40°地区的全年平均辐射总量。按此估算，每公顷约可得到 55 t 绝对干重的理论生物学产量。按谷物收获指数为 0.5 和稻谷含水量为 14% 计算，长沙地区的早稻产量理论上可达 2050 kg，按最低光能利用率 2.5% 计算，也可达 1025 kg，即一季亩产可过吨粮。在晚稻生长季节的 7—10 月，太阳辐射能量平均为 49.6 亿 kcal/hm^2，其相应的理论产量将更高。而目前的实际情况是要两季才能产 1t 粮，与理论产量差距很远，可见超高产育种的潜力很大。

（二）籼粳杂种的产量潜力

　　目前我国所利用的水稻杂种优势是品种间的杂种优势。由于其亲缘关系较近，优势有限。十多年来的杂交水稻育种实践表明，要打破目前产量水平徘徊的局面，必须突破品种间杂种优势利用的范围，设法利用亲缘更远的亚种间甚至种间的杂种优势。

　　据研究，籼粳间的杂种优势十分突出。华南农学院曾世雄等曾对 27 对籼粳组合 14 个性状的优势指数进行了计算，其结果见表 6-12。从表 6-12 可以看出，单株粒重的优势指数为 1.04（F_1/MP 栏中），即所有籼粳杂种单株粒重的平均值与所有亲本平均值相当，而单株秆重的优势指数为 5.02，即所有籼粳杂种草重的平均值是所有双亲草重的平均值的 5 倍。也就是说，这些籼粳杂种在稻谷产量不低于亲本的情况下，稻草可以成倍地增加，这证明籼粳杂种的生物学产量大大超过常规亲本品种。27 个籼粳组合中，单株总粒数以"青二矮选 × 喜峰"最高，为 2 377.8 粒，其双亲总粒数分别为 939.76 粒和 624.78 粒。杂种比亲本分别高 1.5 倍和 2.8 倍，若杂种结实率接近双亲，产量可以成倍地增加。1986 年湖南杂交水稻研究中心育种组考察了籼粳杂种——城特 232× 二六窄早的 F_1 及高亲城特 232 的每穴总粒数，分别为 2 822.6 粒和 1 826.0 粒，F_1 超过高亲 109.3%；1970 年袁隆平等在鉴定圃中找出了理论产量达 900 kg 的早稻籼粳组合，这表明籼粳杂种具有产量成倍增加的巨大潜力。

表 6-12　籼粳杂种不同性状的优势指数（作物学报，1980 年）

项目		株高	穗长	着粒密度	单株茎数	单株穗数	成穗率	每总粒穗数	每实粒穗数	结实率	单株粒重	单株秆重	千粒重	抽穗日期	全生育期
F_1/MP	最高	1.53	1.44	1.56	2.27	1.89	1.10	2.32	1.17	0.65	2.02	9.03	1.21	1.44	1.33
	最低	1.01	1.10	0.95	1.14	0.33	0.22	1.09	0.03	0.01	0.02	2.59	0.57	0.96	1.01
	平均	1.34	1.27	1.19	1.55	1.30	0.84	1.53	0.68	0.45	1.04	5.02	1.10	1.14	1.10
	标准差	0.11	0.09	0.15	0.27	0.28	0.16	0.26	0.29	0.17	0.51	1.98	0.13	0.14	0.09
	变异系数/%	8.41	7.25	12.35	17.22	21.75	19.10	16.90	42.32	38.30	48.60	39.34	11.75	12.17	7.89
F_1/BP	最高	1.44	1.41	1.40	2.22	1.61	1.04	2.19	1.07	0.61	1.68	8.78	1.18	1.43	1.30
	最低	1.01	0.98	0.83	0.97	0.25	0.21	0.99	0.03	0.01	0.02	1.99	0.52	0.96	1.00
	平均	1.23	1.20	1.11	1.31	1.11	0.81	1.38	0.63	0.43	0.88	4.45	1.04	1.12	1.08
	标准差	0.10	0.12	0.14	0.28	0.26	0.16	0.27	0.27	0.16	0.43	1.93	0.13	0.14	0.08
	变异系数/%	7.98	9.80	12.40	21.65	23.73	19.33	19.49	43.58	37.79	48.85	43.40	12.44	12.72	7.68

注：MP 为双亲平均值；BP 为大值亲本；籼粳组合 27 对。

（三）籼粳杂种优势利用的育种现状

　　因为籼粳杂种的结实率低等问题没有解决，所以，现在在生产上直接利用籼粳杂种尚无成功的实例。实践证明，粳粳杂交的杂种优势一般不明显。为了提高杂交粳稻的优势，我国主要采用籼粳架桥的方法，即在亲本中导入部分籼稻成分，以扩大双亲的遗传差异来达到配出优势组合的目的，现已取得了较好的成效。如目前已大面积在生产上应用的和开始应用于生产的杂交粳稻黎优 57、虎优 1 号、虎优 115、六优 1 号等的恢复系都是带有籼稻成分的粳稻恢复系，它与粳稻不育系所配杂种的优势利用实际上是部分籼粳杂种优势利用。但如果继续沿用籼粳架桥的方法来进一步增加亲本的籼稻成分，就可能出现杂种结实率低等问题。所以，通过籼粳架桥的方法来提高杂交粳稻优势的幅度是有限的，必须采用新材料、新方法，开辟新途径。

二、途径和方法

（一）籼粳杂种优势的直接利用

现有的杂交粳稻是籼粳杂种优势的部分利用，只限于籼粳亲本少数基因或少数染色体的互补或互作。而籼粳杂种优势的直接利用，能使籼粳亲本的绝大多数基因或所有的染色体互补或互作，因而可以最大限度地发挥其杂种优势。但籼粳杂种优势直接利用的难度较大，必须从多方面研究。

1. 强优组合的筛选

实践证明，不是所有的籼粳杂种都有突出的优势，必须选用不同类型的籼粳品种，采用"三系""两系"（包括化学杀雄）和人工去雄等多种方法进行大量的配组，从中筛选既有强大生物学优势，又有良好的株叶形态和合理穗粒结构的"苗头"组合，供做进一步研究。

选择"苗头"组合时必须注重以下性状：①苗期出叶速度快，分蘖力强，繁茂性好；②矮秆或半矮秆，株叶形态好；③成穗率高，穗大粒多；④营养生长和生殖生长协调；⑤光合势强，基础呼吸作用低；⑥抗逆性强。

由于一般籼粳杂种结实不正常，不能在成熟后测产，因此，预选优势组合时，一是根据在齐穗期称取的地上部分的干重，计算出每日干物质的产量；二是测出单位面积上的总颖花数，并计算出单位面积上的库容量或理论产量，最后决定取舍。

2. 广亲和品种的筛选

强优籼粳杂交能否育成超高产组合，关键在于如何获得广亲和基因，以提高杂种的结实率。广亲和品种是指用它与籼稻或粳稻杂交，使 F_1 都能正常结实的品种。现已初步测出 Calotoc、Ketan Nangka、CP-SLO、培迪、三明稻等具有较强的广亲和力，如表 6-13 所示。

表 6-13　广亲和品种的亲和力

品种名称	代表组合	F_1 的结实率 /%（变幅）
Calotoc	IR36（籼）×Calotoc	82.3（95~71）
	日本优（粳）×Calotoc	94.0（99~89）
Ketan Nangka	IR36（籼）×Ketan Nangka	91.2（95~85）
	秋光（粳）×Ketan Nangka	96.2（98~94）
CP-SLO	IR50（籼）×CP-SLO	93.8
	秋交（粳）×CP-SLO	79.2

续表

品种名称	代表组合	F_1 的结实率 /%（变幅）
培迪	黎明（粳）× 培迪	78.8
	培迪 × 糯籼谷（籼）	82.4
三明稻 （SMR）	三明稻与黎明（粳）	75.1（正交），80.8（反交）
	三明稻与明恢 63（籼）	88.9（正交），87.2（反交）

注：此表系日本，以及我国湖南、福建有关广亲和品种资料的综合。

从表 6-13 可知，Calotoc 等品种同时与籼、粳品种杂交，子一代结实率都正常。但必须指出，在广亲和品种中其亲和力是有差异的，要通过测交筛选亲和力最强的品种，从中提取广亲和基因。筛选的方法，一般是用所有广亲和品种与同一籼、粳品种杂交，将 F_1 种在相同的环境条件下，比较其结实率的高低来确定亲和力的强弱，并以该籼、粳品种直接杂交的 F_1 作对照。

广亲和品种的发现、广亲和力强的基因的测出，为籼粳杂种优势直接利用提供了可能性。

3. 广亲和基因的转育

获得优良广亲和品种之后，就要进行广亲和基因的转育。经研究表明：广亲和性是受一对主效基因控制的，因而可采用单基因定向转育的方法转育，即用广亲和品种作母本或父本，与优势组合的亲本之一杂交及连续回交，在杂交后代中选具有广亲和基因而其他一切性状同优势亲本的单株，经自交稳定后，优势组合的亲本即转入了广亲和基因，可以用于化学杀雄制种，配制优势组合。对于"两系法"，主要是把广亲和基因与光敏核不育基因结合起来，育成广亲和光敏核不育系。对于"三系法"，广亲和基因既可转入保持系，又可转入恢复系。为了提高选育效果，先得用广亲和品种与不育系测交，根据其 F_1 育性的表现来决定转育方向，像 CP-SLO、培迪这些对 BT 型不育系具恢复能力的广亲和品种，以转育恢复系为宜。反之，有保持能力的广亲和品种，应把广亲和基因转育到保持系中。

4. 广亲和基因的累加

广亲和性虽由一对主效基因决定，但现有的广亲和品种的亲和力是不同的，如 Ketan Nangka 的亲和力高于 CP-SLO。而且，同一广亲和品种对不同籼、粳品种的亲和力也有差异，如培迪与黎明杂交，F_1 结实率较高；而与幸吨杂交 F_1 结实率则显著偏低。这表明，亲和力的大小可能还受其他修饰基因的作用。因此，当某一籼粳组合的结实率不够正常时，可给亲本的另一方也导入不同来源的广亲和基因，使修饰基因累加而提高杂种的结实率。

5. 细胞质的选择

根据研究，细胞质对籼粳杂种结实率有一定的影响。一般规律是：同一籼粳杂交组合正反交时，F_1的结实率往往表现出具粳稻细胞质的杂种高于具籼稻细胞质的杂种；而且，正常可育细胞质杂种的结实率高于不育细胞质杂种的结实率。因此，粳稻细胞质和正常细胞质对籼粳杂种结实率的正效应，都是配组时应予考虑的。

6. 亲本的选配原则

株高超亲和生育期超亲是籼粳杂种常见的现象，这对选育超高产组合都是不利的，因此，在选配亲本时，应注意以下两点：

（1）选用矮秆和半矮秆亲本。实践证明，如果亲本是高秆品种，则杂种一代株高超亲，容易引起倒伏。因此，籼粳杂交必须选用矮秆或半矮秆亲本配组，以免产生因杂种株高超亲所带来的不良后果。

（2）选生育期适宜的亲本配组。由于籼粳杂种的生育期超亲，应选择熟期适宜的亲本配组，使籼粳杂种的生育期适合当地的生态条件和耕作制度。一般说来，北方稻区不宜选择生育期过长的亲本配组；长江流域的中稻和双季晚稻，不宜选用强感光的亲本配组。双季早稻应选择早熟亲本配组。

（二）有利远缘基因的利用

（1）野生稻中有利基因的利用。栽培稻与野生稻亲缘关系较远，"栽野杂交"可以大大提高杂种的生理机能，从而提高杂种的生物学产量。但栽野杂交种不宜直接在生产上利用，只有将野生稻的某些高效基因导入有一定丰产性的保持系或恢复系中时才能应用。湘潭地区农科所用印度野生稻和意大利B杂交，育成了分蘖力特强的意印6号恢复系，与早籼不育系所配杂种，属多穗、中大穗型组合，优势明显。1979年在该所的丰产试验田中，每亩有效穗达30万穗以上，在结实率低于60%的情况下，亩产仍超500 kg。江苏吴县农科所用印度野生稻与粳稻杂交选育的"印野选菲"粳稻恢复系，与六千辛A配成"六优选菲"，1985年在上海杂交粳稻的高产竞赛中名列第一。上述证明，野生稻的某些优良性状，如特强分蘖力、快速生长性、抗逆性等特性导入保持系或恢复系中，有可能育出超高产组合。

（2）国内外最新品种资源的利用。近年来随着常规育种的进步，育出了很多具有远缘基因的优良品种，如韩国的"密阳""水源"系统的品种，国际水稻研究所的IR系统以及国内外许多新品种；并且今后还可能育出更多更好的新品种，如日本的超高产品种等。用这些品种作品种间杂交组合的亲本或籼粳间杂交组合的亲本均有可能选育出超高产组合。

第五节　杂交水稻育种程序

杂交水稻育种程序，主要可分两个阶段：即"三系"选育和杂种优势鉴定。每个阶段又可分为若干试验圃。

一、第一阶段——"三系"选育

（一）原始材料圃

（1）主要任务。根据育种目标，收集、研究各种"三系"材料和其他具有不同农艺性状和生物学特性的品种资源，供杂交、测交和选育"三系"之用。

（2）种植方式。除"三系"材料外，一般每个材料种10～20株。根据需要种植在大田或盆钵中，插单本。为了使杂交时花期相遇，可按计划分期播种或作短光处理。不育系和保持系要种在隔离区内。培育恢复系和保持系的材料，以及未稳定的其他材料，可按世代高低和要求来确定群体大小。用于测交的不育系，酌情酌量分期种植。

（二）测交观察圃

（1）主要任务。对杂种一代进行育性鉴定，筛选保持和恢复材料。

（2）种植方式。一般每一组合插10～20株，每隔10～20个组合设一正常品种作对照。

（3）回交或复测。杂种表现不育，且该父本性状合乎育种目标的，进行回交选育不育系；杂种育性恢复正常，且产量性状超亲的（包括去雄配组的杂种在内），再用其父本与原不育系或母本复测，选育恢复系；半恢半保的组合，一般予以淘汰。

（三）复测鉴定圃

（1）主要任务。再次证实父本的恢复力和初步观察杂种的优势程度。如杂种仍结实正常，父本就是该组合的恢复系；如杂种还具有优势，这个组合即可进入下一阶段试验。

（2）种植方式。每一组合种植100株左右，插单本，一般情况下用父本或母本和标准品种作对照，不设重复或只设两次重复。

（四）回交圃

（1）主要任务。选育优良的不育系及其保持系。

（2）种植方式。回交杂种与父本成对种植，一般要回交4～6代。当回交后代的不育性稳定，性状与父本基本一致，群体达1 000株以上时，即可作为不育系，其相应父本即是保持系。

二、第二阶段——杂种优势鉴定

（一）配合力测定圃

（1）主要任务。用多个不育系与多个恢复系进行配组比较，以选出配合力优良的不育系、恢复系和强优组合。

（2）种植方式。每个组合种植100～200穴，单本插植，并设重复，用标准品种或当家优良组合作对照。

（二）组合比较试验

（1）主要任务。对经配合力测定圃入选的组合进行比较试验，根据对供试组合的产量、品种、抗性等主要性状的观察分析，得出综合结论，推荐最优组合参加区域试验。

（2）种植方式。设3～4次重复，小区面积13.34～20.01m²，用标准品种或当家优良组合作对照，试验年限1～2年。

（三）区域试验

（1）主要任务。将各单位经组合比较试验推荐的优良组合，统一进行区域试验，以确定新组合的丰产性和适应性。

（2）种植方式。与组合比较试验基本相似，但要求的准确性更高，必须严格按统一的规则执行。在区域试验的同时，可进行生产试验和栽培及制种技术的研究，试验年限一般两年。

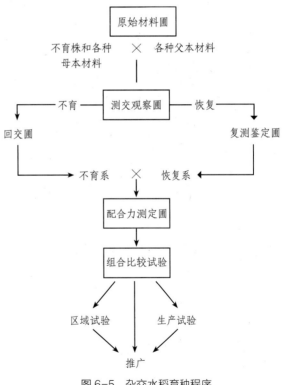

图6-5　杂交水稻育种程序

上述各试验圃之间的关系如图 6-5 所示。

上述过程是选育杂交水稻的一般程序，但并非一成不变。对表现特别优良的组合，可以越级进行试验，如某个组合在复测鉴定圃中表现很突出，即可越级进入组合比较试验，甚至参加区域试验，以便缩短选育过程，使其尽快在生产上发挥作用。

第六节　优良组合介绍

一、籼型杂交组合

（一）早熟组合

（1）威优 49（V20A×测 64-49）。1984 年由袁隆平等育成。其恢复系测 64-49 是从 IR9761-19-1 群体中选择早熟优良单株经多代测交育成。1985 年该组合在南方稻区杂交早稻区域试验中，平均亩产 481.49 kg，略低于威优 64 和威优 35，居第三位，但日产量最高，达 4.10 kg；在湖南省杂交早稻多点联合鉴定中，平均亩产 470.0 kg，比对照广陆矮 4 号、湘矮早 9 号分别增产 19.44% 和 12.25%，居中熟组第一位；在湖北省黄冈地区和江西省宜春市的区域试验中，平均亩产 493.35 kg 和 446.25 kg，分别比对照广陆矮 4 号和二九丰增产 20.9% 和 16.1%。同时湖南、湖北、江西、浙江等省早稻小面积试种均获得成功。

威优 49 株高 75~85 cm，株叶型适中，分蘖力强，成穗率高，有效穗多，每穗总粒数 110~120 粒，结实率 80% 以上，千粒重 28~29 g，米质中等。轻感稻瘟病，后期略有早衰现象。在长沙作早稻 3 月下旬播种，7 月 25 日前后成熟，全生育期 112~115 d，比广陆矮 4 号稍长，适合于长江流域作双季早稻栽培。

（2）威优 35（V20A×二六窄早）。1981 年由湖南杂交水稻研究中心和湖南省贺家山原种场育成。其恢复系二六窄早是从（IR26×窄叶青 8 号）F₂×早恢 1 号的后代中经 6 代选育而成。该组合属迟熟早稻类型，在长沙作早稻全生育期 120 d 左右，作晚稻 102~105 d，适合于湖南、江西、浙江南部，广东、广西北部和福建北部、中部作早稻栽培，以及长江流域作早熟晚稻栽培。

该组合 1982—1984 年三次参加南方稻区杂交早稻区域试验，产量均居第一位，三年平均亩产 496.9 kg，比统一对照湘矮早 9 号平均增产 12.2%；1983 年参加南方稻区杂交晚稻早熟组区域试验，平均亩产 444.4 kg，比对照汕优 2 号增产 6.46%。在大面积生产中，表现高产稳产。作早稻一般亩产 450~500 kg，作晚稻一般亩产 400~450 kg。1985 年全国种植面积约 300 万亩，并且种植面积还在扩大。

威优 35 株高 90~95 cm，株型适中，分蘖力中等，每亩有效穗 19 万~20 万，每穗总粒数 130 粒左右，结实率 80% 以上，千粒重 27~28 g，米质中等，耐肥抗倒，中抗稻瘟病、稻褐飞虱。作早稻后期较耐高温，熟色好，作晚稻后期较耐低温。1985 年经湖南省农作物品种审定委员会审定通过为推广组合。

（二）中熟组合

（1）威优 64 和汕优 64、协优 64。威优 64（V20A × 测 64-7）1981 年由袁隆平等育成。其恢复系测 64-7 是从 IR9761-19-1 群体中经多代成对测交选育而成。该组合属早熟中籼类型，在湖南省作早稻全生育期 125 d 左右，山区作中稻全生育期 130 d 左右，作晚稻 108~110 d，适合于华南北部地区作早稻，长江流域部分山区、高海拔地区作一季中稻和双季稻地区作中熟晚稻栽培。

该组合 1982—1983 年参加南方稻区杂交晚稻区域试验，两年平均亩产 442.9 kg，比统一对照汕优 2 号增产 3.55%；1984 年参加南方稻区杂交早稻区域试验，平均亩产 513.9 kg，比统一对照湘矮早 9 号增产 13.9%。大面积栽培，作早稻一般亩产 450~500 kg，作晚稻亩产 400 kg 以上

威优 64 株高 95~100 cm，株叶型适中，分蘖力强，繁茂性好，抽穗整齐，每亩有效穗 20 万~25 万穗，每穗总粒数 120 粒左右，结实率高，千粒重 28~29 g，米质中等，中抗稻瘟病、白叶枯病和黄矮病，抗稻褐飞虱和稻叶蝉，适应性广，但在高肥水平下有倒伏现象。

由于威优 64 具有较好的丰产性、抗性和适应性，所以种植面积发展很快，1984 年为 300 万亩，1985 年为 1 100 多万亩，1986 年达 2 000 万亩，是当前我国杂交水稻种植面积较大的组合之一。1985 年经湖南省农作物品种审定委员会审定通过为推广组合。

汕优 64（珍汕 97A × 测 64-7）和协优 64（协青早 A × 测 64-7）分别由浙江省武义县与杭州市种子公司和安徽省广德县农科所育成。这两个组合除生育期比威优 64 长 2~3 d，米质稍好以外，其他性状基本上与威优 64 相同。1985 年在浙江、安徽等省都有大面积种植。其中协优 64 于 1984 年经安徽省农作物品种审定委员会审定通过为推广组合。

（2）汕优桂 8（珍汕 97A × 6161-8）。由广西农科院水稻所育成。其恢复系 6161-8 是从 IR6061 × IR661 的杂种后代中经多代选育而成。该组合在长江流域作早稻和晚稻栽

培，全生育期比威优 64 略长，适合于华南北部地区作早稻，长江流域作中稻和中熟晚稻。1982—1983 年参加南方稻区杂交早稻区域试验，平均亩产 460.55 kg 和 474.86 kg，比统一对照品种湘矮早 9 号增产 9.1% 和 14.4%；1983—1984 年参加南方稻区杂交晚稻早熟组区域试验，平均亩产 457.95 kg 和 440.7 kg，分别居第一位和第二位，两年平均亩产 449.33 kg，比对照威优 64 增产 8.5%。1984 年广西等省（区）试种 2 万亩，一般亩产约 450 kg。1985 年种植面积达 18 万亩，桂北、粤北等地区还在大力推广。

汕优桂 8 株高 90 cm 左右，株叶型造中，分蘖力较强，每亩有效穗 20 万穗左右，每穗总粒数 120～130 粒，千粒重 27 g 左右，米质较好，抗稻瘟病，中抗白叶枯病和稻褐飞虱。1984 年经广西农作物品种审定委员会审定通过为推广组合。

（三）迟熟组合

（1）威优 6 号（V20A×IR26）。由湖南省贺家山原种场育成，属迟熟中籼，在湖南作中稻栽培，全生育期 140 d 左右，作晚稻栽培全生育期 123～125 d。

威优 6 号株高 90～95 cm，分蘖力强，叶片直立，茎秆集散适中，为典型的叶下禾。每亩有效穗 18 万～20 万穗，每穗总粒数 130～140 粒，结实率 80% 左右，千粒重 27～28 g，米质中等，中抗白叶枯病和稻褐飞虱；较抗稻瘟病；适应性广，耐肥抗倒，后期熟色正常。

由于该组合具有较好的丰产性、稳产性和较广的适应性，全国每年的种植面积都在 2 000 万亩左右，其中以湖南省的种植面积最大。大面积生产实践证明，威优 6 号作中稻栽培一般亩产 500 kg 左右，作晚稻一般亩产 450 kg 左右。虽然近几年来由于抗稻瘟病能力减弱，种植面积有所下降，但仍是我国杂交水稻的主要组合之一。

（2）汕优 6 号（珍汕 97A×IR26）。属迟熟中籼，在长江流域作中稻全生育期 140～145 d，作晚稻 125 d 左右，均比威优 6 号长 2～3 d。

该组合株高 90～100 cm，叶片稍长而直立，株型适中，分蘖力强，每亩有效穗 18 万～20 万穗，每穗总粒数 130～140 粒，结实率 80% 左右，米质中等，中抗稻瘟病和白叶枯病，较抗稻飞虱和稻叶蝉，耐肥抗倒，适应性广，后期熟色正常。作中稻一般亩产 500 kg 左右，作晚稻一般亩产 450 kg 左右。

生产实践证明，汕优 6 号无论是作中稻或晚稻，都具有较好的丰产性、抗性和适应性，全国每年的种植面积都在 3 000 万亩以上，其中以浙江、广东、广西等省（区）的种植面积最大。近几年来，由于其抗性减弱，种植面积虽有下降，但仍是我国杂交水稻主要推广组合之一。

（3）汕优2号（珍汕97A×IR24）。由江西省萍乡市农科所育成，属迟熟中籼类型，在长江流域作中稻全生育期145~150 d，作晚稻125~128 d。

该组合株高95~100 cm，分蘖力较强，叶片稍长而直立，茎秆较粗，集散适宜，每亩有效穗18万穗左右，每穗总粒数140~150粒，结实率80%左右，千粒重26~27 g，米质中等，中抗稻瘟病和稻褐飞虱，较抗白叶枯病，耐肥抗倒，适应性广，后期熟色正常，作中稻一般亩产500 kg左右，作晚稻一般亩产450 kg左右。

汕优2号丰产性好，增产潜力大，适应性广，全国每年的种植面积都在4 000万亩以上，其中以四川、江苏、江西等省的种植面积最大。近年来由于其抗病性减弱，在一季稻地区的种植面积迅速下降，但在双季稻地区仍有很大的种植面积，是我国杂交水稻主要推广组合之一。

（4）汕优桂33（珍汕97A×3624-33）。由广西农科院水稻所育成。其恢复系3624-33是从IR36×IR24的杂种后代中经多代选育而成的。该组合属迟熟中籼，生育期与汕优6号相近，适合于华南地区作早稻和晚稻，长江流域作中稻和迟熟晚稻栽培。

汕优桂33株高100 cm左右，分蘖力较强，繁茂性好，株型集散适中，叶片稍长而直立，穗大粒多，结实率85%左右，千粒重27 g，米质较好，中抗稻瘟病、白叶枯病和稻褐飞虱，不抗黄矮病和普通矮缩病。1982—1983年参加南方稻区杂交晚稻区域试验，比对照汕优2号分别增产8.4%和2.8%。1984年和1985年广东、广西、福建等省（区）的种植总面积分别达200万亩和300万亩。1984年经广西农作物品种审定委员会审定通过为推广组合。同年获得广西农牧渔业厅农牧渔优秀成果一等奖和广西壮族自治区首届科技进步二等奖。

（5）汕优63（珍汕97A×明恢63）。1981年由福建省三明市农科所育成。其恢复系明恢63是从IR30×圭630的杂种后代中经多代选育而成。该组合属于迟熟中籼类型，在长江流域作中稻全生育期155 d左右，作晚稻130 d左右，比汕优2号长2~5 d。适合于长江流域作一季中稻栽培。

汕优63株高100~110 cm，株型适中，叶片稍宽，剑叶挺直，叶色较淡，茎秆粗状，分蘖力较强，每亩有效穗18万穗左右，每穗粒数120~130粒，结实率80%以上，千粒重29 g左右，米质好，1985年在全国优质米评选中被评为优质米。抗稻瘟病，中抗白叶枯病和稻褐飞虱。1982—1983年参加南方稻区杂交晚稻区域试验，平均亩产482.35 kg和431.45 kg，分别居第一位和第二位，比对照汕优2号增产22.5%和5.59%；1984年参加南方稻区杂交中稻区域试验，平均亩产587.27 kg，居第一位，比对照威优6号增产19.7%。1984年经福建省农作物品种审定委员会审定通过为推广组合。

该组合具有良好的株型、丰产性和抗性。作中稻一般亩产 500 kg 以上。在长江流域一季稻地区发展很快，1986 年达 2 500 万亩以上，是当前我国杂交水稻种植面积发展最快的组合之一。

（四）华南晚籼组合

（1）汕优 30 选（珍汕 97A×IR30 选）和威优 30（V20A×IR30）。分别由广西农科院水稻所和福建省农科院稻麦所育成。两个组合的恢复系都是从 IR30 中经系统选育而成的。汕优 30 选和威优 30 属于感光型组合，适宜于华南南部作双季晚稻栽培。

汕优 30 选和威优 30 在华南南部作晚稻，秧龄弹性大，本田生育期较稳定，一般在 7 月上中旬播种，8 月上旬移栽，11 月上中旬成熟，全生育期 120 d 左右。株高 90 cm 左右，株型适中，叶色较淡，分蘖力较强，抽穗整齐，每亩有效穗 18 万～20 万穗，每穗粒数 140～150 粒，结实率 80% 左右，千粒重 26～28 g，米质较好，中抗白叶枯病、稻瘟病和稻褐飞虱，后期较耐寒，熟色好。

汕优 30 选 1981 年参加广西玉林地区区域试验，平均亩产 396 kg，比汕优 2 号增产 8.3%。1982 年参加广西壮族自治区区域试验，平均亩产 409.8 kg，比汕优 2 号增产 14.6%。大面积栽培一般亩产 400～500 kg。1983 年经广西农作物品种审定委员会审定通过为推广组合，并获得广西壮族自治区优秀科技成果一等奖。1984 年晚栽面积达 600 万亩，目前已成为广东和广西南部地区的主栽组合之一。

威优 30 于 1983 年经福建省农作物品种审定委员会审定通过为推广组合。自 1983 年以来，每年的种植面积近 70 万亩，已成为福建省南部地区晚稻的主要推广组合之一。

（2）钢化青兰（化学杀雄组合）。由广东省农科院水稻所育成。其母本是钢枝占，父本是（矮青 × 兰贝利）× 二百矮的后代。该组合属典型的华南晚籼，感光性较强，在广东省 6 月下旬或 7 月上旬播种，10 月 10 日左右齐穗，11 月中旬成熟，全生育期 130 d 左右，只适宜于华南南部地区作晚稻栽培。

钢化青兰株高 95～100 cm，叶片窄直，茎细坚韧，株型适中，每亩有效穗 18 万～23 万穗，每穗总粒数 110～115 粒，结实率 85% 左右，千粒重 24 g 左右，米质较好，中抗白叶枯病和白背飞虱，耐寒性较强，但易感染纹枯病和恶苗病。

该组合在 1981—1984 年的组合比较试验中，每年都比对照二百矮增产，其幅度为 8.4%～19.28%；在 1982—1983 年广东省杂交晚稻区域试验中，平均亩产 442.45 kg 和 385.25 kg，均居参试组合首位，分别比对照汕优 6 号增产 10.36% 和 7.84%。在多点试验和大面积试种示范中，表现高产稳产，抗性较好，秧龄弹性大，适应性强，而且二代可以利用。1985 年已种植 12 万亩（含二代利用面积），目前已在广东省中部、南部和沿海地区大面积推广。

二、粳型杂交组合

（一）北方稻区组合

（1）黎优 57（黎明 A×C57）。辽宁省农科院等单位于 1975 年育成。1976—1978 年开始试种和推广，1979 年推广面积达 45 万亩，1980 年以后每年种植面积达百多万亩。1981 年获国家发明奖，是我国杂交粳稻育成最早、分布最广的组合。1985 年全国种植面积接近 200 万亩。适于辽宁等地作一季稻栽培和津、京、冀、鲁、豫等省（市）作麦茬稻栽培，一般亩产 500~600 kg，比常规粳稻增产 10%~20%。作单季稻全生育期 160~170 d，株高约 100 cm；作麦茬稻，全生育期 130~150 d，株高约 90 cm。株型紧凑，叶色深绿，叶型内卷挺立，每亩有效穗 24 万~30 万穗。根系发达，抗旱力强。穗期也较抗寒，结实率比较稳定，一般在 80% 以上。千粒重 25~27 g。抗病性一般，米质中等。

（2）秀优 57（秀岭 A×C57）。辽宁省农科院于 1978 年育成。1979—1981 年参加全省区试，三年 17 个点平均亩产 549.65 kg，比常规对照种"丰锦"增产 15.9%，比"黎优57"增产 5.4%。1980—1981 年在北方稻区区试 19 个点次中平均亩产 534.6 kg，比"黎优 57"增产 6.0%。1982 年开始试种和推广，1985 年全国累计种植面积达 40 余万亩，并还在不断扩大。适于辽宁、宁夏等地作一季稻栽培，一般亩产 550~650 kg；也适于京、津、豫、冀、鲁、晋等省（市）作麦茬稻栽培，一般亩产 400 kg 左右，均比当地推广品种增产10%~30%。

该组合生育期比黎优 57 短 2~3 d，一般是 160~165 d，往南逐渐缩短。株高100~105 cm，但在宁夏只有 80~90 cm 高，在河南约 90 cm 高。株型紧凑，功能叶向内微卷挺立。根系发达，分蘖性好，成穗率高，每亩易获 30 万有效穗，每穗总粒 100~130粒，结实率 80% 以上，千粒重 26~27 g。中抗稻瘟病和白叶枯病。耐旱节水性好，据试验，其水效比常规品种高 25%~30%，但抗倒力不及黎优 57。米质好，出糙率 83%，精米率 70% 以上。腹白较小，米粒透明，含赖氨酸 0.29%，含蛋白质 8.185%，含直链淀粉12.34%，在 1985 年全国优质米评选中，被评为北方粳稻二档优米。

（3）中杂 2 号（黄金 A×300 号）。是中国农科院作物育种栽培研究所选育而成的中粳组合，于 1979 年育成。1980 年参加北方稻区区试，在河南试点表现较好。1985 年在河南等省种植面积发展到万亩以上。适于上述地区作一季稻或麦茬稻栽培，其生育期 150 d 左右（河南郑州），比丰锦晚 20 d。株高 110～120 cm。株型紧凑，分蘖力较强，茎秆较细，高肥条件下易倒伏，属叶面禾。每亩有效穗 18 万穗左右，每穗总粒数 130 粒以上，千粒重 21～22 g，亩产一般在 500 kg 以上，高的可达 750 kg。米质优良，腹白小，米粒透明，适口性好。

（二）长江流域中、晚粳组合

（1）虎优 1 号（农虎 26A×77302-1）。是浙江省嘉兴市农科所选育的中粳组合，于 1980 年育成。1981 年、1982 年参加南方稻区区试，在双晚组居参试组合的第一、第二位，1983 年以后进入生产试验，表现良好。1985 年推广到 7 万多亩，是南方稻区最先较大面积投入生产的组合。一般比常规对照增产 10%～20%。双晚亩产在 400 kg 左右，单季稻亩产在 500 kg 以上，主要分布在浙江省和上海市郊，在江苏、安徽等省也有部分种植。

该组合作单季稻栽培，全生育期为 135 d 左右，作双晚栽培约为 125 d。株高 80～90 cm，矮秆包节。株型前期稍散，后期紧凑，功能叶片挺立，且向内略卷，属半叶下禾。每亩有效穗 20 万～22 万穗，每穗总粒数 110 粒左右。结实率在 80% 以上。千粒重 25～26 g。抗寒力较强，不易感稻曲病，抗部分稻瘟病的生理小种，但不抗白叶枯病。后期熟色好。米质中等。

（2）虎优 115（农虎 26A×培 C115）。是湖南省农科院用浙江省嘉兴市农科所选育的不育系与本院的培 C115 恢复系配制而成的中粳组合，于 1981 年育成。1982 年、1983 年参加南方稻区区试，表现较好。1983 年在双晚组平均亩产 359.82 kg，在单晚组为 539.2 kg，分别比对照"105"增产 20.2% 和 33.12%，均居参试组合的第一位。1985 年种植面积达 5 万亩，现还在不断扩大。适于长江流域各省（市）作双季晚稻或单季晚稻栽培，及南方高海拔山区作一季稻栽培。作双晚稻一般亩产 400～450 kg，单晚亩产 500 kg 以上，比常规粳稻增产 10%～20%。

该组合生育期作单季稻为 145 d 左右，作双晚约为 130 d。从湖南自西向东、由南往北、从低海拔到高海拔，生育期延长。株型紧凑，功能叶片直立略卷，属半叶下禾。作单季稻株高约 110 cm，每亩有效穗 19 万穗左右，每穗总粒数 130 粒左右。作双季晚稻株高

90～100 cm，每亩有效穗 22 万～25 万穗，每穗总粒数 100 粒左右。结实率 75%～80%，千粒重 25～26 g。中抗稻飞虱，对白叶枯病从中感到中抗，抗稻瘟病的部分生理小种，不易感稻曲病和纹枯病。后期熟色好。米质中等。制种产量高，一般亩产可达 200 kg 以上。

（3）当优 C 堡（当选晚 2 号 A×C 堡）。是安徽省农科院选育的早熟晚粳组合，于 1980 年育成。1980—1982 年参加安徽省和南方稻区区试，3 年 9 组 70 点次试验，平均亩产 421.9 kg，比常规对照种增产 13.4%。1983 年参加生产试验，1986 年种植面积在万亩以上。适于长江流域作双季晚稻和单季晚稻栽培。一般亩产 400～500 kg。生育期 130 d（双晚）和 150 d（单晚）左右。株高 90～110 cm，株型较紧凑，属叶面禾。每亩有效穗 20 万穗左右，每穗粒数 130 粒（单季）和 110 粒（双季）左右，结实率约 75%，千粒重 26～27 g。高抗稻瘟病和白叶枯病，较抗白背飞虱和褐飞虱。米质优良，一般出糙率在 83% 以上，整精米率在 70% 以上，腹白小，透明度好，食味亦佳。直链淀粉含量低，糊化温度也低，米饭柔软可口。1985 年在全国优质米评选中被评为优质稻米。

（4）六优 1 号（六千辛 A×77302-1）。是江苏省农科院用浙江省嘉兴市农科所选育的恢复系配制成的早熟晚粳组合，于 1983 年育成。1984 年参加南方稻区区试，单季稻 6 点平均亩产 516.1 kg，比对照 105 增产 18.15%，居第二位。1985 年扩种示范，1986 年种植面积在万亩以上。一般亩产 400～500 kg，比常规粳稻增产 10%～20%，适于长江流域作双季晚稻和单季晚稻栽培。全生育期作双季晚稻 125 d 左右，作单季稻约 145 d。株高作单季稻约 100 cm，作双季晚稻为 90 cm 左右。株型紧凑，分蘖中等，属叶面禾。每亩有效穗 18 万（单季稻）～22 万穗（双季晚稻）。每穗粒数 110（双季晚稻）～150 粒（单季稻）。结实率 70%～80%，千粒重 25 g 左右。抗性一般，米质中上。

（5）六优 C 堡（六千辛 A×C 堡）。是安徽省农科院用江苏省农科院培育的六千辛 A 与该院 C 堡恢复系配制成的早熟晚粳组合，于 1983 年育成。1983 年、1984 年参加南方稻区联合鉴定，平均亩产都在 500 kg 以上，比对照 105 增产 6%～9.2%。1985 年参加安徽省杂交粳稻单晚组区试，比对照增产 11.8%。同年在安徽省试种 3 765 亩（其中双晚 2 722 亩）平均亩产 398.3 kg，比对照 105 增产 17.1%。适于长江流域作双季晚稻和单季晚稻栽培。全生育期 130（双晚）～145 d（单晚）。株高 87～100 cm。株型紧凑，叶片半卷挺直。每亩有效穗约 20 万穗，每穗总粒数 100～130 粒，结实率 75% 以上，千粒重 26～28 g。高抗稻瘟病，中抗白叶枯病。后期熟色好。米质优良，各项指标均达到国家一级米标准，在 1985 年安徽省优质米评比中名列粳米第一。繁殖、制种较易，一般制种产量可达 150 kg。

第七章

化学杀雄

化学杀雄是作物杂种优势利用的主要途径之一。所谓化学杀雄（Chemical induction of male sterility）就是用化学杀雄剂（亦称杀雄配子剂，male gametocjdes）诱导作物产生非遗传性的雄性不育植株，与另一普通品种配组，大量生产杂交种子，以利用其杂种优势。遗传性雄性不育利用杂种优势受作物不同种和品种的遗传因素所限制，而只能在某些作物及其某些品种上应用；化学杀雄则不受遗传因素的限制，配组较自由，针对不同种和品种选用不同类型的化学杀雄剂及其不同剂量，便可选配组合。杂交水稻能广泛应用于生产的实践，显示出化学杀雄利用水稻杂种优势的广度优于遗传性"三系"途径。化学杀雄杂交水稻"赣化2号"成功地用于生产便是一例。江苏省赣榆区等地小面积种植的赣化2号，一季亩产已超过950kg，是目前我国杂交水稻一季单产最高的纪录。"赣化2号"的亲本之一——献党1号已在1975年以前转育成不育系，但此不育系的小穗不能正常开颖，难以应用于生产。

20世纪50年代初，国外就有关于化学杀雄的报道。近20年来，国外对化学杀雄进行过许多的研究工作。研究过的作物达40种以上，筛选出的有杀雄活性的化合物超过50种，其中杀雄活性较强的化合物有：2，3-二氯异丁酸钠（FW450）、抑芽丹（MH）、乙烯利（Ethrel）等。除2，3-二氯异丁酸钠应用于棉花、乙烯应用于小麦的杀雄效果较好外，其余都因诱导雄性不育的同时，产生不同程度的雌性损伤以及开花习性异常等副作用而难以用于大田生产。20世纪70年代中期出现了几个新化合物，如RH-531、RH-532、

DPX3778 等对小麦、玉米、燕麦和水稻有较强的杀雄作用，但也存在不同程度的雌性损伤，开花不良等副作用。

国内自 1970 年起广东、湖南、江西、浙江、山东等省先后对水稻、棉花、小麦等作物开展化学杀雄研究。其中水稻化学杀雄研究较多，进展也较快，现已进入大面积应用研究阶段。1985 年广东省种植化学杀雄杂交水稻超过 12 万亩（含杂种第二代的种植面积）。目前在水稻上应用的杀雄剂主要是甲基胂酸及其盐，选择杀雄活性均不够强，杀雄剂的剂量和杀雄适期允许波动的幅度较小，大面积制种产量和杂种纯度常不稳定。另外，砷的残留问题也不容忽视。1984 年罗泽民等报道，已筛选出具有较强选择杀雄活性的无毒、非砷杀雄剂。一旦此类化学杀雄剂研究成功并应用于生产，将促进杂交水稻的进一步发展。

第一节　水稻化学杀雄剂的筛选

一、供筛选药剂的选择

关于化学结构与杀雄活性关系的研究报道甚少，目前主要是从具有生物活性的各类化合物中选择供筛药剂进行广泛的植株筛选。但已筛选出的杀雄剂的化学结构表明，从植物各种酶的抑制剂、植物生长调节剂、除草剂、杀菌剂、氨基酸和糖合成的干扰物以及它们的复配剂中选供筛药剂，较有希望筛选出的有效的杀雄剂。1970—1971 年，广东省农作物杂种优势利用协作组和有关协作单位筛选出的稻脚青（有效成分是甲基胂酸锌），对水稻有较强的杀雄作用。湖南农业科学院于 1967—1972 年曾自疏基酶、乌头酸酶、磷酸化酶等植物酶的抑制剂中，筛选出氨基磺酸钙、氟乙酰胺以及甲基胂类（甲基胂酸钙、甲基胂酸铁等）等具有较强杀雄活性的化合物。1972 年江西共产主义劳动大学农学系筛选出有效的水稻杀雄剂 73010（甲基胂酸＋氯化锌），湖南农学院 1982—1984 年从干扰核酸合成等植物重要生化过程的复合配方中筛选出 HAC-123、HAC-N-312、HAC-412 等具有较强选择杀雄活性的无毒非砷杀雄剂。

二、杀雄剂筛选的一般方法

（一）初筛杀雄剂浓度的测定

设计一系列浓度于供试水稻苗期进行叶面饱和喷雾处理，药后 5~7 d，以目测法估算出一级急性药害所需浓度，并以此浓度于水稻花粉母细胞减数分裂初期前后 2~3 d 进行叶面饱和喷雾。

（二）杀雄效果的测定

于出穗初期隔离水稻花粉，测定小穗自交不育率，并以小穗自交不育率示杀雄剂的杀雄效果。群体小穗自交不育性鉴定主要有以下两种方法：

（1）花粉隔离罩法。出穗初开花前，以花粉隔离罩隔离水稻花粉。花粉隔离罩通常用白纸或两层白纱布制作，若作单穴鉴定，罩径约 30 cm，高 100 cm 左右，上端留通气小口，待结实后便可调查小穗不育数和可育数，计算小穗不育率。但田间日最高气温超过 30 ℃时，将显著影响杀雄效果的测定。

（2）自然隔离花粉法。出穗初开花前，将药剂处理的稻株带土移至盆钵内，将盆钵置于无水稻花粉的条件下，测定其小穗自交不育率。操作时应尽量少断根，因断根对杀雄效果有影响。

上述两法各有利弊，可供初筛杀雄剂时选用，若日最高气温超过 30 ℃，最好采用自然隔离花粉法。

自第一步初筛结果，选小穗自交不育率低于 10% 者进入第二步田间植株筛选试验。第二步筛选中，选出小穗不育率低于 5% 者，并测定其对籼粳稻不同品种的杀雄谱。然后以优质、高产、多抗的水稻品种为供试品种测定其杀雄适期和最适剂量。最后评价其选择杀雄活性，择优用于制种实践，以制种产量和杂种纯度综合评价其应用价值。现将已报道的具有植物杀雄活性的代表性化合物列于附表（本章末）。

三、植物化学杀雄剂的分类及其杀雄特性

根据化学结构及其杀雄特性，将现有的主要杀雄剂分为以下几类：

（一）有机胂酸及其盐类化合物

通式为 $R—AS\begin{smallmatrix}OM\\\\OM\end{smallmatrix}$（O） 或 $R—AS\begin{smallmatrix}XM\\\\XM\end{smallmatrix}$（O），其中 $R = -CH_3, -C_2H_5, -CH_2\langle\bigcirc\rangle$，$H2N-\langle\bigcirc\rangle$ 等，X=O 或 S，M=H，或 Na，Ca，Fe，Zn，Mn 等，属于杀雄谱极广的强渗透性的化学杀雄剂。对所试水稻品种，无论籼稻、粳稻、野生稻，一般以 150~300 mg/L（ai），于花粉成熟前 6~9 d 叶面饱和喷雾一次，便能有效地诱导雄性不育。但此类杀雄剂的选择杀雄活性不够强，诱导雄性不育后，往往伴随发生卡颈、闭颖、花时异常、子房单性膨大（子房未受精而膨大）、受精率降低等影响异交结实的副作用。施药早比施药迟副作用大，如子

房单性膨大，施药愈早，剂量愈大，子房单性膨大率愈高（表 7-1）。

表 7-1 甲基肼酸钙对水稻子房单性膨大的影响

分子浓度 / mg/L	穗前 11d 施药		穗前 7d 施药		穗前 5d 施药	
	子房单性膨大率 /%	杀雄率 /%	子房单性膨大率 /%	杀雄率 /%	子房单性膨大率 /%	杀雄率 /%
150	41.9	94.8	20.4	86.6	0.6	85.5
200	100	91.4	84.6	95.6	2.8	93.5
250	97.5	91.8	100	93.0	12.8	95.1
对照	0	—	0	—	0	—

注：1972 年连晚，供试水稻品种农垦 58（粳稻）。

（二）氨基磺酸及其衍生物

通式为 $H_2N - \overset{O}{\underset{O}{\overset{\|}{\underset{\|}{S}}}} - OM$，其中 M=H，或 K，Na，Ca，Fe，Zn 等，是一类杀雄谱较

广、作用速度较慢的化学杀雄剂，以 800～1 000 mg/L（ai），于花粉母细胞形成期（出穗前 15 d 左右）叶面饱和喷雾，对所试水稻品种均能有效地诱导雄性不育，但粳稻比籼稻对这类杀雄剂更敏感。这类杀雄剂的选择杀雄活性类似于甲基肼类杀雄剂，但诱导雄性不育伴随的副作用较甲基肼类杀雄剂小，卡颈较轻，无明显的子房单性膨大现象。少数水稻品种，如丛桂 226、矮莲青等诱导雄性不育后，闭颖严重。

（三）均三嗪二酮衍生物

通式为 $R_1 = \underset{\underset{R_2}{\overset{O}{\|}}}{\overset{O}{\|}} \cdots R_3$ ，其中 $R_1 =$ 〔苯基〕$- Cl$，$R_2 = H$，$R_3 = -OCH_3$，即是 DPX3778。

此类化合物以较高剂量能诱导水稻、小麦、棉花等作物的雄性不育，是一类杀雄谱较广，作用速度较快的化学杀雄剂。但杀雄效率较低，诱导水稻雄性不育需 3 000～10 000 mg/L（ai）。一般情况下，籼稻比粳稻更难杀雄，而且选择杀雄活性较差，剂量低，杀雄不彻底。剂量过高，出现严重闭颖，于制种十分不利。此类杀雄剂在生产上的应用价值还有待研究。

（四）烷基膦酸类

这类杀雄剂中研究较多、效果较好的是 2-氯乙基膦酸（乙烯利），它是对小麦、大麦、水稻等作物杀雄效率较高的内吸有机磷杀雄剂。乙烯利应用于小麦较易成功，但诱导雄性不育，也产生卡颈、小穗退化等副作用。乙烯利应用于水稻的研究结果证明，一般以 1 000～2 000 mg/L（ai），于水稻花粉母细胞减数分裂始期叶面饱和喷雾能诱导雄性不育。但它的杀雄谱较窄，不同水稻品种对它的敏感性差异极大，有的品种较易诱导完全的雄性不育，但有的品种，即使用很高的剂量、出现畸颖、柱头形态异常，也不能诱导完全的雄性不育。小麦不同品种对它的敏感性也有类似情形。

（五）卤代羧酸及其衍生物

这是报道较早的一类化学杀雄剂，其中研究较多、效果较好的有：2，3-二氯异丁酸钠（FW450）、二氯丙酸（Dalapon）、氟乙酸等。2，3-二氯异丁酸钠是棉花、黄麻、烟草等作物的有效杀雄剂，但对水稻的杀雄效果差。此类杀雄剂中杀雄谱较广的是氟乙酸及其衍生物，如氟乙酰胺，它是一种广谱、内吸、作用速度较快的化学杀雄剂，它能有效地诱导水稻、小麦、高粱等作物的雄性不育，但剂量过大，施药过早易导致小穗退化，花时异常、受精率显著降低等副作用。另外，残留毒性较大，故难以应用于生产。一般粳稻品种比籼稻品种对氟乙酰胺更敏感。以 1 000～2 000 mg/L（ai），于水稻花粉母细胞减数分裂期叶面饱和喷雾一次，即可诱导雄性不育，以 0.1～0.2g/ 穴的剂量于水稻花粉母细胞减数分裂期，水面施药一次，内吸杀雄效果也可达 95% 以上。

第二节　化学杀雄剂选择杀雄活性的评价

评价化学杀雄剂优劣的主要标准，是它的选择杀雄活性的强弱。优良的化学杀雄剂应具有极强的选择杀雄活性，即诱导雄性不育后，异交结实率应无显著变化。目前在杂交水稻生产中应用的主要杀雄剂，如甲基胂类杀雄剂，杀雄效率高而选择活性却不强，群体杀雄率达 95%以上，往往产生花时异常，闭颖率高以及雌性器官活性受影响等副作用，导致异交结实率显著降低，制种产量和杂种纯度低，而且不稳定。在以前的研究中，对化学杀雄剂的选择杀雄活性虽给予了重视，但未曾提出准确的评价方法。因此，对杀雄剂的选择杀雄活性提出准确的评价方法，是评价现有杀雄剂和筛选新杀雄剂亟待研究的课题。

自 1983 年早稻起，粟贵武（湖南农业科学院植物保护研究所）以杀雄剂 1 号、杀雄剂 2

号 HMG-7205 等 7 个杀雄剂对二六窄早、密阳 48、IR50 等 11 个水稻品种的选择杀雄活性进行了评价方法的研究，并提出以选择杀雄系数 S_{MG} 作为化学杀雄剂选择杀雄活性评价的主要标准。

一、评价方法

设计包括杀雄率为 95% 的五个等差（或等比）剂量，进行田间杀雄处理。于破口初出穗前将处理中 1/2 的穗隔离水稻花粉（套白色纸袋或移出隔离），余下部分在开花时进行饱和人工辅助授粉。待结实后，分别调查隔离与人工授粉处理的每穗的实粒数、总粒数，分别计算平均每穗结实率以及异交结实率（异交结实率 = 授粉结实率—自交结实率）。然后将所得数据进行统计分析，分别配出杀雄剂剂量——自交结实率与杀雄剂剂量——异交结实率的正交多项式模拟任意曲线。以杀雄剂 1 号对二六窄早为例。Y_1 示自交结实率，Y_2 示异交结实率，则：

$$Y_1 = 5.26 - 10.9858X + 7.5462X^2 - 2.0092X^3 + 0.1888X^4 \quad (1)$$

$$Y_2 = 7.22 - 4.1042X - 1.5104X^2 + 1.6742X^3 - 0.2396X^4 \quad (2)$$

令 $Y_1 = 5$，自（1）式求出 X 之值，即是杀雄率为 95% 所需杀雄剂的剂量——SD95。以 SD95 之值代入（2）式，求出的 Y_2 之值便是杀雄率为 95% 时授粉的异交结实率——CR_{SD95}，若设对照的自交结实率为 SR_{CK}，以 S_{MG} 示杀雄剂的选择杀雄系数，则：

$$S_{MG} = \frac{CR_{SD95}}{SR_{CK}}。$$

为便于比较，将 S_{MG} 之值乘 100。由此法求出的选择杀雄系数列于表 7-2。

表 7-2　几种杀雄剂对不同水稻品种的选择杀雄系数

杀雄剂	水稻品种	选择杀雄系数 S_{MG}
杀雄剂 1 号	二六窄早	12.06
杀雄剂 1 号	古 154	15.24
杀雄剂 1 号	矮莲青	20.39
杀雄剂 2 号	二六窄早	22.29
杀雄剂 2 号	古 154	15.10
HMG-7205	二六窄早	17.87
HMG-7205	密阳 48	18.57
HMG-7206	二六窄早	7.20
HMG-7207	二六窄早	12.51

二、评价实例

实践证明，选择杀雄系数 S_{MG} 能较准确地表示杀雄剂选择杀雄活性的强弱，能作为杀雄剂选择杀雄活性评价的主要标准。S_{MG} 值愈大，表明杀雄剂的选择杀雄活性愈强，诱导雄性不育后授粉的异交结实率愈高，即制种产量也愈高。因此，S_{MG} 值愈大，该杀雄剂在生产中的应用价值也就愈大。如表 7-2 中所列杀雄剂 1 号对二六窄早的选择杀雄系数 S_{MG}=12.06；杀雄剂 2 号对二六窄早的选择杀雄系数 S_{MG}=22.29，显然，杀雄剂 2 号的选择杀雄活性比杀雄剂 1 号强。同时，S_{MG} 亦能用于评价水稻品种对杀雄剂的雌性抗药性。如杀雄剂 1 号对二六窄早的选择杀雄系数为 12.06，也可以认为二六窄早对杀雄剂 1 号的雌性抗药性为 12.06，而矮莲青对杀雄剂 1 号的雌性抗药性则为 20.39。由此可见，矮莲青对杀雄剂 1 号的雌性抗药活性较二六窄早强。若以二六窄早与矮莲青配组，选用杀雄剂 1 号去雄，则应选雌性抗药性较强的矮莲青作母本，以雌性抗药性较差的二六窄早作父本，这样才能获得较高的制种产量和杂种纯度。

另外，田间单穴水稻喷药体积允许波动幅度也取决于杀雄剂的选择杀雄活性，即 S_{MG} 值愈大，穴间喷药体积允许波动幅度也可愈大，这样在田间操作中易满足要求，制种产量和杂种纯度也较稳定；反之，田间操作难以达到要求，制种产量和杂种纯度也就难以稳定。

S_{MG} 值随杀雄时的条件，如杀雄时期、喷杀雄剂次数、杀雄剂剂量、水稻长势、授粉状况以及气候条件等因素不同而异。因此，S_{MG} 适用于同一条件下评价杀雄剂的选择杀雄活性以及水稻品种对杀雄剂的雌性抗药性。

第三节　杀雄剂的化学结构与杀雄活性

一、有机胂酸及其衍生物

1967 年湖南农科院植保所田间试验发现甲基胂酸钙、甲基胂酸铁铵于水稻孕穗期喷雾，浓度超过 150 mg/L（ai）均可使水稻高度不育。1970 年发现同克分子浓度（0.001 M）的甲基胂酸钙、甲基硫化胂、杀枯灵等甲基胂类化合物诱导水稻相似的不育效果，而不具有砷碳键（As-C）的砷的有机物——福美砷，此剂量虽已造成稻叶严重灼伤，但未表现不育作用，见表 7-3。

表 7-3　有机胂化合物与砷的有机化合物诱导水稻雄性不育的效果

化合物名称	结构式	分子浓度 /ai	不育率 /%	穗颈长 /cm
甲基胂酸钙	$(CH_3AsO_3)Ca$	0.001 M	83.6	6.6
甲基硫化胂	CH_3AsS	0.001 M	88.3	6.2
杀枯灵	$CH_3As[S_2OP(OC_2H_5)]_2$	0.001 M	80.0	5.7
福美砷	$As[S_2CN(CH_3)_2]_8$	0.001 M	5.2	10.2
对照	—	—	4.2	11.4

注：1970 年连作晚稻，供试水稻品种为芝麻稻（粳稻）。

由此推论，甲基胂基团是杀雄的活性基团，其余离子或基团仅对杀雄活性、选择杀雄活性的强弱及其副作用可能产生不同程度的影响。

1972 年，以通式为 $R\!\!-\!\!AS \diamondsuit M$（其中 $R=-CH_3$，$-CH_2CH_3$，$-CH_2\bigcirc$，$-\bigcirc-NH_2$，$M=Ca$，或 Zn、Mn，$X=O$，或 S）等一系列有机胂化合物进行田间杀雄试验，发现凡具有砷碳键的化合物均具有较强的杀雄活性，且 R 为 $-CH_3$ 时杀雄效率最高，随着 R 分子量的增大，杀雄效率相应降低（表 7-4，7-5）。

表 7-4　有机胂化合物的不同结构对杀雄活性的影响

化合物	化学结构	分子浓度 /（mg/L）	不育率 /%	穗颈长 /cm
甲基胂酸钙	$CH_3\!\!-\!\!As\diamondsuit Ca$	300	87.5	−1.2
甲基硫化胂	$CH_3-As=S$	300	86.8	−1.9
乙基胂酸钙	$C_2H_5\!\!-\!\!As\diamondsuit Ca$	300	55.9	+3.1
乙基胂酸锌	$C_2H_5\!\!-\!\!As\diamondsuit Zn$	300	45.4	+3.8
乙基胂酸锰	$C_2H_5\!\!-\!\!As\diamondsuit Mn$	300	64.5	+0.8
对照	—	—	18.4	+4.1

注：1972 年连作晚稻，供试水稻品种为农垦 58（粳稻）。

表 7-5　有机胂化合物的不同结构对杀雄活性的影响

化合物	化学结构	浓度 /（mg/L）	不育率 /%
甲基胂酸钙	CH_3—As（结构式）	150	100
苄基胂酸钙	—CH_2—As（结构式）	214	59.5
对氨基苯胂酸钙	H_2N—As（结构式）	200	75.4
对照	—	—	12.4

注：1972 年连作晚稻，供试水稻品种为农垦 58（粳稻）。

二、氨基磺酸与氨基苯磺酸的衍生物

1972 年测定了氨基磺酸钙与对氨基苯磺酸钠、间氨基苯磺酸钠、磺胺嘧啶对水稻的杀雄活性，结果列于表 7-6。

表 7-6　氨基磺酸钙与氨基苯磺酸及其衍生物的杀雄活性

化合物	化学结构	分子浓度 /（mg/L）	不育率 /%	穗颈长 /cm
氨基磺酸钙	$(H_2N—S—O)_2Ca$	1 000	78.9	+2.4
氨基磺酸钙	$(H_2N—S—O)_2Ca$	1 500	92.1	+0.9
对氨基苯磺酸钠	H_2N——S—ONa	1 000	28.6	+4.7
间氨基苯磺酸钠	H_2N——S—ONa	1 000	34.9	+2.5

续表

化合物	化学结构	分子浓度 / (mg/L)	不育率 /%	穗颈长 /cm
磺胺嘧啶	H_2N—〇—$\overset{O}{\underset{O}{S}}$—NH—嘧啶	2 000	30.6	+3.4
对照	—	—	30.4	+5.2

注：1972 年连作晚稻，供试水稻品种为农垦 58（粳稻）。

由此表明，这些化合物中仅氨基磺酸钙是水稻的有效杀雄剂。上述供试化合物虽然对某些微生物的抑制活性相似，但对水稻之杀雄作用却存在显著差异。

三、卤代乙酸及其衍生物

1971—1972 年以氟乙酰胺、氯乙酸、碘乙酸等卤代乙酸及其衍生物进行了田间杀雄试验，结果表明，仅氟乙酰胺是水稻的有效杀雄剂，其余均未表现出明显的杀雄作用，结果列于表 7-7。

表 7-7　卤代乙酸及其衍生物对水稻的杀雄作用

化合物	化学结构	浓度 /（mg/L）	杀雄效果[*]
氟乙酰胺	F—CH_2—$\overset{O}{C}$—NH_2	2 000	+++
氯乙酸	Cl—CH_2—$\overset{O}{C}$—OH	2 000	0
碘乙酸	I—CH_2—$\overset{O}{C}$—OH	3 000	0
碘乙酸苄酯	I—CH_2—$\overset{O}{C}$—O—CH_2—〇	3 000	±

注：*0 示无杀雄作用，± 示对花药的开裂有影响，但套袋自交结实与对照相似；+++ 示杀雄效果在 95% 以上。

第四节 化学杀雄剂的作用机制

一、甲基胂类化合物

据广东省农作物杂种优势利用研究协作组报道，喷洒 As^{74} 标记的杀雄剂 1 号后，水稻通过根、茎、叶迅速吸收，并运转至其余各器官。茎叶喷 0.2% 杀雄剂 1 号，24h 后穗部杀雄剂的吸收量占地上各部器官的 2.22%，大部分 As^{74} 杀雄剂 1 号仍集中于茎叶中。仅此量的杀雄剂 1 号，可使花药中巯基（—SH）化合物显著减少，琥珀酸脱氢酶和细胞色素氧化酶的活性显著减小或消失，游离氨基酸中的脯氨酸的含量明显下降，色氨酸显著减少，而丙氨酸和天门冬酰胺却有所增加。由于呼吸作用及氧化磷酸化作用受抑制，蛋白质代谢发生障碍等一系列生理生化的异常变化，诱导了水稻的非遗传性雄性不育。

1970 年湖南农科院植保所田间试验证实了长泽正雄 1961 年的报道——铁、铬、钴、锌等金属盐与甲基硫化胂混合喷雾使水稻不育率显著降低，同时发现动物砷制剂中毒的特效解毒剂——二巯基丙醇（BAL）对甲基硫化胂所诱导的水稻不育作用无明显影响（表 7-8）。由此推论，甲基硫化胂诱导水稻的非遗传性雄性不育的作用机制与无机砷剂对动物致毒的作用机制存在质的差异。

表 7-8 硫酸亚铁和 BAL 对甲基硫化胂杀雄活性的影响（1970）

处理	不育率 /%
0.002M 甲基硫化胂 +0.002M 硫酸亚铁	26.6
0.002M 甲基硫化胂 +0.002M BAL	91.5
0.002M 甲基硫化胂	80.9
对照	17.9

1972 年湖南农科院植保所发现已形成硫酯键的月桂基硫化甲胂，以及铁与甲基胂酸基结合形成的甲基胂酸铁，对水稻仍具有强烈的杀雄活性，并且它们的杀雄活性也能用硫酸亚铁混合喷雾所消除（表 7-9）。

1978 年湖南省农科院植保所田间试验发现，喷甲基胂化合物之后 1h，再喷铁盐溶液则对其杀雄活性无明显影响（表 7-10）。

表 7-9　硫酸亚铁对甲基胂酸铁杀雄
活性的影响（1972，晚稻）

处理	不育率/%	穗颈长/cm
300 mg/L 甲基胂酸铁 + 1 000 mg/L 硫酸亚铁	47.1	+3.9
300 mg/L 甲基胂酸铁	94.6	−0.9
1 000 mg/L 硫酸亚铁	26.5	+4.1
对照	32.9	+5.2

表 7-10　铁盐对甲基胂酸杀雄活性的影响
（1978，晚稻）

处理	不育率/%	穗颈长/cm
0.00 15 M 甲基胂酸 + 0.001 5 M FeSO$_4$	67.9	−3.9
0.001 5 M 甲基胂酸喷后 1h 喷 0.001 5M FeSO$_4$	98.6	−7.8
0.001 5 M 甲基胂酸喷后 16h 喷 0.001 5 M FeSO$_4$	100	−8.0
0.001 5 M 甲基胂酸	100	−8.8
对照	9.7	+1.5

另外，据 J.katz 等报道，砷剂进入植物体内，通过砷酸反应使 1，4-α 结合的直链淀粉完全分解，亦能使 1，6 结合的支链淀粉部分水解；砷酸也是有效的氧化磷酸化的解偶联剂。通过如下的非酶促反应使 3- 磷酸甘油酰砷水解成 3- 磷酸甘油酸：

$$\begin{array}{c} O \\ \| \\ C-O-As{=\kern-1pt O} \\ | \kern2.5em \backslash O \\ HC-OH \\ | \\ CH_2-O-PO_3{}^{2-} \end{array} + H_2O \longrightarrow \begin{array}{c} O \\ \| \\ C-OH \\ | \\ HC-OH \\ | \\ CH_2-O-PO_3{}^{2-} \end{array} + HAsO_4$$

进入植物体内的三价砷，如亚砷酸是丙酮酸脱氢酶复合体的特征性抑制剂。

综上所述，甲基胂化合物诱导水稻的非遗传性雄性不育的作用机制是包括酶促和非酶促反应的多条作用途径，并且甲基胂化合物与水稻被抑制酶间的作用极其迅速，且是不可逆的。铁离子可能起保护被抑制酶的作用，而不是直接与甲基胂酸基相结合。

二、氨基磺酸及其盐

氨基磺酸进入植物体内可能成为氨甲酰磷酸相关联的酶系的竞争性抑制剂，干扰了氨的同化、精氨酸循环以及嘧啶的合成等植物体内极其重要的生化过程，而诱导了植物的非遗传性雄性不育。据琼斯等报道，氨基甲酰磷酸是生物体内重要的氨基甲酰供给体，且反应的第一步是氨基甲酸的磷酸化。

$$H_2N-\underset{O}{\overset{O}{C}}-OH + ADP\sim O-PO_3^{2-} \rightleftharpoons H_2N-\overset{O}{C}\sim O-PO_3^{2-} + ADP \quad (\text{I})$$

硫原子与碳原子的电负性均为 2.5，因此，氨基磺酸及其盐进入植物体内可能发生类似（Ⅰ）式的反应。

$$H_2N-\underset{O}{\overset{O}{S}}-OH + ADP\sim O-PO_3^{2-} \rightleftharpoons H_2N-\underset{O}{\overset{O}{S}}\sim O-PO_3^{2-} + ADP \quad (\text{II})$$

通过（Ⅱ）式的反应，氨基磺酸及其盐可能成为氨基甲酰转移相关联的酶的竞争性抑制剂。另外，氨基甲酰磷酸和天门冬氨酸缩合生成 N-氨甲酰门冬氨酸，这一反应在嘧啶生物合成中是决定性的一步。因此，氨基磺酸进入水稻体内，通过对嘧啶生物合成等重要生化过程的干扰，影响了水稻正常的蛋白质代谢，而诱导了水稻的非遗传性雄性不育。

三、氟乙酸及其衍生物

据 Petters 等人的研究，氟乙酸进入生物体内，首先由合成柠檬酸的酶系将氟乙酸转变为氟代柠檬酸：

表 7-11 卤族元素主要原子参数

原素名称	电负性	克原子容积（mL/ 克原子）	共价半径 /A
F	4.0	14	0.72
Cl	3.0	17	0.99
Br	2.8	25.5	1.14
I	2.5	25.6	1.33

通过氟代柠檬酸对乌头酸酶的强烈抑制而阻断了三羧酸循环。如表 7-11 所示，卤族元素中以氟的电负性最强，克原子容积最小，共价半径最短，因此，氟原子与碳原子结合最牢固，形成难以水解的氟代柠檬酸而成为乌头酸酶的强烈抑制剂，从而导致了水稻的雄性不育。其他卤代乙酸及其衍生物中，卤原子与碳原子结合不够牢固，易被水解而不能成为乌头酸酶的有效抑制剂，也就不能有效地诱导水稻的雄性不育。

第五节　化学杀雄在杂交水稻生产中的应用

一、水稻化学杀雄制种技术

筛选出的新杀雄剂，需进一步评价其选择杀雄活性，测定其杀雄谱，并测定对供作母本的水稻品种的最佳杀雄剂量和最佳杀雄时期，观察其生物学特性，如对水稻株高、出穗、花期、花时、开颖率等的影响。经全面评价之后，选最佳杀雄剂用于杂交水稻生产。水稻化学杀雄制种技术与"三系"制种技术在亲本播插期的安排、父母本株行比、花期预测和调节、人工辅助授粉等许多方面是相似的。但在化学杀雄制种过程中，杀雄剂的剂量、雾滴粒径及其雾点分布的均匀度、杀雄时期、水稻品种抗药性及其长势、气候条件（温度、日照、雨日、湿度等）等诸因素，均可影响杀雄效果和异交结实率，从而影响制种产量和杂种纯度。上述诸因素中易变而又难以控制的因素是单位叶面积上沉着的杀雄剂的量。虽然每个制种组合已通过试验掌握了最佳杀雄制种条件，但往往还会因施药时操作疏忽而导致制种产量和杂种纯度不稳定。为此，化学杀雄制种应特别注意以下几个方面。

（一）水稻品种对化学杀雄剂的抗药性与父母本的选择

就理论而言，同一组合的正反交杂种一代差异不显著。化学杀雄选择父母本不像"三系"那样受遗传因素的严格限制，可较自由地选择父母本，也可根据需要对换同一组合的父母本。一般选秆矮、优质、多抗的高产水稻品种作母本，选穗较大、秆稍高、花粉量大的优良水稻品种作父本。由于水稻不同品种雌性器官对杀雄剂的抗药性差异极大，为获得较高的制种产量和杂种纯度，化学杀雄制种应特别注意选择雌性抗药性较强的水稻品种作母本。经田间小区鉴定筛选出杂种一代优势、抗性、米质等均达到入选标准的一系列强优组合后，应首先测定上述各组合的亲本对杀雄剂的雌性抗药性，选其中雌性抗药性最强的水稻品种作母本用于大面积杂交稻水生产。

（二）化学杀雄制种田的插植方法和栽培管理

为便于去杂，"三系"制种田不育系应单株插植，但化学杀雄制种田则要求母本穗间发育尽可能一致。因此，供杀雄的母本应插足本秧，适当密植，尽量控制分蘖，这样穗间发育较整齐，利于一次施药杀雄彻底。"三系"繁殖和制种田单株插植，需多施肥，以促分蘖，争取较高产量。而化学杀雄制种田应实施以本秧为主，控制分蘖的肥水管理措施。为使杀雄剂均匀喷于叶面，应合理施用氮肥，否则叶片长势过旺，交盖严重，将影响杀雄剂的着药均匀度，使穗间杀雄效果差异显著而导致杂种纯度降低。

（三）气候条件对化学杀雄制种的影响和制种季节的选择

易变的气温、过低或过高的温度、过大湿度、过多雨日等气候条件均可直接影响杀雄制种。因此，杀雄制种田的出穗期，一般应安排在气温适宜而较稳定、晴天多、湿度较低的季节。

（四）杀雄时期

杀雄时期首先取决于杀雄剂的种类，其次是水稻品种。不同类型的杀雄剂对同一水稻品种的杀雄适期差异较大，同一类型的杀雄剂对不同的水稻品种的杀雄适期也有几天的差异。因此，杀雄剂与作母本的水稻品种确定之后，应过细测定其最适杀雄时期。作用速度较快而副作用较大的甲基胂类杀雄剂，如杀雄剂 1 号、73010、杀雄剂 2 号等的杀雄适期为花粉母细胞减数分裂期至花粉内容物充实期。施药过早，卡颈较严重，闭颖率高，花时往往异常，从而降低制种产量；施药过迟，杀雄不彻底，强势花往往能自交结实，降低杂种纯度。

氨基磺酸及其盐类杀雄剂于花粉母细胞形成期，穗前 14~16 天施药一次，杀雄效果较好，副作用较小。施药过早，迟出的穗雄性恢复正常而自交结实，降低杀雄效果；施药过迟，强势花常能自交结实，降低杂种纯度。不同杀雄剂的不同剂量及其处理次数对杀雄效果影响较大（表 7-12，表 7-13）。

表 7-12　杀雄剂浓度和处理时期对杀雄效果的影响及其副作用（湖南，连作晚稻——农垦 58，1972）

杀雄剂及浓度	处理时期	不育率/%	开花率/%	穗颈长/cm	子房单性膨大率/%	颖花退化率/%
650 mg/L 氨基磺酸钙	穗前 11 d（9 月 1 日）	78.9	93.1	+2.4	0	0
	穗前 7 d（9 月 5 日）	53.2	94.4	+4.8	0	0
	穗前 5 d（9 月 7 日）	37.4	100	+5.6	0	0
1 000 mg/L 氨基磺酸钙	穗前 11 d（9 月 1 日）	92.1	96.4	+0.9	0	0
	穗前 7 d（9 月 5 日）	81.9	96.8	+1.2	0	0
	穗前 5 d（9 月 7 日）	69.5	98.8	+0.9	0	0
150 mg/L 甲基胂酸钙	穗前 11 d（9 月 1 日）	96.4	98.5	+0.2	1.6	0
	穗前 7 d（9 月 5 日）	86.6	99.8	+1.9	2.9	0
	穗前 5 d（9 月 7 日）	85.8	99.7	+1.7	0.2	0
200 mg/L 甲基胂酸钙	穗前 11 d（9 月 1 日）	100	98.7	-0.8	8.3	0
	穗前 7 d（9 月 5 日）	99.3	98.1	-0.3	3.6	0
	穗前 5 d（9 月 7 日）	93.7	100	-0.6	0.2	0

续表

杀雄剂及浓度	处理时期	不育率/%	开花率/%	穗颈长/cm	子房单性膨大率/%	颖花退化率/%
250 mg/L 甲基胂酸钙	穗前 11 d（9 月 1 日）	100	99.6	−1.9	8.2	0
	穗前 7 d（9 月 5 日）	100	96.9	−0.6	4.9	0
	穗前 5 d（9 月 7 日）	96.1	100	+0.7	1.0	0
500 mg/L 氟乙酰胺	穗前 11 d（9 月 1 日）	79.0	99.6	+0.4	0	1.0
	穗前 7 d（9 月 5 日）	66.9	98.5	+1.6	0	0.6
	穗前 5 d（9 月 7 日）	56.3	100	+1.2	0	0.4
1 000 mg/L 氟乙酰胺	穗前 11 d（9 月 1 日）	83.0	97.8	+1.2	0	1.1
	穗前 7 d（9 月 5 日）	96.2	99.4	−1.1	0	1.4
	穗前 5 d（9 月 7 日）	87.7	97.3	−0.9	0	3.4
2 000 mg/L 氟乙酰胺	穗前 11 d（9 月 1 日）	89.1	97.7	+1.2	0	3.6
	穗前 7 d（9 月 5 日）	97.6	97.4	−0.9	0	2.4
	穗前 5 d（9 月 7 日）	96.7	95.1	−2.7	0	3.1
对照	—	32.9	100	+5.2	0	0

表 7-13　杀雄剂浓度和处理时期及其次数对不同水稻品种杀雄效果的影响（湖南，早稻，1973）

杀雄剂及浓度	处理时期	不育率/%	
		1037（粳）	湘矮早 4 号（籼）
300 mg/L 氟乙酰胺	穗前 10 d 喷一次	58.0	53.2
300 mg/L 氟乙酰胺	穗前 10 d、2 d 各喷一次	75.5	60.2
500 mg/L 氟乙酰胺	穗前 10 d 喷一次	65.8	64.4
500 mg/L 氟乙酰胺	穗前 10 d、2 d 各喷一次	82.9	75.5
1 000 mg/L 氟乙酰胺	穗前 10 d 喷一次	76.7	60.0
1 000 mg/L 氟乙酰胺	穗前 10 d、2 d 各喷一次	96.7	84.7
650 mg/L 氨基磺酸钙	穗前 10 d 喷一次	68.0	49.2
650 mg/L 氨基磺酸钙	穗前 10 d、2 d 各喷一次	84.5	37.9
1 000 mg/L 氨基磺酸钙	穗前 10 d 喷一次	94.3	70.9
1 000 mg/L 氨基磺酸钙	穗前 10 d、2 d 各喷一次	99.7	75.8
1 300 mg/L 氨基磺酸钙	穗前 10 d 喷一次	95.2	66.4
1 300 mg/L 氨基磺酸钙	穗前 10 d、2 d 各喷一次	99.7	92.3
对照		33.0	18.4

（五）杀雄剂的剂量和施药技术

单位叶面积上的实际着药量是否适宜、是否均匀一致是化学杀雄制种成败的关键。田间操作中往往注重杀雄剂的浓度而忽视其剂量，注重计划施用杀雄剂的剂量而忽视单位叶面积上的实际着药量。单位叶面积的实际着药量受雾滴粒径大小、湿润优劣、喷雾器械、施药技术等因素的影响。雾滴粒径大小取决于助剂种类与含量、喷雾器械类型、操作压力等。雾滴较小而湿润较好时，药液易沉着于叶面，雾滴大而湿润又差时，雾滴易弹跳，不易沉着于叶面。总之，大面积制种前，助剂种类和用量、喷雾器型号、操作压力等都需经过反复测试，以获得适宜的杀雄条件。在大面积制种过程中，不得轻意变动其中任何一项条件。单位叶面积着药量的均匀度主要取决于田间施药操作技术，首先是喷头移动要均匀，喷雾器压力要保持稳定；其次是喷头角度、喷头离稻株冠部的距离应适宜。为此，施药人员需经过严格实际操作训练，合格后方可下田喷药。一般情况下，以适宜剂量喷药一次即可，但为使杀雄彻底，减轻副作用，对出穗整齐度较差的水稻品种，以及选择杀雄活性较弱、药效较短的杀雄剂应以较低剂量两次施药为好（表7-14，表7-15）。实践表明，尽管化学杀雄制种技术性强、难度较大，但只要将杀雄条件规范化，喷药人员经过严格训练，认真操作，完全可以满足上述要求而在大田生产中广泛应用。

表 7-14　杀雄剂 2 号不同喷药次数对窄叶青的杀雄效果

处理浓度 /%[*]		调查穗数	不实率 /%	闭颖率 /%	包颈率 /%
第一次	第二次				
0.015	0	74	76.4	1.6	3.1
0.015	0.008	36	100	1.8	0.8

注：* 第一次处理在抽穗前 10 d 进行，第二次处理在抽穗前 3 d 进行。

表 7-15　73010 对 IR24× 献党不同剂量和处理方法的制种效果
（江西共产主义劳动大学农学系"化杀"课题组，1977 年秋）

第一次处理		第二次处理		第三次处理		杂种亩产 /kg	杂种纯度 /%	备注
浓度 /（mg/L）	用药量 /（mL/ 丛）	浓度 /（mg/L）	用药量 /（mL/ 丛）	浓度 /（mg/L）	用药量 /（mL/ 丛）			
150	10	100	10	0	0	50.35	98	剂量偏高
130	10	90	10	60	8	82.5	97	部分小穗开裂散粉，补第三次处理

二、化学杀雄制种实例

目前生产上应用的杀雄剂主要是杀雄剂 1 号、杀雄剂 2 号、73010、HMG-7205 等。它们的选择杀雄活性存在一定的差异，但选择杀雄活性均不够强，在技术较熟练的条件下，能用于大面积杀雄制种，一般每亩制种产量可达 50~100 kg，杂种纯度为 85%~97%。

（1）1978—1981 年广东省番禺杂优研究所等单位，以杀雄剂 2 号，杀雄制种 100 亩以上，平均亩产达 61.5~95 kg，杂种纯度 82%~96%。化学杀雄制种条件是：

①杀雄剂及剂量。每亩 22 g（ai）杀雄剂 2 号，每亩喷稀释药液 125~225 kg。于杀雄适期叶面喷雾一次，但不同水稻品种杀雄剂用量有所不同，应预先测试；

②杀雄时期。约 60% 植株叶枕距为 +5 cm 左右施药，但不同水稻品种杀雄适期有差异，需预先测试；

③父母本行比一般采用 2：8。

广东省顺德县伦教区，1984 年以 0.014%~0.015% 杀雄剂 2 号，每亩喷药液 175 kg 左右，将钢枝占杀雄作母本，与青兰 32 配组制种 82.2 亩，平均亩产 112.4 kg，杂种纯度 85% 左右。

（2）1977 年江西农大农学系，对 IR24 使用 130 mg/L 的杀雄剂 73010，在 5%~10% 的主穗顶叶叶枕距为 0 时喷药一次，药后 7 天再以 90 mg/L 的杀雄剂 73010 喷一次，与献党 1 号配组的制种亩产量为 82.5 kg，杂种纯度 97%。

（3）湖南农业科学院植保所，1984 年以 1000 mg/L（ai）HMG-7205，以每穴 10 mL 于测 64 花粉母细胞形成期喷雾一次，与温选青配组的制种亩产量为 72.5 kg，杂种纯度为 86%。

三、化学杀雄杂交水稻在生产上的应用概况

1971 年冬湖南农科院在广东省崖县南滨农场东方红大队试种了以 200 mg/L 甲基胂酸钙杀雄制种的湘粳 8 号 × 农垦 58 杂交粳稻 0.7 亩，杂种纯度为 70%；1975 年广东省种植化学杀雄杂交水稻 60 多亩，1976 年种植 3 万多亩，1978 年发展到 80 多万亩（其中杂种二代 70 万余亩）。1978 年广东省英德县种植化学杀雄杂交水稻 15 万多亩，比当地推广良种每亩增产 25~75 kg；1978 年江西省种植化学杀雄杂交水稻 2 000 多亩；江苏省高邮县农科所种植 IR24× 献党的化学杀雄杂交水稻 1.48 亩，亩产达 803.5 kg；1981 年江苏赣榆县朱堵农科站种植赣化 2 号化学杀雄杂交水稻 1.2 亩，亩产达 949.5 kg。

由于化学杀雄杂交水稻选亲本受限制少，因此化学杀雄杂交水稻单产均可超过同类型的"三系"组合。1981 年广东省区试中，化杀组合青化桂朝比油优 2 号增产 5.6%~12%，顺德和番禺等县大面积示范，青化桂朝比桂朝 2 号每亩增产 60~85 kg，比"汕优 2 号"每亩增产 10~135 kg。1984 年广东省种植钢化青兰 4.2 万亩。连续 4 年品比鉴定，比二白矮增产 8.4%~19.28%，比汕优 30 选增产 17.3%（1984）。

另外，尽管化学杀雄杂交水稻第二代的优势较第一代显著下降，但其中少数优势较强，F_2 群体的株高、生育期等差异不显著时，仍有其利用价值。据广东省农科院水稻所"化杀"课题组研究，1984 年钢化青兰 F_2 亩产达 527.43 kg，分别比晚华 1 号、二白矮、汕优 30 选等增产 1.5%、5% 和 7%。

附表　有杀雄活性的化合物一览表

化合物名称	化学结构	杀雄对象
2，3-二氯异丁酸钠（FW450，232）		棉花、黄麻、甜菜、蕃茄、辣椒等
2，2-二氯丙酸钠（达拉朋，茅草枯）		黄麻、蚕豆、胡椒、芝麻等
氟乙酰胺（FUSSO1）		水稻、高粱、小麦等
2，3，5-三碘苯甲酸（TIBA）		葡萄等
2-甲酰-4-氯苯氧乙酸（FCPA）		杉
2，4-二氯苯氧丁酸钠（Embutox）		茴香、秋葵、芫荽
2-氯乙基磷酸（乙烯利，Ethrel）		小麦、水稻、大麦、黄瓜、甜菜等

续表1

化合物名称	化学结构	杀雄对象
1-丙基磷酸-乙酯（NIA10637）	$CH_3-CH_2-CH_2-\overset{\overset{O}{\|\|}}{\underset{OC_2H_5}{P}}-OH$	蓖麻
2-氯乙基三甲基氯化铵（CCC，矮壮素）	$\left[Cl-CH_2CH_2-\overset{\overset{CH_3}{\|}}{\underset{CH_3}{N}}-CH_3\right]^+Cl^-$	黄瓜、南瓜等
马来酰肼（MH，青鲜素，抑芽丹）		洋葱、花生、辣椒、葡萄等
香豆素		木豆
赤霉酸（GA）		向日葵、洋葱
甲基胂酸	$CH_3-\overset{\overset{OH}{}}{\underset{O}{As}}-OH$	水稻、高粱等
甲基硫化胂	$CH_3-As=S$	水稻、高粱等
月桂基硫化甲胂	$CH_3-As(SC_{12}H_{25})_2$	水稻、高粱等
甲基胂酸锌（稻足青）		水稻、高粱等
甲基胂酸钙（稻宁）		水稻、高粱等
甲基胂酸铁铵（田安）	$(CH_3-As)_2FeNH_4$	水稻、高粱等
甲基胂酸铁		水稻、高粱等

续表2

化合物名称	化学结构	杀雄对象
甲基胂酸二钠	$CH_3\!-\!As$ 结构（ONa, ONa, O）	水稻、高粱等
氨基磺酸	$H_2N\!-\!S\!-\!OH$（O, O）	水稻、小麦等
氨基磺酸钠	$H_2N\!-\!S\!-\!ONa$（O, O）	水稻、小麦等
氨基磺酸钾	$H_2N\!-\!S\!-\!OK$（O, O）	水稻、小麦等
氨基磺酸钙	$(H_2N\!-\!S\!-\!O)_2Ca$（O, O）	水稻、小麦等
氨基磺酸铁	$(H_2N\!-\!S\!-\!O)_2Fe$（O, O）	水稻、小麦等
3-（对氯苯基）-6-甲氧基-均三氮苯-2，4（1H、3H）-二酮三乙醇胺盐（DPX3778）	结构式 Cl…$N\!-\!N(CH_2CH_2OH)_3$, OCH_3	小麦、燕麦、水稻、玉米等
3，4-甲基吡咯烷-2-羧酸衍生物	结构式 COOR, NH	小麦
1-（对氯苯基）-1，2-二氯-4，6-二甲基-2-氧代烟酸钠（RH-531）	结构式 COONa, CH_3, N, Cl, CH_3	小麦、大麦

续表3

化合物名称	化学结构	杀雄对象
N-（3-三氟甲基-4-硝基苯）苯邻二酰亚胺		玉米
4-氟苯胺羧酸乙酯		玉米、小麦
ω-氨基羧酸	$H_2N—(CH_2)_n—\overset{\displaystyle O}{\overset{\|}{C}}—OH$　（n=3~10）	小麦

注：部分资料引自《化学杀雄剂研究进展》。

第八章

三系原种生产

三系原种生产是杂交水稻生产的第一个环节，它关系到杂交水稻杂种优势能否发挥，关系到杂交水稻技术的兴衰存亡；而且其技术性强、生产周期长、环节多、要求高，必须认真抓好。

第一节　三系混杂退化的表现和原因

一、三系混杂退化的表现

自1975年杂交水稻应用于生产以来，三系退化混杂问题就暴露出来了，并曾一度十分严重，成为影响杂交水稻发展的主要障碍。

（一）不育系混杂退化

主要表现：①不育度下降，染色花粉株率和自交结实株率提高；②性状变异，熟期、株高、形状参差不齐；③可恢复性变劣，配合力下降，所配子一代结实率降低；④杂劣株增多。湖南省种子公司1982年春在海南对全省99个单位的V20A样品进行鉴定，平均含杂率3.52%，幅度为0.8%~10.2%。这年秋天又在南宁对173个V20A样品进行鉴定，平均含杂率2.47%，幅度为0.45%~6.2%。20世纪70年代末，江苏省湖西农场对沛县、盐城、建湖三县的珍汕97A进行鉴定，杂株率达8%。这些杂株中，有保持系、恢复系、子一代，常规稻、异不育系、半不育株、籼籼交不育株、籼粳交不育株、早熟不育株、不包颈不育株等多种类型。

（二）保持系混杂退化

主要表现：①保持力下降；②性状变异，熟期、株高、形状参差不齐，花粉不足，散粉不畅；③杂劣株增多。据多点调查，保持系杂劣株率在 1% 左右，杂有不育系、子一代、常规稻、异保持系、籼粳交不育系、变异株等类型。

（三）恢复系混杂退化

主要表现：①恢复力下降；②配合力变劣，所配杂种优势减退；③性状变异，熟期、株高、形状参差不齐；④抗病力减退；⑤杂劣株增多。据多点调查，杂劣株率一般在 1% 左右。这些杂劣株中有早熟株、宽叶丛生株、稃尖微红株、不育株、保持系、子一代、颖壳麻色株等多种类型。

二、三系混杂退化对生产的影响

杂交水稻由三系配组而成，三系之间有着特定的遗传关系，三系混杂退化给杂交水稻生产带来了严重影响。

（一）对杂种的影响

用混杂退化的三系亲本配制的杂交种，退化混杂比其亲本更为严重，杂株率往往高达 5%~8%，甚至 10% 以上。1977—1981 年南京农学院陆作楣等对 12 个省区的杂种子一代进行鉴定，平均杂株率为 5.51%，幅度为 2.1%~7.8%，杂有不育系、保持系、恢复系、半不育株、冬不老、常规稻、变异株等类型。这些杂劣株使每亩有效穗、每穗粒数减少，结实率、千粒重下降，严重影响了杂种优势。一般杂株率每上升 1%，单产下降 0.8%。

（二）对亲本繁殖和制种的影响

用混杂退化的三系亲本进行繁殖和制种，杂劣株多、抽穗不齐，既大大增加除杂用工，又严重影响繁殖与制种产量，甚至种子不能使用。有的地方繁殖、制种长期过不了关，这是重要原因。

（三）对推广杂交水稻的影响

由于三系种子混杂退化，繁殖、制种的质量、产量过不了关，子一代"三层楼，不勾头"，杂优不优，甚至减产，败坏了杂交水稻的声誉，影响了杂交水稻的推广。

三、三系混杂退化的原因

自 20 世纪 70 年代末以来，各地对"三系"和子一代中的杂株状况进行了具体分析，弄清了三系和子一代混杂退化的主要原因是机械混杂和生物学混杂，其次是性状变异。1977—1978 年南京农学院陆作楣与建湖县联合对 12 个省 2 357 个繁殖制种点的材料进行鉴定；1982—1984 年湖南省贺家山原种场对三系材料及子一代进行鉴定，一致表明：子一代的杂株主要类型是不育系，占杂株的 56.38%～62.95%；其次为保持系，占杂株的 12.58%～27.38%。两者共占 68.96%～90.33%。不育系的杂株主要类型是保持系，占杂株的 80.48%～91.96%（表 8-1）。显然，子一代混杂退化的主要原因是在制种过程中因生物学混杂产生了大量不育株。而这种生物学混杂的主要原因是不育系繁殖田里的不育系中机械混进了保持系，用这种混有保持系的不育系种子制种，除杂难净，就在杂交水稻中产生了不育系和保持系两种主体杂株类型。

表 8-1　三系及子一代杂株分类情况表

鉴定单位	鉴定年份	鉴定对象	机械混杂							生物学混杂					变异、其他
			小计	A	B	R	常规稻	异A	F$_1$	小计	A	籼粳糯交	迟熟A	异组合	
江苏建湖	1977—1978	F$_1$	30.08	—	27.38	2.70	—	—	—	65.30	62.95	2.35	—	—	4.72
		A	82.16	—	80.48	1.68	—	—	—	7.97	—	—	7.97	—	9.84
		B	72.70	72.70	—	—	—	—	—	—	—	—	—	—	27.30
湖南贺家山原种场	1982—1984	F$_1$	21.48	—	12.58	4.40	4.50	—	—	69.79	56.38	—	—	13.4	8.70
		A	91.96	—	91.96	—	—	—	—	3.85	—	3.85	—	—	4.20
		B	74.12	74.12	—	—	—	—	—	—	—	—	—	—	25.88
		R	75.86	18.4	5.4	—	28.26	5.40	18.40	—	—	—	—	—	23.90

（一）机械混杂

从表 8-1 可以看出，三系杂株中以机械混杂为主，占杂株的 72.7%～91.96%；不育系杂株中杂保持系 80.48%～91.96%；保持系杂株中杂不育系 72.7%～74.12%；恢复系杂株中杂不育系、保持系、常规稻、子一代等占 75.86%。由于杂交水稻的繁殖、制种是两个品系同栽一田、同收一时、同晒一处，在播、栽、收、晒过程中极易混杂，特别是不育系中的杂株，结实率又大大高于不育系，其繁殖速度以 20 倍左右增长，以致机械混杂成了三系混杂退化的主要原因。

（二）生物学混杂

从表 8-1 还可以看出，子一代的杂株以生物学混杂为主，占杂株的 65.3%~69.79%。这种生物学混杂，一是三系本身机械混杂夹带的杂株串粉造成；二是隔离不严，外来水稻品种串粉造成。如制种田中的保持系串粉造成大量不育系，外来的粳糯串粉造成"冬不老"，籼稻串粉造成半不育株。

（三）性状变异

保持系、恢复系是自交的纯合体，遗传性较为稳定，但任何作物品种都存在着变异，三系变异概率虽然较小，但也处于不断变异之中。

（1）不育系和保持系变异。一是不育系育性"返祖"，出现染色粉株，甚至自交结实。1977—1979 年据安徽省巢县种子公司鉴定，未提纯的不育系染色粉株率上升，V41A 达 30.5%，珍汕 97A 达 27.6%，V20A 达 14.3%。将这些染色粉株盆栽隔离自交鉴定，有 80%~85% 自交结实。再是不育系、保持系形状特征变异，熟期、株高、叶片数不一致，包颈减轻甚至不包颈。这些性状变异，往往和不育系的性状变异、育性变异存在一定的相关性。

（2）恢复系变异。一是恢复力、配合力下降，以致杂交后代结实率下降；二是形状特征变异，叶片减少，熟期缩短，株、叶、粒形变异，抗病力下降。

杂交种是细胞质来自不育系、细胞核来自保持系和恢复系的杂合体，是一个互相联系、互相依存的整体，三系变异必然引起子一代相应变异，虽然变异的比例很小，但仍是不可忽视的三系退化原因之一。

第二节　三系原种生产的目标和体制

一、三系原种生产的任务

三系原种生产的任务是不断地通过选择和防杂，保持三系亲本原品种特征特性的一致性，消除和防止机械混杂、生物学混杂和性状变异，生产出高纯优质的三系原种种子，以保持杂种优势，延长组合使用年限。

二、三系原种生产的标准

三系原种生产，应有一个统一的、严格的质量标准。现根据各地实践，对三系原原种、原种提出如下质量标准（表8-2）。

表8-2　籼型三系原原种、原种质量标准

系别	级别	纯度不小于 /%	净度不小于 /%	发芽率不小于 /%	水分不大于 /%	不育度不小于 /%	恢复度不小于 /%	稗子
不育系	原原种	99.98	99.8	96	13.5	99.9	85	0
	原　种	99.8	99.0	94	13.5	99.9	85	0
保持系	原原种	99.95	99.8	98	13.5	—	—	0
	原　种	99.8	99.0	98	13.5	—	—	0
恢复系	原原种	99.95	99.8	98	13.5	—	85	0
	原　种	99.8	99.0	98	13.5	—	85	0

提出这个标准的依据是：①理论和实践证明，三系变异和混杂均不可能完全消除，只能压到最低限度。三系的纯度、不育系的不育度和恢复系的恢复度都不可能达到100%。任何不育系群体都有千分之几的染色粉株率和万分之几的自交结实率。只要把不育系的自交结实率和三系原种的杂株率控制在千分之一以下，就不会影响子一代的优势；②湖南省种子公司对七省七种三系提纯法生产的三系原种进行鉴定，平均纯度和最高纯度分别为：不育系99.68%和99.85%，保持系99.9%和99.95%，恢复系99.8%和99.95%；③原农林部提出的全国常规水稻原种标准为：纯度不小于99.8%，净度不小于99%，发芽率不小于98%，水分不高于13.5%，稗子为0。三系原种参照了这个标准。

三、三系原种生产的生产体制

三系原种生产技术性强、连锁性强、要求高，并需要一定的设备和技术条件，应采取"省提""地繁"的生产体制，以省为单位集中统一提纯，由省、地原种场承担提纯、繁殖任务，建立稳定的三系原种生产和繁殖基地，固定长期的专门班子，负责三系原种生产。

集中统一提纯的好处是：①基地集中连片，有利于严格隔离、严格操作，保证种子质量；②原种生产专业化，有利于提高劳动生产率和设备利用率，降低生产成本，提高经济效益；③

班子专业化，有利于改进技术，提高单产；④统一安排，有利于合理分工，同时安排多个组合的原种生产。

第三节　三系原种生产的方法和程序

三系原种生产方法，大体经历了三个发展阶段。

第一个阶段是初级提纯阶段。1975 年冬，面对着杂交水稻大面积推广中的种子混杂退化问题，湖南省杂交水稻研究协作组在《杂交水稻》一书中提出了三系原种生产的问题和初步方法。这年 8 月，湖南省慈利县南繁队在广西扶绥县首次开始了籼型三系提纯工作，建立了不育系株行圃；冬季在海南藤桥建立了不育系株系圃，并选育了恢复系单株。1976 年春在湛江建立了不育系原种圃，实现了不育系三圃配套，并建立了恢复系株行圃。这年秋，他们初步总结了籼型三系提纯的做法，写出了第一个籼型三系原种生产技术操作规程，提出用"一杂四圃法"提纯不育系和保持系，用"一选三圃法"提纯恢复系，两者分别进行。后概括为分步提纯法。1977—1979 年各地在这个基础上改进完善，提出了多种方法，但基本仍属分步提纯范畴。

第二个阶段是配套提纯阶段。1979 年秋，在江西省余江县召开的南方杂交水稻提纯复壮经验交流现场会上，四川农学院提出了配套提纯法，强调三系遗传关系的整体性和三系变异的复杂性、连锁性和多向性，认为应采取配套提纯措施，才能选出强优的成套组合，达到提纯复壮的要求。此后，有些地方采纳了这一论点和做法，如湖南省提出了"两交四圃配套提纯法"、江西省提出了"三系配套提纯法"，使三系原种生产的方法更加复杂了。

第三个阶段是简化提纯阶段。1979 年，袁隆平和原农业部种子局提出三系原种生产要缩短周期、简化程序。同时，南京农学院陆作楣分析了分步提纯和配套提纯的弊病。研究了三系混杂退化的主要原因，并在大量调查研究的基础上于 1982 年提出了简易的"三系七圃法"。接着，江苏省湖西农场提出了"改良混合选择法"，浙江金华提出了"改良提纯复壮法"，使提纯程序大为简化。1983—1984 年，湖南省种子公司受中国种子公司委托在贺家山原种场和石门县对七种提纯方法生产的"三系"及其子一代种子进行了鉴定。结果表明，简易法同样保证了三系原种种子质量和子一代的纯度和杂交优势。据此，他们以这些简易法为基础，进一步改进完善，提出了新的简易提纯法。可以预料，简易法将成为今后三系提纯的主体方法。

三系原种生产，方法众多，但大体可分为三类。

334

一、分步提纯法

分步提纯法认为，三系之间的恢保关系比较稳定，但株系间存在差异。三系提纯主要是通过分株系的鉴定选择，保证三系的纯度、不育系的不育度和恢复系的恢复力，稳定子一代的纯度和杂交优势。因而，可将不育系、保持系和恢复系分开分步进行提纯。主要环节是单株选择、成对回交、分系测交、分系鉴定、混系繁殖。以湖南省慈利县的提纯方法为例，程序如图8-1。

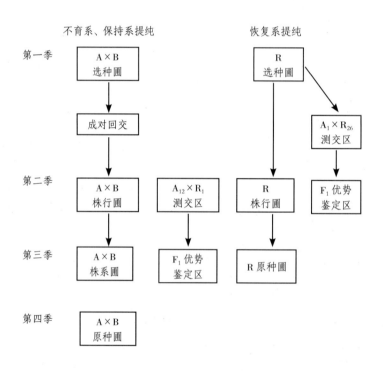

图8-1 分步提纯法提纯程序

（一）不育系、保持系采取"一杂四圃法"提纯

（1）建立不育系、保持系选种圃。

（2）成对回交。从选种圃中选不育系、保持系单株12对，成对盆栽隔离回交。

（3）株行圃。回交的各对不育系、保持系成对进入株行圃，通过镜检，初选不育系株行，并分株行与恢复系（原种）测交。

（4）株系圃。初选A×B株行进入株系圃，继续比较，同时测交的子一代进入优势鉴定区。根据株系圃和优势鉴定区的鉴定，决选不育系和保持系的株系，A×B株行圃、株系圃的株行、株系之间均采取布幔隔离。

（5）原种圃。对于决选的不育系和保持系的株系，采取混系繁殖。

（二）恢复系采取"一选三圃法"提纯

（1）建立恢复系选种圃。

（2）单株选择，盆栽测交。从选种圃中选单株 20 个，盆栽隔离，与一不育系原种测交。

（3）株行圃。初选的恢复系单株进入株行圃，其相应的测交的子一代进入优势鉴定区。根据株行圃和优鉴区的鉴定，决选恢复系株系。

（4）原种圃。对于决选的恢复系株系，采取混系繁殖。

二、配套提纯法

配套提纯法认为，三系是互相联系、互相制约的整体，而三系又各自不断地发生变异。三系个体变异带来了群体变异和三系之间遗传关系的变异，这种变异存在着复杂性、连锁性和多向性，以致株系间和不同单株的配组之间往往存在着显著差异。这是三系退化的内在原因。因而三系提纯仅采取分步提纯难以保证质量，必须将三系亲本在单株选择的基础上配套成组、成套选择、配套提纯。在配合力、优势鉴定的基础上选出最优的配套单系亲本组合，才能生产出最优的配套的三系种子。配套提纯法的特点是三系成对回交、测交，以测交的子一代的产量为主要依据，评选成套的三系的单系亲本作为原种。现介绍三种方法如下。

（一）四川省配套提纯法

程序如图 8-2。做法分"选、交、比、配、定"五个步骤。

（1）选。选三系典型单株各 15 个，配套编号栽于杂交圃中。

（2）交。在杂交圃中，分别进行成对回交、成对测交，组成 15 套三系材料。

（3）比。对各回交、测交后代进行比较鉴定，根据不育系、保持系、恢复系和子一代的表现，初选 2~3 套三系材料，个别表现最优而又未能配套的不育系、保持系或恢复系，也分别入选。

（4）配。初选的不育系株系，以种子的 20% 与初选的恢复系株系交叉试配制种，其余 80% 的种子进行预繁。

（5）定。多点试验，定选三系。将试配的 1/2 株系杂种多点比较试验，评出最优组合，组成这一组合的三系株系材料，就是定选的三系原种。如有两套以上同等优良三系材料，可以同时分别使用。

336

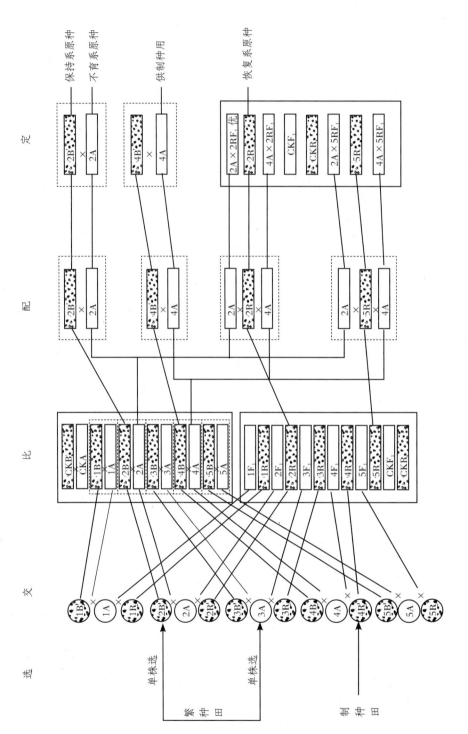

图 8-2　四川省配套提纯法程序

（二）湖南省慈利县两交四圃配套提纯法

做法是单株选择、成对回交、交叉测交、三圃鉴定（株行、株系、优势鉴定）、混系繁殖，程序如图8-3。

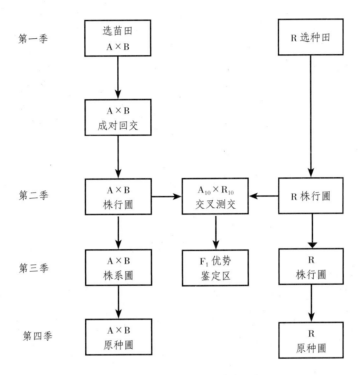

图8-3　两交四圃配套提纯法程序

第一季，株选不育系、保持系，成对回交，同时株选恢复系。从选留田中选不育系、保持系各10株，成对盆栽隔离回交。同时选恢复系单株15个。

第二季，株行比较，交叉测交，初选三系。成对回交的不育系、保持系和株选的恢复系分别进入株行圃。A×B株行圃布幔隔离。同时从恢复系的15个株行中选10个株行与不育系10个株行隔离交叉测交，配成100个组合。根据株行圃的鉴定，初选出三系株行各6个左右及其相应的36个子一代组合。

第三季，株系比较，优势鉴定，定选三系。初选的三系分别进入株系圃，初选的测交子一代进入优势鉴定圃。A×B株系间布幔隔离。根据株系比较、育性鉴定和优势鉴定，综合评选出优良组合及其三系株系。

第四季，原种圃。定选的三系株系分别进行混合繁殖。

（三）江西省邓家埠配套提纯法

做法是单株选择、配组回交、分系测交、株系鉴定、原种繁殖，程序如图8-4。

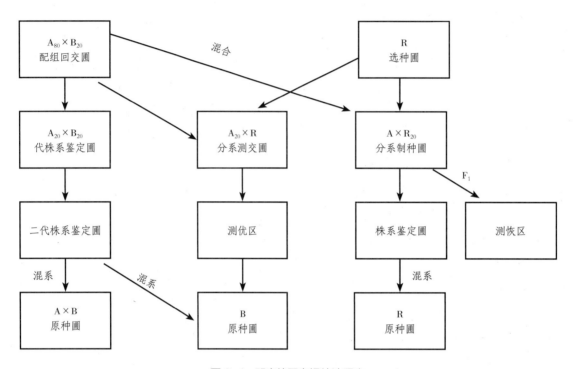

图8-4　邓家埠配套提纯法程序

第一季，单株选择圃。

选保持系单株20个，不育系单株60~100个，回交20组，一个父本配3~4个母本为一配组，同时选恢复系20株。

第二季，一代株系鉴定圃。

（1）不育系、保持系。将每一配组内的不育系种子混收，各取60~100粒平分为二，一份作A20×R测交区母本，另一份各配组间混合，作恢复系分系制种的母本。各配组其余的不育系种子与其回交亲本同时进入一代株系鉴定圃，株系间布幔隔离。

（2）恢复系。从20个单株种子中，各取50~60粒，混合作A20×R测交区父本，其余种子分株系作分系制种圃的父本。

第三季，二代株系鉴定圃。

一代株系鉴定圃当选的不育系、保持系进入二代株系鉴定圃，株系间布幔隔离。不育系分系测交的子一代进入测优区。恢复系分系制种圃当选的恢复系进入株系鉴定圃，其子一代进入测恢区。根据测优区、测恢区和株系圃鉴定的结果，综合评选出最优的三系原原种。

第四季，原种圃。三系原原种混系繁殖。

三、简易提纯法

简易提纯法论点如下：

（1）三系亲本的遗传基因是基本纯合、相对稳定的。保持系、恢复系都是自花授粉作物，自交使基因不断纯合，基因的纯合使遗传性相对稳定，突变概率很小。同时，保持系的保持力、恢复系的恢复力主要由细胞核中的一对主基因控制，是相当稳定的，不易受外界影响而突变。不育系的自交结实率只有万分之几，恢复系与不育系的配合力也基本稳定，因而不同株系子一代间产量无明显差异。据颜龙安报道，珍汕 97A 从 7～17 代，典败株率稳定在95% 左右。据陆作楣试验，6 个地区的 IR661 与同一二九南 A 测交的后代和 6 个地区的珍汕 97A 与同一 IR661 测交的后代，产量与熟期均无显著差异。曾圻、沈新民对各配套株系子一代间产量进行分析，不论是不育系的优势鉴定圃，还是恢复系的优势鉴定圃，差异均不显著。江西省邓家埠原种场对汕优 2 号的定位试验说明，优势位次没有重复性，其优势受环境影响很大；

（2）三系及子一代混杂退化的主要原因是生物学混杂和机械混杂，而不是三系变异及其杂种个体优势减退。而且，杂交水稻只利用一代，本身不传递和积累变异；

（3）在三系核质关系中，多数性状由保持系和恢复系的核基因控制，不育系的性状由保持系决定，杂种优势主要由恢复系决定，只要维持了保持系、恢复系的典型性，就可以防止三系退化，稳定不育系的育性和杂种优势；

（4）成对回交，分系鉴定则必然要用布幔隔离，而 2 m 高的布幔隔离，仍有花粉串过。据江苏省湖西农场测定：在四五级风下，越障串粉密度为 5.2～6.1 粒 /cm^2，串粉结实粒达3.4～5.5 粒 / 株；

（5）少量染色粉和自交结实除受遗传因子支配外，还受环境因子影响。自实种子后代绝大部分是不育的。湖南省慈利县原种场收集 21 个 V20A 株系的自实种子 137 粒，1984 年发芽长成 11 株 337 穗，自交结实的只有 14 穗，结实仅 21 粒。1982 年将 13 个自交结实的不育系材料进行测交，1983 年优鉴结果显示，自实率在万分之五以内的不育系，对子一代产量无大的影响，不同的自交结实率亲本与其子一代产量也无显著相关性。

以上论点说明，三系提纯不必采取配套法，也可不用分步法，而可采取简易法。简易提纯的特点是不搞成对回交和布幔隔离，甚至不搞分系测交和优势鉴定，以三系的典型性和育性为主要标准进行提纯，程序大为简化。主要方法有：

（一）南京农学院的三系七圃法

做法是单株选择、分系比较、混系繁殖。不育系设株行、株系、原种三圃；保持系、恢复系设株行、株系两圃，共七圃，程序如图 8-5。

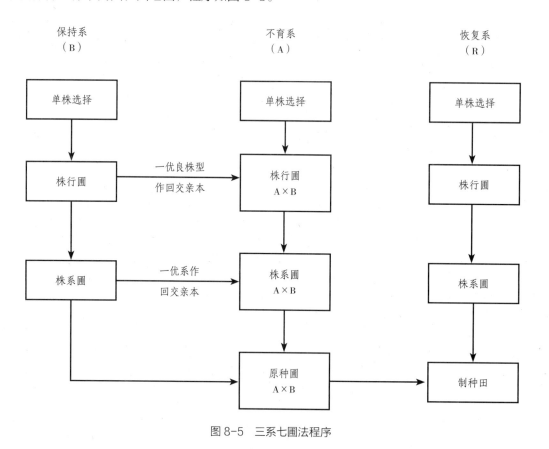

图 8-5　三系七圃法程序

第一季，单株选择。保持系、恢复系各选 100~120 株，不育系选 150~200 株。

第二季，株行圃。按常规稻提纯法建立保持系、恢复系株行圃，各设 100~120 个株行。保持系每株行栽 250 株，恢复系每株行栽 500 株。设不育系株行圃，150~200 个株行，每个株行 250 株。回交亲本用保持系株行圃中的一个优良株行。通过育性、典型性鉴定，初选株行。

第三季，株系圃。初选的保持系、恢复系株行升入株系圃。根据鉴定，定选出的典型的株系即为原原种。初选的不育系株行进入株系圃，回交亲本用保持系株系圃中的一个优系或当选株系的混合种子，通过育性和典型性鉴定，定选株系。

第四季，不育系原种圃。当选的不育系株系混系繁殖。回交亲本用保持系原原种。

（二）江苏省湖西农场改良混合选择法

做法是单株选择、分系比较、测交鉴定、混系繁殖。程序如图8-6。

此法与七圃法不同的是：①第二季增加了恢复系测交圃，第三季增加了子一代优势鉴定圃，把子一代产量作为评选恢复系的重要依据；②增设了保持系、恢复系原种圃，共九圃。

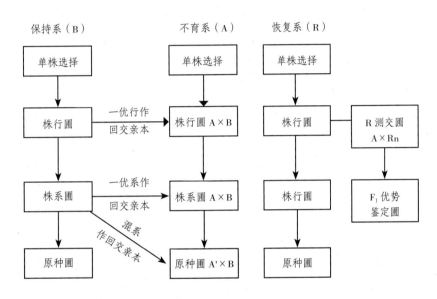

图8-6　改良混合选择法程序

（三）浙江金华改良提纯法

此法只有四圃，由不育系、恢复系的株系圃、原种圃组成。程序如图8-7。

改良提纯法比三系七圃法更为简化，省去了保持系的株行圃、株系圃。保持系靠单株混合选择进行提纯，并作为不育系的回交亲本同圃繁殖。又省去了不育系和恢复系的株行圃，均由单株选择直接进入株系圃。这是当前最简易的三系提纯方法。实行此法的关键在于单株选择和株系比较鉴定要十分准确、严格。特别是保持系的选择，仅仅一次，必须选准。

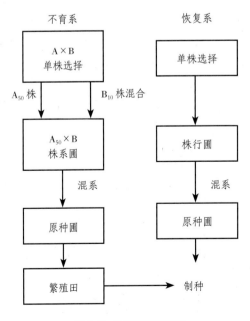

图8-7　改良提纯法程序

（四）湖南省三系九圃法

此法属改良混合选择法，是湖南省种子公司组织有关科技人员在吸取外省简易提纯法经验的基础上，改进提高后，于1985年研究提出的。做法是三系亲本分别设株行圃、株系圃和原种圃，共九圃。采取单株选择，株行比较，株系鉴定，混系繁殖，简称"三系九圃"法。程序如图8-8。

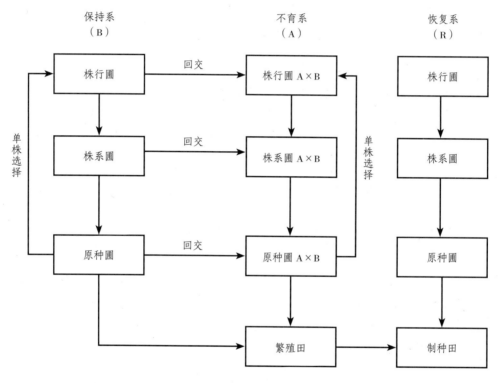

图8-8 三系九圃法程序

其做法是：

（1）保持系提纯。提前三季开始，首先提纯保持系，而后按常规法进入三圃提纯。即首先在原种圃选单株100个左右，第二季进入株行圃分行比较。当选30%左右，第三季进入株系圃分系比较。当选50%左右，混合进入原种圃。

（2）恢复系提纯。在原种圃选单株100个左右，然后按常规法进行分行、分系比较，最后混系繁殖。

（3）不育系提纯。在原种圃选100个不育系单株，下季进入株行圃，分行比较，用上季保持系一优行作回交亲本。当选30%左右的株行，再进入株系圃，分系比较，用上季保持系一优系作回交亲本。当选50%左右的株系，下季进入原种圃，用上季保持系原种作回交亲本。

三系九圃法的特点是：

（1）保持系提前三年提纯。不育系的育性和典型性都是由保持系控制的。湖南慈利县1980年用异粉受精的V20A单株与标准的V20B单株回交，随着回交代数增加，不育系的异株逐代减少，经四代回交，变异了的不育系又被标准的保持系"驯化"了。因而，只有首先提纯保持系，才能真正提纯不育系。

（2）三系均设三圃。按照遗传分离规律，F_1不分离，F_2才分离，因而只有通过株行、株系两代的比较鉴定，才能使生物学混杂株暴露分离而被淘汰，从而准确地评选三系优良株系，保证三系原种质量。

（3）不搞成对、成组回交，不搞测优测恢，不搞行间系间的布幔隔离。提纯的核心是典型性和不育系育性的选择。选择群体较大。

（4）原种生产周期为三年一循环。

（5）不育系三圃的保持系，均提前收割，不作种子，以保证不育系种子的纯度。

上述各三系原种生产方法，都是在实践中产生的，提纯效果好。

（1）提高了三系和子一代种子的纯度。使不育系种子的纯度由97%左右提高到99.4%~99.5%；保持系、恢复系的纯度由98%~99%提高到99.6%~99.8%；子一代的纯度由92%~95%提高到96%~98%；

（2）提高了繁殖制种产量；

（3）提高了子一代单产，一般增产10%左右。

1983—1984年湖南省种子公司受中国种子公司委托，对七种不同提纯法的提纯效果进行了比较试验，除个别方法外，从育性、纯度到产量，均无显著差异（表8-3）。

表8-3　三系不同提纯法提纯效果比较（1983—1984）

提纯方法	A染粉株/%	纯度/%				F_1亩产/kg			
		A	B	R	F_1	汕六	汕二	汕三	威六
湖南两交四圃	0.43	99.49	99.84	99.95	98.32	465.95	—	—	504.15
江西三系配套法	0.73	99.50	99.92	99.73	98.73	479.7	496.0	—	—
江苏三系七圃法	0.42	99.90	99.90	99.63	99.10	472.85	—	—	—
四川三系同步法	0.57	99.85	99.95	99.89	98.86	—	452.05	—	—
浙江改良提纯法	0.51	99.85	99.90	99.83	99.94	477.0	—	—	—

续表

提纯方法	A 染粉株 /%	纯度 /%				F$_1$ 亩产 /kg			
		A	B	R	F$_1$	汕六	汕二	汕三	威六
江苏改良混合选择	0.47	99.82	99.88	99.89	98.48	—	—	436.15	—
高世代选择	0.19	99.86	99.93	99.68	78.40	410.55	—	—	—

注：试验地点为湖南省贺家山原种场、石门县。

简易提纯的三系七圃、改良提纯和改良混合选择三种方法的提纯效果比复杂的两交四圃、配套提纯不仅不会差，反有略好趋势。这可能是简易法程序少、周期短，减少了异花串粉，而且简易提纯，单株群体大，维持了丰富的遗传基因之故。江苏省湖西农场试验，简易法和配套法比较，提纯效果也大体相近（表 8-4）。而简易法却大大降低了成本，将每千克原原种成本由 40 元左右降到了 4~5 元。因而，从原种生产的质量和经济效益考虑，以采取简易法生产原种为宜。

表 8-4　简易提纯与配套提纯法子一代比较

提纯方法	组合	纯度 /%	亩产 /kg	比较
配套提纯	汕优 6 号	98.96	581.1	100
简易提纯	汕优 6 号	98.75	597.9	102.89
配套提纯	四优 6 号	98.36	568.8	100
简易提纯	四优 6 号	98.12	562.5	98.9

第四节　三系原种生产的主要技术环节

三系原种生产必须严格规范生产程序，严格遵守技术操作，严格执行鉴定评选，认真抓好各主要技术环节。

一、单株选择

这是原种生产的基础，必须严格要求，选准留足。

（一）选择范围

选择范围要广泛，不要只在株行株系中选，要在原种圃或一级种子繁殖田中广泛选株。

（二）选择条件

不育系的株、叶、穗、粒、花药、花粉、花时、开颖角度、穗粒外露率、柱头外露率、叶片、熟期等应具有本品种的典型特征特性。保持系、恢复系的株、叶、穗、粒四型叶片、熟期应具有本品种的典型特征特性，并表现一致；花粉量大，镜检无败育花粉粒；抗性好。要重视典型性，特别要重视保、恢典型性的选择。

（三）选择方法

以田间选择为主，室内考种为辅。始穗期初选，后经室内考种决选单株，编号收藏。

（四）株选数量

群体宜稍大，以防微效基因丢失，如采用简易法，不育系选100~150株，保持系、恢复系各选100株。如采用配套法，不育系选60~80株，保持系、恢复系各选20株。

二、严格隔离

三系原种生产要经多代回交比较，三圃隔离都要十分严格，这是确保提纯质量的关键。隔离方法有：①花期隔离。把三圃花期安排在没有异品种开花的季节；②自然障碍物隔离；③距离隔离。隔离区要保证达到：不育系三圃700 m以上，保持系、恢复系三圃20 m以上。江苏省湖西农场测定，隔离200 m，异粉密度2.28粒/cm^2，结实2粒/株；隔离500 m，异粉0.31粒/cm^2，隔离700 m，异粉仍有0.21粒/cm^2；④布幔隔离。效果差，不宜采用；⑤隔离罩隔离。用于分系测交，隔离罩用木架白布做成，架高1.2 m，长宽1m×0.7 m，始穗前插好木架，每天开颖前隔上隔离布，闭颖后揭开。

三、育性鉴定

这是不育系提纯的重要手段，不育系的单株选择、株行圃、株系圃、原种圃都需进行育性鉴定。方法有三种：

（一）花粉镜检

效果可靠，是育性鉴定的主要方法。当不育系主穗抽出时，从主穗的上中下各取3朵颖花的花药置于玻璃片上，滴碘液（碘片1g，碘化钾2g，溶于200 mL蒸馏水中），捣碎花药，用低倍显微镜观察花粉，记载其属于典败，或圆败，或染败，或正常花粉。要求：单株选择株株要检；株行圃每行检 20 株；株系圃每系检 30 株；原种圃每亩检 30 株，凡出现半染色株和染色株的株行、株系一律淘汰。

（二）盆栽隔离自交鉴定

将不育系盆栽，置于自然隔离确无水稻花粉的院落内，观察其是否自交结实，凡自交结实者一律淘汰。此法准确可靠，应与镜检同时进行。

（三）套袋自交鉴定

始穗前，在被鉴定的不育系主穗上套以牛皮纸袋，观察其是否自交结实。凡自交结实者一律淘汰。此法由于袋内温湿度变化大，结实率比自然条件下低得多，鉴定不准确，不宜采用。

四、三圃的设置

（一）株行、株系两次比较

根据杂种二代分离规律，三系的生物学混杂在株行圃鉴定中处于第一代，不会显现，进入株系圃为第二代，则会表现出分离而被淘汰，两次鉴定有利于选准株系，保证质量。

（二）保持系、恢复系均设原种圃

不育系一般为三圃，保持系、恢复系设三圃与不育系同步出原种，并不延长原种生产周期，却能加大繁殖系数；保持系、恢复系另田设单本原种圃，与亲繁田、制种田分设，可提高种子饱满度、整齐度；保持系原种圃另设，还有利于不育系原种圃早割父本、彻底除杂。

（三）保持系另设株行圃、株系圃

保持系另设株行圃、株系圃，好处很多：①可使不育系株行圃、株系圃只用一个回交亲本，免去布幔隔离；②由于不必等量选择不育系、保持系单株，而可加大不育系的株选群体；③保持系另设株行圃，可不割叶，保留原状，利于评选；④可使不育系的株行、株系只与一个保持系或混系回交，使回交亲本一致，利于不育系的正确评选。因此，保持系和不育系的株行、株系圃，以分开设置为宜。

（四）三系的株行、株系圃的栽培

冬季不宜种粮油作物，可种绿肥，以保证地力一致，便于比较。且要保证栽培管理精细一致，避免人为误差。

五、三圃的季节安排

不育系、保持系三圃，均可春繁、夏繁或秋繁。春繁产量高，但易与早稻串粉。秋繁又常与早稻自生禾以及晚粳同期开花而串粉，而且产量也不稳定。夏繁可以自由选择最佳扬花期，既能避免异花串粉，又可保证安全授粉。所以，株行圃、株系圃应安排夏繁，把花期安排在 8 月下旬，原种圃面积大，可安排春繁。恢复系三圃，由于秋繁纯度难以保证，应安排夏繁，把花期安排在佳期，实行一季单本栽培。

六、测交与优势鉴定

测交和优势鉴定均可免去，只要抓好了三系典型性和育性的鉴定，其纯度和优势即可基本保证。

七、混系与单系

原种圃有单系繁殖与混系繁殖两种方法。实践证明，以混系繁殖为好。混系可以使三系亲本维持丰富的基因库，使优良性状互补，群体更为稳定，适应性更强，而且混系便于安排繁殖。

八、评选标准

（一）众数选择法

始穗期，叶片数、单株穗数采用众数选择法。如 100 个株行，有 60 个在 8 月 20 日始穗，则始穗期的选择标准定为 8 月 20 日或加减 1 d；主茎叶片数如多数为 12 片，则叶片数的选择标准定为 12 叶或加减 1 叶。单株成穗数变幅大，选择幅度可稍大，如 100 个株行有 55 个单株成穗数在 6~7 个之间，则选择标准可定为 5~8 个。

（二）平均数选择法

株高、穗长、单株粒重、千粒重等性状采用平均数选择法，选留接近平均数的小区，标准为平均数相加减（1/5~1/4 全距）。

（三）最优选择法

育性、结实率、抗性、单产均采用最优选择法。育性按典败株率最高的取录，结实率、抗性和单产按由高到低顺序取录。

（四）综合评选

掌握以下原则：①根据观察记载、考种和单产等资料以典型性、育性、整齐性为主综合评选，不育系注意育性，恢复系、保持系注意典型性、抗性、恢复力；②不育系的不育度达到99.9%以上，恢复系的恢复度达到85%以上；③单株选择从严、父本从严、典型性从严；④一般当选率，简易法株行 30% 左右，株系 50% 左右，进入原种圃的株系不少于 20 个；配套法株行 50% 左右，株系 70% 左右，进入原种圃的株系不少于 3 个。

九、原种生产中的繁殖、制种技术

原种生产中的繁殖、制种技术，除了坚持一般的繁殖制种技术外，还必须注意：

（一）三圃的选择

三系的三圃和优势鉴定圃均需选择地力均匀、旱涝保收、排灌方便、不僵苗的田块。

（二）确保花期全遇

掌握好父母本的播种差期，确保花期相遇，以扩大繁殖系数。

（三）群体布局

不育系株行圃、株系圃的父母本行比 1:2，密度 17 cm × (17~23) cm，单本栽插。小区定长不定宽，以栽完不育系秧苗为度，小区间走道 65 cm，始穗期每小区前端留一小块不喷 "九二〇"、不割叶，以观察其正常抽穗状况。

（四）面积和规格一致

保持系、恢复系的株行圃、株系圃单本栽培，顺序排列，逢五逢十设对照，采用双行或五行区，株行距 13 cm × 17 cm。株系圃的分系鉴定，小区随机排列，三次重复，以标准种作对照。小区面积一致，规格一致。

（五）严格保纯防杂

播、栽、收、晒、藏的各个环节都要严格防杂，株行圃、株系圃有杂必除，全行、全系淘汰。原种圃要在始穗期彻底除杂。

（六）观察记载

（1）生育期。播期、插期、始穗期、齐穗期、成熟期。

（2）典型性状。株型、叶型、穗型、粒型，颖壳是否有芒、叶鞘、稃尖颜色。

（3）植株整齐度。分好、中、差三级。

（4）抽穗开花状况。保持系、恢复系花药大小（分大、中、小）、散粉状况（分好、中、差），不育系花时（盛花起止时间）、柱头外露率（%）、包颈度（分重、中、轻）。

（5）不育育性。镜检的典败株率、圆败株率、染败株率和正常花粉株率，自交结实率。

（6）主茎叶片数。定株（10株）、定期（三天一次）观察叶龄、分蘖动态。

（7）抗病性。对稻瘟病、白叶枯病、青黄矮病、纹枯病的抗性，分重、中、轻三级。

（8）室内考种。单株有效穗数、株高、穗长、每穗总粒、每穗实粒、结实率、单株总粒重、单株实粒重、千粒重。

第九章

杂交水稻的制种

杂交水稻是利用杂交第一代的杂种优势获得高产，杂种第二代即会出现分离。因此，杂交水稻不能留种，必须年年制种。

杂交水稻制种，就是以不育系作母本，以恢复系作父本，按照一定的行比相间种植，使不育系接受恢复系的花粉，受精结实，生产出杂交种子。制种的产量高低和质量好坏，直接关系到杂交水稻的生产和发展。

我国自1973年实现籼型野败"三系"配套以来，各地在杂交水稻制种实践中，创造和积累了极其丰富的经验，制种产量有了较大幅度的提高。1973年开始杂交水稻制种，亩产仅6 kg；1982年，全国制种面积达227万亩，平均亩产达到59.5 kg；1985年，全国制种面积180万亩，平均亩产超过100 kg。湖南是全国制种产量最高的省（市）之一，1981年亩产突破50 kg；1983年亩产突破100 kg；1985年，全省制种面积24.62万亩，平均亩产达到了137.9 kg（表9-1）。有3个地、市，32个县亩产超过150 kg；有3个县亩产超过200 kg；高产丘块亩产达到361.5 kg。制种产量的大幅度提高，对压缩制种面积、降低生产成本、促进杂交水稻的发展、增加粮食总产起着十分显著的作用。

表 9-1 湖南杂交水稻制种面积和产量

年份	面积 / 万亩	单产		总产 /t
		kg/ 亩	比上年增长 %	
1976	73.80	20.9	20.5	15 424
1977	82.59	25.4	21.5	20 978

续表

年份	面积 / 万亩	单产 kg/亩	单产 比上年增长 %	总产 /t
1978	92.10	32.7	28.7	30 117
1979	56.95	39.85	21.9	22 695
1980	63.51	47.1	18.1	29 881
1981	48.12	53.6	13.9	25 792
1982	52.17	65.4	21.9	34 093
1983	38.36	116.0	77.5	44 498
1984	25.44	122.4	5.5	31 138
1985	24.62	137.9	12.7	33 951

第一节　安全扬花与花期相遇

一、安全扬花

选择好最佳的扬花季节，是杂交水稻制种成败的关键。根据对水稻三系开花与气候条件的关系观察，在日平均温度不连续三天低于 21 ℃，或高于 30 ℃，开花时的穗部温度不低于 24 ℃，或高于 35 ℃（表 9-2）；相对湿度不连续三天低于 70%，或高于 90%（表 9-3）；阳光充足，无连续三天雨日的条件下（表 9-4），"三系"开花正常，有利于不育系的受精结实。因此，制种时要把父、母本的抽穗扬花期有计划地安排在上述温、湿度范围内的有利季节。从我国各地的气候特点来看，长江中下游最适宜的扬花季节是：丘陵区为 6 月下旬至 7 月上旬、7 月下旬至 8 月上旬、8 月下旬至 9 月上旬，要注意躲过 7 月的"火南风"和 9 月 10 日前后的"寒露风"；山区为 7 月下旬至 8 月上旬，要适当早播，充分利用温光资源，防止抽穗扬花期遇低温；平、湖区以春、秋两季制种较好，抽穗扬花期安排在 6 月下旬至 7 月上旬、8 月下旬至 9 月上旬。海南宜旱季制种，冬播春制，抽穗扬花期安排在 3 月下旬至 4 月上旬；华南以晚秋制种较好，雨量少，温湿度适宜，抽穗扬花期安排在 9 月中下旬为宜；陕西省汉中地区宜采用春播秋制，抽穗扬花期安排在 8 月上中旬较好。

表 9-2　穗部温度对 V20A 开花的影响（湖南省种子公司、贺家山原种场，1982）

穗部温度	23.1℃~24℃	24.1℃~25℃	25.1℃~26℃	26.1℃~27℃	27.1℃~28℃	28.1℃~29℃	29.1℃~30℃	30.1℃~31℃	31.1℃~32℃	32.1℃~33℃	33.1℃~34℃	34.1℃~35℃
开花数	0	13	24	17	34	31	21	12	24	1	0	0

表9-3　田间湿度对 V20A 开花的影响（湖南省种子公司、贺家山原种场，1982）

湿　度/%	95.1~100	90.1~95	85.1~90	80.1~85	75.1~80	70.1~75	65.1~70
开花数	21	34	35	21	45	22	—

表9-4　不同天气对恢复系、不育系开花的影响（湖南省种子公司、贺家山原种场，1982）

日　期	亲　本	开花数	雨量/mm	天气类型	平均温度/℃	湿　度/%
6月28日	IR26	0	9.3	雨日型	18.4	96
	V20A	6				
6月29日	IR26	167	–	多云型	21.0	92
	V20A	24				
6月30日	IR26	125	–	晴天型	23.6	87
	V20A	65				

（表9-4 表头"项目"跨列于 开花数、雨量/mm、天气类型、平均温度/℃、湿度/% 之上）

二、花期相遇

（一）花期相遇的标准

制种田父、母本的花期能否相遇及相遇时间的长短，是关系到制种成败、产量高低的又一个关键。理想的花期相遇是指父、母本花期基本相遇或全遇。不育系和恢复系同一天始穗，或者不育系比恢复系早 1~2 d 始穗，或者恢复系比不育系早 1~2 d 始穗，都算花期相遇。但哪一种最理想，还必须根据"三系"亲本的抽穗速度和集中程度等具体条件来确定。目前生产上大量利用的不育系，就其抽穗速度和集中程度而言，基本上是两类。一类是抽穗比较分散，一株从始穗到终穗所经历的时期比较长，如二九南 1 号 A，一株从始穗到终穗需 13~14 d。另一类抽穗比较集中，如 V20A、珍汕 97A 等，一株从始穗到终穗只需 10 d 左右。而恢复系一般抽穗较快而整齐，一株从始穗到终穗只需 10 d 左右（表9-5，表9-6，表9-7）。因此，以二九南 1 号 A 这类不育系与 1-7 号恢复系配组制种，不育系可比恢复系提早 1~2 d 抽穗。以 V20A、珍汕 97A 这类不育系与 1-7 号恢复系和测 64-7 配组制种，则恢复系可比不育系提早 1~2 d 抽穗；与恢复系 T0498、制 3-1-6、制 3-1-7、二六窄早配组制种则以父、母本同时抽穗，或者母本比父本提早 1 d 抽穗比较理想。这样，有利于父母本的盛花期相遇。

表 9-5　不育系、恢复系抽穗开花的天数（湖南省种子公司，1983）

品种	始穗至终穗天数 / d	一穗始花至终花天数 / d	一株始花至终花天数 / d	全田始花至终花天数 / d	品种	始穗至终穗天数 / d	一穗始花至终花天数 / d	一株始花至终花天数 / d	全田始花至终花天数 / d
二九南 1 号 A	13	5	16	19	IR26	10	7	13	15
珍汕 97A	10	7	14	17	IR661	11	6	14	16
V20A	11	6	14	16	测 64-7	11	6	14	16
V41A	12	6	15	17	二六窄早	9	7	12	14
菲改 A	11	7	15	18	制 3-1-7	9	6	12	14
潭引早籼 A	12	6	15	17	T0498	8	7	11	13
IR24	10	6	13	15					

表 9-6　一穗逐日开花百分比（湖南省种子公司，1983）

品种	一穗花期 /d	逐日开花比例 / %								合计
		抽穗当天	第 2 天	第 3 天	第 4 天	第 5 天	第 6 天	第 7 天	第 8 天	
珍汕 97A	7	—	3.2	1.9	48.3	24.6	16.8	4.4	0.8	100
V20A	6	—	9.7	17.6	45.0	18.4	8.3	1.0	—	100
V41A	6	—	7.5	29.4	41.2	15.0	5.7	1.2	—	100
菲改 A	7	—	4.2	18.3	33.5	20.9	10.7	7.7	4.7	100
潭引早籼 A	6	—	3.7	14.9	46.3	20.3	13.9	0.9	—	100
IR24	6	9.3	23.8	27.7	19.4	11.9	7.9	—	—	100
IR26	7	3.4	10.6	23.4	29.6	20.5	9.7	2.8	—	100
IR661	6	10.2	28.9	26.2	21.0	10.0	3.7	—	—	100
测 64-7	6	8.2	30.8	25.2	22.3	8.4	5.1	—	—	100
二六窄早	7	5.4	17.8	22.0	28.2	17.5	6.9	2.2	—	100
制 3-1-7	6	16.0	39.5	27.0	13.2	4.0	0.3	—	—	100
T0498	7	7.5	22.4	25.5	19.7	17.3	5.4	2.2	—	100

表 9-7　一株逐日抽穗百分比（湖南省种子公司，1983）

品种	抽穗天数	逐日抽穗比例 /%																			
		8月									9月										
		23	24	25	26	27	28	29	30	31	1	2	3	4	5	6	7	8	9	10	11
珍汕 97A	10								4.74	5.2	5.46	17.1	13.2	20.0	14.7	11.8	4.6	3.2			
V20A	11									5.4	8.1	4.1	5.2	7.7	17.0	13.4	17.6	6.6	11.6	3.3	
V41A	12									3.5	3.2	8.7	6.0	9.4	14.4	15.5	16.1	7.7	8.2	3.6	3.7
菲改 A	11					8.1	2.3	6.3	10.9	12.8	13.3	17.5	9.2	10.5	5.5	3.6					
潭引早籼 A	12									1.5	5.2	3.5	6.6	13.6	11.9	18.4	10.5	13.1	8.1	3.0	4.6
IR24	10		5.7	6.7	8.3	11.8	15.9	29.7	9.4		4.7	3.1	4.7								
IR26	10	5.3	7.7	7.1	6.5	5.2	25.0	13.2	13.3	10.9	5.3										
IR661	11					3.7	7.0	4.5	15.2	24.8	11.8	18.6	3.2	7.2	2.4	1.6					
测 64-7	11						0.72	2.78	9.5	9.4	19.6	25.4	12.9	5.1	9.5	2.9	2.2				
二六窄早	9								1.3	4.1	14.9	17.5	17.6	17.6	12.1	9.2	5.7				
制 3-1-7	9								1.5	9.2	8.2	26.0	23.3	11.6	13.0	5.8	1.4				
T0498	8										1.4	2.3	12.3	23.5	28.4	23.5	3.6	5.0			

（二）父、母本的播种差期

目前推广的野败型不育系是早稻型，恢复系是中稻型，两者的生育期相差很大。因此，要使父、母本的花期相遇，就要确定好两者的播种差期（即第一期父本播种到母本播种的这段相距时间）。确定播种差期，要根据制种的不同组合、不同季节来确定。具体方法有时差推算法、叶差推算法、温差推算法、出叶速度计算法和回归方程计算法。

（1）时差推算法（又叫生育期推算法）。根据制种的父母本历年的播始历期资料，算出父本和母本播始历期相差的天数来确定当年父母本播种差期的方法，叫时差推算法。

水稻三系的播始历期是杂交水稻亲本的生育特性之一。在同一地区，同一季节，同一管理条件下，其播始历期相对稳定。据浙江省几个单位 1976 年和 1977 年两年的观察，几个不育系和恢复系不同年度从播种到始穗的天数变化不大，变异系数仅 2.2%～6.4%（如表9-8）。因此，在一定条件下，以时差推算法来确定父母本播种差期，方法简便，易于掌握，有一定的可靠性。但它也有局限性。据历年的气象资料分析，夏播秋制，气温比较稳定，应用此法不会有很大出入。但春播夏制，年际间的气温变化比较大，父本早期播种，常受气温的影响，播始历期变幅比较大；而母本播种迟，已到夏季，气温变化较小，播始历期比较稳定，应用此法往往出入很大。

表9-8　几个不育系和恢复系的播始历期及其变异系数

年度	从播种到始穗的天数									
	二九南1号A		珍汕97A		V41A		4号R		6号R	
	天数	C.V.	天数	C.V.	天数	C.V.	天数	C.V.	天数	C.V.
1977	49.03±2.2	4.4%	67.4±2.8	4.1%	61.1±1.4	2.2%	78.3±3.2	4.1%	93.2±2.1	2.2%
1976	51.0±2.3	4.6%	67.4±4.3	6.4%	62.0±2.5	4.0%	80.5±2.4	3.0%	92.5±2.4	3.7%
两年差	−1.97	—	0	—	−0.9	—	−2.2	—	+0.7	—

几个不育系和恢复系在各地的播始历期见表9-9，表9-10，表9-11，表9-12。

表9-9　几个不育系在各地播始历期

地点	品种	年度	春播			夏秋播		
			播期	始穗期	播始历期/d	播期	始穗期	播始历期/d
陵水	二九南1号A	1975	12月7日	2月27日	80	—	—	—
	珍汕97A	1975	12月7日	3月17日	100	—	—	—
	V41A	1975	12月7日	3月12日	95	—	—	—
南宁（广西农科院）	二九南1号A	1975	4月13日	6月14日	62	7月27日	9月15日	50
	珍汕97A	1975	4月7日	6月14日	68	7月27日	10月5日	70
	V41A	1975	4月14日	6月17日	64	7月13日	9月12日	61
福州（福建农科院）	珍汕97A	1976	4月26日	6月28日	64	7月10日	9月12日	64
	V41A	1976	4月29日	7月2日	64	7月14日	9月16日	64
杭州（浙江农科院）	二九南1号A	1976	—	—	—	7月5日	8月27日	53
	珍汕97A	1976	—	—	—	6月30日	9月4日	66
	V41A	1976	—	—	—	6月30日	9月4日	66
长沙（湖南农科院）	二九南1号A	1975	5月12日	7月7日	56	7月11日	8月31日	51
	珍汕97A	1975	5月12日	7月25日	74	6月20日	8月28日	69
	V41A	1975	5月10日	8月25日	76	7月11日	9月14日	65

续表

地点	品种	年度	春 播			夏 秋 播		
			播 期	始穗期	播始历期/d	播 期	始穗期	播始历期/d
武汉（沔阳排湖原种场）	二九南1号A	1976	4月10日	6月12日	63	7月10日	9月3日	55
	珍汕97A	1976	4月10日	6月22日	73	6月26日	8月29日	64
	V41A	—	—	—	—	5月9日	7月14日	66
汉中（汉中地区农科所）	二九南1号A	1979	4月20日	7月1日	72	6月15日	8月10日	56
	珍汕97A	1979	4月20日	7月16日	87	6月8日	8月9日	62
	V41A	1979	4月20日	7月8日	79	6月15日	8月17日	63
成都（四川农科院）	二九南1号A	1979	4月1日	6月26日	86	6月30日	8月18日	49
	珍汕97A	1979	4月1日	7月6日	96	6月30日	9月4日	66

表 9-10　恢复系 IR24、IR26 在各地的播始历期

地点	品种	年度	春 播			夏 播		
			播 期	始穗期	播始历期/d	播 期	始穗期	播始历期/d
陵水	IR24	1975	11月24日	3月15日	111	—	—	—
	IR26			3月11日	107	—	—	—
南宁（广西农科院）	IR24	1975	2月14日	6月2日	108	6月10日	9月9日	89
	IR26			6月2日	108	6月8日	9月4日	88
福州（福建农科院）	IR24	1975	3月2日	7月8日	128	3月30日	9月6日	99
	IR26		—	—	—	6月18日	9月22日	96
杭州（浙江农科院）	IR24	1976		—	—	6月6日	9月8日	94
	IR26			—	—	6月6日	9月10日	96
长沙（湖南农科院）	IR24	1975	4月9日	8月1日	114	6月10日	9月8日	90
	IR26			7月29日	111	6月10日	9月9日	91
武汉（沔阳排湖原种场）	IR24	1975	4月20日	7月22日	127	6月14日	9月17日	102
	IR26			7月24日	129	6月4日	9月17日	102
汉中（汉中地区农科所）	IR24	1979	4月10日	8月19日	112	5月10日	8月20日	102
	IR26			8月9日	111	5月10日	8月21日	103
成都（四川农科院）	IR24	1979	4月11日	7月30日	110	5月31日	8月30日	91
	IR26			7月31日	111	5月30日	8月31日	92

表 9-11　几个恢复系在湖南各地的播始历期（湖南省种子公司，1984）

品种	项目	石门县		宜章县		隆回县		衡阳县		永兴县	
IR26	播期	5月13日	5月20日	5月17日	5月24日	5月21日	5月28日	5月15日	5月22日	4月20日	4月27日
	始穗期	8月10日	8月16日	8月13日	8月21日	8月18日	8月20日	8月6日	8月13日	7月27日	7月31日
	播始历期/d	89	88	88	89	89	84	83	83	98	95
测64-7	播期	5月24日	6月1日	6月5日	6月12日	6月4日	6月11日	5月29日	6月5日	5月22日	5月29日
	始穗期	—	8月7日	8月12日	8月22日	8月11日	8月19日	8月5日	8月11日	8月2日	8月6日
	播始历期/d	70	67	68	71	68	69	68	67	72	69
二六窄早	播期	5月24日	6月1日	6月10日	6月17日	6月4日	6月11日	5月29日	6月5日	5月22日	5月29日
	始穗期	7月31日	8月5日	8月15日	8月21日	8月10日	8月16日	8月1日	8月8日	8月1日	8月7日
	播始历期/d	68	65	66	65	67	66	64	64	71	70
制3-1-6	播期	5月24日	6月1日	6月10日	6月17日	6月4日	6月11日	5月20日	6月5日	5月22日	5月29日
	始穗期	7月30日	8月2日	8月10日	8月17日	8月5日	8月11日	7月30日	8月5日	7月25日	7月31日
	播始历期/d	67	62	61	61	62	61	62	61	64	63
T0498	播期	6月9日	6月16日	6月10日	6月17日	6月4日	6月11日	5月29日	6月5日	5月2日	5月29日
	始穗期	8月11日	8月17日	8月14日	8月19日	8月7日	8月16日	8月2日	8月9日	7月27日	8月2日
	播始历期/d	63	62	65	63	64	66	65	65	66	65
巾峰28	播期（月/日）	5月24日	6月1日	6月10日	6月17日	6月4日	6月11日	5月29日	6月5日	5月22日	5月29日
	始穗期（月/日）	8月2日	8月5日	8月14日	8月20日	8月7日	8月15日	8月2日	8月9日	7月28日	8月2日
	播始历期/d	70	65	65	64	64	65	65	65	67	65
二九选-11	播期（月/日）	5月17日	5月24日	5月27日	6月3日	5月28日	6月4日	5月22日	5月22日	5月22日	5月29日
	始穗期（月/日）	7月26日	8月2日	8月1日	8月8日	8月4日	8月7日	8月1日	8月7日	7月28日	8月3日
	播始历期/d	70	70	66	66	68	64	71	70	67	66

续表

品种	项目	石门县		宜章县		隆回县		衡阳县		永兴县	
IR38	播期（月/日）	—	6月2日	6月3日	6月10日	6月4日	6月11日	6月1日	6月8日	6月3日	6月10日
	始穗期（月/日）	—	8月8日	8月6日	8月13日	8月7日	8月10日	8月4日	8月8日	8月7日	8月14日
	播始历期/d	—	67	64	64	64	60	64	61	65	65

表9-12　杂交亲本IR26、V20A不同播期的播始历期（湖南省种子公司，1982，常德）

播种期	IR26		V20A	
	始穗期	播始历期/d	始穗期	播始历期/d
4月5日	—	—	6月29日	85
4月10日	7月29日	110	6月29日	80
4月15日	7月31日	107	7月1日	77
4月20日	8月2日	104	7月3日	74
4月25日	8月6日	103	7月7日	73
4月30日	8月6日	98	7月10日	71
5月5日	8月6日	93	7月7日	63
5月10日	8月8日	90	7月13日	64
5月15日	—	—	—	—
5月20日	8月17日	89	7月21日	62
5月25日	8月24日	89	7月25日	61
5月30日	8月24日	86	8月5日	67
6月9日	9月3日	86	8月12日	64
6月14日	9月11日	89	8月26日	73
6月19日	—	—	8月30日	72
6月24日	—	—	9月9日	77
6月29日	—	—	9月3日	66
7月4日	—	—	9月9日	66
7月9日	—	—	9月12日	65
7月14日	—	—	9月11日	59

（2）叶差推算法。用恢复系主茎叶龄作为不育系播种差期指标的方法，叫叶差推算法。主茎叶片数是"三系"亲本的特征之一。在比较正常的气候条件和栽培条件下，同一亲本在同一地区、同一季节制种，不同年份的主茎叶片数是比较稳定的。1975—1977年广东省农作物杂优利用研究协作组水稻组在广州对2号恢复系、珍汕97A等进行的分期播种试验证明，

在不同年份相近播期条件下种植，2号恢复系主茎叶片数的平均变幅为0.33叶，绝对变幅为1.8叶，相对变幅为1.97%；珍汕97A主茎叶片数的平均变幅为0.297叶，绝对变幅为1.2叶，相对变幅为2.29%。又据浙江省21个单位的观察记录，几个不育系和恢复系的主茎叶片数，在夏制和秋制情况下，1977年的平均变幅与1976年对比，相差也只有半叶左右（如表9-13）。但是稳定只是相对的，气候和栽培条件改变，其主茎叶片数也会随之变化。一般偏冷和偏热年份要相差1~2片叶，肥田、高氮的田，叶片数也相应增多。因此，应用此法时，必须对当时当地的气候条件、恢复系的播种季节和田间长势长相等情况综合分析，才能使父母本花期相遇。

表9-13　不育系和恢复系主茎叶片数不同年份间的变幅

年　份	二九南1号A	珍汕97A	4号恢复系	6号恢复系
1977	10.7±0.69	14.5±0.53	15.1±0.47	17.3±0.79
1976	11.2	14.0	14.5	17.3
两年相差	−0.5	+0.5	+0.6	−0.2

部分不育系和恢复系的主茎叶片数见表9-14。

表9-14　不育系和恢复系的主茎叶片数（广西水稻杂优利用研究协作组，1976）

不育系名称	主茎叶片数	恢复系名称	主茎叶片数
二九南1号A	10（10~11）	泰引1号	18（18~20）
朝阳1号A	11（10~12）	IR24*	17（17~20）
金南特43A	12（12~13）	IR661*	17（17~20）
广陆银A	12（11~13）	古154	15（14~16）
珍汕97A	13（12~14）	古155	17（16~18）
常付A	13（12~13）	IR26*	17（16~20）
V41A*	12（12~13）	测64-7*	16（15~17）
二九矮A	13（12~13）	二六窄早*	15（14~16）
V20A*	12（11~13）	制3-1-6	13（13~14）
潭引早籼A*	12（12~13）	制3-1-7*	13（13~15）
菲改A*	11（10~12）	T0498*	14（13~14）
		巾峰28*	14（13~14）
		二九选-11号	14（14~15）
		闽恢63*	16（16~17）

注：* 为湖南省种子公司（1983—1984）观察。

应用此法，关键是准确观察父本的叶龄，从秧田到大田，要有专人定点、定株、定时观察记载。具体方法是：

①定株。从秧田期开始，选择 12 株适当分散的秧苗，按株编号，插杆标记。移栽时，把这些秧苗分点插在有代表性的田里；

②观察。从三叶期开始，每三天观察记载一次。当叶龄接近不育系播种叶差时，每天都要观察，并按出叶速度预测不育系播种期，提早 4~5 d 浸种催芽，避免错过播种时期；

③记录叶龄的方法。有"十分法"和"三分法"两种，采取"三分法"较为准确简便。方法是：叶龄从主茎第一片完全叶算起，叶片露尖未展时为 0.2 叶，叶展而未全展时为 0.5 叶，叶片全展为 0.8 叶，每次观察完毕，计算出平均数，以代表全田的叶龄。叶龄记录表如下。

3. 温差推算法。以父、母本从播种到始穗的有效积温差来确定父、母本播种差期的方法，叫温差推算法。

叶龄记录表

品种名称：　　　　田号：　　　　播期：　　　　插期：

株号	月期（xx 月 xx 日）
1	
2	
3	
4	
5	
6	
7	
8	
9	
10	
11	
12	
平　均	

目前生产上应用的野败型不育系和恢复系，大都是感温类型的品种，随着温度的升高，发育加快，生育期缩短；温度降低，发育减慢，生育期延长。同一感温类型的品种，不同地区、不同年份间尽管其生育期有很大差异，但其有效积温值是相对稳定的。对感温型水稻品种而

言，有效积温是衡量其发育进度的一个比较确切的热量指标。

有效积温值的计算方法是：以日平均温度减去生物学下限温度和生物学上限温度而得。生物学下限温度，是指对农作物生育速度不起积极作用的最低温度界限；生物学上限温度，是指对农作物生育速度不起积极作用的最高温度界限。

目前各省在计算有效积温值时所采用的生物学下限温度和上限温度很不相同。有的采用大于 10℃ 以上的有效积温（即以 10℃ 作为生物学下限温度，不定生物学上限温度）；有的采用 10℃~26℃、10℃~27℃ 或 12℃~27℃ 作为上、下限温度来计算有效积温；还有的采用大于 22℃ 作为有效积温的。广西水稻杂优利用研究协作组对 8 个亲本，在两年 419 个不同播期，从播种到始穗期的有效积温与始穗期的相关性进行了统计分析。初步认为，不育系和恢复系的生物学下限温度以 12℃、上限温度以 27℃ 较为合适。有效积温的计算公式是：

$$A = \sum (T - L - H)。$$

式中 A 为某一生育阶段的有效积温（℃）；T 为日平均气温；L 为下限温度值（12℃）；H 为高于上限温度（27℃）的温度数；$\sum$ 是这一生育阶段有效积温的累计值。

如日平均气温在 12℃ 或 12℃ 以下，则有效积温为 0。如日平均气温为 20℃，则有效积温为 20℃－12℃－0=8℃。又如日平均气温为 30℃，则有效积温为 30℃－12℃－（30℃－27℃）=15℃。依次类推，把从播种到始穗的逐日有效积温累加起来，即是某品种从播种到始穗的有效积温。一般播种当天不计算有效积温，而始穗当天要计算在内。几个不育系和恢复系的有效积温如表 9-15。

表 9-15　不育系和恢复系从播种到始穗的有效积温（广西农业科学院等，1976）

不育系	从播种到始穗有效积温 /℃	恢复系	从播种到始穗有效积温 /℃
二九南 1 号 A	690.8	1 号恢复系	1222.6
金南特 43A	767.1	2 号恢复系	1133.1
广陆银 A	737.3	3 号恢复系	1137.5
珍汕 97A	791.9	5 号恢复系	1101.9
V20A*	796.1	6 号恢复系*	1154.0

注：* 为湖南省常德地区农科所资料。全表均以 12℃~27℃ 有效积温计算。

有了不育系和恢复系从播种到始穗的有效积温，就可以计算出不同组合制种的有效积温差数。几个不育系和恢复系配组制种的有效积温差如表 9-16。

表 9-16　不育系和恢复系配组制种的有效积温差（广西农业科学院，1976）

不育系	有效积温差 /℃				
	1 号恢复系	2 号恢复系	3 号恢复系	5 号恢复系	6 号恢复系 *
二九南 1 号 A	531.8	442.3	446.7	411.1	463.2
金南特 43A	455.5	366.0	370.4	334.8	386.9
广陆银 A	485.3	395.8	400.2	364.6	416.7
珍汕 97A	430.7	341.2	345.6	310.0	362.1
V20A*	426.5	337.0	341.4	305.8	357.9

注：* 为湖南省常德地区农科所资料。

表 9-17　不同亲本的出叶速度（湖南省种子公司，1983）

项目		恢复系							不育系				
		IR24	IR26	IR661	测 64-7	二六窄早	制 3-1-7	T0498	珍汕 97A	V20A	V41A	菲改 A	潭引早籼 A
主茎平均叶片数		17.0	16.92	17.92	15.33	15.0	13.46	13.67	13.17	12.58	13.09	11.25	13.2
出叶速度（d/ 叶）	三叶期	3.51	3.7	3.91	3.44	3.48	3.71	4.06	3.54	3.88	3.68	3.95	3.79
	营养生长期	3.44	3.33	3.62	3.55	3.55	3.34	3.47	3.23	3.45	3.24	3.43	3.16
	倒三叶期	8.0	7.9	8.0	6.9	6.2	7.6	6.9	8.0	8.1	7.6	8.0	7.5
	总平均值	5.18	5.08	5.02	4.83	4.73	4.68	4.75	4.78	4.85	4.66	5.07	4.62
剑叶全展至始穗天数		11.0	11.1	10.4	9.7	9.4	9.3	8.4	10.0	8.0	8.0	8.0	7.0

（4）出叶速度计算法。用恢复系的出叶速度计算不育系的适宜播种期的方法，叫出叶速度计算法。三系亲本主茎叶片的出叶速度，有其一定的规律性。第 1～3 片叶由于养分主要是胚乳供给，出叶速度快，3 d 左右出一片叶；分蘖期间，生长中心主要是分蘖，一般 4～5 d 出一片叶；幼穗分化以后，生长中心转为生殖生长，叶片生长所需养分受到限制，出叶速度更慢，最后三片一般 7～8 d 出一片叶。几个亲本的出叶速度如表 9-17。

出叶速度是内外因素的综合反映，受温度、水肥、播种密度等多种因素影响，以温度影响最大。据广东省农作物杂优协作组观察，IR24 秧苗期每出一片叶，日平均温度在 14.2 ℃时为 6.5 d，在 22.1 ℃时为 4.7 d，在 28 ℃时只需 3.1 d。在气温变化较大的早春季节，出叶速度的变化极为显著。当气温逐渐稳定以后，出叶速度也随之趋于稳定。因此，根据这一规律，在温、光、湿度变化无常，水、肥、土条件差异甚大，苗期管理水平不一的情况下，用恢复系的出叶速度计算不育系的适宜播种期比较可靠。其计算公式是：

$$Y=[Rn-(An-3.5)] \times X。$$

算式中的 Y 为播种母本的播种时差；Rn 为父本主茎叶片数；An 为母本主茎叶片数；3.5 为常数；X 为一期父本从播种到出 7 叶左右时的出叶速度（d/ 叶）。

如威优 6 号组合制种，父本主茎叶片（Rn）为 17 叶，母本主茎叶片（An）为 12 叶，一期父本的出叶速度（X）为 3.6 d。代入公式计算，父母本的播种时差为 $[17-(12-3.5)] \times 3.6 = 30.6$ d。确定父母本的播种差期时，还可以根据父本的出叶速度，从上式换算的播差检索表中找到父母本播种差期（表 9-18）。

表 9-18　杂交水稻制种播差检索表（一）

X/d	Y/d					
	R15×A13	R16×A13	R17×A13	R18×A13	R19×A13	R20×A13
6.5	35.75	42.25	48.75	55.25	61.75	68.25
6.4	35.20	41.60	48.00	54.40	60.80	67.20
6.3	34.65	40.95	47.25	53.55	59.85	66.15
6.2	34.10	40.30	46.50	52.70	58.90	65.10
6.1	33.55	39.65	45.75	51.85	57.95	64.05
6.0	33.00	39.00	45.00	51.00	57.00	63.00
5.9	32.45	38.35	44.25	50.15	56.05	61.95
5.8	31.90	37.70	43.50	49.30	55.10	60.90
5.7	31.35	37.05	42.75	48.45	54.15	59.85
5.6	30.80	36.40	42.00	47.60	53.20	58.80
5.5	30.25	35.75	41.25	46.75	52.25	57.75
5.4	29.70	35.10	40.50	45.90	51.30	56.70
5.3	29.15	34.45	39.75	45.05	50.35	55.65
5.2	28.60	33.80	39.00	44.20	49.40	54.60
5.1	28.05	33.15	38.25	43.35	48.45	53.55
5.0	27.50	32.50	37.50	42.50	47.50	52.50
4.9	26.95	31.85	36.75	41.65	46.55	51.45
4.8	26.40	31.20	36.00	40.80	45.60	50.40
4.7	25.85	30.55	35.25	39.95	44.65	49.35
4.6	25.30	29.90	34.50	39.10	43.70	48.30

续表

X/d	Y/d					
	R15×A13	R16×A13	R17×A13	R18×A13	R19×A13	R20×A13
4.5	24.75	29.25	33.75	38.25	42.75	47.25
4.4	24.20	28.60	33.00	37.40	41.80	46.20
4.3	23.65	27.95	32.25	36.55	40.85	45.15
4.2	23.10	27.30	31.50	35.70	39.90	44.10
4.1	22.55	26.65	30.75	34.85	38.95	43.05
4.0	22.00	26.00	30.00	34.00	38.00	42.00
3.9	21.45	25.35	29.25	33.15	37.05	40.95
3.8	20.90	24.70	28.50	32.30	36.10	39.90
3.7	20.35	24.05	27.75	31.45	35.15	38.85
3.6	19.80	23.40	27.00	30.60	34.20	37.80
3.5	19.25	22.75	26.25	29.75	33.25	36.75
3.4	18.70	22.10	25.50	28.90	32.30	35.70
3.3	18.15	21.45	24.75	28.05	31.35	34.65
3.2	17.60	20.80	24.00	27.20	30.40	33.60
3.1	17.05	20.15	23.25	26.35	29.45	32.55
3.0	16.50	19.50	22.50	25.50	28.50	31.50
2.9	15.95	18.85	21.75	24.65	27.55	30.45
3.8	15.40	18.20	21.00	23.80	26.60	29.40
2.7	14.85	17.55	20.25	22.95	25.65	28.35

杂交水稻制种播差检索表（二）

X/d	Y/d					
	R15×A12	R16×A12	R17×A12	R18×A12	R19×A12	R20×A12
6.5	42.25	48.75	55.25	61.75	63.25	74.75
6.4	41.60	48.00	54.40	60.80	67.20	73.60
6.3	40.95	47.25	53.55	59.85	66.15	72.45
6.2	40.30	46.50	52.70	58.90	65.10	71.30
6.1	39.65	45.75	51.85	57.95	64.05	70.15
6.0	39.00	45.00	51.00	57.00	63.00	69.00
5.9	38.35	44.25	50.15	56.05	61.95	67.85

续表 1

X/d	Y/d					
	R15×A12	R16×A12	R17×A12	R18×A12	R19×A12	R20×A12
5.8	37.70	43.50	40.30	55.10	60.90	66.70
5.7	37.05	42.75	48.45	54.15	59.85	65.55
5.6	36.40	42.00	47.60	53.20	58.80	64.40
5.5	35.75	41.25	46.75	52.25	57.75	63.25
5.4	35.10	40.50	45.90	51.30	56.70	62.10
5.3	34.45	39.75	45.05	50.35	55.65	60.95
5.2	33.80	39.00	44.20	49.40	54.60	59.80
5.1	33.15	38.25	43.35	48.45	53.55	58.65
5.0	32.50	37.50	42.50	47.50	52.50	57.50
4.9	31.85	36.75	41.65	46.55	51.45	56.35
4.8	31.20	36.00	40.80	45.60	50.40	55.20
4.7	30.55	35.25	39.95	44.65	49.35	54.05
4.6	29.90	34.50	39.10	43.70	48.30	52.90
4.5	29.25	33.75	38.25	42.75	47.25	51.75
4.4	28.60	33.00	37.40	41.80	46.20	50.60
4.3	27.95	32.25	36.55	40.85	45.15	49.45
4.2	27.30	31.50	35.70	39.90	44.10	48.30
4.1	26.65	30.75	34.85	38.95	43.05	47.15
4.0	26.00	30.00	34.00	38.00	42.00	46.00
3.9	25.35	29.25	33.15	37.05	40.95	44.85
3.8	24.70	28.50	32.30	36.10	39.90	43.70
3.7	24.05	27.75	31.45	35.15	38.85	42.55
3.6	23.40	27.00	30.60	34.20	37.80	41.40
3.5	22.75	26.25	29.75	33.25	36.75	40.25
3.4	22.10	25.50	28.90	32.30	35.70	39.10
3.3	21.45	24.75	28.05	31.35	34.65	37.95
3.2	20.80	24.00	27.20	30.40	33.60	36.80
3.1	20.15	23.25	26.35	29.45	32.55	35.65
3.0	19.50	22.50	25.50	28.50	31.50	34.50
2.9	18.85	21.75	24.65	27.55	30.45	33.35

续表2

X/d	Y/d					
	R15×A12	R16×A12	R17×A12	R18×A12	R19×A12	R20×A12
2.8	18.20	21.00	23.80	26.60	29.40	32.20
2.7	17.55	20.25	22.95	25.65	28.35	31.05

杂交水稻制种播差检索表（三）

X/d	Y/d					
	R15×A11	R16×A11	R17×A11	R18×A11	R19×A11	R20×A11
6.5	48.75	55.25	61.75	68.25	74.75	81.25
6.4	48.00	54.40	60.80	67.20	73.60	80.00
6.3	47.25	53.55	59.85	66.15	72.45	78.75
6.2	46.50	52.70	58.90	65.10	71.30	77.50
6.1	45.75	51.85	57.95	64.05	70.15	76.25
6.0	45.00	51.00	57.00	63.00	69.00	75.00
5.9	44.25	50.15	56.05	61.95	67.85	73.75
5.8	43.50	49.30	55.10	60.90	66.70	72.50
5.7	42.75	48.45	54.15	59.85	65.55	71.25
5.6	42.00	47.60	53.20	58.80	64.40	70.00
5.5	41.25	46.75	52.25	57.75	63.25	68.75
5.4	40.50	45.90	51.30	56.70	62.10	67.50
5.3	39.75	45.05	50.35	55.65	60.95	66.25
5.2	39.00	44.20	49.40	54.60	59.80	65.00
5.1	38.25	43.35	48.45	53.55	58.65	63.75
5.0	37.50	42.50	47.50	52.50	57.50	62.50
4.9	36.75	41.65	46.55	51.45	56.35	61.25
4.8	36.00	40.80	45.60	50.40	55.20	60.00
4.7	35.25	39.95	44.65	49.35	54.05	58.75
4.6	34.50	39.10	43.70	48.30	52.90	57.50
4.5	33.75	38.25	42.75	47.25	51.75	56.25
4.4	33.00	37.40	41.80	46.20	50.60	55.00
4.3	32.25	36.55	40.85	45.15	49.45	53.75

续表

X/d	Y/d					
	R15×A11	R16×A11	R17×A11	R18×A11	R19×A11	R20×A11
4.2	31.50	35.70	39.90	44.10	48.30	52.50
4.1	30.75	34.85	38.95	43.05	47.15	51.25
4.0	30.00	34.00	38.00	42.00	46.00	50.00
3.9	29.25	33.15	37.05	40.95	44.85	48.75
3.8	28.50	32.10	36.10	39.90	43.70	47.50
3.7	27.75	31.45	35.15	33.85	42.55	46.25
3.6	27.00	30.60	34.20	37.80	41.40	45.00
3.5	26.25	29.75	33.25	36.75	40.25	43.75
3.4	25.50	28.90	32.30	35.70	39.10	42.50
3.3	24.75	28.05	31.35	34.65	37.95	41.25
3.2	24.00	27.20	30.40	33.60	36.80	40.00
3.1	23.25	26.35	29.45	32.55	35.65	38.75
3.0	22.50	25.50	28.50	31.50	34.50	37.50
2.9	21.75	24.65	27.55	30.45	33.35	36.25
2.8	21.00	23.80	26.60	29.40	32.20	35.00
2.7	20.25	22.95	25.65	28.35	31.05	33.75

杂交水稻制种播差检索表（四）

X/d	Y/d					
	R15×A10	R16×A10	R17×A10	R18×A10	R19×A10	R20×A10
6.5	55.25	61.75	68.25	74.75	81.25	87.75
6.4	54.40	60.80	67.20	63.60	80.00	86.40
6.3	53.55	59.85	66.15	72.45	78.75	85.05
6.2	52.70	58.90	65.10	71.30	77.50	83.70
6.1	51.85	57.95	64.05	70.15	76.25	82.35
6.0	51.00	57.00	63.00	69.00	75.00	81.00
5.9	50.15	56.05	61.95	67.85	73.75	79.65
5.8	49.30	55.10	60.90	66.70	72.50	78.30
5.7	48.45	54.15	59.85	65.55	71.25	76.95

续表1

X/d	Y/d					
	R15×A10	R16×A10	R17×A10	R18×A10	R19×A10	R20×A10
5.6	47.60	53.20	58.80	64.40	70.00	75.60
5.5	46.75	52.25	57.75	63.25	68.75	74.25
5.4	45.90	51.30	56.70	62.10	67.50	72.90
5.3	45.05	50.35	55.65	60.95	66.25	71.55
5.2	44.20	49.40	54.60	59.80	65.00	70.20
5.1	43.35	48.45	53.55	58.65	63.75	68.85
5.0	42.50	47.50	52.50	57.50	62.50	67.50
4.9	41.65	46.55	51.45	56.35	61.25	66.15
4.8	40.80	45.60	50.40	55.20	60.00	64.80
4.7	39.95	44.65	49.35	54.05	58.75	63.45
4.6	39.10	43.70	48.30	52.90	57.50	62.10
4.5	38.25	42.75	47.25	51.75	56.25	60.75
4.4	37.40	41.80	46.20	50.60	55.00	59.40
4.3	36.55	40.85	45.15	49.45	53.75	58.05
4.2	35.70	39.90	44.10	48.30	52.50	56.70
4.1	34.85	38.95	43.05	47.15	51.25	55.35
4.0	34.00	38.00	42.00	46.00	50.00	54.00
3.9	33.15	37.05	40.95	44.85	48.75	52.65
3.8	32.30	36.10	39.90	43.70	47.50	51.30
3.7	31.45	35.15	38.85	42.55	46.25	49.95
3.6	30.60	34.20	37.80	41.40	45.00	48.60
3.5	29.75	33.25	36.75	40.25	43.75	47.25
3.4	28.90	32.30	35.70	39.10	42.50	45.90
3.3	28.05	31.35	34.65	37.95	41.25	44.55
3.2	27.20	30.40	33.60	36.80	40.00	43.20
3.1	26.35	29.45	32.55	35.65	38.75	41.85
3.0	25.50	28.50	31.50	34.50	37.50	40.50
2.9	24.65	27.55	30.45	33.35	36.25	39.15
2.8	23.80	26.60	29.40	32.20	35.00	37.80

续表2

X/d	Y/d					
	R15×A10	R16×A10	R17×A10	R18×A10	R19×A10	R20×A10
2.7	22.95	25.65	28.35	31.05	33.75	36.45

用出叶速度计算播种差期的方法，关键是要准确掌握父母本的主茎叶片数和父本的叶龄。观察父本叶龄的具体方法见叶差推算法小节的后段。

（5）回归方程计算法。应用"三差"（即时差、叶差、温差）推算。

播差检索表使用说明

（1）"Y"代表播种时差（d）；"X"代表父本7叶左右时平均每片叶的出叶速度（d/叶）即：

$$出叶速度（d/叶）= \frac{播种至7叶所经历的天数}{7叶}$$

（2）"R"代表父本；"A"代表母本；"R15"代表父本主茎叶片15叶；"A13"代表母本主茎叶片13叶；"R15×A13"代表主茎15叶的父本与主茎13叶的母本配组。

（3）使用检索表时，应先确定亲本主茎叶片数，再对照出叶速度，找出"R×A"与"X"交叉数即为播种时差。

（4）播种叶差用如下公式换算：

$$叶差 = 时差 ÷ 出叶速度。$$

（5）播差变幅。时差 ±2～3 d，叶差 ±0.5叶。算法确定父母本的播种差期，有时容易受气温等多种因子的影响而引起误差。因此在应用"三差"推算法时，要尽可能依据父母本出叶速度，应用回归方程，对播种差期进行校正。

回归是数理统计中研究两种变数（X，Y）之间相互关系的一种方法。X作为独立变数，Y作为依靠变数，Y的数值依X数值的变化而变化。因此，由X数值的变化可以估计出Y的数值，出叶速度是内外因素的综合反映，与父母本播种差期密切相关。其播种差期长短随出叶速度快慢的变化而变化。把一期父本的出叶速度作为独立变数（X），而父母本的播种差期即为依靠变数（Y）。两者之间的关系为：

$$Y=bX+a。$$

$Y=$ 依靠变数（指父母本的播种差期）；$X=$ 独立变数（指一期父本7片叶左右的出叶速度）；b= 回归系数；a= 常数。

以上这个方程式，就叫作回归方程式。即某一组合制种的播种差期（Y）等于一期父本的出叶速度（X）与回归系数（b）的乘积加上一个常数（a）之和。

湖南省种子公司对威优 6 号和汕优 6 号两个组合制种的父母本播种差期和一期父本出叶速度的变化，进行了统计分析，求出了 a 值和 b 值[①]，并建立了以下回归方程式（表 9-19）。

表 9-19　父母本播种差期的回归方程式（湖南省种子公司，1982）

组　合	季　别	回归方程式	组　合	季　别	回归方程式
威优 6 号	春播夏制	$Y=10.5X+0$	汕优 6 号	春播夏制	$Y=9.5X+0$
	夏播秋制	$Y=9.5X+0$		夏播秋制	$Y=8.5X+0$

有了以上回归方程式，加上当时、当地观察到的一期父本出叶速度（X），即可算出当年父母本的播种差期（Y）。

以威优 6 号组合夏播秋制为例，根据观察到的父本叶龄，首先求出当年一期父本的出叶速度（X）为 3.5 d（出叶速度 = 一期父本从播种至 7 叶所经历的天数 ÷7 叶），然后代入回归方程式：

$$Y=9.5X+0=9.5×3.5+0=33.25（d）$$

计算结果表明，当年的播种时差为 33 d。

湖南省绥宁县原种场根据春播夏制威优 6 号的父母本播种差期和相对有效积温差的变化，进行了统计分析，求出了 a 值和 b 值，并建立了以相对有效积温差（X）为独立变数，播种时差为依靠变数（Y）的回归方程式：

$$Y=73.68+（-0.4516）X。$$

以威优 6 号组合春播夏制为例，如当年相对有效积温差为 325.9 ℃，首先求出以 300 ℃为起点相对有效积温差，即 325.9 ℃-300 ℃=25.9 ℃，然后将此数代入回归方程式：

$$Y=73.68+（-0.4516）×25.9=61.98（d）。$$

计算的结果表明，当年的播种时差为 62 d。

---

① 　计算公式为：$b=\dfrac{\sum xY-\dfrac{(\sum x)(\sum x)}{n}}{\sum x^2-\dfrac{(\sum x)^2}{n}}$ ，$a=\overline{Y}-b\overline{X}$ 。

（6）几种计算播种差期方法的比较。以上五种计算制种田父母本播种差期的方法，各有长处。时差推算法使用简便，易于掌握，在年度间气温变化不大的季节应用，可靠性较大，适用于夏播秋制；叶差推算法和温差推算法则适用于年度间气温变化较大的季节制种，如海南的冬播春制，"两广"的早季制种和长江流域的春播夏制，应用这两种方法，比较准确可靠。同时，也适用于生育期较短的组合制种；出叶速度计算法和回归方程计算法则在温、光、湿度变化比较大，水、肥、土差异甚大，苗期管理水平不一的情况下，比较切实可行。在具体安排父母本播种差期时，可以同时用几种方法计算，互相比较，精心设计，尽量为花期相遇做出一个较合理的决策。

在计算父母本播种差期时，还必须考虑其他的因素，如种子来源、秧苗素质、秧龄长短等。据各地观察，一般当年种子比隔年种子的生育期要长 4~5 d，瘦秧比壮秧的生育期要延迟 4 d 左右。恢复系的秧龄超过 30 d 以后，秧龄每增加 10 d，播种到始穗的天数要延长 5 d 左右。据浙江省农业科学院试验，在同期播种条件下，IR26 25 d 秧龄比 40 d 秧龄的始穗期早 7 d，30 d 秧龄比 40 d 秧龄的始穗期早 6 d，秧龄超过 40 d，抽穗不整齐（表 9-20）。

表 9-20　秧龄长短对生育期的影响（浙江省农业科学院，1977）

品种	播期	插期	秧龄 /d	始穗	齐穗	播种至始穗天数	抽穗期比短秧龄增加天数
IR26	6 月 5 日	6 月 30 日	25	9 月 5 日	9 月 8 日	92	0
	6 月 5 日	7 月 5 日	30	9 月 6 日	9 月 11 日	93	+1
	6 月 5 日	7 月 10 日	35	9 月 8 日	9 月 14 日	95	+3
	6 月 5 日	7 月 15 日	40	9 月 12 日	9 月 19 日	99	+7
珍汕 97A	6 月 28 日	7 月 10 日	13	9 月 2 日	9 月 8 日	66	0
	6 月 28 日	7 月 15 日	18	9 月 5 日	9 月 12 日	69	+3
	6 月 28 日	7 月 20 日	23	9 月 5 日	9 月 12 日	69	+3
	6 月 28 日	7 月 25 日	28	9 月 6 日	9 月 11 日	70	+4
二九南 1 号 A	7 月 10 日	7 月 20 日	10	8 月 28 日	9 月 4 日	49	0
	7 月 10 日	7 月 25 日	15	9 月 1 日	9 月 8 日	53	+4
	7 月 10 日	7 月 30 日	20	9 月 5 日	9 月 12 日	57	+7
	7 月 10 日	8 月 4 日	25	9 月 2 日	9 月 12 日	54	+5

第二节　合理的苗穗结构

一、高产的群体结构

杂交水稻制种的单产是由每亩穗数、每穗实粒数和粒重三因素构成，与常规水稻基本相同。但杂交水稻制种是父母本相间种植在一块田里，制种的群体结构不仅要考虑母本的穗数、实粒数和粒重等因素，而且还要考虑父、母本穗粒结构的相互协调，既保证母本足穗足粒，又保证父本足穗足粉。做到"母本穗多，父本粉足"，才能高产。据湖南省种子公司对制种田穗粒结构的调查，在父本每亩有效穗达到9万穗左右的条件下，母本每亩有效穗12万穗左右，亩产75～100 kg；母本每亩有效穗14万穗左右，母本每亩有效穗亩产100～125 kg；母本每亩有效穗20万穗左右，亩产125～150 kg以上（如表9-21）。

表9-21　威优6号制种亩产75～150 kg的穗粒结构

产量水平 /（kg/ 亩）	每亩有效穗 / 万穗		每穗实粒数 / 粒		亩平总实粒数 / 万粒	平均产量（kg/ 亩）
	变幅	平均值	变幅	平均值		
75～100	11.2～12.8	12.0	37.8～38.0	35.4	424.80	99
100～125	12.1～17.5	14.8	33.1～35.1	34.1	504.70	120
125～150	17.6～22.0	19.8	29.9～33.3	31.6	625.68	149

据湖南省桂东县农业局调查，在父本每亩有效穗8万～11万穗的情况下，母本有效穗在21万穗以内，有效穗越多，制种产量越高，有效穗与产量成正相关（表9-22）。

表9-22　制种组合的父、母本穗粒结构

地点	年份	组合	面积 / 亩	产量 /（kg/ 亩）	行比	父 本				母 本				结实率 / %	父效母穗本比有例	备注
						每亩		每穗		每亩		每穗				
						穴数 / 万	穗数 / 万	总粒 / 粒	实粒 / 粒	穴数 / 万	穗数 / 万	总粒 / 粒	实粒 / 粒			
东洛农科站	1978	四优6号威优6号汕优6号	10.22	120.8	1：10	0.288	9.75	106.6	75.7	2.097	20.14	94.2	31.3	33.2	1：2.1	
			6.0	88.8	1：10	0.288	9.412	99.2	73.4	2.500	19.0	84.9	20.4	24.0	1：2	
			26.0	70.2	1：8	0.337	11.85	101.4	72.8	1.98	15.25	87.4	21.5	23.2	1：1.3	

续表

地点	年份	组合	面积/亩	产量/（kg/亩）	行比	父本 每亩 穴数/万	父本 每亩 穗数/万	父本 每穗 总粒/粒	父本 每穗 实粒/粒	母本 每亩 穴数/万	母本 每亩 穗数/万	母本 每穗 总粒/粒	母本 每穗 实粒/粒	结实率/%	父效母穗本比有例	备注
联盟制种点	1979	汕优6号	1.22	152.1	1：10	0.293	8.22	108.4	77.1	3.658	20.48	84.0	31.6	37.6	1：2.52	
		汕优6号	1.144	159.8	1：10	0.293	8.53	112.6	81.7	2.70	20.25	105	37.0	35.2	1：2.13	

因此，现有杂交组合的制种，父母本的群体结构以有效穗比为 1：2 以上比较合理。

二、建立高产群体结构的措施

在建立合理的父母本群体结构的前提下，争取更多的母本有效穗和提高母本的异交结实率，是当前制种高产的重要基础。在技术策略上应坚持"母本靠插为主，父本插发并举"的原则，扩大行比，加大密度，增加每穴苗数，插足母本基本苗。湖南省种子公司和湖南省贺家山原种场的试验结果表明，行比、密度、每穴亩数三个因子均达显著水平，其显著程度依次为：每穴苗数（X_3）＞密度（X_2）＞行比（X_1）。它们的回归系数的绝对值大小，分别定量表明各自变量编码值变动一个水平间距的增产效应是：在行比 1：5，1：6，1：7，1：8，1：9 的五个水平中，每加大一个水平，每亩增产 5.273 kg；密度 3×3，3×4，3×5，4×4，4×5 的五个水平中，每加大一个水平，每亩增产 6.244 kg；每穴苗数（主茎数＋分蘖数）1+0，1+1，1+2，2+2，2+4 的五个水平中，每加大一个水平，每亩增产 9.99 kg。这说明扩大行比、加大密度、增加每穴苗数是制种田增苗、增穗、增产的有力措施。

（一）行比

制种田的父母本是按一定的行数比例相间种植。这个行数比例，就叫行比。一般恢复系植株较高，不育系较矮。因此，在保证父本能够提供足够的花粉量的前提下，适当扩大行比，可以增加母本株数，并减少父本对母本的荫蔽，降低田间湿度，有利于不育系的生长发育和正常开花，提高制种产量。

湖南省桂东县东洛农科站 1978 年行比试验表明，随着行比的扩大，制种产量逐步增加（表 9-23）。其中以行比为 1：15 的亩产最高，比 1：7 的增产 7.7%。在 1：15 的行比范围内，母本结实率与父本距离无明显相关。离父本 26.7 cm 的，结实率 24.1%；离父本 40 cm 的，结实率 18.9%；离父本 53.3 cm 的，结实率 21.4%；离父本 66.7 cm 的，结实率 21.9%；离父本 80 cm 的，结实率 24%；离父本 93.3 cm 的，结实率 22.4%；离父本 106.7 cm 的，结实率 21.6%。同时根据广西梧州地区八步师范 1976—1977 年对 IR24 的观察，每个花药有花粉粒 1 292~1 521 粒，折合每个颖花有 7 752~9 126 粒。每亩有 8 万穗，每穗以 80 个颖花计算，折合每亩有花粉粒 496 亿~584 亿粒。尽管散落在行间和障碍物上的无效花粉粒约占 60%，仍可满足母本授粉的需要。据湖南省桂东县气象局 1978 年对南优 6 号柱头上散落花粉量和花粉萌发量的观察，晴天，落在颖花柱头上的花粉粒为：穗上部 58.6 粒，中部 79.4 粒，下部 31.9 粒，平均 56.6 粒；花粉萌发数，上部 21.8 粒，中部 19 粒，下部 10.9 粒，平均 17.2 粒，萌发花粉数占柱头上花粉数的百分比为：穗上部 37.2%，中部 23.9%，下部 34.2%，平均 31.8%。花粉利用率以 40%、花粉萌发率以 30% 计算，在每亩制种田有效穗 28 万穗（其中父本 8 万穗、母本 20 万穗），每穗 80 个颖花的情况下，每个柱头上占有可萌发的花粉数可达 372~438 粒，花粉量是足够的。

表 9-23 不同行比与产量的关系

行比	总穴数/（万穴/亩）	穗数/（穗/穴）	总穗数/（万穗/亩）	总粒数/（穗/粒）	实粒数/（穗/粒）	结实率/%	亩产/kg	增产/kg
1∶7	2.105	7.4	15.58	83.7	17.3	20.7	93.8	—
1∶9	2.264	7.6	17.21	92.6	21.5	23.2	97.1	1.8
1∶11	2.353	7.5	17.65	87.9	18.4	20.9	97.4	2.0
1∶13	2.449	7.3	17.88	87.4	20.5	23.5	101.2	4.0
1∶15	2.500	7.7	19.25	91.4	19.9	21.8	101.0	3.9

因此，在一定范围内，适当扩大行比，有利于提高制种产量。但在具体确定制种田的行比时，必须根据父母本的株高、制种季节及田间管理水平等条件综合考虑。父母本株高差异大的行比可大些，反之可小些。春播夏制，父本营养生长期长，植株高大，分蘖多，单株花粉量足，行比可适当大些；夏播秋制，父本的营养生长期较短，植株偏矮，分蘖较少，单株花粉量也少，行比可适当小些。管理水平高，父本生长好，行比可大些；管理水平一般的，行比则不宜过大。一般以 1∶（8~12）为好。行向则以东西向较好，有利于父本传粉。

（二）种植密度

制种田株行距过大，基本苗不足，要在较短时间内，达到一定的总苗数，形成高产群体，是比较困难的；而且会增加用肥量，延长分蘖期，拉长母本花期，后分蘖因未接受花粉而成为无效穗。因此，适当加大种植密度，增加基本苗数，是确保每亩有效穗的基础，也是抑制后发蘖，使全田穗层整齐，抽穗集中，花期缩短的前提（表9-24）。

表9-24　母本不同密度对穗粒结构和产量的影响（湖南省武冈县制种队，1983）

| | 株行距 | 基本苗/（万株/亩） | 有效穗/（万穗/亩） | 成穗率/% | 每穗 | | | 千粒重/g | 产量/（kg/亩） | 位次 |
					总粒数/粒	实粒数/粒	结实率/%			
单株组	6.7×13.3	19.9	24.9	78.0	88.7	43.3	48.8	30.0	228.3	1
	6.7×16.7	15.9	20.9	79.2	92.6	43.2	46.7	30.2	226.7	3
	10.0×10.0	17.7	25.4	82.0	82.6	39.8	48.2	30.1	226.9	2
双株组	10.0×13.3	26.56	22.8	76.0	76.1	35.8	46.9	29.8	227.0	4
	10.0×16.7	21.2	23.1	73.0	78.0	41.4	53.1	29.3	257.8	1
	13.3×13.3	19.9	23.0	85.0	76.8	39.5	51.3	30.7	253.0	2
	13.3×16.7	15.9	20.7	92.2	74.2	31.8	42.8	30.5	250.2	3

注：组合 IR26×V20A。

当前大面积应用的 V20A、珍汕 97A 等不育系，株型集中，分蘖中等，制种田的株行距可采用 10 cm×13.3 cm、13.3 cm×13.3 cm，每亩插 3 万~4 万穴。父母本间的大行距，可用 23.3 cm×26.7 cm，避免父本生长繁茂，对母本造成荫蔽；父本的株距，可用 13.3 cm×16.7 cm，每亩插 2 500~3 500 穴。同时，还要考虑到制种季节、土壤肥力、施肥水平等因素。夏制可适当稀些，秋制则可适当密些。土壤肥力、施肥水平高的，适当稀一些；反之，适当密些。

（三）栽插株数

在一定的范围内，行比、每亩穴数和每穴株数诸因素中，增加每穴栽插株数后增产更加显著。各地试验证明，制种田母本插双株与插单株的相比，基本苗成倍增长，有效穗和制种产量大幅度提高（表9-25）。父本每穴栽插株数也要根据不同恢复系的分蘖特点，插足基本苗。一般分蘖力强的，如2号、3号、6号恢复系和测64-7等，按1期、2期、3期父本每穴分别插1株、1株、2株；分蘖力弱的，如二六窄早等，则每穴分别插2株、3株、4株为宜。

表9-25　不同栽插苗数对苗穗结构和产量的影响（湖南武冈县制种队，1983）

每穴苗数		基本苗（万株/亩）	有效穗/（万穗/亩）	成穗率/%	每穗			千粒重/g	产量/（kg/亩）	位次
					总粒数/粒	实粒数/粒	结实率/%			
单株组	1	3.11	16.8	77.0	99.9	20.1	20.1	30	134.5	8
	2	6.22	19.9	78.0	67.7	25.6	37.8	30	148.5	7
	3	9.33	23.8	82.0	75.3	28.8	38.3	31	177	5
	4	12.44	22.4	85.0	100.2	24.7	24.7	32	178	4
双株组	2	6.22	20.9	89.9	87.2	25.4	29.1	32.3	162	6
	4	12.44	23.6	83.5	69.9	26.3	37.6	31.5	187.5	2
	6	18.66	28.6	82.0	75.3	29.0	38.3	32.0	205.5	1
	8	24.88	28.6	83.0	76.8	28.0	37.4	32.0	178.5	3

注：组合IR26×V20A，行比1∶9，密度13.3 cm×13.3 cm。

随着行比的扩大，种植密度和每穴栽插株数的增加，制种田的用种量也相应增加。一般每亩用种量为：不育系3~3.5 kg；恢复系250~500 g。

（四）种植方式

对于制种田的种植方式需注意两点，一是要有利于三期父本平衡生长发育。由于不育系的花期比恢复系长，为了保证花期全遇，父本宜分三期种植，以二期为主体，一期、二期、三期父本的穴数比以1∶2∶1为宜，采用单行间两穴的种植方式，即插两穴一期、两穴二期、两穴三期、两穴二期，……单行循环排列种植父本。也可以采用小双行循环排列法种植父本，即二期父本插一行，一、三期采取间两穴种植的方式插另一行，双行间距10 cm，这有利于三期父本的平衡生长。二是有利于母本的生长发育。要使母本在密植条件下，仍有较好的通风透光条件，做到稀中有密，密中有稀，减少株间的相互抑制。因此，最好父母本株间留大行（20 cm×23.3 cm），在母本行中间设走道（20 cm×23.3 cm）。既可改善母本的生长环境，又有利于父母本平衡生长。父母本种植方式如图9-1，图9-2。

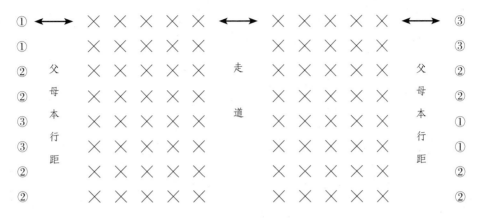

图 9-1　1∶10 制种田种植方式示意图

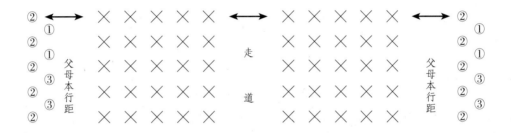

①第一期父本　②第二期父本　③第三期父本 × 母本
图 9-2　2∶10 种制田种植方式示意图

第三节　田间管理

　　杂交制种，从种子萌发到新种子的形成，要经过一系列的内在物质和外部形态的变化过程。在这个过程中，加强田间管理是关系到制种产量高低的一个关键。

　　田间管理可分育秧、分蘖、拔节长穗和抽穗成熟等四个阶段的管理。

一、育秧阶段的管理

　　培育分蘖壮秧是父、母本达到早发、苗足、穗多、穗大的基础。

（一）分蘖壮秧的生理特点

　　（1）生理素质好。分蘖壮秧伤流量大，发根力强，生长健壮，抗逆力强。

（2）光合势和总光合作用强。分蘖壮秧叶面积较大，叶绿素含量高，光合势比无蘖秧大5%～30%，总光合作用比无蘖秧大30%～50%。

（3）成穗率高、穗大粒多。分蘖壮秧的蘖是低位蘖，其成穗率高，而且维管束多，穗大粒多。据湖南省种子公司1980—1981年分蘖追踪观察，秧田分蘖的成穗率高达90%～95.65%，本田分蘖的成穗率只有26.1%～37.5%；秧田分蘖穗，平均每穗总粒数为106～112粒，实粒数为25.38～35.28粒，分别比大田分蘖穗多31.33～77粒和5.38～17.3粒。

（二）培育分蘖壮秧的技术措施

分蘖壮秧的标准是：扁蒲带分蘖，叶青挺而厚，根多粗而白，适龄无病虫。培育分蘖壮秧的技术措施如下。

1. 选好秧田，下足底肥

秧田要选择肥力中等、排灌方便、地下水位低的浅泥脚田。底肥施足，以腐熟的人畜粪和饼肥为主，全层深施，并面施适量的速效氮、磷、钾肥。秧田整理要做到秧厢平整，厢沟深直，排灌畅通。父、母本秧田的土质和管理要大体一致，以免父、母本秧苗素质差异过大，造成花期不遇。

2. 种子处理

（1）晒种。浸种催芽前晒种1～2d，以增强种皮的透性，增进酶的活性，提高发芽势和发芽率；

（2）选种。先风选或筛选，再用溶液选种。溶液的浓度要根据"三系"亲本而定。父本种子一般可用25：100的盐水选种；母本种子的饱满度较差，宜用清水选种，把饱满和不太饱满的种子，分级浸种、催芽和育秧。

（3）种子消毒

①石灰水浸种。用生石灰1kg，兑水100kg浸种。一般春播浸种3～4d；夏播浸种1～2d，浸时不可破坏表层的膜，浸后用清水洗净催芽。

②抗菌剂"401"浸种。春播用10% 401加水500倍浸种2d；夏播加水1000倍浸种24h，浸后用清水洗净催芽。

③福尔马林闷种。用福尔马林（40% 甲醛）1kg加水50kg，喷在种谷上（大约可处理500kg种谷），翻拌、喷匀、堆置，盖上湿草席或薄膜闷种3h。闷后清水洗净催芽。

④温汤浸种。先用冷水浸 24 h，再在 45 ℃～47 ℃温水中预浸 5 min，然后在
45 ℃～55 ℃温水中浸 10 min。

3. 浸种催芽

（1）浸种。种子发芽，必须吸足相当于种子重量 25% 左右的水分。要达到这个吸水
量，水温 30 ℃时约需 35 h；20 ℃时需 60 h 以上；10 ℃时则需 80 h 以上。春播一般要浸
3～4 d，夏播一般要浸 1～2 d。

浸种用水一定要清洁。据星川清亲的试验，浸种的水呈酸性（pH2～6）的发芽良好；中
性（pH7）的发芽较差；碱性（pH9）的发芽最差。浸种时种子本身使水变酸，有利于发芽，
但种子呼吸又使水缺氧，妨碍发芽。因此，有条件的要采取流水浸种，无条件的也要勤换水，
做到日浸夜露。

（2）催芽。要求做到"快、齐、匀、壮"。快是指两三天内能催好芽；齐是指发芽率达
90% 以上；匀是指芽尖整齐；壮是指幼芽粗壮，根芽比适当。

4. 稀播匀播

稀播是提高秧苗素质，培育出分蘖壮秧的关键。适宜的秧田播种量是要掌握秧苗在移栽时
不会因光照不足而使秧苗生长受到抑制为标准，根据"三系"亲本所要求的秧龄长短而定。一
般秧龄 20 d 的，每亩播种量为 10 kg；秧龄 25 d 的，播种量为 7.5 kg；秧龄 30 d 的，播种
量为 5 kg；秧龄超过 30 d 以上的采取两段育秧方式。

稀播必须匀播。只有匀播，才能达到稀播壮秧的要求。否则稀密不匀，秧苗素质差而不
匀，栽后生长发育不一，抽穗不齐，异交结实率降低。因此，播种时要分厢定量，分次匀播，
播后压种覆盖，防鸟防鼠。

近几年来，不少制种区推广了旱播水寄两段育秧，效果很好。因为两段育秧，不仅秧苗个
体分布均匀，秧苗素质好，而且有效地延长了秧苗营养生长期，使秧龄弹性增大，有利于防止
秧苗老化拔节，克服季节矛盾，夺取制种高产。据湖南省种子公司调查，母本两段育秧的秧
苗，单株平均分蘖比撒播秧多 1.66 个，插到大田后，苗多、穗多、产量高（表 9-26）。

表 9-26　不同育秧方式对制种产量的影响

育秧方式	基本苗/（万株/亩）	有效穗/（万穗/亩）	成穗率/%	每穗			产量	
				总粒数/粒	实粒数/粒	结实率/%	亩产/kg	增减/%
母本两段育秧	15.75	13.65	86.7	105.3	35.2	33.4	129.0	+14.36
撒播秧	12.77	10.71	83.9	98.1	35.8	36.5	112.8	

两段育秧的具体做法是：在场地铺泥浆作苗床，厚 0.7~1 cm，底垫地膜或细砂。边铺泥浆边播种，每平方米播种 250~300 g（种芽 300~350 g），覆盖细渣，保持苗床湿润。播后 6~7 d 小苗出 1.7~2.0 叶时，带土插到寄秧田，规格是：①父本：一期 10 cm×16.7 cm，插单株；二期 10 cm×13.3 cm，插双株；三期 6.7 cm×13.3 cm，插 3 株/穴。②母本：6.7 cm×6.7 cm 或 6.7 cm×8.3 cm，每穴插双株。

5. 秧田田间管理

（1）水分管理

①幼芽期。主要目标是促进扎根立苗，秧田以保持湿润为主，不留水层。

②幼苗期。1~2 叶时，秧苗的通气组织尚不健全，要求土壤供氧，而种子胚乳逐渐消耗，抗逆力减弱。秧田管水应采取浅灌与露田相结合，以水调气、以水调肥、以水调温。

③成苗期。二叶期种胚养料即将耗完，进入自养阶段。不完全叶节上的不定根正在伸长，秧苗的通气组织逐渐发育健全，秧田一定要保持浅水层。

（2）秧田施肥

①早施"开叶肥"。据江苏农学院植物生理教研组测定，种子萌发后两天，蛋白质即开始强烈分解，到第八天接近分解完毕。此时如无适量氮素补充，秧苗即表现瘦弱。因此，秧苗第二叶刚刚露尖时就必须施"开叶肥"。但用量不宜过多，以免造成氮中毒。不育系种子一般饱满度较差，胚乳的含量比普通稻种少，更要早施"开叶肥"。

②适施"断奶肥"。秧苗生长到 2.5~3 叶，种子胚乳已全部耗完，二叶一心时应施断奶肥。此期追肥在秧苗营养生理方面有着特殊重要的意义。

③重施"送嫁肥"。又称"起身肥"。为了使秧苗移栽时，体内含有较多的糖和氮，增强秧苗的发根力，促进秧苗插后早生快发，在父母本移栽前 3~4 d，要重施一次"送嫁肥"。

（3）防治病虫害

秧苗期，父母本秧田常见的病害有稻瘟病、赤枯病、恶苗病、胡麻叶斑病等。常见的虫害有稻蓟马、稻叶蝉、螟虫等。要根据病虫测报，以防为主，综合防治。

①搞好种子消毒，严禁用带病稻草催芽、盖种。

②清除秧田附近杂草，拔除田间里的稻根。

③结合平整秧田时，每亩施呋喃丹 2~2.5 kg，以控蝉（叶蝉）防矮（青、黄矮病）。

④搞好秧田肥水管理，增施磷钾肥，提高秧苗素质。

⑤推广带药下田。移栽前，根据病虫发生情况喷一次药。

二、分蘖阶段的管理

主攻目标是促使父母本稳生健长，早生快发。当前大面积应用的亲本，除夏制恢复系外，本田的有效分蘖期都较短，仅 15 d 左右。因此，分蘖阶段的肥水管理必须早攻快促，迅速搭好高产架子。

（一）施足底肥

底肥要足，底肥用量要占总施肥量的 90% 左右。氮、磷、钾配合施用，一般氮、磷、钾的比例为 2∶1∶2，每亩纯氮用量 12.5～13.5 kg。由于本田营养生长期极短，可采取一次性施肥法，底面结合，多数肥料在翻耕时施下，少数速效氮肥面施，以提高肥料利用率，并做到早供肥、长供肥，促使父母本前期早发，中期稳长，倒三叶期不蒙长。

（二）适时追肥

追肥要根据亲本、苗情、地力而定。母本单株栽培的，分蘖肥要早施、重施。一般在移栽后 3 d，每亩追施尿素 7.5～10 kg。母本插双株的一般可不追肥。父本插后 3～4 d 立即施一次球肥（每亩用尿素、过磷酸钙、氯化钾各 2.5 kg，加泥土 20～25 kg 制成），离苗 6.7 cm 远，深施 6.7 cm。晒田复水后，每亩追施氯化钾 10～15 kg 或草木灰 40～50 kg。

（三）加强水分管理

总的要求是：薄水插秧，活蔸露田，浅水分蘖，足苗晒田。活蔸以后，即露田促根。以后浅灌促蘖。对于地下水位高、土壤通气不良的深泥冷性田，活苗后开始露田，先晒硬泥脚，再适当浅灌，以便通气增温，促根促蘖。对大量施用未腐熟肥料的田，移栽后必须立即重晒田，排除硫化氢等有毒物质，以利通气扎根促蘖。

（四）防治病虫害

分蘖阶段常见的病虫有赤枯病、纹枯病、稻蓟马、稻螟虫、纵卷叶螟等，要根据病虫预测预报，及早防治。

三、拔节长穗阶段的管理

主攻目标是促进父母本稳长，达到根旺、秆壮、穗大、粒多。因此，要适时适度晒田，抑制营养生长，加强水肥管理，看苗巧施穗肥。

（一）适时适度晒田

晒田的适期要根据"时到不等苗，苗到不等时"的原则来确定，一般是母本株倒四叶露尖时开始晒田。晒田的适度，是指田面开丝坼，叶片稍褪色，白根跑面，叶片挺直。肥田、深泥脚田、低洼田和长势过旺的田，要早晒、重晒。地力差、长势弱的田，可以轻晒。晒田前要开好围沟和井字沟。

（二）浅灌勤灌

晒田后要浅灌勤灌。特别是始穗前 10 d 左右，在花粉母细胞减数分裂期，不能脱水，以防止颖花退化。始穗前可适当脱水 2 d，以促进抽穗整齐。

（三）施好穗肥

穗肥对减少颖花退化，增加实粒数和粒重都有明显的作用。穗肥的用量一般占全田总用肥量的 10% 左右。施少了不能达到保花增粒增重的效果，施多了会增加抽穗期病虫危害。穗肥一般在母本幼穗分化第六期，即减数分裂期施用，不宜过早或过迟，否则，影响下部节间和上部叶片伸长，对高产不利。

（四）防治病虫害

拔节长穗阶段常见的病虫有稻螟虫、纵卷叶螟、叶蝉、褐飞虱、纹枯病、白叶枯病和稻瘟病等，要注意加强防治。

四、抽穗成熟阶段的管理

主攻目标是养根保叶防早衰，争粒争重夺高产。要求抽穗对每株有 4 片绿叶，叶绿而挺。成熟时有 1.5~2 片绿叶，秆青籽黄。

（一）增施粒肥

据湖南省种子公司观察，受精后不能壮籽的秕粒约占受精籽粒的 10% 以上，而这些秕粒主要发生在二次枝梗上，约占整个秕粒数的 90% 以上。可见秕粒的形成，与营养物质不足有关。试验证明，在母本始穗期、盛花期增施花粒肥，喷磷酸二氢钾、硼和少量尿素，对减少空秕粒和增加千粒重，有明显效果（表 9-27，表 9-28）。

表 9-27　KH_2PO_4、"九二〇"对减少秕粒、增加千粒重的效果

处理	次数、用量 /（次·g/ 亩）		每穗秕粒数	千粒重 /g	
	"九二〇"	KH_2PO_4		随机	精选
KH_2PO_4	—	1.200	2.9	32.1	33.1
九二〇	1.1	—	1.3	31.3	32.8
KH_2PO_4+ "九二〇"	1.1	1.200	1.1	31.9	33.4
KH_2PO_4+ "九〇〇"	1.2	1.200	0.8	32.6	33.7
CK	—	—	3.7	31.1	32.0

表 9-28　花粒肥效果比较

处理	次数、用量 /（次·g/ 亩）			每穗粒数			千粒重 /g	产量 /（kg/ 亩）	比对照增减 /%
	磷酸二氢钾	硼肥	尿素	总粒数	实粒数	结实率 /%			
尿素 + 硼 + 磷酸二氢钾	3.300	3.450	3.300	89.9	18.55	20.03	31.05	68.5	+25.9
硼肥 + 磷酸二氢钾	3.300	3.450	—	87.4	19.05	21.78	30.75	70.4	+29.3
磷酸二氢钾	3.300	—	—	91.65	17.2	18.77	30.40	65.7	+20.7
硼肥	—	3.450	—	88.45	16.4	18.58	30.33	65.4	+20.1
尿素	—	—	4.400	87.4	16.2	18.54	30.63	56.6	+4.04
对照（CK）				90.95	15.4	16.93	30.18	54.4	

（二）加强水分管理

抽穗扬花期要保持寸水养花，灌浆期要浅水间灌，以提高根系活力。蜡熟期，切忌断水过早，以养根保叶，防止早衰，减少空秕粒。

（三）防治病虫害

抽穗成熟阶段常见的病虫主要有稻褐飞虱、螟虫，纹枯病、白叶枯病、稻瘟病、叶鞘腐败病和黑粉病等。要加强病虫预测预报，及早防治。

第四节　花期预测和调节

制种田亲本的始穗期，往往因气候、土壤、栽培等多种因子的影响，比预定的日期提早或推迟，影响花期相遇。因此，必须在算准播种差期的基础上，认真搞好花期预测，及早发现问题，进行花期调节，以达到花期相遇和全遇，提高制种产量的目的。

一、花期预测的方法

（一）幼穗剥检法

幼穗剥检法，是根据幼穗发育的八个时期的外部形态，直接观察父母本幼穗发育的进度，来预测父母本花期能否相遇的方法。具体方法是从不育系始穗期前 30 d 开始，每隔 3 d 对不同类型田块剥查父母本主茎各 5 株，鉴别其幼穗发育时期，有条件的要提倡镜检。为便于在田间剥查时直接鉴定，群众将幼穗发育各期的形态特征归纳为：一期水泡现，二期白毛尖，三期毛丛丛，四期粒粒现，五期颖壳分，六期叶枕平，七期穗定型（穗色变绿），八期穗将伸。部分不育系和恢复系各发育期所经历的时间和距抽穗的天数如表 9-29。根据此表和鉴定的父母本幼穗发育时期，就可以预测其花期能否相遇。

表 9-29　水稻不育系和恢复系幼穗发育各时期的历期（广西师范学院，1976）

品种	分化历期与距始穗天数 /d	I 第一苞原基分化期	II 第一枝梗原基分化期	III 第二枝梗和颖花原基分化期	IV 雌雄蕊原基形成期	V 花粉母细胞形成期	VI 花粉母细胞减数分裂期	VII 花粉内容物充实期 VIII 花粉完熟期
二九南 1 号 A 朝阳 1 号 A	分化历期	2	2	3	5	3	2	8~9
	距始穗	26~25	24~23	22~19	18~14	13~11	10~9	
金南特 43A 广陆银 A	分化历期	2	2	4	5	3	2	8~9
	距始穗	27~26	25~24	23~20	19~15	14~12	11~10	
珍汕 97A 常付 A	分化历期	2	3	4	5	3	2	8~9
	距始穗	28~27	26~24	23~20	19~15	14~12	11~10	

续表

品种	分化历期与距始穗天数/d	I 第一苞原基分化期	II 第一枝梗原基分化期	III 第二枝梗和颖花原基分化期	IV 雌雄蕊原基形成期	V 花粉母细胞形成期	VI 花粉母细胞减数分裂期	VII 花粉内容物充实期	VIII 花粉完熟期
2号、3号、5号、6号恢复系	分化历期	2	3	4	7	3	2	7	2
	距始穗	30~29	28~26	25~22	21~15	14~12	11~10	9~3	2~0
7号恢复系	分化历期	2	3	4	7	3	2	8	2
	距始穗	31~30	29~27	26~23	22~16	15~13	12~11	10~3	2~0
1号恢复系	分化历期	2	4	5	7	3	2	9	2
	距始穗	34~33	32~29	28~24	23~17	16~14	13~12	11~3	2~0

（二）叶龄余数预测法

不育系和恢复系最后三叶的出叶速度和剑叶全展至抽穗的天数，由于所处季节气温比较正常，不论是夏制还是秋制都表现出相对的稳定性。根据这一规律，可以利用叶龄余数来预测花期。其方法是在不同类型的制种田中，定点观察父母本各 12 株的叶龄，用主茎叶片数减去已出叶片数，求得叶龄余数。叶龄余数与幼穗发育的关系如表 9-30。在具体应用时，也可从函数图像（图 9-3）上找出对应于叶龄余数的幼穗分化期数。

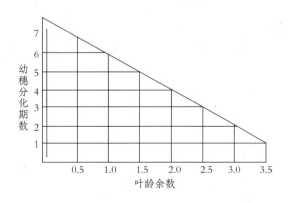

图 9-3　叶龄余数与幼穗发育的关系

表 9-30　叶龄余数与幼穗发育的关系

发育时期	叶龄余数
Ⅰ 第一苞原基分化期	3.5～3.1
Ⅱ 第一枝梗原基分化期	3.0～2.5
Ⅲ 第二枝梗原基分化期	2.4～1.9
Ⅳ 雌雄蕊原基形成期	1.8～1.4
Ⅴ 花粉母细胞形成期	1.3～0.8
Ⅵ 花粉母细胞减数分裂期	0.7～0.2

用叶龄余数预测花期，问题是各亲本的主茎叶片数有一定变幅，如 3 号恢复系到底是以17 叶为主，还是以 18 叶为主，两者距抽穗的天数相差 7 d，因此，首先要把主茎叶片数判断清楚。判断的方法，可以根据"双零叶期"和叶枕伸长距计算。一般恢复系的"双零叶期"和叶枕伸长距都比较明显，不育系的"双零叶期"不太明显，但叶枕伸长距较明显。故鉴定主茎叶片数的方法，因亲本不同而方法各异。

恢复系一般有 4 个叶枕伸长距，当某叶（n）与上一片叶或上两片叶成"双零"或成"三零"时，其主茎叶片数的计算公式是：主茎叶片数 =n+4。

如第十三叶与第十二叶成"双零"或第十三叶与第十二叶、第十一叶成"三零"，把第十三叶代入公式，即主茎叶片数 =13+4=17 叶。

不育系的"双零叶期"不明显，但一般有 3 个或 4 个明显的叶枕伸长距，当第一个叶枕伸长距出现在某叶（n）与下一叶片之间时，其主茎叶片数的计算公式是：主茎叶片数 =n+3或 n+4。

如 V20A，一般只有 3 个叶枕伸长距，珍汕 97A 有 4 个叶枕伸长距，当第一个叶枕伸长距出现在第九叶与第十叶之间，把第九叶代入公式，则 V20A 的主茎叶片数 =9+3=12 叶。珍汕 97A 的主茎叶片数 =9+4=13 叶。

（三）幼穗与颖花长度预测法

幼穗发育的前期，可以根据幼穗的长度预测幼穗发育的时期，如肉眼可见苞毛为一次枝梗分化期；幼穗长 1 mm 左右时，为二次枝梗分化期；幼穗长 0.2～1.5 cm 时，为雌雄蕊形成期；幼穗长 1.5～5 cm，颖花长 1～3 mm 时，为花粉母细胞形成期；幼穗长 5～10 cm，颖花长 3～5 mm 时，为花粉母细胞减数分裂期。但减数分裂前后是幼穗急剧伸长的时期，根据幼穗长度判断幼穗发育不太准确，因此，要结合颖花长度来预测。据观察，颖花长度达到全长的 45% 左右时，相当于减数分裂的始期，达到 55%～60% 时为减数分裂盛期，达到 80%～85% 时为减数分裂的终期，达到 85%～90% 时为花粉内容物充实期，颖花的长与宽都达到最大值时为花粉完熟期。

在减数分裂前后，幼穗上不同位置的颖花长度是有区别的，就全穗而言，上部的颖花比下部的长些，就一个枝梗而言，顶端颖花最长，顶端下第二朵颖花最短。因此，用颖花长度来预测幼穗发育时期，一般以穗中部的颖花为准。

除上述各种方法外，还可用双零叶期、重生叶出现期、葫芦叶出现期和叶枕伸长距等方法预测幼穗分化进程。为了提高花期预测的准确性，可以采取以一种方法为主，其他方法配合使用（表 9-31）。

表 9-31　幼穗发育各时期的形态特征

发育时期	所需天数 /d		叶龄余数	幼穗长度 /mm	颖花长度 /mm	双零叶期	重生叶	葫芦叶	叶枕伸长距	幼穗形态	距始穗天数 /d	
	♀	♂									♀	♂
I	2	2	3.1～3.5	—	—	出现	—	—	第一叶枕距出现	水泡现	25～27	30～32
II	2～3	3～4	2.5～3.0	—	—	—	第一片重生叶出现	出现	第二叶枕距出现	白毛尖	22～24	27～30
III	3～4	4～5	1.9～2.4	1 左右	—	—	第二片重生叶出现	—	第三叶枕距出现	毛丛丛	18～21	22～26
IV	5	6～7	1.4～1.8	2～15	—	—	第三片重生叶出现	—	—	粒粒现	15～18	19～22
V	3	3	0.8～1.3	15～50	1～3	—	—	—	—	颖壳分	12～15	16～19
VI	2	2	0.2～0.7	50～100	3～5	—	第四片重生叶出现	—	第四叶枕距出现	叶枕平	9～11	12～15
VII	6～7	7～9	0～0.1	—	—	5～6	—	—	—	穗定型	8～9	9～11
VIII	2	2	0	—	8 左右	—	—	—	—	穗将伸	2	2

二、花期调节

经过花期预测，如果父母本花期相差 3 d 以上，就要采取促控措施，进行花期调节，以促进生育较慢和抑制生育较快的亲本，达到花期相遇的目的。在措施上以促为主，促控结合，早促早控（一般以幼穗分化三期促控效果最好），力争主动。

（一）氮控钾促

偏施氮肥可推迟亲本始穗 4 d 左右，偏施钾肥可提早亲本始穗 1～2 d。对发育快的亲本，每亩偏施尿素 7.5～10 kg（父本每亩施量 2～2.5 kg）；发育慢的亲本则叶面喷施磷酸二氢钾（每亩 100～150 g 加水 50 kg），连喷 2～3 次。

（二）干控水促

目前生产上应用的恢复系和不育系对水的反应不同，前者敏感，后者迟钝。根据这一特点，通过控制田间水分，可调节花期 3～4 d。如父早母迟，可以晒田控父；母早父迟，则可深灌促父。

（三）喷洒"九二〇"

喷洒"九二〇"，一般可使亲本提早抽穗 2～3 d。其具体方法是在花粉充实期中（抽穗前 4～5 d），用"九二〇"0.5 g 兑水 60 kg，再加磷酸二氢钾 100g 的混合液（可喷父本 3 亩或母本 1 亩），进行叶面喷施。

（四）借父传粉

按制种田面积的 3%～5%，在制种田周围或中间，播插后备父本田，其播种期分别比制种田第一期父本提早 6 d 左右，比最后一期父本推迟 6 左右，密度 16.7 cm×20 cm 或 16.7 cm×23.3 cm，插单株。制种田花期严重不遇时，将与制种田母本花期相同的后备父本，在见穗 2%～3% 时，带泥搬入不育系行中，每隔 70 cm 左右插一穴，当天搬，当天即可授粉，称为借父传粉。

第五节　提高异交结实率

在一定的苗穗范围内，制种田的产量，主要取决于母本的异交结实率。据湖南省隆回县种子公司调查，制种产量在 $100 \sim 300$ kg 范围内，当每亩有效穗和千粒重均保持平均值时，每穗粒数每增加 1 粒，每亩增产种子依次为 7.7 kg、7.5 kg、8.5 kg、7.3 kg。由此可见，在高产苗穗结构形成以后，粒粒都是影响高产的关键。当前母本异交结实率不高的主要原因是，母本穗粒外露率不高，父母本花时不遇等。因此，只有千方百计提高母本穗粒外露率，才能提高异交结实率，夺取制种高产。

一、提高穗粒外露率

（一）影响穗粒外露率的因素

当前生产上应用的籼型野败不育系，普遍存在穗粒外露率不高（即包颈）的现象。据湖南省种子公司观察，全穗有 $1/4 \sim 1/3$ 的穗粒包在剑叶叶鞘内（表 9-32）。

表 9-32　几个不育系的穗粒外露率（湖南省种子公司、贺家山原种场，1983）

亲本	项目					
	穗长 /cm	穗下节间长 /cm	剑叶鞘长 / cm	总粒数 / （粒 / 穗）	外露粒数 / （粒 / 穗）	穗粒外露率 /%
珍汕 97A	18.7	19.2	26.9	96.0	68.5	71.4
V20A	19.9	15.0	25.8	104.7	60.9	58.1
V41A	18.3	19.2	25.1	106.7	81.6	76.5
菲改 A	20.9	17.5	26.0	119.3	80.3	67.3
潭引早籼 A	18.4	15.4	24.6	104.9	65.7	62.6

究其原因，主要是受遗传基因的控制。现有籼型野败不育系是由野败转育过来的，节间细胞数少，而且受矮性基因的影响，在地上节间分化伸长过程中，垂直（纵）层细胞的分裂和伸长受到抑制，生长率小。因此，和常规水稻品种比，相应的节间要短，特别是穗颈下节间要短

得多，因而不育系的穗粒不能全部露出剑叶的叶鞘，形成"包颈"现象。1982 年湖南省种子公司对 V20A、V20B、IR26、威优 6 号和矮粳 23 等植株外部形态的考察结果表明，不育系的各个节间都比其他品种要短，穗颈下节间要短 11.4～16 cm，穗粒外露率要低 33.3%（表 9-33）。

表 9-33　水稻"三系"、子一代及常规品种的外部形态比较

品种	株高 / cm	穗长 / cm	节间长 /cm			叶鞘长 /cm			穗总粒 /（粒 / 穗）	穗粒外露率 /%
			穗颈下节	倒二	倒三	剑叶	倒二	倒三		
V20A	61.29	20.35	16.83	10.13	8.71	28.25	24.60	25.52	117.50	66.7
V20B	81.70	20.90	28.20	15.73	11.00	27.60	23.30	23.64	127.57	100
1R26	87.18	27.06	30.25	17.13	9.45	33.45	20.40	19.31	179.00	100
威优 6 号	92.10	25.18	32.86	21.04	8.94	34.04	22.88	20.22	133.20	100
矮粳 23	87.35	17.90	28.60	19.50	15.50	24.60	19.10	18.70	117.50	100

其次是人工割叶阻碍了不育系穗颈下节间的正常伸长，影响穗粒外露。1982 年湖南省种子公司的试验表明，在正常情况下，V20A 不割叶植株的穗颈下节间长为 15.7 cm，穗粒外露率为 42.3%，人工割叶的植株，尽管喷洒了"九二〇"，其穗颈下节间反而比不割叶的要短 2.3 cm，穗粒外露率降低 3.9%（如表 9-34）。这说明人工割叶，不仅损伤了功能叶，影响了光合作用，而且造成了大量的愈伤组织，使生长中心转移，营养物质倒流，从而阻碍了穗颈下节间的正常伸长和穗粒外露，加重了所谓"卡颈"情况。

表 9-34　人工割叶对不育系穗颈下节和穗粒外露的影响

处理	株高 /cm	器官长度 /cm					穗粒外露率 /%
		穗长	颈粒距	穗颈下节	剑叶鞘	外露穗长	
割叶喷"九二〇"	90.7	19.0	3.90	13.4	29.0	7.3	38.4
不割叶不喷"九二〇"	58.5	17.5	2.70	15.7	28.5	7.4	42.3
割叶比不割叶	+32.2	+1.5	+1.2	−2.9	+0.5	−0.1	−3.9

（二）提高穗粒外露率的措施

提高不育系穗粒外露率和异交结实率的措施，目前广泛应用的是人工割叶、摘叶、剥苞、喷施低剂量"九二〇"。这些方法虽对提高不育系穗粒外露率和异交结实率，增加制种产量都有一定的效果。但是，人工割叶、摘叶、剥苞，花工多，成本高，并且损伤了功能叶，阻碍了亲本的正常生长发育，还容易引起叶鞘腐败病、白叶枯病等病害，造成空秕粒增多、千粒重下降，影响制种产量。

近几年来，湖南省种子公司试验推广了定向培育、不割叶、不摘叶、不剥苞、适时适量适法喷洒"九二〇"的技术，对促进不育系穗颈下节和柱头的伸长，加大剑叶角度和张颖角度，提高穗粒外露率、柱头外露率（表9-35，9-36，9-37，9-38）和异交结实率，增加千粒重和制种产量，有明显的效果。1983年，湖南省推广这一技术的制种田达5394亩，平均亩产159.2 kg，每亩增产17.7 kg，增产12.5%。1984年继续推广至16万亩，占全省制种面积的62.9%，平均亩产131.7 kg，每亩增产15.8 kg，增产13.6%。

表9-35　"九二〇"（GA）对 V20A 穗颈下节间伸长的影响　　　　　单位：cm

处理	亲本	处理时间/h	株高	穗长	叶枕距	剑叶长	剑叶宽	剑叶叶鞘	穗颈下节节长	穗颈下节增长	穗颈下节增长/%
喷 GA3	IR26	0	94.5	23.8	16.95	43.7	1.83	30.5	15.26		
		24	96.6	24.8	17.5	44.0	1.85	32.5	18.0	2.74	17.96
		48	97.5	24.9	19.85	44.5	1.85	33.6	21.92	3.92	21.78
		72	99.5	25.8	25.74	45.0	1.85	34.5	28.66	6.74	30.75
	V20A	0	86.4	20.3	13.0	30.14	1.84	27.8	7.9		
		24	87.4	20.5	15.0	30.2	1.85	27.9	9.83	1.93	24.43
		48	87.6	20.6	17.69	30.34	1.9	28.5	17.22	7.39	75.18
		72	88.0	20.8	23.12	30.5	2.03	29.0	22.4	5.18	30.08
未喷	V20A（CK）	0	77.0	18.0	7.35	22.3	1.7	24.0	6.95		
		24	80.3	19.0	10.0	24.3	1.72	25.8	11.34	4.39	63.17
		48	81.4	19.3	12.69	26.5	1.75	26.9	13.2	1.86	16.40
		72	82.9	19.5	14.69	28.2	1.8	27.8	16.53	3.33	25.23

表 9-36 "九二〇"（GA3）对 V20A 叶剑角度的影响

| 处理 | 项目 | 剑叶角度/度 | 角度极值/度 | | 穗颈下节/cm | 穗颈粒距/cm | 剑叶鞘长/cm | 穗粒外露率/% |
			最大	最小				
4 g GA3	X̄	37.28	49.83	22.4	21.80	3.0	29.31	84.61
	比 CK	+20.48	+29.83	+10.4	+4.27	+0.5	−0.99	+18.51
6 g GA3	X̄	57.50	70.0	50.0	23.65	3.0	30.30	87.95
	比 CK	+40.7	+50.0	+38.0	+6.12	+0.5	0	+21.85
4 g GA3+ 调节剂	X̄	37.40	50.0	32.0	27.66	3.0	30.12	100.00
	比 CK	+20.6	+30.0	+20.0	+10.13	+0.5	−0.18	+33.9
调节剂	X̄	30.40	38.0	27.0	25.18	3.0	24.73	100.00
	比 CK	+13.6	+18.0	+15.0	+7.65	+0.5	−5.57	+33.9
CK	X	16.80	20.0	12.0	17.53	2.5	30.30	66.10

表 9-37 不同割叶程度喷施"九二〇"对不育系经济性状的影响

| 项目 | 处理 | | | | |
	不割叶	割剑叶 3/10	割剑叶 5/10	割剑叶 7/10	剑叶全割
穗粒外露率 /%	93.70	92.30	91.20	90.00	88.20
结实率 /%	32.10	30.50	29.40	28.30	26.80
产量 /（kg/ 亩）	148.67	146.39	149.27	143.14	140.93

表 9-38 "九二〇"对不育系柱头外露率的影响

| 处理 | 不育系 | | | | |
	珍汕 97A	V20A	V41A	菲改 A	潭引早籼 A
喷施"九二〇"	77.6	88.0	98.1	74.0	69.5
CK	44.0	44.6	82.0	68.9	53.3
比 CK	+33.6	+43.6	+16.1	+5.1	+16.2

这一技术的具体做法是：

1. 定向培育

定向培育，就是根据亲本的生育特性，采取综合技术，培育出"多穗（每亩有效穗 20 万穗以上）、穗层整齐、短叶型（剑叶长度 25 cm 左右）"的群体。

（1）培育分蘖壮秧。湖南省种子公司的试验结果表明，不育系植株四节位以下分蘖的成穗率比五节位以上分蘖的成穗率高 46.1%，100 粒以上的大穗几乎都是主穗和四节位以下的低位蘖穗（表9-39）。

又据抽穗期的观察，低位蘖抽穗整齐。四节位以下的蘖，其见穗日与主穗相隔天数，最长为 5 d；而五节位以上的蘖，一般相隔 8 d 左右，最长的竟达 14 d。可见低位蘖对培育穗层整齐的群体和提高使用"九二〇"的效果，都是十分有利的。因此，培育出多蘖壮秧是培育多穗、大穗和穗层整齐群体的基础。

表9-39　主穗和不同次位分蘖的经济性状

主穗与分蘖		分蘖数	成穗数	成穗率/%	占总分蘖穗/%	穗长/cm	穗数		
							总粒数	实粒数	结实率/%
主穗		—	—	—	—	21.4	119.7	37.2	31.1
分蘖		127	67	52.8	—	19.0	79.0	12.8	16.2
一次蘖	四节位以下	37	35	94.6	52.2	20.9	117.4	22.7	19.3
	五节位以上	33	16	49.5	23.9	18.9	78.8	11.8	14.9
	小计	70	51	72.9	76.1	19.9	98.1	17.3	17.1
二次蘖		57	16	28.1	23.9	18.0	60.0	8.3	13.8

（2）插足母本基本苗。加大密度，增加每穴苗数，是培育多穗、大穗和穗层整齐的关键措施。要求栽插密度为 3 寸 ×4 寸、4 寸 ×4 寸，插双株带蘖秧，每亩 3 万~4 万穴，插 15 万株以上的基本苗。

（3）合理施肥。湖南隆回县种子公司施肥试验的结果表明，磷、钾施用水平间的差异不太显著，用氮水平间却有极显著的差异。不育系剑叶的长、宽主要受施氮量的制约，而且这种制约又因施氮的方法不同呈现差异。在每亩纯氮用量 8.5 kg、11 kg、13.5 kg、16 kg 的四个水平中，其剑叶长度分别为：23.1 cm、25.2 cm、26.2 cm、27.1 cm。同为 16 kg 的用氮水平，全部用作底肥的剑叶长 24.1 cm、宽 1.32 cm；用 7.5 kg 尿素作追肥的剑叶长 27.9 cm、宽 1.9 cm。1984 年湖南省种子公司等单位的试验进一步证明，剑叶长度与施氮量有直接相关性：

$$\hat{y}_a = 25.11 + 0.425X_1。$$

即施氮量每增加 1 个水平（水平级差为 2 kg），剑叶则增长 0.425 cm。施氮量、追施氮的比例和追施氮的时期，最佳处理值分别以 13~13.2 kg、9.5%~10%、幼穗分化第六期施氮为最优。因此，按照定向培育的要求，每亩纯氮用量应控制在 13.5 kg 左右，基肥和追肥的施氮比例为 9∶1，以减数分裂期追施氮肥最佳。

2. 不割叶喷施"九二〇"

"九二〇"是一种植物激素，能调节和控制亲本植株体内的许多生理和生化过程，对提高异交结实率和制种产量起着明显的作用。但要使其充分发挥作用，就必须在不割叶的前提下，做到适时、适量、适法喷施。

（1）喷施时期。不育系抽穗时是依靠穗颈下节间的伸长实现的。据湖南师范大学生物系的观察，穗颈下节间的伸长主要依赖于该节间居间分生组织细胞以无丝分裂的方式进行细胞增殖。当不育系由营养生长转为生殖生长后，穗颈下节间因居间分生组织细胞的分裂和伸长，节间不断伸长，其中以幼穗分化 8 期伸长最为显著（表 9-40），而始穗期多数个体处于幼穗分化 7~8 期。因此，选择见穗（包括破口穗）5%~10% 这个范围内喷施"九二〇"，效果最佳。低于或者超过这个范围，效果都较差（表 9-41）。

表 9-40　V20A 和 IR26 幼穗发育 6~8 期外部形态比较　　　　单位：cm

亲本	幼穗发育期	项目	株高	剑叶长	剑叶宽	剑叶鞘长	叶枕距	穗长	穗颈下节	倒二节
V20A	6	长度	72.2	27.1	1.8	24.3	1.6	16.0	0.3	0.76
		增长	—	—	—	—	—	—	—	—
	7	长度	78.0	29.9	1.83	26.77	8.35	19.3	1.43	2.23
		增长	+5.8	+2.8	+0.03	+2.47	+6.75	+3.3	+1.13	+1.47
	8	长度	86.4	30.14	1.84	27.8	13.9	20.3	7.9	6.4
		增长	+8.4	+0.24	+0.01	+1.03	+5.55	+1.0	+6.47	+4.17
IR26	6	长度	74.5	34.2	1.4	23.3	3.84	18.06	0.26	0.9
		增长	—	—	—	—	—	—	—	—
	7	长度	93.8	40.0	1.75	24.0	13.6	22.5	2.2	4.1
		增长	+19.3	+5.8	+0.35	+0.7	+9.76	+4.44	+2.46	+3.2
	8	长度	94.5	43.7	1.83	30.5	16.95	23.8	15.2	8.7
		增长	+0.7	+3.7	+0.08	+6.5	+3.35	+1.3	+13.0	+4.6

表 9-41　不同见穗指标喷施"九二〇"的效果

项目	见穗指标 / %						
	0.84	1.19	1.71	6.94	9.6	12.6	13.0
穗粒外露率 /%	89.3	90.4	91.2	91.9	93.8	87.7	87.0
结实率 /%	24.6	27.3	29.4	31.5	35.9	31.6	30.9
产量（kg/ 亩）	140.5	143	145	146.5	149	146	145.5

（2）喷施时间。据湖南省慈利县种子公司试验，上午 9：30 喷施比下午 2：30 喷施的每穴包颈穗少 1.1 个，穗包颈粒少 2.7 粒（表 9-42）。因此，喷施"九二〇"的时间最好选择在上午扬花授粉以前。因为使"九二〇"活力最强的适宜温度是 36℃，上午喷施，随着气温的由低到高、叶面角质层的透性增加，"九二〇"的进入量就大。同时，亲本植株的蒸腾作用和光合强度也大，体内水分和同化物质的运转加快，"九二〇"也可随之加速运转，从而提高"九二〇"的效果。

表 9-42　不同时间喷施"九二〇"的效果比较

处理	每穴包颈穗 / 个	穗包颈粒	备注
9：30 喷	1.8	6.1	每亩用量 7 g，分两次
14：30 喷	2.9	8.8	喷洒

（3）喷施天气。"九二〇"在亲本体内的运转速度，受光、温、湿等外界条件的影响。一定的光照能促进亲本对"九二〇"的吸收和"九二〇"在亲本体内的运转。因此，喷施"九二〇"必须选择晴天。但光照过于强烈，叶面溶液容易被蒸发，不利于叶面吸收。

（4）"九二〇"的用量。湖南师范大学生物系等单位的试验表明，每亩有效穗在 20 万穗左右条件下，见穗指标小时，每亩喷施"九二〇"6 g 为佳；见穗指标大时，以每亩喷施 12 g 左右为好（表 9-43）。因此，在具体实施过程中，必须根据亲本的特性、长势、长相、苗穗厚薄、见穗指标等来确定其用量。对"九二〇"反应敏感的亲本（如珍汕 97A 等），见穗指标小、苗薄的，要减少用量；反之，则加大用量。

每亩喷施"九二〇"的分次用量，要先轻后重。分两次喷的，头次 2~4 g，第二次 6~8 g；分三次喷的，头次 1~3 g，第二次 3~4 g，第三次 4~5 g。

（5）喷施"九二〇"的用水量。据湖南省慈利县种子公司的试验，随着用水量的增加，穗粒外露率、异交结实率和制种产量都有递增的趋势。经方差分析，各处理产量达显著差异水准（$F=37.56$）。新复极差测验结果表明，用水量 70～85 kg 和 40～55 kg 时，产量差异不显著，用水量为 100 kg 时，产量有下降趋势（表 9-44）。因此，喷施"九二〇"的用水量以 70 kg 左右为好。

（6）喷施"九二〇"的次数和每次间隔的时间。"九二〇"进入亲本体内以后，不能长期保持其原有状态，由于酶促作用或其他化学反应分解成其他物质，也可能是由于吸附作用或解毒作用，变为不活动状态。据观察，"九二〇"的效应期一般只有四五天左右，最大效应期一般出现在喷施后的第三天或第四天。因此，喷施"九二〇"的次数不宜过多，每次间隔的时间宜短不宜长。据湖南省贺家山原种场、慈利县种子公司等单位的试验，喷施"九二〇"的次数，以喷施 2～3 次的效果最佳。每次的间隔时间愈短愈好（表 9-45，表 9-46）。即第一次喷施"九二〇"以后，第二天喷施第二次，第三天喷施第三次。这样就能充分发挥"九二〇"的累加效应。同时，每次喷施"九二〇"，以慢喷、匀喷、反复喷施两次为最好，这样，可以增加"九二〇"与群体叶片的接触面，提高"九二〇"的效果。

表 9-43 "九二〇"剂量与施用时期对 V20A 结实和产量的影响

时期*	用量 /（g/ 亩）	穗长 /cm	穗平均			产量 /（500 g/ 亩）	位次	总位次
			总粒数 / 粒	实粒数 / 粒	结实率 /%			
5.2%	6	20.2	92.9	20.8	22.4	268.0	1	1
	8	20.6	94.5	18.6	19.7	224.0	3	6
	10	20.1	95.5	18.1	18.9	208.0	4	7
	12	20.2	83.8	22.4	26.7	248.0	2	2
	14	20.7	108.3	27.5	25.4	224.0	3	6
12.5%	6	17.4	91.6	15.1	16.5	208.0	4	7
	8	20.2	77.3	16.1	20.8	202.0	5	9
	10	19.8	87.8	15.4	17.5	228.0	3	5
	12	20.2	100.9	23.7	23.5	232.0	2	4
	14	19.4	102.5	24.3	23.7	232.6	1	3

续表

时期*	用量 / (g/ 亩)	穗长 /cm	穗平均			产量 / (500 g/ 亩)	位次	总位次
			总粒数 / 粒	实粒数 / 粒	结实率 /%			
38.4%	6	19.2	80.6	12.6	15.6	196.0	3	10
	8	18.3	105.2	19.7	18.7	168.0	5	14
	10	18.9	101.9	23.9	23.5	192.0	4	11
	12	19.3	96.8	25.1	25.9	224.0	1	6
	14	19.8	94.5	22.1	23.4	204.0	2	8
86.0%	6	19.5	90.3	8.6	9.5	152.0	4	16
	8	19.9	94.9	15.1	15.9	184.0	1	12
	10	18.9	95.6	14.8	15.5	176.0	2	13
	12	20.5	106.7	17.1	16.0	184.0	1	12
	14	20.5	104.7	21.2	20.2	166.0	3	15
95.7%	6	19.5	93.4	7.8	8.4	108.0	5	21
	8	19.5	94.8	11.8	12.4	120.8	1	17
	10	19.3	89.4	7.8	8.7	110.0	4	20
	12	19.6	8.2	9.5	10.9	120.0	2	18
	14	19.1	93.7	11.5	12.3	112.0	3	19
100%	6	18.8	84.3	4.5	5.3	96.0	2	23
	8	20.3	101.5	11.2	11.0	96.0	2	23
	10	18.3	93.2	6.8	7.3	92.0	3	24
	12	20.3	99.8	9.9	9.9	98.0	1	22
	14	18.7	81.8	6.8	8.3	84.0	4	25

注：* 时期以见穗百分率表示。

表 9-44　喷施"九二〇"不同用水量的效果比较

用水量 / (kg/ 亩)	株高 / cm	穗下节 / cm	剑叶鞘 / cm	穗粒外露率 /%	总粒数 / 粒	实粒数 / 粒	结实率 /%	产量 / (kg/ 亩)
40	73.08	18.53	28.09	80.1	89.62	13.02	14.92	61.7
55	72.88	17.74	29.06	78.4	85.5	12.12	14.18	63.0
70	75.06	22.14	28.54	84.54	88.96	22.22	24.98	102.9
85	72.96	18.55	28.43	83.62	84.04	23.48	27.9	103.9
100	79.74	20.12	28.88	84.75	90.42	24.8	27.42	100.7

表 9-45 "九二〇"不同施用次数的效果比较

项目	施用 2 次	施用 3 次	施用 4 次	施用 5 次	施用 6 次
穗颈下节长 /cm	19.49	17.59	17.36	17.20	16.68
穗粒外露率 /%	83.00	82.31	80.39	76.97	71.08
结实率 /%	23.36	22.99	22.54	21.84	12.96
产量（kg/ 亩）	104.2	106.2	100.2	84.2	78.5

表 9-46 "九二〇"各次间隔天数的效果比较

项目	间隔 1 d	间隔 2 d	间隔 3 d	间隔 4 d	间隔 5 d
穗颈下节长 /cm	20.3	19.5	19.02	18.48	17.74
穗粒外露率 /%	74.13	73.31	72.71	72.11	71.29
结实率 /%	36.77	33.65	32.83	32.01	30.89
产量（kg/ 亩）	146.27	145.41	144.77	144.14	143.27
位次	1	2	3	4	5

（7）喷施"九二〇"应注意的几个问题

①先溶解，后使用。生产上常用的"九二〇"剂型有两种，一种是水剂，可直接溶于水，兑水后即可使用；另一种是粉剂，不溶解于水。因此，必须在使用前 7~8 d，先用少量 95% 的乙醇溶解后，再兑水喷施。

②加入适量的黏着剂。亲本叶片表面的茸毛、蜡质等，都能影响"九二〇"的黏附。因此，在使用时要先在"九二〇"溶液中加入适量的黏着剂，如中性肥皂片、中性洗衣粉、米汤、黄豆粉、三乙醇、醋酸乙酯、吐温 20、吐温 80 等。当黏着剂与"九二〇"充分混合后，再兑水稀释至需要的浓度后使用。

③后期要保持亲本叶片一定的叶绿素含量。"九二〇"是一种生长刺激素，不是营养物质。如果后期肥水不足，植株早衰或老化，喷施"九二〇"就不能得到预期的效果。因此，喷施"九二〇"时，田里必须保持水层，对早衰、老化苗，喷前必须补施一次氮肥（每亩施 2~2.5 kg 尿素），或者每亩加 0.5~1 kg 尿素与"九二〇"同喷，使亲本功能叶保持一定的含氮水平和叶绿素含量，以增强光合作用，充分发挥"九二〇"的效果。

④要改单一喷为混合喷。激素间有互补作用。混合喷一般比单一喷的效果好。如"九二〇"与三十烷醇混合喷施，不仅能提高不育系的穗粒外露率，而且能增加不育系午前开花的比例，提高花时相遇概率。

表9-47　不育系和恢复系一天中不同时间开花的百分比（湖南省种子公司，1983）

单位：%

项目		时间（时：分）																						
		6:30	7:00	7:30	8:00	8:30	9:00	9:30	10:00	10:30	11:00	11:30	12:00	12:30	13:00	13:30	14:00	14:30	15:00	15:30	16:00	16:30	17:00	17:30	18:00
温度/℃ 穗部		22.9	23.7	24.3	25.3	26.6	27.7	29.3	31.0	31.7	33.8	33.9	33.6	32.5	33.7	33.3	32.7	33.5	34.4	33.9	31.6	31.1	30.3	28.9	27.9
百叶箱		23.1	23.3	23.7	23.9	24.3	24.9	25.7	26.4	27.0	27.6	27.3	27.7	27.2	29.0	29.2	29.3	29.1	29.4	29.9	29.5	28.7	29.0	28.7	26.4
湿度/%		99	97	95	90	86	79	71	67	70	68	65	67	67	68	68	67	65	65	74	77	79	83	88	
不育系	珍汕97A					0.8	0.3	2.7	8.1	6.5	12.5	11.3	10.0	11.0	10.4	4.0	2.8	0.3	7.3	1.6	0.9	0.7	0.9		
	V20A					1.2	0.8	4.1	2.0	4.1	9.7	12.2	11.1	8.1	20.1	8.7	5.9	2.4	3.2	1.6	2.8				
	V41A					1.6	0.4	5.0	4.1	3.1	7.6	12.0	11.5	5.3	8.3	17.5	5.0	3.9	3.1	2.8	0.9	0.7	1.2		
	菲改A		0.4	0.2	3.5	0	3.0	1.0	3.9	4.1	1.6	7.1	11.2	5.7	6.9	11.8	10.6	8.3	3.0	3.4	2.2	1.8	1.0		
	潭引早籼A					1.2	1.6	1.5	5.3	3.9	5.5	9.3	7.5	10.3	11.9	8.2	12.8	6.8	1.2	3.9	1.6	2.0	2.3		
恢复系	IR24		0.1	0	0.4	0.5	0.4	1.0	3.0	10.2	14.9	21.2	27.3	13.5	3.5	2.0	1.4	0.6	0.4	0.1					
	IR26		0.1	0	0	0.1	0.1	0.4	0.6	4.2	8.4	30.7	42.8	8.4	1.1	0.7	0.4	0.4	0.2						
	IR66l							0.3	0	0.1	3.4	11.6	33.1	29.3	14.5	7.3	5.7	2.3	1.2	0.7	0.1	0.1	0.3		
	测64-7										0.3	4.2	36.6	28.2	6.4	21.6	0.9	1.3	0.5						
	二六窄早						0.2	0.1	0.3	0.5	2.6	16.1	19.0	28.1	18.4	8.9	1.7	2.4	0.9	0.2	0	0.4			
	制3-1-7												0.4	5.4	40.5	39.2	9.2	4.5	0.8						
	T0498						0.5	0.4	0.6	0.8	1.3	8.5	30.6	29.5	12.9	8.8	1.0	1.7	1.8	1.0	0.2	0.3	0	0.1	

注：←→为盛花起止。

二、调节花时

制种田中多数是恢复系，恢复系开花早而集中，不育系开花迟而分散。一方面恢复系的花粉不能充分被利用，另一方面不育系在下午1点后开的颖花又遇不到花粉，这叫作花时不遇（表9-47，表9-48）。因此，掌握父母本开花规律，采取有效措施，以调节父母本的花时，是提高异交结实率的又一重要内容。

表9-48　不育系和恢复系的开花过程（广西壮族自治区水稻"三系"学习班，1976）

亲本	开颖时间（时：分）	花丝伸长时间（时：分）	开颖至花丝伸长历时	开始散粉时间（时：分）	花丝伸长至粉历时	闭颖时间（时：分）	开颖至闭颖历时/分
二九南1号A	10：10					15：34	264
珍汕97A	11：10					15：30	260
广陆银A	—					—	314
常付A	9：51					12：09	138
朝阳1号A	9：30					14：00	270
V20A*	10：28					13：27	179
1号恢复系	10：21	10：23	2'30"	10：33	4'14"	13：11	170
3号恢复系	11：58	12：00	2'30"	12：03	3'30"	12：50	52
6号恢复系*	10：16	10：20	4'06"	10：25	5'06"	11：33	77

注：＊为湖南省种子公司1980年观察资料。

（一）制种田行向

制种田的行向，一般宜采用东西向。因东西向阳光充足，有利于不育系开花和花时相遇。同时，东西向与南北风成一定角度，有利于传粉。据湖南省农业科学院观察，东西向比南北向的异交结实率增加2.9%，制种产量增加7.4%。

（二）抽穗扬花期的水分管理

据观察，抽穗扬花期田间积水，田间相对湿度可增高10%左右，从而使不育系开花时间推迟。相反，田间过干，湿度过低，也不利于亲本正常抽穗扬花。因此，在抽穗扬花季节，久晴不雨时，要灌水扬花；久雨不晴时，则要排水露田。

（三）母本赶露水

晴天早晨，制种田亲本叶面积存大量露水，用竹棍赶去母本叶片上的露水，可降低田间湿度，提高母本穗部温度，增加穗型疏散度，扩大穗部受光面，加强母本输导器官的输导功能，促进母本花时提早。据 1976 年广西苍梧县大坡制种点对南优 2 号早季制种的试验，赶露水比不赶露水的始花提早 24 min，盛花提早 30 min，开花朵数增加 30% 左右。父母本花时相遇时间也延长了半小时。湖南省种子公司 1980 年对威优 6 号秋季制种的试验也证明，母本赶露水比不赶露水的始花提早 1.5 h，盛花提早 1 h，父母本花时相遇的时间延长了 1.5 h，结实率提高 4.6%。

三、人工辅助授粉

人工辅助授粉，能促使父本颖花开颖，花药开裂，扩大散粉范围，是提高母本异交结实率的重要措施。

（一）人工辅助授粉的时间

据湖南省种子公司许世觉观察，父本花粉的生活力在不脱离母体的情况下，在父本颖花全部闭颖后 40 min 内进行人工授粉，母本结实株率仍然达到 88.9%~100%。因此，人工辅助授粉的时间要适时，坚持"上午见母不见父（即见母本盛花时赶粉），下午见父不见母（只要父花有粉，虽母本闭颖了，但有外露柱头，也要赶粉），有粉赶到无粉止"的原则，见母本盛花时开始人工授粉，每隔 30 min 左右一次，每天授粉 3~4 次。

（二）人工辅助授粉的方法

在父母本都处于盛花时，用竹竿或禾叉顺风向压住父本植株的中上部，抖动几下，花粉即顺风向散落于母本行间。这种方法花费功夫略多，但效果显著。大面积制种，为掌握开花时机，不延误授粉时间，也可采用拉绳刮粉的办法。但绳子中部必须悬挂重物，使绳子能够刮动父本植株，以扩大散粉范围，提高授粉效果。

第六节　防杂保纯

杂交种子的纯度，直接关系到杂种优势的发挥。据湖南省种子公司调查，子一代种子纯度每下降 1%，大田每亩减产 0.8% ~ 1.2%。

因此，在搞好"三系"亲本提纯复壮的基础上，在整个制种过程中还必须认真防杂保纯，确保种子纯度达到 98% 以上。

一、严格隔离

（一）空间隔离

空间隔离，即利用空间距离进行隔离。1974 年夏季湖南省水稻研究所对水稻花粉进行隔离试验的结果表明：在风力小的情况下，花粉的混杂率，距离 10 m 的为 5.2%；距离 20 m 的为 2.3%；距离 30 m 的为 1%；距离 50 m 以上才能基本杜绝异种花粉自然杂交。因此，对于空间隔离的距离，山区、丘陵区要求 50 m 以上，风力较大的平原区要求 100 m 以上。在这个范围内，除制种组合的父本外，不能种其他品种的水稻。

（二）时间隔离

时间隔离，就是在应该空间隔离的地段内，把制种田的扬花期，同其他品种的扬花期有计划地错开，以避免异品种串粉。如果周围其他品种先抽穗的，要比制种田不育系的抽穗提早 20 d 以上；如果是制种田先抽穗的，要比周围其他品种抽穗提早 25 d 以上。

（三）父本隔离

父本隔离，即将制种田周围隔离区范围内的田块，都种植制种田的父本品种，既起了隔离作用，又扩大了父本花粉的来源。但父本种子的纯度必须高。

（四）障碍隔离

障碍隔离，即利用地形、地物，如山坡、树林、房屋和高秆作物（甘蔗、小米、红麻、高粱）等作障碍物进行隔离。障碍隔离的高度要在 2.5 m 以上，距离一般不少于 30 m。

二、严格去杂

秧田、大田都要固定专人，反复多次地去杂，把制种田中与父母本不同颜色，不同株型、不同熟期，过高过矮的杂株，变异株，劣株彻底除净。见穗期是去杂的关键时期，要根据保持系和杂株一般都比不育系抽穗早的规律，从见穗起，每天坚持除杂，在盛穗期前彻底除净。不育系中的保持系植株，容易区别，凡是抽穗正常，无包颈现象，花药饱满蓬松，颜色金黄，开裂散粉的植株都是保持系。半不育株与不育系较难区别。其区别主要是半不育株的花丝较长，花药较大，色淡黄，用显微镜观察，有部分花粉呈圆形，对碘化钾着色或浅着色。这类植株很容易在去杂中被遗漏掉，要特别注意。

恢复系中的杂株、变异株，也要及早除掉。

不论不育系还是恢复系，在收割前，都要最后仔细检查一次，务必把遗漏掉的杂株彻底除净。

为了保证彻底除杂，盛穗期和收割前，种子部门要对制种田进行严格的田间鉴定。盛穗期的田间杂株率不得超过 0.1%。

三、严格操作

在整个制种过程中，要严格遵守操作规程，防止机械混杂。浸种催芽、播种育秧，拔秧、运秧、插秧和收割，都要有专人负责，分系分期进行。特别是收割时最容易造成机械混杂，要特别细心，要先收母本、后收父本，单收、单打、单晒、单藏。母本种子，一般在抽穗后 20 多天即可黄熟，而且比较容易落粒，要及时收割。收割所用的一切工具，都要事先清洗干净，严防夹带杂谷。晒场、仓库要指定专人管理。种子晒干装袋，袋内袋外都要有标签，写明组合、数量、产地、生产者等，处处把好防杂保纯关。

第十章

不育系的繁殖

　　水稻雄性不育系繁殖，就是以不育系作母本，以保持系作父本，按照一定的行比相间种植在一丘田里，使不育系接受保持系的花粉，受精结实，生产出下一代不育系种子。

　　不育系繁殖是杂交水稻生产的基础之一。不育系种子纯度的高低，直接影响制种的质量和产量。因此，不育系繁殖不仅要提高单位面积产量，还要保证质量，保证种子纯度达到 99.8% 以上。目前，我国不育系繁殖产量每亩已达 75 kg 以上，湖南、四川等省已过 100 kg，部分县已过 150 kg，个别高产丘达 300 kg。粳型不育系的增产潜力更大。

第一节　不育系繁殖的特点

　　不育系繁殖与杂交水稻制种的主要环节基本相似，但是，不育系繁殖是以不育系和保持系配组繁殖后代，又有它的特殊性。

　　繁殖田的不育系，分蘖力强，长势旺盛，而保持系的分蘖力和长势都相对偏弱。因此，不育系繁殖田要特别注意保持系的培育，使其花粉能满足不育系结实的需要。

　　繁殖田的不育系和保持系，由于是姊妹系，植株的高度差异不大，保持系仅高 10 cm 左右；而且保持系生育期短，营养体小，单株花粉量少。因此，要提高不育系的结实率，行比不宜过大。

　　繁殖田的不育系和保持系，其生育期稍有差异，不育系从播种到始穗，比保持系一般只长 3~4 d，花期相遇问题较易解决。

第二节　不育系繁殖的技术要点

不育系繁殖和杂交水稻制种一样，都是父母本相间种植，母本依靠父本的花粉异交结实，同为异交群体，其生长发育规律和栽培技术原则基本相似。技术措施也基本相同，故本章只扼要说明繁殖田的技术要点。

一、适时播种，确保安全扬花授粉

繁殖田和制种田一样，父母本抽穗扬花期必须安排在日平均气温不连续 3 d 低于 21 ℃ 或高于 30 ℃、相对湿度不连续 3 d 低于 70% 或高于 90%、无连续 3 d 雨日的季节，保证安全扬花授粉。

（一）播种季节

不育系繁殖的播种季节，可以分春繁和秋繁，实践证明，以春繁为好。

（1）现有不育系和保持系属早籼类型，感温性强，营养生长期短。从播种到始穗的天数，春繁气温低，为 80 d 左右，秋繁气温高，只 50～60 d。春繁气温由低到高，日照由短到长，主茎叶片增加，营养生长期加长，容易搭好苗架，苗多、穗多、穗大粒多。

（2）春繁在抽穗扬花时，温度上升，湿度适宜，不育系穗粒外露率较高，有利于开花传粉，异交结实率高；而秋繁则相反，结实率受气候影响，不够稳定。

（3）春繁不育系开花比较正常，秋繁则不太正常。据湖南省农业科学院观察，不育系开颖时间、颖壳张开角度、柱头外露、颖花开颖率等，春繁均比秋繁好，有利于传粉结实（表 10-1）。

表 10-1　二九南 1 号 A、二九南 1 号 B 春繁、秋繁开花习性比较（湖南农科院，1975）

项目	春繁		秋繁	
	二九南 1 号 A	二九南 1 号 B	二九南 1 号 A	二九南 1 号 B
开颖至闭颖时间 /min	201	64	184	86
颖壳张开角度	31° 56′	31° 45′	25° 75′	24°
柱头外露 /%	69.84	22.0	24.0	3.6
颖花开颖率 /%	86.0	99.6	73.0	65.0

（4）春繁无自生禾成熟，容易防杂保纯。

由此可见，不育系的繁殖，在长江流域以春繁为好；广东、广西、福建、海南等地区则以早春繁殖较好。

（二）播种时期

长江流域春繁的抽穗扬花期，应避开 6 月中旬规律性的"梅雨"季节和 7 月中旬的雨日及 7 月下旬的高温季节，把抽穗扬花期安排在 6 月下旬至 7 月上旬为好。繁殖田的播种期必须服从于安全抽穗扬花期。不同类型的不育系要根据生育期的长短，调节好播种期，使其安全扬花授粉。一般以 4 月初播种为好；如用薄膜育秧或地膜育秧，可安排在 3 月下旬播种。

（三）播种差期

不育系和保持系植株形态相似，但生育期稍有差异，而且不育系的花期比保持系要长。不育系从播种到始穗，比保持系一般要长 3~4 d；从始花到终花，比保持系一般要长 7~8 d 左右。为了保证不育系和保持系花期相遇或全遇，就必须分期播种保持系。保持系可根据亲本特性、栽植密度分为三期或二期，播种差期以叶龄为准。分三期的，不育系 0.2 叶时播第一期保持系；1.2 叶时播第二期保持系；2.2 叶时播第三期保持系。分两期的，不育系 0.5 叶时播第一期保持系；1.8 叶时播第二期保持系。粳稻不育系和保持系抽穗期相近，可用两期父本，第一期父本与母本同期播种；母本播后 5~7 d，即母本 1.5 叶左右播第二期父本。不育系和保持系一般同期插秧，不育系和第一期保持系的秧苗叶龄 5~6 叶。

二、培育分蘖壮秧，建立高产群体

繁殖田的高产群体结构，要求父母本秧苗粗壮、早生快发，苗多、穗多、穗大粒多，生长发育平衡，父母本比例协调。

（一）培育分蘖壮秧

不育系繁殖田的父母本，本田营养生长期较短，分蘖主要靠秧田发足。培育分蘖壮秧的措施，与制种田大体相同。不同的是繁殖田的父本秧龄短，要在短时间内培育成分蘖壮秧，更必须及早追肥，加强管理。

（二）插足基本苗

在一定的条件下，不育系的产量随着母本的穗数增加而增加。但繁殖产量亦受父本花粉量的制约。如母本穗数过多，父本穗数较少，花粉量不足，产量反而下降。因而必须注意父母本的协调。从高产的要求出发，繁殖田的行比可采用 2∶6 或 2∶8，父母本行距 20 cm。两行父本株行距 13.3 cm×10 cm，父本大行间距 90~96.7 cm，母本株行距

13.3 cm×10 cm。父本一期插单株带蘗秧，二期插双株，三期插3~4株，母本插双株带蘗秧。父本每亩插足0.8万~1万穴，3万基本苗；母本每亩插足3万穴以上，12万以上的基本苗。以达到母本穗多父本花粉足。繁殖田的种植方式见图10-1。

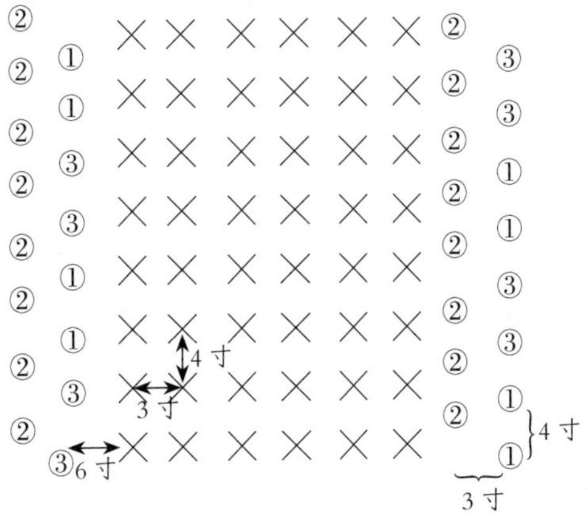

（三）协调父母本平衡生长

繁殖田要求达到群体结构合理，有利于异交结实，必须在施肥、管水、促父等方面下功夫，协调父母本平衡生长。

① 一期父本　② 二期父本　③ 三期父本 × 母本
图 10-1　繁殖田的种植方式（2∶6）示意图

（1）施肥。当前推广的不育系和保持系均为早籼类型，从插秧到幼穗分化需20 d左右。在这样短的时间内，要求每亩父本发足14万左右苗，成穗8万~9万；母本发足25万~30万苗，成穗20万左右，就必须早管促早发。要施足底肥（占70%），增施磷、钾肥（氮、磷、钾之比为2∶1∶2），早追分蘗肥（占30%），每亩施纯氮13.5 kg左右。在施肥技术上，回青期重施分蘗肥，看苗补施平衡肥，使在插后10 d进入分蘗盛期，20 d左右够苗晒田。

（2）管水。要坚持有水活蔸，活蔸露田，寸水分蘗，苗足晒田，有水孕穗，后期干干湿湿，成熟时叶青籽黄脚秆亮。

（3）促父。繁殖田往往是父本偏弱。花粉量不足影响繁殖产量。因此，对父本要特别加强培管。培管父本要从秧田开始，父本的秧田播种量一般要比母本少，插秧时二期、三期父本一定要带泥带肥带药下田；父本插后3~4 d要早施偏施一次球肥（每亩氮、磷、钾各2.5 kg加泥土25~40 kg制成），保证父本早发、发足，达到父母本平衡生长。

三、改善授粉条件，提高异交结实率

繁殖田和制种田一样，不育系存在穗粒外露率不高、花时不遇（表10-2）等问题。因此，可参照制种田提高异交结实率的技术措施，切实改善授粉条件，提高繁殖田不育系的异交结实率。

四、防杂保纯，保证种子质量

防杂保纯是"三系"繁殖的重要任务。在整个繁殖过程中，应严格隔离，彻底去杂。严格遵守技术操作规程。其具体内容，可参考第九章的第六节。

表10-2　不育系和保持系一天中不同时间开花的百分比（湖南省种子公司，1983）

单位：%

项目		6:30	7:00	7:30	8:00	8:30	9:00	9:30	10:00	10:30	11:00	11:30	12:00	12:30	13:00	13:30	14:00	14:30	15:00	15:30	16:00	16:30	17:00	17:30	18:00
温度/℃	穗部	22.9	23.7	24.3	25.6	26.6	27.7	29.3	31.0	31.7	38.8	33.9	32.5	33.7	33.3	32.7	33.5	34.4	33.9	31.6	31.1	30.3	28.9	27.9	
	百叶箱	23.1	23.3	23.7	23.9	24.3	24.9	25.7	26.4	27.0	27.6	27.3	27.2	29.0	29.2	29.3	29.1	29.4	29.9	29.5	28.7	29.0	28.7	26.4	
湿度		99	97	97	95	90	86	79	71	67	70	68	65	67	68	68	67	65	74	77	79	83	88		
珍汕97	A						0.8	0.3	2.7	8.1	6.5	12.5	7.9	11.3	10.0	11.0	10.4	4.0	2.8	0.3	7.3	1.6	0.9	0.7	0.9
	B								1.7	11.0	27.9	24.3	24.0	7.1	2.7	0.7	0.5	0	0.1						
威二〇	A				1.2	0.8	0.2	4.1	2.0	4.1	8.1	9.7	12.2	11.1	8.7	20.1	5.9	2.4	3.2	1.6	0.2	1.6	2.8		
	B									1.8	3.1	18.1	32.2	33.9	8.6	2.1									
威四	A					1.6	0.4	5.0	4.1	3.1	7.6	12.0	11.5	5.3	8.3	17.5	5.0	3.9	3.1	2.8	0.9	0.7	6.0	1.2	
	B								1.2	34.1	18.4	25.4	7.7	8.2	2.6	2.4									
菲改	A		0.4	0.2	3.5	0	3.0	1.0	3.9	4.1	1.6	7.1	11.2	5.7	6.9	11.8	10.6	8.3	3.0	3.4	2.2	7.5	1.8	1.8	1.0
	B		0.2	0.2	0	0	0.2	0	0.8	8.3	28.0	48.7	8.8	3.3	0.3	0.8	0	0	0.2	0.2					
漳引早籼	A				1.2	1.6	0.3	0.9	1.5	5.3	3.9	5.5	9.3	7.5	10.3	11.9	8.2	12.8	6.8	1.2	3.9	1.6	2.0	3.2	2.3
	B								0.3	30.1	34.0	24.9	7.8	1.4	0.3										

时间

注：——示盛花起止。

第十一章

种子的精选加工和贮藏保管

杂交水稻"三系"亲本种子和杂交种子的质量要求很高，认真搞好精选加工和贮藏保管，是防止混杂、提高纯度、保持种子生命力的一项十分重要的工作。

第一节　种子的精选加工

种子的精选加工，是实现种子质量标准化的重要手段。农户生产出来的种子，虽然经过车翻、扬场、水选等初加工，但仍混有部分未成熟的、破碎的、遭受黑粉病的、机械损伤的种子和杂草种子。湖南省醴陵县种子公司 1984 年对全县的威优 35 种子，经晒车后测定，废种子占 22.4%，其中，未成熟的占 8.2%，破碎的占 9.2%，黑粉病粒占 5%。湖南省华容县种子公司 1983 年对调入的威优 6 号种子抽样检验，千粒重为 31.1 g，净度为 89.98%，发芽率为 89%，每千克含黑粉病粒 6 250 粒。通过机械精选加工后，千粒重达 33.25 g，净度达 99.9%，发芽率达 97%，黑粉病粒基本除掉。因此，杂交水稻"三系"亲本种子和杂交种子，都必须认真进行机械精选加工，使种子质量达到国家标准。

机械精选加工应做好以下工作。

一、农户初选

初选关系到机械精选加工的质量和效率，要求农户在种子翻晒中，认真清除残株、断叶和其他杂质；晒干后，再用风车将秕谷、灰沙、尘土等杂质和次种子除尽，然后送交加工厂（点）进行机械精选加工。

二、机械精选

精选加工厂（点）要先培训出技术熟练的机手，将机器摆放平稳，开机前细心检查各部件，并空机运转 5~10 min，确认无误后再进行精选。湖南省目前使用的种子精选机，主要有两种类型：一种是根据种子外型尺寸结合空气动力学特性的精选机，即复式精选机；另一种是根据种子的空气动力学特性和比重不同特性的精选机，即重力式精选机。复式精选机一般适宜于清除大于种子或小于种子外型尺寸的泥块、沙石和轻于种子的秕谷、尘土、碎叶等杂质和次种。机型有 5×F-1.3 型，5×F-0.7 型两种。重力式精选机一般适宜于清除比种子比重小的次种和杂质，对清除黑粉病粒、芽谷等较复式精选机的效果好。机型有 5×Z-2.5 型，5×Z-1.0 型，5×Z-0.5 型三种。根据目前种子分户生产、数量小的特点，以 5×Z-0.5 型重力式精选机较为适用，但劳动生产率低。可与 5×F-1.3 型或 5×F-0.7 型复式精选机配套使用，即先将复式精选机的后吸气道的风门调大，使窝眼洞排料槽出来的种子中黑粉病粒能基本清除，然后将后沉积室出料口出来的种子（约 20% 的好种）再放到 5×Z-0.5 型重力精选机上进行精选，而复式精选机排料槽出来的种子不再精选。这样配套精选，既提高了精选效率，又保证了种子质量。

三、认真组织，防杂保纯

精选加工厂（点）事先要选好场地，并打扫干净，确定验质人员，固定机手，把精选计划提前落实到农户。精选前，验质人员要核实田间纯度检验合格证和标签，测定种子含水量（不得大于 13%），然后上机精选。每精选完一个组合，必须彻底清机，除净残留谷、灰尘和杂质，然后再开机精选另一个组合，严防混杂。

第二节　种子的贮藏保管

贮藏保管种子，不仅要防止种子发热、霉变和病、虫、鼠、雀危害，还要保持种子的纯度、净度和发芽率。在入库、贮藏和发放各个环节中，必须做到无混杂、无病虫、无霉变、无鼠雀、无事故。

一、选好种子仓库，备齐器材用品

要根据计划入库种子的组合、等级、数量，选择好种子仓库和备齐必要的器材用品。仓库要坐北朝南，地势高、环境干燥，砖墙瓦顶，沥青地面，地下水位较低；并要上不漏雨，下不潮湿；门窗齐全，开闭灵活，既能通风换气降温，又能密闭防湿、防虫、防鼠、防雀、隔热。所需麻袋、箩筐、芦席、晒簟等，要彻底清除其缝隙中的其他种子、杂物和虫体。要校正衡器，备好账册、标牌、标签和计算工具。

种子入库前，要对仓房和器材用品进行消毒，可用 0.5%~1% 的敌百虫水溶液，每千克喷洒 10~20 m^2；或用 80% 敌敌畏乳油，每立方米 100~200 mg，兑水 30~50 倍喷雾；也可用质量分数为 50% 的马拉硫磷乳剂兑水 200 倍，每千克喷 100 m^2。喷药后，密闭 2~3 d 再开门窗，过 1~2 d 待毒气消失，再打扫一次，并仔细检查是否有虫缝、鼠洞，一经发现，要先将缝洞嵌缝剔削，后用猪血石灰和纸筋石灰、油漆灰堵塞，再刷以石灰粉。

二、严格把控种子质量，做好铺垫防潮工作

种子保管员要切实把好种子入库质量关。入库种子，必须经过精选加工，水分不得高于 12%，并核对田间纯度检验合格证和组合、级别标签无误。

入库的种子，一律用新麻袋作标准袋，袋内袋外要有标签，注明组合、等级、数量、产地、农户姓名、入库日期。一个仓库贮藏一个组合、一个等级。如需贮藏两个以上组合、等级时，要严格分开，堆与堆之间留 50 m 以上的间距，并插上标牌。

堆放种包前，要用已消毒的旧麻袋、芦席或篾簟铺垫防潮（因库内外温差大时，沥青地面也会出现水汽凝结）。种包距墙和金属器材不得少于 50 cm。堆放长度，随仓房而定；堆放宽度为便于检查，以二列为好，袋口朝外，堆放高度一般以 7 包为宜。种包间要留一定的走道，以便于检查。堆放后，要挂上货位保管卡片，货位变动后，要重新挂上。卡片要标明货位号码、组合、等级、数量、堆放日期，做到账、卡、物三相符。

三、加强仓库管理，确保安全贮藏

（一）要建立仓库检查制度，做到细查、严防、早治

在种子入库基本结束和播种之前，应组织两次安全大检查，做到仓仓必到，有种必查，查必彻底，发现问题，及时处理。与此同时，种子保管员要严守岗位，随时检查，每次检查结果都须详细记录（仓贮种子情况记录表附后）。

（1）种子温度检查。贮藏期间种温的变化，是种子安全状况的重要指标。新入库的种子，在第一周内，要每天检查一次，以后每隔 7~10 d 检查一次。采用 5 点 3 层 15 处的检查方法，即在整个种子堆的表面选定 5 个点，每个点分上、中、下 3 层共 15 处，各插一支长柄温度计，观察其温度变化情况。靠近墙壁、墙角、门窗或漏过雨的部位，要增设辅助检查点，还可结合眼看、鼻闻、手摸进行检查。如种温过高，要选择低温天气进行通风降温。

（2）种子水分检查。贮藏期间种子含水量的变化，是种子安全状况的又一重要指标。种子水分，一般在第一、第四季度每季测定一次，第二、第三季度每月测定一次。容易受潮部位的种子，要增加检查次数。大雨、暴雨期间要随时检查。同样采用 5 点 3 层 15 处的检查方法，取样混合后用水分测定仪测定。如种子含水量超过安全水分指标时，要立即翻晒，降低种子含水量。

（3）发芽率检查。贮藏期间种子发芽率的高低，反映种子贮藏的好坏。在正常情况下，进仓时要做发芽试验，不合标准的种子不能入库。进仓以后坚持每个季度做一次发芽试验，出仓前再做一次发芽试验。采用 5 点 3 层 15 处的检查方法，取样混合后进行发芽试验。

（4）害虫检查。种子入库后，种温在 15 ℃以下，每季度检查一次；15 ℃~20 ℃，每半个月检查一次；20 ℃以上每周检查一次。同时，要经常观察墙壁门窗口、仓角等部位有无害虫。害虫密度以最大部位代表全仓。害虫随着不同季节在种子堆的不同部位活动，夏季多在上层，冬季多在中层。检查害虫，可用筛检法，即取一定数量的种子，筛下虫子，检查每千克种子内害虫头数和有虫的种子数量。发现病虫时，可采取日光曝晒或药剂熏蒸防治。

熏蒸种子，应根据药剂种类，掌握剂量和熏蒸时间，达到既毒杀害虫，又不影响种子的发芽率。需要熏蒸的种子，种子水分要降至安全水分之下，并且只能熏蒸一次。熏蒸前后都要做发芽试验。

目前常用的药剂有磷化铝、磷化锌等。磷化铝片熏蒸种子的常用剂量是每立方米 6 g，空间部分 2~3 g。整仓熏蒸时，根据全仓总用药量和每个点的用药量计算出药点数目。施药点用瓷盘或废报纸作容器，将总用药量的 2/3 放在表层，1/3 放在四周走道，种子堆中部和外部间隙，每个施药点片剂不超过 300 g，粉剂不超过 200 g，均匀摊在容器里。要求片剂不重叠，粉剂厚度不超过 0.5 cm，使其顺利扩散，防止局部浓度过高而燃烧。施药以后，要密闭 5~7 d。

熏蒸工作要注意安全，要截断仓库电源，挑选经验丰富、技术熟练、身体健康的人员担任。事前不饮酒，进仓不吸烟，一人不进仓，进仓时要戴好防毒面具。每天进仓工作不得超过 1 小时，如感不适，要立即退出。

（二）及时通风与密闭

根据仓内外空气的温、湿度变化，进行通风与密闭。通风是为了降温散湿，密闭是为了减少外界不良条件的影响。从全年气温变化的规律看，3—8月气温逐渐上升，一般高于仓温和种温，应以密闭为主；9月至翌年2月，气温逐渐降低，一般低于仓温和种温，可以进行通风。但大气的温湿度是经常变化的，密闭与通风与否，要根据情况具体掌握。阴雨天、梅雨季节和暴风暴雨时，空气湿度大，除发热种子外，不宜通风；如果大气湿度低于75%，气温低于仓温时，就应通风。

（三）严防鼠、雀为害

仓房门口要安置防鼠板、防雀帘，通风洞要设防鼠、防雀网；仓内要及时堵塞鼠洞、捣毁雀窝，检查鼠、雀为害情况，采用器具捕打、毒饵诱杀和生物防治等方法，消灭鼠、雀。

（四）建立清洁卫生和安全保卫制度

仓库内外，要保持整洁，做到仓内六面光（东、南、西、北、天花板、地面），仓外三不留（不留杂草、垃圾、污水）。要加强防火、防盗，配备消防用具，做到六不准：不准堆放易燃、易爆品；不准与化肥、农药混贮；不准存放与种子无关的物资；不准饲养家畜、家禽；不准在仓内吸烟；不准无关人员随意进入仓库。同时，要在仓库区植树、绿化，以调节库区温、湿度。

附表　仓库贮藏种子情况记录

组合	入库年月	种子数量	检查日期			气温/℃	库温/℃	种温/℃															种子水分/%	种子纯度/%	发芽率/%	病虫情况（头/kg）		处理意见	检验员
			月	日	时			东			西			南			北			中								
								上层	中层	下层	上层	中层	下层	上层	中层	下层	上层	中层	下层	上层	中层	下层						

保管员：

注：此表必须挂在种子上。

第十二章

杂交水稻的形态结构

第一节　根

一、根的形态

杂交水稻具有强大的根系。其根系属须根系，根据发根的部位不同，可分为种根和不定根。由种子的胚根直接发育而成的称为种根，只有一条，它在幼苗期起着吸收的作用。杂交水稻（指 F_1，后同）的种根，一般比亲本和常规品种的要粗壮。不定根是从茎的基部各节由下而上依次发生的。根据其不同的生长情况，在栽培上又分为芽鞘节根和冠根。

从芽鞘节上长出的根，叫芽鞘节根。这些根短白粗壮，形似鸡爪，俗称"鸡爪根"。

从茎节上长出的根叫冠根。当芽鞘节根长出以后，随着生育的进展，在每一节上产生大量的冠根。稻株吸水、吸肥主要靠这些根。所以，冠根是构成根系最主要的部分。一般冠根是向下方或斜下方延伸的。其伸出方向同茎的角度，随节位上升而增大。接近伸长节间的节位根，几乎是向上伸的，而且分枝较多，这些冠根又称为"浮根"。据福建农学院的研究报道，在灌溉条件下，杂交水稻四优 2 号和汕优 3 号的"浮根"，是在主茎上有 11 片叶时开始发生的，分布在表土 4 cm 内，并随生育进展而逐渐增多，密成网状。多数根为五次根，根的直径可达 2 mm。而常规品种红 410 在相同条件下，"浮根"少，多数根为二次、三次根，根的直径为 1.1 mm。一般认为，

"浮根"的发生是对土壤氧气不足的一种适应，它除了能吸收水、肥外，还可以吸收氧。杂交水稻在灌溉条件下比常规品种的"浮根"多，表明它较能适应氧气不足的环境条件，并具有较强的吸收养分和水分的能力，因此，杂交水稻在耕层较深的稻田里生长良好，产量较高。在一般情况下，地上茎各节不产生根，只有当稻秆倒伏在水中或潮湿的地面时，地上茎的节上也可产生不定根，这种根又叫气根。

二、根的解剖结构

杂交水稻根的解剖结构一般与常规水稻的相同，由表皮、皮层和中柱三部分构成（图12-1）。

（一）表皮

表皮是根最外层的一层细胞，寿命较短，当根毛枯死后，往往解体而脱落，老根就是这样。

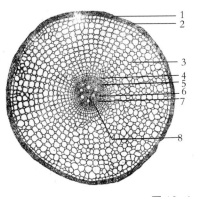

1. 表皮；　2. 外皮层（机械组织）；
3. 皮层薄壁组织；　4. 内皮层；
5. 中柱鞘；6. 木质部；　7. 韧皮部；
8. 薄壁组织。

图 12-1　幼根横切构造

根上有根毛，根毛是特定的根表皮细胞生出的毛状突出物。据研究，近根尖的表皮细胞，有的富含核糖核酸，有的缺乏核糖核酸，前者生长快，后者生长慢。在根的伸长区末端，能明显地看出根的表皮有长、短两种细胞的区分，并在短细胞靠近根尖的一端开始形成乳头状的根毛突起，根毛就这样逐渐形成。根毛长度一般为 0.1~0.15 mm，特别长的为 0.25 mm，直径为 0.01~0.013 mm。水稻根毛的形成与土壤环境条件特别是土壤内的氧气条件关系密切，氧气充足时，形成的根毛就多，否则根毛就少，甚至不形成根毛。在淹水条件下，一般根毛较少或没有根毛。

（二）皮层

皮层的最外层为外皮层。外皮层中有一环很明显的厚壁组织，起机械支持作用。当根老化表皮消失时，外皮层就木栓化而成为保护组织。外皮层之内是多层的薄壁细胞，由内向外、由小到大作放射状有规律的排列。当根长成后，这些原来呈辐射状排列的细胞群，互相分离，其中有一部分细胞解体，形成气腔（图12-2）。从横切面看，这些气腔之间，被一些离解的皮层薄壁细胞及其残余胞壁所构成的薄片所隔开。根的气腔与茎、叶的气腔相通，形成良好的通气组织，供应根呼吸所需要的氧气，所以水稻能适应湿生环境。但三叶期以前的幼苗，通气组织尚不发达，所需的氧依靠土壤供给，因此，播种发芽后到三叶期以前，土壤宜保持干湿状态，以利于根系发育。皮层的最内层为内皮层，其细胞壁五面增厚，在横切面上呈马蹄形，所以不易透水通气。只有少数分散出现在一定部位的通过细胞保持着薄壁状态，可让水分通过。

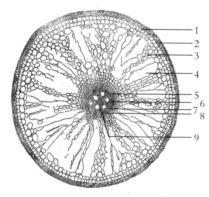

1. 表皮；　2. 外皮层（机械组织）；
3. 皮层薄壁组织；　4. 气腔；　5. 韧皮部；
6. 中柱鞘；　7. 木质部；　8. 内皮层；
9. 薄壁组织。

图 12-2　老根的横切构造

（三）中柱

中柱主要由木质部和韧皮部所组成，是根的主要输导组织。水稻的中柱是多原型，木质部有6~10束呈放射状排列。在老根的中柱内，除韧皮部外，所有的组织都木栓化增厚，因而整个中柱既保持着输导的功能，又有坚强的支持、固定作用。

稻根的分枝与麦根不同，如小麦的根只有一次分枝根，而水稻可以在分枝根上再长出分枝，即有第二次分枝根（图12-3）。二次分枝根的皮层和中柱极度退化，主要起吸收的作用。分枝根的产生，先是从老根中柱鞘的2~5个细胞增大分裂形成圆锥状的分枝根原基，之后，这个原基细胞分裂伸长，突破内皮层、皮层而伸出外面，形成了分枝根。杂交水稻的分枝根比较多，吸收面大，所以吸水、吸肥的能力也较强。

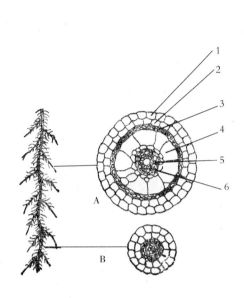

A. 大分枝根横切；　B. 小分枝根横切。
1. 表皮；　2. 外皮层；　3. 厚壁细胞；
4. 皮层；　5. 内皮层；　6. 中柱鞘。
图 12-3　水稻大、小两种分枝根及其结构

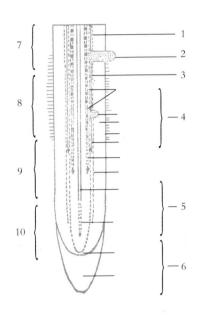

1. 内皮细胞壁 5 面加厚；　2. 分枝根；
3. 中柱鞘；　4. 吸收最旺盛区；
5. 养分吸收和呼吸作用最旺盛区；
6. 对水和无机盐有相对的不透性区；
7. 分枝区；　8. 根毛区；　9. 伸长区；　10. 形成区。
图 12-4　稻根纵剖面结构模式

　　稻根对水、肥的吸收因根的部位而异（图 12-4）。分生区和伸长区的前端呼吸旺盛，吸收养分也旺盛，其后渐减；根毛区是水分吸收最旺盛的部位，其后渐减。根毛区向上就是分枝根发生的部位，这个部位的组织已老化。因此，它本身失去了吸收养分和水分的能力。

第二节　茎

一、茎的形态

　　稻茎呈圆筒形，中空，直立生长于地面上。节上着生叶和芽，节与节之间称为节间。单株茎秆上的节间数、长度、粗度因品种或杂交组合不同而异。一般杂交水稻的茎节数 14~15 个，也有多到 16 节的。早熟组合和早熟品种的节数较少，迟熟组合和迟熟品种的节数较多。基部茎节密集，通称分蘖节，地表面有伸长节 4~6 个，因栽培条件不同也有差异。茎节在生育初期伸长很慢，到幼穗形成后急剧伸长。茎秆伸长称为拔节，拔节后，茎秆基部由扁变圆，

俗称"圆秆"，到开花期，茎秆伸长达到最高的高度。稻穗完全抽出剑叶叶鞘，穗颈节可露出在剑叶叶枕之上。但杂交水稻不育系（如V20A）的稻穗由于遗传学和细胞学的原因，常不能顺利伸出剑叶叶鞘，抽穗时甚至有1/3长度的稻穗藏在剑叶叶鞘内，不能正常开花和接受恢复系的花粉，以致制种的产量不高。杂种一代稻株由于不育系的影响，也存在不同程度的卡颈现象。研究表明，这种卡颈现象只要适时、适量施用 GA_3 是可以克服的。

二、茎的解剖结构

（一）节的构造

节的内部充实，表面隆起。节的薄壁细胞充满原生质，生活力旺盛，比其他部分富含糖分和淀粉，使节部成为出叶、发根和分蘖的活力中心。所以，节的大小与机能直接影响到其他器官。入土茎秆上部的节径较大，它的根点多而粗，着生的分蘖和叶均较大；而下部节径较小，长出的根少而细，叶和分蘖也小。杂交水稻的茎节较粗，因此，它长出的根、叶和分蘖都比常规品种和恢复系的要强大、粗壮一些。

节的内部构造可分为表皮、机械组织、薄壁组织和维管束等几部分（图12-5）。外表为表皮，由一层排列紧密的细胞所组成，细胞壁很厚，与其内侧机械组织相连，共同保护着内部的薄壁组织。维管束分布在薄壁组织中，由于通向叶、节间和分蘖的维管束都在节内汇合分出，因而节的构造非常复杂。在节的中心是由薄壁细胞组成的髓部，在与其上下节间中心腔的分界处，具有一层胞壁肥厚的石细胞层，起机械支持作用。

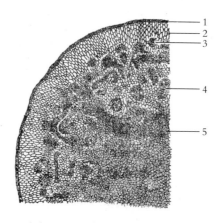

1. 表皮； 2、5. 薄壁组织； 3、4. 维管束。
图 12-5　稻茎节部分横切

（二）节间的构造

稻茎节间外部有纵沟，内部中空为髓腔。节间上部坚牢，下部柔软。每个节间下部都有居间分生组织，由叶鞘包围并保护着。节间上部组织先分化成熟，基部分生组织到拔节抽穗后才停止活动，不再分裂，此时节间便停止生长。杂交水稻的不育系（如 V20A），由于遗传因素的原因，节间基部居间分生组织分裂不旺盛，而且细胞不易伸长，因而，穗颈下节的节间较短，造成包颈现象。经湖南师范大学生物系的显微观察，发现 V20A 的居间分生组织的细胞分裂是以无丝分裂方式进行细胞增殖的（图 12-6）。并认为在穗颈下节居间分生组织的起始分裂期，施用适宜浓度的 GA$_3$ 溶液，可以促进居间分生组织细胞的无丝分裂和伸长，从而能克服包颈现象，提高结实率。

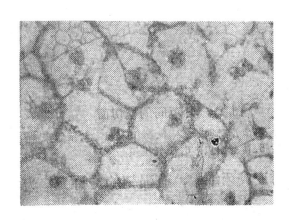

图 12-6　茎节间居间分生组织细胞的无丝分裂状况

节间的横切面可分为表皮、下皮机械组织、薄壁组织和维管束等部分（图 12-7）。

（1）表皮。位于最外层，表面为蜡质薄层并散布有钩状和针状的茸毛，称表皮毛。表皮由一层细胞组成，排列紧密，有长短两种细胞，交错纵列，短细胞的壁一部分木质化或硅质化，其硅酸沉积于细胞壁的多少，与茎秆强度有关。表皮具气孔。

（2）下皮。又称下皮机械组织，位于表皮之内，通常由几层细胞组成，相互连接成环状。细胞壁厚并木质化，细胞腔小，细胞成熟时变成死细胞，有强韧的支持力，为机械组织。下皮发育不全，是造成茎秆倒伏的原因之一。

（3）薄壁组织。下皮以内为薄壁组织，由 20 多层薄壁细胞组成。细胞比较大，靠外面的薄壁细胞含有叶绿体，能进行光合作用。有些细胞还含有红色或紫色的色素，因而有的茎秆呈红色或紫色。茎内贮藏的淀粉主要在薄壁细胞内。在薄壁组织之间还分布有许多大型气腔，在横切面上排成一圈，而且各节间通气腔的形态不同（图12-8）。

（4）维管束。维管束相对排列成两轮，外轮维管束较小，贴近机械组织或嵌入其中；内轮维管束较大，分布在薄壁组织中。气腔则位于两轮维管束之间，与维管束相间排列着。据湖南师范大学生物系的观察，随着节位的升高，节间维管束的数目依次减少；杂交水稻的茎较粗。因此，每节维管束的数目也相应地比常规稻多。

节间的中心部分，在发育初期就已破坏，形成一个大腔，称为髓腔。髓腔愈大，茎壁愈薄，植株抗倒力愈差。气腔、原生木质部腔隙和髓腔，都有输导空气的作用。

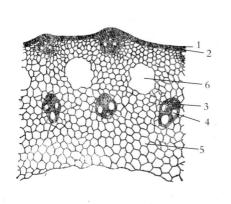

1.表皮；　2.下皮；　3.机械组织；
4.维管束；　5.薄壁组织；
6.通气组织。

图12-7　节间的横切面

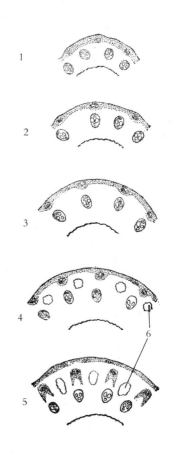

1.穗颈节间；　2.倒2节间；　3.倒3节间；4.倒4节间；　5.倒5节间；　6.通气腔。

图12-8　各节间通气腔形态变化

据武汉大学生物系利容千等（1983）观察，杂交水稻茎的节间，表皮下的厚壁细胞比其三系同一节间表皮下的厚壁细胞常增多 1~2 层，内外两轮维管束鞘的厚壁细胞亦增厚一些。其第 2 和第 3 节间构造，除了有部分植株茎的节间突出成棱，内轮维管束鞘厚壁组织和胞间隙较发达之外，还有部分茎的节间构造与第一节间相似，外轮维管束鞘厚壁组织特别发达，左右两翼发育延伸连成筒状，维管束分化程度也较低，基本组织发达，细胞形小致密，因而茎组织厚度大，其茎秆比三系的茎秆粗壮。

杂交水稻茎的第 1 节间基本组织中，贮藏的淀粉粒量特别少，颗粒也小（表 12-1）。而在第 2、第 3 节间则不见淀粉粒。不育系第 1~3 节间淀粉粒的贮藏量最多，颗粒也较大；保持系和恢复系茎节间淀粉粒数量少，颗粒小，第 3 节间就更少或没有，处于杂交水稻与不育系之间的中间状态。

表 12-1　杂交水稻与其三系茎的第 1 节间基本组织淀粉粒的比较（利容千等，1983）

品种或组合	观察的细胞数	淀粉粒总数	每个细胞平均数	一个细胞中的淀粉粒		最多的一个细胞大小淀粉粒数	
				最多	最少	大颗粒	小颗粒
杂交水稻（华矮 15A × 意广）	20	10	0.5	2	0	0	2
不育系（华矮 15A）	20	342	17.1	40	6	34	6
保持系（华矮 15B）	20	206	10.3	28	3	2	26
恢复系（意广）	20	148	7.4	28	2	2	21

第三节　叶

一、叶的形态

叶互生，排列成两行，叶片呈条状或狭带形，平行叶脉。稻种发芽时，最先出现的是芽鞘（鞘叶），芽鞘无主脉。从芽鞘内继而出现的是一片只有叶鞘而无叶身的不完全叶，以后才顺次长出有叶鞘和叶身的完全叶。不完全叶和完全叶都称"真叶"，是水稻的主要光合器官和贮藏器官。一片完全叶由叶鞘、叶片（叶身）、叶枕和叶耳、叶舌等部分组成（图 12-9）。

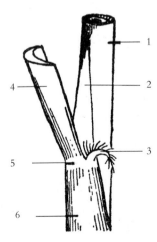

1. 上位叶鞘或茎秆；　2. 叶舌；
3. 叶耳；　4. 叶片；　5. 叶枕；
6. 叶鞘。

图 12-9　叶枕、叶舌和叶耳

叶鞘包围着茎秆，中间厚而两边薄，边缘呈不完全迭合状态，起保护、输导和支持作用。叶鞘含有叶绿素，能进行光合作用制造养分。叶片和叶鞘制造出的养分，也可积存在叶鞘中。所以，叶鞘是稻株主要的贮藏器官之一。叶鞘基部包围茎节的鼓起部分称为叶节。

叶片（又称叶身）着生在叶鞘的上端，是制造养分的主要器官。光合、呼吸、蒸腾等生理过程的气体进出稻体，主要是通过叶片的气孔。所以，叶片又是稻体内外气体交换的器官，叶片基部与叶鞘连接处称为叶枕（又称叶环）。

叶枕内面有从叶鞘内表皮上伸长的膜片，称为叶舌。它的作用主要是封闭茎秆和叶鞘间的隙缝，保护茎的幼嫩部分不至失水，同时防止雨水等顺着叶面流下而聚集于叶鞘和茎秆之间。叶枕两侧有从叶片基部分生出的钩状小片，称为叶耳。叶耳也有防止雨水浸入叶鞘的作用。叶耳周围有细长纤毛。

二、叶的构造

（1）叶鞘。由表皮、薄壁组织、维管束和机械组织等部分组成（图 12-10）。表皮上分布的气孔和薄壁组织中的通气腔相通，这是稻株地上部分向根系输送氧气的主要通道。叶鞘的薄壁组织有暂时积蓄淀粉的功能，积累顺序是由下至上，并从维管束的周围先开始，而后至全体。主茎叶片上的叶鞘积蓄淀粉的能力较强于分蘖节上的叶鞘。

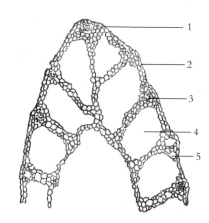

1. 机械组织；　2. 表皮；　3. 维管束；
4. 腔隙；　5. 薄壁组织。
图 12-10　叶鞘的构造（横切面）

（2）叶片由表皮、叶肉和叶脉三部分组成（图12-11）。表皮由细长的矩形细胞和较小的方形细胞组成，表面有很多小突起，细胞一般都已木质化，其外面还沉积有多量硅酸，使表皮变得坚硬而粗糙，从而具有抵抗病、虫侵入的能力。部分较小的表皮细胞的外壁有针状或钩状的茸毛（图12-12），一般籼稻叶片的茸毛比粳稻多。叶片和叶鞘上的气孔与维管束平行而有规律地排列着。气孔的分布依部位的不同而异。接近维管束的地方气孔较多，离维管束越远的地方气孔越少。就各节位来看，叶位越高，气孔越多。同一叶中以先端较多，叶表面比叶背多。在叶片上表皮细胞间，即维管束之间有泡状细胞（运动细胞），起调节稻株体内水分的作用。

叶肉组织内没有明显的栅栏组织和海绵组织的分化，所以是等面叶。叶肉细胞为整齐的纵向排列，内含很多叶绿体，为光合作用的中心机构。

　　叶脉以中脉为最大，中脉里面有很多维管束排列着，中央有许多大气腔，它与茎、根的通气腔相通，形成一个体内通气系统，从而保证了水稻长期生长在淹水条件下而能获得充足的氧气。在维管束的上下方常具机械组织，把叶肉隔开而与表皮相接。

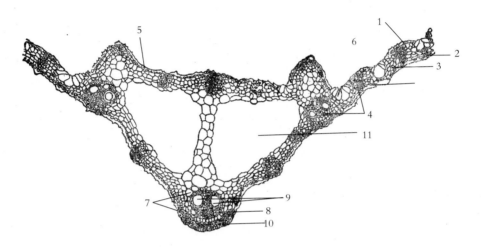

1.上表皮；　2.下表皮；　3.叶肉；　4.维管束；　5.气孔的保卫细胞；
6.运动细胞；　7.维管束鞘；　8.韧皮部；　9.木质部；　10.机械组织；　11.通气腔。

图 12-11a　水稻叶片的横切面

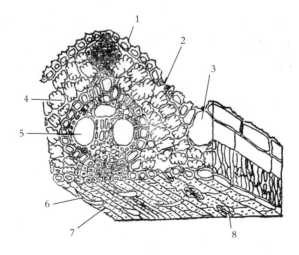

1.上表皮；　2.气孔；　3.运动细胞；　4.叶肉细胞；
5.维管束；　6.毛茸；　7.下表皮；　8.气孔。

图 12-11b　水稻叶片的立体结构

　　中脉两侧有较大的维管束，大维管束间又有若干小维管束。叶片中纵走的维管束向叶尖渐次缩小，最后直达叶尖。

　　叶尖有水孔，它和气孔相似，但构成水孔的两个相对的细胞，其细胞壁没有厚薄的区别，不能起自动调节关闭的作用，所以水孔经常打开，可以把体内过多的水分排出体外。在早晨和夜间，水稻叶尖有水珠，就是从水孔排出的液滴，这种现象叫"吐水"现象。

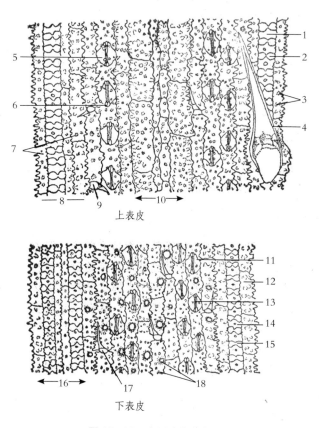

图 12-12　水稻叶片表皮的构造

　　杂交水稻的叶片结构与其三系有差异。如杂交水稻的剑叶比其三系的剑叶略宽而厚，表现在其叶肉细胞排列较紧密且层次多，一般叶宽为 1.5~1.6 cm，叶长为 32~36 cm，有 10~11 层叶肉细胞；而水稻三系叶宽多为 1.4~1.5 cm，叶长多为 27~33 cm，叶肉细胞为 8~10 层。在泡状细胞（运动细胞）位置的叶肉细胞，杂交水稻常为 4~5 层，而三系多为 3~4 层（表 12-2）。

表 12-2　杂交水稻与三系剑叶叶长、叶宽、叶肉细胞层数比较（利容千，1983）

品种	株数	叶片长 /cm	叶片宽 /cm	无泡状细胞叶肉细胞层数	有泡状细胞叶肉细胞层数
杂交水稻（华矮 15A× 意广）	10	34.3	1.54	10.7	4.6
不育系（华矮 15A）	10	29.8	1.46	9.4	3.5
保持系（华矮 15B）	10	30.5	1.42	9.1	3.2
恢复系（意广）	10	28.5	1.32	8.6	3.1

　　杂交水稻剑叶叶片中的维管束是以叶肉细胞与下表皮相连的，恢复系有时可见到类似结构，但不育系和保持系则没有发现这种情况，而是以少数薄壁细胞和几个较小的厚壁细胞相连的。杂交水稻剑叶的主脉构造，维管束的大小、数目，以及厚壁细胞的增厚程度，与其三系比较都有一定的区别。

　　杂交水稻与其三系剑叶主脉左右两边的维管束数虽有差异，但差异不大；同一个品种的不同植株维管束数的差异也不大，但杂交水稻剑叶维管束总数（包括大维管束数）比其三系剑叶维管束总数（包括大维管束数）要多，尤其是主脉的维管束数比其三系要多，并且比较稳定，表现了明显的优势。不育系维管束总数最少，保持和恢复系则居于中间。杂交水稻的主脉维管束数最多可达 13 个，而其三系主脉维管束数一般为 10～11 个。两者在结构上也存在差异。杂交水稻剑叶的主脉常有几条由两排薄壁细胞并列成的分枝状的薄壁组织（薄壁通气组织）横过叶脉上下两端，使维管束相连而成多个气腔。而三系剑叶的主脉，仅有 1～2 条薄壁通气组织连接上下两端维管束，而成 2～3 个气腔。不育系主脉有时大小相差悬殊，但其维管束数目仍然较少，所以分枝状薄壁通气组织也不多。

第四节　花

一、花序的形态及其组成

稻穗为圆锥花序（图 12-13）。

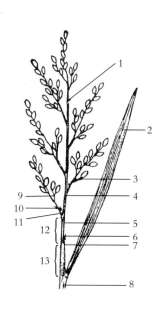

1. 退化生长点；　2. 顶叶；
3. 退化颖花；　4. 穗节；
5. 穗轴；　6. 退化一次枝梗；
7. 穗颈节（穗茎节）；　8. 顶叶鞘；
9. 二次枝梗；　10. 退化二次枝梗；
11. 一次枝梗；　12. 穗节距；
13. 穗颈长（穗抽出度）。
图 12-13　稻穗的形态

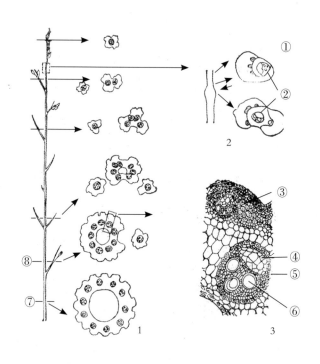

1. 穗颈和穗轴各部位的内部结构；　2. 穗轴顶端的内部形态；
3. 穗轴的大维管束和小维管束；　①最上位的一次枝梗；
②分向一次枝梗的维管束；　③含叶绿体的薄壁细胞；
④韧皮部；　⑤大维管束；　⑥木质部；　⑦穗颈；　⑧穗节。
图 12-14　稻穗轴的结构

穗的中轴为主梗，即穗轴，穗轴的结构如图 12-14。轴上有穗节，由节着生枝梗，称为第一次枝梗；由此再分出的小枝，称为第二次枝梗；由第一次和第二次枝梗分生出小枝梗，末端着生小穗，即颖花。常规水稻的每个一次枝梗上通常有 6 个颖花，每个二次枝梗上多为 3 个颖花。而杂交水稻（F_1）的每个一次枝梗上有 7 个颖花，每个二次枝梗上有 4~5 个颖花。常规水稻每个穗轴只有 6~9 个一次枝梗，12~17 个二次枝梗；而杂交水稻的穗轴上有多至 14 个一次枝梗，30 个二次枝梗。因此，构成了杂交水稻的穗形大，颖花多。通常每个穗节有一个枝梗，是互生的；近穗轴基部的穗节则常有 2~3 个枝梗，为轮生排列。各节都有茸毛，近基部的节上生有退化的变形叶，称为苞。

二、颖花的构造

　　颖花由内颖、外颖、鳞片、雄蕊和雌蕊等各部分组成（图 12-15）。内、外颖互相钩合而成谷壳，保护花的内部和米粒。外颖先端尖锐，称为颖尖，或伸长成芒。颖壳内有雄蕊 6 个，3 个排成一列。花药 4 室，每室成为一个花粉，囊内含很多黄色球形的花粉粒。杂交水稻的花药，一般比常规稻的花药略长，不育系花药干瘪瘦小，色变淡，呈乳白色或淡黄色。花丝细长，开花时迅速伸长，可达开花前的 5 倍。雌蕊 1 个位于颖花的中央，柱头分叉为二，各呈羽毛状。花柱极短，子房呈棍棒状，1 室，内含一胚珠。子房与外颖间有两个无色的肉质鳞片，中有一个螺纹导管。开花时，鳞片吸收水分，使细胞膨胀，约达原来体积的 3 倍，推动外颖张开。

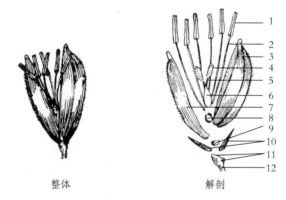

整体　　　　　　　　　解剖

1. 花药；　2. 花丝；　3. 外颖；　4. 柱头；　5. 花柱；　6. 子房；
7. 内颖；　8. 浆片；9. 小梗花；　10. 护颖；　11. 副护颖；　12. 小穗梗。

图 12-15　水稻小穗的结构

花粉的形成与发育见第三章。

第五节　种子

　　谷粒在植物学上称颖果（习惯上称种子）。谷粒外部有内颖、外颖包裹，内外颖的边缘相互钩合，构成谷壳。颖的表皮常有钩状或针状的茸毛，称颖毛。颖内的薄壁组织有维管束纵贯，在外颖上有 5 个，内颖上有 3 个。在内外颖的基部上有两片护颖，中间有小穗梗，在谷粒和小穗梗连接处，还有两个副护颖（图 12-16）。谷粒长度和形状是数量遗传性状，F_1 的表现介于双亲之间，因此，杂交水稻的谷粒长度和形状也介于恢复系与不育系之间。现在大面积应用的粳型杂交水稻的种子，其长度适中，形状属大粒型，也有适中和细长的。粳型杂交水稻的种子长度属短粒（5.5 mm 或以下）型。谷粒形状一般变异较少，人们对谷粒长度的要求极不一致，因地区而异，但在世界的高级稻米市场上一般要求细长到适中的形状。

去掉内外颖，里面就是米粒。米粒由果皮、种皮、胚和胚乳等部分组成。

一、果皮和种皮

米粒的最外层是果皮，它是由原来的子房壁老化干缩而成的一薄层。果皮在米粒成熟时含有叶绿素，所以这时的米粒是青色。当米粒成熟后，叶绿素分解消失，果皮一般无色。果皮的内侧是由单一的一层细胞构成的种皮。由原来胚珠的内珠被的内层和珠心残留的细胞组织所形成。种皮一般无色，有些品种的种皮含有红色或紫黑色的色素，因而呈红色或紫色。现有杂交水稻的种子，其种皮和果皮均无色。

二、胚

胚位于外颖内方的基部，是稻株的原始体，所以是种子的主要部分。它是由胚芽、胚根、胚轴和子叶四部分组成（图 12-17）。胚芽外有胚芽鞘包裹，胚根外也有胚根鞘包裹，胚芽和胚根相连接的地方称为胚轴。从胚轴着生一片子叶（盾片），子叶与胚乳连接部分有一层圆筒状的细胞层称为上皮细胞。当种子萌发时，上皮细胞分泌酶类到胚乳中，把胚乳中贮藏的营养物质分解、吸收并转运到胚的生长部位去利用。胚轴与子叶着生点相对的一侧有一小突起，称为外子叶，是子叶退化的遗迹。

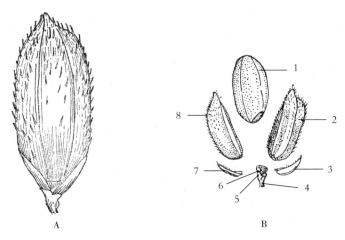

A. 谷粒的外形；　B. 谷粒的结构。

1. 米粒；　2、8. 外颖；　3、7. 第一护颖；　4、6. 小穗梗；　5. 副护颖。

图 12-16　水稻的谷粒

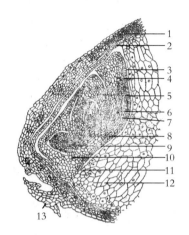

1. 果皮；　2. 种皮；　3. 上皮；
4. 盾片；　5. 胚芽鞘；　6. 幼叶；
7. 胚芽；　8. 胚轴；　9. 胚根；
10. 胚根鞘；　11. 糊粉层
12. 淀粉区；13. 果柄。

图 12-17　胚的构造

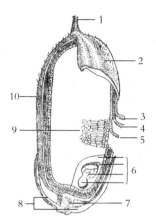

1. 芒；　2. 外颖（外稃）；　3. 果皮；
4. 种皮；　5. 糊粉层；　6. 胚；　7. 小穗轴；
8. 护颖（不孕花外稃）；　9. 胚乳淀粉组织；
10. 内颖（内稃）。

图 12-18　稻谷及其糙米的结构

三、胚乳

　　种皮以内的绝大部分为胚乳，是供食用的最重要的营养部分，也是种子萌发时胚发育所需养分的主要来源。胚乳紧贴种皮的部分是糊粉层（图 12-18）。含蛋白质和脂肪较多。靠胚的一面，糊粉层细胞多为单层，少数有两层，而其相反的一面比较厚，有 5~6 层。果皮、种皮和糊粉层合称为糠层。

　　糊粉层内侧为含淀粉的淀粉细胞，占米粒的最大部分。这些淀粉细胞以中心线为中心，向四周呈放射状排列（图 12-19）。周广洽等（1986）的研究证明，影响胚乳不透明性的主要环境因子是开花后的温度，高温（36 ℃）增加杂交水稻种子的腹白，而低温（21 ℃）则减少或无腹白；同时证明，结实期间，适当的低温（21 ℃~25 ℃）可增加稻米中的氨基酸含量，有利于改善稻米品质。

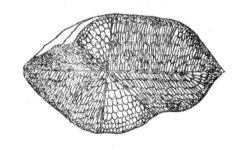

图 12-19　米粒中淀粉排列模式图

第六节　稻株各器官的相互关系和整体性

稻株是由根、茎、叶、花和果等器官组成的一个整体，这个整体的各部分依靠维管束而紧密地联系在一起（图12-20）。因此，各种器官之间存在着密切的关系，任何一个器官遭到破坏，都会引起器官之间的失调，最后导致植株整体不能正常生育。各器官间的相互关系主要表现在以下几个方面。

一、叶与蘖的关系

由于叶与蘖是由维管束按一定的顺序联结在一起，因此，在生长过程中杂交水稻同样具有 $n-3$ 的叶、蘖同伸关系。除此之外，主茎上的叶片对单株分蘖有明显的影响。福建农学院的试验表明，剪去 1/0～8/0 中的任一片叶，单株的总分蘖数减少，剪叶的单株分蘖数只有不剪叶的 83%～90%。但剪去 9/0 以上的任一片叶，则对分蘖影响较小。

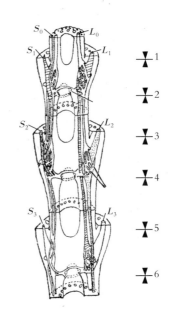

L. 大维管束　S. 小维管束脚标数字表示叶位
1. 倒 1 节间　2. 倒 1 节
3. 倒 2 节间　4. 倒 2 节
5. 倒 3 节间　6. 倒 3 节
图 12-20　水稻茎秆内维管束走向

二、叶与茎秆的关系

叶对茎秆的发育有影响。试验证明，剪去 8/0 以上的主茎叶片，能使第 1 至第 5 节节间变短。保留的叶片数（指 9/0 叶以上）愈少，节间变短的现象愈严重。此外，剪去 8/0 以上的叶片时，地面 1/0～5/0 节间单位面积的干重（g/cm^2）降低。

三、根与叶的关系

稻株各节不定根的发生与出叶具有密切的相关性。根从下部向上部节以一定的周期陆续不断地出现和伸长，而且其周期与出叶周期相同。一般某一节的发根期与其上第 3 节的出叶期相当。例如，将一株 6.1 叶龄的稻苗根全部切除，进行水培，3 d 后，观察各节位的发根状态，发现第 3 节发出了 3 条根，第 4 节发出了 12 条根。第 5 节发出了 5 条根，共发根 20 条。其中以第 3 节的根最短（0.2～0.5 cm），第 4 节的根最多，而且最长。表明第 4 节的根与第 7 叶具有同伸关系。根、叶的这种同伸关系是受各叶位叶鞘内的淀粉消长所支配的。测定不同生育期各叶鞘还原糖的含量表明，均以心叶下的第 3 叶鞘的淀粉含量最高。所以，当最上叶片（心叶）生长时，由于下数第 3 叶鞘淀粉含量高，发根的物质来源丰富，因而发根多而快。如心叶以下的第 3 叶受光不多，同化作用削弱，则发根就会受到影响。这充分体现了叶与根的密切关系。

四、根、叶与结实器官的关系

营养器官与结实器官的关系更为明显，营养器官生长不良，不可能有良好的生殖器官。例如根、茎、叶生长不良，就不可能形成大穗。剪根试验证明，任何时期剪根，对结实率都有影响。后期剪叶，能直接降低粒重，增加每穗的秕粒数。

从各器官间的相互关系可看出，要想获得理想的杂交水稻产量，必须注意各器官的协调生长和植株的整体性。

第十三章

杂交水稻的生长发育

第一节　感光性、感温性及基本营养生长性

一、杂交水稻的发育特性

水稻自子房受精形成受精卵便是一个新世代的开始，但习惯上都是将种子萌发到新种子成熟算作水稻一生生长发育的全过程。生长与发育是两个不同的概念，生长是指植株体积、重量增加的过程，指数量的增加；发育是指为了繁殖下一代所发生的质的变化。但生长与发育又是相辅相成、不可分割的过程。发育是在前一段达到一定的生长量的基础上进行的；发育的同时也在进行量的增长；每一阶段的发育之后又有一定量的生长过程。

水稻一生的生长发育过程可分为三个阶段：种子萌发至幼穗开始分化前为单纯的营养生长期；幼穗开始分化至抽穗前为营养生长与生殖生长并进期；抽穗至成熟是单纯的生殖生长期。一般习惯划分是以幼穗分化为界，幼穗开始分化前称为营养生长期，幼穗开始分化后称为生殖生长期。

水稻一生全生育过程所需时间，因类型、品种及环境条件的不同而变化很大。但在正常情况下，生殖生长所需的时间变化不大，营养生长期则有较大的变化，生育过程中由营养生长期向生殖生长期转变的迟早，直接影响着全生育期的长短。

水稻由营养生长向生殖生长的转变特性取决于系统发育中的遗传特性，并明显地受环境条件所左右。原产低纬度热带的水稻，具有要

求高温、短日照的遗传特性，生长在高温、短日照的条件下，由营养生长向生殖生长的转变提早，反之则延迟，甚至不能进入穗分化阶段。这种因日长和温度的不同而影响水稻由营养生长向生殖生长转变的特性，分别称为感光性和感温性。发育转变是在生长的基础上进行的，因此，在生殖生长之前，必须有一段最低限度的时间进行营养生长，才能实现发育的转变，这种特性称为"基本营养生长性"，这个最短时间的营养生长期便称为"基本营养生长期"。由于水稻基本营养生长期必须在高温、短日照条件下才能表现出来，故又称为"高温短日照生育期"。

水稻这种由营养生长向生殖生长转变的过程受控于感光性、感温性及基本营养生长性的不同特性，称之为水稻的发育特性。

二、杂交水稻的感光性

水稻在短日照条件下才能顺利实现发育的转变，这意味着短日照条件可缩短生长发育过程，长日照条件则延长生育过程。由于水稻种植历史悠久，分布地域广阔，形成了不同的生态类型，对短日照的敏感程度也各有不同。因此，从对短日照的要求方面来看，可以分成不同的类别。

杂交水稻在我国自 1975 年以来发展迅速，南自海南岛，北至黑龙江都有分布，各种组合的感光性有不同的差别。1977—1979 年的 3 年中，湖南农学院对杂交水稻及其亲本进行了研究，从全国收集了杂交组合 76 个（籼型 71 个，粳型 4 个，籼粳型 1 个），不育系及保持系各 23 个（包括野败型 13 个，冈型 3 个，滇型 3 个，红野型 1 个，柳野型 1 个，南新型 1 个，BT 型 1 个），恢复系 26 个（包括东南亚系统，长江流域矮秆早籼及人工制恢系统），在长沙自然条件下，于晚稻期间播种。一部分在自然光照下记载抽穗期，另一部分则于 4~5 叶期起至抽穗止，每天给予明期 10 h 处理（8：00—18：00），然后计算出穗促进率（出穗促进

$$率 = \frac{晚季自然出穗日数 - 晚季短日照处理出穗日数}{晚季自然出穗日数} \times 100\%），并按出穗促进率的大小，将感光$$

性分为六级（表 13-1）。

从表 13-2 可看出，当前的杂交组合感光性差异较大，自Ⅰ级至Ⅵ级都有，但多集中在Ⅲ、Ⅳ级，表明以中稻类型较多。不育系以感光性偏弱的为多（多数为Ⅰ、Ⅱ级），恢复系也以感光性偏弱的为多（多集中在Ⅱ、Ⅲ级）。

杂交水稻中感光性级别为Ⅰ~Ⅱ级的，如 71-72A×早恢 1 号、金南特 43A×早恢 1 号、珍汕 97A×早恢 1 号、V20A×早恢 1 号、柳野 97A×早恢 1 号等组合感光性极弱，短日

照促进出穗天数为 1~4 d，促进率仅 3.3%~6.5%；南早 A×IR28、珍汕 97A×科珍 145、V41A×莲 24、黎明 A×C57、石羽 A×粳 67-341 等组合的感光性弱，短日照促进出穗率为 7.5%~14.5%。而 V20A×意印 2 号组合的短日照出穗促进率表现为负值（-3.8%）。感光性级别为 V~VI 级的，例如华粳 14A×C57，短日照促进出穗天数为 29 d，促进率为 37.2%；钢枝粘 A×IR24、钢枝粘 A×雪谷早、V20A×水莲谷、V20A×红田谷及珍汕 97A×雪谷早等组合，短日照促进出穗天数为 44~48 d，促进率达 41.9%~57.4%，感光性级别为 III~IV 级的，主要是由 IR24、IR26、IR661、R665、圭 630、古 154、古 223、泰引 1 号等中稻类型恢复系与各类不育系所配制的杂交组合，短日照出穗促进率大多在 20.1%~30.0% 之间。

表 13-1　杂交水稻感光性分级标准

感光程度	级别	短日照出穗促进率 /%
弱	I	负值~5.0
	II	5.1~15.0
中	III	15.1~25.0
	IV	25.1~35.0
强	V	35.1~45.0
	VI	>45.0

表 13-2　杂交水稻及其亲本的感光性等级分布（湖南农学院，1977—1979）

感光性等级	杂交水稻		不育系		恢复系	
	数目	占总数 /%	数目	占总数 /%	数目	占总数 /%
I	7	9.3	10	50.0	3	12.0
II	10	13.3	8	40.0	12	48.0
III	28	37.3	—	—	5	20.0
IV	21	28.0	1	5.0	1	4.0
V	3	4.0	—	—	1	4.0
VI	6	8.0	1	5.0	3	12.0

不育系中感光性级别接近和达到 V 级的有滇型不育系华粳 14A，达到 VI 级的有野败型不育系钢枝粘 A，属 I~II 级的有黎明 A、石羽 A 及长江流域早稻品种转育的不育系，表现负感的有 V20A、V41A。

恢复系中感光性级别属Ⅰ~Ⅱ级的有 IR24、IR661、IR26、IR665、圭 630、粳 67-341、C57、75P12、科珍 145、意印 2 号、早恢 1 号；属Ⅵ级的有水莲谷、红田谷、雪谷早、培迪；属Ⅲ~Ⅵ级的有窄叶青 8 号、莲 24、IR28、6185、马来亚、泰引 1 号、古 223、古 154。

（一）杂交水稻对日长感应的时期

水稻由于品种不同，开始对日长感应的时间有早有迟，杂交水稻不同组合同样表现出不一致性。湖南农学院刘鑫涛等对南优 2 号、南优 3 号、南优 6 号，威优 2 号、威优 6 号，汕优 6 号，早优 6 号及恢复系 IR24、IR661、IR26 进行了研究（1977），认为国际稻三个品种及杂交水稻汕优 6 号是在 7~8 叶期开始接受光周期诱导，早优 6 号略早一点，其他杂交组合则在 5~6 叶期开始接受光周期诱导。同一试验证明，当短日照处理使稻株进入穗分化之后仍持续给以短日照条件时，还能提早出穗期。其出穗促进率的大小决定穗分化的程度，穗分化程度高，持续短日照处理的出穗促进率相应变小。如果短日照处理未达到穗分化期便解除（停止），前段短日照处理无效，也不能和间断之后再行短日照处理的时间累加起来完成光周期诱导作用。

对日长感应的结束期大体在抽穗前 10 d 左右。水稻通过光周期诱导的天数一般为几天至十几天。在水稻生育期中的可感应时期内，短日照出现期早则所需天数较多，出现期迟则所需天数较少。

（二）完成光周期诱导对光照长度、强度及温度的要求

水稻光周期现象的实质，是对一昼夜中的暗期有明显的要求。因此"短日性"实为"长夜性"，习惯上多以光期时间长短作为感光性的标准。水稻所要求的"短日照"，并不是严格的指一天中见光时间短于黑暗时间，而是指某一品种（组合）通过光周期诱导每天需要短于多少小时的光照。我国的感光性品种（组合）所需要的每天的见光时间一般是 12~14 h。例如，海南岛的一些品种要求短于 12 h，长江流域的晚稻一般要求短于 13.5 h。对感光性品种起光周期诱导的照度约为 100 lx。

光周期诱导期间的温度是主要的条件，尤其是暗期，如果温度过低，给予的短日照条件就要延长时间，或者根本不能通过感光期。因为感光性水稻通过感光期是由于组织中的 PF 型光敏色素转变为 PR 型（PF 型光敏色素降低时，植株中抑制幼穗形成的激素降低，促进幼穗形成的激素增多，从而促进穗的分化）而实现的。这种转变是在红外线的作用下进行的，但在黑暗条件下也能缓慢进行。根据湖南农学院的研究，现有杂交水稻组合在光周期诱导期间所需要的日平均气温要在 20.5 ℃以上，而作为恢复系的国际稻系统则要在 23.1 ℃以上。

（三）杂交水稻感光性与亲本的关系

杂交水稻多数组合的感光性比亲本有所增强，只有少数表现为中间偏弱。根据湖南农学院刁操铨、朱应盛等的研究（1977—1979），70个杂交水稻组合的感光性与其亲本比较，可分为三种类型：一类为超亲型，双亲的感光性均较弱，所配组合的感光性较双亲增强，属此种类型的最多，有53个，是生产中种植最多的杂交水稻组合，例如南优2号、汕优2号等；二类为倾晚型，双亲或一个亲本具有强感光性，其杂交组合也为强感光性，表现强感光性对弱感光性为显性，例如V20A×水莲谷、钢枝粘A×IR24等。三类为中间型，其感光性介于双亲感光性之间，如V20A×意印2号、黎明A×培迪等（表13-3）。

表 13-3　杂交水稻不同类型感光性与亲本的关系（湖南农学院，1977—1979）

感光性类型	代表性组合举例（表中数字为感光性短日照出穗促进率/%）			各类组合占参加鉴定组合的百分率/%
	杂交稻（组合）	不育系	恢复系	
超亲型	南优2号 30.6 汕优4号 26.8	二九南1号A 4.0 珍汕97A 2.7	IR24 8.2 古154 20.4	75.71
倾晚型	V20A×水莲谷 59.6 钢枝粘A×IR24 56.9	V20A −8.6 钢枝粘A 56.5	水莲谷 51.8 IR24 8.2	11.43
中间型	V20A×意印2号 −3.8 黎明A×培迪 26.3	V20A −8.6 黎明A（粳） 11.9	意印2号 3.4 培迪 43.5	12.86

三、杂交水稻的感温性

水稻为喜温作物，适当的高温不但能促进生长，而且能促进发育的转变，但品种（组合）不同，其感温性有强弱之分。为了研究感温性的强弱，湖南农学院按在短日照条件下晚季（高温）比早季（低温）提早抽穗的幅度（温度对出穗的促进率

$$= \frac{\text{早季短日照下播种至出穗天数} - \text{晚季短日照下播种至出穗天数}}{\text{早季短日照下播种至出穗天数}} \times 100\%），$$

将杂交水稻（组合）的感温性划分为六级（表13-4），凡出穗促进率大、级别高的，表示感温性强，反之则弱。

据湖南农学院 1977—1979 年试验, 当时所收集的主要杂交组合材料 55 个中, 不育系 16 个、恢复系 18 个的感温性多集中在 III、IV、V 级; 杂交组合中属于 III 级的有 V20A × IR28, 二九南 1 号 A × IR28, 南早 A × IR28; 属 IV 级的有汕优 6 号、汕优 2 号、七优 2 号。不育系中 V41A、V20A 属 I～II 级, 南早 A、金南特 A、冈 (二九矮 7 号) A、二九南 1 号 A 属 III 级; 恢复系中泰引 1 号、75P12、意印 2 号、早恢 1 号、IR661、IR24 属 III 级; 莲 24、IR26、IR28、古 154 属 IV 级。

杂交水稻感温性与亲本感温性之间的关系, 有超亲型的, 如南优 2 号、南优 3 号、南优 6 号等, 其感温性比不育系及恢复系略有增强; 有中间型的, 如 V20A × 水莲谷、V41A × 莲 24、南早 A × IR28 等, 其感温性大于或接近不育系及恢复系的平均值; 还有负超亲型的, 如二九南 1 号 A × IR28、71-72A × IR28、珍汕 97A × 早恢 1 号、71-72A × 早恢 1 号、钢枝粘 A × IR24、钢枝粘 A × 雪谷早等, 其感温性比不育系及恢复系都要低。

表 13-4　感温性级别划分标准

感温性程度	级别	温度促进出穗率 /%
弱	I	<5.0
	II	5.1~15.0
中	III	15.1~25.0
	IV	25.1~35.1
强	V	35.1~45.0
	VI	>45.1

表 13-5　杂交水稻及其三系亲本的短日照高温生育期长短级别划分 (湖南农学院, 1979)

程度	级别	晚季 10 h 短日照下的出穗天数 / d
短	I	<44
	II	45~49
中	III	50~54
	IV	55~59
长	V	60~69
	VI	>70

四、杂交水稻的高温短日照生育期

湖南农学院将水稻的高温短日照生育期划为六级 (表 13-5), 并收集国内主要杂交组合及其亲本进行了研究。他们认为当前推广组合的高温短日照生育期多为Ⅰ～Ⅳ级，很少出现Ⅴ、Ⅵ级。属于Ⅰ～Ⅱ级的有黎明A×培迪、华粳14A×C57、珍汕97A×古154、钢枝粘A×雪谷早、石羽A×粳67-341、南早A×75P12、V20A×水莲谷、V20A×红田谷；属于Ⅲ级的有二九南1号A×IR28、71-72A×IR24，71-72A×75P12、V20×IR28、V20A×莲24、V20×75P12、V20A×圭630、V20A×窄叶青8号、V41A×莲24、V41A×古154，南早A×IR26、南早A×IR28，珍汕97A×IR24、珍汕97A×6185、珍汕97A×莲24、珍汕97A×雪谷早、珍汕97A×IR26、珍汕97A×75P12、钢枝粘A×雪谷早、冈（朝阳1号）A×古223、冈（青小金早）A×泰引1号、C（金南特43）A×古223，黎明A×C57；属Ⅳ级的有二九南1号A×IR24、二九南1号A×IR661、二九南1号A×IR26，71-72A×IR26、71-72A×早恢1号、玻璃粘矮A×IR24、玻璃粘矮A×IR26、金南特A×IR24、金南特A×IR26、金南特A×早恢1号、V20A×IR24、V20A×IR26、V20A×IR665、V20A×早恢1号、V20A×意印2号、V41A×IR26、V41A×马来亚，珍汕97A×圭630、珍汕97A×科珍145，冈（朝阳1号）A×IR24、冈（朝阳1号）A×IR26、冈（二九矮7号）A×泰引1号，C（金南特43）A×IR24，二九矮4号A×IR26等；属于Ⅴ级的尚只发现钢枝粘A×IR24和珍汕97A×早恢1号。

不育系中属于Ⅱ级的有华粳14A、黎明A、石羽A；属于Ⅲ级的有二九南1号A、71-72A、玻璃粘矮A、冈（朝阳1号）A；属于Ⅳ级的有金南特43A、南早A、珍汕97A、钢枝粘A、C（金南特43）A、二九矮4号A；属于Ⅴ级的有V20A、冈（二九矮7号）A；属于Ⅵ级的有V41A。

恢复系中属于Ⅱ级的有红田谷、雪谷早；属于Ⅲ级的有水莲谷、古154；属于Ⅳ级的有意印2号、IR28、6185、莲24、古223、培迪、C57、粳67-341；属于Ⅴ级的有IR24、IR661、IR26、IR665、早恢1号、75P12、圭630、窄叶青8号、马来亚、科珍145；属于Ⅵ级的有泰引1号。

由于高温短日照生育期的遗传为短日照对长日照表现显性，故杂交水稻的高温短日照生育期偏向于短的亲本，上述试验的57个杂交组合中，绝大多数组合（占总数的94.7%）的短日照高温生育期小于两个亲本的平均值，且多数表现为超亲。

第二节　生长发育时期

一、杂交水稻不同组合的生长发育时期

不同组合的生育期相差较大，多数组合生育期偏长，如汕优 2 号、汕优 3 号、汕优 6 号，汕优 63，南优 2 号、南优 3 号等；近几年育成了几个生育期较短的早熟组合籼型杂交水稻，粳型的有黎优 57；籼型的有威优 16、威优 98、威优 35、威优 49、威优 47 等；使双季杂交早稻种植区向北推移到了北纬 28°。

受感光性及感温性的影响，杂交水稻同一组合在不同地域生育期长短表现不一样，纬度越低生育期越短，海拔愈低生育期也愈短。例如，表 13-6 所列 9 个杂交早籼组合在 9 省 14 个试验点上的生育期表现，由于各试验点的纬度与海拔不同，全生育期变幅威优 35 为 109~130 d，V20A×1702 为 106~130 d，V20A×78-118 为 112~136 d，D 汕 A×2125 为 103~125 d，威优 98 为 105~127 d，威优 16 为 106~126 d，威优 64 为 109~134 d，威优 437-1 为 111~133 d，珍肯 A×815-24 为 103~122 d。

表 13-6　杂交早稻在不同地区的生育期表现　　　　　　　单位：d

试验地点	威优 35	V20A×1702	V20A×78-118	D 汕 A×2125	威优 98	威优 16	威优 64	威优 437-1	珍肯 A×815-24
安徽广德县	121	120	124	115	121	115	124	124	113
湖北黄冈地区	121	118	126	113	117	113	121	122	111
浙江杭州市	125	123	128	118	122	121	128	128	118
四川水稻所	129	125	129	125	127	125	129	129	—
江西省农科院	123	122	123	118	123	118	123	123	117
湖南杂交水稻中心	122	120	127	115	118	118	126	122	115
浙江温州市	120	118	129	116	117	117	123	124	114
福建建阳地区	127	123	130	123	122	122	127	128	122
湖南衡阳市	124	124	127	118	122	119	123	123	117
福建农科院稻麦所	120	120	124	116	116	116	120	120	116
江西赣州地区	116	112	120	111	111	111	117	116	109
广东韶关地区	130	130	136	124	126	126	134	133	120
广西农科院	129	123	130	120	123	122	129	125	118
广东湛江地区	109	106	112	103	105	106	109	111	103

注：本表为 1984 年全国南方稻区杂交早稻（籼稻）区域试验资料，由湖南杂交水稻研究中心黄自强提供。

表 13-7 所列为杂交中稻（籼型）在各地的生育期差别，如白优桂 32 在各地的生育期变幅为 128~157 d，青四矮 A× 红梅早为 132~158 d，汕 A× 明恢 63 为 115~156 d，汕 A×81-4111 为 129~155 d，威优 6 号为 127~156 d。

表 13-8 为单季杂交粳稻在不同省区的生育期表现，表 13-9 为双季杂交晚粳在不同省区的生育期表现。同一组合在不同地点的生育期都有不同程度的差异；不同组合的变幅虽有大小之分，但不存在生育期固定不变的组合。如表 13-8 所列 9 个组合在 6 个试验点上生育期的变幅，最大的是双优农天（双白 A× 农天，浙江农科院育成），为 42 d，最小的是六优 1 号（六千辛 A×77302-2，江苏农科院育成），为 21 d。表 13-9 所列 9 个粳籼型组合在 8 个试验点上作双季晚稻栽培，生育期的变幅最大的也是双优农天（32 d），最小的也是六优 1 号（15 d）。表 13-10 为双季杂交晚籼在各地的生育期表现，变幅最大的是汕优 2 号（39 d），最小的是威优 38（8 d）。由此可知，不论早、中、晚稻或籼粳，在异地引种时生育期皆发生变化。因此，引种工作必须遵循这种生育期因纬度、海拔的不同而发生变化的规律，引进适合本地季节条件的组合，才能取得成功。

在同一纬度条件下，不同海拔对生育期的影响也是非常明显的。例如，在湖南省农业厅组织的不同海拔杂交水稻适应性的试验研究中，据溆浦县龙潭区农技站在大华乡的试验，自海拔 500 m 起，每隔 100 m 高程设一个点，至海拔 1 000 m 止，6 个组合（威优 6 号、威优 16、威优 98、威优 35、威优 64 和汕优 2 号，见表 13-11）的全生育期变化均表现为与海拔高程成正相关，海拔愈高其生育期愈长。

表 13-7　杂交中稻在不同地区的生育期表现　　　　　　　单位：d

试验地点	白优桂 32	青四矮 A× 红梅早	汕 A× 明恢 63	汕 A×81- 4111	威优 6 号
江苏镇江地区农科所	131	138	138	131	131
安徽滁县农科所	136	139	139	137	139
陕西汉中地区农科所	157	158	156	155	156
湖北恩施地区农科所	143	143	115	141	137
湖北武汉东西湖农科所	128	138	138	129	127
江西云山垦殖场农科所	131	132	133	129	130
四川绵阳地区农科所	151	153	149	147	148
四川涪陵地区农科所	136	145	137	138	135
湖南湘西自治州农科所	132	134	132	132	132
湖南桂东县农科所	153	147	153	150	145

注：此表资料由湖南杂交水稻研究中心黄自强提供。

表 13-8　单季杂交粳稻在不同地区的生育期表现　　　　　　单位: d

试验地点	当优3号	筑优五-2	京优五-2	农优1号	三优1号	六优3-2	六优1号	矮九优39	双优农天
湖南桂东县农科所	125	129	126	133	130	126	129	130	131
湖北钟祥水稻原种场	128	133	132	152	136	127	127	150	150
安徽省农科院粮作所	141	151	152	152	151	139	139	157	160
江苏省农科院粮作所	164	166	166	166	166	148	148	172	173
江苏常熟县农科所	153	162	164	169	167	140	143	164	172
上海市农科院作物所	149	149	149	155	155	144	144	155	150

注: 资料来源于 1984 年南方稻区杂交粳稻区域试验汇总报告, 由江苏农科院水稻室提供。

表 13-9　双季杂交晚粳在不同地区的生育期表现　　　　　　单位: d

试验地点	当优3号	筑优五-2	京优五-2	农优1号	三优1号	六优3-2	六优1号	矮九优39	双优农天
湖南农科院水稻所	116	127	127	132	132	113	113	134	137
湖北农科院粮作所	126	133	133	136	136	121	118	142	143
安徽安庆地区农科所	116	115	115	118	119	114	113	118	121
江苏吴县农科所	127	138	138	140	138	123	123	143	143
上海县种子公司	132	135	135	143	134	128	126	145	140
浙江嘉兴市农科所	124	137	138	148	143	123	122	147	153
浙江宁波市农科所	128	128	128	128	128	128	128	136	141
江西九江地区农科所	125	125	125	129	134	125	123	135	135

注: 资料来源于 1984 年南方稻区杂交粳稻区域试验汇总报告, 由江苏农科院水稻室提供。

表 13-10　双季杂交晚籼在各地的生育期表现　　　　　　单位: d

试验地点	类型与组合					
	早熟类组					
	威优98	汕优6161-8	威优38	协优64	威优64	威优35
湖南杂交水稻研究中心	103	117	105	115	115	102
福建省农科院稻麦所	109	114	—	114	110	109
温州市农科所	97	109	—	107	108	99

续表1

试验地点	类型与组合					
	早熟类组					
	威优98	汕优6161-8	威优38	协优64	威优64	威优35
福建建阳农科所	105	117	—	111	109	104
安徽农科院作物所	106	114	106	114	—	102
江西赣州地区农科所	113	120	113	120	121	113
湖北省农科院粮作所	105	116	106	—	115	103
中国水稻所	105	120	—	120	113	102
江西农科院水稻所	110	112	110	112	112	108
湖南衡阳市农科所	105	115	105	109	110	106
广德县农科所	115	117	—	118	116	115
变幅	97~115	109~120	105~113	107~120	108~121	99~115
平均	106.7	115.55	107.5	118	112.9	105.7

试验地点	类型与组合							
	迟熟类组							
	泸南早A × 台8-5	威优单花恢	青优早	中优2号	汕优36	汕优桂32	汕优3024-1	汕优2号
广西农科院水稻所	130	120	127	125	120	125	125	127
四川内江地区种子公司	118	116	123	122	118	118	118	122
江西赣州地区农科所	138	134	135	135	129	133	133	134
温州市农科所	131	117	131	130	127	128	130	131
广东韶关市农科所	133	131	131	131	126	130	131	129
福建省稻麦所	131	126	134	131	127	129	129	133
四川省水稻所	136	133	136	133	133	133	133	134
湖南杂交水稻研究中心	134	128	132	127	129	127	131	135
福建建阳地区农科所	136	120	134	129	122	130	120	134
江西省水稻所	122	120	122	120	132	123	122	
湖北省粮作所	139	129	140	132	140	132	131	143
中国水稻所	128	126	128	126	126	126	126	128
广东湛江市农科所	108	104	105	103	102	104	104	104
广德县农科所	141	124	141	125	132	126	132	128
变幅	108~141	104~134	105~141	103~135	102~140	104~133	104~133	104~143

续表2

试验地点	类型与组合							
	迟熟类组							
	泸南早A×台8-5	威优单花恢	青优早	中优2号	汕优36	汕优桂32	汕优3024-1	汕优2号
平均	130.71	123.43	129.79	126.5	125.07	126.64	126.14	129.07

注：资料来自1984年南方稻区杂交晚稻区域试验，江西农科院水稻所汇总。

表 13-11　杂交水稻在不同海拔种植的全生育期（湖南省溆浦县龙潭区农技站，1983）　　　单位：d

海拔/m	威优6号	威优16	威优98	威优35	威优64	汕优2号
500	136	106	108	111	114	139
600	139	108	111	115	117	142
700	144	112	115	119	121	147
800	148	115	118	122	124	150
900	—	118	121	125	129	156
1 000	—	122	126	130	133	162

在同一地点不同季节栽培的情况下，受温光条件的影响，其生育期的变化也是明显的。例如，在湖南的自然条件下，杂交水稻同一组合自春季至晚夏分期播种，在正常情况下，生育期的长短与播种期的关系呈三次方曲线形变化（9月下旬以后抽穗的，由于气温不能满足正常生育的要求，生育期延迟，超迟播处理不包括在内）。早春播种的生育期最长，之后，随着播种期的推迟，由于气温逐渐升高，以及夏至后的短日照影响，生育期逐渐变短。但8月上旬至8月底齐穗的各个播期处理，由于生育的多数时间处在气温较低的季节中，故生育期又有所延长；8月底以后齐穗的迟播处理，虽然生育期内气温较低，但短日照的促进作用起了主导作用，故全生育期又逐渐缩短。如表13-12所列，在湖南省湘潭市（北纬27°52'，海拔40 m），自4月7日至7月26日，每隔5 d播种一期，威优98生育期第一长的是4月7日播种的，第一短的是6月6日播种的；第二长的是6月16日至26日播种的，第二短的是7月21日播种的。威优35全生育期第一长的是4月7日播种的，第一短的是6月6日播种的；第二长的是6月21日播种的，第二短的是7月21日播种的。威优64全生育期第一长的是4月7日播种的，第一短的是5月27日播种的；第二长的是6月16日至26日播种的，第二短的是7月21日播种的。

444

表 13-12 杂交水稻同一地点不同播种季节的生育期变化（湖南湘潭市农科所，1983）   单位: d

播期	插期	威优98			威优35			威优64		
		齐穗期	播种至齐穗天数	播种至成熟天数	齐穗期	播种至齐穗天数	播种至成熟天数	齐穗期	播种至齐穗天数	播种至成熟天数
4 月 7 日	5 月 2 日	7 月 1 日	85	112	7 月 3 日	87	113	7 月 5 日	89	116
4 月 12 日	5 月 7 日	7 月 2 日	81	107	7 月 5 日	84	110	7 月 7 日	86	112
4 月 17 日	5 月 12 日	7 月 5 日	79	105	7 月 7 日	81	107	7 月 9 日	83	109
4 月 22 日	5 月 17 日	7 月 7 日	76	102	7 月 11 日	80	106	7 月 12 日	81	107
4 月 27 日	5 月 22 日	7 月 13 日	77	103	7 月 13 日	77	103	7 月 15 日	79	105
5 月 2 日	5 月 27 日	7 月 15 日	74	100	7 月 17 日	76	102	7 月 19 日	78	104
5 月 7 日	6 月 1 日	7 月 20 日	74	100	7 月 19 日	73	99	7 月 21 日	75	101
5 月 12 日	6 月 6 日	7 月 24 日	73	99	7 月 21 日	70	96	7 月 28 日	77	103
5 月 17 日	6 月 11 日	7 月 27 日	71	97	7 月 27 日	71	97	8 月 1 日	76	102
5 月 22 日	6 月 16 日	7 月 31 日	70	96	7 月 29 日	68	94	8 月 4 日	74	100
5 月 27 日	6 月 21 日	8 月 5 日	70	96	8 月 1 日	66	92	8 月 8 日	73	99
6 月 1 日	6 月 26 日	8 月 7 日	67	93	8 月 7 日	67	91	8 月 11 日	71	99
6 月 6 日	7 月 1 日	8 月 10 日	65	91	8 月 9 日	64	90	8 月 16 日	71	99
6 月 11 日	7 月 6 日	8 月 17 日	67	95	8 月 17 日	67	95	8 月 23 日	73	101
6 月 16 日	7 月 11 日	8 月 24 日	69	97	8 月 23 日	68	96	8 月 29 日	74	102
6 月 21 日	7 月 16 日	8 月 29 日	69	97	8 月 30 日	70	98	9 月 3 日	74	102
6 月 26 日	7 月 21 日	9 月 3 日	69	97	9 月 2 日	68	96	9 月 8 日	74	102
7 月 1 日	7 月 26 日	9 月 7 日	68	96	9 月 7 日	68	96	9 月 9 日	70	98
7 月 6 日	7 月 31 日	9 月 12 日	68	96	9 月 12 日	68	96	9 月 15 日	71	101
7 月 11 日	8 月 5 日	9 月 17 日	68	98	9 月 17 日	68	98	9 月 18 日	69	99
7 月 16 日	8 月 10 日	9 月 19 日	65	95	9 月 19 日	65	95	9 月 22 日	68	98
7 月 21 日	8 月 15 日	9 月 21 日	62	92	9 月 20 日	61	91	9 月 24 日	65	95
7 月 26 日	8 月 20 日	9 月 26 日	62	92	9 月 26 日	62	92	10 月 2 日	68	98

二、营养生长期与生殖生长期的重叠及变化

前面已经说过，水稻一生可划分为单纯营养生长期、营养生长与生殖生长并进期、单纯生殖生长期。这里所说的重叠不是单指并进期，而是指单纯营养生长期的一部分推后到并进期，其主要标志是分蘖旺盛期的部分或全部在穗分化时期进行。

发生重叠的原因，一种是全生育期短的品种，由于其基本营养生长期短，故生育转变期早。因此，在穗分化过程中同时进行旺盛的蘖叶生长。对于作早稻栽培的组合来说，还有另一种因素，就是在早春插秧之后，气温长期偏低，分蘖芽不能及时萌动，待到气温升高季节已推迟之后再产生分蘖时，却已进入了穗分化期。例如，长江流域稻区的早稻在初夏低温年份常有此种情况出现，正常分蘖期应在 5 月上中旬，而在初夏低温年份则推迟到 5 月下旬，此时一般已进入了穗分化期。

另一种是秧龄过长，人为的压缩了本田营养生长期，即便是生育期长的品种也产生重叠现象。例如，在长江流域的南优 2 号、南优 6 号，汕优 2 号、汕优 3 号、汕优 6 号，威优 6 号等，作双季晚稻栽培时，全生育期都比较长，而水稻生长的气温适期较短，因此常采用早播、长秧龄的做法来解决安全齐穗的问题。这样，本田分蘖盛期基本上都与主茎穗的发育同时进行，使一、二阶段基本重叠在一起。由于存在上述重叠现象，故在栽培管理上应采取相应的措施。一些省区在水稻生产中普遍实行生育中期控苗，分蘖后期限水限肥，这对发育重叠型的水稻非常不利，因为控得过早则苗数不足，控得迟则影响穗部正常分化。这种做法对杂交水稻的损害也较大，它不但影响杂交水稻大穗优势的发挥，而且加重了杂交水稻单位面积内穗数不足的弱点。

生育阶段重叠现象不但与组合生育期长短有关，而且受生态及栽培条件的影响。例如，生育期短的组合种植在春季低温条件下，分蘖盛期推迟，发生生育阶段重叠现象；如果本田前期气温高，则重叠现象减轻。双季晚稻如果秧龄过长，生育阶段重叠现象加重；秧龄缩短则重叠现象减轻。如果秧田的播种密度大，秧龄长，穗分化提早在秧田阶段进行，分蘖期出现在穗分化后期，这属于最严重的重叠类型。

三、碳氮代谢的主要时段划分

水稻一生中植株的含氮率以分蘖盛期为最高，并以此期为最高点呈单峰形曲线状变化，而以淀粉为主的碳水化合物含量则以分蘖盛期为最低，成熟期为最高，呈不对称的"V"字形变化（图 13-1）。

各时期的碳氮比以分蘖盛期为最低，成熟期为最高。表13-13是湘潭市农科所对杂交早稻威优35、威优16、威优98、威优64的研究材料。从中可以看出，插秧后一段时期碳氮比值稍高，表明秧苗及插后返青期的碳氮比高于分蘖期，5月中下旬分蘖旺盛期碳氮比最低，此后直到成熟期则不断上升。四个组合分蘖盛期碳氮比的最低值分别为7.88、7.33、6.77、6.06，平均为7.06；收割期碳氮比的最高值分别为54.08、44.38、43.47、50.90，平均为48.21。

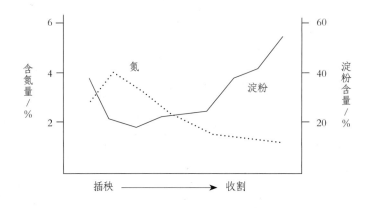

图13-1　杂交早稻一生中植株氮及淀粉含量变化

表13-13　杂交早稻四个组合地上部植株碳氮比变化（湖南省湘潭市农科所，1984）

测定日期	威优35	威优16	威优98	威优64	平均
5月9日	17.92	19.76	16.27	13.15	16.88
5月19日	8.09	7.33	6.77	6.06	7.06
5月29日	7.88	8.32	6.97	6.28	7.36
6月8日	15.94	16.19	12.85	11.37	14.09
6月18日	18.39	14.66	13.62	11.37	14.60
6月28日	26.70	29.51	21.85	18.52	24.15
7月8日	27.45	33.70	35.99	22.73	29.97
7月18日	28.78	32.85	30.72	28.20	30.14
收割期（7月28日）	54.08	44.38	43.47	50.90	48.21

注：3月28日播种，4月27日插秧，最高分蘖期在6月5日左右，四个组合的穗分化期分别为5月27日，5月24日，5月25日，5月31日；齐穗期分别为6月29日，6月24日，6月25日，7月1日；成熟期分别为7月26日，7月22日，7月23日，7月28日。

根据水稻一生中碳氮比的变化情况，也可将其大体划分为三个不同的时期：插后至分蘖末期以前为氮代谢为主的时期，此时期的植株建成物质主要形成氨基酸、蛋白质一类含氮物质；抽穗至成熟期为碳代谢为主的时期，以合成可溶性糖、淀粉等糖类物质为主；中间一段时期即分蘖末期至齐穗期碳氮比为中等水平，故特称为碳氮代谢并重期（或碳氮代谢转变期）。从表13-13中可以看出，杂交水稻大体是在 5 月底以前（插后至分蘖末）为氮代谢阶段，6 月初至 7 月初（分蘖末至齐穗）为碳氮代谢并重阶段，7 月初齐穗至收割为碳代谢为主的阶段。

　　综上所述，从插秧至分蘖末期这一阶段中，稻株含氮率为全生育期中最高，淀粉含量及碳氮比则处于最低状况，这段时期的主要任务是叶蘖等器官的迅速生长与建成。齐穗期以后至成熟，这一阶段杂交稻株含氮率最低，淀粉含量及碳氮比最高，这段时期的生育目的是形成稻谷产量，表明碳代谢占绝对优势。分蘖末期至齐穗期这一阶段，稻株含氮率、淀粉含量及碳氮比皆处于中等水平，而磷钾的含量（与旺盛的生理活动关系密切）及叶绿素含量一般都处于较高水平。这段时期既是生理活动的旺盛时期，又是活动极为复杂的时期；既有苗叶的生长，又有分蘖的消亡；既有穗的发育，又有碳水化合物的贮存；既可能形成高产的基础，又可能埋下减产的隐患。此时如果过多提高氮代谢的水平，则将生长过旺导致"青疯"；如果过早促使转向高碳代谢，则植株及群体有"生长不足"之虞。对杂交水稻而言，这段时期更属关键。杂交水稻赖以高产的关键是大穗大粒，进一步增产的潜力是增加穗数、提高结实率，这些都与碳氮代谢并重期有关。大穗大粒的建成主要是在这段时期，穗数的多少也与这段时期的保蘖成穗关系重大，结实率则与这段时期形成的植株群体大小以及淀粉的储备量关系密切。总之，正确掌握碳氮并重期的代谢水平，重视中期的合理栽培管理，是杂交水稻高产的关键。

第三节　稻株的器官建成

一、发芽和幼苗生长

　　供水时，稻种便开始吸收水分。此时种胚盾片栅状吸收层及胚乳糊粉层中的各种酶开始活动，并溶解胚乳，养分通过盾片向胚部各分生组织输送，重点是输向胚芽和胚根。胚芽、胚轴及胚根便开始生长膨大，并胀破外颖露出白色，称为"破胸"（或"露白"）。破胸之后便进入幼芽及幼根的迅速生长期。在室内湿润催芽的条件下，往往是先长根后长芽，而在直播或淹水条件下，则是先长芽，后长根。幼芽长出时，胚芽中原有的三片叶（包括不完全叶）及胚芽生长点都在同时进行生长分化。但外表见到的是芽鞘（即鞘叶）的伸长。芽鞘具有两条叶脉（维管束），但不含叶绿素，不进行光合作用。芽鞘的长度视水分空气状况而不同，在淹水条件下最长可达 10 cm 左右，通气条件下为 1 cm 左右。按一般习惯，在未出不完全叶以前，当芽鞘伸长达半粒种谷长、种子根达一粒谷长时称为发芽完成期。在实践中，发芽阶段如果水分过多，温度偏低，种谷常常出现有芽无根的状况；反之，如果高温少湿，则出现有根无芽的状况。这些畸形种芽往往是形成烂芽的原因之一。

芽鞘在形成过程中，顶部向种谷一侧弯曲，外侧出现裂孔，由裂孔中抽出不完全叶（第一片真叶）。不完全叶肉眼看不到叶片，只有叶鞘（在放大镜下仍可看到有很小的叶片），但有叶绿素，可进行光合作用。不完全叶的出现在生产上称为出苗。如果浸种催芽的时间过长，在播种之前就出现了真叶的话，这对生产是不利的。因为这样使胚乳消耗较多，并且在出苗时种子根过长，对田间扎根扶针有影响，从而降低秧苗的成苗率，减弱生长势。不完全叶之后，再长出的叶便有叶片与叶鞘之分，称为完全叶。

幼苗长出不完全叶时，仍只有一条由胚根伸长的种子根。幼苗长出一两片完全叶时，由芽鞘节的发根带前后长出 5 条根，5 条根的生长次序有一定规律，首先于种子根同侧的两边长出 2 条，再于种子根对侧长出 2 条，最后于种子根的正上方长出 1 条（图 13-2）。幼苗在长出第二、第三片完全叶时，在不完全叶节上出生的次生根一般也只有 5~6 条。

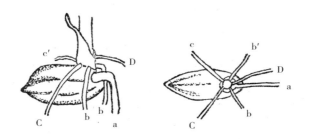

图 13-2　芽鞘节的发根顺序

注：首先出生 b 及 b'，其次出生 C 及 c'，最后出生 D（a 为种子根）。

幼苗长出第三片完全叶时，胚乳已基本消耗完毕，此后要由幼苗自行吸收并制造养料，由"自养"转向"异养"，这时水稻便完成了幼苗期的生长。

杂交水稻种子的发芽和幼苗生长过程与常规稻种相比稍有差别，主要表现在种子生活力及其对某些条件的要求程度上。

（一）种子生活力

种子的生活力对发芽出苗影响很大，杂交水稻由于具有杂种优势，故发芽出苗的生长势都比较强，加之现有的杂交水稻种子多以大粒型为主，胚乳较多，初期生长更为旺盛。

种子的成熟度不同，生活力也不同，最早在开花后一星期收割的种子便可发芽，但发芽率低，发芽势弱；以后随着种子成熟度的提高生活力逐步增强。种子在穗部的着生部位也与生活力有关，强势花在开花后灌浆快，饱满度高，因而生活力强；弱势花在开花后充实慢，故生活力弱。杂交水稻多为大穗型，各部位的谷粒灌浆速度不一致，因此常有发芽出苗不太整齐的现象，在催芽过程中应分别对待，实行比重法选种，对一部分粒重小、成熟度差的种子个别进行催芽播种。

种子储藏时间的长短对种子的生活力影响很大，陈种子的发芽率、发芽势都比较低。稻种保存在常温常湿的普通粮仓中，一般保存一年的可在生产上利用，保存两年的虽能发芽，但发芽率及发芽势都很低，故不宜在生产上利用。储存的方法不同，种子生活力也有很大差别。据广东农科院的研究（1977—1980），将水稻种子在低温（36 ℃～40 ℃）条件下进行烘干，使其含水量降至11% 以下，然后用铁皮箱密封储藏，三年后粳稻种基本上不能发芽，四年后籼稻种也大部分不能发芽。但是，若用装有足量硅胶的干燥器储存，四年后，绝大多数种子的发芽率为81%～100%，其余也均可保持在50% 以上的发芽率（表13-14）。此外，近年来湖南省发现农民用包装尿素的塑料编织袋储存杂交水稻种子时，发芽率很低，表明杂交水稻对氨气等化学气体的抵抗力较差。

表 13-14　常温干燥藏种分年测定发芽率的结果（广东农科院水稻所品种资源课题组）

| 收获时间 | 测定时间 | 贮藏年限 | 类型 | 参试总数 | 发芽率分布 | | | | | | | | | | | | | |
| | | | | | 91%～100% | | 81%～90% | | 71%～80% | | 61%～70% | | 51%～60% | | 50% 以下 | | 全不发芽 | |
					品种数	占总参试数/%	品种数	占总参试数/%	品种数	占总参试数/%	品种数	占总参试数/%	品种数	占总参试数/%	品种数	占总参试数/%	品种数	占总参试数/%
1976 年早稻	1977 年4 月	1	籼	196	169	86.22	27	13.78	0	0	0	0	0	0	0	0	0	0
1976 年早稻	1978 年4 月	2	籼	186	120	64.52	45	24.19	14	7.53	2	1.08	2	1.08	3	1.61	0	0
1976 年早稻	1980 年2 月	4	籼	196	113	57.65	62	31.63	13	6.63	7	3.57	1	0.51	0	0	0	0

（二）水分

种子的发芽与生长必须有充足的水分，在吸足一定水分的条件下，种子内部才能进行一系列生物化学方面的演变。稻谷的饱和吸水量约为种子重量的 40%，开始萌动的含水量约为种子重量的 24%，含水量偏低时发芽较慢。种子对水分的吸胀时间与品种及浸种时的温度有关，粳稻吸水一般比籼稻要慢。早中稻因浸种季节水温偏低，所需浸泡时间较长。例如，华北地区在一季中稻浸种时水温一般在 8 ℃左右，长江流域早稻浸种时水温一般是 10 ℃~12 ℃，因此早中稻的浸种吸胀时间一般需 3~4 d；晚稻浸种时气温高，如华中、华南的双季晚稻在浸种时水温一般为 30 ℃左右，因此浸种时间仅需 2 d。

（三）温度

水稻发芽的最低温度因品种而异，粳稻的发芽起点温度较低，籼稻的较高，一般为 10 ℃~12 ℃。籼型杂交水稻的恢复系多为菲律宾等东南亚地区原产，发芽起点温度较高，一般要 12 ℃~13 ℃，最适温度为 32 ℃左右，最高不能超过 40 ℃，达到 42 ℃以上时则很快死亡。出苗和幼苗生长的温度，粳稻的生长起点温度较低，超过 12 ℃能缓慢生长，但籼型杂交水稻则要求较高。不论籼稻或粳稻，一般要求 16 ℃左右的温度才能正常生长。幼苗的耐寒能力除了与组合有关之外，与苗龄关系也很大。出苗后比出苗前抗寒力低，叶龄高的比叶龄低的抗寒力低。出苗后生长的最适温度为 26 ℃~32 ℃，最高温度为 40 ℃~42 ℃。幼苗期的耐高低温能力与当时田间的其他条件有关，如有水淹灌或有其他覆盖物，可减轻气温急速变化，死苗情况可以减轻。在晚稻幼苗期间如有强烈的阳光照射，水温可以大大超过气温，此时如果淹灌，则可导致幼苗（芽）受烫而死亡。

（四）氧气

水稻谷芽或幼苗在缺氧的条件下可以用酒精发酵的形式进行无氧呼吸，因此，在无氧情况下谷芽也可生长，但不正常。仅仅是芽鞘及根鞘的细胞伸长（在淹水的情况下根鞘很少伸长），并无细胞的分裂与器官的分化；只有在有氧的条件下才有细胞的分裂、根叶的生长，才可能由分生组织分化出新的叶片及分蘖腋芽等器官。种芽及幼苗的生长分化速度与大气中氧气的含量有关，在含量为 21% 以下时，氧气浓度愈大的愈促进生长，但超过 21% 时反而抑制其生长。

杂交水稻芽期及幼苗期的生命活动特别旺盛，对氧气的需求较高，在氧气不足的情况下不但影响生长势，有时还有造成烂种的可能性。为了提高种子的发芽率和成苗率，农民摸索了一些特殊的浸种催芽方式，如流水浸种、自来水冲洗浸种、"三起三落"浸种（即半天浸、半天露、反复 3 d 左右）等，借以增加破胸发芽阶段的氧气供应。

二、叶的生长

（一）叶的生长过程

水稻叶片自叶原基分化至叶片、叶鞘定型，直到完成其功能后死亡的整个过程是一个连续的过程，但根据不同时期的生长侧重点及功能状况，大体可分为五个阶段。

（1）叶原基分化期。首先于茎生长点基部分化出小的突起，即叶原基开始分化，继而由于叶原基分生组织的不断分裂，上部向超过茎生长点的方向生长，横的向左右包围茎生长点的方向分化达到左右对合时，上部亦超过茎生长点的高度形成风雪帽状（又称兜帽状）包围茎生长点；此时开始分化出主脉，继而向左右两侧分化出大维管束，然后分化出大维管束间的小维管束；当幼叶长度接近 1 cm 时，叶缘下部出现向内收缩的凹陷，此处分化叶耳、叶舌，下部即为幼小的叶鞘，至此，叶原基的分化大体完成。叶原基的分化膨大主要是分生组织的分裂增殖（图 13-3）。

在这一段时期中，当幼叶原基呈风雪帽状时，叶片雏形大体形成。当叶片长度达 1 mm 以上时，分化处于决定大维管束、小维管束数目的时期。

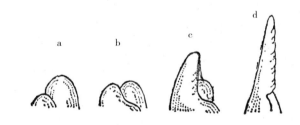

a. 生长锥侧出现叶原基突起；　b. 叶原基突起纵向及横向膨大；
c. 叶原基膨大形成风雪帽状；　d. 叶缘下部出现凹陷。
图 13-3　叶原基的分化与膨大

杂交水稻的优势在叶的生长上的表现，是叶片的长度、宽度都大于常规水稻，维管束也明显多于常规水稻。图 13-4 是双季常规晚籼余赤 231-8、粳稻岳农 2 号与杂交籼稻威优 6 号、威优 49 及湘优 101 的剑叶叶脉比较，可以看出杂交水稻的叶脉比常规水稻的数量多，而且较粗壮。

（2）伸长生长期。当叶片长至 8 mm 左右时，叶鞘长度不足 1 mm，此时开始分化叶耳、叶舌，叶片伸长速度加快，进入伸长生长期。当叶片尖端露出前一叶的叶环时，叶片伸长期大体结束。此期内叶鞘伸长很少，长度不足 1 cm。伸长期的生长是由于分生组织（主要在叶片基部）的分裂增殖及上部细胞的伸长。前期以细胞分裂增殖为主，后期以细胞伸长为主。

在此时期的前一阶段的分化，决定小维管束的多少及叶片的宽度，而其后期便基本上只是决定叶的长度。

（3）原生质充实期。自叶尖露出前一叶叶环开始，至叶鞘达到全长止，为原生质充实期。这段时期叶鞘迅速伸长，将叶片推出前一叶叶鞘，叶片本身也还有少量的伸长，并由卷筒状态逐步展平，叶绿体形成。此时期主要是叶细胞内含物充实，原生质浓度成倍增加。

在这一时期中，当叶片抽出一半时，叶长最后达到既定长度，当叶尖露出前叶叶环后不久，叶鞘长度也趋于稳定。

自左至右：威优 6 号、威优 49、湘优 101、岳农 2 号、余赤 231–8

图 13-4　杂交水稻与常规水稻叶脉数量比较

（4）功能期。原生质充实期后，叶片进入功能最旺盛的少壮时期。功能期的长短与叶片的顺序位置有关，更受群体结构与环境条件的影响。

（5）衰老期。叶片细胞功能衰竭，叶片最后枯死。

（二）叶片间相应生长关系

在水稻种胚中，于成熟期便形成了两片幼叶（包括不完全叶）及一个叶原基，播种之后随着叶片的抽出，新叶不断地分化形成，因此在叶心中，不同时期都包含有一个以上的幼叶。在离乳期的三叶期，幼叶的分化生长最慢，心叶内短时期只包含一个幼叶及一个叶原基。自六叶至穗分化期，心叶内包含有三个幼叶及一个叶原基。

心叶叶片从前一叶叶环中抽出时，同时也是同叶叶鞘伸长期及后一叶叶片伸长期，后三叶（五叶前）或后四叶（六叶以后至穗分化）叶原基也同时分化，四者的相互关系可表示为：N 叶抽出 $\approx N$ 叶鞘伸长 $\approx N+1$ 叶叶片伸长 $\approx N+3$（五叶前）或 $N+4$（六叶后至穗分化）叶原基分化。

由于不同发育阶段的叶片对外界条件的反应不一样，在知道了叶片之间的相应生长关系后，便可由心叶推知各叶的发育阶段，并可采用某些措施影响特定叶的生长。例如，在某一叶伸出期采取干扰措施，便可影响本叶叶鞘的长度及后一叶叶片的长度和宽度，对后二至四叶的影响则逐渐减小。如喷施"九二〇"等可促进心叶叶鞘及后一叶的伸长，而晒田则起相反的作用。如果采用施肥的方法，由于肥料施于土壤后到植物吸收尚有一段时间，因此于某叶出叶时施肥，对叶的促进作用要推迟一个叶龄，推迟到后一叶的叶鞘、后二叶的叶片及以后各叶。

（三）出叶周期及出叶转换期

出叶周期是指从某片叶抽出至后一片叶抽出的间隔时间。出叶周期的长短与叶片所在部位有关。自出苗到第三片叶为幼苗期，此时由于有胚乳营养，出叶周期很短，在适宜温度条件下，不完全叶及第一完全叶的出叶周期只有 1 d 左右，二、三叶的出叶周期也只有 2~4 d。后期三片叶抽出时间在穗分化期间，周期最长，一般 7~8 d，中部叶片都出生在分蘖期间，周期为 4~5 d。

据湖南杂交水稻研究中心栽培室研究（表 13-15），早稻以播种初期、返青期及最后三片叶的出叶周期较长，晚稻以返青期及最后三叶的出叶周期较长。

表 13-15　出叶周期（湖南杂交水稻研究中心栽培研究室，1984）　　　　单位：d

季别	品种	叶序													
		1	2	3	4	5	6	7	8	9	10	11	12	13	14
早稻	威优 35	7	7	6	5	8	7.95	4.15	5.45	3.95	4.9	5.1	6.7	7.95	5.2
	湘矮早 9 号	7	7	6	5	8	8.23	4.25	6.1	3.7	4.7	5.3	7.25	6.55	4.5
晚稻	威优 35	4.0	3.0	3.0	3.0	2.0	2.0	4.6	4.45	3.35	4.9	6.55	5.08	4.65	—
	湘矮早 9 号	4.0	3.0	3.0	3.0	2.0	2.0	4.25	4.65	3.65	4.58	6.15	4.8	—	—

注：早稻 3 月 10 日播种，5 月 3 日移栽，移栽叶龄 6.3 叶。晚稻 7 月 10 日播种，7 月 30 日插秧，叶龄 7.1 叶。每个数据为四个施肥水平处理的平均值。

出叶周期与环境条件有关。温度、水分、营养条件以及禾苗本身的群体结构状况，都可影响出叶周期。例如，在最适温度32℃条件下周期最短，温度愈低周期愈长，温度过高也有延长周期的现象；在密植条件下，或叶面积系数过大的情况下，出叶周期也会延长。

进入穗分化期后，出叶周期明显延长，因此将这个变化开始的时期称为出叶转换期。转换期是稻株生育阶段转变的标志。

（四）稻株主茎叶片数及叶片长度

稻株叶片的计数，我国一般是从第一片完全叶（即第二片真叶）算起，不完全叶不计算在内（有些国家是从不完全叶算起）。

稻株主茎总叶片数因组合而异。叶片的多少与生育期长短关系密切，生育期短的叶片少，因此可按叶片数将不同组合（品种）划分为早、中、晚稻类型。我国各省的划分方法大同小异，如江苏农学院凌启鸿等将不同叶片数及伸长节间数的品种（组合）划分为普通型及特殊型两种类型，其区别是普通型的茎秆伸长节间数随总叶片数的增加而增加，而特殊型的伸长节间数皆为5节左右，不随总叶数的变化而变化。特殊型主要是指用国际稻配制的南优、汕优、泗优、矮优、威优、干化等杂交水稻，亦称为国际稻种类型。如表13-16将总叶片数为9～13叶的划为早稻，14～16叶的划为中稻，17～20叶的划为晚稻。

表13-16　不同品种的主茎总叶数和伸长节间数（凌启鸿等）

类型	普通型								特殊型							
熟期	早稻					中稻			晚稻				中稻			
总叶数	9	10	11	12	13	14	15	16	17	18	19	20	15	16	17	18
节间数	3	4～3	4	4	4～3	5	5	5～6	6	6	6～7	7	5	5	5	5

据湖南农学院1977年观察，在长沙作早稻栽培的条件下，威优6号为17.2叶，南优2号为17.5叶，南优3号为16.6叶，南优6号为16.9叶，早优6号为16.3叶，早优2号为16.3叶，汕优6号为16.4叶。近年来育成的一些早熟组合作早稻栽培时，威优16为13叶，威优98、威优35为13～14叶，威优64为14叶。

水稻同一品种，在播种季节、地点等环境条件基本稳定的情况下，不同叶龄期的发育状况相对稳定，因此不同时期可由叶龄指数测知稻株的发育程度。此外，还可用总叶数减去当时已出叶片数来测知稻株的发育程度，即"叶龄余数法"。

水稻叶片的长度与叶序有关，第一片叶最短，一般不足1 cm。杂交水稻第一片叶较普通水稻的长一些，但也只有 $1 \sim 2\,cm$，往上各叶逐步增长，最长的叶片出现在倒数第三叶（生育期长的品种）或倒数第二叶（生育期短的品种），剑叶较短且宽。长江流域双季稻区，在采用长生育期杂交组合作双季晚稻栽培时，由于秧龄过长，往往在秧田期提早穗分化，这样的秧苗主茎在本田提早抽穗，总叶片数减少。特别是这种早穗植株的剑叶很长，为全株叶片的最长者，群众俗称为"野鸡毛"。出现这种现象的原因是茎生长点在分化过程中没有分化出最后一两片（或几片）叶，而提早进行穗轴分化，使得倒数第二叶或第三叶代替了剑叶。前已叙及，倒数第二叶或第三叶是全株最长的叶片，以它作为剑叶的替身，必然大大超过剑叶的本来长度。

水稻在基本上满足了发育特性所需条件之后，进入生殖生长的时间仍可在一定的范围内发生变化。这种变化主要受环境及栽培条件的影响，条件有利于营养体生长时，叶片的分化数增加，反之叶片的分化数减少。杂交水稻秧龄过长，加之栽培上秧田后期控制氮素供应（防止秧苗徒长），秧苗碳氮比大，氮代谢水平低，叶的分化提早结束并转入生殖器官的分化。这种提早进行穗分化的现象，不仅表现在前一叶分化完毕，后一叶分化未开始之前不再进行后一叶的分化，分化进程转向穗分化，而且可以在后一叶已经分化的初期中途转变为穗分化。因为茎顶端生长锥的叶原基或一苞原基在分化之初是可以互相转化的。除此之外，早穗植株往往还出现不完全顶叶，在"甩野鸡毛"的少数植株中，剥开"野鸡毛"叶之叶鞘，有时可以看到无叶身或叶身很小的一片叶，这也表明茎顶端生育提早转向生殖生长和顶叶分化发育不充分。

至于相反的情况，本田生长期中由于条件有利于营养体生长，穗轴分化初期转变为剑叶分化的事实，过去在普通水稻上就有过报道。

（五）叶片的寿命

叶片的寿命随叶序的上升而相应增长，幼苗期三片叶，一般只有 10 多天至 20 来天，中期叶片一般有 $30 \sim 50\,d$，最后一、二叶可达 $50 \sim 60\,d$。叶片的寿命与组合有关，也与环境条件有关。气温过低或过高时，叶片的寿命缩短，氮素营养不足或遇干旱时叶片的寿命也会缩短。杂交水稻不少组合由于亲缘来自东南亚一带海洋气候生态区域，对过低或过高温度的耐力较差，如威优 6 号在长江流域作晚稻栽培时，后期易早衰，后三叶的寿命缩短；也有少数组会如威优35 等，在高、低温条件下的耐力较强，叶片寿命也较长，因而灌浆好，结实率高。

叶片自出生至死亡的全部时间因叶位不同而异，据湖南杂交水稻研究中心栽培研究室的观察（表 13-17），低位叶片寿命短，高位叶片寿命长，以最后两叶寿命最长。早稻与晚稻略有不同，早稻前期生长慢，晚稻前期生长快，因此早稻低位叶片比晚稻低位叶片的寿命长；晚稻后期温度低，生育缓慢，因此晚稻后期叶片比早稻后期叶片寿命长。

表 13-17　叶片寿命（湖南杂交水稻研究中心栽培研究室，1984）　　　　　　　　　单位：d

季别	品种	叶序													
		1	2	3	4	5	6	7	8	9	10	11	12	13	14
早稻	威优 35	25	21	17.6	22.2	28.0	28.6	34.8	32.8	32.4	34.4	44.8	45.8	41.2	39.6
	湘矮早 9 号	25	21	17.2	20.6	21.2	29.8	36.2	33.4	34.6	37.2	37.6	45.8	42.6	41.0
晚稻	威优 35	14.0	13.0	10.2	13.0	19.2	22.6	31.2	33.4	41.2	53.0	59.8	60.0	55.6	
	湘矮早 9 号	14.0	13.0	11.6	11.2	19.6	23.4	29.6	34.4	38.6	49.6	58.4	55.2		

注：早稻 3 月 10 日播种，5 月 3 日插秧，插秧叶龄 6.3 叶；晚稻 7 月 10 播种，7 月 30 日插秧，插秧叶龄 7.1 叶；盆栽，亩施尿素 10 kg。

三、分蘖

（一）蘖原基的分化过程

分蘖原基分生组织是由茎生长点基部分生组织演化而来，当茎生长点分化出叶原基之后，叶原基进一步分化成风雪帽状时，在叶原基基部（叶边缘合抱的一方）下方分化出下位叶的分蘖芽突起，它不断膨大分化，首先形成分蘖鞘（前出叶），此后又相继分化出第一叶叶原基（图 13-5），分蘖原基的分化便告完成，此时正是相应的母叶抽出时期。

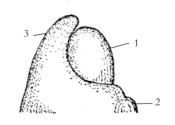

1. 茎生长点；2. 分蘖原基分化；
3. 幼叶原基。

图 13-5　分蘖原基的分化

（二）分蘖芽的着生节位与分化规律

稻株茎节除了穗颈节之外，每节都有一个分蘖芽。种子成熟时，胚中便有了三个分蘖原基。芽鞘节分蘖原基在胚发育的后期退化，不完全叶节的分蘖原基在种子萌发阶段也逐步退化，除了芽鞘节不完全叶节的分蘖原基之外。分蘖芽的分化与分蘖芽叶片的分化增加有其自身的规律。

分蘖芽的分化与母茎叶原基的分化保持一定的间隔，相应地不断向上分化，一般为母茎 N 叶抽出时，$N+4$ 叶节分蘖原基开始分化，$N+2$ 和 $N+1$ 叶节的分蘖原基分化膨大，N 叶节的分蘖原基已分化出第一叶原基，形成一个完整的分蘖芽。分蘖芽的分化与分蘖是否伸长无关，与外界环境条件的关系也很小。除了芽鞘节及不完全叶节以外，各叶位的分蘖原基与母茎叶的相对分化关系皆如上所述。

分蘗芽形成之后，不论此分蘗伸长与否，分蘗芽不断分化出叶片，且与母茎叶原基的分化同步进行，母茎每增加一个叶原基时，分蘗芽也增加一个叶原基。分蘗芽如果不能伸长，叶原基便以卷心菜形式分化成多层，包裹在"休眠腋芽"之中。

（三）出蘗

分蘗芽在适宜的条件下开始伸长，首先伸长的是分蘗鞘（前出叶）。分蘗鞘有两条纵的棱状突起，没有叶片，以两棱之间抱住母茎，以两棱之外的翼状部分包围分蘗。分蘗鞘被包裹在母茎叶鞘内，出蘗时外观不易见到，且无叶绿素，不能进行光合作用。出蘗时见到的多为第一片叶，第一片叶背靠母叶，故与母叶方向一致。以第一片叶的出现期称为出蘗，第一片叶之后的各叶出生速度在正常情况下与主茎出叶速度一致。

出蘗的节位从可能性上说，最低节位是第一叶节（芽鞘节与不完全叶节腋芽早已退化，很难萌发为蘗），最上节位直到剑叶节。但伸长茎节的腋芽很难萌动（尤以剑叶），只是在发生倒伏、穗部折断或后期营养过盛时才会萌发。因此，一般最高分蘗节位是茎节数减去伸长节数。如总茎节数为 16，伸长节为 5 时，最高分蘗节位为 16-5=11 节。分蘗的顺序是随着主茎叶片的增加，分蘗节位由下而上。分蘗本身又可产生分蘗。主茎产生的分蘗称为一次分蘗，一次分蘗产生的分蘗称为二次分蘗，二次分蘗产生的分蘗称为三次分蘗。杂交水稻不但一次分蘗较多，而且二、三次分蘗也较多。各节位分蘗芽虽然存在内在的出蘗可能性，但是否伸长成为蘗尚须根据当时的条件而定。当条件不适合时，分蘗芽仍处于"休眠状态"，只进行叶的分化，但不伸长出蘗。

为了表明各个分蘗在茎节上的着生节位，通常用数字表示。一次分蘗发生于主茎叶节上，直接用发生的节位表示。例如，发生在 6 叶节上，称为 6 蘗位，发生在 7 叶节上，称为 7 蘗位，依此类推。二次分蘗节位以两个数字表示，其中以"-"相连。如从一次分蘗的 6 位蘗上第一个叶位产生的二次分蘗可以记作 6-1，前一数字表示一次分蘗在主茎上的位置，后一个数字表示二次分蘗在一次分蘗上的位置。同理，三次分蘗则用三个数字表示，例如 6-1-1，第一个数字表示一次分蘗在主茎上出生的叶位，第二个数字表示二次分蘗在一次分蘗上的出生叶位，第三个数字表示三次分蘗在二次分蘗上的出生叶位。

表示主茎或分蘗上的叶片数时，可用蘗位代号作为分母，以叶序作为分子来表示。例如 8/0，主茎用 0 表示，分子 8 表示主茎第 8 叶；4/6-1-1，表示分蘗位为 6-1-1，分子 4 表示本分蘗的第 4 叶。

（四）叶蘖同伸现象

分蘖的伸出及分蘖叶片的增加过程与母茎叶片的伸出在时间上存在密切的对应关系，一般是母茎出新叶时，新叶以下第三叶位分蘖的第一片叶伸出。主茎与一次分蘖的关系是这样，一次分蘖与二次分蘖的关系或二次分蘖与三次分蘖的关系也是这样。这种分蘖出叶与母茎出叶的对应关系称为叶蘖同伸关系，图解为如下形式：

$$\boxed{n\text{叶抽出}} \approx \boxed{n-3\text{叶位分蘖第一叶抽出}}$$

分蘖鞘节也能产生分蘖，但发生的分蘖一般较少。分蘖鞘分蘖用 P 表示。分蘖鞘分蘖比分蘖第一叶分蘖低一个节位。因此，当分蘖抽出第三片叶时，本分蘖的分蘖鞘分蘖同时长出第一片叶。表 13-18 为叶蘖同伸的一般模式。

表 13-18　水稻叶蘖同伸关系表

蘖次	主茎								
	1/0	2/0	3/0	4/0	5/0	6/0	7/0	8/0	9/0
第一次分蘖				1/1	2/1	3/1	4/1	5/1	6/1
					1/2	2/2	3/2	4/2	5/2
						1/3	2/3	3/3	4/3
							1/4	2/4	3/4
								1/5	2/5
									1/6
第二次分蘖						1/1-P	2/1-P	3/1-P	4/1-P
							1/1-1	2/1-1	3/1-1
								1/1-2	2/1-2
									1/1-3
						1/2-P	2/2-P	3/2-P	
							1/2-1	2/2-1	
								1/2-2	
							1/3-P	2/3-P	
								1/3-1	
								1/4-P	

续表

蘗次	主茎								
	1/0	2/0	3/0	4/0	5/0	6/0	7/0	8/0	9/0
第三次 分蘗								1/1-P-P	2/1-P-P
									1/1-P-1
									1/1-1-P
									1/2-P-P

叶蘗同伸现象只是说明在一般情况下，分蘗芽在伸长时与母茎出叶的相应关系，但并不表明在母茎新叶伸出时相对应的分蘗必然会伸出，蘗的伸出与否取决于当时的内外因素。内部因素如植株的碳氮含量及碳氮比值，尤其是氮的含量与分蘗的发生关系密切，外部因素如温度、光照、水分等，例如秧田期及本田期叶面积系数过大，分蘗便停止发生。杂交水稻虽然秧田播种量小，本田插植本苗较少，但因叶片长大，叶面积增长较快，分蘗停止发生的时间也较早。因此在秧田及本田后期一般不再发生分蘗。又由于插秧植伤的影响，插秧后一段时期的分蘗不能萌动，一般是插后本田长出三片新叶时，在插秧时秧田的最后一片满叶腋芽同时萌动成蘗。杂交水稻由于秧田稀播壮秧，加之本田基本苗少（每穴1~2粒谷苗），故本田第一个分蘗多从插秧时倒数第二叶叶腋中萌动产生。例如插秧时为6片满叶，本田期第8叶伸出时，第五叶腋芽同时伸出。

同伸规律也不是一成不变的。例如无效分蘗在死亡之前，其出叶速度逐步减慢，分蘗叶片的出生便落后于母茎的出叶速度。另一种情况是已经过了同伸期而未萌动的休眠腋芽，当田间条件改善之后，这些休眠腋芽又重新萌动成蘗，这时分蘗叶片的出生已落后于母茎相应的同伸叶。例如，当母茎抽出9叶时，由于植株氮素不足，第6蘗位没有同伸；母茎抽出10叶时，氮素条件已经改善，7蘗位腋芽按同伸规律萌发出蘗，6蘗位腋芽此时也同时萌动抽出。6、7蘗抽出时间相同，只是6蘗失去了低位蘗的优势，其经济系数与7蘗相近。杂交水稻的这种现象较多，例如在秧田期未能萌动的一些休眠腋芽，在本田稀植的条件下又萌发成蘗。

（五）不同蘗位穗的经济价值

一般情况下，同一母茎上，蘗位愈低者穗子愈大，经济价值愈高，因此在栽培上应力争中下部分蘗。从表13-19可以看到，杂交水稻南优2号两种秧在本田的一次蘗，其每穗总粒数及实粒数随蘗位的升高而减少。此外还可看到，带胎老秧在蘗位上升时，每穗粒数减少的幅度更大。从下往上数，第1个蘗的每穗总粒数为188.6粒。第4个蘗的只有94.2粒，实粒数从第1蘗到第4蘗则由128.1粒下降到65.5粒（结实率的变幅不大）。

表 13-19　南优 2 号不同蘖位的穗部性状（湖南省湘潭地区农科所，1976）

项目	总粒 /（粒 / 穗）				实粒 /（粒 / 穗）				结实率 /%			
按母茎上出蘖顺序 计数的蘖位	1	2	3	4	1	2	3	4	1	2	3	4
未带胎秧 （秧龄 40 d）	188.1	181.4	146.1	133.4	136.7	130.1	103.6	90.1	72.5	71.9	70.9	67.9
带胎秧 （秧龄 44 d）	188.6	167.7	130.7	94.2	128.1	116.2	89.0	65.5	67.9	69.3	68.1	69.5

注：①每种秧观察 15 株，田间密度 16.7 cm×23.3 cm，每穴 2 苗；
②顺序第 1 个蘖的实际蘖位为 7、8 蘖位，顺序 2 为 8、9 蘖位，顺序 3 为 9、10 蘖位，顺序 4 为 10、11 蘖位；
③秧田带胎期（穗分化期）的秧龄为 42 d。

　　杂交水稻除了本田蘖穗之外，还有大量的秧田分蘖带入本田，而且本田中所产生的二、三次蘖多数是来自秧田蘖的分蘖。由此可知，分蘖穗由三部分组成：秧田蘖；秧田蘖在本田的分蘖；本田蘖。从穗部经济性状来看（表 13-20），除主穗之外，每穗粒数以秧田蘖最多，秧田蘖在本田的分蘖最少。结实率及千粒重则以本田蘖最高。从总体来看，三种蘖中以秧田蘖经济价值最高（每穗稻谷产量 2.649 g），秧田蘖在本田的分蘖经济价值最低（每穗稻谷产量 1.816 g）。虽然秧田蘖本身经济价值较高，但由于秧田蘖进入本田后产生经济价值不高的高位蘖，如果将秧田蘖及秧田蘖在本田的分蘖进行加权平均，其经济价值与本田蘖相比很难分出上下，因此，不必强调用秧田分蘖来代替本田分蘖（从培育壮秧及补足用种量方面来说，杂交水稻培育分蘖秧仍是非常重要的）。重要的是分蘖位在主茎上位置的高低，故应注意防止栽插老秧，并力争本田早期分蘖。

表 13-20　各种穗的经济性状（湖南省湘潭地区农科所，1976）

穗别	总粒 /（粒 / 穗）	结实率 /%	千粒重 /g	产量 /（g/ 穗）
主穗	173.4	74.1	21.61	3.396
秧田蘖	140.0	71.3	26.73	2.649
秧田蘖的本田分蘖	100.5	72.2	25.05	1.916
本田蘖	114.4	72.9	27.04	2.232

注：组合南优 2 号，共定株考察 180 株带蘖秧，计 949 穗。

（六）分蘖消长动态

　　杂交水稻在稀播情况下，秧田期间的分蘖先由少到多，后由于群体荫蔽的影响，又由多到少，直至最后停止，故分蘖数的增长近似抛物线形。本田期间由于每穴插植苗数少（一般每穴1~2本），单位面积群体分蘖首先增加较慢，以后加快，后又因群体荫蔽的影响，增加又变慢，最后停止，至此分蘖群体的增加过程便告结束。此后，消亡的分蘖多于出生的分蘖。分蘖初期，当分蘖达到基本苗数的10%时，称为分蘖始期；达50%时称分蘖期；单位时间分蘖增加最快的时期称分蘖盛期；分蘖数达最高数量时称最高分蘖期。分蘖达最高分蘖期后（即分蘖动态曲线的高点）至分蘖开始消亡减少的时期，有一段较长的分蘖苗数相对维持动态平衡的时期，这被称为群体分蘖动态的"平顶现象"。

杂交水稻本田期的分蘖动态可分为三部分（表13-21）；第一部分是秧田分蘖，插到本田后不久一部分无效死亡，故秧田蘖在本田期的消长动态呈不断下降的斜线形；第二部分为本田分蘖，分蘖由慢到快，再到慢，最后因部分消亡而下降；第三部分为秧田蘖在本田的分蘖，前期开始增加的时期迟而慢，消亡下降也比较早。这种现象不因本苗秧田带蘖数或每穴插植苗数的不同而改变。

表 13-21　本田期各种蘖的消长动态（湖南省湘潭地区农科所，1976）　　　　单位：%

| 插秧方式 | 分蘖类别 | 分蘖苗数变化 | | | | | | | 成熟 |
		插后10 d	插后15 d	插后20 d	插后25 d	插后30 d	插后35 d	插后40 d	
每本带1蘖，每穴插2本主苗	秧田蘖	86.7	83.3	73.3	70.0	70.0	70.0	66.7	66.7
	秧田蘖的本田分蘖	0	36.7	113.3	166.7	180	176.3	133.3	133.3
	本田分蘖	66.7	183.3	403.3	583.3	616.7	596.7	476.7	476.7
	合计	153.4	303.3	589.9	820.0	866.7	843.4	676.7	676.7
每本带2蘖，每穴插1本主苗	秧田蘖	153.3	153.3	146.7	140	140	140	140	140
	秧田蘖的本田分蘖	6.67	166.7	220	346.7	426.7	366.7	333.3	333.3
	本田分蘖	73.3	226.7	626.7	886.7	953.7	953.3	827	827
	合计	233.27	546.7	993.4	1 373.4	1520.0	1 460.0	1 300.3	1 300.3
每本带3蘖，每穴插1本主苗	秧田蘖	273.3	266.7	253.3	253.3	253.3	253.3	253.3	253.3
	秧田蘖的本田分蘖	46.7	206.7	473.7	680.0	800.0	780.0	480.0	480.0
	本田分蘖	86.7	246.7	553.3	706.7	680.0	640.0	460.0	460.0
	合计	406.7	720.1	1 279.9	1 640.0	1 733.3	1 673.3	1 193.3	1 193.3

注：①表内数字是以主茎为100的分蘖率；②连作晚稻南优2号；③每种插秧方式定点观察15穴。

（七）有效分蘖和无效分蘖

分蘖伸出之后因为营养、水分、光照等条件的不足，有一部分中途死亡，称为无效分蘖。无效分蘖在死亡之前往往出叶速度逐渐变慢，称为"座止"现象。在分蘖增加过程中，分蘖数达到与最后成穗分蘖数相等的时期，称为有效分蘖终止期。实际上有效分蘖终止期前的分蘖并非完全有效，有效分蘖终止期后产生的分蘖也并非完全无效。日本松岛省三认为，真正的有效分蘖终止在最高分蘖期。实际上有效分蘖的终止时间取决于群体荫蔽程度、营养条件及收获时期等因素。

但从生育转变上来看，仍有一个以有效分蘖为主的时期。因为分蘖本身要长出第四叶时才从第一节长出根系，此时才能进行自养生长。因此分蘖必须有三片叶以上才有较高的成穗可能性。稻株在拔节期以后，生育中心转向了以生殖生长为主的时期，此时如果分蘖尚不足三、四叶，则无效分蘖的可能性增大。分蘖每长一叶约需 5 d 时间，三叶合计要 15 d，因此拔节前 15 d 以上的分蘖有效的可能性大，而且出蘖愈早愈好。

杂交水稻秧田带蘖较多，虽然从时间上看，秧田蘖出蘖时间大大早于本田拔节时间，但因插秧的影响，在插秧时三叶以下的小分蘖有效率低，四叶以上的大分蘖有效率高。表 13-22 表明，秧田一片叶的小分蘖有效率仅为 24.7%，二、三片叶的分蘖也只有 50% 左右，四叶以上的大分蘖多在 80% 以上。秧田蘖的有效率只与分蘖的叶片数有关，与每本主茎的带蘖个数无关，如表 13-23，主苗带有不同分蘖数的分蘖成穗率无规律性差别。

表 13-22　具有不同叶片数的秧田分蘖成穗率（湖南省湘潭地区农科所，1976）

带有不同叶数的分蘖	1 叶蘖	2 叶蘖	3 叶蘖	4 叶蘖	5 叶蘖	6 叶蘖	7 叶蘖
统计分蘖苗数 / 根	41	48	38	69	77	34	4
成穗率 /%	24.7	56.3	52.6	85.5	96.1	91.2	75

注：双季晚稻，组合为南优 2 号，本田插植 16.7 cm×23.3 cm，每穴 2 本主苗。

表 13-23　主苗带有不同分蘖数的秧田分蘖成穗率（湖南省湘潭地区农科所，1976）

主苗带有不同分蘖数	带 1 个分蘖	带 2 个分蘖	带 3 个分蘖	带 4 个分蘖	带 5 个分蘖
统计分蘖苗数 / 本	24	96	67	98	30
分蘖成穗率 /%	75	67.7	82.1	69.4	66.7

四、茎的生长

茎的生长是由顶端初生分生组织与居间分生组织两部分进行的，茎可以划分为不同节间单位（图 13-6）。每一节间单位由一个节及其下连的一个节间、上部的一片叶、下部的一个分蘖芽及上下两条出根带组成。一个节间单位开始是由顶端原生分生组织分化而来，顶端分生组织是由生命力极为活跃的一些细胞组成，在茎顶端呈圆锥状，称为生长锥。生长锥细胞不断分裂和分化出各种初生分生组织，再进一步形成茎节的各种组织，节间的伸长是由居间分生组织进行的。居间分生组织位于节间的下部，当节间伸长达一定长度之后，居间分生组织的细胞全部分化成熟，分裂停止，节间也不再伸长。

（一）茎的发育与形成的四个时期

（1）组织分化期。首先由稻株顶端生长锥原生分生组织分化出茎的各种初生分生组织，再由初生分生组织分化成茎节及茎节间的各种组织，如输导组织、机械组织、薄壁组织等，一个节间单位的分化时间需 15 d 左右。组织分化期是决定茎秆粗壮的基础，因此对分蘖的质量、穗部的大小都有影响。

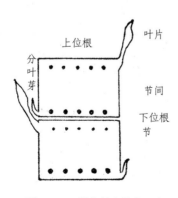

图 13-6　稻茎基本单位示意

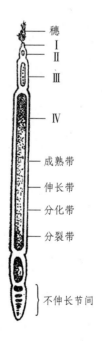

图 13-7　稻茎居间分生组织示意

注：图中所示为倒数第四节的居间分生组织部位。

（2）节间伸长长粗期。在前一阶段组织分化完成的基础上，节间茎部居间分生组织进行旺盛的分裂伸长，同时皮层的分生组织和小维管束附属分生组织也进行分裂，使茎的粗度增加，如图13-7。节间茎部的分裂带进行旺盛的细胞分裂，在分化带进行节间各种组织的分化，在伸长带便只有细胞的纵向伸长，从分裂带至伸长带一共只有几厘米长，伸长带以上为成熟组织，不再伸长。在整个稻茎上，愈是上部的节间，其居间分生组织愈活跃，细胞分裂和伸长能力愈强，因此上部节间一般较长。

每一个节间基本单位的伸长长粗期一般为7 d左右，这段时期是决定茎秆长度与粗度的关键时期。虽然下部节间并不伸长，但粗度在此时期决定，下部茎节的粗壮程度与上部节间的粗壮程度有直接的关系。茎的粗细又决定穗部的大小，现已知穗子一次枝梗的数目相当于第一个伸长节间大维管束数的1/4至1/3，相等于穗颈节间大维管束数（或少一二个）。

（3）物质充实期。伸长期之后，节与节间的内容物不断充实，皮层机械组织细胞及维管束木质细胞的纤维质木质数不断增加，表皮细胞壁上沉积硅酸，薄壁组织中充实淀粉。在此时期中，茎的硬度增加，单位体积重量达到最大值。这段时期生长的好坏，决定茎秆的健壮抗倒能力，而储藏物质的多少则影响以后穗部的充实程度，物质充实期的物质来源于本节间单位的下部叶片及以下各节叶片的光合制造物，因此保持叶片的壮旺生长对茎内容物的充实非常重要。

（4）物质输出期。稻株抽穗之后，茎秆中储藏的淀粉经水解成可溶性糖类向谷粒中转移，开花后10~20 d为转移的高峰期，抽穗后3周左右茎秆的重量下降到最低水平，仅为抽穗前重量的1/3~1/2。在养分转移期间，影响正常转移的主要因素是水肥两项。水分欠缺直接影响稻株的正常生理活动，使养分的转移受阻。氮素营养应保持中等水平，氮素含量过高时，淀粉的转移速度减慢；过低时叶片早衰，从而降低叶片的光合能力。

（二）节间的伸长

先从下部伸长节间开始，顺序向上。但在同一时期中，有3个节间在同时伸长，一般是头一个节间的伸长末期，正是第二个节间伸长盛期的尾声期，也是第三个节间的开始伸长期。穗颈节间（最上一个节间）在抽穗前10多天开始缓慢伸长，到抽穗前1~2 d达到最快。

（三）节间伸长和其他器官伸长的对应关系

节间的伸长与其他器官的生长有密切的对应关系，从节位差别上来讲，叶、叶鞘、节间、分蘖、根的旺盛生长部位都有比较固定的差数，如节间的伸长比叶片低 2~3 个节位，比叶鞘伸长低 1 个节位。发根及长蘖比出叶低 3 个节位。这种关系可用图示如下：

$$
\boxed{\begin{matrix}n\text{叶} \\ \text{伸长期}\end{matrix}} \approx \boxed{\begin{matrix}(n\text{-}1)\text{叶叶} \\ \text{鞘伸长期}\end{matrix}} \approx \boxed{\begin{matrix}(n\text{-}2)\text{及}(n\text{-}3) \\ \text{节间伸长期}\end{matrix}} \approx \boxed{\begin{matrix}(n\text{-}3)\text{节} \\ \text{发根期}\end{matrix}} \approx \boxed{\begin{matrix}(n\text{-}3)\text{节分} \\ \text{蘖同伸期}\end{matrix}}
$$

节间伸长与穗分化的关系主要取决于品种（组合）的伸长节数，一般可分为三种情况：第一种是伸长节只有 4 个，则穗分化在第一个节间伸长之前进行，尤其是一些特早熟的矮秆品种，穗分化期早得更多；第二种是伸长节有 5 个，穗分化与第一节拔节期相当，如前面所述，当前杂交水稻的多数籼型组合属于这一类；第三种是伸长节有 6 个，则先拔节后穗分化。

五、根的生长

（一）不定根的分化和生长

不定根是由茎节紧贴边缘维管束环外侧的细胞分裂形成的，在茎生长点最新一片叶原基开始分化时，往下数第五叶节的根同时开始分化。不定根原基形成带有两圈，一圈叫节上部不定根原基形成带；另一圈叫节下部不定根原基形成带。不定根原基分化后，进一步生长时斜向下部伸长，故节上部不定根原基向下伸长穿过节，从节间基本单位的上位萌出，而节下发根带的根原基伸向节间下位萌出，见图 13-8。两个发根带的名称有两种称谓法：一种是以节为单位（图 13-9a），节横隔上部发根带长出的根称为节上根，节横隔下部的发根带长出的根称为节下根；另一种是以节间基本单位来划分（图 13-9b），在节间上部发根带长出的根称为上位根，节间下部发根带长出的根称为下位根。由于一个节间单位包括上部的节及下部的节间，从维管束的连通关系来看，第二种划分方法较为合适。节间上位根粗而长，且比较多。分支根的分化是在根的中柱鞘细胞中进行的，由两个原生导管之间与原生筛管相对应的内鞘细胞进行不均等的分裂而来，分化的部位是从母根离根端 4~14 mm 的部位开始的。但分支根伸长要在母根的成熟带才能看到。

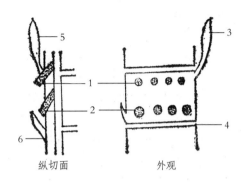

纵切面　　　　　外观

1. 节上发根带；　2. 节下发根带；
3、5. 叶；　4、6. 节。

图 13-8　发根带示意图

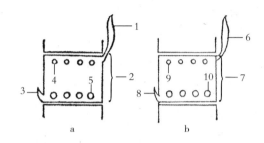

a　　　　　　　b

1、6. 叶；　2. 节基本单位；　3、8. 分蘖芽；
4. 节下根；　5. 节上根；　7. 节间基本单位；
9. 上位根；　10. 下位根。

图 13-9　发根带的名称

稻株自芽鞘节以上各节部都发生不定根，但拔节以后各伸长节上不再发生，只在折断、倒伏等特殊情况下才能发生。从不定根上长出的分支叫第一次分支根，第一次分支根上再产生的分支称第二次分支根，不定根可产生 4~5 次分支根。在拔节以后，靠近伸长节的一些高节位的分支根发生得特别多，多沿地表方向生长，分布在土表层内，形成"浮根"。

整个根系在土壤中的分布状况随生育时期的不同而有所变化。营养生长期根系分布较浅，呈倒卵状分布，到抽穗期前后下扎的根增多，呈竖卵状分布。根系多数分布在耕作层 20 cm 深度以内，少数可以深达 50~60 cm。一般随着节位的升高，各节的根由短变长，到拔节前最后几节的根又逐步变短。

沈守江等用 ^{86}Rb 注射法测定乳熟期水稻根系的分布状况（表 13-24）：根系的水平分布主要集中在距植株 10 cm 范围内，占 60%；距植株愈远则愈少；30 cm 处只占 10% 左右；水平分布有随着土层深度增加，而逐渐向外层均衡延伸的趋势，在 0~10 cm 深土层内，约有 80% 的根集中在植株水平距离 10 cm 范围内，20 cm 处占 12% 左右，30 cm 处只占 8% 左右；在 10~20 cm 深土层内，水平距植株 10 cm 和 20 cm 处占 50% 和 40%；在 30~40 cm 深土层内，10 cm 水平距离处只占 40%，20 cm 水平距离处占 30%，30 cm 水平距离处则占 25% 左右。

表 13-24　^{86}Rb 注射法测定水稻根系的分布情况（浙江农科院原子能研究所，沈守江等）

品种	垂直分布/cm	水平分布 10 cm 处				水平分布 20 cm 处				水平分布 30 cm 处				水平分布合计	
		cpm	占水平分布/%	占垂直分布/%	占全层分布/%	cpm	占水平分布/%	占垂直分布/%	占全层分布/%	cpm	占水平分布/%	占垂直分布/%	占全层分布/%	cpm	占垂直分布/%
汕优6号	0~10	616	78.47	51.72	32.29	99	12.61	20.28	5.19	70	8.92	31.25	3.67	785	41.14
	10~20	295	47.73	24.77	15.46	273	44.17	55.38	14.31	50	8.09	22.32	2.62	618	32.39
	20~30	192	61.94	16.12	10.06	65	20.96	13.13	3.41	53	17.10	23.66	2.78	310	16.25
	30~40	88	45.13	7.39	4.61	56	28.72	11.36	2.93	51	26.15	22.77	2.67	195	10.22
	合计	1 191	—	100	62.42	493	—	100	25.84	224	—	100	11.74	1 908	100
农虎3-2	0~10	508	79.37	50.45	31.77	81	12.66	19.38	5.06	51	7.97	29.31	3.19	640	40.03
	10~20	325	54.81	32.27	20.33	233	32.29	55.74	14.57	35	5.90	20.11	2.19	593	37.08
	20~30	118	53.39	11.72	7.38	51	23.08	12.20	3.19	52	23.53	29.88	3.25	221	13.82
	30~40	56	38.62	5.56	3.50	53	36.55	12.68	3.31	36	24.83	20.69	2.25	145	9.07
	合计	1 007	—	100	62.98	418	—	100	26.14	174	—	100	10.88	1 599	100

注：cpm 为每分钟计数（数 /min）。

　　根系的垂直分布在 0~10 cm 土层内占 40%，10~20 cm 土层内占 30%~40%，20 cm 深以下土层内占 20%~30%。垂直分布也有随根群向水平方向延伸而逐渐趋向均衡的趋势。在距植株水平方向 10 cm 处根的垂直分布，0~10 cm 深占 50%，10~20 cm 深占 25%~30%，20~30 cm 深占 10%~15%，30~40 cm 深仅占 5%~10%。水平距植株 20 cm 处土层中垂直分布的差距减小，水平距植株 30 cm 处自 0~40 cm 深度中，每 10 cm 的根量皆为 20%~30%。

　　杂交水稻汕优 6 号与常规品种农虎 3-2 比较，汕优 6 号根量大，而且根系分布深。20~30 cm 和 30~40 cm 深土层内，汕优 6 号的根量分别占总根量的 16.25% 和 10.22%，而农虎 3-2 的根量只有 13.82% 和 9.07%；特别是在根系密集的水平距植株 10 cm 以内，汕优 6 号在 20~30 cm 深及 30~40 cm 深的根系分别为 10.06% 和 4.16%，而农虎 3-2 只有 7.38%

和3.5%。

吸收养分的根系吸收层则随生育期的推移而加深（表13-25），特别是在抽穗期以后，深层根系吸收比例增高更加显著。深30 cm以下的吸收量在抽穗期仅占总吸收量的5%左右，而在完熟前所占比例近20%。杂交水稻汕优6号比常规水稻农虎3-2的根量大。因此，各层根系对^{32}P的吸收量大得多。此外，杂交水稻的根生长快，吸收层分布深，在深层土壤中的吸收量比常规水稻要大得多。

表13-25　水稻根系吸收层的变化（浙江农科院原子能研究所，沈守江、万戈江）

品种	^{32}P预埋深度/cm	移栽后不同天数根系吸收层在全土层中分配/%											
		8 d	13 d	18 d	23 d	28 d	33 d	39 d	44 d	53 d	62 d	72 d	82 d
汕优6号	5	73.62	84.74	76.45	69.87	62.98	63.44	60.89	57.89	50.00	47.90	33.61	31.99
	10	21.95	10.17	13.95	14.73	17.00	15.34	16.42	18.67	16.96	16.91	20.06	21.12
	15	4.42	4.41	7.14	8.25	10.54	10.76	10.72	12.66	14.62	13.58	15.81	15.84
	20	0	0.68	2.46	5.83	6.95	6.79	7.56	7.31	8.71	10.74	14.53	13.04
	33	0	0	0	1.31	2.55	3.66	4.41	3.47	9.71	10.86	15.99	18.01
农虎3-2	5	60.91	83.80	77.23	69.73	62.48	62.07	61.55	63.43	50.69	49.57	32.80	32.27
	10	34.09	12.26	13.97	14.96	17.68	16.89	16.79	16.87	19.28	17.24	20.45	22.89
	15	4.99	3.31	6.58	8.12	9.71	10.49	9.44	9.19	13.77	13.39	15.23	12.75
	20	0	0.62	2.22	6.51	7.59	7.54	8.48	7.10	7.16	9.83	14.79	12.95
	33	0	0	0	0.67	2.54	3.00	3.74	3.40	9.09	9.97	16.73	19.14

（二）根的生长顺序

上面已经说到，根原基分化期，与其上第五叶原基的分化为同一时期，此时也正是同节的叶片伸长期。但能看到根的长出期却迟得多，其与出叶的同伸关系是$N-3$。当N叶抽出时，正是$N-3$节根的长出时期。分支根发生时期与出叶也成同步的对应关系，分支根的次位每高一位，发生期便迟一个节位，可用下图表示：

N叶 伸长期	≈	$N-3$叶节 出不定根	≈	$N-4$叶节出 第一次支根	≈	$N-5$叶节出 第二次支根	≈	$N-6$叶节出 第三次支根

（三）幼根伸长的速度

根原基分化完成以后，突破节间的皮层向外伸出，便是肉眼可见的萌出期。此时幼根的根尖生长点及分裂带（根尖 1 mm 以内）细胞进行旺盛的分裂，伸长带（距根尖 1 mm 以外、20 mm 以内）细胞膨大伸长，促使根迅速延伸。延伸速度自茎中萌出长至 2 cm，这一段约需一个叶龄期，即 5 d 左右；自 2 cm 长至全长的一半，这一段需一个叶龄期，到此时为止，本节新根都是在土壤上层内生长；自全长的一半长到全长，又需一个叶龄期，这一段主要是长入土壤深处；自长度稳定至老化阶段也需一个叶龄期。但根的生长速度及寿命受环境及栽培条件的影响，仍有很大差别。

（四）影响稻根生长的条件

稻根的出生数量及强弱程度受稻株本身的素质及环境条件的影响。从发根数量上说，每节稻根的出生数与根原基分化数并不一致，原基分化后是否都能伸长成根要视条件而定。水稻各节的节周缘维管束环被来自叶鞘的大维管束所切割，每一个切割处都发生一个根原基，因此，每节的根原基与本节的叶鞘大维管束同数。稻株节位愈高时，叶鞘的大维管束数愈多，因此根原基也随节位的上升而增加。但发根数量大大少于根原基数，在不伸长的各茎节长出的根为原基数的 2/3。伸长茎节的根如果发生的话，根原基的伸长比例较大，与叶鞘大维管束数差距缩小。

（1）稻株本身的素质状况。稻株营养物质的含量，主要是氮素含量与碳水化合物的含量，对发根影响较大。氮是稻株的主要组成成分，碳水化合物是生长的能量来源，因此，稻株含氮及碳水化合物都较多时，根系生长好。例如，秧苗糖、氮含量多，插秧后发根快。江苏农学院凌启鸿等提出培育"叶蘖同伸壮秧"，即以秧田期"个体分蘖开始停止发生与群体总茎数开始停滞增长时"的叶龄值作为移栽的临界指标，认为这种秧苗生理状况最佳，养分含量充足，发根发叶能力强。

（2）环境条件的影响。温度对根系的生长有很大的影响，根系发育的适宜温度为 30 ℃~32 ℃，超过 35 ℃或低于 15 ℃根系都生长不良；土壤中氮素增多有利于根原基的萌发，但根的长度变短（故肥田的禾苗不耐干旱）；土壤干旱时促使根系伸长；田间泡水时间过长可促使土壤中还原物质增多，对根系产生毒害，影响根的正常生育。

六、穗的发育

（一）幼穗分化和发育过程
稻株在光周期结束、完成发育阶段的转变之后，剑叶分化完

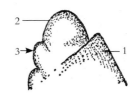

1. 剑叶原基；　2. 生长锥；
3. 一苞原基。
图 13-10　一苞原基分化

成，茎生长锥分化出第一苞原基，便是穗分化的开始。幼穗分化发育至穗的形态及内部生殖细胞的全部建成是一个连续的过程。为了识别的方便，通常人为地划分为几个时期，划分的方法很多，如日本松岛省三的二十一期划分法，丁颖的八期划分法，凌启鸿等人的五期划分法等，我国多数采用八期划分法。

（1）第一苞分化期。在剑叶原基分化后不久，在茎生长锥上长出第一苞的横纹，是第一苞分化期。第一苞的基部将来形成穗节。苞与叶为相同器官，第一苞横纹的外形与剑叶原基近似。苞叶在发育过程中退化，也有少数品种在穗节及第一次枝梗基部保留苞叶。一苞分化与叶原基分化有两点区别（图13-10）：第一点是叶原基分化出现突起的时期，是在前一叶已发育到接近包被生长点的时期，而一苞分化突起时，剑叶还没有遮住生长点；第二点是叶原基分化初的突起与生长锥的夹角小，第一苞突起与生长锥的夹角比较大。在一苞分化之后，沿着生长锥向上以2/5的开度呈螺旋状分化出新的苞，按顺序称为二苞，三苞……此时称为苞增殖期。杂交水稻多为大穗品种，苞比较多，一般有10多个。

（2）一次枝梗分化期。苞增殖后不久，在一苞的相当于叶腋的部位又形成突起，是为一次枝梗原基。此后按顺序在各苞中分化出一次枝梗。随着茎生长点分化生长的停止，苞数的增加及一次枝梗数的增加也先后停止，并于苞叶上长出少量白色苞毛，此时为一次枝梗分化结束期。

（3）二次枝梗原基及颖花原基分化期。一次枝梗原基分化后便开始旺盛的生长，而且位于穗轴上部分化较迟的一次枝梗生长速度逐步加快。不久，各一次枝梗原基的基部出现两列小的苞原基突起，苞腋中分化出二次枝梗原基突起，此时便是二次枝梗分化期开始。在第二次枝梗分化的同时，苞毛也开始出现。二次枝梗原基的生长速度与分化次序相反，在同一个一次枝梗上，上位的比下位的快；从全穗来看，穗顶部一次枝梗上的二次枝梗发育比穗轴基部的快，成为离顶式发育。

二次枝梗的多少与全穗总颖花数的多少关系最密切。杂交水稻的主要优势之一是大穗优势，二次枝梗数多，故在杂交水稻的生长中，保证二次枝梗分化期的良好生育条件甚为重要。

第二次枝梗分化后，在穗轴顶部的第一个一次枝梗顶端开始出现退化颖花原基的突起，接着在二次枝梗上也出现颖花原基的两列再突起（图13-11）。颖花原基在出现第一、第二退化颖原基、不孕花原基之后，又分化出内外颖原基。颖花原基的分化就全穗来说是穗轴顶上枝梗的分化早，下部迟；就一个枝梗来说是顶端第一粒分化最早，其次是基部第一粒，再顺序向上，因此每个枝梗的倒数第二粒分化最迟。当一次枝梗上颖花分化完毕、尚未分化雌雄蕊、穗下部的颖花开始分化不久时，二次枝梗原基及颖花原基分化期结束。

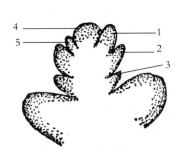

1. 外颖原基；　2. 护颖原基；　3. 副护颖；
原基；4. 生长锥；　5. 内颖原基。

图 13-11　颖花原基分化

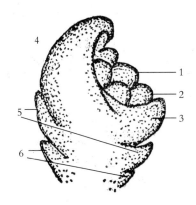

1. 雌蕊原基；　2. 雄蕊原基；　3. 内颖原
基；4. 外颖原基；　5. 护颖原基；　6. 副
护颖原基。

图 13-12　雌雄蕊原基分化

（4）雌雄蕊形成期。当全穗约有一半的颖花已经分化，穗顶枝梗的最上一朵颖花首先分化出 2 个鳞片原基，然后分化出 6 个雄蕊突起（图 13-12），此时为雌雄蕊形成期。各颖花雌雄蕊分化的次序与颖花分化次序相同。当穗下部颖花也分化出雌雄蕊，中上部颖花内外颖伸长并全部包被雌雄蕊，花药形成但未形成花粉母细胞时，雌雄蕊形成期结束。

（5）花粉母细胞形成期。当颖花内外颖包被雌雄蕊之后，花药增大，花丝也稍有增长，继而花药分化成四室。当颖花长到固有长度的 1/4 时，花药内花粉母细胞形成（图 13-13），同时雌蕊的柱头也明显分化，其时穗长度有 1.5~5 cm，此时为花粉母细胞形成期。

（6）花粉母细胞减数分裂期。当花粉母细胞形成之后，颖花长至全长的一半左右时，花粉母细胞进行减数分裂（图 13-14），形成四分子体，不久后分散为四个单核花粉。花粉母细胞进行减数分裂的时间需 24~48 h，这个时期是发育过程中的重要时期，对外界条件要求较严格，条件不利则造成枝梗颖花退化，颖壳容积变小。

472

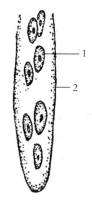

1. 花粉母细胞；　　2. 药室。

图 13-13　花粉母细胞形成

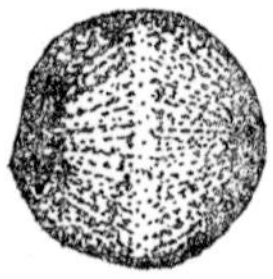

图 13-14　花粉母细胞减数分裂期

（7）花粉内容物充实期。减数分裂产生的四分子体分散为单核花粉之后，体积不断增大，花粉外壳形成。出现发芽孔，花粉内容物不断充实，花粉细胞核进行分裂，形成一个生殖核和一个营养核，叫二核花粉粒。此时外颖纵向伸长基本停止，颖花长度达到全长的 85% 左右，颖壳叶绿素开始增加，雌雄蕊体积及颖花横向宽度迅速增大，柱头出现羽状突起，此时为花粉内容物充实期（图 13-15）。

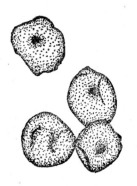

图 13-15　花粉内容物充实期

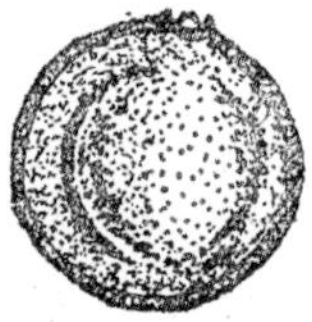

图 13-16　成熟花粉

（8）花粉完成期。抽穗前 1~2 d，花粉内容物充满，花粉内的生殖核再进行分裂，形成两个生殖核和一个营养核，称为三核花粉粒，至此花粉的发育全部完成。此时内外颖叶绿素大量增加，花丝迅速伸长，花粉内淀粉含量增多。与此同时，胚囊母细胞也进行分化，最后形成八核胚囊（图 13-16）。

（二）幼穗分化发育的时间

水稻幼穗发育的时间因品种（组合）生育期的长短、气温及营养等条件的不同而有所变化，全过程所经历的时间为 25~35 d。一般情况是穗分化的前一段生殖器官形成期（自一苞分化至雌雄蕊形成）的时间变幅较大，后一段生殖细胞形成期的时间变幅较小。穗分化各期所经历的时间是不同的。苞分化期一般为 2~3 d，第一次枝梗分化期为 4~5 d，第二次枝梗原基分化及颖花分化共 6~7 d，以上时期是以全穗为单位计算的。后段生殖细胞分化期以单个颖花为单位计算，雌雄蕊形成期为 4~5 d，花粉母细胞形成期为 2~3 d，花粉母细胞减数分裂期为 2 d 左右，花粉内容物充实期为 7~8 d，花粉完成期为 3~4 d。

目前推广的籼型杂交水稻多为生育期长的组合，穗分化所经历的时间为 28~34 d。从杂交早稻（表 13-26）及杂交晚稻（表 13-27）几个组合的穗分化时间资料中可以看到，不同组合的穗分化全过程所需时间有所差别，不同分化时期经历的时间长短也不一致。

表 13-26　杂交早稻几个组合穗分化各期到始穗天数

时期	组合名称			
	威优 6 号	威优激 4	威优 40	威优 64
穗分化 1 期至始穗	34.5	31	29	30
穗分化 2 期至始穗	29.5	23	26.5	26
穗分化 3 期至始穗	23	23	23.5	22
穗分化 4 期至始穗	18	18	19	19
穗分化 5 期至始穗	14	13.5	13.5	13
穗分化 6 期至始穗	10	9.5	9	9
穗分化 7 期至始穗	7	6	5	5
穗分化 8 期至始穗	4	2	1	1

注：此表来自湖南省郴州地区农科所，1983—1984 年苗情汇总。

表 13-27　杂交晚稻几个组合穗分化各期至始穗天数

时期	组合名称			
	威优 6 号	威优青	潭优 4 号	汕优 6 号
穗分化 1 期至始穗	29.1	27.5	32	29
穗分化 2 期至始穗	25.4	24.0	29	25.5
穗分化 3 期至始穗	21.6	21.5	25	22.3

474

续表

时期	组合名称			
	威优6号	威优青	潭优4号	汕优6号
穗分化4期至始穗	17.8	17.5	21	19.3
穗分化5期至始穗	13.8	14.5	15	16.3
穗分化6期至始穗	10.8	9.5	11	12.3
穗分化7期至始穗	7.1	5.5	5	8.8
穗分化8期至始穗	2.7	2.5	2	3.3

注：此表系湖南省农业厅粮油生产局，全省苗情点观察的平均值，1981年。

（三）穗分化发育时期的鉴定

穗分化发育时期的鉴定一般应借助显微镜进行解剖检查，但通常还可利用器官之间的相关对应关系进行推算，例如，叶龄指数、叶龄余数、拔节时间、幼穗长度推算法等。

（1）叶龄指数法。用当时叶龄数占该品种总叶龄数的百分比（叶龄指数）来推算当时的穗发育时期。叶龄指数的计算方法是：

$$叶龄指数 = \frac{已出叶片}{主茎总叶片数} \times 100\%。$$

稻穗发育与叶龄指数的关系如表13-28。

表13-28　稻穗发育与叶龄指数的关系

叶龄指数	稻穗发育阶段
78	第一苞分化期
81~83	一次枝梗原基分化期
85~86	二次枝梗原基分化期
87~88	小穗原基分化期
90~92	雌雄蕊分化期
95	花粉母细胞形成期
97~99	花粉母细胞减数分裂期
100	花粉内容物充实期
100	花粉完成期

注：叶龄从不完全叶起算，表中数据是以16叶的品种为依据的。

表 13-28 的穗发育时期是以总叶数为 16 片的品种推算出来的。如果某品种的叶龄差别太大，则需将某品种的叶龄指数订正为 16 叶的叶龄指数。订正方法是以 16 叶减去某品种总叶数的差数的 1/10，乘以 100 减去某品种当时的叶龄指数，即为订正值；订正值加上某品种当时的叶龄指数，即为某品种订正后的当时叶龄指数。订正公式为：

$$（100-某品种当时叶龄指数）\times \frac{16-某品种总叶数}{10}+某品种当时叶龄指数$$

= 订正后某品种的当时叶龄指数。

（2）按幼穗长度推算。幼穗分化前期，当幼穗短于 0.5 mm，但已出现少量苞毛时，为一次枝梗分化末期；幼穗长 0.5~1.5 mm，全穗为苞毛覆盖时为二次枝梗及颖花分化期；幼穗长 5 mm 左右时约为雌雄蕊形成期；幼穗长 1~1.5 cm 时为花粉母细胞形成期；幼穗达稻穗全长的一半时为花粉母细胞减数分裂期；幼穗长达稻穗全长时为花粉充实期。

（3）按抽穗前天数推算。这一方法也可粗略得知穗发育的时期，其相应关系见表 13-29。

（4）叶龄余数法。用叶龄余数法推算穗分化发育时期，可靠性强，无须订正。据凌启鸿等的研究，叶龄余数与穗分化时期的关系比较稳定，观察方法也比较简便，只要知道尚未长出的叶片数便可推知。

凌启鸿等实测得苞原基分化期叶龄余数：南优 2 号为 3.25，汕优 3 号为 3.30~3.34，赣化 2 号为 3.29；恢复系 IR26 为 3.28，IR661 为 3.37。

表 13-29　穗发育和抽穗前天数关系

穗发育时期	抽穗前天数 /d
苞原基开始分化	30
一次枝梗原基开始分化	28
二次枝梗原基开始分化	26
颖花原基开始分化	24
雌雄蕊原基开始分化	20
花粉母细胞开始分化	18
减数分裂期	12
花粉内容物充实期	6
胚囊 8 核期	4
花器内部形态完成	2~1

注：数据来源于 [日] 星川清亲。

（四）杂交水稻的秧田早穗现象

前文在主茎叶片数及叶的长度一段中，谈到了双季晚稻秧田早穗的叶数叶长变化。除此以外，穗的本身也受到很大影响，主茎的变化最大。形态上有三种类型：

第一种是"主茎死胎"。多出现在秧田播种密、秧龄长的情况下，秧苗在秧田"带胎"拔节，插入本田后由于茎秆老化，又无新叶，故茎小苗矮。此时分蘖迅速生长、分蘖秆粗叶壮，具有旺盛的生长优势，使主茎得不到必需的营养。从外形上看，矮小的主茎长期生长停滞，剥开纤小的叶鞘便可看到死穗的痕迹。

第二种是抽穗早、穗子小。主茎外形小，插入本田后穗子能够存活抽出，但穗小粒轻，穗上只有很少几粒稻谷，粒形特别小，且因抽穗过早，没有经济价值。

第三种是单纯的早穗，依提早抽穗的天数不同，抽穗愈早的秆形愈矮（总叶片愈少）。虽因秧田播种稀，茎秆粗壮，穗子大小与正常穗相近，但空壳多，这类穗中抽穗较迟的一部分尚能与蘖穗一起收割。

上述第二、第三类主穗抽出的时间都早于蘖穗，相差最长的可达半月乃至 20 d 以上，因此这类主穗无实际意义。

"带胎秧"在本田的分蘖穗一般能正常生长，但平均每穗总颖花数仍然较少（穗子较小）。湖南省湘潭地区农科所试验表明，在生产中，只要本田前期施肥管理适当，带胎秧只减产 10%~20%，如果管理不善（例如追肥过迟），减产的幅度便会增大。从穗粒组成来看，带胎秧减产的主要原因并非田间单位面积穗数减少，因为在主茎报废之后，分蘖穗反而有所增加，填补了田间总穗数的"空额"。实际上减产主要是因平均每穗颖花数的减少所致。

七、开花受精与结实

（一）抽穗与开花

抽穗前 1~2 d，穗颈节间及剑叶节间迅速伸长，将穗子向上推，到穗子被推出剑叶鞘 1 cm 时叫作抽穗。杂交水稻一株的抽穗时期往往以下部一两个分蘖穗最先抽出，其次是主茎穗抽出，其他蘖穗最后抽出。全田齐穗时间需 5~7 d。当全田穗数抽出 10% 时称为抽穗始期，抽出 50% 时称为抽穗期，抽出 80% 时称为齐穗期。

抽穗当天或第二天便开始开花，开花前，颖壳内鳞片迅速吸水膨大，将内外颖推开叫作开花。开花时间持续 1~2 h，然后鳞片失水颖壳闭合。开花的花时因品种组合不同而有所不同，不育系每天的花时迟、拖得长，恢复系及杂交水稻的花时较集中。籼稻每天开花时间早，粳稻每天开花时间迟。同一穗上，上部枝梗的颖花先开，下部枝梗的颖花后开，一次枝梗上的颖花先开，二次枝梗上的颖花后开，同一枝梗上，顶端一粒颖花先开，第二是枝梗最下部的颖花开花，然后顺序向上，故倒数第二粒颖花最迟开。

（二）授粉与受精

开花时，颖壳张开之后，花丝迅速伸长，花药开裂，花粉散向同粒颖花的柱头，便是散粉。水稻为自花授粉植物，异交率为5%左右。花粉落入柱头之后，经2~3 min 便发芽伸出花粉管，花粉三个核进入花粉管先端部。经0.5~1 h，花粉管从花柱内伸入子房并进入珠孔，通过助细胞后，释放出两个精核和一个营养核，其中一个精核与卵细胞结合成为受精卵，另一个精核与胚囊中极核结合成为胚乳原核，至此双受精过程完成，前后历时5~6 h。

（三）米粒的发育

1. 胚的发育

受精卵在受精后8~10 h 开始分裂形成二胞原胚，随后细胞不断分裂，在开花后2~3 d 形成多细胞的块状物，称梨形胚。第四天胚的腹面出现缺刻，是主茎的原始生长点开始分化，第四、第五天分化出鞘叶原基与胚根鞘原基，第五、第六天第一叶（不完全叶）原基开始分化。第七天胚的雏形完成，随后分化出第二叶（第一完全叶）原基，第十天分化全部完成，并具有了发芽能力。

2. 胚乳的发育

受精后的胚乳原核马上进行分裂形成双核，此后继续分裂，沿着胚囊内壁自下向上形成单层的核层，到此时为止，胚乳核都以原生质中的游离核形式存在。大约在受精后3.5天，各个核同时分裂，使胚囊内壁以内形成两层核，并很快形成细胞膜。此后便以细胞形式存在，并由最外层淀粉细胞不断分裂，直至充满胚囊，到开花后9~10 d，胚乳细胞便停止分裂，此后是淀粉的充实期。

3. 米粒的发育

自胚及胚乳开始发育时起，整个米粒也不断增大，首先以纵向生长为主，在开花后6~7 d，子房前端达到颖壳顶部，其次是长宽，然后长厚。一般在开花后10多天，长宽厚均达到固有大小。一穗中颖花的生长势强弱不一样。一般早开花的及一次枝梗上的颖花为强势花，迟开花的及二次枝梗上的颖花多为弱势花。强弱花形成的米粒发育速度不一样，强势花米粒的发育快，有的只7 d 左右外形可充满谷壳；弱势花米粒的发育慢。杂交水稻的弱势花米粒有的需40多天才能长满到固有体积。弱势花粒重都比较低（图13-17）。

米粒在发育过程中，子房壁发育成果皮，胚珠的珠被珠心发育成种皮。种皮与果皮紧密相连，不可分割。

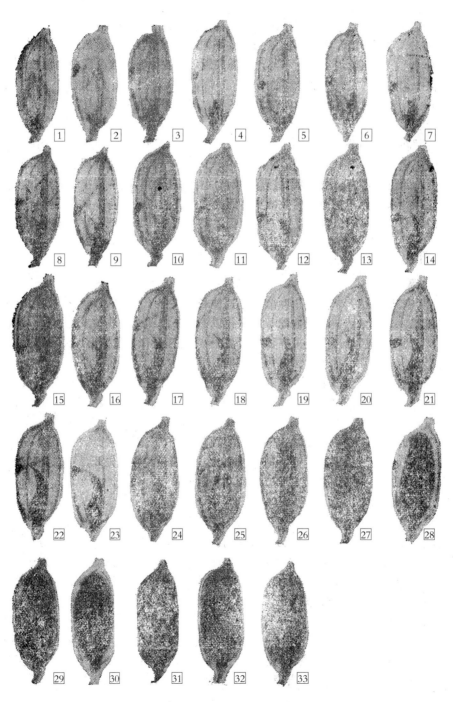

a

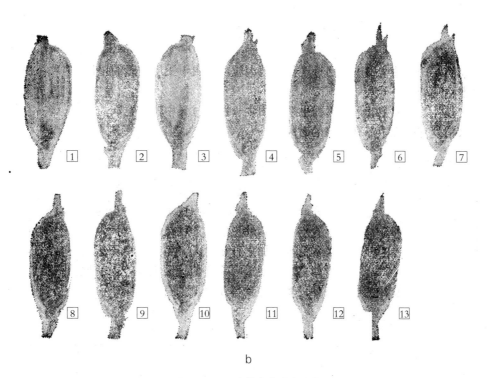

b

图 13-17　米粒发育速度比较

注：①图 13-17a 及图 13-17b 分别为一粒颖花的子房膨大过程。图 13-17a 中编号 24 号以前各张像为逐日拍照，24 号以后每两日一次拍照，故最后一张为开花后 39 d 子房基本长满谷壳。图 13-17b 为逐日拍照，可知在开花后 12 d 子房基本上长满谷壳。
②图 13-17a 的颖花中，子房滞育现象明显。图 13-17b 的颖花子房没有出现滞育现象。

米粒的成熟过程可分为四个时期：

（1）乳熟期。开花后 3~7 d（晚稻为 5~9 d）。主要特征是米粒中充满白色淀粉浆乳，随着时间的推移，浆乳由稀变稠，外部颖壳为绿色。

（2）蜡熟期。胚乳由乳状变硬，但手压仍可变形，颖壳绿色消退，逐步转为黄色。

（3）完熟期。谷壳全部变为黄色，米质坚硬，色泽及形态达到本品种固有的标准。完熟期是收获的适宜时期。

（4）枯熟期。颖壳及枝梗大部分死亡，且易掉粒断穗，色泽灰暗，米粒易碎。

开花至成熟的时间一般为 20~40 d，早稻短晚稻长，籼稻短粳稻长。

第四节　产量形成过程

杂交水稻在产量穗粒组成上的特点是大穗大粒，但由于受用种量的限制，穗数往往较少。

此外结实率也偏低。

水稻产量各构成因素的形成过程也是水稻生长发育过程中器官建成的过程，各构成因素的形成在水稻发育过程中都有一定的时间性。

一、穗数的形成

在基本苗数已定的前提下，穗数的多少取决于分蘖的总量及分蘖的有效率。影响穗数的时期一般起自分蘖始期，止于最高分蘖期后7~10 d，其中决定穗数多少的主要时期是分蘖盛期。除了这段时期之外，前期的生育也有一定的影响，如秧苗素质，返青期的生长情况等。

杂交水稻受用种量的限制，基本苗少，加之秆粗叶大，生育后期荫蔽程度高，影响分蘖的成穗率。因此，在生产上设法增加穗数，便成为高产的关键之一。要增加穗数就要设法增加基本苗数，并创造良好的田间条件，增加分蘖率及分蘖的有效率。

二、颖花数的决定

每穗颖花数量取决于颖花的分化量及退化量。颖花分化数的决定时期是枝梗分化及颖花分化期，其中重要的是二次枝梗分化期，颖花退化的主要时期是减数分裂期。因此，保证这两段时间中的良好生育条件，对增加颖花数非常重要。例如在枝梗及颖花分化期中，要有适当的氮素及充足的水分，才能有良好的分化过程。此时如果晒田或降低土壤及植株中的氮素含量，则必然减少枝梗及颖花的分化。减数分裂期如果氮素供应不足，或受干旱影响，或光照不足，都将导致颖花的退化数量增多。杂交籼稻的颖花退化量一般都在30%左右，在栽培上，降低颖花退化率是发挥大穗优势的一个重要措施。

三、结实率

（一）空瘪粒形成的机制

杂交水稻空瘪粒形成的原因，主要是源库失调，植株制造及储备的碳水化合物不能保证库容（颖壳总容量）所需；其次是开花受精受到干扰，不能授粉或受精；再次是在某些栽培条件下，产生过多的后期分蘖，又不能正常灌浆成熟，例如前期分蘖很少，在生育后期条件改善时产生大量的迟分蘖，到收割期尚不能正常成熟。

（二）影响结实率的时期

颖花不能受精主要是受开花受精过程中的影响，抽穗前花粉小孢子收缩期的发育障碍也是其因素之一。至于源库失调、形成植株群体结构不善，与自插秧到孕穗期都有关系，其中影响最大的时期是抽穗前一个月到孕穗期。抽穗开花到成熟期，光合产物的合成及运转与结实率关系也非常密切，这一段时期中影响最大的是在开花至花后 20 d 以内。

由此可知，结实率的变化时期最长，起自插秧而止于成熟。其中三个时期影响最大，即抽穗前一个月至孕穗初期、开花受粉期、灌浆盛期。

（三）杂交水稻形成空瘪粒的主要原因及防治依据

从解剖学上来看，杂交水稻的空瘪粒主要是半实粒（包括受精后子房基本上未膨大的空壳），这类属于源库失调类型。也有生殖功能受阻的未受精型。

第一类半实粒，主要由于群体结构不适当，如多肥密植而引起。表 13-30 是杂交早稻威优 35 的试验资料。在不同氮肥水平下将穗上部多数枝梗在灌浆期剪除，成熟期考察总空瘪率及完全空壳（基本上是未受精粒）率；另以不剪除的作对照，同样考察穗下部三个枝梗，结果是对照区的空瘪率比剪除枝梗区的大量增加（肥料愈多增加的空瘪率愈多），表明增加的这些空瘪粒都是已经受精但因光合产物供应不良而形成的。剪除部分枝梗的与对照处理的完全空壳率差别不大，且数量少（各处理多在 5% 左右），与施肥量的多少关系不大。

表 13-30　不同氮肥条件下的空瘪率类型（湖南省湘潭地区农科所）

尿素用量 /（kg/ 亩）	总空瘪率 /%		完全空壳率 /%	
	剪除部分枝梗	未剪（CK）	剪除部分枝梗	未剪（CK）
0	9.70	4.88	3.25	3.56
10	3.77	13.28	2.99	4.34
20	5.65	14.37	4.43	6.35
30	5.62	18.22	4.29	8.42
40	8.11	20.50	6.37	9.81
50	7.35	24.04	5.15	6.31

注：品种威优 35，1983 年早稻。

稻株群体的荫蔽程度愈低，结实率愈高，但单位面积总颖花数减少，到一定程度时产量将下降。因此，应保持一定的群体水平。据江苏农学院凌启鸿等的研究，杂交水稻南优 3 号最适宜的颖花数为 3 500 万~4 000 万粒 / 亩。

高温条件下也可形成上述这种半实粒，它实际上是受精后发育停顿的颖花。其原因或是高温下呼吸强度增加，光合产物消耗过多；或是高温下叶片合成能力减弱。据湖南师范大学周广洽、王振中等的研究，在高温下，威优6号、汕优6号的光合速率下降，叶绿体光还原活性降低，叶绿体内的基粒片层发生混乱，故影响光合产物的制造。

第二类，未受精型。例如温度过高时，有一部分颖花受精受阻（如花粉管变态），形成不受精的空壳。温度在35℃以上时，开花受精过程便受到明显的影响。在低温条件下形成的空瘪粒主要是未受精粒，受影响的第一个时期是花粉小孢子发育期（开花前7~10 d）；第二个时期是影响开花受精的正常进行（但也有少数因温度低灌浆不良的半实粒）。周广洽等的研究认为，使结实率下降到50%以下的低温，在人工气候箱中是17℃，2 d时间；在自然气温下是19℃，3~5 d。浙江农业大学徐耀恒等认为，开花温度与受精温度有所差别。杂交水稻在日平均温度20℃以上时，颖花可大量开放，低于20℃时开花数目减少，不低于17℃时，对开花无严重影响。但受精要求的温度明显高于开花温度，在晴朗天气中要求日平均温度达22℃，日最高温度达25℃以上，方可正常受精。而在日照不足的天气，则要求气温在23℃以上，才能正常受精。

水稻的结实率对生育条件反应敏感，变化剧烈，各种生态及栽培条件稍有不适，就可产生影响。因此，必须在各个方面加以注意。杂交水稻提高结实率的主要途径，一是根据不同地域条件研究其最适宜的稻株营养体群体结构与穗粒群体结构；二是掌握最适宜的季节，防止高低温的影响。

四、千粒重

杂交水稻一般都是大粒型，粒重对产量的影响比常规水稻大，尤其是一些早熟组合，大穗的优势较弱，往往靠大粒的优势获得高产。因此，在栽培上对促进粒重应引起重视。

影响粒重变化有两个时期：一是花粉母细胞减数分裂期，此时决定颖壳的大小（谷壳的容量）；二是开花后的灌浆期，直至谷粒完熟。这一段时期碳水化合物的供应好坏直接影响米粒的大小。减数分裂期如果养分、水分及气候条件不良，则影响谷壳的发育。灌浆期以一粒颖花为单位的灌浆时间与最终粒重成反比关系，从开花到充实饱满所经历的时间愈短则粒重愈大，灌浆慢的弱势花粒重小。杂交水稻穗形大，二次枝梗多，弱势花也多，因此粒重不整齐。除了颖花着生部位之外，影响灌浆速度的因素主要有群体结构状况、根系及叶片的衰亡速度及当时的水分气候状况。其中重要的是群体结构和气候条件。当气温过高或过低时，植株光合产物的合成减少，灌浆速度变慢，粒重下降。群体结构状况过于荫蔽时，开花前的碳水化合物储备量不足，单位面积颖花数过多，皆不利于千粒重的提高。

第十四章

杂交水稻的生理

第一节　光合作用

　　光合作用是指绿色植物将光能转变为化学能并贮存起来的过程，是地球上所有生物活动所需能量的基本来源，在生物界具有特别重要的地位。植物在进行光合作用时叶绿体色素吸收光能，并将光能转变为化学能，此能量主要用于固定及还原 CO_2。CO_2 的还原是合成有机物的起点，而农作物的产品绝大部分是有机物质，所以光合作用是形成作物产量的基础。作物要获得高产，就要提高作物群体光能利用率及光合强度，使之形成更多的光合产物，并要促使光合产物及时运往各经济器官。杂交水稻具有较大的丰产性，和它在光合性能上的许多特点是分不开的。

一、杂交水稻的光合性能

　　作物的产量主要来自光合产物的积累。一般来说，作物的光合时间长、光合效率高、光合面积适当大、光合产物消耗少并分配利用合理，就能获得较高的产量。杂交水稻的光合性能与常规水稻比较，有叶绿素含量高、光合势强、光合效率高和同化产物运转快、分配合理等特点。

（一）叶绿体与叶绿素含量

　　光合作用是在叶绿体内进行的。在电子显微镜下观察，高等植物的叶绿体呈椭圆形，其表面有双层的界面膜，内有微细的片层结构，这些片层结构是由许多层状薄膜组成，色素都集中在薄膜上。湖南师范大学生物系周广洽、周青山等（1978）用电子显微镜观察，证实南优6号的叶绿体与其他植物的一样，表面有由双层薄膜构成的叶绿体膜。膜以内的基础物质称为基质，在浅色的基质中埋藏着许多浓绿色的颗粒，称基粒（图14-1和图14-2）。在放大12万倍的视野下，可清楚地看到叶绿体内部有细微的片层结构，它们顺着叶绿体的纵轴

图14-1 南优6号叶绿体
（湖南师范大学生物系）

彼此平行排列，组成叶绿体的片层系统。这个系统的不同部位，结构状况不一致，基粒片层比较致密，连接基粒之间的基质片层比较疏松（图14-3）。叶绿体的色素主要集中于基粒片层结构之中。

1. 叶绿体膜； 2. 基粒； 3. 基质。
图14-2 南优6号叶绿体的膜结构

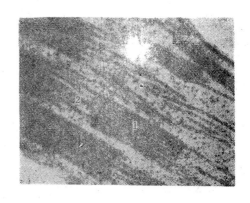

1. 基粒片层； 2. 基质片层。
图14-3 南优6号叶绿体的片层系统

据分析，杂交水稻的叶绿体含有叶绿素a、叶绿素b、叶黄素和胡萝卜素等。叶绿素含量与光合效率有一定的关系。湖南农学院（1977）曾测定杂交水稻叶片的叶绿素含量，比对照高16.6%～42.9%。同时，由于叶绿素含量高，光合强度比对照高13.5%～58.7%。由此说明，叶绿素含量的多少，在一定程度上反映了光合作用的强弱。叶绿素含量高、光合作用强，是杂种优势的一种表现。

（二）光合面积与光合势

杂交水稻一般具有较大的光合面积。湖南农学院常德分院（1977）对杂交水稻组合和常规水稻品种的光合面积发展动态进行了比较，结果表明，杂交水稻各个时期的光合面积都大于常

规水稻。在大田插 16.7 cm×26.7 cm，杂交水稻单本植，常规水稻多本植的条件下，玻优 2号幼穗分化期、孕穗期、乳熟期的每穴光合面积比恢复系分别大 50.9%、10.3% 和 6.3%（表14-1）。

表 14-1　杂交水稻和常规水稻光合面积发展动态（湖南农学院常德分院，1977）

品种	幼穗分化期		孕穗期		乳熟期		成熟期	
	绿叶面积	叶面积系数	绿叶面积	叶面积系数	绿叶面积	叶面积系数	绿叶面积	叶面积系数
二九南 6 号 A×古223	2 132.1	4.80	2 467.2	5.55	1 667.2	3.75	1 287.1	2.89
南优 2 号	2 095.5	4.72	2 401.5	5.40	1 522.2	3.42	1 479.0	3.32
常优 3 号	1 700.0	3.81	2 330.2	5.24	1 918.3	4.31	1 470.1	3.31
6097A×IR24	1 609.7	3.61	2 406.0	5.41	1 930.3	4.34	1 693.3	3.81
玻优 2 号	2 299.4	5.10	2 554.9	5.75	1 608.5	3.62	1 496.2	3.36
平均	1 967.3	4.41	2 432.0	5.47	1 729.3	3.89	1 485.1	3.34
IR24	1 523	3.43	2 313.9	5.20	1 513.5	3.40	1 595.4	3.59

注：绿叶面积系平均每穴面积（cm^2）。

在单株盆栽条件下，杂交水稻在抽穗期和成熟期不仅较其父本有较大的叶面积，而且茎叶的含水量较低，单位叶面积的干物重也明显地高，说明叶面积大、叶片厚，可以较好地利用光能（表 14-2）。

表 14-2　杂交水稻及其父本的单株叶面积和剑叶干物重比较（武汉大学，1977）

品种或组合	叶面积 /cm^2		剑叶			
			抽穗期		乳熟期	
	抽穗期	成熟期	含水量 /%	干物重 /（mg/cm^2）	含水量 /%	干物重 /（mg/cm^2）
南优 1 号	6 913.5	4 123.8	70.8	5.33	52.6	6.02
矮优 2 号	6 432.8	3 908.2	71.3	5.21	51.4	6.32
IR24	4 354.3	2 285.1	78.6	3.14	60.7	5.11

一般说来，光合势与光能利用和产量成正相关，光合势大，光能利用率高，产量亦高。江苏农学院（1978）和颜振德（1978、1981）的试验表明，当前生产上应用的杂交水稻具有明显的前中期积累于物质的优势，而这与光合势的优势是密切相关的（表 14-3）。南优 3 号的光合

势在各生育期均高于恢复系（IR661），从移栽至减数分裂期，杂种的光合势一直较大，以后杂种的光合势减小，与恢复系相差不大。

表 14-3　南优 3 号和 IR661 各生育期光合势（万 m^2/d·亩）（江苏农学院，1978）

品种或组合	移栽至分蘖盛期	分蘖盛期至苞分化	苞分化至减数分裂	减数分裂至齐穗	齐穗至成熟
南优 3 号	0.524	1.642	7.018	5.087	10.277
IR661	0.238	0.725	4.002	4.933	9.116
南优 3 号光合势为 IR661 的 /%	271	226	175	103	112

湖南农学院常德分院（1977）对杂交水稻和常规水稻孕穗至成熟期的光合势与产量的关系进行了考察。结果表明，由于杂交水稻具有较大的光合势，因而其产量高于常规水稻（表14-4）。

光合势对干物质生产具有重要作用，但并非越大越好。从表 14-5 的结果可以看到，四块南优 3 号丰产田的光合势、叶面积系数、净同化率三者之间的关系。当总光合势自 27 万 m^2/d 至 33 万 m^2/d，其平均净同化率相差不大，产量依光合势增加而增加；但当总光合势超过 40万 m^2/d、最高叶面积指数超过 9 时，由于净同化率下降过多，产量反而下降。

上述结果与玉米、杂交高粱、冬小麦等作物的试验结果相似，可见光合势的提高是优势，是杂种产量高的原因之一。

（三）光合效率与叶片厚度

在很多情况下，优势杂种的光合强度也较高。如河北师范大学发现杂种玉米光合强度为亲本的 107.6%～128.5%，特别在苗期与灌浆末期差异更显著。同时，强优势杂种的光合强度又超过弱优势杂种。Имамаπнеб 等也发现棉花种间杂种的光合强度高于亲本。水稻在高温强光条件下，杂种总光合强度比亲本高 44% 和 41%。许多单位测定结果均表明，杂交水稻的光合强度比常规水稻高，也比其亲本高。上海植物生理研究所（1977）用半叶干重法测定南优3 号和恢复系 IR661 的光合强度，测定结果表明从插秧到抽穗期，南优 3 号的光合强度都略高于 IR661；抽穗后南优 3 号的光合强度则比 IR661 稍低。湖南农学院（1977）的测定结果也表明，南优 2 号在分蘖盛期的光合强度就很高，一直维持到孕穗期。但从幼穗分化期开始，它的光合强度都比其父本（IR24）稍低。南优 2 号的光合效率高峰期出现早，而其亲本三系的光合效率高峰期出现较晚，恢复系要到幼穗分化期、不育系要到孕穗期、保持系要到乳熟期才出现较高的光合效率（表 14-6）。

表 14-4　杂交水稻和常规水稻孕穗期至成熟期的光合势与产量的关系（湖南农学院常德分院，1977）

品种	项目	
	光合势 / 万米 ^{2}	产量 /（kg/ 亩）
杂交水稻 *	12.33	460.2
IR24	11.14	416.4
珍珠矮	10.81	402.2

注：* 为五个杂交组合（南优 2 号，常优 3 号，玻优 2 号，二九南 1 号 A× 古 223 和 6097A×IR24）的平均值。

表 14-5　南优 3 号的光合势、净同化率与产量之间的关系（颜振德，1981）

大田全生育期 /d	最高叶面积指数	总光合势 /（m^2/d）	平均净同化率 /（g/m^2·d）	产量 /（kg/ 亩）
114	6.6	269 560	3.654	567.9
117	7.0	306 145	3.518	659.4
110	7.4	331 747	3.835	725.4
117	9.5	431 880	2.470	485.5

表 14-6　不同生育期南优 2 号及其亲本三系的光合强度（湖南农学院，1977）　　　单位：mg/dm^2·h

生育期	南优 2 号	恢复系	保持系	不育系
分蘖盛期	16.8	9.34	7.73	5.32
幼穗分化期	10.2	12.9	9.24	5.72
孕穗期	9.9	10.88	9.04	13.34
乳熟期	5.6	5.92	10.48	8.04

表 14-7　杂交水稻和常规水稻光合能力比较（湖南农学院常德分院，1977）　　　单位：mg/dm^2·h

品种	光合强度（同化干物质）			
	幼穗分化	孕穗期	乳熟期	成熟期
二九南 1 号 A× 古 233	13.40	14.60	15.43	15.83
南优 2 号	10.40	14.10	13.75	12.93
常优 3 号	18.61	12.91	13.32	18.18
6097A×IR24	12.79	15.09	18.40	10.93
玻优 2 号	22.20	21.00	14.45	14.22

续表

品种	光合强度（同化干物质）			
	幼穗分化	孕穗期	乳熟期	成熟期
平均	15.48	16.54	15.07	14.42
IR24	15.00	11.43	13.70	9.84
珍珠矮	9.10	10.9	14.75	5.96

湖南农学院常德分院（1977）在中稻幼穗分化至成熟期测定的结果表明，杂交水稻的光合强度差异较大，但与常规品种比较，还是杂交水稻的光合强度高（表14-7）。

华南农学院在早稻插后3 d用红外线二氧化碳分析仪测定，四个杂交组合的光合强度平均为每小时消耗CO_2 11.60 mg/100 cm^2，三个常规水稻的光合强度平均每小时只消耗CO_2 8.37 mg/100 cm^2。广西农学院在早稻分蘖末期用检压法测定，杂交水稻的光合强度比常规水稻高（表14-8）。但也有少数单位报道，杂交水稻的光合强度比常规水稻低。这可能与不同品种、不同栽培条件有关。

从叶片厚度来看，杂交水稻叶片较厚（表14-9）。在叶面积指数相近时，叶片较厚的群体与叶片较薄而平伸的群体相比，前者的光能利用率在密植条件下显然高于后者。因为在强光下，光饱和点高，厚叶可以充分利用、吸收较多的光能，对光合作用有利。

表14-8　分蘖末期光合强度比较（早稻）（广西农学院，1976）

品种	光合强度 每小时产生O_2量（μL/100 cm^2）
南优2号	578.9
珍珠矮11号	421.4
矮优1号	944.8
常优2号	952.3
广选3号	704.2

表14-9　叶片厚度与光合强度的关系（湖南农学院常德分院，1984）

项目	威优35		威优64		威优98		湘矮早9号	
	分蘖期	孕穗期	分蘖期	孕穗期	分蘖期	孕穗期	分蘖期	孕穗期
叶片厚度/（mg/cm^2）	3.659	3.493	3.244	3.467	3.585	3.693	3.096	3.444
光合强度/（mg/dm^2·h）	10.29	9.40	10.37	8.53	10.36	8.00	9.03	8.06

注：光合强度以干物质量计。

二、提高杂交水稻群体的光能利用率

（一）对杂交水稻光能利用率的研究与分析

光合作用是作物产量形成最直接的生理基础，群体光能利用率的大小，直接影响产量的高低，杂交水稻更是如此。所以对水稻群体光能利用率的研究，已引起了科学工作者的极大重视。特别是如何提高杂交水稻的光能利用率的研究，既有理论意义又有实际意义。在这方面，广西农科院等单位进行了一系列的研究。如他们以1977年的早稻为例，对南优2号与常规水稻的光能利用率进行了比较（表14-10）。南优2号全生育期的光能利用率比常规水稻品种稍低，比较各生育期的光能利用率，各品种均以播种到移栽的光能利用率低。移栽到幼穗分化，植株分蘖已达高峰，光能利用率有所提高，而南优2号因田间漏光较多，故光能利用率不高。幼穗分化至齐穗，叶面积达最大值，植株干重增长最快，各品种的光能利用率均较大幅度地提高。一般品种达最高峰，杂交水稻还在继续增长，到齐穗成熟时才达最高峰，而常规品种则明显地下降了。可见杂交水稻后期的光能利用率高，这是它优势表现的生理基础之一。杂交水稻一般亩产比常规水稻增加50～100 kg，说明杂交水稻一生中比常规水稻有较高的光能利用率。但目前常规水稻和杂交水稻的光能利用率均不理想，大多数低于2%～3%。其原因：①无论是常规水稻还是杂交水稻漏光现象严重，特别是杂交水稻前期漏光更为严重；②稻叶表面有茸毛和硅酸层等反光，损失光能，一般水稻叶片的反光率为4%～6%；③叶片淡薄的稻叶，透光损失较多，杂交水稻叶厚色深，则透光损失较少；④叶片对光波的选择吸收，降低了叶片的光能利用率；⑤常有光饱和现象，限制了光能的进一步利用；⑥环境条件中的一些因素（CO_2浓度、气温、水分等）常会限制光合速率；⑦品种的内在因素也影响光能利用率，如叶绿体的光能转化效率和羧化效率低，对光合产物的消耗较多，以及光合产物转运、分配和贮藏的能力较差，都会降低群体的光能利用率。

（二）提高光能利用率的有效途径

通过生产实践，目前认为有如下几项措施可以提高杂交水稻的光能利用率。

（1）合理密植。即通过基本苗、每穴苗数、株行距和行向的调节，使之有最适合的光合面积，能充分地利用太阳能。

（2）选育具有理想株型的品种。目前认为理想的株型是：秆粗抗倒，分蘖力中等，分蘖挺直，叶着生角度小，叶片较厚，每茎保持绿叶较多，齐穗至成熟褪色正常，后期根系活力强。目前推广的杂交水稻组合，株型还不够紧凑，如果能改善株型，就能增加密植程度，增大光合面积，提高光能利用率，其产量就会进一步提高。

表 14-10　早稻光能利用率的比较（广西农科院，1977）

品种	产量（kg/亩）	光能利用率 /%				全生育期	
		播种至移栽	移栽至穗分化	穗分化至齐穗	齐穗至成熟	总辐射量（亿大卡/亩）	光能利用率/%
南优 2 号	592.6	0.19	1.8	3.1	4.6	2.86	2.50
广陆矮 4 号	504.9	0.18	2.1	3.0	2.7	2.34	2.60
广选 3 号	568.0	0.18	2.4	5.7	2.8	2.58	2.68

（3）调整播种期，使生育后期处于最强光时期。在前、中期水稻生长良好的基础上，产量的高低主要受抽穗前 15 d 到抽穗后 25 d 这 40 d 的太阳能的影响。所以，选择适宜的播插期，使生育后期处于最强光照时期，有利于提高光能利用率，从而获得高产。

（4）合理灌溉和施肥。合理灌溉能保证稻株的水分平衡，生长正常，叶面积大，增加光合面积；水分充足，能提高光合强度，同时能使茎叶输导组织发达，提高水分和同化物的运输效率，改善光合产物的分配利用。但在后期，适时断水对防止杂交水稻叶片早衰、延长叶片的光合时间显得更加重要。

合理施肥也能改善稻株的光合性能。氮不仅是蛋白质的组成成分，而且是叶绿素的组成成分，施氮能促进叶片生长，增大光合面积；磷是稻株能量代谢（光合磷酸化和氧化磷酸化）过程中不可缺少的元素；钾是许多酶的激活剂，磷钾配合施用有利于光合产物的运输和分配。杂交水稻对氮钾的需要量较大，但并不是施得越多越好。所以要获得杂交水稻高产，必须合理配施氮、磷、钾肥，以满足稻株生长的需要。

（5）提高光合效率。光、温、水、肥和 CO_2 等都可以影响单位绿叶面积的光合效率。如提高 CO_2 浓度，使二磷酸核酮糖羧化反应占优势，减少其氧化反应的比例，光能利用率就能大大提高。

第二节　杂交水稻的呼吸作用和光呼吸

呼吸作用是水稻的生命活动表现之一，在现象上表现为吸入氧气和呼出 CO_2，其实质是有机物在细胞中通过一系列的生物氧化反应产生能量的过程，是水稻体内各类物质代谢的中心。碳水化合物、脂肪与蛋白质等的组成成分都与呼吸作用的中间代谢物质相联系，彼此可以相互转变。水稻对环境条件的适应性，对病菌侵害的抵抗能力和种子的耐贮藏等方面，可以通过呼吸作用调节。因此，充分认识水稻的呼吸作用的重要性和规律性，是为了能动地去控制和利用它，使稻株正常生长发育。对呼吸作用，既要看到它在新陈代谢中占有极其重要的地位，又要看到这一过程需要消耗有机物质。在稻株生命活动的整个过程中，不能说任何时候都是呼吸强度大为好，必须根据生长情况、生理状态作具体分析。如生长着的稻株必须保持一定的呼吸强度才能维持正常的生长，而贮藏着的种子，呼吸弱的较能久藏，不易变质。

一、杂交水稻呼吸作用的特点

（一）水稻萌发籽粒的呼吸强度

水稻种子在萌发过程中，其呼吸强度和呼吸商都有很大的变化。据湖南农学院（1977）测定，南优2号杂种萌发后第5天的呼吸强度明显地低于其恢复系和保持系，稍低于其不育系亲本（图14-4）。而浸种后的萌发速度以南优2号最快，恢复系次之，保持系再次，最慢的是不育系。这表明杂交水稻萌发籽粒对呼吸中间产物和能量的利用比亲本三系有较高的效率。

据湖南农学院常德分院测定，杂交水稻秧苗素质比其父本和对照品种为优，而杂交水稻播种前萌发籽粒的呼吸强度并不明显地高于父本和对照品种，说明杂交水稻种子萌发时高的呼吸效率，是其秧苗素质好的内因之一。

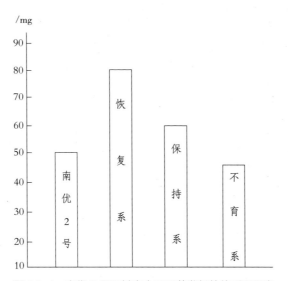

图14-4　南优2号及其亲本三系萌发籽粒的呼吸强度

注：此处呼吸强度以每100 g鲜重每小时产生CO_2量计。

（二）各生育期功能叶的呼吸强度

据湖南农学院（1977）测定，从种子萌发到乳熟期，南优2号的呼吸强度总的变化趋势是逐渐上升的，只幼穗分化期略有起伏，而亲本三系则一直上升无起伏。各生育期南优2号的呼吸强度比亲本三系都要低，后期与恢复系相似（表14-11）。从表中可以看出，到乳熟期不育系的呼吸强度比南优2号高40%，比保持系高39.7%。呼吸强度的增大导致最适叶面积的减少，从而使有机物的消耗增加。杂交水稻南优2号在生长旺盛的前期呼吸强度较亲本低，到后期更低，并且从前期到后期上升的幅度不及亲本大。这就相应地减少了碳水化合物的不必要的消耗，比亲本有较大的绿叶面积进入成熟期，有利于物质的积累。

从杂交水稻早、中熟组合测定的结果看，在孕穗期和始穗期的呼吸强度均比对照低（表14-12）。说明它们消耗较少的有机物质能获得较多的能量而满足稻株生长发育的需要，在能量代谢上的这一特点是值得注意的。

表14-11　南优2号及其亲本三系呼吸强度比较（湖南农学院，1977）　　　　单位：mg

生育期	南优2号	恢复系（IR24）	保持系（二九南1号B）	不育系（二九南1号A）
分蘖盛期	152.2	125.6	—	—
幼穗分化期	109.6	144.8	142.0	148.8
孕穗期	156.8	159.2	178.4	182.6
乳熟期	139.6	158.0	185.0	186.0

注：此处呼吸强度以每100 g鲜重每小时产生CO_2量计。

表14-12　威优64等早、中熟组合的呼吸强度（湖南农学院常德分院，1984）　　　　单位：mg/dm^2

生育期	威优35	威优64	威优98	威优16	湘矮早9号	常粳2号
孕穗期	1.600	1.689	1.600	—	2.489	—
始穗期	2.426 6	2.856	2.555	2.696	—	3.281 6

注：此处呼吸强度以每小时消耗干物质计。

（三）穗子和剑叶的呼吸强度

广西农学院从灌浆至成熟测定了穗子和剑叶的呼吸强度（图14-5）。结果表明，穗子的呼吸强度低于剑叶。南优2号、IR24和对照品种比较，灌浆后穗的呼吸强度以对照品种最高，恢复系最低，南优2号处于两者之间。灌浆后剑叶的呼吸强度基本趋势是，南优2号的剑叶呼

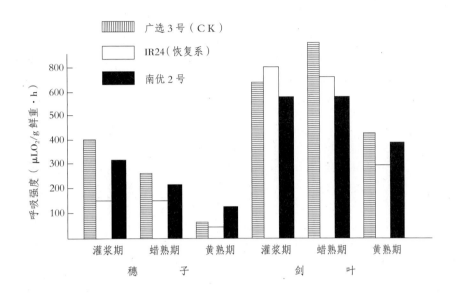

图 14-5　穗子和剑叶呼吸强度比较

吸强度变幅较小，在灌浆期和蜡熟期比其恢复系和广选3号要低，但到了黄熟期比两者要高，其呼吸强度仍维持在较高水平。似乎杂交水稻黄熟时剑叶的生理功能仍然不衰退，这对灌浆是有利的。

二、杂交水稻光呼吸的研究

绿色植物细胞在光照下，一方面进行光合作用，吸收 CO_2，放出 O_2；另一方面进行呼吸作用，吸收 O_2，放出 CO_2。由于这种呼吸作用只有在光照下才能进行，与光合作用有密切联系，故称这种呼吸作用为光呼吸。光呼吸与前面所讲的呼吸作用不同，光呼吸的产物为乙醇酸。

植物呼吸用去大量光合作用已初步同化的碳，不经碳循环途径而分解，从产量角度看是不经济的，浪费了二磷酸核酮糖（RUDP）和 CO_2，但它又有合成作用的一面，可以通过光呼吸合成氨基酸，如甘氨酸等，并形成 ATP。

（一）杂交水稻的光呼吸

水稻是 C_3 植物，光呼吸比较大，所以干物质产量不是很高。可是杂交水稻具有生长优势和产量优势，其原因之一就是在光呼吸方面具有一些特点。

（1）乙醇酸氧化酶活性。据湖南农学院（1975）研究，在孕穗期、齐穗期和乳熟期，南优2号剑叶的乙醇酸氧化酶活性都比广余73低（表14-13）。

表 14-13　南优 2 号及广余 73 的乙醇酸氧化酶活性（1975）　　　单位：μLO$_2$/（g 鲜重·h）

品种	生育期		
	孕穗期	齐穗期	乳熟期
南优 2 号	1 012	2 919	577
广余 73	1 817	2 943	1 140

表 14-14　杂交水稻及 IR26 乳熟期剑叶乙醇酸氧化酶活性（1977）单位：μLO$_2$/（g 鲜重·h）

品种	活性
南优 6 号	794.25
威优 6 号	550.89
南优 3 号	878.37
四优 2 号	913.87
黎明 A × 培迪	799.81
IR26	970.00

湖南农学院常德分院（1977）对南优 6 号等的剑叶的乙醇酸氧化酶活性进行了测定，也得到了相似的结果（表 14-14）。上海植物生理研究所光合室（1977）的测定结果也是南优 3 号的乙醇酸氧化酶活性低于其父本 IR661。

（2）光呼吸强度。华南农学院利用红外线 CO_2 分析仪测定了南优 2 号和广二矮抽穗后 3 d 剑叶的光呼吸强度。结果表明，南优 2 号剑叶的光呼吸强度为 1.985 mg CO_2/dm^2·h，广二矮为 3.608 mg CO_2/dm^2·h，南优 2 号剑叶的光呼吸强度仅为广二矮的 55.0%。

（3）"同室筛选法"比较。武汉大学遗传研究室等把杂交水稻、常规水稻和玉米、高粱均为三叶期的幼苗一起放入密闭的生长箱，日夜照光，箱外对照植株也日夜照光。处理 10 d 后，各取样 50 株作了观察和干物重测定，其结果如表 14-15、表 14-16。玉米和高粱在密闭生长箱中到第 10 天仍生长良好，只有少数叶片发黄，没有一株死亡。杂交水稻的秧苗在箱中表现叶色退绿缓慢，干物质消耗比处于相同条件的一般水稻品种珍珠矮、IR24 和 IR661 少。密闭后第 8 天，杂交水稻尚有少数苗呈绿色，而一般水稻品种已全部或大部枯黄。到第 10 天杂交水稻尚有成活的绿苗，而一般水稻品种已全部死亡。由此可见，杂交水稻在 CO_2 不充足的条件下，有较强的适应能力。

表 14-15　杂交水稻和一般水稻在密闭生长箱内的生长情况

品种	对照				箱内生长情况			
	叶片数 /叶	苗高 /cm	分蘖数 /个	苗干重 /g	叶片数 /叶	苗高 /cm	分蘖数 /个	苗干重 /g
矮优 2 号	5.5	29.5	2	1.38	3.5	21.8	0	0.45
南优 2 号	5.8	33.5	2	1.44	3.5	20.0	0	0.43
珍珠矮	5.0	30.5	1	0.94	3.0	20.5	0	0.18
IR24	5.3	35.5	1	1.05	3.0	20.5	0	0.21
IR661	5.2	33.0	1	1.14	3.0	21.0	0	0.23

表 14-16　杂交水稻和一般水稻在密闭生长箱内幼苗的颜色变化

处理	品种	在密闭生长箱内的天数			十天带绿叶苗数
		第 3 天	第 5 天	第 8 天	
密闭箱内	矮优 2 号	绿色	叶片开始发黄	少数苗呈绿色	8
	南优 2 号	绿色	叶片开始发黄	少数苗呈绿色	6
	珍珠矮	叶片开始发黄	50% 以上枯黄	全部枯黄	0
	IR24	叶片开始发黄	50% 左右枯黄	大部分枯黄	0
	IR661	叶片开始发黄	50% 左右枯黄	大部分枯黄	0
对照		全部青绿、生长正常			

（4）杂交水稻的 CO_2 补偿点。上海市嘉定县华亭良种场、上海植物生理研究所光合室于抽穗扬花期测定了杂交水稻南优 3 号及其恢复系 IR661 和不育系二九南 1 号的 CO_2 补偿点。结果表明，南优 3 号的 CO_2 补偿点为 76 μL/L，比恢复系 IR661 低（80 μL/L），也比不育系二九南 1 号低（80 μL/L）。

上述资料说明，杂交水稻的乙醇酸氧化酶活性、光呼吸强度和 CO_2 补偿点均比一般品种低，而且在 CO_2 不足条件下生活力较强，这可能是杂交水稻具有优势的一个重要生理原因。

（二）控制光呼吸的研究

C_3 植物由于光呼吸而使其净光合强度明显降低。因此，如能设法控制或降低作物的光呼吸强度，就能大大提高光合效率，使产量增加。

（1）光呼吸的化学控制。据湖南农学院常德分院试验（1977），在抽穗始期连续喷施两次 60 mg/L 的亚硫酸氢钠（NaHSO₃），能降低空秕率。安徽师范大学生物系（1977—1979）利用光呼吸抑制剂亚硫酸氢钠，对"两系"杂交水稻的结实效应研究结果表明，在不同肥力、不同杂交水稻和常规水稻上喷施亚硫酸氢钠，对降低空秕率的效应，喷施的适宜浓度和次数有所不同。在高肥条件下，对鉴 59× 泾紫 8-3 喷施 3 次浓度为 200 mg/L 的亚硫酸氢钠，空秕率比对照下降 24.2%；对 270-2× 泾紫 8-3 也喷施 3 次浓度为 200 mg/L 的亚硫酸氢钠，空秕率比对照下降 12.1%；对广陆矮 4 号同样处理，空秕率仅降低 3.8%。亚硫酸氢钠还表现出催熟效应，喷者一般比对照提早 3~4 d 成熟。

（2）筛选低光呼吸的品种。美国已经用"同室筛选法"从数万个烟草中选出一个高产的烟草品种（工作还在继续进行）。我国也有科研单位以杂交水稻为材料正在进行该项试验，目的是寻找与 C_4 植物的光合特性相似的杂交水稻新组合。这种方法是否有可能性，也是值得探讨的问题。

第三节　矿质营养

植物营养理论是指导科学施肥的基础。植物除由其绿色体制造有机养料外，还通过根系从土壤和肥料中吸取养料。施肥是控制农作物生长发育和产量的重要手段之一。

矿质元素是水稻必需的营养元素，在水稻新陈代谢中起着严格的专导作用。要获得杂交水稻单位面积的高产稳产，必须研究和掌握其营养特性，以便合理施肥，满足其对养分的需要。

一、水稻必需的矿质元素

水稻和其他植物一样，其机体是由许多不同的元素组成的。研究这些元素对水稻株体的功能与作用，是研究水稻营养生理的重要内容。

（一）水稻体的组成元素及分类

水稻植株是由 80% 左右的水分和约 20% 的干物质组成的。这些干物质一经高温烧灼，大部分变为挥发性物质逸散，其中包含着碳、氢、氧等元素的有机物；剩下约 2% 的灰烬，则统称灰分元素（图 14-6）。矿质元素就包含在这些灰分中。氮虽然在燃烧中逸散，但它和灰分元素一样，主要是从土壤中吸取的。因此，氮就并入到矿质元素之中。据报道，水稻灰分中现在能检测到的元素达 60 多种，但这些元素并非都是水稻必不可少的营养元素。

大量的培养试验证明，水稻正常生长发育中所必需的营养元素有氮、硫、磷、钾、钙、镁、铁、硼、锰、铜、锌、钼、氯、碳、氢和氧等 16 种。碳、氢、氧来自大气和水中，其他元素都来自土壤（图 14-7），它们多以离子状态通过根、叶进入水稻体。水稻对这些元素吸收量多的叫大量元素；吸收量极微的则叫微量元素。大量元素是水稻机体的重要组成成分，主要有碳、氢、氧、氮、磷、钾、钙、镁、硫等 9 种，而以氮、磷、钾最为重要，称之为三要素；微量元素的需要量虽极微，但它们在水稻生命过程中起着重要的作用，属于这一类的元素有铁、锰、铜、锌、硼、钼、氯等 7 种。硅在稻株中的含量较高，是否为水稻所必需的营养元素，目前尚无定论。有人认为硅是水稻的增益元素或特殊元素；也有人认为硅是水稻的必需元素。

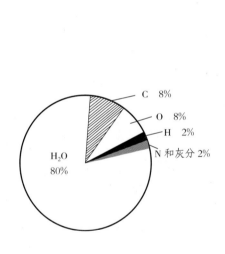

图 14-6　水稻体内各元素的分布（平均）

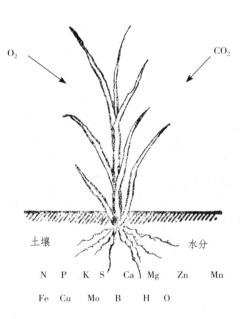

图 14-7　水稻从土壤和空气中吸收的元素

（二）矿质元素的生理作用

必需的矿质元素在植物体内的主要生理作用，概括起来表现在以下几个方面：

（1）是细胞结构物质的组成成分。氮是氨基酸、蛋白质、酶、辅酶、核酸、叶绿素和大多数生物膜、植物激素以及其他许多重要有机物的组成成分；硫、磷都是蛋白质的成分；磷在碳水化合物代谢中起着重要的作用；硫是胱氨酸、半胱氨酸和蛋氨酸的成分，维生素的硫胺素和生物素就是重要的含硫化合物；钾可以加强光合作用，促进碳水化合物的代谢；镁为叶绿素的组成成分；钙是构成果胶酸钙的成分，等等。

（2）是植物生命活动的调节剂。矿质元素能参与酶的活动，如铁、铜、锌为某些酶的辅成基；铁为细胞色素的成分；镁、钾、钴、钼、硼等，在某些酶系中起致活剂或抑制剂的作用。

（3）能起电化学作用。即离子浓度平衡、胶体的稳定和电荷的中和等。一价阳离子可促进胶粒的水合作用，二价阳离子则降低水合作用。K^+、Na^+等一价阳离子可增加膜的透性，而Ca^{2+}、Mg^{2+}等则降低膜的透性。不同的矿质元素可以影响细胞液的缓冲性。各矿质元素之间有相互促进和拮抗效应，如NO_3^-和PO_4^{3-}及SO_4^{2-}、PO_4^{3-}和SO_4^{2-}及SiO_3^{3-}、Cl^-和NO_3^-及PO_4^{3-}等某两种元素之间有相互促进吸收的现象；而Mg^{2+}和Na^+、Ca^{2+}和K^+、Mn^{2+}和SO_4^{2-}等某一种离子的吸收将影响另一种离子的吸收等。由于矿质元素的这些作用，可以避免有毒物质对原生质的毒害而造成细胞分解和死亡。

近年来，不少单位对稀土元素在农作物上的应用开展了研究，无论是小区试验还是大面积示范的结果都表明，稀土施用于水稻、小麦、大豆、玉米、花生、烟叶、甘蔗等作物可以促进其生长发育，增强对氮、磷、钾等养分的吸收，并能提高植物体内酶的活性、光合效率和生理代谢等。

二、水稻对矿质养分的吸收与运转

根系是植物吸收矿质养分的主要器官，也是物质合成和贮藏的器官。但根系吸收养分最活跃的区域是根毛区。

（一）根系吸收矿质养分的特点

矿质元素只有溶解于水成为离子态，才能为植物所吸收。吸收过程是一个极复杂的生理过程：先是交换吸附，把离子吸附在根系表皮细胞表面，再通过扩散作用进入自由空间，同时也靠呼吸供给的能量进入内部空间，在细胞与细胞之间通过胞间联系运输，最后进入木质部的导管，分配到植物体的各部位。

（二）影响根系吸收矿物质的因素

根系吸收养分除受本身发育程度和代谢强弱的内在因素影响外，同时也受许多外界环境条件的影响。

（1）温度。在一定范围内，水稻吸收的养分随温度的增加而增加，温度过高或过低都将降低水稻对养分的吸收。水稻吸收养分的最适温度为30 ℃，一般来说，超过或低于此温度，将影响水稻对养分的吸收（图 14-8），特别对钾和硅酸的吸收影响甚大。

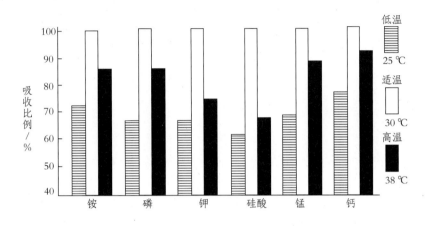

图 14-8　水温高低对水稻吸收养分的影响（马场高桥）

（2）光照。光照是根系吸收养分的能量来源。光照强度直接影响着水稻的光合作用，也影响根系的呼吸和对养分的吸收。据报道，当日照强度为自然光照的 26% 时，根系对氮、磷、钾的吸收将降低到原有吸收量的 30%～40%。

（3）通气状况。土壤的通气状况直接影响根系对矿物质的吸收。当氧气供应良好时，根系吸收的矿物质就增多。图 14-9 表明，离体水稻根在氧分压（即氧浓度）为 3% 时，对钾的吸收量达到最高值；若氧分压提高到 100% 时，吸收量就不再增加。因此，地下水位高的稻田对水稻根系的吸水吸肥都是不利的。

（4）溶液浓度。当外界溶液浓度低时，增加溶液浓度可以提高根系对离子的吸收量；如外界溶液浓度过高，则反而降低根系对离子的吸收量。因为外界溶液浓度高时，离子载体达到饱和，若再增加溶液浓度就不可能提高对离子的吸收。这说明，施肥过量是造成肥料浪费的一个原因。

（5）pH 值。土壤溶液反应的改变，可使溶液中养分发生溶解或沉淀，影响植物对矿质营养的吸收。如在碱性范围时，Fe、PO_4、Ca、Mg、Cu、Zn 等就逐渐成为不溶解状态，从而降低了植物对这些元素的利用量。在酸性环境中，PO_4、K、Ca、Mg

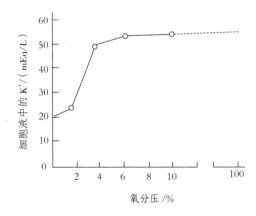

图 14-9　离体水稻根的钾含量和氧分压关系（潘瑞炽）

等溶解很快，造成养分大量随水流失。酸性太强（pH值达到2.5~3.0）时，Al、Fe和Mn的溶解度增加，又给植物和土壤微生物带来危害。

（三）矿质元素在植株体内的运转

植物根系吸收的矿物质，一部分保留在根内参与根系的代谢活动，大部分随蒸腾流上升，向地上部各部位和各器官内运转，或按浓度差扩散。木质部的导管是根部吸收矿质养分向地上部输送的通道。

氮主要是以氨基酸和酰胺等有机态、少量以硝酸形式向上运输。磷主要以正磷酸态运输，但也有的在根部转变为有机磷化合物向上运输。硫的运输形式主要是硫酸根离子态，但有少数是以蛋氨酸及谷胱甘肽之类的形态输送的。金属离子则以离子态运输。钾进入地上部后仍呈离子状态。氮、磷、镁形成不稳定的化合物，不断分解、释放，运输到其他需要的器官中参与循环。硫、钙、铁、锰、硼在细胞中呈难溶解的稳定化合物，特别是钙、铁、锰，它们是不参与循环的元素。参与循环的元素能从代谢较弱的部位运转到代谢较强的部位。不参与循环的元素被植物地上部吸收后，即被固定而不移动。

三、杂交水稻对氮、磷、钾元素的吸收利用

杂交水稻在正常生长发育中，必需的元素主要是氮、磷、钾；但在不同的生育阶段，它对三要素的需要量是不一样的。杂交水稻和常规水稻一样，在种子萌发期间，因种子中贮存着一定量的养分，故不需要或很少吸收外界养分。随着幼苗的生长，需要吸收的养分逐渐增多，接近开花、结实时，需要的养分最多，以后则逐渐减弱。有的植株器官衰老时甚至还有部分矿质养分向外输出。水稻吸收养分的过程是随其生长中心为转移的。由于生长中心的代谢较旺盛，因此养分就优先分配到生长中心。水稻的营养最大效率期是生殖生长期（幼穗形成期），此时是吸收养分较多的时期。湖南省原子能农业应用研究所用同位素示踪研究的结果表明，杂交水稻根系发达，吸收能力强，而且持续的时间也长，养分的积累、转运也比较协调，所以能够充分吸收利用土壤和肥料的养分。

（一）氮素营养的吸收特点

氮是水稻的生命元素，在其生命活动过程中起着重要的生理作用。氮在稻株体内的含量按干重计占1%~4%，水稻植株所吸收的氮，主要是无机的铵态（NH_4^+-N）和硝酸态（NO_3^--N）。这些氮是由根系从土壤中吸收，经还原后形成氨，再由无机化合物转化为有机化合物。

过去认为，水稻幼苗在三叶期以前是不需要外界供应养分的。湖南省原子能农业应用研究所用 P^{32} 示踪发现，杂交水稻和常规水稻的种子播种后，根系一形成就能吸收养分。据连云港市百万亩杂交水稻高产栽培技术领导小组的资料报道，南优 2 号各生育期对氮素的吸收率是：播种到移栽吸收 1.6%；移栽至分蘖盛期吸收 34.96%；分蘖盛期到孕穗初期吸收 30.59%；孕穗初期到齐穗期吸收 8.23%；齐穗期至成熟期吸收 24.62%。以移栽至分蘖盛期的吸氮率最高；其次为分蘖盛期至孕穗期，这与常规水稻的吸氮规律基本上是一致的。所不同的是杂交水稻在齐穗后至成熟期还吸收 24.62% 的氮素，比常规水稻对氮的吸收量稍多。

湖南省原子能农业应用研究所用 ^{15}N 示踪研究，威优 35 在不同氮素水平下，各生育期对氮素的吸收和其他杂交组合一样，吸氮高峰期是在生育前期，早季至第 11 叶期吸收的氮占全生育期吸收总氮量（包括土壤氮和肥料氮）的 45.8%~51.1%，至齐穗期达 80% 以上；晚季至第 10 叶期吸收的氮达总氮量的 52.5%~66.1%，齐穗期达 78.7% 以上。威优 35 不论作早季或晚季种植，至齐穗后尚能吸收 20% 左右的氮（表 14-17）。

表 14-17　威优 35 作早、晚季连续栽培各时期的吸收氮率（湖南省原子能农业应用研究所，1984）　单位：%

叶龄与生育期	对照（未施氮）		亩施纯氮 5 kg		亩施纯氮 10 kg		亩施纯氮 20 kg	
	早季	晚季	早季	晚季	早季	晚季	早季	晚季
从幼苗至第 9 叶	23.3	35.7	19.7	41.5	25.1	41.8	19.1	39.9
第 9~10 叶	7.1	11.7	9.6	14.8	6.4	11.1	15.5	18.1
第 10~11 叶	16.1	5.1	19.9	4.8	14.3	13.2	16.5	4.5
第 11~12 叶	13.4	14.9	16.9	7.8	15.4	10.6	16.3	13.2
第 12~13 叶	21.9	8.8	7.6	13.0	14.6	3.4	19.3	4.4
第 13~14 叶	1.8	0*	1.5	0*	4.7	0*	7.7	0*
剑叶至齐穗期	8.8	0.9	4.7	7.1	4.1	2.5	3.6	9.7
齐穗至齐穗后 10 d	3.1	—	3.3	—	6.6	6.7	1.1	5.7
齐穗后 10 d 至齐穗后 20 d	—	10.7	10.7	—	4.8	2.9	—	—
齐穗后 20 d 至成熟期	4.5	12.2	6.1	11.0	4.0	7.8	0.9	4.5

注：* 为没有第 14 叶。

该所研究资料还表明：①以碳酸氢铵一次施用作基肥时，威优 35 作早季栽培，对肥料中氮素的吸收随氮肥用量的增加而增加，在齐穗期吸收的肥料氮达到全生育期吸收总肥料氮的 80.3%~97.8%，齐穗期后吸收的肥料氮只有 2.4%~19.7%；作晚季栽培时，齐穗前吸收的肥料氮达吸收总肥料氮的83.8%~90.8%，齐穗后吸收的肥料氮为9.2%~16.2%。早季吸收肥料氮比晚季多68.5%~89.3%。②早季威优35在第13叶以前植株吸收的肥料氮70%左右供给叶片，而茎鞘中只占约30%，齐穗后大量的氮则向穗部运转，至成熟期穗部的氮约占植株总肥料氮的70%，晚季的情况与此基本相似。③威优35所吸收的总氮约有80%来自土壤，肥料供给的氮只有20%左右。植株对氮的吸收情况，前期以吸收肥料氮为主，后期则以吸收土壤氮为主，如果氮肥用量增加，那么对土壤氮的吸收就相应减少（表14-18）。④杂交水稻对氮肥的利用率与氮肥品种、施用方法、施用量、栽培季节等都有密切关系。碳酸氢铵作威优35早季的基肥，其利用率为24.60%~27.65%，作晚季基肥的利用率为13.1%~14.7%。氮肥用量增加，虽然绝对吸收量有所增加，但肥料利用率相应降低。尿素作基肥其利用率为36.4%，而尿素与有机肥混施，利用率高达42.9%。硫酸铵一次作基肥施用，其利用率为38.7%；1/2作基肥+1/2作分蘖期追肥，利用率为42.5%；1/3作基肥+1/3作分蘖追肥+1/3作开花期追肥，利用率为49.6%。碳酸氢铵作面肥，其利用率14.2%；深施则利用率为23.5%。⑤碳酸氢铵施入稻田后被杂交水稻吸收利用的为10%~30%，总损失率为50%~70%，尤其是晚季的损失率更大，残留、固定于土壤中的氮为10%~20%。但这些氮大部分为土壤或生物所固定，对后季水稻无明显的后效作用。

表14-18　威优35作早、晚季栽培对土壤氮和肥料氮的吸收状况

季别	氮吸收量（mg/ 微区）	处理			
		不施氮	每亩施纯氮 5 kg	每亩施纯氮 10 kg	每亩施纯氮 20 kg
早季	全生育期吸收总氮量	1 353.7	1 775.8	1 994.4	2 111.4
	其中：来自土壤	1 353.7（100%）	1 555.6（87.6%）	1 601.5（80.3%）	1 319.6（62.5%）
	来自肥料	0	220.2（12.4%）	392.9（19.7%）	791.8（37.5%）
	齐穗前吸氮量	1 250.7	1 417.10	1 687.3	2 069.8
	其中：来自土壤	1 250.7（100%）	1 235.7（87.2%）	1 322.8（78.4%）	1 386.8（67.0%）
	来自肥料	0	181.4（12.8%）（80.3%）*	364.5（21.6%）（85.8%）*	683.0（33.0%）（97.8%）*
	齐穗后吸氮量	103.0	358.8	307.1	41.6
	其中：来自土壤	103.0（100%）	314.3（87.6%）	246.6（80.3%）	26.0（62.5%）
	来自肥料	0	44.5（12.4%）（19.7%）*	60.5（19.7%）（14.2%）*	15.6（37.5%）（2.4%）*

续表

季别	氮吸收量（mg/微区）	处理			
		不施氮	每亩施纯氮 5 kg	每亩施纯氮 10 kg	每亩施纯氮 20 kg
晚季	全生育期吸收总氮量	931.3	1 123.0	1 332.7	1 700.3
	其中：来自土壤	931.3（100%）	1 006.2（89.6%）	1 099.5（82.5%）	1 282.0（75.4%）
	来自肥料	0	116.8（10.4%）	233.2（17.5%）	418.3（24.6%）
	齐穗前吸氮量	719.0	999.4	1 100.7	1 527.3
	其中：来自土壤	719.0（100%）	905.5（90.6%）	890.5（80.9%）	1 110.2（72.6%）
	来自肥料	0	93.9（9.4%）（87.9%）*	210.2（19.1%）（83.8%）*	419.1（27.4%）（90.8%）*
	齐穗后吸氮量	212.3	123.6	232.0	173.1
	其中：来自土壤	212.3（100%）	110.7（89.6%）	191.4（82.5%）	130.4（75.4%）
	来自肥料	0	12.9（10.4%）（12.1%）*	40.6（17.5%）（16.2%）*	42.6（24.6%）（9.2%）*

注：* 为水稻植株在不同生育期间对肥料氮和土壤氮的吸收率。

（二）磷素营养的吸收特点

磷是细胞质和细胞核的组成成分。在碳水化合物代谢中起着重要的作用，对氮代谢也有重要影响。磷通常以正磷酸盐（PO_4^{3-}）、酸性磷酸盐（$H_2PO_4^-$）等形态被植物吸收。磷进入植物体后，大部分为有机态化合物，在水稻体内它是最易转移和能多次利用的元素。植株中磷的分布是不均匀的，一般在根、茎、生长点较多，嫩叶比老叶多，种子含磷较丰富。水稻全株含磷量为干重的 0.4%~1.0%。湖南省土壤肥料研究所用杂交水稻威优 6 号作晚稻种植，测定出各生育阶段对 P_2O_5 的吸收率：从播种至移栽期 4.39%（常规晚稻为 3.86%）；移栽至分蘖初期 2.55%（常规晚稻为 2.40%）；分蘖初期至分蘖盛期 12.14%（常规晚稻为 8.72%）；分蘖盛期至孕穗期 23.69%（常规晚稻为 35.42%）；孕穗期至齐穗期吸收 3.9%（常规晚稻为 7.1%）；齐穗期至成熟期吸收 54.33%（常规晚稻为 42.5%）。由此可见，不论是杂交水稻还是常规水稻都以齐穗至成熟阶段吸收 P_2O_5 的百分率最高，其次是分蘖盛期至孕穗期。湖南省原子能农业应用研究所用 ^{32}P 示踪，研究了杂交水稻威优 35 各生育期对肥料中磷的吸收情况，结果表明：早季威优 35 在分蘖盛期前吸磷较缓慢，以后逐渐增强，到齐穗期吸收的磷占全生育期总磷量的 70% 左右，齐穗以后还吸收一定量的磷；晚季从始蘖期开始吸磷能力增强，至齐穗期吸收的磷占全生育期总磷量的 75% ~ 80%，齐穗 20 d 后吸磷减缓或停止。早季吸磷量比晚季多。用 ^{32}P 标记的磷肥作基肥，在早季威优 35 齐穗后 10 d 和成熟期取样测定磷在植株各部位的分配情况如表 14-19。

表 14-19　早季威优 35 植株各部位中磷含量（湖南省原子能农业应用研究所，1983 年）　单位：mg

生育期	部位			
	茎秆	叶鞘	叶片	穗
齐穗后 10 d	5.59	9.45	12.74	16.66
成熟期	6.24	7.32	8.39	57.01

注：含磷量以每盆含 P_2O_5 计。

用 ^{32}P 注入威优 35 植株的主茎和分蘖，测定磷在植株内的传递，发现早季分蘖期主茎中的磷约有 80% 输往分蘖，积累在中、上位蘖的比下位蘖的多，穗中积累的比茎、叶中多，磷在第二次分蘖中的约占总量的 35.5%；晚季主茎输入分蘖的磷达 53%，主要积累在高位分蘖上。而分蘖输往主茎的磷，早季为 8.5%，大部分积累在第二次分蘖上，其次为中位蘖，低位蘖较少，孕穗期间分蘖的磷很少输出。晚季的输出量比早季少，为 4.3%，主要积累在标记蘖所发生的分蘖上，就部位论以标记蘖的相邻上部蘖为多，下部蘖和远离标记的蘖较少。孕穗期间低位分蘖中的养分，输出量相当少，大量积累在标记蘖的分蘖上，第二次分蘖和高位分蘖又多于低、中位分蘖（表 14-20 和表 14-21）。

表 14-20　主茎中磷素养分向分蘖传递的情况（湖南省原子能农业应用研究所，1983）

生育时期	磷的分配率 /%		部位				
			低位分蘖	中位分蘖	高位分蘖	第二次分蘖	主茎
分蘖期	早季	穗	2.63	13.60	13.98	17.21	12.21
		茎、叶	1.21	4.06	7.91	18.30	7.99
	晚季	穗	3.70	3.90	19.70	4.60	28.30
		茎、叶	1.70	2.50	11.70	5.20	18.70
孕穗期	早季		0.42	3.94	6.72	88.92	—
	晚季		0.30	2.40	4.60	91.70	1.00

表 14-21　分蘖中磷素养分向主茎传递的情况（湖南省原子能农业应用研究所，1983）

生育时期	磷的分配率 /%		部位						
			低位分蘖	中位分蘖	高位分蘖	主茎	第一次分蘖	标记分蘖Ⅰ	*标记分蘖Ⅱ
分蘖期	早季	穗	—	9.22	6.60	6.27	23.38	21.58	—
		茎、叶	—	3.20	2.83	2.27	15.14	8.82	—
	晚季	穗	1.50	5.20	2.40	3.40	3.30	34.80	10.00
		茎、叶	1.20	2.40	1.60	0.90	2.40	19.90	11.00
孕穗期	早季		0.10	0.70	0.30	0.90	1.10	75.60	21.30

注：＊为标记分蘖Ⅰ上的分蘖。

主茎养分对分蘖起着重要作用，在孕穗期间，主茎、分蘖中的养分具有一定的独立性。无效分蘖的养分大部分可向外输出，但死亡的比未死亡的要多，晚季的比早季的多（表14-22）。

表 14-22　无效分蘖中的养分传递（湖南省原子能农业应用研究所，1983）

季别	部位	磷的积累率 /%	备注
早季	分蘖和主茎	70.80	无效分蘖已死亡
	无效分蘖	29.20	
晚季	分蘖和主茎	65.30	无效分蘖未死亡
	无效分蘖	34.70	
	分蘖和主茎	80.40	无效分蘖已死亡
	无效分蘖	19.60	

磷在水稻中的分布积累，分蘖期主要集中在叶部，上部叶多于下部叶；齐穗至成熟期主要集中在穗部，叶部相应减少；成熟期大部分的磷集中在籽粒中。威优35成熟期穗中积累的磷约占植株总磷量的72.2%。

早季威优35对基肥中磷的利用率为15.0%（湘矮早9号为13.97%）；晚季为12.81%（湘矮早9号为11.11%）。早季威优35比湘矮早9号吸收肥料磷多7.3%，晚季多15.3%。对土壤中磷的吸收利用，早季威优35比湘矮早9号多12.3%，晚季多27.5%。

（三）钾素营养的吸收特点

钾虽然不直接参与水稻机体内重要有机物的组成，但它是水稻需要量较大的必需元素，在水稻生理活动中起着重要的作用。钾以离子状态存在，呈游离状或被胶体稳定地吸附着。水稻植株的含钾量占干重的 2%～5.5%，主要集中在稻株幼嫩和生长活跃的区域，如芽、幼叶、根尖等部位。在核酸和蛋白质形成的过程中，钾起着活化剂的作用。钾与水稻体中碳水化合物的合成和运输有密切关系。特别是钾与合成淀粉、纤维素、木质素等多糖类物质的关系更为密切。钾可适当抑制氮的吸收，从而降低非蛋白质氮含量，有利于水稻籽粒饱满，增强机械组织，使茎秆坚韧，提高抗倒能力。据连云港市百万亩杂交稻高产栽培技术领导小组资料报道，杂交水稻吸收钾较常规水稻高，甚至吸钾超过吸氮。杂交水稻吸收的钾主要分配在稻草中。南优 2 号稻草中钾含量为 3.1%（湘矮早 4 号为 2.0%）。杂交水稻对钾的吸收率是：播种至移栽期为 1.0%；移栽至分蘖盛期为 26.1%；分蘖盛期至孕穗初期为 44.5%；孕穗初期至齐穗期为 9.4%；齐穗期至成熟期为 19.2%。而常规水稻在抽穗扬花以后，就几乎不再吸收钾。湖南省原子能农业应用研究所利用放射性核素 [86]铷（[86]Rb）标记钾肥（KCl）进行的示踪试验表明：

（1）杂交水稻对钾的吸收量是随组合不同而异，威优 49 在施钾量较高时，其吸钾量就增加，产量亦相应提高，但不呈直线关系；威优 35 在高钾和低钾条件下，吸收的钾量大致相近，但高钾区的产量与低钾区相比没有明显差异。

（2）在稻田土壤中不管钾肥用量多少，而水稻（包括杂交水稻和常规水稻）吸收的总钾量中，约有 80% 来源于土壤，肥料供应的钾只占 20% 以下，水稻对钾素化肥的吸收利用率只有 30% 左右。因此，土壤肥力是水稻钾素的主要肥源。

（3）土壤中的速效钾和迟效钾之间存在着动态平衡，所以土壤的全钾量是土壤速效钾的储备库，能调节钾对作物的供应，特别是土壤经干燥后这种效应更为显著，稻田实行水旱轮作，能提高土壤中速效钾的供应量，因此，在一般情况下，钾肥肥效往往是晚稻大于早稻。

（4）杂交水稻威优 35 作双季早稻种植时，其吸钾特点是：早季吸钾高峰期在孕穗期，吸收的钾量约占全生育期吸收总量的 81.1%；齐穗以后的吸钾量只有 3.0%。晚季吸钾高峰期在分蘖期，吸收的钾占吸收总量的 54.6%；齐穗期吸钾率为 8.2%，齐穗以后就停止对钾的吸收。威优 35 所吸收的钾 75%～80% 来源于土壤，肥料供应的钾只占 20%～25%。钾肥的利用率早季为 30%，晚季为 31%（图 14-10）。

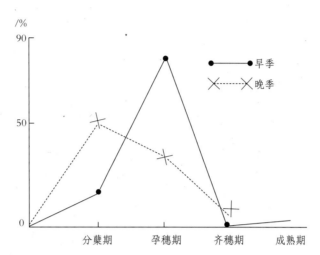

图 14-10　威优 35 对钾的吸收率（湖南省原子能农业应用研究所，1985）

　　早季吸收的钾量比晚季约多 36.5%，其中吸收的肥料钾比晚季少 1.7%；吸收的土壤钾则多 49.3%。随着钾肥用量的增加，植株内含钾量是逐渐提高的，但对每毫克钾（K_2O）所构成稻谷毫克数的钾效率，则是逐渐降低，以晚季最为明显（表 14-23）。

　　威优 35 所吸收的钾素，在不同生育期向各部位的运转分配。早季分蘖期分配在茎鞘的为 62%，在叶的为 38%；孕穗期茎鞘为 60%，叶为 40%；齐穗期茎鞘为 44%，叶为 34%，穗为 22%；成熟期茎鞘为 46%，叶为 12%，穗为 42%。晚季分蘖期，茎鞘为 62.2%，叶为 37.8%；孕穗期茎鞘为 54.8%，叶为 45.2%；成熟期茎鞘为 61.7%，叶为 19.7%，穗为 18.6%。茎、叶中的含钾量与施钾量呈正相关，而穗中含钾量与施钾量无关。威优 35 对钾的吸收量比湘矮早9 号要多 9.1%~12.3%，而钾效率也高于湘矮早 9 号。

表 14-23　不同施钾量对植株含钾量和钾效应的影响（湖南省原子能农业应用研究所，1985）

项目	施钾量 K_2O/（kg/亩）				
	0	2.5	5	10	20
植株含钾量 /%	0.63	0.94	1.29	1.92	2.90
稻谷钾效率 /（mg/mg）	85.8	66.7	51.7	35.7	25.4

第四节　杂交水稻根系活力特点

　　水稻根系在土壤中的分布、发展及其活力，因土壤条件、栽培措施和品种的不同而有差异。

稻根有吸收水分、养分，向根际泌氧的功能，同时还有吸收固定二氧化碳以及合成氨基酸和细胞分裂素等功能。水稻的根系与其他植物的根系一样，能够通过丙酮酸固定土壤中的二氧化碳生成苹果酸、柠檬酸等上运至叶片，为光合作用提供二氧化碳。根系吸收的铵态氮与有氧呼吸的中间产物 α-酮戊二酸合成谷氨酸，再经转氨作用形成多种氨基酸运往地上部分，为蛋白质合成提供原料。在稻根内和根的伤流液中分离出了玉米素、玉米素核苷酸等四种细胞分裂素，稻根合成植物激素的功能已得到了证实。细胞分裂素类的植物激素对叶片内蛋白质的合成和核酸的合成有很大的促进作用。同时，细胞分裂素被输送至地上部分，这对维持后期叶片光合功能，防止早衰，提高灌浆结实率是有重大意义的。所以稻株的根系活力是前期生长旺盛和后期保证灌浆结实率的基础。

一、根群量

杂交水稻的根数、根体积和重量均比一般品种多。从生育期看，孕穗期根群量大于分蘖期和成熟期。杂交水稻中汕优 3 号、汕优 2 号、南优 2 号、汕优 4 号各生育期的根数、根体积和根重均分别比恢复系的高，也比对照珍珠矮 11 号的高。说明杂交水稻的根系生长具有明显的优势（表 14-24）。

表 14-24　不同品种各生育期根数、根量的比较（江西省萍乡市农科所，1977）

| 品种或组合 | 项目及测定期 | | | | | | | | |
| | 单株总根数 / 条 | | | 单株根体积 /mL | | | 单株根重 /g | | |
	分蘖盛期	孕穗期	成熟期	分蘖盛期	孕穗期	成熟期	分蘖盛期	孕穗期	成熟期
汕优 3 号	741	876	997	50	75	75	1.4	2.2	3.7
IR661	641	716	840	40	55	45	1.3	2.0	2.5
汕优 2 号	916	1 040	1 051	70	87	85	2.0	2.5	2.7
南优 2 号	883	898	999	62.4	65.6	70	1.4	2.0	1.9
IR24	817	828	950	50.5	65	60	1.6	2.0	2.8
汕优 4 号	880	964	1 094	67	80	70	1.1	2.0	2.3
古 154	510	692	762	54	65	62.5	1.4	1.8	2.1
珍珠矮 11 号	617	—	682	30	—	75	1.3	—	1.8

二、发根能力

杂交水稻根系发达，发根力强。在第二章中曾列举了上海植物生理研究所的试验，南优 3 号在剪根后的发根数、根长、根重、发根力均优于其亲本，也优于常规对照品种。近几年来各地对多数杂交组合的测定结果也肯定了这一点，如表 14-25 所列。广西农学院测定了 13 个杂交组合，其发根数、根长、发根力都大于常规水稻包选 2 号。湖南农学院常德分院对一些生育期短的杂交组合进行了测定，也证实发根力高于常规水稻，其中威优 35、威优 64、威优 98 的发根力分别为 49.37、48.90、54.38；而常规品种湘矮早 9 号只有 40.44。

表 14-25　不同杂交水稻品种或组合发根力的比较（广西农学院）

品种或组合	根条数	根总长 /（cm/ 株）	发根力	品种或组合	根条数	根总长 /（cm/ 株）	发根力
常优 1 号	21.8	187.2	4 081.4	珍汕 97A×IR827	29.9	264.5	7 908.6
常优 2 号	26.0	198.5	5 160.2	珍汕 97A× 古 734	17.7	125.5	2 221.4
常优 7 号	20.6	102.0	3 337.6	南优 1 号	25.3	185.2	4 685.1
常付 A×IR827	14.8	113.5	1 679.8	南优 2 号	23.4	178.5	4 176.2
汕优 1 号	25.6	241.3	6 178.3	矮优 1 号	16.5	122.7	2 024.1
汕优 2 号	36.8	326.1	12 003.2	矮优 7 号	24.7	190.9	4 714.2
汕优 7 号	22.4	192.2	4 305.1	包选 2 号	12.4	74.7	926.3

三、根系的伤流强度

根系的伤流强度（mg/ 株·h），可以说明根系生理活动的强弱和根系有效面积的大小，是反映根系活力和吸收能力的重要指标之一，湖南农学院常德分院（1977）曾对几个杂交水稻和常规水稻在不同生育期的伤流强度进行了测定，其结果表明，杂交水稻的伤流强度要比常规水稻大，也明显地较其父本大（表 14-26）。

表 14-26　杂交水稻和常规水稻的伤流强度比较（湖南农学院常德分院，1977）

品种或组合	秧苗单株白根数／条	伤流强度／（mg/株·h）		
		幼穗分化期	乳熟期	成熟期
杂交水稻 二九南1号A×古223	14.0	3.51	6.80	5.30
南优2号	8.7	3.07	8.24	6.70
常优3号	7.9	2.36	5.55	4.07
6097A×IR24	13.5	2.66	5.50	5.32
玻利粘A×IR24	10.0	2.57	7.02	6.55
平均	10.8	2.83	6.66	5.59
常规水稻 IR24	6.75	1.78	4.56	4.30
珍珠矮11号	6.05	1.50	5.00	4.40

四、根系活力

（一）老化指数

有人已经证明，老化指数与根系活力之间有着显著的正相关，取倒三、倒四、倒五叶叶绿素含量的平均值与剑叶叶绿素含量的比例来说明根系活力，比例越高，根系活力越强。湖南农学院化学教研组（1977）对南优2号及其亲本三系的老化指数进行了测定，结果表明，叶片的老化指数与根的活力有高度的正相关，杂种比三系亲本的根系活力大（表14-27）。湖南农学院常德分院（1983）对几个早、中熟杂交水稻威优35、威优64、威优98的老化指数进行了测定，其结果有相同的趋势，但组合之间有一定的差异。它们之间的顺序：最大的为威优35，说明它的根系活力较强，其次是威优64，最次是威优98。

表 14-27　南优2号及其亲本三系生育后期的老化指数（湖南农学院化学教研组，1977）

生育期	南优2号	恢复系	保持系	不育系
孕穗期	123	112	98	108
乳熟期	79	59	71	72

（二）α-萘胺氧化值

水稻根系中存在着能使 α-萘胺氧化的酶类，α-萘胺的氧化与呼吸作用有密切关系，α-萘胺法就是以测定 α-萘胺的氧化量来确定根系活力的大小。湖南农学院（1975）用 α-

萘胺法直接测定了根系的氧化能力，南优 2 号根系的总氧化能力要比常规水稻（广余 73）高，南优 2 号在乳熟期的氧化势要比常规品种广余 73 高 80%（表 14-28）。

表 14-28　南优 2 号和广余 73 的 α-萘胺氧化力（湖南农学院化学组，1975）

品种或组合	孕穗期	齐穗期		乳熟期	
	氧化力	氧化力	氧化势	氧化力	氧化势
南优 2 号	91.67	120.66	3 256.82	78.13	2 109.38
广余 73	116.67	123.00	2 804.40	104.69	1 067.81

注：表中氧化力为每克鲜根 α-萘胺氧化力（μg/h）；氧化势表示 10 株有效穗总根量的氧化力。

五、根的通气压

水稻茎叶从空气中吸收氧气，可以沿着通气组织或细胞间隙输送到地下的根系。氧输送的难易，用通气压来表示。通气压低，输氧容易，通气压高则输氧较难。湖南农学院（1977）对南优 2 号及其亲本三系的通气压进行了测定，结果表明，南优 2 号的通气压最低，说明它的通气组织发达，有利于氧气往根部输送，有利于根系的呼吸作用，为根系的吸收提供了较多的能源，促进了根对养分的吸收。同时，氧气充足，增强了根系对土壤中还原物质的抵抗能力（表 14-29）。

表 14-29　南优 2 号及其亲本分蘖盛期的通气压

生育期	南优 2 号	恢复系	保持系	不育系	备注
分蘖盛期	1.2	2.8	3.2	4.3	单位为水银压力计上水银柱的厘米数

六、根系对 ^{32}P 的吸收

湖南农科院农业物理研究室测定，按单株体内放射强度计算，杂交水稻对 ^{32}P 的吸收较常规水稻有优势。上海植物生理研究所等单位试验，按单位重量的根系比较，南优 3 号、IR661 和二九南 1 号不育系分别为 298×10^3、247×10^3 和 245×10^3（^{32}P 脉冲数/克鲜重）。并观察了根系的磷酸渗入作用，将发根的植株移栽于含放射性 ^{32}P 的水培溶液中，2 d 后取出去净根外部吸收的 ^{32}P，再分析所含不同成分的 ^{32}P 含量。结果表明，按每株全根量来比较，杂交水稻的根系对 ^{32}P 的吸收比普通水稻高得多，而酯化磷的转化效率也较接近于常规水稻（表 14-30）。

表 14-30 杂交水稻根系 ^{32}P 渗入比较（上海植物生理研究所等，1977）

处理	^{32}P 脉冲数 / 每株全根			酯化 ^{32}P / 无机 ^{32}P
	总 ^{32}P	酯化 ^{32}P	无机 ^{32}P	
杂交水稻	4 596	1 204	3 392	0.35
湘矮早 9 号	1 273	314	859	0.36

七、根系合成氨基酸的能力

广西农学院（1977）研究指出，在开花期用纸层析法测定伤流液中的氨基酸的含量，南优 2 号根系合成和向地上部分运转的氨基酸有 13 种，而珍珠矮 11 号只有 7 种。单株根系合成和运转的氨基酸总量，南优 2 号要显著多于珍珠矮 11 号（表 14-31）。

表 14-31 杂交水稻和常规水稻根合成氨基酸能力比较（广西农学院，1977）

品种	酪氨酸	天氨门酰酸	天氨门冬酸	谷氨酸	缬氨酸	丙氨酸	苯氨丙酸	赖氨酸	亮氨酸	组氨酸	丝氨酸	甘氨酸	半胱氨酸
南优 2 号	++	++	++	+	+	+	+	+		++	+	+	+
	++	++	+	+	+	+	+	+	+		+	+	+
珍珠矮 11 号		+	+	+		+					+	+	+

注：++++ 表示微量稍高。

八、幼根中 RNA 含量

杂交水稻地上部分生长健壮繁茂，必须要有强大的根群和旺盛的根系活力作基础。湖南农学院（1977）以南优 2 号及其相应的三系为材料，用细胞组织化学的方法观察了幼根尖端部位，发现杂种富含 RNA 的细胞多于恢复系、保持系和不育系。观察分蘖盛期、幼穗分化期及孕穗期的新根根尖，各个时期，杂种根中富含 RNA 的细胞数量仍多于亲本三系（表 14-32）。根中 RNA 含量多，说明杂交水稻根尖的代谢旺盛，有利于根系的吸肥和吸水，特别是对钾的吸收有很大的促进作用。

表 14-32　南优 2 号及其亲本新根根尖 RNA 含量比较（湖南农学院，1977）

生育期	新根根尖 RNA 的含量			
	南优 2 号	IR24	保持系	不育系
种子萌发后第五天	++++	+++	++	+
分蘖盛期	+++	++	++	+
幼穗分化期	++	++	+	+
孕穗期	+	+	—	—

从以上几个方面看出，杂交水稻与常规水稻比较，具有根系发达、吸收和合成能力强、功能旺盛等特点，这是杂交水稻高产的基本条件之一。

第五节　干物质积累、转运和分配

一、干物质的积累

杂交水稻具有较强的干物质积累的能力，特别是生育前期，比其父本、常规水稻品种积累的能力大得多（表 14-33）。

表 14-33　水稻各生育期的干物质生产能力（g/株·d）（湖南师大生物系，1983—1984）

品种或组合	生育前期（移栽—穗分化）	生育中期（穗分化—抽穗）	生育后期（抽穗—成熟）
威优 6 号	0.300	0.824	0.460
汕优 3 号	0.280	0.800	0.402
威优 64	0.275	0.792	0.400
威优 98	0.285	0.801	0.395
IR661	0.200	0.756	0.455
IR24	0.195	0.764	0.448
湘矮早 9 号	0.210	0.742	0.410

杂交水稻单株增重在生育前中期明显地比父本和常规品种高，说明它的干物质生产优势大（表 14-34）。从单位面积上最后的干物质积累量来看，杂交水稻收获期总干物质重每亩在

1 000～1 200 kg 的范围内，而它的父本或一般的常规水稻品种，每亩只有 800～900 kg。除品种特性外，由于生态条件和栽培水平不同，即使是同一杂交水稻组合，干物质的生产量也有差异。一般情况下，产量总是随着干物质的增加而提高。

从杂交水稻的高产田看，在各生育期的干物质重方面，在幼穗分化期的干物质重占总干物质重的 28%～30%；始穗期占 70% 左右。可见，要夺取杂交水稻高产，不仅要注意抽穗后的干物质生产和转运，而且要重视生育的前、中期干物质的生产和积累。

表 14-34 干物质重与产量的关系（威优 6 号）

类型	总干物质重 /（kg/ 亩）	穗干重 /（kg/ 亩）	产量 /（kg/ 亩）
杂种	991.21	510.34	502.7
父本	851.71	422.63	412.07
常规稻红 410	502.7	362.68	352.27

叶鞘是水稻光合产物的重要积累储存器官，杂交水稻的叶鞘重量也比常规水稻大得多。据测定，齐穗期最上三片叶叶鞘干重，杂交水稻为每厘米长叶鞘干重 10.5～11.0 mg，常规水稻只有 7.1～7.6 mg。

二、干物质的转运和分配

产量的形成取决于干物质的生产，也取决于干物质的分配。从干物质的分配规律来看，杂交水稻干物质的转运率较高，能较多地运转到穗中去。如威优 6 号的穗重占总干物质重的 54.8%，而常规水稻余赤 231-8、红 410 的穗重只占总干物质重的 51% 左右（表 14-35）。

表 14-35　不同品种（或组合）干物质的分配率（1981）

品种（或组合）	叶重		鞘重		茎秆重		地上部总重		穗重		单株总重
	g/ 株	%	g/ 株	%	g/ 株	%	g/ 株	%	g/ 株	%	g / 株
威优 6 号	0.56	16.42	0.56	16.42	0.42	12.31	1.54	45.16	1.87	54.84	3.41
红 410	0.36	13.69	0.42	19.17	0.34	15.52	1.06	48.41	1.13	51.59	2.19
余赤 231-8	0.39	20.00	0.37	15.89	0.26	13.33	0.96	49.26	0.99	50.76	1.95

从表 14-35 可以看出，杂交水稻的单株干重较大，穗重占总干重的比也较高，因而能获得比常规水稻较高的产量。这种分配关系与杂交水稻的物质转运率高有关。

从表 14-36 可以看出，几个杂交组合的物质转运率都在 2.5% 以上，而两个常规品种的物质转运率仅 20% 左右。正由于杂交水稻具有这种物质的转运优势，因而能形成大穗和获得较高的经济系数。据湖南省大面积杂交水稻田统计，单位面积上的产量愈高，经济系数愈大。同一杂交组合，一般以作晚稻栽培的比作早稻栽培的经济系数较高（表 14-37）。

表 14-36　不同品种（或组合）的茎、鞘物质转运率

品种（或组合）	抽穗期茎鞘重 /（g/ 株）	乳熟期茎鞘重 /（g/ 株）	转运量 /（g/ 株）	转运率 /%
威优 6 号	19.20	14.02	5.18	26.97
威优 98	18.13	13.57	4.56	25.15
威优 35	18.24	13.01	5.23	28.67
威优 64	18.30	13.47	4.83	26.39
红 410	16.47	13.13	3.34	20.27
余赤 231-8	16.23	13.47	2.76	17.00

表 14-37　经济系数与产量关系（威优 6 号）

项目	经济系数	产量 /（kg/ 亩）	项目	经济系数	产量 /（kg/ 亩）
早季栽培	0.566 0	>500	晚季栽培	0.586 1	>550
	0.556 4	400~450		0.578 0	450
	0.500 0	350		0.533 0	400

又据颜振德测定（表 14-38），当转运率达到 40% 左右时，经济系数达 0.57 左右，亩产量才能达到 650~700 kg 的水平。在正常条件下，同一品种（组合）的产量是随经济系数的提高而增加的，当然，如果干物质生产总量不高，即使经济系数高，也不一定能高产。此外，因组合和栽培条件的不同，经济系数也是有差异的。

表 14-38　南优 3 号叶片、叶鞘的转运率与经济系数的关系（颜振德，1981）

产量 /（kg/ 亩）	出穗期鞘叶干重 /（kg/ 亩）	成熟期鞘叶干重 /（kg/ 亩）	鞘叶物质转运率 /%	经济系数
659.4	490	281	42.7	0.569
725.4	506	292	42.3	0.530
536.5	376	268	28.7	0.481
485.0	456	352	22.8	0.423
476.5	470	340	19.1	0.429

抽穗后由于物质向穗的运转率大，杂交水稻谷粒灌浆速度也就大于常规水稻，广东省植物研究所（1978）曾对汕优 2 号和常规水稻秋二矮的灌浆速度进行了测定（表 14-39）。测定结果表明，开花后第 5 天，汕优 2 号的 100 粒日增重为 121 mg，将近常规水稻的 2 倍。并且，汕优 2 号的灌浆期比较长，直到开花后第 18～25 天，常规水稻的百粒日增重已降到很低的水平（17 mg），而汕优 2 号还有 70 mg。在淀粉合成酶的活性变化上亦有同样的趋势，汕优 2 号的淀粉合成酶活性不但高于常规水稻，而且这种活性在开花后第 19 天尚有增加，此时常规水稻的已下降。他们认为，汕优 2 号的灌浆速度快，灌浆时间长，千粒重也比常规水稻高的生理原因，与汕优 2 号的淀粉合成酶活性高和维持活性的时间长是分不开的（图 14-11）。

表 14-39　汕优 2 号与秋二矮籽粒灌浆速度比较（广东省植物研究所，1978）　单位：mg/100 粒·d

品种	开花后第 5 天	第 5～10 天	第 10～18 天	第 19～25 天
汕优 2 号	121	155	94	70
IR24	194	103	64	16
秋二矮	63	163	81	17

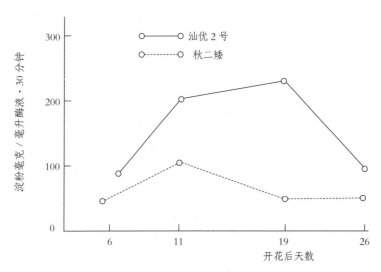

图 14-11　粉淀合成酶的活性变化（广东省植物研究所，1978）

水稻在各个时期的光合产物不是均衡地分配到各个生长部分的，而是在不同的时期有不同的养料输入中心。如苗期的光合产物输入中心是幼叶和分蘖；幼穗分化开始以后的输入中心是幼穗和茎；抽穗开花以后的输入中心是穗上的颖花。一般水稻的籽粒内的淀粉有 3/4～2/3 是抽穗后从茎叶中的同化物输入穗部的。所以，人们强调抽穗后应保持后三叶的叶片功能，这对高产的形成是十分重要的。广西农学院（1977）的研究结果表明，杂交水稻（南优2号等）比常规水稻（珍珠矮11号）的后三叶的干重高70%甚至1倍。如按每平方厘米叶面积的干重计算，杂交水稻比常规水稻高13%~30%，说明杂交水稻叶片制造、供应有机物的能力比常规水稻强。

第六节　"源""库"关系

人们通常把生产光合产物的场所称为"源"（source），贮存光合产物的场所称为"库"（sink）。就水稻而言，"源"主要（并非全部）是指叶面积的大小，而"库"主要（也不是全部）是指颖花数目及其大小。杂交水稻的"源"和"库"与常规水稻比较，具有许多不同的特点。

一、杂交水稻"源""库"的生理特点

（一）源的特点

在本章第一节中，分析了杂交水稻光合作用及光合生产储存器官等方面的情况，作为光合产物之源。这里再概括为以下几个方面。

（1）营养生长优势显著。实践表明，几乎生产上应用的所有杂交水稻组合都具有明显的营养生长优势，这种优势首先表现在苗期阶段的生长速度上。如在25℃以上的温度条件下，杂交水稻的日平均生长速度为2.5 cm左右，而在同样的条件下，IR系统恢复系的日平均生长速度为2.1 cm左右，常规水稻品种（如"广四""湘九"）的日平均生长速度为1.8 cm左右。其次表现在叶片的扩展速度上，以叶面积指数为例，分蘖期的叶面积指数，杂交水稻比常规水稻大1~1.5倍；最大叶面积指数，据亩产500 kg以上的田块测定，杂交水稻可达8.0以上，而常规水稻在6.5~7.0之间。据大田统计材料分析，发现杂交水稻叶面积指数在4.0~8.0的范围内，每增加1.0，大约可提高光能利用率0.22%~0.24%，每亩可增加产量35~50 kg。当然，指数愈低时，增加指数的增产效率愈高，这里是指平均值而言。

（2）具有较高的净同化率。据湖南师范大学生物系测定，威优6号、南优3号、汕优6号等杂交水稻的最大净同化率均可达$12\,g/m^2 \cdot d$；而IR24、IR661的净同化率为$8.5\,g/m^2 \cdot d$；一般常规品种如洞庭晚籼、红410在同样条件下为$6.5~7.5\,g/m^2 \cdot d$。穗分化时，由

于杂交水稻的穗大、颖花多、呼吸旺盛，加上叶面积还在继续增大，养分消耗多，因而中期的净同化率有所下降，一般在 $5.7\sim6.0\,g/m^2\cdot d$ 范围内，此时常规水稻为 $5.0\sim5.5\,g/m^2\cdot d$。抽穗后，杂交水稻功能叶衰老快，净同化率下降迅速，略低于常规水稻，前者为 $6.12\,g/m^2\cdot d$，后者为 $6.30\,g/m^2\cdot d$。

（3）生育的前、中期光合速率高。据湖南师范大学生物系对威优 6 号等 7 个杂交水稻光合速率的测定，杂交水稻生育的前、中期叶片的光合速率均比常规水稻（广四、湘九、洞庭晚籼、余赤 231-8）高。生育前期的光合速率高 17.65%~36.36%，中期高 22.22%~25.00%，后期则低于常规水稻 12% 左右。杂交水稻比恢复系（IR661、IR26、IR24）的光合速率平均高 15% 左右。

（4）干物质生产力大。由于杂交水稻的光合速率高，因而表现出较大的干物质生产力。据测定，威优 6 号的干物质生产力，生育前期为 $0.3\sim0.32\,g/$ 株·d，中期为 $0.75\sim0.8\,g/$ 株·d，后期为 $0.45\,g/$ 株·d；而洞庭晚籼的干物质生产力，在生育前、中、后期分别为 $0.2\sim0.22\,g/$ 株·d、$0.7\,g/$ 株·d、$0.41\sim0.44\,g/$ 株·d。以亩产干物质计算，威优 6 号前期、中期、后期分别为 390 kg、725 kg、1 000 kg；而常规水稻分别只为 310 kg、600 kg、850 kg。

综上所述，杂交水稻具有很大的源的生理优势，这是杂交水稻高产的生理基础。但是，如果这个优势在生产上得不到充分发挥，那么杂交水稻就会失去高产基础，也就不能获得高产。

（二）库的特点

（1）颖花数多库容量大。据对湖南省洞庭湖区 7 个县 9 个点约 200 亩面积示范片的调查，6 个杂交水稻组合的每穗总颖花数平均为 138.7 粒，实粒数 102.46 粒。在同一条件下，几个常规水稻品种每穗的颖花数和实粒数显著地较杂交水稻少（表 14-40）。

表 14-40 说明，杂交水稻的库容量大，具有明显的库优势。一般比常规水稻的库大 30%~50%。杂交水稻库容量大的主要原因是每穗有较多枝梗数，特别是二次枝梗数显著超过常规水稻，同时每个一次枝梗和二次枝梗上的颖花数均比常规水稻增加 1 朵以上（表 14-41），这样，就构成了杂交水稻的大穗优势。

从表 14-41 可见，杂交水稻的每穗一次枝梗平均比常规水稻多 3.34 个，二次枝梗多 14.9 个，颖花数多 60~70 朵。

（2）结实率低。试验研究结果和生产实践都证明，现有的杂交水稻组合有一个共同的缺点，就是结实率较低，大多在 70%~80% 之间，显然比常规水稻的结实率（85%~90%）低。

这正是目前杂交水稻产量还不太高的原因之一，也说明它还有很大的增产潜力。只要设法降低空秕率，就能进一步提高杂交水稻的产量。据调查，杂交水稻的空秕率在 20% 以下者，占 15%；空秕率在 20%～30% 者，占 60%；空秕率大于 30% 者约占 25%。

表 14-40　杂交水稻与常规水稻的库容量比较（1981）

组合或品种	每穗总粒数 / 粒	每穗实粒数 / 粒	空秕率 /%
V20A× 制 3-2-41	123.00	81.50	33.73
菲优 2 号	131.80	91.10	30.88
菲优 6 号	158.20	117.30	25.85
威优 6 号	138.20	104.40	24.46
四优 2 号	139.30	106.30	24.12
菲改 A×S	141.70	114.20	19.40
平均	138.70	102.46	26.37
常规稻（红 410）	65.30	52.89	19.00
常规稻（余晚 6 号）	83.00	65.74	22.00

表 14-41　杂交水稻与常规水稻每穗枝梗数和颖花数的差异（湖南师范大学生物系，1981）

品种	每穗枝梗数 /（个 / 穗）				颖花数 /（朵 / 个枝梗）			
	一次枝梗		二次枝梗		一次枝梗		二次枝梗	
	变幅	平均	变幅	平均	变幅	平均	变幅	平均
威优 6 号	8.0～14.00	11.61	21～46.00	29.60	7～8	7.2	2～5	3.4
洞庭晚籼	6～9	8.23	12～17	15.70	5～6	5.8	2～5	2.9

　　研究表明，杂交水稻空秕粒分布规律基本上与常规水稻相同。即穗的下部高于中、上部，二次枝梗高于一次枝梗。如威优 6 号，穗上部的空秕率为 17.14%，中部为 21.21%，下部为 30.56%；一次枝梗的空秕率为 10.87%，二次枝梗为 31.58%。但由于杂交水稻穗上的二次枝梗数多，相对而言，每个穗上的弱势花较多，一旦源不足，就有较多的竞争力弱的颖花形成空秕粒。所以，源、库不协调时，空秕率高。可见，提高杂交水稻二次枝梗上弱势花的结实率是充分发挥杂交水稻增产优势的重要途径之一。

　　（3）籽粒的灌浆期长，并具有两个灌浆高峰。常规水稻的籽粒灌浆期比较短，从受精算起一般为 25～30 d，一个穗子的灌浆过程基本完成；而在同样的条件下，杂交水稻一个穗子的灌浆过程则要 40～45 d 才能完成，有的长达 52 d。因此，在杂交水稻生育后期不能过早脱水，也不能有低温，否则，会影响正常灌浆，减轻粒重。

　　杂交水稻籽粒灌浆的另一特性是具有两个明显的灌浆高峰，而常规水稻品种通常只有一个灌浆高峰（图 14-12）。

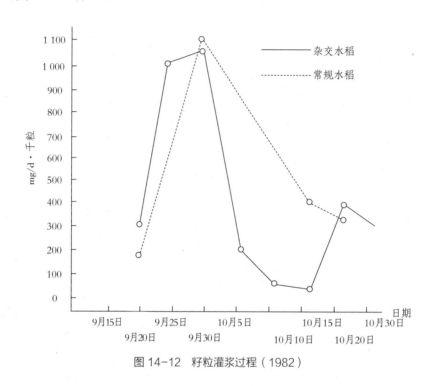

图 14-12　籽粒灌浆过程（1982）

　　从籽粒灌浆的全过程来看，杂交水稻的灌浆强度比常规水稻大，如双季晚稻的威优 6 号的灌浆强度（9 月 20 日）为 324 mg，常规水稻红 410 仅为 200 mg；灌浆末期，威优 6 号为 310 mg，红 410 为 246 mg。在整个灌浆过程中，杂交水稻威优 6 号出现两个高峰，第一个高峰在开花后第 12~15 天内形成，高峰值可达 1 000 mg 以上；第二个高峰在开花后一个月左右出现，这个高峰期的大小和持续时间与这个时期的气温密切相关。一般在抽穗开花较迟或秋寒来得早、秋季气温下降快的情况下，或在栽培措施不当引起叶片功能早衰，光合速率显著下降，有机养分供应不足的情况下，都有可能导致第二个高峰出现迟，持续天数少；高峰值低，有时甚至不出现第二个高峰。这正是目前生产上杂交晚稻产量不高、不稳的重要生理原因之一。杂交早稻在高温下灌浆，叶片的养分转运快，易于早衰，因此不利于杂交水稻的灌浆，往往不能形成第二个灌浆高峰，从而造成杂交早稻的秕粒多、籽粒轻，产量不高。在同样条件下，常规品种，一般只有一个灌浆高峰，这个高峰出现的时期与杂交水稻的第一个高峰基本符合，而且高峰值也可达到杂交水稻的水平，但由于颖花数少，籽粒灌浆时间比较短，养分供应集中，因此不出现第二个高峰。正由于这个原因，常规水稻每穗的籽粒少，有机养料的供求矛盾比较缓和，同时受后期气温较高的影响小，因而结实率较高。

二、杂交水稻的"源""库"关系

从水稻产量来说，"源"是基础，没有"源"就不可能有"库"，但没有"库"，也就不可能有产量。只有当"源""库"强大而又协调时，才能获得最高的产量。

"源"是光合产物形成的场所，首先，必须有强大的"源"。"源"不足，必然影响到"库"的发展，特别是开花后，如果光合面积减少或光照不足，影响了"源"，那么，就会直接造成粒重的减轻，甚至形成秕粒。后期去叶（减少"源"）试验表明，当"库"大而"源"小时，空秕率显著上升（表14-42）。

由表14-42可见，抽穗后去掉任何一片叶，由于同化产物减少，都会对结实率有影响，尤以去剑叶的影响最大，空秕率可增加7.48%。如果后三叶全部去掉，空秕率增加20.84%。"源"的减少，不仅降低结实率，而且对粒重也有直接的影响（表14-43）。

表 14-42　去除不同叶位的叶片对结实率的影响（湖南师范大学生物系，1982）

处理	每穗总粒数 / 粒	每穗实粒数 / 粒	每穗空秕粒 / 粒	空秕率 /%	比对照 ± /%
对照	111.0	86.0	25	22.52	—
去剑叶	106.5	74.70	31.80	30.00	+7.48
去第二叶	103.5	76.50	27	26.09	+3.57
去第三叶	108.0	81.0	27	25.00	+2.48
去后三叶	113.0	64.0	49	43.36	+20.84

注：供试组合为威优 6 号。

表 14-43　去除不同叶位的叶片对粒重的影响（湖南师范大学生物系，1983）

项目	结实情况		粒重		充实度
处理	结实率 /%	以对照为 100	mg/ 粒	以对照为 100	/%
对照	88.62	100	27.30	100	86.17
去剑叶	57.94	65.38	19.00	69.59	60.04
去第二叶	58.87	66.43	21.20	77.65	66.92
去第三叶	80.71	91.07	25.30	92.67	79.86
去后三叶	41.52	46.88	18.85	69.04	59.50

注：充实度以杂交水稻的最大饱满度的粒重 0.031 68 g 为极限计算；供试组合为威优 6 号。

从库容量来看，每穗籽粒的平均重量只相当于最大粒重的 86.17%。不同叶位的叶片，以剑叶对粒重的贡献最大，去掉剑叶，粒重只有对照（不去叶）的 69.59%；去第二叶为对照的 77.65%；第三叶影响较小，去掉第三叶粒重可达对照的 92.67%。试验结果证明，开花后"源"的不足，直接影响"库"的内容物的充实，降低产量，可以说，杂交水稻的剑叶和剑叶的下一叶是穗同化产物的主要供应者，后三叶的同化产物的供应能力则随它们同化能力的衰退而下降。因此，后三叶的去叶时间愈迟，影响愈小（图 14-13）。

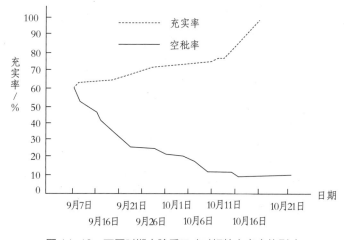

图 14-13　不同时期去除后三叶对籽粒充实度的影响

据观察，威优 6 号开花一个月后去掉后三叶，对空秕率的影响甚微，但对籽粒的充实度却仍有相当大的影响。从图 14-13 可以看到，杂交水稻整个籽粒灌浆的时间较长，在适宜的条件下，粒重的增加可以延续到开花后 40~45 d，说明在杂交水稻的生育后期设法延长或维持叶片的功能，对杂交水稻高产具有十分重要的意义。

"源"不足影响"库"的充实，反过来，"库"的容量受限制，也影响"源"的发挥，同样不能获得高产。目前生产上限制杂交水稻进一步增产的因素究竟是"源"还是"库"，研究结果认为，杂交水稻结实率和充实率低是"源"不足或供应不平衡引起的。在人为减少"库"（去掉部分颖花）的试验条件下，而原来的"源"不变，由于颖花数减少了，每个颖花分配得到的"源"相对地增加了，结实率也相应地提高了（表 14-44）。

表 14-44　去留不同部位的颖花对结实性的影响（威优 6 号）（湖南师范大学生物系，1982）

处理	空秕率 /%	单粒重 /mg	充实率 /%
对照（未处理）	22.52	27.00	86.17
去上部枝梗的颖花	8.25	27.40	86.49
去中部枝梗的颖花	4.54	27.50	86.81
去下部枝梗的颖花	5.35	27.85	87.91
去第一次枝梗的颖花	4.50	29.56	93.31
去第二次枝梗的颖花	3.50	31.68	100

　　试验结果有力地说明，去掉穗上任何部位的颖花，只要库容量有所减少，每个颖花获得的养分充分，都可大大提高穗上所留颖花的结实率。如去掉第二次枝梗上的颖花，可以使结实率提高到 96% 以上，结果同时也表明，可以通过有机养料供应的改善而降低杂交水稻的空秕率。值得指出的是，减少颖花数还能提高粒重，尤其明显的是当第二次枝梗上的弱势花去掉后，粒重显著增大。这充分说明，当前限制杂交水稻高产的仍是"源"的不足。因此，改善杂交水稻的株型、叶型，提高群体的光能利用率是今后进一步提高产量的一个重要的方面。

　　水稻的"库""源"关系可归纳为三个类型：①库容量有限，结实率高，同化产物超过库的贮存能力而留在茎秆中；②同化产物供应有限，结实率低；③库容量大，同化产物供应协调，结实率高，粒重大，产量高。

　　从杂交水稻的"源""库"本身来说，可以说是属于第③类型。但是，在生产实践中，往往由于生态因子不适宜或栽培技术不当，易造成生育后期同化产物供应不足，表现为第②类型的"源""库"关系。反之，只要改善"源"的供应，就可以提高结实率，增加产量。由此可见，杂交水稻的"源""库"关系具有较大的变动性和可控性。

三、影响"源""库"协调的主要生态因子

　　适宜的生态环境是发挥杂交水稻增产优势的重要因素。无疑，无论什么生态因子都会在一定程度上影响杂交水稻的"源""库"关系。不过，不同的地区影响的主要因子不同，如在山区，影响较大的因素是低温和光照不足；在平原双季稻（或多熟制）地区，影响较大的因素是

季节紧，既有低温又有高温影响。杂交水稻对高、低温的反应很敏感，一定的高、低温可导致光合面积的减少和叶功能的降低，最后引起空秕率的增加和粒重的减轻。在湖南的气候条件下，一季杂交中稻和双季早稻常有高温危害，双季晚稻经常受到9月中、下旬规律性"寒露风"的影响，特别是在北纬26°以北地区，后期的冷害对杂交水稻优势的发挥影响极大。

（一）低温对"源""库"的影响

低温首先对叶片的生长有明显的影响。苗期低温会延迟分蘖，甚至不分蘖，不仅叶面积减少，同时叶功能降低，干物质的形成与积累受到阻碍。生育前期的"源"不足，必然会引起穗分化的养分供应不充分，枝梗数和颖花数减少，导致"库"容量的减少。花粉母细胞减数分裂期的低温影响最大，如在连续4 d 15 ℃低温的处理下，威优6号、汕优9号的空秕率几乎是100%。处理后的植株，在25 ℃以下的自然条件下，不能正常抽穗，包颈率达80%以上，全部籽粒青色，"源""库"严重失调。抽穗后对低温最敏感的阶段是开花期，正在开颖的花最易受冷害。研究证明，低温主要影响花粉粒的育性和活力。据湖南师范大学生物系观察，在15 ℃的低温下，花粉粒外形皱缩，萌发慢，甚至不萌发，花粉管伸长受阻，因而受精率不高，致使开花前形成的大量有机养料不能充分向籽粒转运，造成"源""库"失调。

（二）高温对"源""库"的影响

杂交水稻在抽穗开花期对高温比较敏感，35 ℃以上高温，经3~5 d就会引起叶片功能衰退，光合速率下降（表14-45）。

表14-45　自然高温（>37 ℃，5 d）对杂交水稻叶片功能的影响（1981，南优6号）

叶片类型	叶绿素含量（mg/g 干重）			光合速率 /（CO_2 mg/dm^2 · h）
	总量	叶绿素 a	叶绿素 b	
正常绿叶（整片绿色）	4.625 6	2.551 1	2.074 7	18.87±1.12
三级黄叶（2/3叶片焦黄）	1.975 1	1.131 2	0.843 7	5.01±2.56
五级黄叶（3/4叶片焦黄）	0.487 9	0.251 8	0.236 1	0~3

据湖南师范大学生物系周广洽、周青山等研究，35 ℃以上的高温，能引起叶绿体超微结构的破坏，从而导致光还原活性和光合速率的下降，最后表现为"源"不足，空秕粒增加，粒重降低（表14-46、表14-47）。

表 14-46　不同温度对叶绿体光还原活性的影响

| 温度 | DCIP 光还原活剂（n mole/mg, chl/hr） | | 备注 |
	活性比		
25 ℃	310.6	100	
38 ℃	212.3	63.35	威优 6 号 高温处理 3 d
41 ℃	181.2	58.34	

表 14-47　高温对杂交水稻光合速率和空秕率的影响（灌浆期）

| 杂交水稻 | | 光合速率 | | 空秕率 /% | 比对照 ±% |
		$CO_2\,mg/dm^2 \cdot h$	相对百分比		
威优 6 号	高温（41 ℃, 3 d）	6.96	49.4	46.56	+24.31
	对照（28 ℃）	16.62	100	22.25	—
南优 2 号	高温（41 ℃, 3 d）	10.81	60.25	40.70	+12.03
	对照（28 ℃）	16.28	100	28.67	—

电镜的观察表明，高温促使叶片老化，叶绿体的被膜和片层结构发生破裂，甚至解体（图 14-14）。因此，老化的叶片失去光合功能，不但不能执行"源"的功能，相反转化为消耗"源"的器官，从而减少了"源"，也会造成"源""库"的不平衡。

图 14-14　叶片老化，叶绿体的被膜和片层结构发生破裂

除温度外，其他生态因子如光、水等和栽培技术都对"源""库"的形成有影响。因此，必须针对各地生态条件的特点，扬长避短，使杂交水稻有较大的"源"和较强的"库"，同时使"源""库"协调。这样，才可能获得更高的产量。

四、"源""库"关系的调控

探讨杂交水稻的"源""库"特点及其相互关系,对了解在目前生产水平条件下,究竟是"源"还是"库"限制了杂交水稻的进一步高产,是一个有重要现实意义和理论价值的课题。从研究结果和生产现状看,现有的杂交水稻组合似乎是"源"的不足和供应不平衡限制着"库"的优势的发挥,但也存在"库"不够的现象,如每亩的有效穗不足,需要人为地设法对杂交水稻的"源""库"进行调节和控制。从"源"的生理特点看,生育前期的"源"基本上能保证大穗的形成,但生育后期由于叶片易于早衰,功能减弱,有机养料往往不能满足大穗灌浆的需要,从而结实率低,籽粒不充实,得不到理想的产量。因此,调控的重点应放在中后期的管理上。

(一)高产群体"源""库"的适宜比例

对亩产 500 kg 以上的杂交水稻田调查和试验资料表明,苗、株、穗的最适比例为 1∶3∶2,即大约每亩 10 万基本苗,30 万总株数,20 万有效穗。叶面积指数是衡量"源"的大小的重要指标之一。许多测定结果表明,最大叶面积指数在 7.5~8.0 范围内较好,小于 6.0 或大于 9.0 就会出现"源""库"不协调的状况。在生育后期,特别重要的是后三叶的叶面积要适当,同时功能期要长。根据湖南、广西、广东等许多地区的试验资料统计,剑叶适宜长度为 40 cm;剑叶下的第一、第二叶长度为 45 cm 左右;后三叶总长度应控制在 125~130 cm。偏暖的地区略长,偏北的地区略短。如后三叶总长度过短,每穗总粒数就会减少;过长,结实率就会降低,并且容易发生病害。据福建农学院试验,每平方厘米剑叶制造的养料,大约可供 1.6 个颖花灌浆的需要;剑叶下第一叶,同样面积只能满足 1.1 个颖花所需要的养料;剑叶下第二叶,同样面积只能供应 0.57 个颖花所需要的养料。从理论上估计,如果抽穗后,能保持有 100 cm² 功能旺盛的叶面积,那么,就可以满足 100 个颖花灌浆的养料;如果抽穗前贮藏的养料能满足 40~50 个颖花的养料,这样将可获得 140~150 粒的实粒。如每亩总穗数仍为 20 万,亩产将在 750 kg 以上。但在生产实践中,往往难以达到这样高的产量水平,原因是很多的。不过,它预示着杂交水稻高产的潜力仍很大。

从大面积的生产来看,常存在"库"不足的现象,即每亩的有效穗偏低,没有充分发挥单位面积上"库"的优势。据统计分析,当杂交水稻每穗粒数保持平均水平(140±5)粒时,每亩增加 10 000 有效穗,平均可增产(27.5±2.5)kg;当有效穗保持平均水平(20±1.5)万穗,每穗增加 1 粒,平均只增产(4±0.75)kg。根据两者对产量的效应,计算标准偏回归系数,说明增穗的增产效用大于每穗增粒的增产效用。可见，单位面积上"库"容量不大，也是限制杂交水稻高产的一个重要方面。

（二）"源""库"调控的途径

从调控途径来说，主要有三个方面：

（1）基因调控。选择株型理想、叶光合效率高、功能期长和结实性状良好的亲本进行杂交配组，从遗传上改善株型结构和生理特性，选育新的高产、优质组合。从提高生产力来说，在育种中应该注意：改进与形态学、生物学和光合器活力有关的群体结构；改进水稻功能，使它以适量的光合产物用于营养器官的生长，并能最大程度地形成有经济价值的结实器官；同时改进光合器本身，使叶片在低浓度 CO_2 条件下有高光合效能，在高浓度 CO_2 条件下有更高的饱和点。这些都要通过遗传基因的改变，在遗传水平上提高杂交水稻的生产力。如亚种间，甚至种间远缘杂交的杂种优势利用，很有发展前途，但要靠生物技术才能实现。

（2）化学调控。人们早就试图通过化学物质（包括各种激素）来调节水稻体内养分的运输和分配状况，并做了不少的工作。但到目前为止，尚未取得理想的实际效果。不过，一些试验表明，适宜的激素用量和光呼吸抑制剂在调节物质"流"的方面有一定的效果。如 GA_3、6-苄基氨基嘌呤、亚硫酸氢钠的适宜浓度，可促进物质转运，提高水稻的结实率和粒重。

（3）技术调控。采取合理的农业技术措施，提高栽培管理水平，是生产上最基本的调控方法。如培育壮秧，合理密植，可对"源""库"的形成同时起作用；又如合理的水、肥管理在水稻生育全过程中是经常地、大量地对"源""库"产生影响的因素。需加强这方面的研究。

值得指出的是，所谓"源""库"的协调，是相对的，随着单位面积产量的提高，"源""库"关系就要在高一级的产量水平上平衡。因此，"源"和"库"总是处在平衡—不平衡—平衡的关系中，由低级向高级发展，并因此而使水稻产量不断提高。

第十五章

杂交水稻的栽培技术

杂交水稻的栽培生理不同于常规水稻。有利的方面如营养生长旺盛，根系强大，对养分的吸收利用率高；叶蘖生长势强，易于形成繁茂的绿色群体及高额的生物学产量；经济性状上穗大粒多、千粒重高。但另一方面，杂交水稻的丰产常受一些限制因素的影响，如现有籼型组合多具有东南亚低纬度地区的亲缘关系，对我国内地的过高或过低气温适应力较弱，结实率较低。另外，由于杂交水稻种子生产成本较高，大田用种量受到限制，不利于增加单位面积有效穗数。

由此可见，杂交水稻在栽培上应充分发挥营养生长优势，促进大穗大粒的形成；保持合理的群体结构，争取足够的穗数；合理安排组合搭配及种植季节，加强水肥管理，提高结实率，获得较高的产量。

随着对杂交水稻栽培研究的不断深入，产量也不断提高，全国平均亩产 1985 年已上升到 431.5 kg，小面积栽培如江苏省一季杂交籼稻亩产已达 900 kg；福建省稻麦研究所在龙海县的试验田（1.06 亩），1978—1979 年两年都达到双季亩产 1 600 多千克，其中 1979 年早稻亩产 823.4 kg，晚稻亩产 779 kg，双季合计 1 602.4 kg（组合汕优 2 号）。

第一节　杂交水稻组合的选择和搭配

一、组合选择和搭配的意义

在不同地区、不同生态环境及不同耕作制度条件下，选择并搭配好适宜的、不同类型的杂交水稻组合，是充分利用光温资源、发挥杂交优势。获得高产稳产的基础。而不断选育、推广不同类型的杂交水稻新组合，又是选择和搭配适宜组合的前提条件。

1976—1981 年，南方稻区生产上应用的杂交组合比较单一，而且大都是生育期较长的迟熟组合，使其应用的领域受到一定的限制。在这一阶段，湖南省种植的杂交水稻，先后以南优 2 号和南优 6 号为主。这两个组合不仅生育期长，而且抗性也较差，在洞庭湖区产量不够理想，致使推广面积逐年下降，以后过渡到以威优 6 号为主，威优 6 号虽然各方面都表现较好，但仍然属于迟熟类型，不能作早稻；在海拔 700~800 m 的稻田，也不能作中稻；在洞庭湖区，由于气温条件的限制，也不适宜大面积作晚稻栽培。南方稻区的其他省、市，大面积推广的杂交水稻，一直是以四优 2 号和汕优 2 号为主。江苏、四川、湖北、安徽等省的稻麦两熟地区，由于杂交组合的生育期长，季节矛盾尖锐。福建、广东、广西南部地区，连续多年用汕优 2 号作早稻和晚稻栽培，使抗性减弱、病害加重、丰产性能逐步降低，限制了杂交水稻增产优势的进一步发挥。

到 1981 年，各地选育出了一批多类型、多熟期的杂交新组合。湖南选育出了威优 64、威优 35、威优 98、威优 16、威优 49、汕优 125；广西选育出了汕优 6161-8、汕优桂 33；福建选育出了汕优 63、汕优 30 选、汕优 36 等；北方杂交粳稻区选育出了秀优 57、中杂 2 号以及适合麦茬稻的早熟组合秋优 20。这一突破性的进展，从根本上改变了杂交水稻过去长期组合单一的局面，从而扩大了杂交水稻的种植领域。湖南省洞庭湖区由于推广了威优 64、威优 35 等中、早熟高产新组合，1984 年杂交晚稻的种植面积达 410 万亩，比 1980 年增加 302 万多亩，亩产从 1980 年的 282 kg 提高到 1984 年的 395.5 kg，五年中单产提高 113.5 kg。1984 年全国杂交水稻发展到 1.32 亿亩，比 1981 年增加 5 500 多万亩。但由于我国地域辽阔，气候复杂，耕作制度多样，加之生产不断向前发展，目前仍然感到杂交水稻组合不够丰富。今后杂交水稻要进一步发展，还有赖于更多地选育高产、多抗、优质的不同熟期的杂交新组合。

二、组合选择的标准和搭配的原则

杂交水稻组合选择的标准与常规水稻基本相同，一是丰产性好，产量高，早稻亩产比同熟期的常规水稻至少高 60 kg，中、晚稻亩产比常规水稻至少高 50 kg，这样经济上才划算；二是抗性好，能高抗或中抗当地两种以上主要病虫害；三是米质好，达到中上等水平；四是适应当地的种植制度，有利于本身和前后季增产；五是制种容易，杂交种子产量高。

品种搭配包含两方面的内容：一是双季稻早、晚熟组合或品种的搭配；一是同一季别（包括一季稻）早、中、迟熟组合的搭配。搭配的原则：首先，要注意合理地利用当地的光温条件。一季杂交水稻要求做到在最佳的光温条件下抽穗扬花，双季杂交水稻要求充分而合理地利用当地双季稻的安全生育期和积温，使两季高产，全年丰收。籼型杂交水稻的最佳抽穗扬花天气为日平均温度 25 ℃~28 ℃，日最高温度不超过 34 ℃，而且晴天多，无大风大雨。双季稻的安全生育期，是指早稻的适宜播种期至晚稻安全齐穗期所经历的天数。早稻的适宜播种期一般指日平均温度稳定通过 11 ℃的初日，杂交晚稻安全齐穗期为日平均温度稳定高于 23 ℃的终日。在早、晚两季季节安排上，要保证杂交晚稻在安全齐穗期以前抽穗扬花，并且至少有 12 d（早熟组合）至 20 d（迟熟组合）的本田营养生长期，再根据剩余的时间来安排生育期相当的早稻品种。其次要防止品种搭配单一化，特别是双季稻区要求早、晚稻搭配形式多样化，以缓和"双抢"的季节和劳力矛盾。

为了便于对组合的选择和搭配，根据组合的生育期长短和所需积温的多少进行熟期分类。我国南方推广的籼型杂交水稻组合，按其生育期和所需积温，习惯分为早熟、中熟、迟熟三类。但按照它们对光温的反应及生育期长短与常规水稻比较，都属于早稻和中稻类型，尚没有晚稻类型的组合。从杂交水稻的生育期和所需积温与常规水稻比较（表 15-1），大致看出，杂交水稻早熟组合与常规水稻迟熟和特迟熟早稻相当，杂交水稻中熟组合与常规水稻早熟中稻相当，杂交水稻迟熟组合与常规水稻中熟中稻相当。

表 15-1　现有推广组合的熟期划分

熟期名称	组合名称	全生育期（以湖南为例）		全生育期所需活动积温 /℃	相当于常规水稻熟期
		作早中稻栽培	作晚稻栽培		
早熟组合	汕优 125	110~115 d	95 d 左右	2 450~2 600	迟熟早稻
	威优 16	—	—	—	—
	威优 98、威优 35	115~120 d	100 d 左右	2 600~2 900	特迟熟早稻
	威优 17、湘优 101	—	—	—	—
中熟组合	威优 64	125~130 d	107 d 左右	2 900~3 100	早熟中稻
迟熟组合	威优 6 号、汕优 6 号	—	—	—	—
	南优 6 号、汕优 2 号	135 d 左右	125 d 左右	3 100~3 400	中熟中稻

三、双季稻区杂交水稻组合的选择和搭配

我国南方双季稻区按气候条件大致可分为三个亚区，即长江沿岸及太湖流域双季稻亚区、江南丘陵双季稻亚区和华南沿海双季稻亚区。由于各亚区双季稻的安全生育期及其积温不同，因而早、晚稻采用的品种可搭配方式也不同。

（一）长江沿岸及太湖流域双季稻亚区

此区包括湖南省的洞庭湖区、湖北省的江汉平原南部、江西省、安徽省的长江沿岸、江苏省的苏州地区、浙江省的杭嘉湖区及绍兴宁波地区。在该区中，双季稻安全生育期短。过去，早稻以中、迟熟常规水稻品种为主，晚稻以粳稻为主。晚粳稻的抗寒性较强，日平均温度在 20 ℃以上即可安全抽穗扬花，因此安全齐穗期可比杂交水稻推迟 10 d 以上。这样，在季节上基本可以满足两季的需要。1977 年推广杂交籼稻迟熟组合作晚稻，季节矛盾很大。如湖南省洞庭湖区常规早稻配杂交晚稻的安全生育期只有 160 多天，迟熟组合作晚稻栽培，在适时播种的前提下，自插秧至齐穗至少需要 52 d，即杂交晚稻必须在 7 月 20 日以前插完秧，才不致插超龄老化秧并保证安全齐穗。这样，剩下的时间为 110 d，除"双抢"农耗占用 5 d 外，实际剩下 105 d 左右，只能满足早熟早稻安全生育期的需要。这种早配迟的搭配方式在洞庭湖区如果超过 20% 时，部分杂交晚稻也会推迟到 7 月 20 日以后插秧，达不到丰产的目的。1981—1983 年，湖南省在洞庭湖区进行杂交晚稻适应性的研究，通过 16 种搭配方式的试验，证实了"中配中""迟配中"搭配方式的产量最高。例如，中熟早稻原丰早配中熟杂交水稻组合威优 64，双季亩产为 762.4 kg；迟熟早稻广陆矮 4 号配威优 64，双季亩产达 761.6 kg，产量名次分别居第一和第二位（表 15-2）。1984 年洞庭湖区杂交晚稻大发展并获得高产，这两种搭配方式起了重要作用。

表 15-2　洞庭湖区早、晚稻品种搭配方式比较（湖南省粮油生产局，1983）

早稻	晚稻	方式	早、晚两季产量/（kg/亩）	产量名次	早稻	晚稻	方式	早、晚两季产量/（kg/亩）	产量名次
早熟	早杂	早配早	723.0	7	中熟	晚籼	中配迟	700.6	9
早熟	中杂	早配中	744.5	5	中熟	晚粳	中配迟	693.5	11
早熟	迟杂	早配迟	723.1	6	迟熟	早杂	迟配早	755.8	3
早熟	晚籼	早配迟	665.5	14	迟熟	中杂	迟配中	761.6	2
早熟	晚粳	早配迟	653.8	15	迟熟	迟杂	迟配迟	693.6	10

续表

搭配方式			早、晚两季产量 /（kg/ 亩）	产量名次	搭配方式			早、晚两季产量 /（kg/ 亩）	产量名次
早稻	晚稻	方式			早稻	晚稻	方式		
中熟	早杂	中配早	748.8	4	迟熟	晚籼	迟配迟	675.5	12
中熟	中杂	中配中	762.4	1	迟熟	晚粳	迟配迟	672.0	13
中熟	迟杂	中配迟	710.5	8					

本亚区大都是商品粮区，商品粮主要供应北方及上海市。这些地方的居民喜食粳稻米。同时，这一地区气温较低，晚稻适宜于种植抗寒力较强的粳稻，但目前常规粳稻产量不高，在洞庭湖区现已被矮秆晚籼所取代。因此，今后应逐步发展杂交粳稻来代替常规粳稻，以提高产量和满足人民生活的需要。近年各地已开始杂交晚粳的小面积示范栽培，取得了较好的效果。

（二）江南丘陵双季稻亚区

本区包括湖南、江西两省中南部、浙江省南部、福建省西北部以及两广北部的广大丘陵区。本区从北到南，双季稻的安全生育期由 170 多天逐步延长到 200 d 左右，活动积温也逐步增加，其中岭南一些山间盆地，基本上可以用迟熟组合作双季稻栽培。南岭以北，双季稻品种搭配方式除常规早稻品种配迟熟杂交籼稻组合外，近几年来，湖南省先后育成并推广了威优 64、威优 35、威优 49、威优 98、威优 16、油优 125 和威优 125 等早熟杂交水稻新组合。这些新组合作早稻栽培的全生育期一般 120 d 左右，相当于常规良种湘矮早 9 号和广陆矮 4 号，但增产显著，米质中等，抗性较强。于是，便开始用杂交水稻早、中熟组合作双季栽培。1983—1984 年湖南杂交水稻研究中心组织全省进行了双季杂交水稻亩产吨粮栽培技术研究。1983 年 8 个试验示范基点，实际面积 449.95 亩，平均亩产干谷 964.79 kg。其中攸县和醴陵县 2 个点亩产过吨粮；1984 年 9 个试验示范基点实际面积 552.85 亩，平均亩产 988.83 kg（表 15-3），比 1983 年平均亩产增加 24.05 kg，增产 2.5%。其中有 4 个点亩产超过吨粮；1985 年 9 个示范点，实际面积 449.24 亩，平均亩产干谷 1 075.75 kg，9 个点亩产都过了吨粮。其中湘潭、攸县、株洲、宜章 4 个点平均亩产达 1 100 kg 以上。在热量资源比较充足的湘中、湘南地区采用这些早熟组合作晚稻栽培可以不用晚稻专用秧田（占双季稻田 13% 左右），不仅解决了双季稻的季节矛盾，而且能使每亩双季稻田全年总产增加 50 kg以上（以秧田、大田为 1 : 7，早稻单产 350 kg 计算）。这些组合的稻米品质比常规早稻湘矮早 9 号、广陆矮 4 号、原丰早等都要好（表 15-4），为进一步发展稻谷商品生产、调整农业生产结构和作物布局找到了一条有效途径。这些组合适合于北纬 23°～30° 的双季稻区种植。

表 15-3　1984 年 9 个成片试验示范点产量统计

试验示范点	面积 / 亩	产量 /（kg/ 亩）		
		早稻	晚稻	合计
湖南省农科院益阳综合基点	75.07	566.8	512.75	1 079.55
湖南省攸县谭家垅村	48.43	561.05	504.7	1 065.75
醴陵汆溪村	52.80	519.15	535.8	1 054.95
浏阳关口村	57.67	518.75	485.4	1 004.15
株洲石岭乡	85.00	515.5	471.1	991.6
湖南杂交水稻研究中心	18.65	525.95	451.4	977.35
湖南省湘乡凡育村	64.00	541.95	430.0	971.95
衡山贺家村	68.44	494.75	416.6	911.35
湘潭北岸村	82.79	433.3	458.2	891.5
小计	552.88	516.24	472.59	988.83

表 15-4　杂交早稻优良组合米质分析（湖南省农科院水稻研究所王承华，1984）

季别	组合	糙米率 /%	总精米率 /%	碎米率 /%	糙米长 / mm	级别	糙米宽 / mm	糙米长宽比	级别	糙米厚 / mm	腹垩白 /%	级别	糊化温度级别	胶稠度 /%	胶稠度级别	米粒延长 /%	直链淀粉 /%	粗蛋白 /%
早稻	威优 35	77.1	66.8	47.1	6.6	5	2.5	2.6	3	1.9	10.2	5	3.3	33	硬	36.6	25.9	9.8
	汕优 6161-8	77.9	69.4	33.7	6.5	5	2.7	2.4	3	2.0	4.7	1	5.8	31	硬	26.3	29.3	8.3
	威优 98	77.7	64.3	51.4	7.1	3	2.6	2.8	3	1.9	11.0	5	4.9	32	硬	26.1	29.3	10.1
	威优 16	77.9	63.2	50.6	7.3	3	2.7	2.7	3	2.0	19.0	5	2.3	47	中等	32.1	22.0	9.5
	威优 64	81.3	65.7	65.7	7.0	3	2.7	2.6	3	2.0	11.0	5	4.1	27	硬	19.7	29.9	12.5
连作晚稻	威优 35	79.6	70.1	22.7	6.6	5	2.5	2.6	3	1.9	9.5	1	3.4	41	中等	26.0	25.9	13.1
	汕优 6161-8	79.8	73.4	28.3	6.4	5	2.5	2.6	3	1.9	2.6	1	6.3	32	硬	40.2	28.0	9.8
	威优 98	80.5	72.1	18.2	7.2	3	2.4	3.0	3	1.9	3.4	1	5.8	32	硬	36.8	26.2	10.1
	威优 16	80.7	70.6	19.2	7.3	3	2.5	2.9	3	1.9	4.0	1	3.1	37	硬	28.8	19.3	9.2
	威优 64	80.8	66.9	50.4	7.2	3	2.4	3.0	3	2.0	3.1	1	4.5	41	中等	20.6	29.6	9.7

1983—1984 年，湖南省农业厅粮油生产局组织湘中南 10 个点，用威优 64、威优 98、威优 35 等中、早熟组合进行双季稻高产栽培示范，按实际面积两季平均亩产 899.5~985 kg。单产最高的示范片两季平均亩产超过 1 000 kg。比两季采用常规水稻品种或常规早稻配杂交晚稻等搭配方式的每亩分别增产 96.5 kg 和 208.5 kg（表 15-5）。

表 15-5　湘中南双季杂交水稻示范片与其他搭配方式的产量比较（湖南省农业厅粮油生产局）

年份	示范单位数	双季杂交水稻				比双季常规稻亩增 / kg	比早常、晚杂亩增 / kg
		面积 / 亩	亩产 / kg				
			合计	杂早	杂晚		
1983	10	535.37	985	505.6	479.4	208.5	96.9
1984	10	1 511.80	899.5			合计亩增 152.85 kg	

根据湖南省各地双季稻的安全生育期较为短促（160~180 d）的实际情况和 1983 年、1984 年的试验示范结果，大部分地区只能是早熟组合配早、中熟组合。北纬 25° 以南的地区（如湖南省的宜章等县），以早、中熟组合配迟熟组合较为适宜（表 15-6）。

表 15-6　双季杂交组合搭配的产量比较（湖南省宜章县梅田工作组，1984）

组合搭配形式	双季亩产 / kg	早季亩产 / kg	晚稻亩产 / kg
威优 35+ 汕优 6 号	1 171.1	591.7	579.4
威优 64+ 威优 6 号	1 161.1	581.7	579.4
威优 98+ 汕优 6 号	1 123.4	541.7	581.7
威优 17+ 汕优 6 号	1 096.2	503.4	592.8
威优 6 号 + 威优 64	1 094.0	600.6	493.4
威优 29+ 汕优 6 号	1 104.4	512.7	591.7

（三）华南沿海双季稻亚区

本区包括"两广"及闽南沿海地区。双季稻安全生育期长达 220 d 以上，早晚两季采用现有杂交水稻迟熟组合，在季节上没有矛盾。只要其他措施跟上，一般产量都比较高，最高的两季亩产超过 1 500 kg。

四、一季稻区杂交水稻组合的选择

杂交水稻作一季稻栽培，主要分布在长江以北不能种双季稻的平原区和长江以南的山丘区以及少数平原地区的低洼稻田。平原一季稻区，除东北、西北等寒冷地区外，一般都是一年两熟，即一季水稻，一季冬种作物，其中主要是麦茬稻。因此，应根据不同地区的不同条件，选用相适应的杂交组合，并安排在最佳的天气条件下抽穗扬花，这样既能充分利用夏秋季的温光资源，争取水稻高产稳产，又能给冬种作物提供高产的播种期和成熟收获季节。在南方水稻区的高海拔稻田，由于温光条件不充足，也只能种一季稻。但不同海拔，气候生态条件有很大差异，同一组合，只能适应一定的海拔。在湖南根据多年实践，威优6号和汕优6号在湘西山区一般只适宜在海拔700 m以下的稻田种植，再往上则生育期延长，丰产性变差，受冷害影响的概率加大，既不高产，也不稳产。1983—1984年，湖南省粮油生产局和怀化地区农业局、溆浦县农业局，在溆浦县大华乡进行几个不同生育期组合在不同海拔上的适应性试验，结果表明，中熟组合威优64在海拔800~1 000 m的稻田种植，其产量不仅高于威优6号、汕优2号等迟熟组合，也高于威优98和威优35等早熟组合（表15-7）。1984年，湖南省湘西苗族土家族自治州在海拔800 m以上的腊尔山地区用威优64大面积示范种植，一般亩产400 kg以上，比常规水稻亩增100~150 kg。在高海拔地区的稻田，应尽量采用产量高、抗性好的早、中熟杂交水稻组合。

表15-7　不同海拔不同杂交水稻组合的产量比较（湖南省溆浦县龙潭区农技站，1983）

海拔/m	产量/kg					
	威优6号	威优16	威优98	威优35	威优64	汕优2号
500	663	398	351	348	553	611
600	653	409	338	338	525	640
700	625	430	425	475	525	579
800	445	445	425	325	550	425
900	—	369	375	330	485	368
1 000	—	358	345	323	441	310

五、其他耕作制度对杂交水稻组合的选择要求

为了满足人民生活水平不断提高和畜牧业的发展以及市场的需要，近年来湖南省在双季稻区推广了一部分西瓜-杂交水稻、烤烟-杂交水稻、豆间玉米-杂交水稻、花生-杂交水稻等耕作制。这些耕作制的前作西瓜、烤烟、黄豆、玉米等，通过选用早熟品种和采用其他先进栽培技术，一般可在 7 月上、中旬收获，7 月 20 日前即可插下杂交晚稻，比一般双季晚稻的插秧期提早 5 d 以上。因此，与这些耕作制前作搭配的杂交晚稻宜采用生育期较长、增产潜力大的威优 6 号、汕优 6 号、威优 63 等迟熟组合，其播种期比双季晚稻可提早 3~5 d，秧龄 30 d左右，一般亩产比作双季晚稻栽培的同组合可提高 100 kg 左右。1983 年湖南省 16 个豆间玉米-杂交晚稻耕作制示范点，豆间玉米连作的杂交晚稻亩产 489.7 kg，比双季连作的杂交晚稻亩产增加 89 kg。桂阳县樟市乡在冷浸田采用烟-稻连作，杂交晚稻亩产 400 kg，超过了以往常规双季稻的全年产量。花生-杂交水稻耕作制，由于花生的收获期与早稻特迟熟品种基本相同，因此晚季杂交水稻在大多数地区只宜选用生育期短的早、中熟组合。

第二节　培育壮秧

水稻的器官早在发生过程中就受各种内外条件的影响，所以秧苗素质的好坏，在一定程度上制约着分化中的器官，如根、叶、蘖的数量和大小，还影响各器官出生后的功能。壮秧比瘦秧体内营养物质积累多，根、叶、蘖的原基分化数量多，质量好，移栽到大田后，不论是稻苗的抗逆性，还是各器官出生的数量及其生理功能都比瘦秧强，故壮秧是高产的基础。杂交水稻由于制种花费较多，种子来之不易，因而生产上用种量少，培育壮秧就显得更为重要。

一、壮秧的标准及其增产作用

杂交水稻壮秧的标准，虽然因组合、气候、育秧方法等的不同而有差异，但有其共同的特点，一是带分蘖。由于杂交水稻大田用种量少，只有培育带蘖秧才能弥补大田用种量的不足。一般杂交早稻和早插的杂交中稻，尽管育秧期间气温、泥温、水温低，培育分蘖壮秧有一定困难，但要采取措施，使秧苗的分蘖株率达 40% 左右。迟插的中稻或双季晚稻，要求秧苗分蘖株率达 80% 以上，其中带 2~4 个分蘖的株率达 60% 以上。二是适龄，要求插后主茎在本田至少长出 3 片新叶再进入幼穗分化期。秧苗的叶龄以不超过主茎总叶数减 6 为宜，如威优 6号作晚稻栽培，主茎总叶数为 15 片，插秧时秧苗叶片数最多不超过 9 片。现有杂交水稻组合

都属感温性组合，作晚稻栽培的秧苗适龄期，迟熟组合不超过 35 d，中熟组合不超过 28 d，早熟组合不超过 24 d。秧龄过长，插后就会出现"野鸡毛"、早穗等现象，从而导致减产。其他标准和常规水稻一样，要求秧苗生长整齐，个体差异小，没有病斑虫害，单位长度干物质含量多，碳、氮比例适宜。

（一）分蘖壮秧的生理特性及增产作用

（1）生理素质好，有利于早发。分蘖秧的生理素质好，主要表现在根系发达，单株叶面积大，叶绿素含量高，体内积蓄养分丰富，单株干重大，移栽时抗植伤力强，移栽后枯叶率低，发根力强，能迅速回青、分蘖而形成早发群体。据 1977 年广西农学院测定，常优 7 号带两三个分蘖的秧，其叶面积、单株根干重和植株总干重以及栽后 5 d 的发根数、发根率等都比无蘖秧成倍增加，栽后 5 d 的枯叶率也比无蘖秧减少 50% 以上（表 15-8）。

表 15-8　常优 7 号分蘖秧与无蘖秧生理素质比较（广西农学院，1977）

项目		无蘖秧	带蘖秧	带 2 蘖秧	带 3 蘖秧
整株面积	cm²/ 株	47.2	82.8	124.7	184.5
主茎叶面积	cm²/ 株	47.2	63.5	73.3	84.0
	占总叶面积 %	100.0	76.7	58.8	45.5
叶绿素含量 /（mg/dm）		2.115	2.470	3.941	3.996
干重 /（mg/ 株）	根干重	61	110	153	204
	总干重	299	649	904	1 283
栽后 5d	发根数	19.9	32.8	47.0	63.0
	发根力	2 769.3	8 366.6	15 954.6	39 111.3
	枯叶率 /%	45.5	34.8	31.2	27.8

注：①发根力 = 发根数 × 根长（cm）；②总干重包括植株地上部分及根系。

据江苏省徐州地区农科所观察，栽后 20 d，5 蘖壮秧单株分蘖增至 14 个，3 蘖壮秧增至 8.2 个，无蘖秧只有 6.1 个。若每亩插 2 万穴，单株栽植，那么全田达到 20 万苗所经历的时间，5 蘖秧为 15 d，3 蘖秧为 23 d，无蘖秧则需 26 d。可见，培育多蘖壮秧对促进早发、早形成高产群体有重要的作用。

（2）抽穗整齐，成熟提早。分蘖壮秧由于分蘖出生早，且低位分蘖比例大，因而抽穗整齐，齐穗提早，与无蘖秧比，从始穗至齐穗可缩短 1～2 d，齐穗期可提早 2～7 d，这对确保杂交水稻安全齐穗和早熟高产极为有利（表 15-9）。

表 15-9　南优 6 号带蘖秧与无蘖秧齐穗期比较（华中农学院，1977—1978）

秧苗类型	播种期	始穗期	齐穗期	始穗至齐穗 /d	播种至齐穗 /d
无蘖秧	6 月 9 日	9 月 1 日	9 月 8 日	7	91
带 1~2 蘖	6 月 9 日	8 月 30 日	9 月 5 日	6	88
带 3~4 蘖	6 月 9 日	8 月 27 日	9 月 1 日	5	84
带 5~6 蘖	6 月 9 日	8 月 27 日	9 月 1 日	5	84

（3）生产力高，增产显著。分蘖壮秧的生产力高，主要表现在：①前期物质积累优势明显，单株干物质重，且养分向穗部的运转率较高。据广西农学院对杂交早稻矮优 3 号测定，在齐穗期带蘖壮秧全株干重比无蘖秧多 7.2%~11.3%；从齐穗至成熟，带蘖壮秧茎鞘干物质运转率为 34.7%~43.7%，比无蘖秧高 7.8%~16.8%。这说明，带蘖壮秧利用光能制造、积累干物质的能力较强，在成熟过程中，用于籽粒灌浆的比例大，经济系数较高。②分蘖秧可以顶替一部分主苗，播到本田后增加了单位面积基本苗数，因此穗数多，且穗大、粒多、空壳少，能够增产。据江西省赣州地区农科所试验，汕优 2 号无蘖秧亩产 339.5 kg，带 2~3 蘖秧亩产分别为 426 kg 和 434.2 kg。湖南省衡东县泉新、高湖两个农科站用威优 6 号作晚稻密植试验，按 13.3 cm×20 cm，分不带蘖插 2 株和带 1、2、3、4 蘖插 1 株等 5 个处理，结果表明，每株带 2~4 蘖的比不带蘖插 2 株和带 1 蘖的亩产增加 50~100 kg（表 15-10）。

表 15-10　秧苗不同带蘖数与产量的关系（湖南省衡东县农业局，1980）

主苗带蘖数	每穴插主苗株数 /株	折合每亩基本苗 /万株	最高苗数 /（万株 /亩）	有效穗 /（万穗 /亩）	每穗总粒数 /粒	每穗实粒数 /粒	千粒重 /g	产量 /（kg/亩）
不带蘖	2	5.0	27.25	17.35	94.0	71.0	26.5	328.8
带 1 蘖	1	5.0	25.88	18.15	107.1	87.4	26.55	380.3
带 2 蘖	1	7.5	27.88	20.53	100.8	86.8	26.25	432.8
带 3 蘖	1	10.0	29.35	21.0	104.8	91.8	26.71	452.5
带 4 蘖	1	12.75	32.5	23.15	95.4	78.7	26.35	439.5

（4）以蘖代苗，节省用种。各地试验证明，秧田分蘖只要在移栽前长出 2~3 片以上的绿叶插到大田后 80% 以上就能发育成穗，并且每个大蘖可再生 1~3 个有效分蘖。福建省永定县长流乡石寨农科组 1977 年试验，无蘖秧插双株，带蘖秧插单株，不论秧龄长短，带蘖秧的产量都赶上或超过了无蘖秧（表 15-11）。

表 15-11　带蘖秧插单株与无蘖秧插双株的产量比较

秧龄 /d	秧苗素质	每穴有效穗 /穗	每穗总粒数 /粒	每穗实粒数 /粒	千粒重 /g	产量 /（kg/亩）
25	无蘖秧双本	10	98.5	84.1	26.9	568.5
	带 2~3 蘖秧单本	8.2	150.7	133.7	26.0	569.0
	带 4~5 蘖秧单本	10.3	139.0	130.6	27.2	603.5
21	无蘖秧双本	10.2	140.3	125.7	—	625.0
	带 2~3 蘖秧单本	8.9	154.6	147.4	—	642.3
19	无蘖秧双本	9.8	177.6	155.6	—	603.5
	带 2~3 蘖秧单本	9.9	166.0	149.0	—	685.4

从秧田秧苗总数来看，采用稀播促使秧苗分蘖，基本上也可以起到以蘖代苗的作用。据湖南农学院 1977 年秧田播种量试验，每亩秧田播种量分 5.0 kg、7.5 kg、10.0 kg、12.5 kg、15.0 kg、17.5 kg、20.0 kg、25 kg 等 8 个处理，成秧率在 72.5%~87.5% 之间，每亩秧苗株数从 13.3 万逐步增加到 67.1 万；但随着秧龄的延长，各处理每亩总苗数（包括分蘖）基本相近（表 15-12）。

值得指出的是，多蘖壮秧虽然有上述很多优点，但是也并非带蘖越多越好。第一是因为秧田稀播、本田每穴插得多，致使占用秧田太多；第二是主苗少，以秧田蘖代替主苗，在本田中由秧田蘖产生大量的二、三次分蘖，使每穗平均颖花数减少；第三是秧田分蘖过多的秧苗在本田的分蘖势下降，本田分蘖数减少。

表 15-12　不同播种量单位面积总苗数比较（湖南农学院，1977，南优 6 号）

播种量 /（kg/亩）	5	7.5	10	12.5	15	17.5	20	25
成秧率 /%	80.6	80.8	76.6	72.5	87.5	76.7	77.9	79.6
秧苗株数 /（万株/亩）	13.3	18.5	25.7	27.7	40.1	44.1	49.5	67.1
30 d 秧龄苗数 /（万株/亩）	54.5	53.7	84.8	83.1	72.2	79.4	79.2	100.6
35 d 秧龄苗数 /（万株/亩）	75.8	55.5	87.4	102.5	80.2	83.8	79.2	107.4
40 d 秧龄苗数 /（万株/亩）	127.7	107.4	106.6	103.2	117.2	112.1	76.0	68.3
46 d 秧龄苗数 /（万株/亩）	112.2	116.9	113.2	109.9	119.7	123.4	128.3	108.1

540

（二）适龄秧苗的增产作用

杂交水稻南优、汕优、威优等系统组合，在作单季稻栽培时，主茎总叶片为 16～18 叶，有效分蘖期的叶龄指标为 11～13 叶，只有主茎第 8～10 叶位节之前出生的一次分蘖和与此同伸的低位二次分蘖才有可能成穗。用这些组合作双季晚稻栽培，主茎总叶龄为 15～16 叶，一般只有 7～8 叶位节之前出生的分蘖才有可能成大穗。在插超龄秧的情况下，6～8 叶位节以上的分蘖，有时也可能成穗，但是穗短粒少，影响产量。因此，秧龄不宜太长，迟熟组合一般以 30～35 d 为宜，作中稻栽培为 6～7 叶，作晚稻栽培一般不宜超过 9.0 叶，湖南省衡阳县对南优 6 号不同播插期的试验证明，在适期播种的前提下，以适龄秧产量为最高，随着秧龄延长，产量明显下降。秧龄 25 d，亩产 466.7 kg；秧龄 30 d，亩产 489 kg；秧龄 35 d，亩产 466 kg；秧龄 40 d，亩产 427.9 kg；秧龄 45 d，亩产 396.4 kg。杂交早、中熟组合威优 16、威优 98、威优 35、威优 64 等，生育期短，主茎叶片数一般 13～14 片，秧苗以 5～6 叶期移栽为宜，因此，秧龄要更短一些。这些组合作早、中稻栽培，秧龄一般 30 d 左右。作晚稻栽培，在适期播种的前提下，移栽时的秧龄早熟组合威优 16 不超过 22 d，威优 98、威优 35 不超过 24 d，威优 64 不超过 28 d，叶龄一般不宜超过 7 片。

适龄秧之所以增产，主要是因为根系活力强，插后回青快，分蘖早。据湖南农学院测定，作晚稻栽培，其根系的活力，迟熟组合以秧龄 30 d 时为最旺盛，碳水化合物含量以 35 d 时为最高，因此以 30～35 d 的适龄壮秧，插后回青快，分蘖早。适龄秧增产的另一个原因是，齐穗期提早，有利于安全齐穗。湖南省郴州地区农科所以威优 6 号作播插期试验，结果是适龄秧的有效分蘖终止期早，抽穗整齐，其中不同期播种、同期插秧的以 35 d 秧龄的最早齐穗；同时播种、不同期插秧的以 30 d 秧龄的最早齐穗（表 15-13）。

表 15-13　杂交晚稻秧龄期与有效分蘖终止期、齐穗期的关系（湖南省郴州地区农科所，1979）

播种期	插秧期	秧龄/d	移栽叶龄/片	主茎总叶片数/片	有效分蘖终止期	始穗期	齐穗期	始穗至齐穗天数/d
6 月 18 日	7 月 23 日	35	9.4	14.5	8 月 1 日	9 月 1 日	9 月 8 日	7
6 月 20 日	7 月 23 日	33	9.7	15.5	8 月 4 日	9 月 5 日	9 月 13 日	8
6 月 25 日	7 月 23 日	28	8.4	15.2	8 月 3 日	9 月 8 日	9 月 15 日	7
6 月 30 日	7 月 23 日	23	7.3	15.2	8 月 3 日	9 月 11 日	9 月 16 日	5
6 月 20 日	7 月 20 日	30	9.1	15.6	7 月 29 日	9 月 3 日	9 月 11 日	8
6 月 20 日	7 月 25 日	35	9.9	15.4	8 月 4 日	9 月 6 日	9 月 14 日	8

续表

播种期	插秧期	秧龄 / d	移栽叶龄 / 片	主茎总叶片数 / 片	有效分蘖终止期	始穗期	齐穗期	始穗至齐穗天数 /d
6 月 20 日	7 月 30 日	40	10.6	15.0	8 月 13 日	9 月 2 日	9 月 16 日	14
6 月 20 日	8 月 4 日	45	12.0	14.0	8 月 15 日	9 月 1 日	9 月 17 日	16
6 月 20 日	8 月 9 日	50	12.8	13.8	8 月 22 日	8 月 31 日	9 月 19 日	19
6 月 20 日	8 月 14 日	55	13.6	13.6	8 月 24 日	9 月 1 日	9 月 21 日	20

注：播量 10 kg/ 亩，本田插 13.3 cm×20 cm。

二、适宜的播种期与大田用种量的确定

汕优、威优、南优等系统的籼型杂交水稻组合，其父母本都是来自我国南方及东南亚，原产地月平均气温 24 ℃~29 ℃，且变幅很小，因此杂交水稻对温度的适应范围较小，特别是抽穗扬花期，对低温和高温的反应都比常规水稻敏感。在生产季节安排上，杂交中稻最佳齐穗期要尽量安排在日平均气温 25 ℃~28 ℃的天气条件下，杂交晚稻必须安排在日平均温度稳定高于 23 ℃终日以前齐穗。根据当地历年气温资料确定最佳或安全齐穗期以后，再以最佳或安全齐穗期向前推，按该组合从播种到齐穗所需活动积温或经历的天数推算当地适宜的播种期。一些组合在湖南省的生育期如表 15-14 所列。

表 15-14　各杂交水稻组合不同稻作类型的生育期分析　　　　　单位：d

类型	组合名称	播种至齐穗经历天数			全生育期		
		早稻	中稻	晚稻	早稻	中稻	晚稻
早熟	威优 35	92	—	67~73	120.6	—	98~103
	威优 98	89	—	68~74	119.7	—	100~105
	汕优 16	89	—	66~72	116.7	—	97
中熟	威优 64	90	96	71~77	125.0		110
迟熟	威优 6 号	—	105	90	—	135 以上	127
	汕优 6 号	—	106	91	—	137 以上	128

注：资料来自湖南省 1983 年早稻区试总结及湖南省杂交水稻经验汇编（1984）。作中稻栽培经历天数是指海拔 400m 左右的地区，由于地势每升高 100 m，平均气温降低 0.4 ℃~0.6 ℃，生育期延长 3~4 d，因此，在海拔升高时经历天数相应延长。如果在海拔 400 m 以下地区作中稻栽培，则经历天数相应缩短。

（一）作早稻栽培的播种期

根据杂交水稻的生物学起点温度较高的特点，用它们作早稻栽培播种期本应比常规水稻推迟，但现有杂交水稻早熟组合威优16、威优35、威优98等在长江流域作早稻栽培，生育期一般较长，与特迟熟早稻湘矮早9号相近，如果再推迟播种，一方面杂交早稻本身受7月份高温逼熟的概率增加，另一方面势必影响晚稻插秧季节，对全年增产不利。因此，只宜采取各种保温育秧措施，按常规水稻第一批播种的时间播种。以湖南省为例，常规早籼的适宜播种期：湘北为4月初，湘中为3月底，湘南为3月25日左右。在以上范围内，杂交早稻应在"冷尾暖头"播种。

（二）作中稻栽培的播种期

杂交中稻的播种期，一是取决于前作物收获的迟早，秧龄应控制在30～35 d以内；二是保证在最佳的天气下抽穗扬花。长江中游的湖南、江西等省的平原丘陵区，是全国有名的夏季高温区，7月中旬至8月中旬常出现日平均气温30 ℃、最高温度35 ℃以上的高温天气，不利于杂交水稻抽穗扬花。因此，这些地区最佳的抽穗扬花期为8月下旬。而威优6号、汕优6号等组合从播种到齐穗需经历95 d以上，作中稻栽培的适宜播种期应在5月下旬。在海拔400～500 m以上的山区，7月下旬到8月初虽然是全年的高温季节，但是很少出现连续5 d日平均气温30 ℃以上、最高温度35 ℃以上的天气，而且有的年份在"立秋"边还有"倒秋雨"危害。因此，这些地区杂交水稻的最佳抽穗扬花期为7月下旬到8月初，而迟熟组合在这些地区作中稻栽培，从播种到齐穗需要100多天，适宜的播种期应在4月中旬，在这个范围内，海拔每上升100 m，播种期应提早2～3 d，并采用保温育秧方法，防止烂秧。

（三）作双季晚稻栽培的播种期

杂交水稻作双季晚稻栽培的播种期，应根据当地安全抽穗扬花期和不同组合从播种到齐穗需要的时间而定。洞庭湖区及长江沿岸杂交晚籼稻的安全齐穗期为9月8—10日，湘中、赣中为9月15日以前，湘东南海拔较低的平原丘陵区为9月17—20日，赣南、浙南地区，一般在9月20日左右。从安全齐穗期向前推，减去杂交水稻组合从播种到齐穗所需的时间，即为杂交晚稻的适宜播种期。以湖南省湘中地区为例，杂交晚稻的安全齐穗期为9月15日，迟熟组合威优6号，从播种到齐穗要经历90 d，适宜播种期为6月15日左右；中熟组合威优64，从播种到齐穗要经历75 d，适宜播种期为6月30日；早熟组合威优35，从播种到齐穗要经历69 d，适宜播种期为7月7日。在湘北地区，这些组合的播种期应提早5～6 d；在湘南可推迟4～5d（表15-15）。由于杂交水稻的秧龄弹性小，一个组合在一个地区的适宜播种期前后一般只有 3 d, 因此必须严格掌握适时播种。

表 15-15　不同组合在湖南各地作晚稻的适宜播种期

地区	安全齐穗期	适宜播种期		
		早熟组合	中熟组合	迟熟组合
湘北	9 月 8 日—10 日	7 月 2 日	6 月 25 日	6 月 10 日
湘中	9 月 15 日左右	7 月 7 日	6 月 30 日	6 月 15 日
湘东南	9 月 17 日—20 日	7 月 11 日	7 月 6 日	6 月 17 日—20 日

　　闽南及"两广"沿海地区, 由于热量充足, 双季稻安全齐穗期长达 220 d 以上, 而且夏季酷热天气较少, 种双季杂交水稻不存在季节矛盾。过去为了避开病虫的危害, 有的地方在收割早稻后让稻田休闲一段时间再插晚稻, 使晚稻的抽穗扬花期在 9 月底 10 月初, 这时阴雨天气多, 导致空秕率增高。近年各地提早了晚稻播种、插秧的季节, 使杂交晚稻在 9 月底以前齐穗, 结实率高达 90% 左右。1984 年, 湖南省杂交水稻科技服务组在海南临高县兰堂村做了试验, 杂交晚稻汕优 6 号于 6 月 5 日播种, 6 月底插秧, 比当地习惯播插季节提早一个多月, 8 月中旬齐穗, 结实率高达 83.1%~91%, 千粒重达 26.8~27.6 g, 比同一组合按过去播、插季节于 9 月底齐穗的, 结实率提高 5.1%~13%。全村 112 亩早播、早插的杂交晚稻, 平均亩产达 464 kg, 比迟播、迟插的每亩增产 150 多千克。

（四）大田用种量的确定

　　在确定适宜播种量的同时, 还应根据不同组合的分蘖能力、不同季节的插秧密度和秧龄长短等情况来确定大田用种量。早、中熟组合作早、中稻栽培, 一般秧田分蘖较少, 本田基本苗插得较多, 大田用种量以 2.5~2.75 kg 为宜; 作晚稻栽培以 2~2.25 kg 为宜。迟熟组合作中稻栽培, 本田有效分蘖期长, 基本苗插得较少, 大田用种量以 1.25 kg 左右为宜; 作晚稻栽培基本苗插得多, 大田用种量以 1.5 kg 左右为宜。如果中稻和晚稻采用两段育秧, 每亩用种量均可减少 0.25 kg。

三、培育分蘖壮秧的主要措施

（一）稀播匀播

　　稀播匀播是培育分蘖壮秧的中心环节, 也是我国水稻栽培技术上的一大改革。过去, 我国常规水稻育秧, 秧田播种较密, 早插早稻每亩播种量为 100 kg 左右, 三熟制早稻与早插中稻每亩播种量为 60 kg 左右，迟插中稻与双季晚稻每亩播种量一般也在 50 kg 左右，秧苗在秧田的分蘖率很低。自推广杂交水稻以来，由于大田用种量少，稀播匀播就显得特别重要。杂交水稻秧田每亩一般播种 7.5~15 kg，只相当于常规水稻每亩播种量的 15%~25%。事实证明，采用稀播匀播后由于每株秧苗所占的秧田面积增加，根部吸收的无机养料和地上部得到的光照相应增加，因而秧苗生长粗壮，分蘖早而多。

1983 年，湖南省汉寿县朱家铺试播威优 6 号，于 6 月 11 日播种，7 月 20 日考察，秧龄 40 d，每亩播种 7.5~12.5 kg 的，不论是总苗数、分蘖株率还是带 2 蘖以上的多蘖壮秧的百分率，都比亩播 17.5 kg 的高（表 15-16）。

杂交水稻秧田稀播的程度，应根据不同稻作季别和秧龄而定。作早稻及早插中稻栽培，秧田分蘖率较低，播种宜稍密一些。根据实践经验推算，以秧龄天数加秧田每亩播种量（kg）等于 50 左右为宜。例如，计划秧龄为 30 d 插秧的，每亩秧田的播种量以 20 kg 为宜；35 d 插秧的，每亩秧田播种量为 15 kg；秧龄 40 d 的，每亩秧田播种量为 10 kg；作晚稻栽培，以秧龄加每亩播种量（kg）等于 45 为宜。

表 15-16　不同播种量对秧苗分蘖的影响

播种量 /（kg/亩）	总苗数 /（株/R²）	其中		单株分蘖数/个	分蘖株率 /%	其中			
		主苗/株	分蘖苗/株			带 1 蘖/%	带 2 蘖/%	带 3 蘖/%	带 4 蘖/%
7.5	137	43	94	2.2	90.7	25.6	20.9	25.6	18.6
10	144	59	85	1.4	86.4	40.6	35.6	8.5	1.7
12.5	149	77	72	0.9	63.6	39.6	19.4	5.2	—
17.5	135	98	37	0.4	35.0	29.0	6.0	—	—

稀播必须按亩定量，分厢（畦）过秤，来回多次播匀。秧苗生长到 2 叶期，应结合除稗，间密补稀两次，使秧苗空间分布均匀，生长一致，更好地发挥稀播的作用。

（二）搞好浸种催芽，提高种子的利用率及发芽率

杂交水稻种子由于饱满度较差，发芽时呼吸作用较旺盛，加之又不耐高温，因此，浸种催芽时要做到注重技术要求。①清水分级。不饱满的杂交水稻种子培育的秧苗，插到本田仍有一定的增产优势，可以利用作种，但必须与饱满的种子分开浸种催芽和播种育秧。如果混在一起，不饱满种子的芽子较弱小，播到秧田后就会受到强苗的欺压，得不到足够的养料和光照，

难以长成壮秧。这种秧插到本田，增产效果较差。为了分级浸种催芽和播种育秧，要用清水选种，将上浮的不饱满种子与下沉的饱满种子分开。但是，有的杂交水稻种子感染了黑粉病，这种染病谷粒的重量较轻，清水选种时与不饱满的种子一起上浮，在这种情况下，上浮的种谷都不宜作种。②浸种时要勤换水。杂交水稻种子消毒的方法和常规水稻的基本相同。不同的是杂交水稻种子吸水萌动后，呼吸作用旺盛，在浸种期间必须勤换水，一般一天应换水 1~2 次。如果用药水消毒时间超过 1 d 的，中间必须换一次药水，或起水沥干后再浸，否则，水中氧气耗尽，会使种子窒息而丧失发芽力。③根据不同季节，采用不同的催芽方法。杂交水稻作早、中稻栽培，催芽时气温低，一家一户种子量少，用一般催芽方法很难催好芽子，只有采用各种保温增温催芽方法（如温室催芽、桶缸保温催芽、栏粪草酿热催芽和锅上蒸气催芽等），才能达到芽齐芽壮的目的，各地可根据条件及习惯采用。催芽是一项技术性较强的工作，必须严格进行操作，防止事故发生。杂交晚稻浸种催芽时气温较高，可以采用"日浸夜露"的方法。即将水选、消毒过的种谷，装入箩筐或编织袋内，白天浸在水塘、水缸中，晚上取出放在干爽处沥水催芽，浸种与催芽交替进行，历时三昼夜，群众称之为"三起三落"。当种谷全部破胸露白时，即可播种。杂交晚稻用这种方法浸种催芽，能协调供给种子发芽所需要的水分和氧气，破胸率、发芽率都较高，而且操作简便。

（三）根据不同季别采用适宜的育秧方法

杂交水稻由于其栽培季别不同，育秧期间的环境条件相差很大，因此，必须采用不同的育秧方法，才能达到提高出苗率、成秧率和培育壮秧的目的，以适应大田插秧季节和高产的要求。

1. 杂交早稻的育秧方法

由于杂交水稻的现有组合生育期较长，在长江流域作双季早稻栽培，要求与常规水稻一样适时早播，才能保证安全齐穗或在最佳抽穗扬花期抽穗扬花；同时杂交水稻抗寒力较差，用一般露地湿润育秧的方法，出苗率和成秧率难以达到较高的标准，因此宜采用地膜、普通农膜和生物能等保温育秧方法，提高田间气温和泥温，促进秧苗生长。

1985 年，湖南杂交水稻研究中心与湖南农科院水稻研究所组织全省协作，进行了场地保温育秧、中苗带土移栽试验示范，结果表明：

（1）场地保温育秧能有效地改善土壤的物理、化学性质，因而能大大提高成秧率，保证秧苗素质，符合稳产高产要求（表 15-17、表 15-18）。

表 15-17　土壤的还原性物质（湖南农科院水稻研究所刘云开，1985）

育秧方式	还原性物质总量	活性还原性物质	Fe^{2+}	土壤 Eh/mv
场地保温育秧	3.93	3.33	2.91	390
薄膜水育秧	8.00	6.38	5.92	154

秧床土壤的还原性物质多，对根系发育有害，并且抑制秧根对有效养分的吸收，不利于秧苗的正常生长。在 3 叶期调查，场地保温秧单株总根数 14.5 条，其中白根 5.8 条，比水秧分别多 4.1 条和 3.2 条。场地保温秧的成秧率为 91.2%，比水秧高 22.6%。

表 15-18　土壤养分（湖南农科院水稻研究所刘云开，1985）

育秧方式	有机质/%	N/%	P$_2$O$_5$/%	K$_2$O/%	碱解 N mg/L	P$_2$O$_5$ mg/L	K$_2$O mg/L	水浸 pH
场地保温育秧	3.37	0.224	0.131	1.75	209.7	68.4	407.9	5.9
薄膜水育秧	3.36	0.206	0.160	1.74	192.5	35.4	116.6	5.9

由于场地保温秧床的土壤速效养分含量较丰富，秧苗吸收养分能力又较强，所以 4.5 叶期的秧苗已具有较好的生理基础（表 15-19）。

表 15-19　秧苗生理素质分析（湖南农科院水稻研究所刘云开，1985）

育秧方式	淀粉/%	叶绿素（mg/g）	干重/%	N/%	P/%	K/%	C/N
场地保温育秧	12.7	2.17	16.2	3.29	0.399	4.57	10.7
薄膜水育秧	10.1	1.97	13.7	3.79	0.390	2.91	11.3

场地秧生长健壮，早生快发，插后无回青期，分蘖期比水秧早 4 d 左右。水秧因扯、插的机械损伤和回青期的影响，插后每株平均死叶面积 4.46 cm^2，比场地秧大 3.4 cm^2。因此，场地秧分蘖早 7 d，苗数上升快。5 月 18 日调查，每亩苗数达 30.9 万株。分蘖以 3、4、5、6、7 节位为主；而水秧 4 叶以前节位都无分蘖。这更加说明场地保温育秧和中苗带土移栽的效果较好。

（2）场地保温育秧比薄膜水育秧经济效益好。场地秧每亩大田成本约 3.3 元（含垫床的编织布），而水秧需 11.63 元，场地秧比水秧节省成本 89.52%。而且，场地秧所花的成本可在当年因提高成秧率和节省的种子中收回。同时，场地育秧也适合于常规早稻育秧。所以，普及此项技术，可基本上解决南方双季稻区早稻烂秧问题。

广东北部的连山县，双季杂交稻早晚两季都采用汕优 3 号、汕优 6 号和威优 3 号、威优 6 号等迟熟组合，季节矛盾较大，早稻播种时气温较低，难于育出分蘖壮秧；晚稻育秧期间温度偏高，叶龄发展快，易出现超龄老化秧；迟播又不能安全齐穗，因而秧龄不得不稍延长几天。针对这种情况，连山县农科所对早稻育秧进行了改革，采用温室加薄膜覆盖假植二段育秧法，提早到 3 月 1 日播种（部分种子 2 月 18 日播），先在温室内培育 6~7 d，育成 2 片真叶后假植到秧田中去，盖上薄膜 10~15 d，育成 4 片真叶秧，然后用常规法继续培育。这样，就在 4 月初育出足龄分蘖壮秧，实现了早插。在插秧前调查，温室二段秧叶龄为 6.8~7.2 叶，分蘖株率 81.6%，单株分蘖 1.6 个，成秧率 93.6%；同期播种的露地秧叶龄为 3.7 叶，成秧率 37.8%，无分蘖。温室两段秧比同期播种的露地秧移栽后提早 9 d 成熟。

2. 杂交中稻的育秧方法

杂交中稻育秧方法的选择，应根据当地气候条件和前作而定。在高纬度、高海拔地区气温较低，水稻安全生育期短，要充分利用当地光温资源，才能确保丰收。因此，在这些地区种植杂交中稻，应适当提早播种期。而早春气温低且变幅大，为了保证适当早播不烂秧和培育壮秧，应和双季杂交早稻一样，采用地膜或普通农膜育秧，或生物能育秧等保温、增温育秧方法。但在气温条件不宜种双季稻、但种一季稻有余的地区，稻田多采用油 - 稻、麦 - 稻、豆 - 稻等复种制，这些稻田所种的杂交中稻，受到前作油菜、麦类、蚕豌豆等春收作物收割期的限制而不能早插。过去一般采用普通育秧方法，播种较早的往往秧龄达 60 d 左右，致使秧苗老化；播种较迟的又缩短了营养生长期，都不利于实现高产。近年各地实践证明，采用温室两段育秧能较好地解决以上矛盾，且增产效果显著。

温室两段育秧的具体做法是：温室育小苗，秧田单株寄插攻分蘖，培育成比较均匀的多蘖壮秧，再移栽到大田。据四川省绵阳地区农科所和 5 个县的联合试验，温室两段育秧的成秧率达 88%~92%，比同期插植的露地直播秧有效积温多 67.4 ℃~86.2 ℃，抽穗期提前 5~7 d，早成熟 3~4 d，增产 4.7%~8.4%。绵阳地区全面推行温室两段育秧，全区温室秧插秧面积占杂交水稻总面积的 88%。实践证明，温室两段育秧，不仅成功地培育了多蘖壮秧，而且对克服早春不利气候的影响，避免烂种、烂秧，提高成秧率，躲过后期高温伏旱或低温影响，确保安全抽穗扬花，都有积极作用。此外，还可协调农活忙闲，节约用种量。

3. 杂交晚稻的育秧方法

杂交晚稻的育秧方法应根据不同的秧龄而定，秧龄不超过 37 d 的可采用湿润育秧，前期湿润，出苗后浅灌，其中秧龄为 28～37 d 的，秧田宜采用硬板上浆或做成隔层秧田，达到上软下实，这对防止根系深扎，提高扯秧工效都有一定的作用；秧龄超过 37 d 的，为了防止秧苗老化拔节，最好采用两段育秧。晚稻两段育秧有多种形式，如水育寄插、旱秧抛寄和温室（不升火加温）小苗寄插等，各地可根据条件因地制宜地采用。

（四）注意防除杂草及鼠雀危害

杂交水稻播种稀，秧田容易滋生杂草，影响秧苗的长粗和分蘖，因此必须注意除草。防除杂草的措施有：一是播种前施用杀草丹、除草醚或出苗时采用禾大壮等药杀；二是秧苗长至 1～2 叶时结合匀苗，人工除稗除草 1～2 次。杂交水稻本田用种量少，损失一粒种谷就等于损失了常规水稻种子好几粒，因此必须注意防止鼠雀危害，以减少损失，确保本田插秧面积和插足基本苗。防止鼠雀危害的办法很多，如播种后用敌鼠钠盐等毒饵，以及机械捕杀、人工防守等方法，一般都能取得良好的效果。

四、秧田扯秧留苗栽培法

迟插的杂交中稻秧田和双季杂交晚稻秧田，传统的栽培方法是扯完秧后再整地插秧，致使插秧季节推迟，秧苗老化拔节，因而产量低。近年各地试验，采用扯秧留苗栽培法，具有增产、省工、省肥等许多优点，从根本上解决了秧田迟插造成的减产问题。湖南省慈利县通过 5 年多点对比试验证明，杂交晚稻秧田采用扯秧留苗栽培法，平均亩产 432.8 kg，比采用传统扯插栽培法的每亩增产 76 kg，增产率为 21.2%。湖南省澧县 1982 年调查了 23 丘留苗与扯插的对比秧田，留苗区亩产 428.6 kg，比扯插区亩增 75.6 kg，增产 17.4%。四川省永川县双石区 2000 多亩杂交中稻秧田，利用温室小苗假植抽行留苗，平均亩产 542.5 kg。扯秧留苗增产的原因，主要是免除了扯秧、栽插两道工序，留下的秧苗没有植伤，没有回青期，分蘖早而多，齐穗成熟早，穗大、粒多、粒重、空壳少（表 15-20）。

表 15-20 扯秧留苗与扯插秧的生育期、经济性状比较（湖南省洞庭湖区杂交晚稻适应性研究协作组，1984）

处理	播种期	移栽期或留苗期	分蘖始期	齐穗期	成熟期	基本苗/（万株/亩）	有效穗/（万穗/亩）	每穗		千粒重/g	实际亩产量/（kg/亩）
								总粒数/粒	实粒数/粒		
7月23日留苗	6月13日	7月23日	7月26日至27日	9月8日至9日	10月12日至15日	8.0	20.75	95.5	68.9	27.0	382.5

续表

| 处理 | 播种期 | 移栽期或留苗期 | 分蘗始期 | 齐穗期 | 成熟期 | 基本苗/（万株/亩） | 有效穗/（万穗/亩） | 每穗 | | 千粒重/g | 实际亩产量/（kg/亩） |
								总粒数/粒	实粒数/粒		
7月23日扯插	6月13日	7月23日	7月29日至30日	9月10日至12日	10月14日至18日	7.5	18.4	93.4	63.2	26.3	336.3
7月28日留苗	6月13日	7月28日	7月31日至8月1日	9月10日至12日	10月15日	12	21.05	93.65	60.75	26.05	319.5
7月28日扯插	6月13日	7月28日	8月3日至5日	9月12日至14日	10月17日至18日	10	19.15	90.05	57.55	25.75	289.5

注：组合为威优6号。

据湖南省慈利县调查，留苗秧田与扯插秧田比较，只是扯秧用工稍多一点，但它省除了翻耕、插秧等工序，两抵每亩秧田还可省两个工日；同时留苗秧田不施底肥，而且根系不受损伤，头两次追肥被秧苗充分吸收，因此，施肥量一般比扯插秧田少。

为了充分发挥扯秧留苗的增产潜力，在操作管理方面要注意抓好各项工作。

（一）按规格分次扯秧留好苗

杂交水稻留苗行距以 26.7～30 cm 为宜，过窄不便扯秧，过宽影响有效穗；株距以 10 cm 左右为宜，每亩留苗 2 万多穴。留苗应分两次进行，第一次扯苗留行，接着在 1～2 d 内进行第二次间苗定株。留苗的行向可与秧厢（畦）一致，这样能充分利用厢边，但扯秧不方便；也可与秧厢垂直，虽然扯秧较方便，但厢沟缺苗，会减少每亩留苗总数和有效穗数，因此在第二次间苗定株时，要补插沟中缺苗。

（二）抓好田间管理

要做到早追肥，早中耕除草，早治虫，早露田挖苗，并防止中后期脱肥早衰。间苗定株时应进行第一次追肥，用量和大田一样，追肥后接着中耕除草，使肥、泥融合，追肥中耕迟一天，分蘗会明显减少。其他治虫、露田控苗等措施，都必须较大田管理提前，这样才能发挥扯秧留苗栽培的增产作用。

第三节 增施肥料

杂交水稻生产比常规水稻生产同量稻谷所吸收的氮、磷量稍低，而吸钾量则显著增加。亩产 500 kg 稻谷，常规水稻需吸收氮 10.5 kg（8.5~12.5 kg）、磷 5.5 kg（4.5~6.5 kg）、钾 13.5 kg（10.5~16.5 kg）。而杂交水稻需吸收氮 10 kg、磷 4.5 kg、钾 17.5 kg。即平均每生产 500 kg 稻谷及相应的稻草，杂交水稻比常规水稻大致少吸收氮 0.5 kg（即少 4.8%）、磷 1 kg（即少 18.2%），而要多吸收钾 4 kg（即多约 30%）。由于杂交水稻有增产优势，稻谷产量一般比常规水稻高 15% 以上，在高产栽培中实际上杂交水稻每亩吸肥总量与常规水稻比较，氮多 10% 左右，磷基本相同，钾多 45% 左右。因此，杂交水稻生产应注重施肥技术。

一、适量增施氮肥

杂交水稻根系发达，对氮肥吸收能力强，少施氮肥，虽然仍比常规水稻增产，但发挥不了增产潜力；而施氮过量时，杂交水稻过量吸氮现象比矮秆常规水稻严重，容易造成后期叶面积过大，田间荫蔽，光合作用减弱，产量减少，达不到增产的目的。1979 年，湖南省衡阳地区农科所在肥力中上等的稻田用威优 6 号作晚稻施肥试验，分不施氮肥、亩施氮肥 12 kg、亩施氮肥 15 kg 三个处理，并配施一定的磷钾肥，结果（表 15-21）以亩施 12 kg 纯氮的产量最高，亩产为 461.6 kg。在同一试验中，虽然威优 6 号在各处理中的产量都高于对照洞庭晚籼，但从产量的增减幅度来看，杂交水稻比洞庭晚籼大得多。威优 6 号亩施纯氮 12 kg 比不施氮肥的亩增 118.7 kg，而洞庭晚籼亩增只有 33.4 kg；威优 6 号亩施纯氮 15 kg，比亩施纯氮 12 kg 的亩产减少 16 kg，而洞庭晚籼只减少 1.1 kg。

表 15-21　不同氮肥施用量对杂交水稻和常规水稻产量的影响（湖南省衡阳地区农科所，1979）

处理	威优 6 号			洞庭晚籼		
	齐穗期叶面积指数	稻谷产量 /（kg/ 亩）	稻草产量 /（kg/ 亩）	齐穗期叶面积指数	稻谷产量 /（kg/ 亩）	稻草产量 /（kg/ 亩）
不施氮肥区	2.71	342.9	261.5	2.9	324.8	280.5
亩施纯氮 12 kg 区	4.25	461.6	415.0	4.01	358.2	382.5
亩施纯氮 15 kg 区	5.82	445.6	404.5	4.58	357.1	382.5

据江苏农学院 1977—1979 年肥力适应性试验，在中、低肥水平下，杂交水稻比国际稻均表现出明显的增产优势，不施肥和亩施纯氮 6.9 kg 的，无论风扬产量或水漂产量，杂交水稻均明显高于国际稻 661（表 15-22）。但是，在较高肥力水平下，亩施纯氮 15~20 kg，杂交水稻秕粒显著增加，水漂产量和糙米产量反而比国际稻显著降低（表 15-23）。

表 15-22　低肥水平下杂交水稻与国际稻的产量比较（江苏农学院，1979）　　单位：kg/ 亩

| 组合或品种 | 不施肥 | | 亩施纯氮 6.9 kg | |
	风扬产量	水漂产量	风扬产量	水漂产量
南优 3 号	488.4	424.8	547.9	470.3
汕优 2 号	487.3	422.2	544.4	455.1
国际稻 661	420.2	387.4	488.7	443.3

注：水漂产量指在清水中下沉谷粒的重量。

表 15-23　高肥水平下杂交水稻与国际稻的产量比较（江苏农学院，1979）

| 组合或品种 | 稻谷产量 /（kg/ 亩） | | | 出糙率 /% | | 糙米产量 /（kg/ 亩） | |
	风扬	水漂	秕粒	风扬	水漂	风扬	水漂
汕优 3 号	569.7	482.6	87.2	73.8	78.7	420.5	379.8
国际稻 661	577.8	540.7	37.1	77.1	79.5	445.5	429.9
差异	−8.1	−58.1	50.1	−3.3	−0.8	−25.0	−50.1

从各地试验结果可以看出，杂交水稻在适量增施氮肥的情况下，可以取得比常规水稻更大的增产效果；但施用氮肥过多，则比常规水稻减产更为严重，因此只宜适量增施氮肥。

杂交水稻施氮量的多少应根据下列条件而定：一是有机肥与化肥的比例，有机肥比例大的，施氮量宜多，化肥比例大的，施氮量宜少；二是组合的丰产性，耐肥抗倒、增产潜力大的组合可以多施，抗倒能力与丰产性都较差的组合，则应当少施；三是土壤肥力，肥田宜适当少施，瘦田宜多施；四是气候条件，一般在热量得到满足且雨天少、晴天多、光照充足的地区，杂交水稻产量高，需氮肥也较多。具体来说，长江流域采用威优 98、威优 35、威优 64 等组合作早稻栽培，比常规早稻增产显著，而早稻一般以有机肥为主，因此施氮量应稍多于常规早稻，一般以亩施 10 ~ 15 kg 为宜，其中威优 98、威优 64 的施氮量一般不超过 12.5 kg。这些组合作晚稻栽培一般施用化肥比例大，每亩施氮量可比早稻少施纯氮

1~1.5 kg。威优 6 号及汕优系统等生育期较长的组合，增产潜力大，在长江中下游和淮河流域作中稻栽培，施肥一般以有机肥为主，每亩施氮量一般可达 15 kg。据湖南省怀化地区 1981 年亩产 600 kg 以上的杂交中稻高产丘块统计，由于以有机肥为主，每亩氮素施用量达 17.2 kg、磷 14.4 kg、钾 20.8 kg。但是，这些组合在四川等地作中稻栽培，由于以化肥为主，一般亩施氮素 9~12.5 kg，即可满足丰产的需要。如四川农科院水稻研究所在油菜田用汕优 6 号进行施肥量试验，设亩施纯氮 6 kg、10 kg、14 kg 三个处理，结果产量依次为 443.7 kg、516.3 kg、484.8 kg，以亩施纯氮 10 kg 的产量最高。据 1982 年四川省在川西平原 1 722 块典型丘块的调查，亩产 500 kg 以上的绝大多数杂交稻田的施氮量为 9.5~12.5 kg，其中有机氮占 30% 左右，基肥占 56.5%（表 15-24）。

表 15-24 杂交中稻施氮量与产量的关系（四川省川西平原百万亩杂交中稻高产栽培示范技术服务组，1982）

产量 /（kg/ 亩）	<350	351 ~ 400	401 ~ 450	451 ~ 500	501 ~ 550	551 ~ 600	>600	合计	平均
典型田块数	62	198	422	472	327	193	48	1 722	—
施氮量 /（kg/ 亩）	9.05	9.35	9.75	10.0	10.5	11.0	11.65	—	10.1
基肥 /%	57.1	63.3	56.2	55.0	54.0	58.0	61.1	—	56.5

但是，这些迟熟组合在闽南及广东东部沿海稻区作双季早稻或晚稻栽培，由于当地气候条件好，管理水平高，杂交水稻的增产潜力得到了较好的发挥，有的早、晚两季亩产都超过 750 kg。因此，每季施氮量达 15 kg 以上（表 15-25）。而在长江流域作双季晚稻栽培，由于本田生育期短，增产潜力有限，加之施肥量中化肥占的比重大，因而一般亩施氮素 9~14 kg，即可满足丰产的需要。

表 15-25 闽南粤东高产田的施肥量

试验单位	组合名称	季别	亩产 /kg	施肥总量 /kg			氮肥中基肥占 /%	年份
				N	P$_2$O$_5$	K$_2$O		
福建龙海黎明村 7 号田	汕优 2 号	早	824.4	23.6	7.3	22.6	49.2	1979
福建龙海黎明村 7 号田	汕优 2 号	晚	779.0	23.9	9.2	30.1	49.8	1979

续表

试验单位	组合名称	季别	亩产 /kg	施肥总量 /kg			氮肥中基肥占 /%	年份
				N	P_2O_5	K_2O		
福建龙海黎明村 6 号田	汕优 2 号	晚	801.7	23.3	9.6	30.5	51.2	1979
广东海澄莲上涂城村	汕优 2 号	早	802.8	23.2	10.2	23.4	57.2	1982
广东海澄莲上涂城村	汕优 2 号	晚	762.1	16.1	7.2	18.9	47.2	1982
广东海澄农科所	汕优 2 号	早	756.7	18.3	9.2	15.2	—	1983

二、增施钾肥

杂交水稻吸收和积累在地上部分的钾素比一般品种多。据湖南农学院测定，南优 2 号及其亲本三系在乳熟期功能叶鞘的含钾量是：南优 2 号为 6 250 mg/kg，比恢复系 IR24 的 5 050 mg/kg 多 23.8%，比保持系的 3 550 mg/kg 多 76.1%，比不育系的 4 250 mg/kg 多 47.1%。又据浙江省富阳县农科所测定，增施钾肥可提高稻株组织的含钾量，表现叶色明显青绿，茎粗叶健，纹枯病的发病株率比不施钾的减轻 63%，后期无早衰现象；而不施钾肥的则中期脚叶开始发黄，茎细叶小，株高降低，早衰现象明显。施钾的每穗总粒数和实粒数明显增加，故产量较高，增产幅度达 17%~26%（表 15-26 ）。

表 15-26　钾对杂交水稻植株组织含钾量和产量的影响

施 K_2O /（kg/亩）	组织液含钾量 /（mg/L）			株高 /cm	穗长 /cm	有效穗 /（万穗/亩）	每穗总粒数 /粒	每穗实粒数 /粒	秕谷率 /%	千粒重 /g	亩产 /kg
	盛蘖期	幼穗分化期	抽穗期								
0	70	800	700	74.4	20.9	23	82.3	66.4	19.3	24.8	346.2
6	1 200	1 500	2 500	88.5	22.8	22.8	101.6	82.2	19.1	24.9	404.8
12	2 100	2 000	2 500	89.5	22.9	23.2	110.1	88.8	19.3	24.9	437.3

注：组合为汕优 6 号，6 月 12 日播种，7 月 27 日插秧，亩施氮 12 kg。

江西农科院作物所土肥室收集了不同水稻品种施用钾肥的效应试验资料，发现杂交水稻施钾的效应比常规水稻品种大 53.3%（表 15-27 ）。

表 15-27　杂交水稻与矮秆水稻的钾肥效应比较

品种	试验资料数	CK 亩产/kg	施钾亩产/kg	平均施 K_2O/kg	每 500 g K_2O 增产/kg
矮秆品种	36	322.3	350.7	5	2.87
杂交水稻	28	363.7	438.5	5	4.40

据湖南省衡阳地区农科所研究，杂交水稻对土壤中钾的消耗量很大。无论是早稻或晚稻，施肥或不施肥，杂交水稻全生育期对钾的吸收量都比常规水稻多。如威优 6 号全生育期每亩植株吸钾 19.81 kg，比洞庭晚籼多 22.86%，吸钾量为施钾量的 1.98 倍，在每亩施磷 8 kg 以下和钾 10 kg 以下时，稻谷产量随磷、钾的施用量增多而稳定上升。所以，增施钾磷对夺取杂交水稻高产和保持土壤中养分平衡有重要作用。

各地试验研究结果，都证明增施钾肥对杂交水稻有较好的增产效应。特别是在土壤缺钾的稻田，以及在以施化肥为主的稻田，必须注意增施钾肥。

三、增施有机肥

据测定：杂交水稻的总吸肥量有 50%～60% 的氮素、70% 以上的磷及钾来自土壤。在肥料不足的情况下，容易过多消耗土壤的潜在养分，地力就难以维持。因此，应强调增施有机肥。杂交水稻作早、中稻栽培，前期有较长的时间进行积肥运肥，故施肥应以有机肥为主、化肥为辅；作晚稻栽培由于前期积肥时间短，收早稻插晚稻期间劳力季节紧张，施肥要做到以有机肥为主比较困难。尽管如此，也要千方百计地多施有机肥。有机肥除了用腐熟的人粪、猪牛栏粪外，还可直接用早稻鲜草还田。稻草中含有大量的钾和硅，一般含钾量为 1.6%～3%，一亩田稻草的含钾量相当于氯化钾 8～15 kg；稻草的含硅量一般为 11%，据广西玉林地区平南县大新乡下角村小组 1980—1983 年稻草还田试验，亩压鲜稻秆 1 300 kg（留高桩下田），土壤有机质含量在 2.44%～3.4% 之间，比不还田的平均增加 0.284%，增长 12.2%；速效钾含量比不还田的增加 23 mg/kg，增长 37.8%；土壤容重为 1.04 g/cm^3，比不还田的减少 0.2 g/cm^3；亩产比不还田的增加 29.1～40 kg，增长 7.3%～13.3%。又据湖南省邵阳及益阳各地连年试验，稻草还田可使晚稻增产 5%～15%。据各地经验，稻草还田的施用量一般以本田稻草总量的 50%～60% 为宜。施用方法有两种：第一种是收早稻后将稻草切断均匀撒施，接着进行翻耕，如果让其晒干下田，就会增加沤烂时间，影响禾苗早发；第二种是撩穗收割，高桩还田。收割早稻时，只将上部的稻茎、稻穗及稻叶等一起割下，运回到晒场用脱粒机或连枷脱粒，留下约占株高60%的稻桩还田。采用这种方法的优点很多：一是稻桩分布均匀，可避免稻草成堆引起烧苗；二是稻桩不易晒干，翻耕后较易沤烂；三是省工，有利于加快"双抢"进度。不论采用哪种方法，都要配施碳铵和磷肥各20～25 kg作基肥，以防插秧后稻草腐解时因生物夺氮夺磷而影响晚稻前期生长。

四、协调施肥比例

施肥比例包括两个方面：一是总施肥量中氮、磷、钾的比例；二是前、中、后期施肥的比例。

（一）协调氮、磷、钾比例

杂交水稻生产不仅要增施肥料，而且还要求氮、磷、钾比例协调，才能发挥肥效和杂交水稻的增产潜力。据湖南省土肥研究所的试验结果，在中等肥力水平的红壤稻田中，并不是氮、磷、钾肥施得越多越好，而是以每亩施氮11.25 kg、磷7.5 kg、钾7.5 kg，氮、磷、钾的比例为1∶0.67∶0.67的产量最高（表15-28）。

表15-28　杂交水稻氮、磷、钾的施用量对产量的影响（湖南省土肥研究所，罗成秀）

施肥量/（kg/亩）			$N：P_2O_5：K_2O$	有效穗/（万穗/亩）	每穗实粒数/粒	千粒重/g	产量/（kg/亩）	谷/草
N	P_2O_5	K_2O						
5.25	2.65	2.45	1∶0.5∶0.45	18.38	137	26.0	589.8	0.98
11.25	7.50	7.50	1∶0.67∶0.67	18.63	156	26.1	657.0	1.05
17.25	10.50	10.50	1∶0.63∶0.63	22.88	131	26.3	626.7	0.82
17.25	7.50	14.00	1∶0.43∶0.78	—	—	—	630.5	—
23.25	7.50	14.00	1∶0.32∶0.45	21.63	126	26.1	592.7	0.90

注：品种是南优2号，在中等肥力水平的红壤稻田作中稻栽培。

氮、磷、钾的比例，应根据杂交水稻的计划产量对肥料的吸收量以及土壤供应氮、磷、钾的能力而定。从各地高产典型经验分析来看，氮磷钾的比例以1∶（0.5～0.8）∶（0.6～1.5）为宜。在此范围内，含磷、钾丰富的土壤，可以少施磷、钾肥，缺磷、钾的土壤则要多施磷、钾肥。

（二）合理确定前、中、后期施用氮肥的比例

杂交水稻各生育时期施肥比例的确定，应以其各生育时期对氮、磷、钾的吸收量为依据。杂交水稻各生育时期的吸肥量与常规水稻比较，总的趋势基本相同，都是中期吸收多，前期次之；但它后期的吸肥量比常规水稻多，特别是吸氮量多，达到22.24%～37.12%，而常规水稻一般只有15%～19%（表15-29）。因此，杂交水稻栽培，应注意增加中、后期氮肥施用量。

从施肥策略来看，过去常规水稻高产栽培采用前重、中控、后补施肥法和前稳、中攻、后补施肥法。对于杂交水稻，需要发挥大穗大粒的优势，克服穗数偏少的差距。中期要有较好的营养条件促进穗分化，并防止颖花退化；后期要防止早衰，保证籽粒充分灌浆；既要促进分蘖，又要提高分蘖成穗率。因此，氮肥施用宜采用多次匀施的方法，保证水稻的稳生稳长。但采用这种施肥方法时必须严格控制肥料用量，防止过多。

杂交早、中稻施用磷肥一般宜多、宜早，以作基肥为主。每亩用7.5 kg左右的钙镁磷肥沾秧根，能促进禾苗早生快发。缺锌稻田，早稻还可拌用少量锌肥，对防止早稻僵苗有良好作用。杂交水稻施用化学钾肥，不论早、中、晚稻，均应作分蘖肥施用为主，穗肥为辅。

表15-29　杂交水稻与常规水稻各生育期的吸肥量比较　　　　单位：%

生育期		中山大学，1955		中国科学院南京土壤研究所	湖南省衡阳市农业科学研究所（1978—1980 三年平均）	
		常规早稻	常规晚稻	常规早稻	杂交早稻	杂交晚稻
移栽至分蘖期	N	35.5	22.3	39.1	16.04	26.64
	P	18.7	15.9	25.7	11.13	14.90
	K	21.9	20.5	27.3	12.52	22.0
稻穗分化至抽穗期	N	48.6	58.7	59.5	46.84	51.12
	P	57.0	47.4	66.5	61.09	64.71
	K	61.9	51.8	65.9	57.54	72.06

续表

生育期		中山大学, 1955		中国科学院南京土壤研究所	湖南省衡阳市农业科学研究所（1978—1980 三年平均）	
		常规早稻	常规晚稻	常规早稻	杂交早稻	杂交晚稻
结实成熟期	N	15.0	19.0	1.4	37.12	22.24
	P	24.5	36.7	7.7	27.78	20.39
	K	16.2	27.7	6.8	30.00	5.93

注：中国科学院南京土壤研究所原来测定数分返青期、分蘖期、拔节期、孕穗期、抽穗期、成熟期 6 个时期。此表将返青期与分蘖期合并，拔节期与孕穗期、抽穗期合并。湖南省衡阳市农科所供试组合杂交早稻为珍汕 97A× 早恢 1 号，杂交晚稻为威优 6 号。

第四节　合理密植

合理密植，在于有效地利用光能，充分地利用地力，保证个体正常生长发育和群体协调发展，使单位面积上的穗数与粒数、粒重获得最佳结构，从而夺得高产。一般密植合理及促控措施得当的高产水稻群体，具有很多特点：一是叶面积系数合理，净光合生产率高；二是有较多的干物质积累和较高的经济产量系数；三是茎秆粗壮抗倒伏。实践证明，高产的杂交水稻群体，大部分性状都超过了常规水稻。如杂交水稻的叶面积系数达到 8 时，光合作用仍能正常进行，而常规水稻的叶面积系数超过 6.5~7 时，就出现不正常的现象；杂交水稻穗大、粒多、粒重，谷草比一般在 1.1 以上，高的达 1.3 左右，而常规水稻的谷草比最高只能达到 1 左右；杂交水稻茎秆粗壮，抗倒能力较强，高产群体每平方米可承受的实粒数可达 4 万粒以上，而常规水稻每平方米可承受的实粒数很难超过 3.5 万粒。

合理密植是获得高产群体的基础，但是，我国在刚开始推广杂交水稻时，不少地方为了扩大种植面积，曾一度片面强调利用杂交水稻的分蘖优势，实行单株稀植，基本苗和穴数都插得太少，达不到高产群体的要求，结果影响了杂交水稻增产优势的充分发挥。近年来各地实践证明，为了获得杂交水稻的高产群体，应在充分利用杂交水稻分蘖优势的基础上，实行合理密植，适当增插基本苗和穴数。

558

一、插足基本苗

杂交水稻合理密植的基本要求是插足基本苗。这是早够苗、保足穗的重要前提。

（一）足够的穗数是杂交水稻增产的重要构成因素

杂交水稻虽然穗大粒多，在有效穗数比常规水稻较少的情况下，可获高产，但是，在产量构成的诸因素中，穗数仍是增产的基础。据各地报道（表15-30），亩产500 kg以上的杂交水稻迟熟组合作一季稻栽培，每亩需有效穗20万穗左右；作双季早、晚稻连作栽培，每亩需有效穗20万穗以上。

表 15-30　各地杂交水稻高产典型每亩有效穗数

稻作类型	地点	年份	组合熟期类型及名称	穗数/（万穗/亩）	产量/（kg/亩）	备注
早稻	湖南双季杂交稻各示范点	1983	早熟威优35	17.7	546.7	4丘高产田平均
	湖南双季杂交稻各示范点	1983	早熟威优98	18.4	542.2	10丘高产田平均
	广西农学院	1977	迟熟南优6号	19.88	522.8	—
	广东澄海县莲上乡	1982	迟熟汕优2号	23.28	752.5	1.13亩
	广东汕头地区农科所	1933	迟熟汕优2号	19.56	756.5	1.313亩
	福建省龙海县黎明村	1979	迟熟汕优2号	24.60	823.4	1.06亩
中稻	江苏艾山西村	1979	迟熟汕优2号	19.60	855.5	1.107亩
	贵州遵义西坪	1979	迟熟汕优2号	17.8	751 880	11丘15.01亩
	湖南新宁县	1983	迟熟南优6号	22.65	800	—
	湖南武岗县	1983	迟熟南优6号	22.63	818.7	1.078亩
	湖南桂东县	1983	迟熟汕优63	20.99	860.4	1.44亩
	江苏赣榆县朱堵乡	1981	迟熟赣优2号	18.09	941.2	1.154亩

续表

稻作类型	地点	年份	组合熟期类型及名称	穗数 /（万穗 / 亩）	产量 /（kg/ 亩）	备注
双季晚稻	湖南双季杂交稻各示范点	1983	早熟威优 35	18.8	521.7	3 丘高产田平均
	湖南双季杂交稻各示范点	1983	早熟威优 98	19.2	534.5	5 丘高产田平均
	湖南双季杂交稻各示范点	1983	中熟威优 64	23.1	524.6	7 丘高产田平均
	湖南双季杂交稻各示范点	1983	迟熟威优 6 号	20.6	599.4	4 丘高产田平均
	广东澄海县莲上乡	1982	迟熟汕优 2 号	19.03	762.1	1.13 亩
	福建省龙海县黎明村	1979	迟熟汕优 2 号	23.32	779.0	1.06 亩
	福建省龙海县黎明村	1979	迟熟汕优 2 号	20.29	801.7	1.0 亩

　　据湖南省郴州地区农业局调查，双季杂交晚稻每亩穗数增加 2 万穗，可增产稻谷 50 kg 左右。湖南省衡南县农业局 1980 年调查（表 15-31），威优 6 号作晚稻栽培，在每亩不足 20 万穗的情况下，每增加 1 万穗，可增产稻谷 30～35 kg；若有效穗在 20 万穗以上，则每增加 1 万穗，可增产稻谷 10～15 kg。以上的研究和调查材料，都充分说明了足穗的增产作用。

表 15-31　有效穗与产量的关系（衡南县农业局，1980）

有效穗范围 /（万穗 / 亩）	调查丘块数 / 块	实际有效穗数 /（万穗 / 亩）	每穗总粒数 / 粒	每穗实粒数 / 粒	空壳率 /%	平均亩产 /kg
15 万以下	21	13.75	118.6	97.7	17.6	279.4
15.1~16.0	22	15.55	112.3	106.8	12.6	345.4
16.1~17.0	18	16.45	119.6	97.6	18.4	334.0
17.1~18.0	22	17.63	131.3	102.0	22.3	374.1
18.1~20.0	54	19.15	112.8	97.3	13.7	389.7
20.1~22.0	37	21.88	112.8	95.8	15.1	422.2
22.1 万以上	41	24.37	107.5	90.0	15.4	460.7

据浙江省 1981 年以前的 481 块高产田的考种数据统计，杂交晚稻亩产 500 kg 以上，其产量结构是每亩要有 21 万穗以上，每穗要有近 100 粒的实粒数，千粒重在 26 g 以上（表 15-32）。

以上资料表明，产量随每亩穗数、每穗实粒数增加而递增的规律很明显。在亩产超 500 kg 水平的基础上，每增产 50 kg，每亩穗数要相应增加 2 万穗或每穗实粒数增加 6~7 粒。千粒重比较稳定，它与产量高低的关系并不明显。每亩穗数、每穗实粒数、千粒重与产量的相关系数，分别为 0.987 2、0.982 2、0.648 3，其中穗数和粒数与产量的相关性均达到显著水平。由此可见，杂交晚稻亩产超过 500 kg 后要继续夺取高产，在栽培上的主攻方向应是增穗增粒。只有这样，才有可能最大限度地挖掘杂交晚稻的增产潜力。

表 15-32　汕优 6 号高产田不同产量水平的穗粒重结构（浙江农科院水稻研究所，1982）

统计田块数 / 块	面积 / 亩	平均亩产 /kg	穗数 /（万穗 / 亩）	每穗总粒数 / 粒	每穗实粒数 / 粒	结实率 /%	千粒重 /g
106	222.45	526.7	21.44	114.19	99.48	97.12	26.28
234	600.48	567.5	22.11	118.23	103.23	87.31	26.40
97	229.95	619.5	22.90	117.74	104.93	89.21	26.61
39	90.01	664.8	24.61	119.90	106.37	88.72	26.59
5	8.7	716.3	25.47	121.96	109.96	90.16	26.48

（二）既靠插，又靠发，是争足穗的可靠途径

要获得每亩足够的有效穗数，可以采取以下三条途径。一是增加基本苗，使基本苗的成穗数占总穗数的 50% 左右。显然采用这条途径，势必增加杂交水稻种子的用量，在经济上是不合算的。二是促进多分蘖，少插基本苗，依靠重肥来促进分蘖，使 3/4 以上的有效穗来自本田分蘖成穗。我国开始推广杂交水稻时，不少地方曾采用过这种栽培方法。实践证明，靠走这条路子来夺取高产，很难达到目的。因为杂交水稻的分蘖力固然很强，但受外界条件影响很大，如果基本苗插得太少，全田总分蘖数增长慢，就很难形成早发的高产群体。三是既增加基本苗，又促进一定量的分蘖，把插足基本苗和合理利用分蘖优势结合起来，使基本苗成穗占总穗数的 30%~40%，采用这条途径，能为早够苗、保足穗奠定良好基础，比较稳妥可靠。近年全国各地用不同组合进行对比试验的结果表明，一般都以亩插 8 万株左右的基本苗、每亩有效穗 20 万穗以上、基本苗成穗占总穗数 30%~40% 的产量为最高；而亩插 6 万株以下基本苗的，每亩穗数都不到 20 万穗（表 15-33）。

表 15-33　不同基本苗数与穗数的产量比较

稻作类型	试验单位	年份	组合名称	基本苗 /（万株 / 亩）	穗数 /（万穗 / 亩）	基本苗占穗数 /%	每穗粒数		产量 /（kg/ 亩）
							总粒数 / 粒	实粒数 / 粒	
早稻	湖南双季杂交稻祁阳示范点	1984	威优 98	3.06	16.08	19.03	142.0	117.6	459.5
				5.22	19.58	26.66	131.5	106.4	509.0
				8.5	21.32	39.87	123.2	98.1	523.5
				11.2	22.15	49.78	105.1	83.1	449.0
中稻	四川农学院	1978	南优 2 号	4.0	14.6	27.4	163.8	125.5	500.0
			汕优 2 号	8.46	19.7	42.94	137.0	111.7	578.5
				15.7	22.4	70.09	121.9	96.5	534.0
	湖南石门丰果农科站	1980	威优 6 号	6	23.2	25.86	196.1	126	442.0
				8	26.0	30.77	138.5	130	465.0
				10	22.4	44.63	116.0	108	416.0
	湖南永顺县万坪农科站	1984	威优 64	7.5	24.74	28.50	99.2	77.4	502.7
				8.6	25.74	33.41	101.9	79.5	519.4
				10.0	26.01	38.45	99.3	76.6	541.6
				12.0	29.97	40.00	94.9	171.3	511.1
晚稻	湖南祁阳县茅竹基点	1983	威优 98	3.8	14.53	26.15	—	116.7	434.6
				7.5	18.76	39.98	—	96.6	460.1
				10.8	21.46	50.33	—	80.6	449.1
				13.15	23.37	56.27	—	73.3	434.6
	湖南益阳地区农科所	1980	威优 6 号	2.5	17.5	14.29	—	86.6	390.5
				7.5	27.6	27.17	—	97.1	515.0
				12.5	28.75	43.48	—	84.7	353.0

（三）根据不同情况插足基本苗

各地试验结果和调查资料证明，在一定密度和基本苗数范围内，每亩穗数和产量，均随着基本苗数的增加而相应增加，但适宜的基本苗数因栽培季节、插秧迟早、肥水条件以及组合等的不同而异。尤其是双季杂交晚稻适宜的基本苗数，因插秧迟早而有明显的差异，插得越迟，基本苗要求越多，这样才能弥补因迟插而造成的减产损失。杂交水稻作连晚栽培，由于秧苗期气温高，生长发育进度加快，一般主茎叶片数减少，植株变矮，穗型变小，如果插秧期推迟，本田营养生长期则相应缩短，植株变矮、穗型变小的现象就更严重；而适当增加基本苗数，可以促进群体早够苗，起到增苗增穗，以穗补粒，达到虽然迟插但减产不严重的目的。1980年，浙江省乐清县临溪乡农科站用威优6号作晚稻栽培试验（表15-34），6月24日同期播种，7月25—30日插秧的，以亩插7万~9万株的产量最高；8月4日插秧的，以亩插11万株的产量最高；8月9日插秧的，以亩插15万苗的产量最高。这一试验还表明，基本苗相同，前后相邻的两个不同插期比较，早插的比晚插的每亩增产38.5~71.5 kg。

综合各地试验和大田生产经验，威优、汕优系统的迟熟组合作一季稻栽培，早插和秧龄短的基本苗宜少，以亩插6万~7万株为宜，迟插和秧龄长的基本苗宜稍多，以亩插7万株为宜；作晚稻栽培，早插的每亩插7万~8万株，迟插的每亩插9万~10万株。中熟组合威优64及早熟组合威优98的分蘖力较强，作早、晚稻栽培亩插8万~10万株；早熟组合威优35、威优16分蘖力较差，作早、晚稻栽培以亩插10万~12万株为宜。

表 15-34　杂交晚稻不同移栽期、不同基本苗数与产量的关系

移栽期	秧龄/d	基本苗/（万株/亩）	株高/cm	穗长/cm	穗数/（万穗/亩）	每穗总粒数/粒	每穗实粒数/粒	结实率/%	亩产/kg	同一基本苗早插比迟插增产/（kg/亩）
7月25日	31	5	88	18.9	22.5	119.0	96.0	81.7	573.0	—
	—	6	88	19.0	23.3	118.0	94.9	80.0	574.0	—
	—	7	88	19.0	24.1	116.5	94.6	81.0	591.0	38.5
7月30日	36	7	82	18.5	23.3	113.0	91.5	81.0	552.5	—
	—	8	83	18.5	24.0	112.0	90.7	81.0	557.5	—
	—	9	83	18.0	24.0	112.9	90.3	80.0	565.0	71.5
8月4日	41	9	78	17.5	22.5	108.0	83.0	76.6	493.5	—
	—	10	77	17.5	23.3	108.6	81.0	74.6	493.5	—
	—	11	77	17.8	23.3	107.0	82.0	76.6	502.5	40
8月9日	46	11	72	17.5	22.5	107.0	80.2	74.9	462.5	—
	—	13	73	17.4	22.5	106.4	81.2	76.0	464.0	—
	—	15	72	17.5	24.0	108.7	80.4	74.0	477.5	—

二、采用适宜的栽插规格

栽插规格包括每亩插秧穴数和栽插方式。合理的栽插规格是协调个体与群体矛盾的重要手段。

（一）插秧穴数

每亩插秧的穴数，应以保证插足基本苗和个体生长良好为原则。根据各地试验及大田生产经验，杂交水稻以采用"小科密植"较为理想。每亩插秧穴数，一季中稻以亩插1.5万~2.2万穴为宜，早、晚稻以亩插2.5万穴为宜（表15-35）。

表 15-35　不同插秧穴数与产量的关系

稻作类型	试验单位	组合名称	株行距 / cm	每亩蔸数 / 万蔸	有效穗 / （万穗 / 亩）	产量 / （kg/ 亩）	年份
中稻	湖南邵阳地区农科所	南优 2 号	13.3×26.7	1.875	28.31	644.8	1974
			16.7×26.7	1.500	18.91	676.3	
			20×26.7	1.250	17.38	672.3	
			23.3×26.7	1.071	17.12	634.5	
晚稻	湖南 10 个地县农科所协作试验	威优 98	13.3×16.7	3.0	—	452.3	1983
			13.3×20	2.5	—	461.4	
			16.7×20	2.0	—	435.9	
		威优 64	13.3×16.7	3.0	—	506.4	
			13.3×20	2.5	—	513.3	
			16.7×20	2.0	—	499.5	
	湖南澧县农科所	威优 35	13.3×16.7	3.0	—	437.5	
			13.3×20	2.5	—	460.0	
			16.7×20	2.0	—	440.5	
	湖南新田县良种场	威优 6 号	10×20	3.333	18.75	350.7	1983
			13.3×20	2.5	18.83	402.4	
			13.3×23.3	2.143	17.24	375.4	
			13.3×26.7	1.875	16.35	370.4	

（二）每穴插植苗数

杂交水稻每穴插植苗数不宜过多，否则生长发育会受到抑制，不能充分发挥大穗优势，一般每穴以3~5株为宜（包括秧田分蘖）。由于秧田分蘖可以部分顶替主苗，每穴插植蘖苗太多也相似于增多主苗数，过多时并不能增产，相反会增加种子或育秧成本。表15-36是江苏省高淳县风山乡黄家大队种植杂交中稻的试验，表明在每穴插植5~7株时不再有增产的作用。

表 15-36　每穴插植苗数与产量的关系（江苏省高淳县风山乡董家村，1978）

每穴苗数（主苗＋秧田蘖）	秧苗类型	基本苗/（万株/亩）	有效穗/（万穗/亩）	每穗总粒数/粒	不实率/%	产量/（kg/亩）
1	无蘖秧	1.2	13.7	150.3	33.3	385.7
2	带1蘖	2.4	14.5	156.4	28.9	435.2
3	带2蘖	3.6	14.6	157.0	29.4	448.3
4	带3蘖	4.8	15.0	170.9	32.4	473.0
5	带4蘖	6.0	15.5	184.9	35.4	483.4
6	带5蘖	7.2	15.1	165.3	28.5	474.7
7	带6蘖	8.4	15.4	149.2	21.5	469.7

注：每亩1.2万穴。

（三）栽插方式

杂交水稻的栽插方式有正方形、长方形、宽行窄株、宽窄行等几种。

（1）正方形。在每亩插同样穴数的情况下，采用正方形栽插方式的，穴间分布均衡，每穴利用光能和地力也较均匀，前期分蘖快且多，但中后期通风透光条件差，只适宜肥力较低的稻田。

（2）长方形（长宽比不超过2）。这种栽插方式的早期分蘖的条件稍次于正方形，但中后期通风透光条件较好，并且便于田间作业，适宜于中等肥力水平的稻田。这是当前各地采用最普遍的一种栽插方式。

（3）宽行窄株（行距与株距比超过2）。这种栽插方式不仅在较大程度上改变了稻田中后期通风透光的条件，而且分蘖盛期以后还有一定的控苗作用，因此无效分蘖少，成穗率高，适宜肥力较高的稻田和山区山荫田采用。

湖南省农科院在宜章县用迟熟组合威优 6 号作双季早稻栽培试验的结果表明，采用 10 cm×26.7 cm 的宽行窄株栽插方式，对改善株间通风透光条件有显著效果，在拔节至齐穗期测定，插 10 cm×26.7 cm 的植株中部风速为上部的 43%，下部风速为上部的 28.5%；而插 13.3 cm×20 cm 的中、下部风速均只为上部的 28.6%；插 10 cm×26.7 cm 的株间中部的光照相当于上部的 47.7%，下部的光照为上部的 17%；而插 13.3 cm×20 cm 的株间中部的光照只为上部的 21.1%，下部的光照只为上部的 8.5%；插 10 cm×26.7 cm 的，由于株间通风透光良好，每穗总粒数为 134.8 粒，比插 13.3cm×20cm 的要多 13.9 粒，纹枯病的发病指数只 25.1，比插 13.3 cm×20 cm 的低 2.7。1977 年，湖南省绥宁县瓦屋乡农科站用南优 2 号作中稻进行了不同密度的不同栽插方式试验，结果证明，不论每亩是插 1.67 万穴或 1.43 万穴，均以宽行窄株的产量最高（表 15-37）。

（4）宽窄行。这种栽插方式中后期宽行间通风透光和抑苗的作用都超过了宽行窄株，而且有减少病害的作用。但它的窄行间和株间距离太近，在中等肥力以下的稻田，难以达到丰产所需要的苗数和穗数，因此各地试验田产量有增有减；而且栽插规格群众难以掌握，一般只宜施肥水平高、穗颈稻瘟病严重的稻田采用。

表 15-37　不同密度不同栽插方式的产量比较（湖南省绥宁县瓦屋乡农科站，1977）

穴数 /（万穴 /亩 ）	栽插方式	株行距 /cm	亩产 /kg	穴数 /（万穴 /亩 ）	栽插方式	株行距 /cm	亩产 /kg
	正方形	20×20	462.5		正方形	20×23.3	437.5
1.67	宽行窄株	13.3×30	464.0	1.43	宽行窄株	13.3×33.3	463.5
	宽窄行	$13.3 \times \dfrac{13+20}{6.7}$	445.5		宽窄行	$13.3 \times \dfrac{20+50}{6.7}$	439.0

注：组合为南优 2 号。

第五节　合理促控，适时收割

杂交水稻根系发达，入泥较深，对土壤水分、通气状况要求都比较高，因此水分的管理比常规水稻更为严格，必须根据天气、土质、苗情等具体情况，合理排灌，以满足其生理需水和生态需水。杂交水稻对肥料也很敏感，特别是氮肥施用量过多或过少，都会导致个体与群体不能协调发展。因此在水稻生长发育各个阶段都应根据高产群体发展的特点，采用适宜的水肥管理措施，对禾苗进行促控。

一、插秧至分蘖盛期阶段

这一阶段肥水管理的主攻目标是促进禾苗早生快发，为争足穗和争大穗打好基础。杂交水稻由于秧苗粗壮，分蘖力强，分蘖始期和盛期较常规水稻早。一般杂交早、中稻插后 10 来天开始分蘖，插后 18~20 d 为有效分蘖终止期，这时总苗数要求达到 18 万~23 万株；杂交晚稻插后 6 d 左右就进入分蘖始期，插后 15 d 左右为有效分蘖终止期，这时总苗数要求达到 20 万~25 万株。在以上范围内，大穗型组合的苗数可少一些，一般穗型组合的苗数可多一些。在水肥管理上要求做到恰如其分。

（一）浅水插秧，深水回青

为了便于插秧，杂交水稻在插秧时宜灌浅水，在插秧期间由于秧苗受到机械损伤，根系吸水力减弱，遇晴天曝晒，容易失去水分平衡，造成枯尖死叶，因此插秧后至回青期要灌深水护苗，使一部分叶鞘浸入水中，这样既可减少蒸发，又能使叶鞘直接吸收水分，有利于早发新根早回青。灌水深度，因秧苗深浅和天气不同而异，一般以不淹到秧苗最高出叶的叶耳为度。杂交早稻秧苗较矮，插秧后气温较低，宜灌水 3.3 cm 深左右；杂交中稻插后一般灌水 5 cm 深左右；杂交晚稻秧苗较深，插后一般灌水 6.7 cm 深左右。晚稻插秧时正值高温季节，日最高气温一般都超过 35 ℃，而江河流水的温度一般在 30 ℃以下，有条件的地方，采用江河流水串灌稻田，对改善田间小气候有明显作用。

（二）浅水勤灌促分蘖

禾苗返青以后，为了促进根系生长和分蘖早生快发，一般以浅水勤灌为宜。杂交早稻保持 2 cm 左右深的水层，杂交晚稻保持 3.3 cm 深的水层。浅水勤灌可以提高泥温和水温，增加昼夜温差，增加土壤有效养分，因而能提高禾苗的含水量；同时还能使秧苗基部得到较充足的光照。这些都为分蘖创造了良好的环境条件。据报道，在浅水勤灌条件下，秧苗叶片的含水量常达 76% 以上，而在湿润条件下，叶片的含水量低于 74%。叶片含水量的降低，主要是细胞内自由水含量减少的缘故。自由水的含量下降必然导致叶片生长量减少，不利于分蘖的发生。禾苗分蘖节对水分的要求也很敏感，研究表明，当分蘖节部位的土壤水分降低到最大持水量的 70%~80%（相当于田面湿润不开坼状态）时，叶片中养分的运转与利用受阻，分蘖的发生和生长将受到明显的抑制。相反，田面若长期保持 6.7 cm 以上的深水层，分蘖节就不能获得充足的氧气，对有氧呼吸不利，也抑制分蘖。

有些地区在禾苗回青后结合中耕除草，进行短期排水露田，可以收到以气养根、以根促苗的效果。但一般稻田露田时间不能太长，以免削弱稻株的生理功能，影响早发。有些山丘区的深泥田和烂泥田，早、中稻插秧后，水冷泥温低是禾苗不能早发的主要障碍。这类田在分蘖期采用湿润和薄水灌溉，能提高根系层的泥温，促进秧苗新根和分蘖早发多发。据四川省国营东印农场的灌溉试验，分蘖期设灌水深度为 0~1.5 cm、1.5 cm、3 cm、5 cm、7 cm、10 cm 6 个处理，结果以灌水 0~1.5 cm 及 1.5 cm 深的效果最好，亩产比深灌 10 cm 的增产 70%~75%，比深灌 7 cm 的增产 54%~55%，比深灌 5 cm 的增产 41%~43%。他们还观察到分蘖期实行湿润和浅水灌溉的处理，能提高根系层的泥温，促进禾苗新根和分蘖早生快发。当湿润和薄水灌溉区根系层（4~10 cm）的泥温上升到 21.6 ℃~22.3 ℃时，深水层处理的泥温只有 12.7 ℃~15.8 ℃，前者每 5 d 每穴发新根 8.42~9.96 条，后者仅发根 2.52~2.96 条。栽后一个月，湿润和薄水灌区每穴新生分蘖达 19~24.48 个，分别比 7 cm 和 10 cm 水层处理的多 18.8~23.66 个。而灌水 7 cm 以上的处理，插秧后 20 d 左右出现不同程度的座苑现象。

施用有机肥过多的杂交水稻田，或稻草还田用量过多的杂交晚稻田，在返青后实行短时间露田，可以加速土壤肥料的分解，减少土壤有毒物质含量，促进根系生长良好。

（三）适量早施氮、钾肥

杂交水稻追施分蘖肥的原则：一是早施；二是适量。由于杂交水稻根系活力强，插后新根发生较快，一般早稻在插后 5 d，晚稻在插后 3 d，即可追施尿素等促进分蘖。杂交水稻有分蘖优势。一般常规水稻植株体内的含氮量达 3.5% 时才发生分蘖，而杂交水稻植株体内的含氮量达 2.05% 时，就能旺盛地进行分蘖，因此前期追施氮肥要适量。在施足基肥的基础上，分蘖肥宜分次施用，第一次在返青期每亩施尿素 6~7.5 kg，隔 7 d 左右，根据苗情，对穗苗生长差的田块，补施第二次分蘖肥，亩用尿素不超过 4 kg。在第一次中耕时，对施用有机肥少和缺钾肥的稻田，每亩可施 5~7.5 kg 化学钾肥。

二、分蘖盛期末至孕穗阶段

这一阶段田间管理的主攻目标是：长穗壮秆、促大穗、争足穗，要求每亩最高苗数控制在 28 万~35 万株，在始穗前 7 d 左右封行，孕穗期叶面积系数达到 7~8。

（一）适时露田或轻晒田

稻株进入分蘖高峰期之后，处于营养生长向生殖生长的发育转变期，这时个体与个体、器官与器官之间的矛盾日益激化。为了调节这些矛盾，使个体与群体以及各种器官都朝着高产的长相协调发展，过去一般采用排水晒田的方法，可以改善土壤环境，增强根系活力，控制无效分蘖，达到稳生稳长的要求。但也有其不利的方面。

（1）晒田对改变土壤环境的作用。晒田后，土壤表层失水，空气大量进入，加快了有毒物质的氧化。但晒田后，也会引起土壤速效养分的减少。据湖南农学院在浏阳县的测定，晒田的处理，每100 g 土铵态氮含量由晒前的 6.93 mg 下降到 2.8 mg，有效磷由 1.88 mg 下降到 0.64 mg；不晒田的处理，同期每 100 g 土铵态氮含量由 3.78 mg 上升到 5.01 mg，有效磷由 1.34 mg 上升到 1.84 mg。

（2）晒田对禾苗根系发展的作用。按标准轻晒田，能促使白根上翻，老根下扎。据试验测定，晒田的比不晒田的，根量多 14.3%，壮根多 13.4%，老根多 17%，但晒田过度，田中晒开了大坼，禾苗部分须根往往被裂隙扯断，面上的白根也被晒干而死。

（3）晒田对抑制分蘖的作用。晒田可以控制幼穗分化以后产生的无效分蘖，但早稻需要晒 10~15 d，晚稻需要晒 5 d 以上，才能达到目的。这与发育阶段所需要的条件是矛盾的。据观察，分蘖消亡的时间基本上集中在幼穗分化第三期前后，此期不仅决定每亩穗数的多少，而且决定枝梗数的多少，如果稻田仍处于脱水脱肥状态，就势必加重分蘖的消亡，使每亩穗数和枝梗数减少。

晒田对禾苗本身既有利也有弊，对稻株群体营养生长旺盛的晒田可以增产，否则反而有减产的可能。据广西试验，以矮优 3 号作早稻高产栽培，晒田的亩产 545.2 kg，不晒田的亩产 497.5 kg；以常优 7 号作晚稻栽培，施肥较少，在生育中期叶面积指数低于 3.7 的情况下进行晒田，亩产为 389.1 kg，比不晒田的亩产 415.5 kg 减产 6.4%。因此，必须根据不同品种、不同土壤施肥状况以及禾苗的长势长相来掌握是否晒田及晒田程度，才能获得良好的效果。杂交水稻对水肥条件反应极为敏感，在任何情况下都不可重晒田，否则禾苗叶色明显转黄，以后就难以恢复生长势而导致减产；一般施肥合理，禾苗生长正常的只宜露田一两次，既可起到改善土壤通气条件，促进根系深扎的作用，又不致使土壤养分损失过多，影响正常生长；个别施氮肥过多、禾苗疯长、群体过茂的，可以进行一两次轻晒田；砂泥田、缺肥田等，一般只宜采用间歇灌溉，即灌一次水，让其自然落干，再灌一次水……露田、轻晒田的时期，在总分蘖数达到丰产需要的穗数 1.1 倍左右时，可排水露田；禾苗长到主穗始分化时，一般不宜晒田，只宜露田或进行间歇灌溉。

（二）看苗施用穗肥

（1）穗肥施用的时期及增产效应。穗肥因施用时期和作用不同，可分为促花肥和保花肥。促花肥的有效施用时期一般是在第一苞分化至第一次枝梗分化期（在始穗前 30～27 d 或倒 5 叶全出至倒 4 叶全出），主要作用在于提高稻体的含氮水平，巩固有效分蘖，促进枝梗和颖花分化，兼有增穗、增粒的效果。保花肥的有效施用时期是雌雄蕊形成至花粉母细胞形成期（在始穗前 19～17 d 或倒 2 叶半出至全出），其作用在于提高叶片的叶绿素含量，增强光合作用，增加光合产物，促使颖花良好发育，增大谷壳体积，减少颖花退化，兼有增加粒数、千粒重和提高结实率的作用。

（2）穗肥施用技术。促花肥和保花肥虽然各有其特殊的增产作用，但因促花与保花的相互制约和相互补偿效应，在生产实践中，施用不当，前后比例失调，或用量过多，不但发挥不了增产作用，反而招致减产。因此，应根据具体情况，突出重点，兼顾其他，采取正确的施肥技术是发挥穗肥增产作用的重要保证。

高产栽培实践证明，凡是前期施肥适当、禾苗长势平稳的，一般应以保花增粒为重点，只宜施保花肥，而且施用量不宜过多，一般每亩施用尿素 2.5 kg 左右。如湖南省衡阳地区农科所在肥力较高的杂交晚稻田进行了试验，孕穗期施用穗肥（保花肥），每亩有效穗增加 1.71 万穗，每穗实粒数增加 9.64 粒，增产 10% 以上。

但是，如果前期施肥不足，群体苗数偏少，个体长势较差，那么促花肥与保花肥都可施用，每次每亩可施用尿素 5 kg。1979 年，广西博白县英桥乡农科站在肥力中下等的砂壤土稻田，采用汕优 7 号作早稻试验，密度 20 cm×16.7 cm，促花肥与保花肥都施用的小区比单施促花肥的小区亩产增加 6.12%（表 15-38）。

表 15-38　在肥力中下等稻田中杂交水稻施促花肥和保花肥的增产效果（广西博白县英桥乡农科站，1979）

处理与尿素施用量 /（kg/ 亩）					每穴苗数 / 苗	每穴有效穗数 / 穗	成穗率 /%	每穗		结实率 /%	千粒重 /g	产量 /（kg/ 亩）
区号	基肥	分蘖肥	促花肥	保花肥	合计			总粒数 / 粒	实粒数 / 粒			
1	10	10	0	5	25	9.2	7.4	86.1	110.3	100.6	91.2	25.8	428.8
2	10	10	5	0	25	9.4	8.4	89.1	115.3	93.3	81.1	24.5	414.5
3	5	10	5	5	25	9.0	8.3	91.6	124.4	104.5	84.0	25.7	441.5

凡是前期施肥过重、群体发展过大的，可以不施穗肥。此外，稻穗发育期处于高温或雨天条件下，可以不施或少施穗肥；若处于适温、强光条件下，则可施或适当多施穗肥。

杂交水稻对钾肥需要量大，据各地试验，晒田复水后结合追施氮肥，每亩追施 2.5 kg 左右钾肥，增产效果显著。

（三）孕穗期后灌好保胎水

稻穗发育期气温较高，植株生长旺盛，叶面蒸腾量大，是水稻一生中需水最多的时期。特别是孕穗期，对干旱的抵抗力极弱，是水稻需水的临界期之一。此时如果缺水，就会引起稻株生理上的一系列障碍，如雄性器官发育不全或性细胞败育。当颖花发育受阻时则造成颖花退化或产生畸形花，使每穗总粒数减少；当性细胞发育不良时，则产生不孕花，使空秕率增加。因此，晒田最迟至穗分化 3 期结束，晒后一定要及时复水，以充分满足稻穗发育对水分的要求。这是减少颖花退化、提高结实率的重要措施。

复水后，稻穗发育期的水分管理，一般以浅水灌溉为主。高产地区的经验是采取间歇灌溉法。在孕穗期前后，一定要保持水层，防止脱水。

三、孕穗期后至成熟阶段

这一阶段田间管理的主攻目标是养根保叶，增强防损能力，提高结实率和粒重。

水稻单位面积的产量，主要取决于减数分裂期以前的增产能力和以后的防损能力。减数分裂期前的增产能力，可由单位面积内的穗数和每穗颖花数的乘积即总颖花数来表示，它决定了单产最高的范围，是构成产量的基础。全田总颖花数愈多，高产的可能性就愈大。杂交水稻具有分蘖优势和大穗优势，只要通过正确的增穗增粒措施，即可得到较多的颖花数。水稻进入生育后期，单位面积内总颖花数已基本确定，主要任务是增强稻株的抗损能力，以减少颖花的退化与不孕，增加结实率和粒重。可是，杂交水稻进入生育后期，由于光合能力逐渐下降，对温度适应范围小，提高结实率和增加粒重的难度比常规水稻大。因此，更要加强田间水肥管理。

（一）抽穗扬花时灌深水，防御高、低温危害

各地最佳和安全齐穗期尽管具有相对的稳定性，但不同年际之间的同一时期的温度高低与秋寒迟早，均会发生一定变化。个别年份有可能出现超过临界高温或低于临界低温的指标，遇到这样的天气，应采取以下措施预防。

（1）灌深水，以水调温。水的热容量大，为空气的 13 倍。以水调温是历来作为改善

农田小气候条件的一项有效措施。在抽穗期遇到日平均气温 30 ℃以上、日最高气温 35 ℃ 的高温天气，采取灌深水的措施有显著降温效果。据四川省江津地区农科所 1978 年测定，在保持水层的稻田，可降低穗层温度 1.4 ℃ ~ 4.4 ℃，水温比气温低 4 ℃左右，比泥温低 8 ℃ ~ 9 ℃。在水源方便的地方，采用日灌深水、夜排干水的方法，既可在高温天气降低田间小气候下的高温，又可增大昼夜温差，更有利于抽穗扬花。在日平均温度低于 23 ℃的天气下，灌 6 ~ 10 cm 深的水层，能延缓田间小气候降温速度而起到保温保湿的作用，但作用时间一般只有 1 ~ 2 d。

（2）人工辅助授粉。低温造成散粉不良，是产生空壳的重要原因。在低温影响期间，于盛花时用竹竿轻轻平扫或拉绳的方法，拨动剑叶以振动穗子，可以促进花药开裂散粉和授粉。1977 年，广西南宁市气象台农业气象试验站用南优 3 号做试验，在 9 月 25 日—27 日平均气温为 20.9 ℃ ~ 22.2 ℃，并伴有降雨的天气条件下，自然授粉区有 40% ~ 76.7% 的颖花没有授粉，而人工辅助授粉区的颖花，没有授粉的只有 0% ~ 21.1%，比自然授粉区减少 40% ~ 55.6%。平均空秕率，人工辅助授粉区为 14.1%，比自然授粉区减少 20.4%。

（3）施用植物激素，促进早抽穗。低温来临前 4 ~ 5 d，对已见穗的晚稻喷施赤霉素，晚稻可以提前 2 d 抽穗开花，躲过冷害。

（二）看苗施用粒肥和叶面追肥

水稻籽粒内含物的 2/3 来自抽穗后的光合产物。因此，如何提高稻株抽穗后的光合效率，促使高积累、高运转，是实现杂交水稻高产的又一关键环节。为了增加生育后期的高积累，保持足够的绿叶面积并维持较长的功能期，则是基本的条件。从各地杂交水稻亩产 600 kg 以上高产田块的资料中看出，灌浆期叶面积系数不宜低于 5 ~ 6，叶片含氮量以保持 3% 为宜；蜡熟期叶面积系数不宜低于 3 ~ 4，叶片含氮量以保持 2% ~ 2.5% 为宜。

延长叶片功能期的方法，一般是采用追粒肥。抽穗后功能叶逐渐枯黄，固然是它本身的生物学规律所决定的，但与后期氮素营养水平有一定的关系。据研究，在整个灌浆结实过程中，茎、叶输送给米粒的糖和氮素基本上是平行的，即糖和氮素始终按一定比例进入谷粒。在氮源不足的情况下，进入谷粒的大部分氮素，都将由叶片和叶鞘中积存的氮素供应，这样就造成叶片含氮量迅速下降，以致过早发黄枯死，使绿叶面积减少，削弱叶片光合能力。杂交水稻结实成熟期吸收的氮、磷、钾比常规水稻多。因此，施用粒肥，补充氮源，是延长叶片寿命，提高叶片光合能力，促进粒多粒饱的重要措施之一。但粒肥的施用，也应因苗因田制宜，及早采取措施。一般在始穗前禾苗叶色过淡的，每亩可撒施 2 ~ 2.5 kg 尿素，齐穗后过早落黄的田，

572

每亩可撒施尿素 2.5~3 kg，最多不超过 4 kg。生长正常的杂交水稻，只宜少施氮肥作粒肥，以免引起贪青晚熟及稻米品质下降。施用的方法只宜采用叶面喷施，一般每亩用 500~750 g 尿素兑水 50 kg 喷雾。

由于杂交水稻后期对磷钾的吸收量也较高，因此后期施磷钾肥有良好的增产作用。1981—1982 年，湖南省粮油生产局组织各地进行叶面喷施磷酸二氢钾试验，据 26 个对比试验资料统计，每亩平均喷施磷酸二氢钾 230 g（1~2 次）的，增产稻谷 31.55 kg（表 15-39）。根据试验，喷施磷酸二氢钾的时期，以始穗前 4~5 d 或齐穗后 2~3 d 效果最好，每次用量以每亩 150~200 g 兑水 50 kg 为佳。对生长较差的禾苗，在肥液中每亩可加入尿素 500~750 g 混合喷施，则效果更好。在杂交水稻始穗前喷施磷酸二氢钾，还有增强植株抵抗高温或低温的能力。

表 15-39　叶片喷施磷酸二氢钾的效果（湖南省粮油生产局，1982）

处理	空壳率 /%	千粒重 /g	产量 /（kg/ 亩）	增（减）产 /（kg/ 亩）	/%
亩喷 230g	23.6	26.9	423.55	31.55	+8
对照	26.8	26.1	392.00	—	—

注：表中数据为 26 个试验资料的平均数。

（三）灌浆期灌浅水，成熟期间歇灌溉，防止脱水过早

水稻抽穗后根系日趋衰老，要在确保供水的前提下，增加通气机会，做到水、气交替，以气养根，以根保叶。因此在灌浆期间，禾苗需水较多，以浅灌为主；灌浆以后，宜采用间歇灌溉。

杂交水稻穗大粒多，灌浆结实期较长。因此，后期断水过早，常常人为地造成结实率和粒重明显下降。据江苏省武进县农科所 1977 年调查，10 月初收割的单季杂交水稻，9 月 30 日断水的，结实率为 70.9%，千粒重为 26.2 g，亩产 474 kg；9 月 15 日断水的，则结实率降低 5.9%，千粒重降低 1.6 g，产量减少 10% 以上。据浙江省乐青县东联乡农科站的试验资料分析（表 15-40），收割前断水时间的长短与产量呈明显的负相关，相关系数 r= -0.996 9。各地实践证明，杂交早稻和杂交中稻成熟期间气温高，以收割前 5~6 d 断水为宜，杂交晚稻以收割前 7 d 断水为宜。这样既能保证禾苗活熟到老又不影响秋播季节。

表 15-40　杂交晚稻收割前不同断水天数对产量的影响

断水时期	收割前 10 d	收割前 15 d	收割前 20 d	收割前 25 d
产量 /（kg/ 亩）	563	546.5	523.5	500

四、适时收割

一般中小穗型的籼稻品种，稻谷成熟度达到 80%～90% 时，其他青谷也进入蜡熟阶段，加上籼稻易落粒，因此，稻谷 80%～90% 成熟时为收割适期。杂交籼稻大都是大穗型组合，灌浆的阶段性和顺序性比较明显，强势花灌浆与弱势花灌浆相隔 20 d 左右，如果收割过早，弱势花尚处在灌浆阶段，青谷就成了秕谷，减产严重。适当延迟收割期，对提高杂交水稻的成熟度、结实率、粒重及产量都有明显的作用。据华中农学院 1979 年分期收割考察结果（表 15-41），8 月 18 日抽穗的汕优 2 号等组合，在抽穗后 35 d 收割的，成熟度只有 72%～80%，43 d 收割的，成熟度可提高 10%～12%；51 d 收割的，成熟度又可提高 2%～7%。浙江省杂交水稻生产办公室也曾报道，双晚杂交水稻在抽穗后 1.5 月成熟度才达 95% 以上。据湖北省浠水县农业局观察，双晚南优 6 号在抽穗后 42 d 粒重仍在增加。因此，杂交水稻的收割，以成熟度达到 90%～95% 时为适宜，比一般常规籼稻推迟 5 d 左右。

表 15-41　杂交水稻不同收割期对成熟度的影响（华中农学院，1979）

收割时期	考察项目	汕优 2 号	南优 2 号	V20A× 圭 630
抽穗后 35 d	总受精粒数	2 918	2 113	1 685
	其中：成熟率 /%	73.54	80.16	72.61
	半饱率 /%	18.30	15.38	18.82
	未发育率 /%	8.16	4.46	8.57
抽穗后 45 d	总受精粒数	1 931	1 475	1 436
	其中：成熟率 /%	90.42	89.97	85.58
	半饱率 /%	7.04	8.88	10.03
	未发育率 /%	2.54	1.15	4.39
抽穗后 51 d	总受精粒数	1 032	1 390	1 233
	其中：成熟率 /%	93.12	94.60	92.38
	半饱率 /%	6.25	4.61	6.08
	未发育率 /%	0.43	0.79	1.54

第六节　规范栽培在杂交水稻生产上的应用

看苗诊断，因苗管理，是我国水稻栽培的传统经验。20世纪50年代，江苏省全国水稻劳模陈永康，根据一季晚粳"老来青"生长发育的特点，从叶色的变化入手，与江苏省农科院有关科技人员共同总结出了"三黄三黑"的高产栽培规律，使看苗诊断的传统经验大大地向前发展了一步。

随着农业科学技术的不断发展，20世纪70年代中期，湖南省部分县系统开展了水稻苗情观察记载，为领导指挥当前生产提供依据。随后湖南全省推广了这一经验，各地普遍建起了水稻苗情站，在系统开展水稻苗情观察记载的基础上，根据杂交水稻不同组合的苗情观察数据，与科研单位杂交水稻栽培试验以及大面积生产上取得的高产经验相结合，总结出了高产栽培杂交水稻多种组合的叶龄、不同生育阶段的长势长相和生长发育进度，制订了不同组合在不同地域、土壤、气候环境条件下的"规范化栽培技术"，并采用简单图表和技术手册等多种形式向农民宣传普及，大大提高了农民种植杂交水稻的栽培技术水平，克服了过去水稻栽培技术上的盲目性，避免了农业生产上的"瞎指挥"和一律化，促进了水稻单位面积产量的大幅度提高。近年来，湖南省还将规范化栽培通过电子计算机处理，更加准确地预测水稻生长发育进度及其产量，及时调整栽培管理上的偏差，收到了更好的效果。

江苏省自20世纪70年代末，根据水稻各器官同伸关系的理论，对杂交水稻的一些组合，在不同栽培制度下的叶龄变化，进行了深入系统的研究，制定了相应的高产栽培技术规范，称为"叶龄模式栽培"。1982年，该省为了加速实现全省杂交水稻亩产500kg的奋斗目标，参考日本稻作图解，设想通过系统总结，综合分析，把丹阳等县杂交中稻亩产500kg典型经验的栽培体系和经验肯定下来，向指标化、规范化、模式化的方向发展，并用图示表达出来，便于在群众中推广。他们以高产地区丹阳、盐城县为试点，每个县编印了杂交水稻500kg高产栽培技术模式图，并编写了与图纸配套的杂交水稻高产栽培技术资料，作为解释模式图的参考。这种"缩小一张图、放大一本书"的普及杂交水稻高产栽培技术的方式，深受广大农民群众的欢迎，1982年在成都召开的全国杂交水稻会议上，受到了农牧渔业部和全国各地专家的好评，专家一致认为模式图是普及杂交水稻高产栽培技术的好形式。近年来这一经验已为各地广泛采用。本节将分别着重介绍杂交水稻叶龄模式的研究及高产栽培模式图编制方法等内容。

一、叶龄模式的研究

水稻的出叶与分蘖发生、根系生长、节间伸长和充实以及幼穗分化发育进程等，都存在着有规则的同伸关系。据江苏省凌启鸿等研究，同一类型品种各期生育进程和器官建成的叶龄值是相同的，可以将它模式化。用"叶龄模式"进行大田诊断，简便易行，效果较好。

（一）穗分化、节间伸长、分蘖进程和根系发生的叶龄模式

据凌启鸿等的观察，水稻主茎总叶数和伸长节间数大体可归纳为"普通型"和"特殊型"两种类型。"普通型"品种或组合的主茎伸长节间数为主茎总叶数的1/3，这类品种在变更播插期、总叶数发生变化时，伸长节间也按上述比例增减。"特殊型"为现在生产上应用的IR24、IR661等品种，以及由它为亲本配制的南优、汕优、四优、矮优、威优、赣化2号等杂交水稻组合，尽管因播插期不同，主茎总叶数在15~18叶之间变化，而伸长节间数稳定为5个。

一般来说，主茎总叶数多的，生育期较长；总叶数相同的品种叶龄相同时，其所处生育期和各部器官的分化发育也相同。弄清各个品种总叶片数及伸长节间数，把错综复杂的品种归纳到不同生育类型的"叶龄模式"上来，根据叶龄进程来指导生产，具有较普遍的意义。

（1）穗分化进程的叶龄期。据凌启鸿等的观察，不管品种的总叶数多少，穗分化开始的叶龄余数值都是在3.5左右，倒3叶出生过程为枝梗分化期，倒2叶出生过程为颖花分化期，剑叶出生的中、后期为花粉母细胞形成及减数分裂期，孕穗期为花粉粒充实完成期。只要了解品种的主茎叶片数及当时的叶龄，就可以根据叶龄进程判断幼穗分化发育的阶段。

苞原基分化至颖花分化期相应的叶龄期为倒4叶至倒2叶抽出期。欲增加颖花量，措施效应必须发挥在这一时期，并需要在这一时期到来之前打下良好的营养生长基础。花粉母细胞形成至花粉粒充实完成期，要防止颖花退化，增加每穗结实粒数，措施效应必须发挥在剑叶抽出至孕穗这个时期内，才能达到"促花"与"保花"的预期目的。

（2）地上部节间伸长的叶龄期。各个品种节间伸长期的叶龄期，可以用倒数叶龄期（由剑叶往下数）进行计算，即基部一节间的伸长期（生物学的拔节期）的倒数叶龄期，为该品种的伸长节间数（N）减2，即$N-2$的倒数叶龄期。

拔节始期以后，每出一片叶，伸长节间的位置相应提高一位。在各个叶龄期之下，都有它同伸的节间次序数，孕穗期是顶上第二节间的迅速伸长期，抽穗期即穗下节间迅速伸长期。

基部节间内的大维管束数在拔节前即确定，要促进组织分化形成众多的大维管束，所采取的措施要在主茎总叶片数减去伸长节数的叶龄期之前进行；要控制第一、第二节间伸长，防止倒伏，控制肥水效应也要在拔节始期的叶龄期发挥作用，而控制措施还应适当提前。

（3）分蘖进程的叶龄期。在群体适宜的情况下，有效分蘖发生的临界叶龄期在拔节叶龄

期之前的第三个叶位上。该叶龄期恰为主茎总叶片数减去伸长节数的叶龄期。

实践证明，群体总茎蘖数在有效分蘖临界叶龄期及其稍前一个叶龄期达到并稍超过预期的穗数，是保证足穗、个体健壮、群体适宜的重要数量指标之一。在有效分蘖临界叶龄期以前，也正是茎基部节间的大维管束等组织分化期，因而促分蘖早发的措施，不仅为保证足穗同时也为形成壮秆大穗奠定基础。一切促早发的措施效应，必须作用于主茎总叶片数减去伸长节数叶龄之前。

（4）叶龄进展与根系的发生。上层根一般在拔节至孕穗前后相继发生，是和穗分化同时进行的。到抽穗以后，它们在数量上占绝对优势。上层根具有较强的吸收功能，是生育后期最主要的功能根系。上层根发生的数量多、寿命长、活力强，则穗子大、结实率高。群体透光条件好，土壤透气，体内氮素不过多，能促进一组根的发生。

上层根以下全属下层根组，是在移栽后至分蘖末期内发生的。这组根发生多，分蘖早而多。穗分化以后，它们所起的作用逐渐不及上层根了，但在上层根发生期间，能继续生长，对穗的发育和灌浆结实仍起积极的作用。中、后期促进上层根生长的一切措施，对下层根也同样有作用。

（二）叶龄模式与培育壮秧

1. 秧龄

采用温室无土育秧、寄秧移栽的，2叶期是寄秧适期，可借助较多的残存胚乳发根，能于5叶期分蘖，易于培育多蘖壮秧。

关于适龄秧苗叶龄的上限值，以移栽后能长出1.5~2.0叶才开始幼穗分化为度，叶龄余数不低于5。由于品种之间主茎总叶片数差异较大，总叶片数少的品种，秧龄弹性小，要注意防止"超龄"；总叶片数多的品种，秧龄弹性大，要注意防止迟播"缺龄"带来的不利影响。

中、迟熟类型的杂交水稻，总叶片数为15~17叶，伸长节间数为5个，移栽秧田叶龄最早为4.5叶，适宜叶龄为6~8叶。

2. 壮秧指标

在适龄范围内，健壮秧苗的发根力和抗植伤能力都较强。

在气温适宜的条件下，杂交水稻第一叶位的分蘖应普遍在4叶期同伸而长出，以后随着叶龄的进展，秧苗应基本上保持 $n-3$ 的关系发生同伸分蘖。秧田分蘖停滞，表明其他各部器官也受到抑制；秧田分蘖开始消亡，表明秧苗素质开始下降，应及时移栽。不同叶龄期能基本上保持叶蘖同伸是壮秧在形态上很重要的指标。

3. 育秧的关键技术

（1）播量。调查资料证明，秧田叶面积指数在 3.5 以下，秧苗能继续生长；叶面积指数超过 4 时，秧苗分蘖停滞。可把移栽时秧田叶面积指数达到 4 作为培育壮秧的密度指标。按照这一要求，杂交水稻每亩秧田播种量，5 叶期移栽的播 20 kg，6 叶期移栽的播 15 kg，7 叶期移栽的播 10~12.5 kg，8 叶期移栽的播 7.5~10 kg。

（2）秧田施肥。秧田施肥中应有足够的速效氮肥作基肥，并注意搭配磷、钾肥。一叶一心时早施断奶肥，移栽前 5~7 d 秧苗叶色要求正常退淡，以提高抗植伤能力。

（3）秧田管水。播种到出苗、一叶阶段，实行湿润灌溉，秧板不能有水；二叶期灌跑马水，三叶期以后保持浅水层。

（三）高产群体茎蘖动态的叶龄模式

1. 有效茎蘖的临界叶龄期

主茎总叶片数减去伸长节间数的叶龄期为有效分蘖的临界叶龄期，因密度及肥水管理等栽培条件的不同而稍有差异：密度大、基本苗过多的，有效分蘖叶龄期提前；基本苗适宜，有效分蘖的临界叶龄期在主茎总叶片数减去伸长节间数的叶龄期或稍前一点；而基本苗不足或迟发时，群体的有效分蘖叶龄期推迟，但一般只能推迟一个节位。过期采取促分蘖的措施，对增加穗数无显著效果。在有效分蘖叶龄期及其稍前达到预期的有效茎蘖数，最有利于形成高产群体。

2. 合理茎蘖动态

水稻高产群体的合理茎蘖动态的叶龄模式可概括为：在适宜基本苗基础上，积极促进有效分蘖早生快发，力争在主茎总叶片数减去伸长节间数的叶龄期或稍后达到预期穗数的茎蘖数。够苗后，及时控制无效分蘖的发生，把分蘖高峰期控制在拔节的前一个叶龄期。高峰期苗数应控制在适宜穗数的 150% 左右，抽穗期保持预期的穗数，无效分蘖基本上消亡。

适宜基本苗的确定：适宜的基本苗数是由该品种的每亩适宜穗数和单株的成穗能力两方面因素决定的，单株成穗数是由品种的总叶片数、秧龄、分蘖能力、秧苗素质、肥力条件和栽培管理水平等多种因素决定的。因此，确定适宜的基本苗数时，必须了解这一品种的适宜穗数和单株成穗数。用每亩穗数除以单株成穗数，等于每亩插植的适宜基本苗数。虽然每亩适宜穗数，因品种和栽培方式等的不同而有差异，但在一个地区，各个品种夺取高产的适宜穗数是比较稳定的。而单株的成穗数取决于移栽时期秧苗的叶龄到有效分蘖期的叶龄差数和其他各个节位分蘖成穗发生率的乘积。用这个方式计算的适宜基本苗数，与大面积生产是吻合的。

肥水促控原则：高产水稻，一生中的叶色应有规律地出现"黑""黄"变化，以调节稻体碳氮水平，促使各部器官协调生长，使水稻生长朝着高产的方向发展。

在有效分蘖期，稻株体内具有较高的氮素代谢水平，叶色深称为"黑"，有利于促进分蘖早发和茎内大维管束的分化形成；无效分蘖期叶色退淡，称为"落黄"，有利于控制无效分蘖产生和新生叶片的伸长，使之挺立，有利于改善株型，并促进根系生长。拔节开始前后叶色退淡"落黄"，能有效控制基部节间的伸长，改善株型，对防止倒伏，提高结实率有利；倒2叶至孕穗期叶色显"黑"，有利于促进颖花发育，减少退化，形成大穗；破口期的轻度"落黄"，有利于增加茎、鞘的淀粉积累；而抽穗后保持较深的叶色能提高结实灌浆期的光合生产力，增加粒重。

出叶数和叶龄模式不同，"黄""黑"变化次数也各不相同。一般来说，只有3~4个伸长节间的早稻，在叶龄上只有一次"落黄"，即无效分蘖到拔节前"落黄"。有5个伸长节间的中稻以及中、迟熟杂交水稻组合作一季稻栽培，存在一次或二次搁田"落黄"的可能性。发苗早的，控制中期两次"落黄"，穗数多、秆壮、穗大、结实率高。如前期发育不足，够苗迟，中期只能"落黄"一次，这类田穗数较多，秆壮穗大。

要使水稻按高产群体发展，合理地出现"黄""黑"叶色变化，在肥水运筹配合上，应以肥为主，以水为辅，最主要的是施足施好基肥和看苗施好穗肥，即施足基肥促早发稳长，施好穗肥进一步攻大穗。

（1）施基肥的目的，一是促进早发，二是保持中期稳长，三是改良土壤。基肥应以有机肥为主，并与一定比例的速效化肥配合。有机肥的肥效持续时间长，除了供有效分蘖期部分养分外，对中、后期稳长作用极大。基肥掺配一定数量的速效肥，以提高肥效，减少流失。亩产500 kg稻谷，一般需施氮12.5~15 kg，其中基肥占70%（7.5~10 kg）。

（2）基肥中配了氮肥的，一般不需要再施分蘖肥。配合促进分蘖，搞好水浆管理。在有效分蘖期内够苗以后，及时排水露田，以土壤硬皮、但无裂缝、叶片开始挺立为度。一次达不到要求，灌一次跑马水后再露，不要一次重晒。拔节前到拔节初期，晒田程度稍重，晒至叶色退淡，显"黄"为度。

（3）穗肥一定要在中期叶色"落黄"的基础上才能施用，如果中期不"落黄"，就不宜施用。施用方法：一是作保花肥，主要用于群体发展较大，"落黄"较迟，田底又比较肥的情况。为防止倒伏，控制叶面积不致扩展过大，施用期大多于倒数第二叶出生的中后期，即叶龄余数为1.5~1.2时施用。这时施用，基部节间不会伸长，仅促进剑叶的生长，比较安全。待肥效发挥时，正值减数分裂前，可减少颖花退化，增加结实粒数和粒重。这种穗肥施用法，穗不会很大，顶3叶长度依次变短，呈塔式株型。在多穗情况下，有利于改善株型，增加产量。二是作稳攻大穗的穗肥早施。这种穗肥施用的原理，是从枝梗分化期到抽穗期前的整个分化期间，让土壤保持较强较稳的供氮水平。同时起到促花和保花作用，以利于攻取大穗。这种施用方法宜在群体苗数比较少，或群体能按期"落黄"稳长、体内碳素水平较高的情况下应用。施肥时必须注意肥效的稳定性，促使长穗期保持青秀挺拔的长相，无效分蘖少，群体不过大，叶挺立，受光姿态好，秆壮，穗大，成穗率高，每亩实粒数显著增加，单产较高。

长穗期的水浆管理宜采用间歇灌溉方法。灌一次水后，自然落干2~3 d后再灌一次，既满足了水稻的需水要求，又促进了根系的发生和发育。

（4）破口期如出现"落黄"，应追施破口肥，以提高抽穗后叶片的含氮量，对提高结实期的光合生产力和粒重有利。结实期的水浆管理，仍应坚持间歇灌溉的方法。

二、杂交水稻高产栽培模式图的编制

（一）指导思想

杂交水稻亩产要达到500 kg以上水平，其物质生产必须从抓关键措施转到抓整个高产栽培体系。高产栽培模式图，是将栽培体系（或综合栽培技术）全面简单扼要地反映到一张图上，使人一看就懂，因此在设计和应用上要注意处理好三个关系。

（1）科学性与艺术性的关系，以科学性为主，艺术性服从科学性。如杂交水稻一生四个时期，既有文字说明，又分别用不同颜色加以区分，色彩力求接近实际。穗发育进程只分四期，在图上反映要准确，便于剥查时看图对照，作为准确施用穗肥的依据。

（2）典型性与普遍性的关系，以典型性为主。因此，必须分不同自然区、不同组合、不同季别进行高产经验的总结，在此基础上再绘图说明。一张高产栽培模式图，其措施一般只宜在自然条件、组合、栽培季别相同的情况下才具有普遍推广的意义。

（3）普遍性与灵活性的关系。杂交水稻的生长发育是有规律性的，但它受自然条件和栽培措施的影响，在制定技术措施时，要立足于普遍性，做到指标化、模式化。但是自然条件，特别是气候条件，年际之间有一定变化，同一地区，土壤肥力、耕作措施不可能完全相同，这些都影响杂交水稻的生长发育。因此，在具体应用时，又要分析当时当地情况、灵活掌握。

（二）模式图的标题和内容

（1）标题应包括地区、栽培季别、组合和产量指标。如"×××区连晚汕优63亩产

600 kg 栽培模式图"，使人一看标题就知道这张图的应用范围。

（2）内容。一般包括以下五个部分。

①高产（应有具体产量指标）穗粒结构和熟相。其内容包括株高、剑叶长、倒2叶长、倒3叶长、有效穗、每穗总粒数、结实率、千粒重、熟相等。同时还可附上壮秧标准（含播种量、移栽叶龄、秧龄、茎宽、单株带蘖数、百株干重）和有效分蘖期、分蘖成穗规律示意图等。

②光温资源。包括原高产典型地区的杂交水稻全生育期内各旬的平均温度、日照、雨量等。

③生育规律。包括各生育时间（播种期、秧苗期、移栽期、大田分蘖期、分蘖末期、拔节孕穗期、齐穗期、灌浆结实期，成熟期）所需天数、活动积温，主茎各叶出叶期（露尖），以及分蘖动态、节间伸长、幼穗发育规律和特征等，幼穗发育必须绘图清晰。

④栽培策略和技术措施。包括合理密植规格，各主要生育期的主攻目标，肥料运筹，水浆管理，防治病虫害等。

⑤栽培技术要点说明。即各种措施的具体实施的时期、方法等。

总之，图上除了不需阐述理论部分外，要用颜色、图像、文字反映高产禾苗生育动态及相应的栽培措施，以便群众看了图即可找到应采用的方法，以提高栽培技术，防止盲目性。

第七节　病虫害防治

一、杂交水稻的主要病虫及其发生特点

自杂交水稻大面积推广种植之后，病虫为害出现了与常规水稻不同的新特点。多年来的调查研究表明，为害杂交水稻的病虫种类在常规水稻上都有发生，所不同的是由于杂交水稻早播、早插、生育期长、茎秆粗壮、茎叶繁茂，因而更有利于某些病虫的发生，种群消长发生了较大的变化。尤其是在杂交水稻和常规水稻混栽的情况下，桥梁田增多，病虫害比较严重。杂交水稻的病害比较突出的是纹枯病、稻瘟病、白叶枯病、细菌性条斑病和矮缩病，其次是稻曲病、紫秆病、叶鞘腐败病和黄化萎缩病。此外，在一些地方的制种田中还有稻粒黑粉病。

纹枯病是杂交水稻的主要病害之一。杂交水稻受纹枯病为害造成的损失，虽然较常规水稻轻些，但病害有日益加重的趋势。如广东省肇庆地区杂交水稻纹枯病的发病程度相当于最感病的常规水稻品种；江苏省一些地区杂交水稻受纹枯病为害程度比常规水稻高3~4倍。这种情况必须引起高度重视。

稻瘟病在杂交水稻上的为害也较严重。一些种植威优3号、威优6号、汕优2号、汕优3号、汕优6号等杂交组合的地区，开始几年反映发病较轻，但近年来大都反映某些组合已经丧失或逐渐丧失抗性。最近几年，在湖南湘西，威优6号的稻瘟病发生相当严重；1984年在鄂西及四川秀山等地区，也严重发病，给局部地区造成了很大的损失。

白叶枯病和细菌性条斑病均属检疫对象，近年来在杂交水稻种植地区广泛传播和流行。这与南繁及引种中相互传播密切相关。在湖南省白叶枯病过去只在少数几个县的某些局部地方零星发生，目前已成为较常见的病害之一。发生在杂交水稻上的白叶枯病，其特点是发病期早而长，季季连续发病，为害早、中、晚稻。以前，白叶枯病多盛发于孕穗至抽穗期，现在秧田期和本田分蘖期也大量发生。在秧田期和分蘖期，该病常呈枯心凋萎型，造成死苗死蘖，其产量损失超过叶枯型。尤其是在杂交水稻上，这种类型的病害发生更加突出。

细菌性条斑病过去只在少数几个省的局部地区发生，目前已在许多省、区都有分布。如湖南省的湘中、湘东、湘南的很多杂交水稻栽培区，细菌性条斑病正在迅速传播。据考察，目前在生产上大面积种植的几个杂交组合，如威优98、威优35、威优64等都不抗白叶枯病及细菌性条斑病，特别是威优98感白叶枯病更为严重。

水稻病毒病曾在1977—1978年间于湘北滨湖区种植的南优2号上流行，近年来，由于改种"威优"和"汕优"系统的组合，同时加强了"治蝉防矮"等措施，病害才明显地被控制下来。

稻曲病过去在全国稻区虽有发生，但危害极轻，自推广杂交水稻后，各地普遍反映为害严重。特别是1982年，因在杂交晚稻抽穗期阴雨天多，发病更为严重。据湖南省桂阳、零陵等县的不完全统计，发生面积约10万亩。局部地区杂交水稻米粒几乎染成灰绿色。该病只在穗部发生，由病菌的子囊孢子和分生孢子侵害花器及幼颖。病菌早期侵入花器只破坏子房，而将柱头、花药碎片等埋藏于孢子座内；晚期可侵害成熟的谷粒，聚集颖壳上的厚垣孢子吸湿膨胀，挤开内、外颖进入胚乳，然后迅速生长，取代并包围整个谷粒，外表被覆盖着一层墨绿色粉状物。

稻粒黑粉病在部分地区杂交水稻制种田发生严重，使制种产量损失较大。1983年，据湖南、四川、浙江等省调查，病重田一般损失二成以上，严重的达八成。1984年湖南省鄙县反映制种田的发病率达60%以上。稻粒黑粉病一般在水稻黄熟时才易发现。其病菌以厚垣孢子在土壤和种子内越冬，约5个月的休眠期，在湿度适宜、温度20℃~30℃时，通气透光即能正常萌发。厚垣孢子抗逆性强，在自然环境下能存活一年以上，在种子贮藏期能存活3年。厚垣孢子耐热能力也很强，用55℃温水浸种10 min尚可不死。通过禽畜（牛）的肠胃，如病谷未被消化破碎，仍可保持发芽力。黑暗条件影响孢子发芽；深水缺氧发芽也很少，且不能产生担孢子。担孢子或次生担孢子随气流传播到正在开花灌浆的稻穗花部或幼颖上，萌发侵入，在谷粒内繁殖，最后形成黑色粉末状厚垣孢子。该病主要在杂交水稻抽穗至乳熟期感染，特别是在开花后如遇多雨高温天气容易感染稻株，而且流行快，发病率高，产量损失大。

水稻黄化萎缩病又叫水稻霜霉病。1983 年在湖南省临武县等地的杂交水稻上大面积发生，尤以威优 6 号及其制种田受害严重。该县镇南乡锦田村发病穴率为 60%～70% 的有 120 亩，为 90.0%～98.8% 的有 30 多亩，全村因此减产 7.5 万余千克。这已成为杂交水稻生产上的一个突出问题。

水稻紫秆病，又叫"紫鞘病"或"紫鞘黄叶病"，近年来在我国稻区不论是常规水稻或杂交水稻上都普遍发生，而且病情有加重的趋势。湖南省植物保护研究所于 1983 年 9 月下旬至 10 月上旬对杂交水稻威优 6 号、威优 16、威优 35、威优 64、威优 98、汕优 6 号及潭优 6 号等进行考察，其发病穴率达 60%～100%，病株率为 16.67%～40.00%；一般空壳率比健株高 15.7%～31.7%；千粒重下降 0.5~3.0 g。目前各地对此病的病原问题看法不一，因而各自正在从不同的角度加强对该病害的研究。

杂交水稻虫害特点是螟虫种群消长发生了很大的变化，如长江流域自推广杂交水稻以来，一致反映三化螟大幅度下降，二化螟、大螟则大幅度上升。特别是二化螟已成了生产上的大敌，原来不需要防治第二代的一些地区，现在也要防治了。

二化螟在杂交水稻田的发生量大，虫量多，为害严重。由于杂交水稻茎秆粗壮，生育期长，营养丰富，因而以杂交水稻为食料的二化螟幼虫，体重、蛹重都比以常规水稻为食料的重些。因此，有效越冬虫源均比常规水稻的高，雌蛾怀卵量多，而且幼虫常群集为害而不分散，其含虫量大大超过常规水稻，如防治不善，往往造成严重损失。

在以三化螟为主的华南稻区仍以三化螟为害较重，而且有的地区有日渐加重的趋势。广东省韶关地区 1977—1981 年自发展杂交水稻生产后，三化螟连续三年大发生，一般白穗率达 5%~7%。湖南省的湘北一带近年来三化螟发生数量又有所上升。

白背飞虱在一些地区其种群数量上升较快，在广东省湛江地区曾大面积成灾。据佛山市农业局 1983 年调查，杂交晚稻受害比常规水稻重。河北省邯郸地区 1982 年白背飞虱大发生，有的杂交水稻制种田出现枯秆"穿顶"现象。

稻瘿蚊的为害，主要是在广西、广东、云南、福建、江西及湖南南部等山丘区。由于杂交水稻分蘖力强，分蘖时间长，更容易招致为害。广西恭城县有的杂交水稻秧苗"标葱"率一般为 30%～40%，制种田达 77.5%～91.2%。湖南省汝城等县的山区受害亦很严重，已成为当地危害杂交水稻的主要害虫之一。

近年来，稻秆潜蝇在湖南桂东及湘西、湘南等地的一些山区严重为害杂交水稻，而且有不断发展和加重的趋势。

褐飞虱也是为害杂交水稻的重要害虫之一。据观察，褐飞虱在杂交水稻上的发生量虽大，但由于杂交水稻的耐性强，因而受害后的产量损失比常规水稻要轻些，但也必须认真做好防治工作。

稻纵卷叶螟、台湾稻螟、稻苞虫及稻黑尾叶蝉等为害杂交水稻亦很严重。

二、建立健全种子检疫制度

近年来，由于植物检疫制度不严，一些危险性病虫害广泛蔓延，其中白叶枯病就是一例。然而，一些地区和单位，对建立、健全种子的检疫制度，至今还没有引起足够的重视；有的不经任何检疫手续，不采取任何预防措施，任意从疫区调进带病种子；有的则盲目南繁，导致病害加剧传播。为了防止细菌性条斑病等检疫对象的进一步扩大蔓延，一定要建立健全种子检疫制度，实行联检和加强产地检疫，在一个县、一个区、一个乡及一个村的范围内都应如此。发现疫情，及时加以处理。繁育种子，最好的方法是以就地繁育为主，自繁自用。必须南繁时，要切实加强南繁基地的检疫工作。

三、配制选用抗病虫性强的杂交组合

选用抗性组合，是防治病虫害的一条十分经济有效的措施。近年来，我国各地在这方面做了大量的工作，并已取得了很大的进展，已选配出一批抗性强的杂交组合；抗稻瘟病的组合有威优35、威优64等；比较抗白叶枯病的组合有汕优6号、闽优3号、南优6号等；对稻瘟病、白叶枯病表现兼抗的组合有威优64、威优36、汕优6号、汕优36、汕优28等；对稻瘟病、纹枯病、褐飞虱表现兼抗的有威优35。对褐飞虱的抗性鉴定表明，目前推广的汕优6号、汕优2号、威优6号、威优35都表现为抗性或耐性。此外，凡与恢复系IR26配制的杂交组合，对褐飞虱亦表现出不同程度的抗性。1984年，湖南省植保所调查了水稻紫秆病的发病情况与杂交组合的关系，发现不同杂交组合之间有一定的差异，其中比较抗病的杂交组合有威优35、威优64、威优98和汕优6号等。据福建省建阳地区农科所观察，IR品系及四优3号、汕优2号、汕优4号、汕优1号等组合较为抗病。

至于在一个地区究竟选用何种组合适宜，则要根据当地的气候、栽培耕作制度及病虫害发生情况等具体条件来考虑。再者，根据对一些组合抗性情况的调查结果来看，目前有的组合的抗性已经或正在开始丧失，即使对稻瘟病表现高抗的威优 35，1985 年作早稻栽培时，在局部地区也表现不同程度的感病现象。因此还要针对抗性发生变异的情况，防止组合单一化。

四、综合防治措施

危害杂交水稻的病虫种类虽然较多，但就一个地区而言，由于地理气候、生态条件、耕作制度和栽培组合等诸因素的不同，因而也只有几种主要的病虫是当地的主攻对象。杂交水稻的病虫防治，和常规水稻的一样，要因地制宜，从农田生态系统的整体观念出发，针对主要病虫的发生特点，搞好综合防治，进一步提高经济效益和防治水平。

（一）搞好种子消毒，培育无病壮秧

种子处理是一项较为经济有效的防病治虫措施，对培育壮秧，预防苗期发病，减轻和推迟病害的发生都有一定的作用。预防稻瘟病、白叶枯病、细菌性条斑病以及稻曲病、稻粒黑粉病等，都可采用种子消毒的方法。

如预防稻瘟病、稻曲病及稻粒黑粉病，种子处理可采用 80%"402" 200 倍液，或 50% 多菌灵 1 000 倍液，或 50% 福美双 500 倍液浸种。早稻浸种 48 h，晚稻浸种 24 h。浸种过程中要更换几次浸液，以免影响种子的发芽率；也可用 50～100 倍的 40% 福尔马林闷种 3 小时。浸种后的种子要用清水冲洗干净后再行催芽。残余药液要妥善处理，谨防人畜中毒和污染水源。预防白叶枯病和细菌性条斑病可用温汤浸种，用 58 ℃温水浸干种子 10 min。

（二）合理施肥，科学管水

秧田要根据土壤的肥力程度施用基肥，并视其秧苗生长情况酌情施用追肥，防止偏施氮肥，以控制秧苗后期徒长，抑制病虫的发生。本田施肥要注意氮、磷、钾肥合理搭配，防止偏施氮肥造成禾苗徒长而诱发病虫为害。科学管水对抑制病虫发生十分重要。实行湿润灌溉和适时落水晒田，可增强植株的抗性，改善田间生态条件。在白叶枯病和细菌性条斑病发生区，要实行浅水勤灌，排灌分家，切忌浸灌和串灌，以减少病害的蔓延和传播。

（三）及时进行药剂防治，尽量减轻为害程度

在合理施肥、科学管水的基础上，进行药剂防治，把病虫害消灭在初发阶段，是夺取杂交水稻高产的一个重要环节。

1. 病害的防治

（1）纹枯病：在搞好农业防治的同时，要适时使用井岗霉素、稻脚青、多菌灵、托布津等进行药剂防治。各地经验证明，用井岗霉素防治，一般在穴发病率为 20%~30% 时用药最好，如果只施一次药，则防治指标可放宽到 35% 左右。

（2）稻瘟病：稻瘟病在水稻的整个生育期中均可发生，因而可区分为苗瘟、叶瘟、穗瘟、节瘟和谷粒瘟五种类型。要密切注意预测预报和田间病情观测，特别要注意对感病组合类型田的观测，当中、晚稻秧苗出现急性型病斑以及本田出现发病中心时，要及时进行药剂防治。稻瘟病的防治要着重于穗瘟。一般在破口期施一次药，再在齐穗期施一次药就够了。但如果病情尚未得到控制，加之天气条件有利于病害进一步发展时，可在灌浆期补施一次。防治的药剂有异稻瘟净、稻瘟净、克瘟散、多菌灵、三环唑、富士 1 号等。

（3）白叶枯病及细菌性条斑病：白叶枯病和细菌性条斑病的防治，要在严格种子消毒的基础上切实选好秧田，并加强管理。秧田要选择距离村舍较远、地势较高和排灌方便的无菌田。晚稻秧田不要挨近早稻秧田，以免田水串流引起感染。秧田要开好排水沟和平水沟，严防串灌、浸灌和暴雨后积水淹田；要浅水勤灌、湿润管理，培育健壮秧苗，预防苗期发病。当发现少量病害时，可选用叶枯净、川化 108（叶青双）等药剂防治。

（4）稻曲病：浙江省临海县大田区农技站的试验表明，井岗霉素对稻曲病有明显的减曲和抑菌作用，在有 42% 的稻穗破口时，每亩用 5% 井岗霉素 100 g、加水 70 kg 作粗水喷雾效果最好，同时还可兼治纹枯病。

（5）病毒病：病毒病的防治必须注意选用抗性好的杂交组合，改进栽培管理和实行按品种连片种植，减少黑尾叶蝉的迁飞传病。适当增加基本苗亦可减少损失。"治蝉防矮"是一项成功的措施，主要抓住两个成虫迁飞期进行药杀：一是越冬代成虫迁往早稻秧田和早稻早插田初期；二是二代、三代成虫从早稻田迁飞到晚稻秧田和早插晚稻田初期。要切实抓好早插晚稻田初期的防治。具体防治方法见黑尾叶蝉的防治。

（6）叶鞘腐败病：此病在杂交水稻上，尤其是杂交水稻制种田中发生普遍而严重。据湖南省常德地区农科所试验，剪叶后用 50% 多菌灵可湿性粉剂 1 000 倍液，或 50% 托布津1 000 倍液，或 40% 异稻瘟净 600 倍液喷药一次，可收到较好的防治效果。

（7）水稻紫秆病：关于紫秆病的病原问题，当前存在两种不同的看法，故在防治上也不相同。一种认为是由真菌引起的，防治时采用杀菌剂农药。如浙江省嘉兴市农科所采用80% "402" 的 2 000 倍液，70% 甲基托布津 1 000 倍液，以及 50% 福美双 500 倍液浸种24 h，对减轻穗期病情有一定的效果。浙江省在 1976—1982 年的防治试验表明，杀菌剂优于杀虫、杀螨剂。另一种认为是由跗线螨引起的，防治时则采用杀虫剂或杀螨剂。有的地方在上述杀菌剂中添加少量的杀虫剂或杀螨剂，能提高防治效果。

此外，还必须注意繁殖制种田中稻粒黑粉病的防治。目前防治此病主要是选留无病种子，并进行种子消毒，每年转换繁殖制种田，避免连作，尽量减少传病机会。

药剂防治时要从提高经济效益出发，尽量采用兼治措施。

2. 虫害的防治

杂交水稻的虫害防治，需从当地实际情况出发，主攻主要的防治对象，并兼治其他害虫。

（1）二化螟：防治二化螟要从压低越冬虫源基数做起。二化螟的药剂防治要狠治第一代，尽量减少下一代的虫口密度。二代二化螟常造成杂交早稻大量的虫伤株和白穗，要十分注意这一代的防治。第三代二化螟主要为害杂交中稻、一季杂交晚稻、早插连作晚稻和制种田。如浙江省金华地区有的地方三代二化螟为害杂交中稻，平均螟害率为13.4%，最高田块达到43.8%。由于制种田中父本植株高大，常招引更多的雌蛾产卵，需要经常注意虫情调查，及时做好防治。

在杂交水稻上，二化螟的防治与常规水稻的基本相似，但前期防治指标可稍加放宽，其用药量亦有所增加。防治时宜采用杀螟松、杀虫双、甲胺磷等农药。

二化螟有许多寄生天敌，自然情况下卵寄生率可达40%以上。如采用杀虫双、巴丹等药效期长的内吸性农药作根区施用，不仅能兼治稻纵卷叶螟、三化螟、大螟、稻飞虱等多种害虫，同时还能保护自然界的天敌昆虫。在线虫寄生率高的地区，不宜使用呋喃丹等杀线虫药剂。

（2）黑尾叶蝉：黑尾叶蝉不仅直接为害稻株，更重要的是能传染多种病毒病，如黄矮病、黄萎病、簇矮病、瘤矮病等，其中主要以黄矮病和黄萎病分布广，为害重，因而必须注意治虫防病。抓好秧田防治这一关很重要，还可兼治如稻蓟马等其他害虫。当早稻秧田平均每平方米有虫9只以上，晚稻秧田平均每平方米有虫45只以上时就要施药。本田要着重抓好早插田的前期防治，平均每丛有虫2只以上即可用药。常用药剂有甲胺磷、叶蝉散、速灭威、杀虫双、氧化乐果、稻丰散等。

（3）稻秆潜蝇：药剂防治重点放在杀灭成虫上。无论是秧田还是本田的防治，都必须掌握在成虫盛发期施用敌敌畏、乐果、杀虫双等药剂及时药杀。防治幼虫最好使用内吸或内渗作用较强的药剂，如甲胺磷、呋喃丹、杀螟松、杀虫双等，还可兼治其他害虫。有的地方褐飞虱线虫的寄生率很高，不宜采用呋喃丹、杀虫双等药剂作根区施药，如改用高效磷、敌百虫、乐果等农药，并改撒毒土为喷雾，对线虫的杀伤力就低得多。

（4）褐飞虱：杂交晚稻孕穗至抽穗期还须注意对褐飞虱的防治，一般可采用乐果、速灭威、叶蝉散、害扑威、杀虫双、杀螟松、甲胺磷等药剂药杀。杂交水稻植株高、分蘖多、叶面积大，田间处于阴蔽状态，防治时采用喷粉、撒毒土或泼浇等方法，效果较好。

杂交水稻害虫的防治也必须采用综合防治方法，尽可能兼治多种害虫。如选用内吸性强的药剂作根区施药，能兼治稻飞虱、稻叶蝉、二化螟、大螟、三化螟及稻纵卷叶螟等害虫，同时能有效地保护住绝大多数天敌昆虫。据湖南省祁阳县调查，未喷药的杂交水稻上，捕食褐飞虱的黑肩绿盲蝽数量比叶面喷药的多20.8倍；褐飞虱缨小蜂寄生率比3次喷药的多13倍。

化学防治还必须选用高效、低毒、低残留的农药。注意安全间隔期，减少农药在稻米中的残留量，以提高其卫生品质；同时亦需注意人畜安全，防止对环境造成污染。

第八节　杂交水稻旱种技术

一、南方杂交籼稻旱种技术

我国南方有不少山丘区，水利条件差，大多种植旱粮。可是，这些地区的广大群众习惯食用大米。为了满足人民生活水平不断提高的需要，近年来，浙江省温州市根据杂交籼稻根系发达、入土深、抗旱力较强等特点，从1979年开始进行了杂交籼稻旱栽试验，摸索出了育旱秧、移栽、旱管等一套技术措施，使杂交籼稻获得了较高的产量。1982年文成县王壶区旱种杂交水稻171亩，经验收平均亩产达301 kg；瑞安县旱种的1.06亩高产试验田，亩产达430.5 kg。1983年全市杂交籼稻旱种近万亩，平均亩产为299.0 kg；永嘉县验收148.5亩，平均亩产335.2 kg，其中有14.2亩，平均亩产达416.5 kg，单产最高的（1.3亩）达524.8 kg。

根据浙江省温州市历年水稻旱种的经验，初步认为籼型杂交水稻旱种要夺取高产，需要抓好各个技术环节。

（一）选用优良组合

水稻旱种以选用耐旱、再生力强、抗病虫、产量高的组合为好。试验证明，杂交水稻汕优6号比较符合上述要求，现已成为温州市水稻旱种的主要组合。

（二）适时播种

据试验观察，海拔每升高100 m，汕优6号的生育期延长5~5.5 d，播种期从4月20

日起，每迟播 1 d，生育期缩短 0.3 ~ 0.5 d。因此，从充分利用当地光、温、水资源出发，汕优 6 号在海拔 600 m 左右的山区种植，宜在 4 月中旬至"谷雨"播种，秧龄 35 ~ 40 d；在海拔 300 ~ 500 m 的地区种植，宜在 4 月下旬至"立夏"前播种，秧龄 30 ~ 35 d；在海拔 100 m 以下的旱地种植，可在 5 月上旬播种，秧龄 30 d 左右；在沿河两岸平坦沙地以及三熟制为主的旱地种植，可在 6 月上、中旬播种，秧龄 1 个月左右。本田杂交水稻用种量为 0.75 ~ 1 kg；稻薯套种的，用种量 0.25 kg 左右。

（三）稀播旱育壮秧

（1）选好秧地。旱秧地宜选择地势平坦、肥力中等偏高、管理方便和病虫、杂草较少的旱土，先翻耕，然后施用腐熟的人粪尿和磷、钾肥作基肥，再精细碎土平整厢面，做成宽 1.33 m 左右的秧厢。

（2）种子准备。种子要先经过晒种、选种和药剂浸种，保温催芽等处理，再待种子露白后播种。

（3）稀播匀播。旱地育秧比水秧的成秧率稍低，播种量宜适当增加。一般每亩秧田播 15 ~ 20 kg，切实做到稀播、匀播。为提高成秧率，可用茶子饼拌泥灰盖面，或用细泥盖种后再喷一次 600 ~ 800 倍的甲胺磷药液。如播种季节早，为防止鼠雀为害，宜覆盖地膜，并兼有保温、保湿、促齐苗、育壮秧的作用。

（4）合理施肥。秧地除每亩用腐熟人粪尿 10 担、磷肥 25 kg、钾肥 7.5 kg 作基肥外，还要根据秧苗生长状况适当追肥，并结合施肥浇水，保持秧板湿润，做到足肥适水育壮秧，提高含氮量，促使栽后早生快长。

（5）防治病虫。秧田要重点防治好稻蓟马和稻瘟病，移栽前喷药一次，做到带药移栽，防止病虫扩散。

（四）适时移栽，保证密度

在适期播种的情况下，旱种杂交水稻的移栽期，一般应在 5 月下旬至 6 月上旬分批移栽完毕，以充分利用当时的雨水，提高成活率，促进早生快发。保证杂交水稻的关键生育期处于自然降雨较多的时期内，满足其生理需水的要求，从而达到提高结实率和千粒重的目的。

整地要注意土地的利用率，一般要求畦宽 170~200 cm，畦沟宽 20~27 cm。移栽的做到边耕边栽。移栽沟距 20~27 cm，沟深 3~7 cm，株距 13 ~ 17 cm，摆苗后覆土。行株距（26.7 cm×16.7 cm）~（20 cm×16.7 cm），每亩栽 1.5 ~ 2.0 万穴，每穴栽 1 ~ 2 本。肥力高的耕地，宜稍稀，瘦地则适当密植。

（五）科学用肥，协调群体

旱种杂交水稻施肥要掌握基肥足、追肥早、有机肥为主、氮磷钾合理搭配的原则。基肥要占总施肥量的 60% 以上，并以有机肥为主；在缺磷钾的土壤上，还要注意配合施用一定数量的磷钾肥。追肥以分蘖肥为主，用量可相当追肥总量的 75%～80%，分两次施用，第一次在移栽后 7 d 内施用，用量宜重，以后再根据苗情补施一次。孕穗到抽穗期看苗各施一次追肥，用量占追肥总量的 20%～25%，主要起保花壮粒的作用。抽穗后普遍进行叶面追肥，如喷施磷酸二氢钾等，效果较好。

（六）防治病虫，确保丰收

旱种水稻的主要病虫有"三虫"（即地下害虫、大螟、叶蝉）和三病（即稻瘟病、稻曲病、胡麻叶斑病）。此外，还有鼠害。

地下害虫有蛴螬、蝼蛄、地老虎等，主要在移栽期危害，应以药剂防治为主。发现大螟、叶蝉等害虫后，要适时喷施或浇药防治。同时，结合中耕除草、烧毁杂草及残枝等。

防治稻瘟病及胡麻叶斑病，首先是做好种子处理，可用 40% 的稻瘟净 800 倍液，或多菌灵 1 000 倍液浸种 48 h，然后洗净催芽，生育前期可喷稻瘟净、克瘟散等药剂保叶；抽穗期喷药保穗；破口抽穗期每亩可用 600 倍异稻瘟净液或 800 倍多菌灵液 100～125 kg。连续防治 2～3 次，效果显著。稻曲病可在抽穗期间用多菌灵喷施 1～2 次，效果较好。

鼠害是旱种水稻的重要灾害之一，一般采用毒饵诱杀效果较好。

（七）搞好中耕除草

旱地草多，及时进行中耕除草十分重要。一般可在移栽后 7～10 d 进行第一次除草松土，以后每隔 10～15 d 中耕除草一次，连续数次，效果较好。如果用化学药剂除草，可在分蘖期每亩用二甲四氯 100 g 加水 50 kg，或加敌稗乳油 150 g 混合后，喷施到杂草茎叶上，除草效果都很好。

二、北方杂交粳稻旱种技术

北京市房山区已有 100 多年的水稻旱种历史，中华人民共和国成立后天津市郊区也进行过试种，但产量不高，发展受到限制。20 世纪 70 年代，中国农科院开展了北京市郊区旱种水稻的试验研究，取得了新的进展。经过多年实践，1981 年在干旱缺水的情况下，北京市水稻旱种面积达 8 万亩，普遍获得丰收。

（一）杂交粳稻旱种的优势表现

杂交粳稻旱种跟水栽一样，同样表现着明显的优势。

（1）丰产性好，增产显著。就产量而言，旱栽杂交水稻优良组合比当地常规水稻良种一般增产 20%～30%，有的甚至更高。据北京市种子公司对马桥、芦城、红星及部队农场等十个单位的调查，杂交粳稻黎优 57 旱栽 4 010 亩，平均亩产 358.8 kg，比相同条件下的常规粳稻亩产 225.4 kg，每亩增产 133.4 kg。调查中还发现，在严重干旱缺水情况下，后期只灌 1~2 次水，常规水稻全部失败，而杂交水稻亩产仍有 150 kg 左右。

河南省从 1982 年以来，在稻区进行了大面积麦茬水稻旱种试验示范，他们总结出五大好处：一是可以麦稻两熟，不与小麦争地。水稻 6 月上旬播种，9 月底成熟，10 月上旬正是小麦的适宜播期，两者不存在季节矛盾。二是省水节能，可以扩大种稻面积。水稻旱种全生育期每亩需水 300 多平方米，而常规水稻水种则需水 800～1 000 m³，一亩水稻可发展 3 亩旱稻，还可节约柴油 7.5 kg、电 100 kw·h。三是采用旱直播，不需育苗、插秧，可节省秧田，也较省工。四是合理轮作，防病增产。水稻旱种与棉花轮作，可以减轻棉花黄、枯萎病的发生；和玉米轮作，不仅水稻能增产，而且玉米也能增产。五是变粗粮为细粮，能满足当地人民对大米的需求，因而经济效益高。

（2）出苗率高。据北京市大兴县农科所试验，在砂壤、黏壤、重黏土不同墒情（以土壤相对持水量计）条件下，杂交粳稻黎优 57 与当地常规良种京引 134 旱种比较，其出苗率显著高于常规水稻，而且出苗早而整齐（表 15-42）。

表 15-42　不同墒情条件下杂交粳稻与常规水稻旱种的出苗率比较（北京市大兴县）

土质	持水量 /%	出苗率 /%	
		京引 134	黎优 57
砂壤土	52.3	62	88
	60.8	83	95
	34.0	30	54
	28.7	9	16
黏壤	57.5	60.0	100
	47.8	64.0	70
	35.3	11.2	35.5
	30.2	0	0

续表

土质	持水量 /%	出苗率 /%	
		京引 134	黎优 57
重黏壤	100	91	100
	92.6	90	100
	56.9	88	98
	32.9	27	22.4

（3）根系发达。杂交水稻旱种出苗后，种子根长达 6 cm 左右，比常规水稻的根系长 1 cm。5 叶期的稻苗剪根后经 124 h 观察，黎优 57 长出 15.2 条根，干重 158 mg；常规水稻京越 1 号只长出 13.0 条根，干重仅 80 mg。据调查，6 叶期，根系发育的情况也大大优于常规水稻（表 15-43）。

表 15-43　杂交粳稻与常规水稻旱种根系发育比较

项目	黎优 57	京越 1 号	较差 /%
百苗根重 /g	11.9	4.4	152.3
每苗根数 / 根	8.1	5.5	47.2
平均根长 /cm	4.36	3.56	22.5
累计根长 /cm	0.31	0.22	40.9
每厘米根重 /mg	35.3	19.6	80.1

（4）抗旱力强。据观察，砂壤土相对持水量在 15.1% 时，京引 134 开始萎蔫，而杂交水稻在相对持水量为 8% 时才开始萎蔫，可见杂交水稻的抗旱能力比常规水稻强。

（5）长势旺盛。北京市大兴县农科所在苗高 11 cm 时浇一次水，以后随着水分的丧失，杂交水稻与常规水稻地上部分的生长量相差很大。6 叶时调查，杂交水稻株高为 23 cm，而常规水稻株高只有 14 cm。在干旱情况下，杂交水稻的百苗重和百苗分蘖数均远远超过常规水稻（表 15-44）。

表 15-44　杂交水稻与常规水稻旱种的长势比较

品种	百苗重 /g	百苗分蘖数	备注
杂交水稻	673.6	83	5 月上旬播，6 月 13 日浇
常规水稻丰锦	274.6	34	第一次水，7 月 15 日调查
杂交水稻	344.5	41	6 月上旬播，7 月 15 日浇
常规水稻京引 147	229.2	5	第一次水，7 月 15 日调查

（6）发育快，成熟早。杂交粳稻黎优 57 与常规水稻丰锦在水栽条件下，全生育期相同，但黎优 57 比丰锦抽穗早 4~5 d，而灌浆成熟期却比丰锦迟 4~5 d。在旱栽条件下，丰锦的抽穗期比黎优 57 推迟 15 d，由早中熟类型变为迟熟类型，后期易遭受低温冷害而严重减产（表 15-45）。

表 15-45　杂交水稻与常规水稻旱种的生育期比较

组合（品种）	始穗期	齐穗期	10 月 10 日观察
黎优 57	8 月 15 日	8 月 30 日	完熟
丰锦	8 月 30 日	9 月 20 日	蜡熟

综上所述，杂交水稻在旱种条件下，由于其生理功能旺盛，根系发达，吸水力强，生长发育正常，因而能获得较高的产量。

（二）杂交粳稻旱种的技术要点

杂交粳稻实行旱种旱管，与水田种植比较，在栽培技术上毕竟有很多差异，要夺取旱种高产，必须注意抓好各项技术措施。

（1）因地制宜选择耐旱、早熟、高产的杂交组合。在新组合引进和大面积推广以前，要先进行旱种试验、示范，确定旱种的适应性以后才能推广，以免因组合选择不当而造成失误。

（2）搞好水分管理。利用雨季种稻，在底墒足的情况下，播后 60 d 左右可以不浇水，但后期则应根据条件实行多次灌溉。特别是在减数分裂期至灌浆结实期要有较多的水量，否则影响穗粒数和千粒重。北京市旱作栽培的经验表明，旱种稻在全生育过程中，除降雨 300 mm 左右外，孕穗至成熟阶段，灌水次数的多少，决定产量的高低。一般灌水 2~3 次，亩产只有 100~150 kg；灌水 5~6 次，亩产 250~300 kg；灌水 8~10 次，亩产则可达 400~500 kg。

（3）根据不同组合的分蘖特性，安排适宜的播量。如黎优 57 的分蘖力强，穗粒数较多，旱直播种量以每亩 5 kg 左右为宜，基本苗 12 万~15 万株，有效穗可达 20 万~25 万穗。

（4）合理施肥，促进早生快发。黎优 57 的营养生长期在河南、北京地区为 45～50 d，8 叶时（即拔节前 10 d），开始幼穗分化。前期要促进分蘖早生快发，为高产打好基础。在措施上除施足有机肥料作底肥外，要注意前期追施氮肥和中后期根外追施磷肥。麦茬稻生育期短，分蘖期前追施氮肥，可以兼顾穗分化期需要，孕穗期根外喷磷，对提高千粒重有较好的效果。

（5）推广化学除草，消除草害。旱种水稻杂草滋生快，容易造成草荒减产。实践证明，采用以化学除草为主，结合人工除草的办法可以解决草害问题。化学除草以土壤处理为主，辅以茎叶处理，中后期再结合人工拔草。据河南省新乡地区的经验，除草剂以杀草丹、除草醚为主，敌稗、二甲四氯、丁草胺等也可因地制宜地配合使用。使用方法以喷雾法为好，毒土法也可应用。河南省获嘉县史庄村进行土壤封闭喷雾试验，25% 除草醚可湿性粉剂 2.5 kg，加 50% 杀草丹乳剂 200 g 混用，杀草效果达 99.6%；单用 25% 除草醚可湿性粉剂 500 g 的杀草效果为 89.7%。据河南省新乡县东元封村土壤处理试验结果，杀草丹 150 g 加除草醚 350 g 混用，不论是喷雾或撒毒土，除草效果均达 94%。除草醚的持效期为 25～30 d，杀草丹的持效期在 30 d 以上。

茎叶处理可以作为来不及土壤处理的补救措施。据河南省获嘉县夹河村试验，播后 16 d 用 0.3～0.4 kg 杀草丹进行茎叶处理，除草效果达 87.5%～100%。或者在播后 10 d 每亩用 20% 的敌稗 0.5 kg，加 20% 二甲四氯 200 g 喷雾，效果达 95%。也可以用杀草丹 350 g 加水 60 kg 喷雾，或用 250 g 杀草丹加 250 g 除草醚拌 25 kg 毒土，都在浇水后施用，均有良好效果。

化学除草是一项先进的除草技术，必须按上述规定的技术要求进行，确保安全有效，否则不但效果不好，甚至发生药害而造成减产。

594

———— reference ————

参考文献

［1］陈中奇，马晓亚.浅析杂交水稻生产经济效益[J].农业技术经济，1984（5）：25-27.

［2］陈建三.杂交水稻的经济效益及其发展前景[J].农业技术经济，1984（9）：14-17.

［3］吕保智.湖南籼型杂交水稻[M]//中国经济年鉴编辑委员会.中国经济年鉴.北京：中国经济年鉴社，1982.

［4］上海植物生理研究所，湖南省水稻所，上海市嘉定县华亭良种场.杂交水稻生理生化指标测定结果[J].湖南农业科技，1997（1）：40-51.

［5］上海植物生理研究所光合作用室，上海市嘉定县华亭良种场.杂种优势生理基础浅析[J].上海农业科技，1977（8）：8-9.

［6］中国农业科学院科研管理部.水稻杂种优势利用研究[M].北京：农业出版社，1980.

［7］潘熙淦.野败型杂交水稻生育期杂种优势的初步分析[J].遗传，1981（1）：25-27.

［8］湖南农学院常德分院.杂交水稻生理生化特点的研究[J].湖南农业科技，1977（1）：51-60.

［9］湖南农学院化学教研组.杂交水稻"南优2号"生理生化特点的初步分析[J].植物学报，1977（1）：40-51.

［10］徐静斐，汪璐应.水稻杂种优势与遗传距离[J].湖南农业科技，1980（6）：11-16.

［11］邓鸿德，王贵元，周宪，等.同工酶谱法及细胞匀浆互补法对水稻杂种优势的预测研究[J].湖南农业科学，1982（3）：8-14.

［12］邓鸿德，王贵元，周宪.水稻杂种优势的酯酶同工酶谱类型互补酶谱分析和人工杂合酶谱[J].湖南农业科学，1984（3）：1-5.

［13］罗泽民，赵珠俩.同工酶谱与杂交水稻杂种优势相关性研究[J].湖南农业科技，1980（4）：4-7.

［14］华北农业大学，中国科学院遗传研究所，广东农林学院，等.植物遗传育种学[M].北京：科学出版社，1976.

［15］李泽炳.杂交水稻研究与实践[M].上海：上海科学技术出版社，1982.

［16］西北农学院.作物育种学[M].北京：农业出版社，1979.

［17］易琼华，师素云，姜靳若，等.水稻三系及其杂种 F_1 的酯酶同工酶比较及杂种优势预测[J].植物学报，1984，26（5）：506-512.

［18］长沙市农科所，湖南师范学院生物系.野败衍生不育系花粉败育过程细胞学观察[J].湖南师范学院学报（自然科学版），1975（2）：51-52.

［19］湖南师范学院生物系.水稻不同发育阶段花粉制片方法[J].遗传与育种，1976（1）：27-28.

［20］中山大学生物系.作物"三系"生物学特征的研究[J].遗传学报，1976，3（2）：119-127，181-184.

［21］武汉大学遗传研究室.红芒野稻—莲塘早不育系花粉败育过程的细胞形态学观察[J].武汉大学学报（自然科学版），1977（1）：5-13.

［22］周善滋.雄性能育和雄性不育水稻花粉组织结构及其开裂内在因素的细胞形态学观察[J].遗传学报，1978，5（2）：125-133.

［23］湖南师范学院生物系，长沙市农科所.水稻雄性不育的花粉败育途径[J].中国农业科学，1978（3）：1-7.

［24］湖南省杂交水稻科研协作组.水稻三系培育和杂种优势的研究［J］.中国农业科学，1978（4）：1-8.

［25］潘坤清.水稻野败型雄性不育系花粉败育的解剖学和细胞学观察［J］.遗传学报，1979，6（2）：211-216.

［26］徐树华.水稻"红莲—华矮15"不育系及其保持系的花粉发育细胞形态学观察［J］.武汉大学学报（自然科学版），1979（2）：79-85.

［27］中国农科院科研管理部.水稻杂种优势利用研究［M］.北京：农业出版社，1980.

［28］李泽炳.对我国水稻雄性不育系分类的初步探讨［J］.作物学报，1980，6（1）：17-26.

［29］徐树华.同核异质水稻雄性不育系花粉和花药发育的细胞形态学观察［J］.作物学报，1980，6（4）：225-230，259-260.

［30］潘坤清，何丽娜.野败三系杂交稻的雄蕊和它亲本间的细胞学和解剖学的比较观察［J］.广州师范学院学报，1981（3）：18-20.

［31］潘坤清，何丽娜.水稻424、131雄性不育系花粉败育与毡绒层细胞的关系［J］.华南农学院学报，1981（3）：39-45.

［32］潘坤清，王正询，贺庆瑞.水稻"滇瑞409"雄性不育花粉败育的细胞学观察［J］.云南农业科技，1982（2）：28-30.

［33］徐树华.水稻雄性不育系及其保持系颖花输导组织的比较观察［J］.中国农业科学，1984，17（2）：14-20.

［34］刘捷平.雄性不育植物雄蕊的形态学（综述）［J］.北京师范学院学报（自然科学版），1984（1）：75-81.

［35］袁隆平.杂交水稻简明教程（中英对照）［M］.长沙：湖南科学技术出版社，1985.

［36］湖南杂交水稻协作组.杂交水稻［M］.长沙：湖南科学技术出版社，1985.

［37］方宗熙，江乃萼.遗传与育种［M］.北京：科学出版社，1979.

［38］钱德杞，边立琪，陈昌颐.遗传学基础和育种原理［M］.北京：农业出版社，1980.

［39］广东农林学院农学系.我国野生稻的种类及其地理分布［J］.遗传学报，1975，2（1）：31-35.

［40］武汉大学遗传研究室.利用华南野生稻和栽培稻杂交选育三系的研究［J］.遗传学报，1977，4（3）：219-227.

［41］张慧廉.籼稻品种间杂交选育不育系研究：Ⅰ.组配亲本的原则不育株诱发结果及其遗传行为的初步探讨［J］.湖南农业科技，1980（3）：13-18.

［42］张慧廉.籼稻品种间杂交选育不育系研究：Ⅱ.雄性不育株的稳定［J］.湖南农业科学，1983（4）：1-4.

［43］四川农学院水稻研究室.冈型杂交稻的选育与利用［M］.北京：农业出版社，1979.

［44］李铮友，纳信真，黄本铣，等.滇型杂交水稻［M］.昆明：云南人民出版社，1980.

［45］雷捷成，游年顺，郑秀萍.野败水稻雄性不育保持系选育的遗传分析［J］.中国农业科学，1984（5）：30-34.

［46］曾世雄，卢庄文，杨秀青.水稻品种间杂种一代优势及其与亲本关系的研究［J］.遗传学报，1979，5（3）：23-34.

［47］杨仁崔，卢浩然.水稻恢复系IR24恢复基因的初步分析［J］.作物学报，1984，10（2）：81-86.

［48］高明尉.野败型杂交籼稻基因型的初步分析［J］.遗传学报，1981，8（1）：66-74.

［49］黎垣庆.IR24恢复基因遗传的系谱分析［J］.中国农业科学，1985（1）：24-31.

［50］周天理，沈锦骅，叶复初.野败型杂交籼稻的育性基因分析［J］.作物学报，1983，9（4）：241-247.

596

[51] 广东省农作物杂种优势利用研究协作组.水稻野败型雄性不育性和恢复性的表现程度及其与环境的关系[J].华南农学院学报,1983,4(4):28-37.

[52] 王三良.水稻恢复系选育:低世代测交选育法[J].湖南农业科学,1981(2):1-4.

[53] 王三良.杂交水稻人工制恢亲本选择原则的探讨[J].杂交水稻,1985(4):1-15.

[54] 杨纪柯.水稻群体育种法的数量遗传理论根据[J].遗传,1980,2(4):38-42.

[55] 广西水稻杂种优势利用研究协作组.水稻杂种优势利用[M].南宁:广西人民出版社,1977.

[56] 潘熙淦,旷一相,刘良春,等.杂交水稻优势的分析[J].江西农业科技,1979(11):1-7.

[57] 徐静裴,汪璐应.水稻杂种优势和配合力的初步分析[J].遗传,1980,2(2):17-19.

[58] 赵安常,芮重庆.籼稻数量性状配合力的研究[J].作物学报,1982,8(2):113-117.

[59] 周开达,黎汉云,李仁端,等.杂交水稻主要性状配合力、遗传力的初步分析[J].作物学报,1982,8(3):145-152.

[60] 袁隆平.杂交水稻超高产育种探讨[J].杂交水稻,1985(3).

[61] 曾世雄,杨秀青,卢庄文.栽培稻籼粳亚种间杂种一代优势的研究[J].作物学报,1980,6(4):193-202.

[62] 星野孝文.日本暖地水稻产量分析及超高产的可能性[J].水稻,1984(1):1-6.

[63] 湖南省气象局.湖南气候[M].长沙:湖南科学技术出版社,1979.

[64] 三明市农科所杂优室.SMR及68-83材料亲和力的研究[J].福建农业科学,1986(2):2-3.

[65] 郭益先.稻米粒品质之改良[J].中华农业研究,1983,32(1):14-22.

[66] 祁祖白,李宝健,杨文广,等.水稻籽粒外观品质及脂肪的遗传研究[J].遗传学报,1983(6):452-459.

[67] 路文如,沈锦骅.杂交水稻对白叶枯病抗性的遗传分析[J].作物学报,1984,10(4):245.

[68] 湖南农科院植保所褐飞虱课题组.国际水稻褐飞虱鉴定圃(湖南点)试验初报[J].湖南农业科学,1983(5):17.

[69] 湖南农科院水稻所,湖南农科院植保所.水稻品种抗褐飞虱鉴定总结[J].湖南农业科技,1979(2):35-39.

[70] 湖南省水稻研究所品种资源室.介绍一批水稻抗源亲本[J].湖南农业科技,1978(3):49-52.

[71] 顾正远,张先进,蔚蔚琦,等.稻种资源褐飞虱抗性鉴定[J].江苏农业科学,1984(1).

[72] 清泽,茂久.稻瘟病抗病性的遗传学[M]//浙江省农业科学院科技情报屋.水稻育种译文集.上海:上海人民出版社,1974.

[73] 湖南杂交水稻研究中心.威优64[M].长沙:湖南科学技术出版社,1985.

[74] 恩格尔哈特.现代生物化学问题[M].朱钟景,陈爱德,译.北京:科学出版社,1962.

[75] 狄克松.酶[M].戚正武,杨福愉,王志炎,等译.上海:上海科学技术出版社,1964.

[76] 金维高.国外有机砷杀菌剂研究情况综述[J].化工技术资料(农药专业分册),1963(1):1-12.

[77] 赵章杏."麦化二号"诱导小麦雄性不育效应和机理研究[J].遗传,1980,2(5):19-21.

[78] 山东农学院农学系植物与植物生理教研组.乙烯利诱导小麦(Triticum aestivum L.)雄性不育的细胞形态学观察[J].植物学报,1977(1):28-33,107-108.

[79] 沈秋泉.小麦化学杀雄技术的研究及应用[J].

杭州农业科技, 1979（5）: 1-12.

［80］浙江省杂交小麦协作组.小麦化学杀雄机理和技术的研究［J］.中国农业科学, 1978（1）: 29-36.

［81］粟贵武.水稻化学杀雄剂的筛选及其杀雄特性研究［J］.湖南农业科技, 1978, 3: 35-42.

［82］罗泽民, 周鹊轩, 郭孔雁.水稻无毒高效杀雄剂的研究［J］.湖南农业科学, 1984, 5: 47-48.

［83］伦宁格.生物化学: 细胞结构和功能的分子基础（上册）［M］.任邦哲, 卢惠霖, 周衍椒, 等译.北京: 科学出版社, 1981.

［84］J. Katz.生物化学的动态（译文集）［M］.赵升皓, 译.上海: 上海科学技术出版社, 1966.

［85］丁颖.水稻栽培学［M］.北京: 农业出版社, 1961.

［86］湖南杂交水稻研究协作组.杂交水稻［M］.北京: 农业出版社, 1977.

［87］湖南省农科院, 湖南省农业厅.杂交水稻栽培与繁殖、制种［M］.长沙: 湖南人民出版社, 1977.

［88］湖南省革命委员会农业局.杂交水稻繁殖、制种与栽培［M］.长沙: 湖南人民出版社, 1978.

［89］浙江农业大学教研组.种子工作问答［M］.上海: 上海科学技术出版社, 1978.

［90］北京农业大学.植物生理学［M］.北京: 农业出版社, 1980.

［91］上岛侪志.水稻矮性基因对节间薄壁细胞分裂及伸长的作用［J］.育种学杂志, 1980, 31（3）: 302-313.

［92］湖南省种子公司.杂交水稻制种高产技术要点［J］.湖南农业, 1981（4）: 10-11.

［93］莫家让.杂交水稻生理基础［M］.北京: 农业出版社, 1982.

［94］杨国兴.杂交水稻育种理论与技术［M］.长沙:

湖南科学技术出版社, 1982.

［95］湖南省种子公司.杂交水稻制种技术［M］.长沙: 湖南科学技术出版社, 1982.

［96］许世觉.探讨高产规律, 狠抓关键技术, 提高繁殖制种产量和质量［J］.种子工作, 1982（3）: 58-70.

［97］周开达.杂交水稻"三系"配套提纯原理与主要方法［J］.种子, 1982（2）: 46-50.

［98］陆作楣, 赵霭林, 马崇云.杂交水稻混杂退化问题研究［J］.中国农业科学, 1982（3）: 8-15.

［99］陆作楣.杂交水稻"三系七圃法"原种生产技术的基本原理［J］.种子工作, 1982（3）: 34-38.

［100］湖南省种子公司.杂交水稻新组合制种技术要点［J］.湖南农业, 1983（3）: 13.

［101］许世觉.杂交水稻制种高产技术总结［J］.湖南农业科学, 1984（2）: 10-16.

［102］许世觉.不用人工割叶剥苞的杂交水稻制种技术［M］//中国农业科学院.农业科技要闻选编（第一集）.北京: 农村读物出版社, 1984.

［103］许世觉."九二〇"的使用技术［J］.湖南农业, 1984（5）: 11.

［104］邓国础, 李训贞, 王磊.杂交水稻不育系V20A居间分生组织无丝分裂的研究［J］.湖南师范学院学报（自然科学版）, 1984（2）: 47-51.

［105］应元道.谈杂交水稻三系配套提纯复壮标准问题［J］.种子, 1984（1）: 30-33, 25.

［106］邓国础, 李训贞, 王磊, 等.水稻不育系V20A穗颈下节节间伸长的形态及细胞学研究［J］.湖南师范大学学报（自然科学版）, 1985（3）: 91-99.

［107］利容千, 曾子申, 刘立华.低温对水稻的小孢子形成与发育影响的细胞学研究［J］.植物学报, 1981, 23（3）: 254-257.

［108］利容千.高温对水稻小孢子形成与发育影响

598

的细胞学观察 [J]. 湖北农业科学, 1980（3）：1.

［109］松岛省三，腾井义典合. 水稻的生长发育 [M]. 吴尧鹏，译. 上海：上海人民出版社，1975.

［110］赵世绪. 作物胚胎学 [M]. 北京：农业出版社，1980.

［111］北条良夫. 作物的形态与机能 [M]. 郑丕尧，译. 北京：农业出版社，1983.

［112］利容千，曾子申. 杂交水稻与其三系茎、叶解剖的比较研究 [J]. 作物学报，1982，8（3）：179-184.

［113］吴素萱. 关于细胞的无丝分裂 [J]. 科学通报，1955（1）：77-79.

［114］周广洽. 水稻结实过程中温度对稻米氨基酸含量的影响 [J]. 湖南农业科学，1986（1）：12-15.

［115］华东师范大学生物系，中国科学院植物生理研究所，上海农学院农学系. 水稻 [M]. 上海：上海市科学技术编译馆，1962.

［116］吴光南，邹江石. 水稻栽培理论与技术 [M]. 北京：农业出版社，1981.

［117］星川清亲. 稻的生长 [M]. 上海：上海科学技术出版社，1980.

［118］松岛省三. 稻作的理论与技术 [M]. 庞诚，译. 北京：农业出版社，1966.

［119］沈守江，万戈江. 利用核技术进行杂交水稻根系发育和生理特性的研究 [J]. 浙江农业科学，1983（4）：168.

［120］王云汉. 连作杂交晚稻成穗分叶特性的观测 [J]. 浙江农业科学，1981（1）：20.

［121］凌启鸿，蔡建中，苏祖芳. 叶龄余数在稻穗分化进程鉴定中的应用价值 [J]. 中国农业科学，1980（4）：1-11.

［122］南京农学院，江苏农学院. 作物栽培学（南方本）[M]. 上海：上海科学技术出版社，1979.

［123］张先程. 杂交水稻分叶特性的观察 [J]. 广西农业科学，1980（4）.

［124］曹显祖，朱庆森，顾自奋. 关于杂交水稻结实率的研究 [J]. 江苏农业科学，1981（1）：1-7.

［125］曹宗巽，吴相钰. 植物生理学 [M]. 北京：人民教育出版社，1980.

［126］周广洽. 论杂交水稻的源库关系及其调控 [J]. 农业现代化研究，1982（16）：13-20.

［127］周广洽，谭周滋，李训贞. 低温导致杂交水稻结实率障碍的研究 [J]. 湖南农业科学，1984（4）：8-12.

［128］王振中，周广洽，周青山，等. 杂交水稻库源关系的研究 [J]. 湖南农业科学，1981（6）：1-4.

［129］王振中，周广洽，谢锦云，等. 高温对杂交水稻光合作用特性的影响 [J]. 湖南农业科学，1981（3）：1-4.

［130］刘承柳. 杂交水稻籽粒灌浆特性的研究 [J]. 湖北农业科学，1980（8）：1-7.

［131］肖翊华，何芳禄，陈克成，等. 早籼杂交水稻及三系的生长发育和生理特性 [J]. 武汉大学学报（自然科学版），1979（2）：65-78.

［132］莫家让. 杂交水稻的根系活力 [J]. 广西农业科学，1978（1）：12-15.

［133］颜振德. 杂交水稻高产群体的干物质生产与分配的研究 [J]. 作物学报，1981，7（1）：11.

［134］湖南农学院常德分院基础课组. 杂交水稻空秕粒的形成原因及其控制途径的探讨 [J]. 湖南农业科技，1978（1）：26-36.

［135］陈清泉，皇甫荣，胡碧媛. 杂交水稻早中熟高产新组合的生理生化特点 [J]. 湖南农业科学，1984（4）：12-15.

［136］潘瑞炽. 水稻生理 [M]. 北京：科学出版社，1981.

［137］浙江农业大学，华中农学院，江苏农学院，等.实用水稻栽培学［M］.上海：上海科学技术出版社，1981.

［138］潘瑞炽，董愚得.植物生理学（上册）［M］.北京：人民教育出版社，1979.

［139］湖南省水稻研究所.杂交水稻早熟高产新组合"威优35"［M］.长沙：湖南科学技术出版社，1983.

［140］朱兆明，吴同斌，郑圣先，等.氮肥分次施用的肥料效果研究［J］.土壤肥料，1984（4）：29-32.

［141］湘鄂赣统编农民职业技术教育教材编委会.作物栽培（第二册）：水稻［M］.长沙：湖南科学技术出版社，1983.

［142］上海师范大学生物系，上海市农业学校.水稻栽培生理［M］.上海：上海科学技术出版社，1978.

［143］雷惠质，李宏科，李宣铿.近年来杂交水稻病虫发生特点及综合防治意见［J］.湖南农业科学，1984（6）：6-9.

［144］蒋志成.杂交水稻病虫害防治［J］.农村科学实验，1979（4）：7-9.

［145］冯永兴，黄运邦.肇庆地区杂交水稻病虫害的发生特点与今后防治对策［J］.广东农业科学，1983（3）：18-22.

［146］武进县农业局，江苏省农科院驻武进基点组.杂交水稻主要病虫害发生特点及其防治［J］.江苏农业科技，1978（1）：35-40.

［147］林元礼.稻曲病的发生与防治的初步研究［J］.浙江农业科学，1983（3）：140-141.

［148］马慧坤，黄德光，李洪凯，等.杂交稻白背飞虱发生情况的初步调查［J］.广东农业科学，1983（3）：18-22.

［149］陆振新.杂交水稻褐稻虱的发生特点及防治［J］.江苏农业科学，1983（7）：25-34.

［150］刘运武.杂交水稻氮肥施用技术的研究［J］.土壤学报，1985，22（4）：329-338.

［151］代尧仁，孙振荣，徐月荣，等.水稻二九南一号雄性不育系及相应保持系花药中某些呼吸酶和游离组蛋白的比较研究［J］.遗传学报，1978（3）：227-234.

［152］VIRMANI S S, EDWARDS L B . Current Status and Future Prospects for Breeding Hybrid Rice and wheat［J］. Advances in Agronomy, 1983（36）: 145-214.

［153］VIRMANI S S, CHAUDHARY R C , KHUSH G S . Current Outlook on Hybrid Rice［J］. Oryza, 1981, 18: 67-84.

［154］CHOPRA V L, JAIN S K, SWAMINANTHAN M S. Studies on the Chemical Induction of Pollen Sterility in Some Erop Plants［J］. Indian J. Genet and Breed, 1960, 20: 188-199.

［155］FAIREY D T, STOSKOPF N C. Effects of Granular Ethephon on Male Sterility in Wheat［J］. Crop Sci, 1975, 15: 29-32.

［156］JAIN S K. Male Sterility in Flowering Plants［J］. Bibliogr Genet, 1959, 18: 101-166.

［157］JOHNSON R R, BROWN C M. Chemical Control of Pollination in Wheat and Oats［J］. Crop Sci.1976, 16: 584-587.

［158］LOWER R L, MILLER C H.Ethrel（2-Chloroethane phosphonic acid）a Tool for Plant Hybridizers［J］. Nature, 1969, 222（5198）: 1072-1073.

［159］MOHAN RAM H Y, RUSTAGI P N. Phytogamet Ocidal Compounds［J］. Soi. Cult., 1966, 32: 286-291.

［160］PORTER K B, WIESE A F. Evaluation of Certain Chemicals on Selectiue Gametocides for Wheat［J］. Crop Sci.1961, 1: 381-382.

［161］ROWEll P L, MILLER D G. Induction of Male Sterility in Wheat With 2-Chloroethyl phosphonic Acid

(Ethrel)[J]. Crop Sci, 1971, 11: 629-631.

[162] ROWEll P L, MILLER D G. Effect of 2-Chloroethyl Phosphonic Acid (Ethephon) on Female Fertility of Two Wheat Varieties[J]. Crop Sci., 1974, 14: 31-34.

[163] WANG R C, L STEVE. Studies on Male Sterility in Barley Induced by Sodium 1-(P-Chlorophenyl)1, 2-Dihydro-4, 6-Dimethyl-2-Oxonicotinate[J]. Crop Sci., 1975, 15: 550-553.

[164] I HIROSHI, A HITOSHI. Varietal Screening of Compatibility Types Revealed in F_1 Fertility of Distant Crossee in Rice, Japan[J]. J Breed, 1984, 34: 304-313.

图书在版编目（CIP）数据

袁隆平全集 / 柏连阳主编. -- 长沙 : 湖南科学技术出版社，2024. 5.

ISBN 978-7-5710-2995-1

Ⅰ. S511.035.1-53

中国国家版本馆 CIP 数据核字第 2024RK9743 号

YUAN LONGPING QUANJI DI-YI JUAN

袁隆平全集 第一卷

主　　编：柏连阳

执行主编：袁定阳　辛业芸

出 版 人：潘晓山

总 策 划：胡艳红

责任编辑：欧阳建文　张蓓羽　任　妮　胡艳红

责任校对：赖　萍　赵远梅　王　贝

责任印制：陈有娥

出版发行：湖南科学技术出版社

社　　址：长沙市芙蓉中路一段 416 号泊富国际金融中心

网　　址：http://www.hnstp.com

湖南科学技术出版社天猫旗舰店网址：

　　　　　http://hnkjcbs.tmall.com

邮购联系：本社直销科 0731-84375808

印　　刷：湖南省众鑫印务有限公司

　　　　　（印装质量问题请直接与本厂联系）

厂　　址：长沙县榔梨街道梨江大道 20 号

邮　　编：410100

版　　次：2024 年 5 月第 1 版

印　　次：2024 年 5 月第 1 次印刷

开　　本：889mm×1194mm　1/16

印　　张：40

字　　数：765 千字

书　　号：ISBN 978-7-5710-2995-1

定　　价：3800.00 元（全 12 卷）